LA MÉCANIQUE

A l'Exposition de 1900

TOME III

MACON, PROTAT FRÈRES, IMPRIMEURS

LA MÉCANIQUE
A l'Exposition de 1900

Publiée sous le Patronage et la Direction technique d'un Comité de Rédaction

COMPOSÉ DE MM.

HATON DE LA GOUPILLIÈRE, G. O. ✻, Membre de l'Institut
Inspecteur général des Mines, *Président*

BARBET, ✻, ingénieur des arts et manufactures.
BIENAYMÉ, C. ✻, inspecteur général du génie maritime.
BOURDON (Edouard), O. ✻, constructeur mécanicien, président de la chambre syndicale des mécaniciens.
BRÜLL, ✻, ingénieur, ancien élève de l'Ecole polytechnique, ancien président de la Société des Ingénieurs civils.
COLLIGNON (Ed.), O ✻, inspecteur général des ponts et chaussées en retraite.
FLAMANT, O. ✻, inspecteur général des ponts et chaussées.
IMBS, ✻, professeur au Conservatoire des arts et métiers et à l'École centrale des arts et manufactures.
LINDER, C. ✻, inspecteur général des mines en retraite.
ROZÉ, ✻, répétiteur d'astronomie et conservateur des collections de mécanique à l'École polytechnique.
SAUVAGE, O. ✻, ingénieur en chef des mines, professeur à l'Ecole des mines et au Conservatoire des arts et métiers.
WALCKENAER, O. ✻, ingénieur en chef des mines, professeur à l'École des ponts et chaussées.
RATEAU, ingénieur des Mines.

Secrétaire de la Rédaction : **GUSTAVE RICHARD**, ✻, 44, rue de Rennes.

TOME III

XII. Exposition rétrospective.
XIII. Machines frigorifiques.
XIV. Matériel agricole.
XV. Artillerie.
XVI. Automobiles et cycles.
XVII. Applications mécaniques de l'électricité.

PARIS. VI
Vve CH. DUNOD, ÉDITEUR
49, QUAI DES GRANDS-AUGUSTINS, 49

1902

LA

MÉCANIQUE

A l'Exposition de 1900

Publiée sous le Patronage et la Direction technique d'un Comité de Rédaction

COMPOSÉ DE MM.

HATON DE LA GOUPILLIÈRE, G. O. ✻, Membre de l'Institut
Inspecteur général des Mines, *Président*

BARBET, ✻, ingénieur des arts et manufactures.
BIENAYMÉ, C. ✻, inspecteur général du génie maritime.
BOURDON (Edouard), O. ✻, constructeur mécanicien, président de la chambre syndicale des mécaniciens.
BRÜLL, ✻, ingénieur, ancien élève de l'École polytechnique, ancien président de la Société des Ingénieurs civils.
COLLIGNON (Ed.), O. ✻, inspecteur général des ponts et chaussées en retraite.
FLAMANT, O. ✻, inspecteur général des ponts et chaussées.
IMBS, ✻, professeur au Conservatoire des arts et métiers et à l'École centrale des arts et manufactures.
LINDER, C. ✻, inspecteur général des mines en retraite.
RATEAU, ingénieur des mines.
ROZÉ, ✻, répétiteur d'astronomie et conservateur des collections de mécanique à l'École polytechnique.
SAUVAGE, O. ✻, ingénieur en chef des mines, professeur à l'École des mines et au Conservatoire des arts et métiers.
WALCKENAER, O. ✻, ingénieur en chef des mines, professeur à l'École des ponts et chaussées.

Secrétaire de la Rédaction : **GUSTAVE RICHARD**, ✻, 44, rue de Rennes.

12ᵉ LIVRAISON

EXPOSITION RÉTROSPECTIVE DE LA MÉCANIQUE

Par ÉMILE EUDE

INGÉNIEUR DE LA CLASSE 19 *(Chaudières et Machines à vapeur)*
A L'EXPOSITION DE 1900

PARIS. VI
V^{VE} CH. DUNOD, ÉDITEUR
49, QUAI DES GRANDS-AUGUSTINS, 49

TÉLÉPHONE 147.92

1902

NOTICE

SUR LE

MUSÉE CENTENNAL DE LA MÉCANIQUE FRANCAISE

Aux termes du Règlement général de l'Exposition de 1900, chaque Exposition contemporaine devait être complétée par une Exposition rétrospective centennale, résumant les progrès accomplis depuis le commencement du XIXe siècle dans les diverses branches de l'industrie.

Cette Exposition rétrospective se faisait ordinairement par classe; mais les Comités d'installation des différentes sections de la Mécanique décidèrent qu'elles se réuniraient pour organiser un Musée centennal unique de la Mécanique française.

Ces sections, au nombre de quatre, étaient les suivantes :

Classe 19, *Chaudières et machines à vapeur;*

Classe 20, *Machines motrices diverses;*

Classe 21, *Appareils divers de la Mécanique générale;*

Classe 22, *Machines-Outils.*

Leur ensemble constituait le groupe IV, intitulé : **Matériel et procédés généraux de la Mécanique.**

CATALOGUE
DES TABLEAUX PHOTOGRAPHIQUES

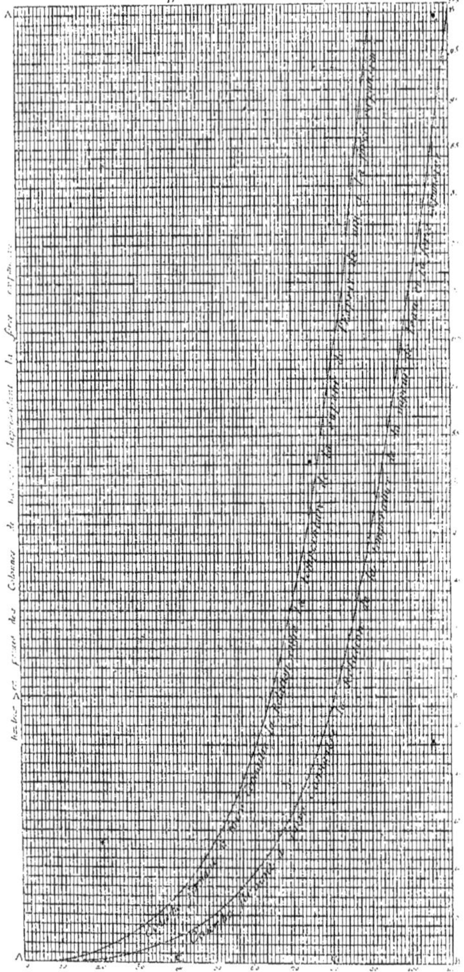

Fig. 221 (Courbes de Betancourt).

132. DYNAMIQUE DES GAZ ET VAPEURS.

132. 3(1). — **Courbes** représentant les résultats d'expériences sur la détermination de la force expansive de la vapeur d'eau.

(Extrait de la *Nouvelle Architecture hydraulique*, par M. de Prony, t. II, pl. 20. Paris, 1796.)

Conclusions (2) *à tirer des expériences sur la force expansive de la vapeur d'eau.* — M. de Betancourt conclut :

1° Que la vapeur a le même degré de chaleur que l'eau d'où elle se dégage ;

2° Que la pression de l'air et celle de la vapeur influent de la même manière, sur les degrés de chaleur que l'eau peut recevoir à une pression déterminée ;

3° Qu'il y a une relation et une dépendance mutuelle entre la température et la pression de la vapeur, telle que la même pression doit toujours correspondre à la même température.

(1) Ces chiffres se rapportent aux numéros du catalogue, dressé suivant la classification du Conservatoire des Arts et Métiers. Ainsi la 1re rubrique (*Mécanique rationnelle*) contient, entre autres, une *Dynamique* (13), laquelle contient, entre autres, une subdivision (132) *Dynamique des gaz et vapeurs*. On ne donne ici qu'un seul numéro de toute la rubrique; il ne sera, de même, donné que des extraits des divers autres chapitres.

(2) *Op. cit.*, t. II, pp. 14 et sqq.

et réciproquement, — quelle que soit l'étendue du vase dans lequel se fait la vaporisation...

Après avoir appliqué à ses expériences les formules déduites de notre méthode d'interpolation ([1]), M. de Betancourt rend raison des différences qu'on trouve entre le calcul et l'expérience, dont les principales viennent de l'imperfection dans la division des échelles : il en conclut que les résultats déduits des formules doivent être regardés comme ceux qui auraient dû être donnés par les expériences, supposées parfaites, et que, toutes les fois qu'on voudra faire quelque usage de la force expansive de la vapeur à différents degrés de température, on doit préférer les résultats du calcul à ceux de l'expérience ([2]).

La figure 221 offre deux courbes ponctuées, dont les abscisses représentent les températures, et dont les ordonnées respectives représentent les forces expansives, données *par l'expérience*, des vapeurs de l'esprit-de-vin et de l'eau. Les courbes non ponctuées, avec lesquelles celles-ci se confondent presque entièrement, représentent les mêmes forces expansives, telles qu'elles sont données *par le calcul*...

(1) L'Académie des Sciences (de Paris), dit Prony parlant de lui-même, a jugé cette méthode digne d'être imprimée parmi les mémoires des *Savants étrangers*.

(2) Il ne faut admettre cette phrase que sous réserves.

22. MOTEURS HYDRAULIQUES [1]

22. 4. — **Poncelet.**

Roues hydrauliques verticales à aubes courbes, mues par-dessous.

(Extrait du *Mémoire sur les roues hydrauliques à aubes courbes, mues par-dessous*, par M. Poncelet. A Metz, Vve Thiel, édit., 1827.)

... Dans cet état d'imperfection des roues verticales mues par-dessous, dit l'auteur, et d'après les avantages bien connus qui leur appartiennent d'ailleurs, j'ai cherché, tout en mettant

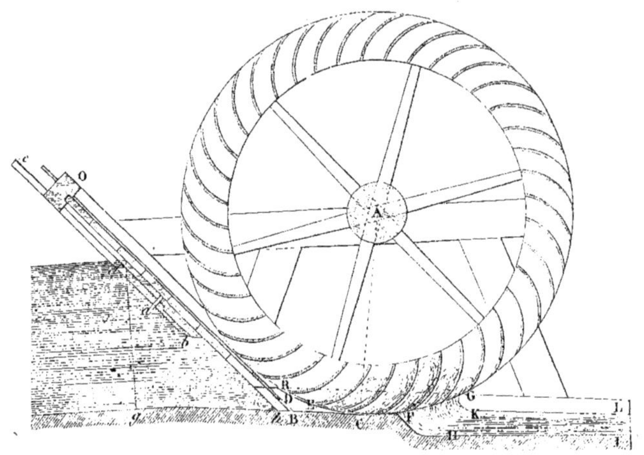

Roue hydraulique Poncelet.

à profit les principaux perfectionnements déjà apportés à ces roues, à en modifier la forme, de manière à leur faire produire un effet utile qui s'approchât davantage du *maximum* absolu, et ne s'éloignât guère de celui des meilleures roues en usage, — et cela sans leur faire perdre l'avantage qui les distingue : d'être susceptibles d'une grande vitesse. Toute la question, comme on le sait, d'après le « principe des forces vives », consiste à faire en sorte que l'eau, n'exerçant aucun choc à son entrée dans la roue ni dans son intérieur, la quitte également sans conserver aucune vitesse sensible.

Après y avoir réfléchi, il m'a semblé qu'on parviendrait à remplir cette double condition en remplaçant les aubes droites des roues ordinaires, par des aubes courbes ou cylindriques, présentant leur concavité au courant, et dont les éléments (à partir du premier qui se raccordait tangentiellement avec l'élément correspondant de la circonférence extérieure de la roue) seraient de plus en plus inclinés au rayon et formeraient ainsi une courbe ou surface continue. Il est clair, d'après les principes connus, que l'eau arrivant sur les courbes avec une direction à peu près tangente à leur premier élément, s'y élèvera sans les choquer, jusqu'à une hauteur due à la vitesse relative qu'elle possède, et redescendra ensuite en acquérant de nouveau, mais en sens contraire du mouvement de la roue, une vitesse relative égale à celle qu'elle avait en montant. Exprimant donc que la vitesse absolue conservée par l'eau en sortant de la roue est

(1) Cette division est l'une de celles qui composent la très importante rubrique II : *Machines motrices*.

nulle, on trouve que les conditions du problème seront toutes remplies, si l'on donne ou laisse prendre à la circonférence de cette roue une vitesse qui soit moitié de celle du courant, c'est-à-dire précisément égale à celle qui convient, d'après la production du *maximum* d'effet : d'où il suit que les roues à aubes courbes, dont il s'agit ici, outre l'avantage de produire le plus grand de tous les effets possibles, auraient encore celui de pouvoir être substituées immédiatement aux roues de l'ancien système, sans changements quelconques.

En ayant soin de disposer la vanne comme il a été dit ci-dessus; pratiquant d'ailleurs un ressaut et un élargissement au coursier, à l'endroit où les courbes commencent à se vider, afin de faciliter le dégorgement; plaçant enfin des rebords sur chaque côté des aubes courbes, suivant la méthode de Morosi, ou (ce qui vaut mieux) enfermant ces aubes entre deux jantes ou plateaux, auxquels la théorie assigne d'ailleurs une largeur qui est le quart environ de la hauteur de chute, — on rendra, au moyen de toutes ces dispositions, la nouvelle roue capable de donner des résultats très avantageux, et supérieurs à ceux que présentent les premiers perfectionnements.

L'idée de substituer des aubes courbes aux aubes droites de l'ancien système paraît si naturelle et si simple, qu'il y a lieu de croire qu'elle sera venue à plus d'une personne : aussi n'ai-je pas la prétention de lui attribuer un grand mérite. Mais, comme les idées les plus simples sont fort souvent celles qui rencontrent le plus de difficultés à se faire admettre et qui inspirent le moins de confiance aux praticiens, je n'ai pas voulu m'en tenir à des aperçus purement théoriques. Sachant, d'ailleurs, que certains auteurs ont révoqué en doute l'utilité des applications de la Mécanique rationnelle aux machines, j'ai cru qu'il serait à propos d'entreprendre une suite d'expériences sur un modèle de roue à aubes courbes, tant pour vérifier *par les faits* les lois ou formules déduites du principe des forces vives, aujourd'hui généralement adopté par les géomètres, qu'afin de découvrir les coefficients constants qui doivent corriger les valeurs données par ces formules, pour qu'elles deviennent immédiatement applicables à la pratique.

On verra que ces formules ont été confirmées aussi rigoureusement qu'on pouvait l'espérer dans des expériences de cette nature ; et que le coefficient dont elles doivent être affectées dans les différents cas demeure compris entre les nombres 0,60 et 0,76, pour le modèle de roue mis en expérience[1]...

22. 10. — **Jonval (Nicolas-Joseph).**

Machine hydraulique dite *turbine Jonval* ou *Veine virtuelle*.

(Brevet *original*, en date du 27 octobre 1841.)

a) Planche première ; *b*) planche deuxième ; *c*) planche troisième. Avec la signature de Jonval.

— La même machine, sous le titre de :

Turbine hydraulique perfectionnée, appelée *Veine virtuelle*.

(Deux gravures extraites de la *Publication des brevets*, S. I, t. LXXXVIII, pl. 31 et 32). — [2 tableaux].

Ce nouveau système de machine, écrivait Jonval, quoique en rapport d'application avec celle connue sous le nom de *turbine*, en diffère essentiellement dans toutes ses parties et dans ses applications.

Je l'avoue, lorsque j'ai commencé à m'occuper de cette machine, j'étais complètement dans l'ignorance des conditions spéciales de la construction des turbines : je n'en avais jamais vu, — et voilà, sans doute, la raison qui explique pourquoi je n'ai rien fait qui ressemble aux autres.

Le nom que je donne à mon nouveau système de machine motrice lui est propre, tant par la forme des conduits [2] que par l'action du mouvement rapide et puissant que prend la roue dans le passage de la veine contractée.

(1) *Op. cit.*, pp. 6 et suiv.
(2) Nous ne saisissons pas parfaitement la relation avec le nom...

Loin de chercher à éviter les effets de la contraction, effets nuisibles dans tout autre système, moi, au contraire, je les cherche. Chose très importante à remarquer, que (1) c'est précisément dans le passage où le fluide est contracté que je trouve une force, une vitesse encore

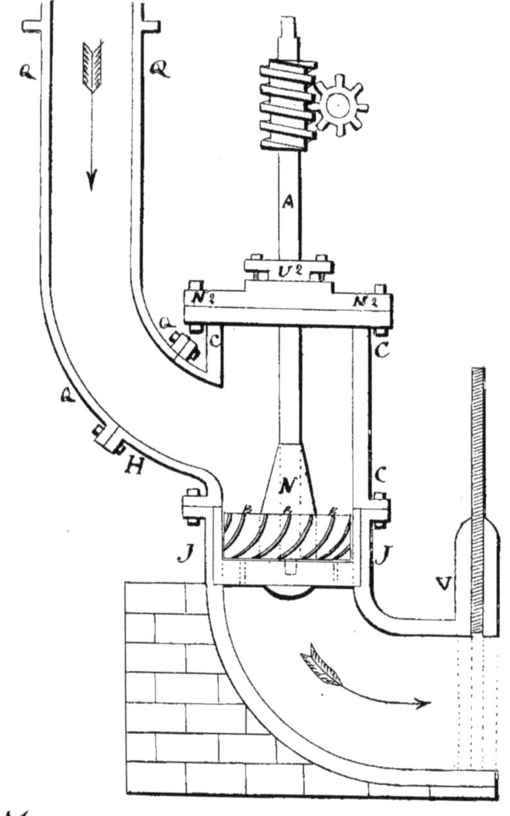

Jonval
Mécanicien. Rue des trois Pavillons N.° 11.
a Paris

inappliquées : c'est là, dis-je, où j'établis mon système de rotation, ma roue à aubes, non pas une roue comme il y en a beaucoup, qui reçoivent l'eau dans leur intérieur et la rejettent par

(1) Il faut respecter pieusement la rédaction exacte du brave praticien ; mais c'est là de ce « français d'inventeur » qui nous a si souvent mis dans des accès de mauvaise humeur que nous avons quelquefois passés *en note*, et que nous prions le lecteur de vouloir bien excuser.

leurs côtés extérieurs, ou de leurs côtés extérieurs pour la rendre dans leur intérieur, ou de la recevoir [1] à l'extérieur et l'échapper à l'extérieur toujours dans un sens horizontal. C'est un inconvénient très grave, que celui de conduire ou d'introduire l'eau dans les aubes de la roue, comme de l'en faire échapper horizontalement; cet inconvénient a pour but de retarder la chute de l'eau, ou d'en ralentir la vitesse, par rapport aux angles qu'elle est obligée de faire, par les contours qu'elle est obligée de suivre pour s'échapper, et le repos instantané qui lui est nécessaire avant de reprendre son cours. Ce sont donc des temps perdus.

Ces temps perdus n'existent pas dans la nouvelle machine ; la simplicité de cette roue et les conditions de sa construction sont toutes élémentaires. Elle reçoit l'eau par-dessus et la rend par-dessous, en la traversant presque verticalement [2]...

22. 11. — **Mannoury d'Ectot** [3].

Moteurs hydrauliques à réaction.

Brevet du 20 décembre 1841.

(Extrait de la *Publication des brevets*, S. I, t. LXXXVIII, pl. 32.)

... Il résulte d'un Rapport signé Périer, Prony, Carnot, inséré au *Moniteur*, n° 183 (an 1813), que M. de Mannoury est l'inventeur de la machine appelée depuis *turbine*, mais qui n'était, pour lui, qu'une modification de ses « moteurs à réaction ».

L'application en a été faite, en 1812, aux moulins de Montaigu, à Caen. Elle a fait mouvoir, pendant plusieurs années, des moulins à blé, puis une filature.

La forme de ce moteur était commandée à M. de Mannoury :

1° Parce que la chute était très faible, et perpétuellement variable, si bien que, dans certains temps de l'année, elle se réduisait à 30 centimètres ;

2° Parce que, dans les inondations d'hiver, l'eau s'élevait et se maintenait toujours au-dessus des aubes des roues verticales ;

3° Parce que la marée venait, toutes les douze heures, troubler le jeu des moulins.

Dans ces circonstances, M. de Mannoury imagina de plonger sa machine dans l'eau : c'était une espèce de cloche en cuivre laminé, de 3 pieds de diamètre, garnie à sa circonférence de 40 aubes ou palettes, de $0^m,33$ de hauteur et de $0^m,08$ de largeur, — très minces, et espacées les unes des autres d'environ $0^m,014$.

Ces palettes étaient inclinées toutes dans le même sens sur la circonférence, et formaient une espèce de *jalousie* circulaire, au milieu de laquelle était un espace où l'eau était amenée en dessous par un gros tuyau ou canal.

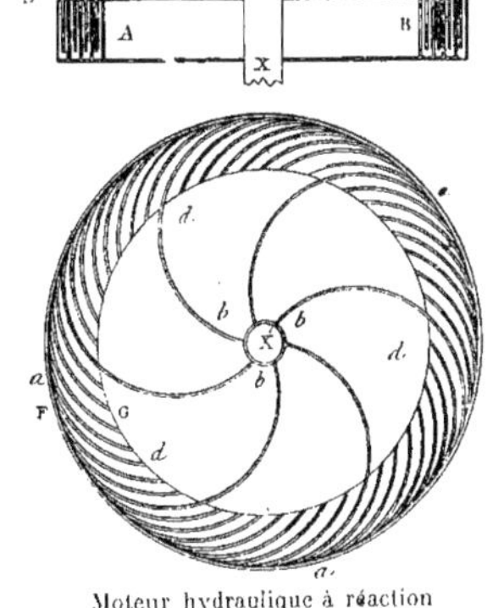

Moteur hydraulique à réaction de Mannoury d'Ectot.

La roue tournait dans l'eau, où elle était immergée, sans en éprouver de résistance sensible, et sans chômage.

Cette idée primitive, d'une exécution si simple, a été, dans ces derniers temps, plus ou moins compliquée. Il en est résulté des machines fort chères, d'un entretien dispendieux, et sujettes à de fréquents inconvénients.

(1) Encore une fois, nous nous serions fait scrupule de rien changer à tout cela.
(2) *Publication des brevets*, série I, t. LXXXVIII, p. 429. — Paris, 1857.
(3) Il s'agit ici de M. de Mannoury d'Ectot fils, demandant le brevet comme héritier de feu son père. Ici le nom est orthographié « d'Ectot », tandis que le père, l'illustre mécanicien, écrivait « Dectot ». — Voir la notice biographique de ce dernier, p. 23.

Nous proposons donc de ramener ce moteur à sa simplicité première, en lui faisant subir toutefois quelques modifications (1)...

22. 19. — **Girard (Louis-Dominique).**

Appareil hydraulique breveté le 13 mars 1857 (2 tableaux).

(Extrait de la *Publication des brevets*, S. II, t. XLI, pl. 45.)

Le titre réel du brevet est celui-ci : « Pour un mode d'utilisation et de distribution des forces naturelles ou artificielles, ayant pour but la division du travail par l'emploi d'appareils hydrauliques perfectionnés. »

Cet important brevet, complété par deux certificats d'addition, est tout un mémoire où Girard expose ses idées en hydraulique, idées très personnelles, comme chacun sait.

Voici le préambule dudit mémoire :

Avant de décrire les appareils perfectionnés que nous employons pour l'utilisation de forces hydrauliques naturelles et la création de forces artificielles, nous devons exposer le but que nous nous sommes proposé d'atteindre : c'est d'arriver, par la distribution de la force motrice à domicile, à la division du travail, — et cela en faisant de l'eau l'agent moteur de toute industrie locale.

Cette application nouvelle aurait le précieux avantage de produire, par la répartition ou la division du travail à l'égard des ouvriers des villes, les mêmes résultats politiques et moraux qu'on doit à la propriété à l'égard des habitants de provinces. Elle sera une cause de développement de l'industrie, source de toute richesse, en même temps qu'elle sera pour l'ouvrier lui-même une source de bien-être.

En effet, ce qui manque à l'ouvrier pour confectionner chez lui un objet mécanique, c'est la *force mécanique*, que, dans l'état actuel, il ne peut posséder, et dont les dépenses sont au-dessus de ses moyens. Dès lors l'ouvrier, quelque intelligent qu'il soit, ne peut se créer un petit établissement dans lequel il développera tout son génie au profit de tous, car il aurait encore à soutenir la concurrence des grands établissements, fabriquant les objets analogues à ceux qui constituent son industrie, et qui disposent de la force motrice, moins chère pour eux qu'elle ne l'est pour lui.

N'est-ce pas évident aussi, que la force musculaire que cet ouvrier développe pour produire lui-même l'effet moteur dont il a besoin, est un obstacle au développement de son travail intellectuel, et le met dans l'impossibilité de penser, de chercher des procédés meilleurs que ceux qu'il emploie, de perfectionner son œuvre ?

Mettre à la portée de tous les industriels, quel que soit l'état de développement de leur industrie, un moteur léger, simple, peu coûteux d'achat et d'entretien, ayant pour agent moteur l'eau, par conséquent sans danger, est le moyen qui nous a paru le plus propre pour arriver à ce résultat.

Il reste donc seulement à examiner comment on procurera la force motrice qu'on veut ainsi mettre à la disposition du public ; en d'autres termes, comment on pourra avoir l'eau motrice en quantité suffisante, et avec une chute assez forte pour que l'établissement d'un moteur de faible force — 1, 2, 3 ou 6 chevaux, par exemple — soit possible à l'intérieur des habitations, — ce qui exige, en principe, que la pression sous laquelle l'eau travaille ne soit pas au-dessous de 50 à 60 mètres, ce qui correspond à 5 ou 6 atmosphères.

La quantité d'eau nécessaire pour produire la force *effective* ou *disponible* de 1 cheval-vapeur, sous la pression de 50 mètres, est de 2 litres environ par seconde.

Dans la plupart des cas, la ville ou la localité dans laquelle on se propose de faire une distribution de force motrice à domicile sera située sur les bords d'un fleuve, d'une rivière, — réservoirs naturels d'une force motrice généralement perdue, tandis que, à quelque distance de là,

(1) *Publication..., loc. cit.*, p. 448. — Paris, 1857.

fonctionnent à grands frais des machines à vapeur accompagnées de tous les inconvénients inhérents.

Créer une chute de quelques mètres (de quelques décimètres seulement quelquefois) en un point convenable, sera, en général, chose possible et facile même : on possédera donc, en ce

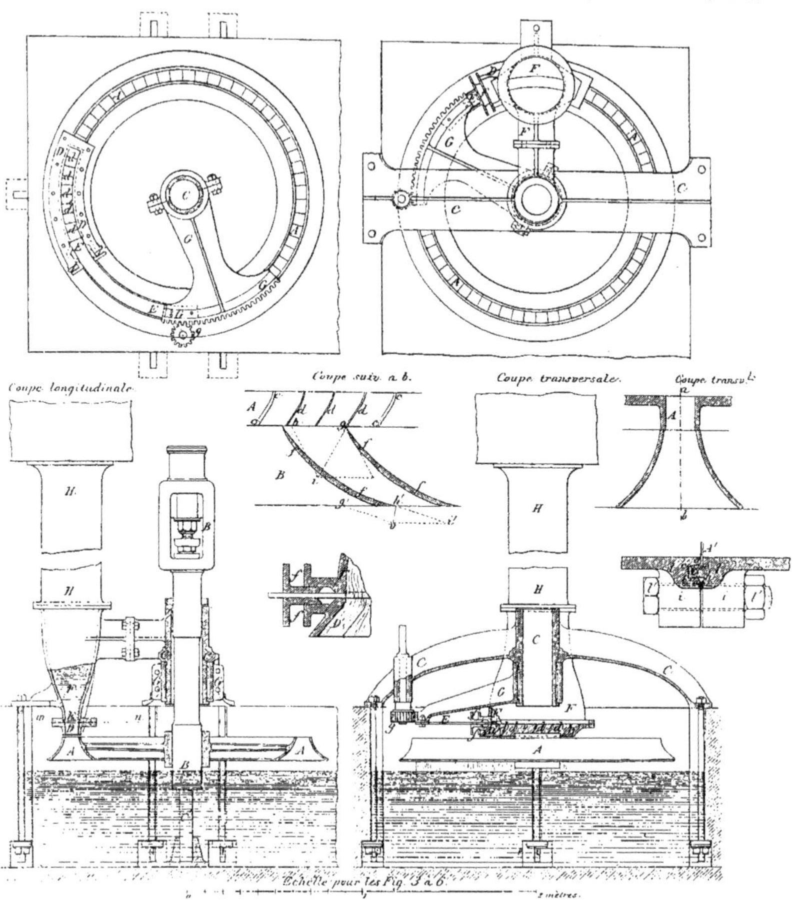

[Appareils hydrauliques, par L.-D. Girard.

point, une force motrice naturelle qu'il s'agira seulement de transporter là où besoin est, et cela avec le moins de frais et avec le moins de perte possible ; et ceci pourra se faire en installant sur une chute un moteur hydraulique, faisant mouvoir des pompes refoulant l'eau, à grande pression, dans des tuyaux qui aboutissent jusque dans l'atelier dont on veut faire mouvoir des machines. Là, à l'extrémité du tuyau, on fixe un appareil moteur qui utilise la puissance de l'eau, puissance qu'on a amenée de loin, et qui autrement eût été perdue.

La localité peut encore être plus heureusement douée par la nature, si le cours d'eau qui la traverse ou la côtoie, a son niveau à une hauteur telle au-dessus de celui de la localité elle-même, qu'il suffise simplement de détourner une partie de son eau et de la conduire dans les conduites de distribution dont il a été parlé.

Dans ce cas, la force motrice pourra être concédée à un prix extrêmement réduit.

Enfin, la localité ne jouit-elle d'aucun de ces avantages, il sera encore possible d'arriver au but que nous nous proposons, au moyen d'un système de machines à vapeur bien combinées; on puisera de l'eau et on la refoulera à une hauteur considérable, pour, de là, la distribuer, et lui faire restituer, en grande partie, le travail qu'elle a emmagasiné.

Par cette transformation du travail, un petit nombre de machines-à-vapeur d'une grande puissance, placées en dehors des villes, pourront satisfaire aux exigences de toutes les industries, en mettant à la portée de chacun une portion de force motrice qu'il reçoit par un appareil simple, peu embarrassant, et ne présentant aucun danger.

De plus, la consommation totale de combustible des grandes machines motrices pourra de beaucoup être inférieure à celle des petites machines que l'on remplacerait.

Enfin l'eau, après son action dans une machine — qui la rend aussi pure qu'elle la reçoit, peut servir à tous les besoins ordinaires de la vie et aux applications industrielles de toute nature.

C'est dans la transformation rationnelle de toutes les forces naturelles que renferment les cours d'eau qui sillonnent la France, que gît l'avenir de l'industrie et le moyen de lutter avantageusement avec l'Angleterre, ce pays éminemment favorisé sous le rapport de la richesse en combustible minéral — qui lui permet de créer à bon marché des forces motrices que nous n'obtenons que par le moyen d'immenses sacrifices; en un mot, nos fleuves et nos rivières doivent être nos mines de charbon, nos réservoirs de force motrice, qu'il s'agit de mettre à contribution partout et toujours, pour tous nos besoins.

Nous ne prétendons pas être des premiers à émettre l'idée de l'utilisation des forces naturelles des fleuves et des rivières, quoique nous en ayons parlé bien souvent, et que toutes nos études aient toujours été dirigées vers ce but; mais nous croyons aujourd'hui être le premier pouvant présenter un ensemble de machines perfectionnées au moyen desquelles nous pouvons l'atteindre [1]...

Les idées ici développées par Girard ont été l'objet d'une application des plus remarquables, — la « distribution d'eau à haute pression » de la ville de Genève.

2. 28 *bis*. — **Fourneyron.**

Turbines hydrauliques, ou roues à palettes courbes de Bélidor.

(Soumises à la *Société d'Encouragement pour l'Industrie nationale*, en janvier 1834. Vol. XXXIII, pl. 567, 572, 573, 574.)

Nous donnerons ici les *considérations préliminaires* d'un mémoire de « M. Fourneyron, ingénieur civil à Besançon », sur le programme du prix proposé par la Société d'Encouragement [2]. — « Application en grand, dans les usines et manufactures, des turbines hydrauliques ou roues à palettes courbes de Bélidor. » Le préambule contient une exposition magistrale de la question [3].

Les appareils connus sous la dénomination de roues hydrauliques, et employés jusqu'ici pour recueillir la force de l'eau tombant d'une certaine hauteur ou animée d'une certaine vitesse, ayant chacun des avantages qui leur sont propres, et leurs inconvénients étant inséparables de ces avantages, ne se prêtaient pas convenablement à tous les besoins de l'industrie.

C'est ainsi, en effet, que certaines roues, très bonnes pour économiser l'eau, ne sont appli-

(1) *Publication...*, *loc. cit.*, p. 291. — Paris, 1868.
(2) Prix pour 1827. — Une note du *Bulletin* nous apprend que le mémoire de Fourneyron a remporté le prix (de 6 000 francs).
(3) La forme n'y est cependant pas toujours digne du fond, qui demeure excellent.

cables qu'à des chutes assez grandes, ne peuvent être animées que d'une petite vitesse, et ont des dimensions considérables ; que d'autres, au contraire, susceptibles d'être employées pour de petites chutes, et capables de tourner avec une vitesse plus grande que les premières, exigent une quantité d'eau beaucoup plus grande, que l'on ne peut pas en tout temps se procurer ; qu'une troisième espèce, participant aux avantages de la première et aux inconvénients de la seconde, leur est quelquefois préférée dans la pratique.

Dans cette pénurie de moyens de dépouiller l'eau de sa force pour la transmettre aux organes mécaniques nécessaires à la production industrielle, on a imaginé une infinité de dispositions se rapprochant plus ou moins des trois espèces de roues citées, et n'offrant pour la plupart que peu d'améliorations notables.

C'est de ce concours d'efforts qu'est résultée la roue de M. Poncelet, roue qui se distingue essentiellement de toutes les autres, et qui, d'après les recherches théoriques et les expériences de son inventeur, semble promettre d'utiles résultats, si les applications en étaient faites avec discernement et suivant les règles prescrites par le professeur.

FOURNEYRON
(Communiqué par M. Crozet-Fourneyron, à Saint-Étienne.)

C'est encore à la même cause qu'on doit attribuer les recherches théoriques de M. Navier, et celles de M. Burdin sur les roues désignées par lui sous la dénomination générale de *turbines hydrauliques*.

La *Société d'Encouragement pour l'Industrie nationale* n'a pas voulu rester étrangère au

---

FOURNEYRON (Benoît) — (Saint-Étienne, 1802 † 1867, Paris).

Sorti de l'École des Mineurs de sa ville natale en 1819, il fut attaché, la même année, aux mines du Creusot, où bientôt il s'acquit de la réputation par ses travaux de métallurgie et de mécanique.

En 1832, il inventait la turbine qui porte son nom, et, du coup, il devenait célèbre.

Son avant-projet de chemin-de-fer de Saint-Étienne à la Loire ; ses expériences sur l'emploi de la vapeur d'eau pour l'extinction des incendies, méritent aussi d'être cités.

En 1848, le département de la Loire envoya Fourneyron à l'Assemblée nationale dite *Constituante*, comme représentant du peuple.

Outre quelques mémoires dans le *Bulletin de la Société d'Encouragement* (1834) et dans les *Comptes rendus de l'Académie des Sciences* de Paris (1836-1843), il a publié :

Mémoire sur les turbines hydrauliques et sur leur application (Liège, 1841, in-8) ;

Table pour les calculs des formules relatives au mouvement des eaux dans les tuyaux de conduite, et principalement destinée à abréger les calculs et à éviter les tâtonnements (Paris, 1844, in-8.)

BIBLIOGRAPHIE. — *Analyse des travaux de M. Fourneyron* (Paris, 1843.) — Divers.

mouvement imprimé par les ingénieurs distingués qui, en s'occupant du perfectionnement des roues hydrauliques, ont fait concevoir un si grand espoir du parti à tirer des roues dites turbines, si l'on parvenait à une disposition conforme aux indications de la théorie. Elle a, pour provoquer la solution de cette question, ouvert un concours dont la durée a déjà été prolongée plusieurs fois.

Occupé depuis 1825 de la réalisation du principe des turbines, ce ne fut qu'en 1827 que mes premiers essais eurent lieu et qu'ils furent couronnés d'un succès auquel je ne pouvais guère m'attendre; mais la roue d'essai que je venais d'établir étant la seule de son espèce que j'eusse construite, je ne pus me présenter au concours de 1827.

Des travaux d'un autre genre ne m'ayant pas permis de me mettre sur les rangs au concours de 1829, j'ai fait des efforts pour être admis à celui de 1832.

Deux roues, en effet(1), devaient, au moins, être construites et appliquées à une usine en grand; je n'en avais qu'une. A la vérité, elle avait, avec des avantages évidents, reçu son application à un tour, une meule et une scierie; mais, seule de son espèce, la condition du programme qui en exige au moins deux n'était pas remplie.

Pour parvenir à une seconde application de ma roue, la plus grande difficulté n'a pas été dans la solution du problème proposé, mais bien de vaincre la répugnance avec laquelle les idées nouvelles sont généralement accueillies.

Assez heureux enfin pour trouver, dans un des plus honorables maîtres de forges de la Franche-Comté (M. F. Caron, propriétaire des belles forges de Fraisans et dépendances, à la mémoire duquel je ne cesserai de payer un juste tribut d'estime et de reconnaissance), le désir d'adopter, pour mouvoir la machine soufflante de l'une de ses usines (le haut-fourneau de Dampierre), une turbine analogue à celle que j'avais établie aux usines de Pont-sur-l'Ognon, je saisis avec le plus vif empressement l'occasion qui se présentait et que j'appelais de tous mes vœux.

La construction de ce moteur, de la force de 7 à 8 chevaux-vapeur, immédiatement exécuté tout en fonte et en fer, ne tarda pas à donner la conviction de la supériorité de ce système sur les autres; et les avantages offerts par cette roue, de tourner sous l'eau et de produire un effet utile plus grand que celui des meilleures *roues en-dessous*, d'être plus solide, plus durable et moins embarrassante, frappèrent tellement M. Caron, qu'il n'hésita pas à renoncer à l'emploi de deux grandes roues, déjà construites pour mettre en action la machine soufflante du bel établissement du haut-fourneau qu'il édifiait, et à me demander, pour remplacer ces deux énormes roues de bois, une turbine de grande dimension.

Cette turbine, toute en fonte et en fer, n'est achevée que depuis un mois et demi environ. La force pour laquelle elle devait être construite était de 20 chevaux-vapeur; mais le projet du propriétaire étant d'employer les mêmes modèles pour la construction future d'une roue de 50 chevaux environ, je n'ai pas craint de donner à cette roue une force de beaucoup supérieure aux besoins ordinaires, parce que, dans les grandes variations du Doubs, cet accroissement de force fournit le moyen de n'être pas sujet à toutes les interruptions du travail que l'on éprouve avec les anciennes roues, très souvent immergées.

C'est pour cela qu'expérimentée au moyen du frein de M. de Prony, la turbine a démontré qu'elle était capable d'un effet égal à celui de 50 chevaux-vapeur, lorsqu'elle travaille sous la chute de $1^{m},30$.

La condition imposée par le programme, d'avoir construit et mis en œuvre au moins deux turbines, assez en grand pour que les résultats offerts à la Commission chargée de les examiner puissent porter une entière conviction dans tous les esprits, est donc parfaitement remplie par ces diverses constructions, dont la dernière excède, à coup sûr, en force et en produit tout ce qui a été fait jusqu'ici, en ce genre, sur une chute aussi petite et même sur une chute quelconque.

(1) Ajoutez : d'après le programme.

La construction de ces trois roues a déjà produit son effet, puisque plusieurs autres demandes me sont adressées, indépendamment de la turbine dont MM. les ingénieurs, qui ont examiné la plus grande, ont vu les modèles d'après lesquels elle va être moulée en fonte.

Fonctionnant sous une grande profondeur d'eau, et quand il ne lui reste que 0m,227 (8 pouces 5 lignes) de chute, la turbine de Fraisans, comme celles que j'ai construites auparavant, remplit sous ce rapport, comme elle fait sous tous les autres, les intentions du programme de la Société d'Encouragement (1)..

22. 29. — **Fontaine** (Pierre-Lucien) (2).

Turbines hydrauliques à vannes partielles et à niveau supérieur.

(Soumises à la *Société d'Encouragement pour l'Industrie nationale*, en février 1845. Vol. XLIV, pl. 947.)

Rapport (3) *sur les expériences auxquelles a été soumise une des turbines du moulin de Vadenay, près Châlons-sur-Marne, inventée et construite par M. Fontaine, ingénieur-mécanicien à Chartres [rapport de MM. Alcan et Grouvelle].*

... Dans notre conviction, la turbine Fontaine rend au moins autant que les meilleures roues de ce système.

Nous pensons, en effet — et M. Dubuisson l'a déjà dit, — que plusieurs des résultats obtenus par la meilleure turbine de M. Fourneyron sont comptés un peu haut. Et (dans notre conviction) les turbines, sous la main habile de M. Fourneyron, qui a servi de guide à ses concurrents, se sont élevées au rang des moteurs faits; et aujourd'hui celles qui sont établies dans toutes les conditions nécessaires de perfection, par des modifications successives de dispositions, sont arrivées à rendre à peu près autant les unes que les autres, comme cela a lieu pour tous les systèmes de roues les mieux connus, et la turbine de M. Fontaine est certainement l'une des plus parfaites. Nous dirons plus (sans oser, cependant, jusqu'à de nouvelles expériences, nous prononcer sur ce point), c'est que le rendement réel maximum et courant du système de roues dites turbines doit être compris de 68 à 70 pour 100. Tout moteur hydraulique qui rend au moins 66 pour 100 est un excellent moteur; et il ne faut pas, dans l'industrie, compter sur un rendement réel et régulier plus élevé.

FONTAINE
(Communiqué par la maison Teisset, Vve Brault et Chapron, de Chartres.)

Les variations de vitesse dans de certaines limites n'ont pas eu d'influence sur le rendement de la turbine Fontaine, mais une légère action seulement sur la quantité d'eau débitée par la turbine. Et cette variation a été contraire dans les deux systèmes : dans la turbine Fontaine, la grande vitesse de la roue à vide a diminué le débit de l'eau; elle l'a augmenté dans la turbine Fourneyron, — ce qui s'explique par la différence de disposition des turbines. Le maximum de rendement de la turbine Fontaine correspond à 34 tours de vitesse; la vitesse de l'aube à la circonférence de la roue est alors de 0,484 de celle de la lame d'eau.

(1) *Bulletin*, année 1834, pp. 1 et suiv.
(2) Dit Fontaine-Baron, mort à Chartres, en 1895, âgé de quatre-vingt-six ans.
(3) *Bulletin de la Société d'Encouragement*, année 1845, p. 64.

24. MOTEURS THERMIQUES

24. 1, 2. — **Carnot (Sadi)** (1).

Portrait et *fac-simile* d'autographe.

(Extraits de la réimpression faite en 1878, chez Gauthier-Villars, Paris, des *Réflexions sur la puissance motrice du feu et sur les machines propres à développer cette puissance*, par Sadi Carnot. L'édition primitive (Paris, 1824) sortait de chez Bachelier, prédécesseur de Gauthier-Villars.)

SADI CARNOT

Nous donnons ci-contre une reproduction du portrait, dont l'original est une peinture de Boilly, faite en 1813, et qui représente Sadi Carnot en uniforme de l'École Polytechnique : il avait alors 17 ans.

Nous donnons également (page 41) le fac-simile d'autographe : c'est un passage des notes manuscrites qui n'ont été publiées qu'en 1878, à la suite de l'envoi que M. Hippolyte Carnot en fit à l'Académie des Sciences. Ces notes, trouvées dans les papiers de Sadi Carnot après sa mort et restées si longtemps inédites, sont d'une époque incertaine : on peut dire seulement que cette époque est comprise entre 1824, année où Carnot avait publié ses *Réflexions*, et 1832, année de sa mort.

« Sadi Carnot, écrit M. Maurice Lévy (2), était à peine considéré comme un savant

(1) Les pages formant cet article ont été rédigées en mettant à profit des notes que nous avait fort obligeamment adressées M. Ch. Walckenaer.

(2) *Livre du Centenaire de l'École Polytechnique*, t. I, p. 181.

CARNOT (Sadi-Nicolas-Léonard) — [Paris, 1796 † 1832, Paris].

Fils aîné du général Lazare Carnot, il fut reçu, dès l'âge de seize ans, à l'École Polytechnique, et prit part à la défense de Paris, en 1814.

Bientôt lieutenant d'état-major, *au concours*, il démissionna (1829), et se consacra tout entier à la science; il approfondit spécialement les lois de la chaleur et l'application de la vapeur à la mécanique.

Il mourut du choléra (1832).

BIBLIOGRAPHIE. — *Notice biographique* anonyme, mise à la suite de la réimpression des *Réflexions sur la puissance du feu*... Paris (1878).

par ses contemporains. Chasles, son camarade de promotion à l'École Polytechnique et l'un de ses amis, s'était bien aperçu qu'il faisait souvent bouillir de l'eau ; mais le futur grand géomètre n'imaginait pas, malgré le précédent de Papin, que cette opé-

La chaleur n'est autre chose que la puissance motrice ou plutôt que le mouvement qui a changé de forme, c'est un mouvement dans les particules des corps, partout où il y a destruction de p. m. il y a en même temps production de chaleur en quantité précisément proportionnelle à la q^té de p. m. détruite. Réciproquement partout où il y a destruction de chaleur il y a production de p. m.

On peut donc poser en thèse générale que la p. m. est en quantité invariable dans la nature qu'elle n'est jamais à proprement parler ni produite, ni détruite, ~~qu'elle~~ à la vérité elle change de forme c. à d. qu'elle produit tantôt un genre de mouvement, tantôt un autre ~~mais qu'elle existe toujours~~ mais elle n'est jamais anéantie.

D'après quelques idées que je me suis formées sur la théorie de la chaleur, la production d'une unité de puissance motrice nécessite la destruction de 2,70 unités de chaleur.

Une machine qui produirait 20 unités de p. m. par kilog. de charbon devrait anéantir $\frac{20 \cdot 2,70}{7000}$ de la chaleur développée par la combustion, $\frac{20 \cdot 2,7}{7000} = \frac{8}{1000}$ environ c. à d. moins de $\frac{1}{100}$

ration pût mener à la gloire. Sadi Carnot y marchait pourtant, non, comme son ami, par les voies inflexibles de la géométrie, ni même par aucune des voies déjà ouvertes, mais en en frayant une nouvelle, la plus large et la plus fructueuse qui ait été léguée à la philosophie naturelle depuis Newton. »

La gloire de Carnot est double, et liée à l'histoire des deux principes sur lesquels repose la thermodynamique. Quiconque veut estimer à leur juste prix les titres de ce profond penseur à l'admiration de la Postérité, « doit envisager séparément ce qui se rapporte au premier et au second de ces principes ».

Le premier principe de la thermodynamique est celui de l'*équivalence de la chaleur et du travail*. En 1824, à l'époque où parut l'ouvrage « *Réflexions, etc.* », — Sadi Carnot n'avait, semble-t-il, aucune notion de cette équivalence : avec tous les savants de son temps, il croyait à l'indestructibilité du calorique. Plus tard, il se dégagea de ce préjugé : les transformations du travail en chaleur, de la chaleur en travail, et la conservation de l'énergie apparurent à son esprit avec une admirable netteté. Mais c'est seulement dans les notes, restées inédites jusqu'en 1878, qu'il a consigné les idées auxquelles il était parvenu sur ce point. Nous avons reproduit le *fac-similé* d'un fragment de ces notes, où Carnot pousse la précision jusqu'à vouloir chiffrer l'équivalent mécanique de la chaleur : « *D'après quelques idées que je me suis formées sur la théorie de la chaleur*, écrit-il, *la production d'une unité de puissance motrice nécessite la destruction de 2,70 unités de chaleur.* » Ce qu'il appelle *unité de puissance motrice* est un travail égal à 1 000 kilogrammètres.

« Cette évaluation, a dit M. J. Hirsch, conduirait, pour le coefficient d'équivalence, au chiffre $\frac{1000}{2,70} = 370$, qui est du même ordre de grandeur que le nombre 425, aujourd'hui adopté.

» On voit avec quelle netteté Sadi Carnot avait posé la loi de l'*équivalence*, ainsi que la loi, beaucoup plus générale, de la conservation de l'énergie. Les considérations qui l'ont amené à cette dernière loi sont d'une grandeur et d'une simplicité incomparables.

» Ce n'est pas tout. Carnot trace un programme complet des *expériences à faire sur la chaleur et la puissance motrice*. Ces expériences ont été réalisées, telles qu'il les avait décrites, par Joule, Thomson, Hirn, Regnault, etc.

» Combien doit-on regretter que ces notes précieuses n'aient pas été coordonnées et produites par leur auteur, — qui fut, on peut le dire, le précurseur de la théorie mécanique de la chaleur ! »

Carnot mourut à trente-six ans, en 1832 : les notes manuscrites dont nous venons de parler restèrent inconnues, et furent perdues pour la science.

Dix années après, le principe de l'équivalence de la chaleur et du travail était proclamé, presque simultanément, par l'Allemand Robert Mayer (de Heilbronn), l'Anglais Joule, le Danois Colding. On l'appelle ordinairement *principe de Mayer*.

Passons au second principe de la thermodynamique. Sous la forme donnée par Clausius, ce principe est le suivant :

« La chaleur ne peut *d'elle-même* passer d'un corps froid dans un corps chaud. » *D'elle-même*, c'est-à-dire sans qu'il y ait en même temps dépense de travail, ou passage de chaleur d'un corps chaud dans un corps froid.

« De ce postulat, combiné avec le principe de la conservation de l'énergie et de l'équivalence de la chaleur et du travail, on déduit que si un système évolue suivant un cycle, l'intégrale de $\frac{dQ}{T}$, prise pour toutes les parties du système et pour tout le cycle, ne peut être, d'une manière générale, que nulle ou négative, et qu'en particulier elle est égale à zéro lorsque le système ne subit, au cours du cycle, que des transformations réversibles. — De là, pour un fluide qui évolue suivant un cycle en ne subissant que des transformations réversibles, la définition de l'*entropie*, grandeur dont, malheureusement pour l'imagination, la notion demeure purement abstraite, mais dont la considération fournit des méthodes si fécondes et si élégantes à la théorie des moteurs thermiques. »

Quelle est la part de Sadi Carnot dans la formation de cette doctrine?

Carnot n'a pas énoncé le second principe de la thermodynamique tel qu'il devait être indiqué plus tard par Clausius, mais il donne une proposition qui, par le fait, est une conséquence de ce principe.

Voici dans quels termes Carnot formulait cette proposition justement célèbre (1) :

« La puissance motrice de la chaleur est indépendante des agents mis en œuvre pour la réaliser; sa quantité est fixée uniquement par les températures des corps entre lesquels se fait, en dernier résultat, le transport du calorique. Il faut sous-entendre ici que chacune des méthodes de développer la puissance motrice atteint la perfection dont elle est susceptible. Cette condition se trouvera remplie si, comme nous l'avons remarqué plus haut, il ne se fait dans les corps aucun changement de température qui ne soit dû à un changement de volume, ou, ce qui est la même chose autrement exprimée, s'il n'y a jamais de contact entre des corps de températures sensiblement différentes. »

Mise en langage moderne, et débarrassée de l'hypothèse de l'indestructibilité du calorique, la proposition peut se traduire de la manière suivante :

« Il est impossible de faire fonctionner une machine avec une seule source de chaleur; son fonctionnement exige l'intervention d'une source chaude et d'une source froide. Si le corps évoluant (qui reçoit de la source chaude une certaine quantité de chaleur, en transforme une partie en travail et reverse le reste à la source froide), pouvait évoluer suivant un cycle de Carnot, le coefficient économique du cycle, c'est-à-dire le rapport du travail produit à la chaleur reçue de la source chaude, serait indépendant de la nature du corps et ne dépendrait que des températures des deux sources. Quel que soit le cycle réel décrit par le corps évoluant, le coefficient économique de ce cycle ne peut être supérieur à celui du cycle de Carnot. »

Tout cela se déduit correctement du postulat de Clausius. Carnot, au contraire, ne pouvait donner de sa proposition qu'une démonstration franchement fausse, puisque ses raisonnements partaient de l'hypothèse franchement fausse de l'indestructibilité du calorique. Mais, malgré le préjugé général « dont il ne s'était pas encore dégagé à cette époque », il a cependant vu juste quant à l'essentiel de sa proposition; et les conséquences qu'il en a tirées, et qui découlaient légitimement de ce que la proposition avait elle-même d'exact, font, des « Réflexions » un monument digne de l'admiration et de la reconnaissance des mécaniciens.

L'importance qu'on doit attribuer, dans l'étude d'une machine thermique, à l'écart des températures entre la source chaude et la source froide; l'impossibilité de dépasser (quelle que soit la matière évoluante et quel que soit le cycle) un coefficient économique maximum qui ne dépend que de ces températures; l'intérêt qui s'attache à rapprocher le plus possible le cycle réel du cycle qui serait composé de deux *isothermes* aux températures des sources et de deux *adiabatiques* : — toutes ces conséquences de la proposition de Carnot ont eu, sur le développement de la théorie et de la pratique des machines thermiques, la plus capitale influence.

(1) *Réflexions sur la puissance motrice du feu*, réimpression de 1878 (Gauthier-Villars), p. 20.

Dans son Rapport sur les relations entre la physique expérimentale et la physique mathématique (Congrès international de Physique de 1900), M. H. Poincaré dit, au sujet du principe de Carnot [1] : « Carnot l'a établi en partant d'hypothèses fausses. Quand on s'aperçut que la chaleur n'est pas indestructible, mais peut être transformée en travail, on abandonna complètement ses idées ; puis Clausius y revint et les fit définitivement triompher. La théorie de Carnot, sous sa forme primitive, exprimait, à côté de rapports véritables, d'autres rapports inexacts, débris des vieilles idées ; mais la présence de ces derniers n'altérait pas la réalité des autres. Clausius n'a eu qu'à les écarter comme on émonde des branches mortes.

» Le résultat a été la seconde loi fondamentale de la Thermodynamique. C'étaient toujours les mêmes rapports, quoique ces rapports n'eussent plus lieu, au moins en apparence, entre les mêmes objets. C'en était assez pour que le principe conservât sa valeur. Et même les raisonnements de Carnot n'ont pas péri pour cela. Ils s'appliquaient à une matière entachée d'erreur ; mais leur forme (c'est-à-dire l'essentiel) demeurait correcte. »

Ne quittons pas les principes de la thermodynamique sans signaler une évolution nouvelle et bien digne d'attention, qui s'est faite dans les idées des physiciens. A l'hypothèse, depuis longtemps condamnée, de la matérialité du calorique, avait succédé pendant un certain temps la conviction que les phénomènes de la chaleur admettaient une explication purement mécanique : « *La chaleur*, disait-on, *n'est pas autre chose qu'un mode de mouvement.* » C'était là (semblait-il) un principe indiscutable.

Cette théorie s'accorde parfaitement « avec la conservation de l'énergie et avec le premier principe de la thermodynamique, celui de Mayer ». Mais voici que, de nos jours, les physiciens se sont avisés qu'elle ne s'accordait pas si bien avec le second principe, celui de Carnot-Clausius. « Le *mécanisme*, dit M. H. Poincaré dans la préface de ses *Leçons sur la Thermodynamique*, est incompatible avec le théorème de Clausius. » Et, tout récemment, au Congrès international de Physique de 1900, M. G. Lippmann présentait, sur « la théorie cinétique des gaz et le principe de Carnot », un rapport qui débute ainsi [2] :

« Les phénomènes de la chaleur peuvent-ils se ramener à une explication mécanique ? Cette hypothèse se concilierait facilement avec le principe de l'équivalence, mais non avec le principe de Carnot. En effet, d'après ce dernier principe, on ne peut pas produire de travail extérieur ni d'élévation de température, aux dépens de la chaleur contenue dans un corps ou dans un système de corps quand la température y est uniforme et constante. Au contraire, si la chaleur contenue dans le système y existait en partie à l'état de mouvement moléculaire, on conçoit toujours que l'on pourrait, par des liaisons mécaniques convenables, avoir prise sur les mouvements moléculaires pour leur emprunter une petite portion de leur énergie, ce qui serait contraire au principe de Carnot. »

Ainsi donc, ce second principe de la thermodynamique, édifié tout d'abord sur la théorie de l'indestructibilité du calorique, à laquelle il avait survécu, — ce principe (disons-nous) est actuellement invoqué pour battre en brèche la théorie mécanique de la chaleur !...

(1) *Rapports présentés au Congrès*, t. I, p. 18.
(2) *Rapports présentés au Congrès*, t. I, p. 546.

24. 3. — **Mannoury-Dectot.**

Machines à vapeur (1) (2 tableaux).

(Brevet *original* en date du 14 août 1818.)

Rien n'est plus intéressant, au point de vue de l'Histoire des Sciences, que de lire le *Mémoire descriptif sur les machines à feu de M. le marquis de Mannoury-Dectot*, daté du 13 juin 1817 (avec additions postérieures), et qui devint le brevet du 14 août 1818. Nous y trouvons ceci :

« ... Je passerai à la description de plusieurs appareils que l'on devra plutôt considérer comme des constructions faites pour m'assurer des effets que je pourrais obtenir et régulariser par l'expérience, que des machines exécutables dans l'état où je les présente.

« Ce ne sont donc, si je puis m'exprimer ainsi, que des matériaux que je me suis rassemblés, et dont je réclame la propriété pour m'assurer tout le domaine des inventions qu'ils renferment par leurs combinaisons. »

Pauvre grand homme !... « Matériaux que je me suis rassemblés... *Tout le domaine qu'ils renferment...* » Jamais le *Sic vos non vobis* ne fut plus vrai qu'ici : l'inventeur de génie qui s'appelait le marquis de Mannoury-Dectot mourut jeune; aussi les matériaux qu'il avait amassés n'ont-ils servi qu'aux autres. Le brevet du 14 août 1818 est une mine où nombre d'*inventeurs* ont puisé — sans toujours le dire. Mais c'est un devoir, un devoir de justice, que de remettre les choses au point ; et nous insisterons sur le mémoire de Mannoury, qui (pour nous) marque une date dans l'Histoire de la Mécanique au XIXe siècle.

« Sous peu de mois, écrivait le marquis, j'aurai exécuté à Paris plusieurs machines que je soignerai pour obtenir un maximum d'effet : à cette époque, et lorsqu'elles auront reçu la sanction de l'expérience, j'inviterai MM. les membres du Comité des arts [industriels] à les visiter, et j'en consignerai définitivement les dispositions pratiques. »

Cinq ans plus tard, avant d'être arrivé (car il faut du temps !) aux dispositions pratiques, Mannoury-Dectot mourait prématurément, laissant le champ libre à des hommes

(1) Ce titre est beaucoup trop général, et même mauvais. Il fallait dire : « Machines utilisant la force vive de la vapeur d'eau. »

MANNOURY-DECTOT (Jean-Charles-Alexandre-François, marquis de),

(Saint-Lambert, près Argentan (Orne), 1777 † 1822, Paris).

Il émigra, presque enfant, avec sa famille, et se forma lui-même. Il s'appliqua, dès son retour en France (1800), à l'étude de l'hydraulique.

Il construisit alors quelques machines, et réalisa plusieurs inventions qui furent accueillies avec faveur par l'Institut. De ce nombre sont : l'hydréole, le siphon intermittent, la colonne oscillante, dont la description se trouve dans son *Mémoire sur diverses machines hydrauliques* (Paris, 1813). Les découvertes de Mannoury furent, pour la plupart, décrites par L. Carnot (Voir les *Mémoires de l'Académie des Sciences*). La « colonne oscillante », la plus ingénieuse de toutes, « n'offre dans la science aucun précédent ».

Mannoury disparut, laissant inédite une *Théorie du calorique* : dans ce travail, il émet et soutient des idées considérées comme extravagantes, à l'époque où l'auteur les produisit, sur la nature de la *chaleur*.

Citons enfin un *Mémoire sur les aérostats et sur les moyens propres à amener la solution de ces problèmes*.

BIBLIOGRAPHIE. — *Annuaire nécrologique* de Mahul. — *Bibliographie de la France*. — *Mémoires de l'Institut, Sc. math.*, année 1812.

de second rang, qui surent tirer parti des idées semées à profusion dans le brevet de 1818.

Les mémoires qui le composent contiennent des expériences[1] physiques ou mécaniques, des descriptions, effets, principes, etc. Voici, sous le titre de *problème*, l'origine d'un appareil devenu très célèbre :

Problème. — *Aspirer l'eau d'un puits, — non seulement d'une profondeur telle que 32 pieds, d'où elle peut faire équilibre à la pression actuelle de l'atmosphère, mais d'une profondeur beaucoup plus considérable* (Voir, pour la solution, notre n° 2412-17, Giffard).

Après une discussion savante (surtout pour un homme qui s'était formé seul) sur les *forces vives*, l'auteur écrit :

« Considérant que c'est dans le tube ascensionnel que la force vive de l'eau auxiliaire se communique à l'eau tributaire et que l'action motrice se passe, — il m'a semblé que le nom de *dynatransfère* convenait à cette partie essentielle de ma machine. »

Le mot *injecteur* lui-même est présent dans les mémoires de Mannoury, mais il n'y a pas la signification qu'on lui prête actuellement.

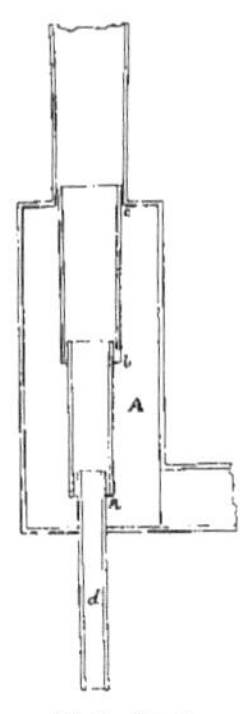

Pl. 2, fig. 7.

« Il conviendrait, dit encore l'inventeur, de donner au dynatransfère la forme indiquée (pl. 2, fig. 7) par la coupe suivant son axe vertical. On y peut remarquer que l'eau auxiliaire, introduite avec toute sa pression dans le tuyau A qui l'enveloppe, y transmet sa force vive à l'eau tributaire, par les trois orifices *a*, *b*, *c*. L'eau tributaire est amenée par le petit conduit *d*. Je ferai observer que la forme doit être analogue à celle du premier... »

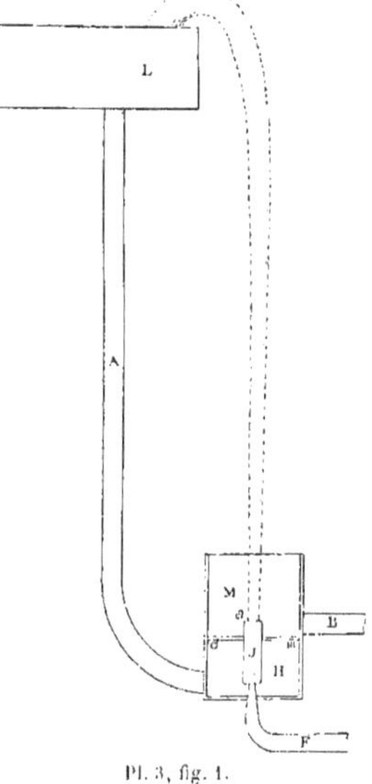

Pl. 3, fig. 1.

La seconde figure que nous avons reproduite des mémoires de Mannoury (pl. 3, fig. 1) vise une « seconde machine », ainsi décrite par l'inventeur :

« Le tuyau A établit une communication de la bâche L au coffret H. Le conduit à vapeur F va engager son ajutage dans le petit dynatransfère J. Une cloison *dm* sépare la partie close H du coffret, de sa partie M qui forme un petit bassin découvert. Le tuyau horizontal B amène dans le bassin M l'eau additionnelle qu'il s'agit d'élever dans la bâche L.

» *Effet.* — Soit la bâche L remplie d'eau, ainsi que le tuyau A et le coffret H. Soit l'eau entretenue constamment dans le bassin M à une hauteur telle, que l'origine *a* du jet d'eau *ab* en soit toujours entourée. Soit enfin un jet de vapeur établi dans le dynatransfère par son conduit F.

» Le jet de vapeur, transmettant sa force vive au jet d'eau, en accroît l'énergie de

(1) Faites à l'École des Ponts-et-Chaussées.

manière à le faire monter beaucoup au-dessus de son réservoir L; mais l'eau inanimée du bassin M, dont ce jet d'eau se charge, par l'adhésion de ses molécules, en réduit la hauteur de manière à ce qu'il puisse cependant aller se jeter dans la bâche L, en formant une courbe parabolique. Ainsi donc, l'effet de la puissance du jet de vapeur est égal au produit de la masse d'eau passive du bassin M, par la hauteur où elle est élevée avec la masse d'eau active du jet d'eau.

» Le jet de vapeur peut agir avantageusement sur l'eau avec la médiation de l'air [1] ».

Nous reviendrons, à l'article *Injecteur* (Voir ci-dessous, n° 2412.17), sur les idées du marquis de Mannoury-Dectot [2]. Disons ici, pour terminer, que ce grand homme avait été légèrement impatienté — chose fort compréhensible — de ce que sa demande de brevet, déposée en juin 1817, n'avait pas encore obtenu de réponse près d'une année après ! Ce retard nous vaut une « lettre de rappel » des plus curieuses, et qui mérite d'être mise sous les yeux du lecteur ; elle est inédite :

A Son Excellence Monseigneur le Ministre de l'Intérieur.

MONSEIGNEUR,

J'ai déposé, le 13 juin 1817, à la préfecture de la Seine, un mémoire fort étendu, sur divers moyens d'employer la force du feu, pour lequel je sollicitais de Votre Excellence un brevet d'invention. Le temps, Monseigneur, que vous avez mis à me répondre, m'a donné lieu d'ajouter à mes découvertes les développements que j'ai l'honneur de transmettre à Votre Excellence par un nouveau mémoire descriptif, sur l'objet duquel je vous prie de vouloir bien ordonner qu'il soit statué sans délai.

Considérant que mes procédés sont nombreux, et qu'ils se rapportent tous à l'application d'un même moteur, je désire que le privilège que je réclame soit compris sous le titre général de : *Divers moyens d'employer la puissance du feu, avec les fonctions distinctes ou conc[illegible]tes de l'eau vaporisée, de l'air ou du mercure, pour imprimer le mouvement aux diverses machines qui concernent les arts et les besoins de la société.*

Pour l'application de mon *bateau à vapeur*, je désire qu'il plaise à Sa Majesté de m'accorder le privilège exclusif de faire conduire les voyageurs de Paris à Auxerre, et de Châlons aux villes de Lyon et Marseille, dans un temps au moins aussi court que celui employé, pour les mêmes lieux, par la voie des voitures publiques. Un tel résultat offre assez d'avantages à la société, pour engager le Gouvernement à donner à son auteur les moyens positifs de récupérer les dépenses qu'il a faites pour les obtenir.

L'application de mes inventions à la prompte transmission des dépêches du Gouvernement et au service de la poste aux lettres sur toutes les routes, de manière à gagner la moitié du temps sans accroître les dépenses, porte encore un tel intérêt, qu'il me paraît important que le Gouvernement protège un aussi grand résultat. Je fais observer que les chariots du commerce peuvent être avantageusement dirigés de cette manière.

(1) Tous ces extraits sont pris directement sur le brevet original (*Portefeuille industriel*, au Conservatoire des Arts-et-Métiers, — Paris).

(2) Dès 1812, il s'était imposé par des innovations hardies, que l'Académie elle-même avait approuvées. Nous lisons dans le *Rapport fait à la classe des Sciences physiques et mathématiques de l'Institut impérial de France, par M. Carnot* [Lazare], *sur les diverses machines hydrauliques présentées par M. Manoury-Dectot* : « Les commissaires de l'Institut pensent que M. Manoury a rendu des services essentiels à la théorie, aussi bien qu'à la pratique du mouvement des eaux, par ses recherches et ses expériences, et que ses inventions méritent l'approbation de la Classe. » Les conclusions de ce rapport furent adoptées dans la séance du 30 décembre 1812.

Et l'*Analyse des travaux de la classe des Sciences mathématiques et physiques de l'Institut pendant l'année 1812*, par Delambre, secrétaire perpétuel, signale « plusieurs machines au moyen desquelles M. Manoury-Dectot est parvenu à résoudre, d'une manière variée autant qu'ingénieuse, ce problème d'hydraulique, dont l'exposé a l'air d'un paradoxe : *Élever l'eau au moyen de machines dont toutes les parties sont constamment immobiles et qui n'ont, par conséquent, ni pistons, ni soupapes, ni rien d'équivalent.* »

Je ne voulais m'occuper des sciences que d'une manière tout à fait libérale, et sans prendre part aux bénéfices de mes inventions. C'était ainsi que j'avais présenté mes machines hydrauliques (dont votre ministère a souscrit le Traité, que je lui transmettrai bientôt); mais ayant demandé infructueusement les dépenses qui m'avaient été suscitées par des expériences exigées et qui m'avaient été ministériellement promises, je me suis vu forcé de plonger dans l'oubli le travail d'une vie laborieuse, ou de chercher un moyen étranger aux encouragements du Gouvernement pour en faire jouir ma patrie.

Cependant le Roi, avant le 20 mars 1814 (1), avait jeté des regards éclairés et bienveillants sur mes intentions (2). MM. les ducs de Richelieu, d'Aumont, de Raguse, etc., étaient venus les visiter pour lui en rendre compte: de fâcheux événements, en m'accablant d'ailleurs, ont fait oublier l'objet de mes justes réclamations. Il serait malheureux si, en France, un objet d'utilité, sanctionné par tous les Corps savants, ne trouvait point la protection que comporte la prospérité publique? Rapportant tout à l'état de nos finances, j'ai voulu prouver, par de nouveaux efforts, que je ne veux vivre que d'une manière utile à mes concitoyens, et qu'il m'aurait suffi t' de ne rien perdre sur mes capitaux pour être satisfait.

J'ai l'honneur d'être avec un profond respect

De Votre Excellence.
Monseigneur,
Le très humble serviteur,
LE Mquis DE MANNOURY-DECTOT.

Paris, le 26 mai 1818, rue Montorgueil, n° 82,
Hôtel du Compas d'Or.

Certes! on peut parler de la sorte quand on est Mannoury-Dectot. Cette lettre hautaine eut un résultat : le 14 août 1818, l'inventeur était en possession de son brevet, — celui dont nous avons donné l'analyse rapide dans le présent article.

241. MOTEURS A VAPEUR (D'EAU) (3)

2411. CHAUDIÈRES

2411. 5. — **Belleville (Julien)** (4).

Générateur de vapeur, breveté le 28 août 1850.

(Extrait de la *Publication des brevets*, S. II, t. XX, pl. 26.)

Ce générateur, dit le brevet, a l'important avantage d'être inexplosible (5), par l'absence de tout réservoir, — la vapeur ne se produisant qu'à mesure des besoins du travail, dans des tubes de petit diamètre.

Il est bien moins volumineux, à force égale, que les générateurs ordinaires.

Il est d'une direction facile; et la négligence ne peut pas y occasionner de ces accidents terribles que l'on a journellement à déplorer.

Il est applicable à toute espèce de machines mues par la vapeur, et à tous les établissements industriels qui ont besoin d'une production de vapeur. Son application à la Marine (6) serait des plus importantes, — car, n'ayant plus de niveau d'eau à observer, le roulis du navire ne ferait plus redouter le contact direct de la chaleur avec les parois des parties de la chaudière qui ne sont intérieurement en contact qu'avec la vapeur.

(1) Il y a sans doute un *lapsus calami* dans cette date, et l'auteur aura voulu dire : 20 mars 1815, date à laquelle Louis XVIII a quitté Paris, par suite du « retour de l'île d'Elbe ».
(2) L'original porte bien *intentions*; mais il est évident qu'il faut lire *inventions*.
(3) Subdivision de la division 24 (*Moteurs thermiques*).
(4) Mort en 1896.
(5) Ce mot appelle des réserves.
(6) M. Delaunay-Belleville a bien voulu prêter au Musée rétrospectif un intéressant dessin provenant de sa collection particulière, et montrant l'installation de générateurs J. Belleville sur l'aviso de guerre *l'Argus*, en l'année 1861.

Il permet, après une suspension de travail de quinze ou vingt heures, de remettre la machine en marche, à une haute pression, en moins de vingt minutes, — temps nécessaire pour bien allumer le feu.

On peut augmenter ou diminuer instantanément la pression à laquelle fonctionne l'appareil, en avançant ou reculant un poids sur le levier gradué de la soupape...

Les diverses parties de ce générateur sont disposées de telle façon, qu'on peut les démonter séparément, les séparer (s'il en est besoin), et les remonter : le tout en fort peu de temps.

Dans l'appareil ici décrit, chaque « série » est composée de cinq tubes vaporisateurs et de cinq tubes dessécheurs, représentant une force de cinq chevaux-vapeur.

L'appareil (pl. 26, fig. 1, 2, 3, 4) est établi pour une force de 10 chevaux. Pour chaque nouvelle force de 5 chevaux, il suffira d'ajouter une nouvelle série de tubes, et d'augmenter proportionnellement en largeur toutes les parties du massif de maçonnerie, la hauteur restant toujours la même. — Le foyer est voûté, etc. ... (1)

JULIEN BELLEVILLE
(Communiqué par M. Delaunay-Belleville, à Paris.)

— Du certificat d'addition en date du 27 août 1851 :

Voici l'une des nombreuses dispositions dont est susceptible l'application de mon système.

FIG. 1.

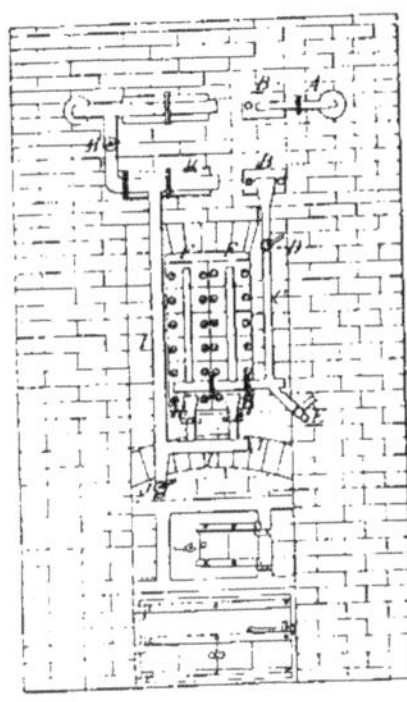

FIG. 2.

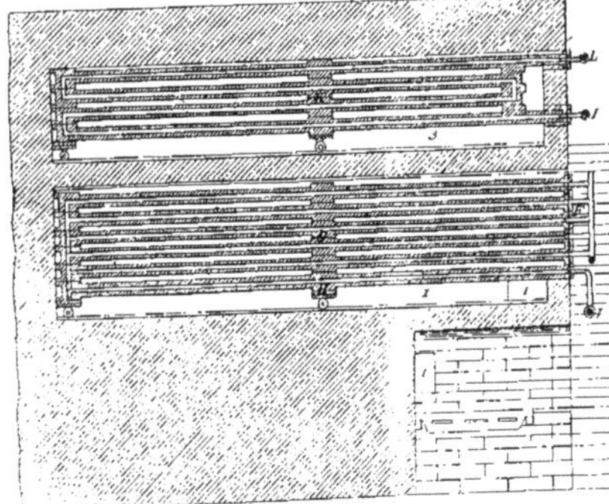

FIG. 3.

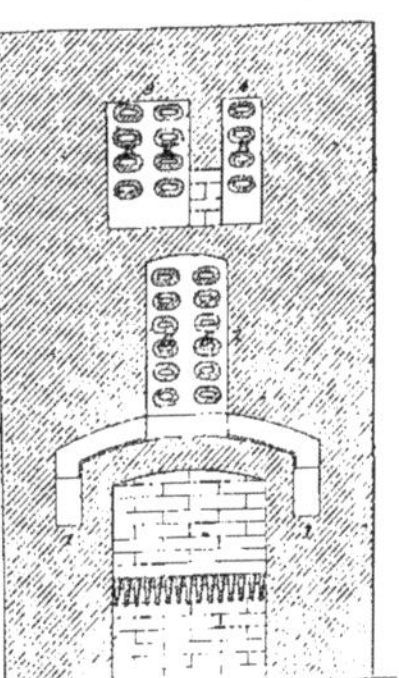

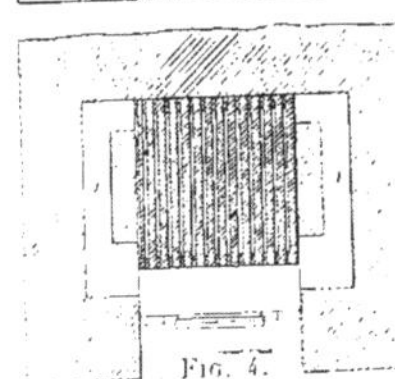

FIG. 4.

Générateurs de vapeur, système Belleville.

(Brevet du 28 août 1850.)

N.-B. — *Les figures représentées sur la page 28 se rapportent à divers certificats d'addition.*

(1) *Publication...*, *loc. cit.*, p. 167. — Paris, 1855.

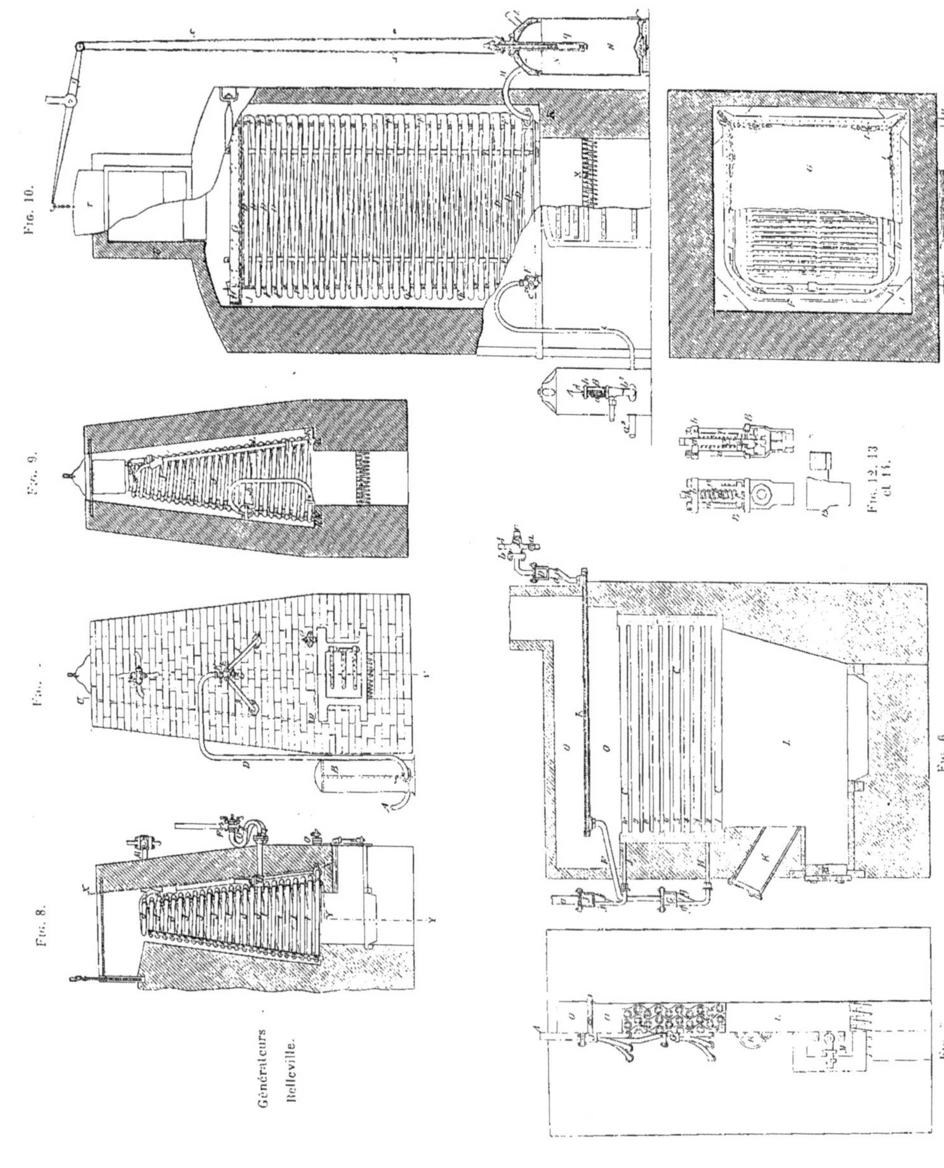

Générateurs Belleville.

Dans cette disposition, chaque série, composée de 10 tubes superposés, représente une force de 2 chevaux au moins.

L'appareil (fig. 5 et 6) est composé de cinq séries qui sont complètement indépendantes les unes des autres; elles ne communiquent entre elles qu'extérieurement par le diviseur G et par le récipient J...

— Du certificat d'addition du 15 novembre 1852 :

Le perfectionnement... concerne une nouvelle construction de l'appareil, mais ne modifie pas le système plus haut caractérisé.

Les figures 7, 8 et 9 représentent... un générateur perfectionné de la force de 6 chevaux. Il se compose d'un serpentin de fer, formé de deux parties qui se relient ensemble à l'aide d'un manchon vide H; etc. [1]...

— Du certificat d'addition du 6 août 1853 :

La présente *addition* a pour particularités distinctives :

1° L'emploi d'un modérateur de température ;

2° La disposition entre-croisée des tubes ;

3° La progression diamétrale des tubes, de l'entrée de l'eau à la sortie de la vapeur ;

4° La suspension de l'appareil et sa parfaite liberté de mouvement...

Ce système générateur a pour base essentielle l'application du principe d'équilibre à la régularisation de la vaporisation instantanée des liquides, pour obtenir à volonté des pressions quelconques. Ce principe est appliqué par l'emploi :

α) — D'une soupape régulatrice de pression et d'alimentation, et d'un réservoir d'eau à air comprimé ;

β) — D'un orifice d'injection, susceptible d'être gradué ;

γ) — D'un excessif mouvement de circulation dans des tubes proportionnés aux forces à obtenir, et de diamètres aussi restreints que possible.

La figure 10 représente une *élévation* en coupe; la figure 11 un plan en coupe, d'un générateur d'une force de 40 chevaux, établi d'après le système Belleville...

La soupape régulatrice B (fig. 12, 13 et 14) est d'une disposition nouvelle, et diffère des anciennes en ce que le levier et le poids sont remplacés par des ressorts à boudin.

Elle se compose des pièces ci-après :

a, Colonnes graduées par atmosphères;

b, Entablement ;

c, Ressort à boudin ;

d, Tige engagée à vis dans le glissoir *e*, qui sert d'index.

En vissant la tige *d*, le glissoir *e* s'élève, guidé par les colonnes *a*, et en raidit le ressort *c*, qui, en réagissant, augmente à mesure la charge supportée par la soupape.

Ce mode de pression est applicable à toute espèce de soupapes, quelle que soit leur dimension ou leur position [2]...

2412. ACCESSOIRES DE CHAUDIÈRES

2412. 4. — **Chaligny et Guyot-Sionnest.**

Condenseur double à eau régénérée.

(Soumis à la *Société d'Encouragement pour l'Industrie nationale* en juin 1888. Vol. LXXXVII, pl. 23.)

Le but qu'ont cherché à atteindre les inventeurs, c'est de pratiquer la condensation dans les machines à vapeur, tout en ne dépensant qu'une quantité d'eau minime.

La vapeur d'échappement, au sortir du cylindre de la machine, est reçue dans un conden-

(1) *Publication*.... *loc. cit.*, p. 171. — Paris. 1855.
(2) *Publication*.... *loc. cit.*, p. 176. — Paris, 1855.

seur par mélange; l'eau chaude, expulsée du condenseur par la pompe à air, est renvoyée au réfrigérant. C'est l'organe capital du système : il consiste en une sorte de château d'eau, constitué par des fascinages; l'eau chaude, arrivant par le haut, tombe sur les fascinages en s'éparpillant, en même temps qu'un courant d'air, lancé par un ventilateur, parcourt l'appareil de bas en haut : le refroidissement a lieu, à la fois, par évaporation et par contact. L'eau refroidie se réunit dans un bac au bas du réfrigérant, et peut servir de nouveau à la condensation.

Il est facile de se faire une idée de la quantité d'eau que doit consommer une machine munie du nouvel appareil. L'eau chaude sortant du condenseur emporte la chaleur qui lui a été fournie par la vapeur d'échappement : c'est cette chaleur qui doit lui être enlevée dans le réfrigérant, pour que l'eau soit ramenée à sa température initiale; le refroidissement ayant lieu principalement par évaporation, il faut que s'évapore, dans le réfrigérant, un poids d'eau à peu près égal au poids de la vapeur d'échappement, c'est-à-dire au poids de l'eau d'alimentation autrement dit, la condensation ne coûte pas d'eau.

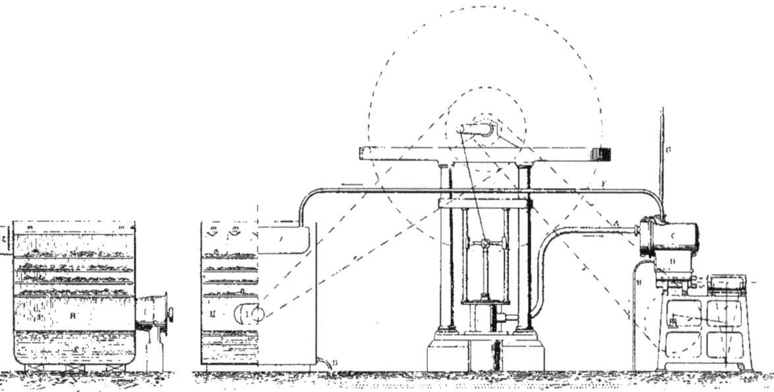

Condenseur double, système Guyot-Sionnest et Chaligny.

... Les avantages de la condensation sont tellement grands, non seulement au point de vue de l'économie de combustible mais encore eu égard aux frais d'installation et d'entretien des chaudières, qu'on ne renonce à l'employer que s'il n'est plus possible de faire autrement : c'est malheureusement le cas ordinaire dans les villes, où l'eau de distribution est d'un prix inabordable, et où l'on est souvent très gêné pour l'évacuation à l'égout des eaux chaudes. Le système qui vient d'être décrit semble donc appelé, dans bien des circonstances, à rendre de sérieux services à l'industrie (1)...

2413. MACHINES A VAPEUR FIXES

2413. 2. — **Perrier** frères.

Premières machines à feu, à double effet, exécutées à l'île des Cygnes, près Paris, pour faire mouvoir les moulins à blé de MM. Perrier frères (2) [8 tableaux].

a. Plan général ;

b. Plan général (partie supérieure);

c. Élévation générale ;

(1) *Bulletin de la Société d'Encouragement*, année 1888, pp. 453, 455. Rapport de M. Hirsch.

(2) Ces machines sont de construction *française*. — événement capital!

d. Détails relatifs à la chaudière ;

e. Profil montrant l'intérieur : du cylindre à vapeur, des parties relatives à la condensation, de la pompe à air, etc. ;

f. Détails du régulateur ;

g. Coupe du bâtiment contenant la machine :

Machine des frères Perrier à l'île des Cygnes (Paris).

h. Coupe montrant l'intérieur de la machine.

(Extrait de la *Nouvelle Architecture hydraulique*, par M. de Prony. t. II, pl. 21, 22, 23, 24, 26, 28, 30, 31. Firmin-Didot édit., 1796.)

Ces machines que MM. Perrier ont fait construire (1789), après le voyage en Angleterre de M. de Betancourt sont d'une exécution si soignée que nous doutons qu'on l'ait surpassée et même égalée nulle part. Elles ont d'ailleurs tout le succès qu'on doit en attendre, et sont une preuve incontestable de l'excellence du mécanisme perfectionné qu'on a substitué à celui des machines de Chaillot [1].

M. Perrier l'aîné nous a assuré que, quoiqu'il n'ait construit des machines *à double effet* qu'après avoir connu le modèle de M. de Betancourt, il avait eu cependant depuis très longtemps l'idée de pareilles machines ; que son objet était de diminuer la grosseur du cylindre à vapeur, de supprimer les contre poids, de simplifier tout l'attirail, enfin d'économiser le combustible. On ne saurait révoquer en doute l'assertion d'un artiste aussi habile que digne de foi ; il est d'ailleurs très naturel de penser que ceux qui ont beaucoup réfléchi sur les divers moyens d'employer la vapeur de l'eau comme moteur, aient cherché à transmettre son effort d'une manière telle, que l'attirail intermédiaire le diminuât le moins possible ; or les machines de Chaillot, quoique beaucoup plus parfaites que les anciennes, étaient encore loin de remplir cette condition [2].

— Nous voulons examiner ici la question suivante, restée indécise : « Que fut réellement Constantin Perrier ? »

Les uns disent qu'il *créa* nos premières pompes-à-feu, les autres (beaucoup plus nombreux), qu'il les rapporta toutes faites d'Angleterre.

La vérité, croyons-nous, est entre deux. — Perrier fut l'*introducteur* des machines-à-vapeur à Paris, ou mieux en France. Il fut également un constructeur original.

Les machines de l'île des Cygnes sont de fabrication française, incontestablement.

Quant aux machines de Chaillot, c'est Delambre qui nous donne la réponse ferme, et je dois ajouter que je ne l'ai trouvée que chez lui :

« M. Perrier fit cinq voyages en Angleterre [de 1778 à 1783]... Il visita quantité d'établissements, où il puisa des connaissances précieuses. Rentré en France, il y fut bientôt suivi des *pièces principales* des deux machines que l'on voit encore à Chaillot. Il fit fabriquer dans ses propres ateliers les pièces accessoires, qu'il lui parut inutile de tirer de l'étranger... »

D'après le peu de documents que nous avons (car Perrier n'écrivait guère), on doit conclure que ces pièces accessoires représentaient encore un très gros travail, et que le mécanicien français avait le droit de dire avec le poète :

Mon imitation n'est pas un esclavage.

Mais nous avons, pour juger les Perrier, la plus sérieuse des références, que je suis trop heureux de pouvoir reproduire.

Accusé d'avoir, au détriment de Watt, voulu donner à nos compatriotes la qualité d'*inventeurs*, Prony répondit par une note des plus nettes (1827) :

« Voici comment je me suis exprimé, dès l'année 1790, dans le premier volume de mon *Architecture hydraulique* (p. 568 et suiv.), après avoir parlé des inventions de Savary, de Newcommen, etc. :

« Un Anglais, appelé M. Watt, a *imaginé*, vers l'an 1770, la machine dont la » fig. 194 (n° 1) représente le profil... Cette machine a été *apportée* d'Angleterre en » France par MM. Perrier, qui l'ont fait exécuter à Chaillot... » Il s'agit ici de la première invention de Watt, celle qui concerne les machines dites *à simple effet*.

» Je parle ensuite de l'invention ultérieure des machines dites *à double effet*, et je dis :

« M. le chevalier de Bettancourt, étant allé à Londres, eut occasion de visiter les

(1) Figurées sous un autre numéro du Catalogue.
(2) *Op. cit.*, t. II, p. 35.

» machines à feu (à double effet) de MM. Watt et Boulton ; il vit le jeu extérieur de » ces machines, mais on lui en cacha le mécanisme intérieur... M. de Bettancourt » conclut de ses observations (sur le jeu extérieur), que le piston du cylindre devait » être poussé avec le même effort, soit dans sa descente, soit dans la montée; et ce » résultat lui fit découvrir le *double effet*, qui constitue essentiellement *la nouvelle » perfection ajoutée aux machines à feu par MM. Watt et Boulton.*

» M. de Bettancourt, de retour à Paris, fit exécuter un modèle de machine-à-feu » à double effet, sur l'échelle d'un *pouce* pour *pied*... MM. Perrier frères, excellents » juges en cette matière, se sont déterminés à faire construire une machine-à-feu à » double effet, et *conforme au modèle* de M. le chevalier de Bettancourt. » Cette machine à feu a été construite à l'île des Cygnes.

» Le second volume de mon *Architecture hydraulique* contient les descriptions des inventions dont je donne l'histoire dans le premier volume; mais on n'y trouve pas un seul mot duquel on puisse conclure que je regarde Perrier comme *inventeur;* je ne parle de lui que comme imitateur, soit de la première machine de Watt, soit du modèle de Bettancourt... »

Voilà ce qu'étaient les Perrier, ou (pour parler plus exactement) Constantin, Perrier l'aîné.

2131. 10. — **Kœchlin (A.).**

Machine à vapeur expansive à cylindres indépendants.

(Brevet *original* (1) en date du 23 juillet 1834.)

Il est spécifié dans le titre, qu'il s'agit d'une « machine de navigation (2) ».

... Les difficultés que présente l'exécution des machines à vapeur, système de Woolf, à deux cylindres, ont fréquemment fait renoncer à leur emploi dans les arts manufacturiers et industriels. Pour la navigation à vapeur, qui demande des machines plus parfaites et plus commodes, le système de Woolf, malgré tous les efforts qu'on a fait pour l'appliquer, n'a pas pu même concourir avec les machines à haute ou basse pression qui servent ordinairement aux bateaux à vapeur, et l'on a (pour ainsi dire) renoncé à leur emploi, — pour la raison que les pistons des deux cylindres sont obligés de faire leur course ensemble dans le même temps, et qu'un bateau à vapeur, qui porte toujours deux machines, se trouve ainsi posséder quatre cylindres et quatre pistons qu'il faut entretenir et régulariser.

La nouvelle machine expansive à cylindres indépendants ne présente aucun de ces inconvénients, et semble être exclusivement (2) propre pour la navigation à vapeur et pour les chemins-de-fer. En effet, s'il est reconnu qu'un bateau à vapeur a toujours besoin de deux machines — tant pour obtenir un mouvement régulier, que pour faire marcher le bateau, en tout temps et instantanément, pour chaque position des manivelles, dans un sens ou dans l'autre, — les deux cylindres indépendants, alimentés par une seule et même chaudière et agissant par l'expansion de la vapeur du petit au grand, ont chacun leurs pistons indépendants; et leur mouvement se trouve réglé de façon que, lorsque l'un a terminé sa course, l'autre se trouve au milieu, — ce qu'on n'a pu atteindre jusqu'à présent, dans le système de Woolf, qu'en plaçant deux machines composées de quatre cylindres, quatre pistons, deux condensateurs, etc., tandis que la nouvelle machine, qui fait l'office de deux, n'a que deux cylindres, deux pistons, et un seul condensateur (3)...

(1) *Original* n'est pas le mot, car M. A. Mallet nous a fait observer très aimablement que c'est une patente anglaise (voir aux dernières lignes de notre article), laquelle n'est elle-même qu'une importation étrangère.

(2) Cependant le brevet contient la phrase suivante, bien nette : « Cette invention s'applique aussi à toutes les machines à vapeur existantes, pour les arts industriels et manufacturiers, et dans le double but d'augmenter la force de ces machines ou d'économiser le combustible. » Il n'y a donc pas lieu de modifier la classification du Catalogue (*Machines à vapeur fixes*).

(3) *Publication des brevets*, série I, t. LIII, p. 311. — Paris, 1844.

— Voilà, certes, un brevet des plus importants, et qui se rapporte à l'origine des machines *compound*, à la question Roëntgen-Normand.

Puisque c'est ici seulement qu'il nous sera permis de parler de « l'expansion multiple », rappelons — pour nous en tenir d'abord à la double expansion — qu'on peut classer les machines à vapeur où la détente s'opère dans deux cylindres, suivant deux genres principaux :

1° Les machines dans lesquelles les deux pistons arrivent *en même temps* aux extrémités de leur course, et dont la distribution est disposée de telle sorte que la vapeur, au sortir du petit cylindre, entre directement dans le grand (on réserve assez ordinairement à ce genre la dénomination de *machines Woolf*) ;

2° Les machines dites *compound*, dans lesquelles la vapeur, en s'échappant du petit cylindre, se rend dans un réservoir intermédiaire, où puise la distribution du grand cylindre. — Dans les machines *compound*, il n'existe *aucune relation nécessaire entre les mouvements des deux pistons* : ils peuvent arriver à bout de course soit simultanément soit à des moments différents.

Que l'on considère ou non *Benjamin Normand* comme le véritable *créateur* du système à double et triple expansions [1], c'est lui (du moins) qui l'a fait entrer dans la Marine, c'est-à-dire qui l'a placé sur sa véritable voie.

M. A. Mallet, si compétent dans la matière — c'est le promoteur des locomotives *compound*, — a relevé des antériorités, d'ailleurs plus intéressantes au point de vue historique qu'au point de vue pratique. Nous lui cédons la parole ; on verra qu'il fait encore la part fort belle à B. Normand :

« Ce ne fut que lorsqu'on se fut familiarisé avec l'emploi des machines à deux cylindres mises en faveur par les applications heureuses de Randolf et Elder, qu'on revint à la forme si simple inaugurée par Roëntgen (1830).

» En France, Benjamin Normand, par sa première application sur *le Furet* en 1860, et par un grand nombre d'autres ultérieures, détermina le courant qui conduisit à l'adoption définitive de ce genre de machine pour la navigation. Le rôle de Benjamin Normand a été très important dans cette question, et son nom occupera à juste titre une place considérable dans l'histoire de la machine *compound*.

» L'idée de pousser l'application du principe *compound* au-delà de la conjugaison de deux cylindres seulement, n'est pas récente. Perkins, l'apôtre des hautes pressions, l'avait *émise* depuis longtemps, et elle est exposée de la façon la plus précise dans les patentes attribuées à Roëntgen, et dans d'autres.

» Il est certain qu'il a été construit en Angleterre, pour les filatures, des machines à triple expansion en 1866 et 1870 ; mais il est non moins certain que la première application de ce genre de machines à la navigation, *où il trouve son emploi le plus important*, est due à Benjamin Normand. La première machine a été (croyons-nous) celle du *bateau-omnibus* n° 30 de la Seine, machine qui, commencée en 1870, n'a pu être achevée qu'en 1871.

» Ce n'est qu'en 1872 que fut construite la première machine anglaise à triple expansion, celle du *Propontis* [2]. »

Pour nous, le rôle de B. Normand est comparable, comme rôle initiateur, à celui

(1) En relisant mes « épreuves », je constate avec regret que je n'ai pas ici suffisamment séparé la *double expansion* de la *triple* — pour laquelle B. Normand reste sans rival.

(2) *Rapport de M. A. Mallet sur les machines-à-vapeur à détente en cylindres successifs*, dans le *Congrès international de Mécanique appliquée* (septembre 1889). — (A Paris, chez E. Bernard et Cie ; t. II, pp. 11 et 19).

du marquis de Jouffroy-d'Abbans. Or qui voudrait, aujourd'hui, contester les droits du marquis de Jouffroy?

Nous ne serions pas entré dans tous ces détails, qui seraient mieux à leur place ailleurs (V. la biog. : *Benjamin Normand*), s'ils n'étaient liés au titre même du présent article, à l'erreur commise par le Musée Centennal en prenant pour un brevet *original* de Kœchlin ce qui n'est qu'un simple brevet d'importation. Et nous terminerons en citant quelques lignes d'une note fort érudite dont M. Mallet a bien voulu nous faire hommage dernièrement :

« Nous avouons, en toute sincérité, dit M. Mallet (1), être l'auteur de la confusion qui a fait prendre Ernest Wolff (2), l'agent en Angleterre de Roëntgen, pour l'auteur de l'invention brevetée en 1834, alors qu'il n'était que le patenté, tout comme la maison Kœchlin et Cie (de Mulhouse), — et cela faute d'avoir observé, en tête de la patente anglaise, la mention légale : « Communication d'une personne résidant à l'étranger. » Depuis cette erreur, commise dans notre Mémoire de 1873 (3), et reproduite par plusieurs auteurs, — nous avons fait tout notre possible pour rétablir la vérité, sans avoir pu y parvenir complètement, comme on vient de le voir.

» C'est par une erreur semblable, et faute d'avoir su qu'il s'agissait d'un *brevet d'importation*, que les organisateurs de l'intéressant Musée Centennal du groupe IV (Mécanique), à l'Exposition Universelle (1900), ont fait figurer dans cette collection, en en faisant honneur à André Kœchlin, le dessin du brevet français de 1834 (4), pris au nom du constructeur de Mulhouse. Nous nous empressons, d'ailleurs, de reconnaître que cette erreur est très excusable, car le premier coupable est la publication officielle du Ministère : *Description des machines et procédés consignés dans les brevets d'invention, de perfectionnement et d'importation*, t. LIII (5), p. 314, — où le brevet d'André Kœchlin, du 23 juillet 1834, est indiqué à tort comme brevet d'invention, alors que c'est, en réalité, un *brevet d'importation*, comme on peut s'en assurer en consultant le brevet lui-même au Conservatoire (6). »

Parfaitement d'accord. Et nous aurions purement et simplement supprimé, comme non français, le brevet Kœchlin, s'il ne nous avait fourni prétexte à la dissertation, utile (croyons-nous), que nous venons de soumettre au lecteur.

2414. MACHINES A VAPEUR MOBILES

2414. 2. — **Seguin** (7).

Chaudière à vapeur, — sur le principe de l'air chaud circulant dans des tuyaux isolés, de petites dimensions (8).

(Brevet *original*, délivré le 22 février 1828 (9).)

(1) *La machine « compound » de Roëntgen à l'Exposition Universelle de 1900.* — Paris, 1901. P. 17.
(2) Prière de ne pas confondre non plus *Wolff* avec *Woolf*.
(3) P. 123.
(4) Précisément notre présent numéro (2413.10).
(5) C'est la *Publication*, série I.
(6) *Portefeuille industriel des Arts-et-Métiers*, à Paris.
(7) Marc Seguin, dit Seguin aîné. — Ses frères Camille, Paul et Charles l'aidèrent dans ses nombreux travaux.
(8) La figure accompagnant le brevet, celle que nous donnons ici, représente une chaudière fixe. Nous croyons néanmoins que la chaudière de Seguin doit rester parmi les *Machines à vapeur mobiles*, car elle fut inventée à l'occasion des chemins de fer, et sa plus brillante application est celle qu'on a faite aux locomotives. Cette *application*, sous la forme définitive, est due à Booth et Stephenson, — nous le reconnaissons très facilemen et voulons le proclamer dès le début de cet article.
(9) La demande de brevet est datée du 12 décembre 1827.

Aucune description, dans le dossier *original* du Conservatoire des Arts-et-Métiers, n'accompagne cette mention brève, mais complète : tout est compris là-dedans et dans la légende du dessin, que nous donnons avec le dessin. Du reste, cela n'est-il pas

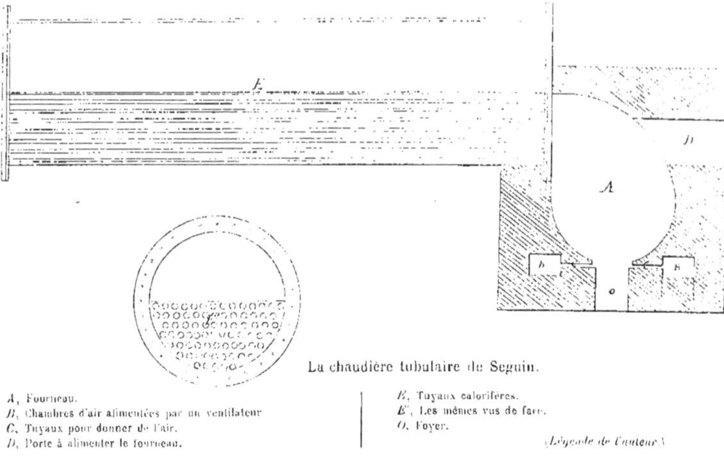

La chaudière tubulaire de Seguin.

A, Fourneau.
B, Chambres d'air alimentées par un ventilateur
C, Tuyaux pour donner de l'air.
D, Porte à alimenter le fourneau.
E, Tuyaux calorifères.
E', Les mêmes vus de face.
O, Foyer.

(*Légende de l'auteur.*)

suffisant?... A vrai dire, jamais homme ne fut plus calme que Seguin — presque indifférent, au sujet de sa grande invention; il la considérait (croirait-on) comme chose

---

SEGUIN (Marc) = [Annonay, 1786 † 1875, Annonay].

Neveu de Montgolfier, dont le génie scientifique développa le sien, Marc Seguin débuta dans l'industrie, en 1820, par la construction du pont suspendu de Tournon, dans lequel il expérimenta, le premier, la résistance de ce genre d'ouvrages métalliques; puis, il s'occupa de navigation à vapeur. En 1827, il inventa la chaudière tubulaire ([a]) pour les locomotives du chemin-de-fer de Saint-Étienne à Lyon. Il surmonta les difficultés que présentait la construction de cette dernière ligne; et, ces travaux terminés, il reprit la question de la navigation à vapeur, navigation qu'il voulait introduire sur le Rhône.

Au milieu de tant d'études pratiques, il trouva du loisir pour écrire plusieurs ouvrages, notamment :

Mémoire sur le chemin-de-fer de Saint-Étienne à Lyon (in-4);

De l'influence des chemins-de-fer, et de l'art de les tracer et de les construire (1839, in-8).

Marc Seguin, qui s'était fixé dans la Côte-d'Or (d'abord à Montbard), fut nommé correspondant de l'Institut (Académie des Sciences) en 1845.

Dans l'ouvrage intitulé : *De l'influence des chemins-de-fer...*, qui date de 1839 (ne l'oublions pas), — « Seguin signale les données nécessaires à une grossière détermination de l'*équivalent mécanique de la chaleur*, sans en déduire la valeur lui-même » (Thurston).

J.-B. Dumas, toujours si judicieux, a dit, là-dessus, des paroles qui nous semblent d'un poids considérable :

« Les physiciens se rappelleront que M. Seguin, le *premier*, a exprimé *d'une manière positive* les bases de la théorie mécanique de la chaleur. »

On voit que ce grand homme était éminemment ce qu'on appelle un *initiateur* : nous devons saluer en lui le véritable père des chemins-de-fer, car sa chaudière tubulaire a seule rendu possible la construction des locomotives et l'emploi de la vapeur sur une voie ferrée.

Bibliographie. — *Bulletin de la Société d'Encouragement...*, année 1875. — R.-H. Thurston, *A History of the growth of the steam engine* ([b]) (New-York, 1879). — Divers.

a. Chaudière « à tubes de fumée ».
b. *Histoire du développement de la machine à vapeur*, I. VII.

secondaire, tandis qu'il mettait au premier plan la question accessoire [1], celle du tirage intensif, qu'il avait résolue aussi, bien que d'une manière médiocre (par ventilateurs). Dans son bel ouvrage intitulé : *De l'influence des chemins-de-fer*, etc. (Paris, 1839) Seguin s'exprime ainsi, — p. 425 :

Les machines locomotives que l'on construisait avant 1823 ne pouvaient suffire à la production que de 300 kilogrammes de vapeur à l'heure.

Je dus à la protection éclairée que, dès cette époque, le Gouvernement accordait à l'industrie, de pouvoir introduire en France, exemptes de droits, deux machines du célèbre constructeur sir Robert Stewenson [2], de Newcastle-sur-Tyne, telles qu'on les employait alors sur le chemin-de-fer de Darlington. L'une d'elles fut envoyée à M. Halette, constructeur distingué de machines à Arras, pour qu'il l'étudiàt; l'autre fut transportée à Lyon pour servir de modèle à celles que je devais y faire construire pour le service du chemin-de-fer [de Saint-Étienne à Lyon]. Il résulta des essais multipliés qui furent faits sur ces machines à Arras et à Lyon, que leur production ne pouvait dépasser 300 kilogrammes de vapeur à l'heure, quantité qui resta exactement la même, quelle que fût d'ailleurs la pression et, par suite, la température à laquelle cette vapeur se formait, sans qu'il fût possible de remarquer aucune différence dans la quantité du combustible employé...

L'insuffisance de vitesse de ces machines, *les seules en usage en Angleterre jusqu'en* 1829 [3], me fit reconnaître la nécessité de chercher les moyens d'augmenter la production de vapeur; aussi, *dès l'année* 1827, j'avais commencé à *mettre à exécution* le projet que je nourrissais depuis longtemps, de multiplier les surfaces échauffantes, en faisant passer l'air chaud provenant de la combustion, à travers une série de tubes plongés dans l'eau de la chaudière.

Il me parut que le non-succès de la méthode inverse — de multiplier les surfaces en faisant circuler l'eau dans les tubes, tenait principalement à ce qu'il ne pouvait s'établir un mouvement assez rapide dans le liquide à cause du peu de hauteur des colonnes d'eau enfermées dans les tubes [4], ce qui ne permettait pas à toutes les parties du liquide de venir successivement se présenter aux surfaces échauffantes; je remarquai qu'il se formait dès lors, entre l'eau et le métal, une couche de vapeur très chaude, très mince, très rare et, par conséquent, très mauvais conducteur du calorique, qui s'opposait d'autant plus efficacement à sa transmission que la température était plus élevée.

C'est pour obvier à ces inconvénients que je voulus *faire l'essai* du système contraire, qui a confirmé si pleinement toutes les espérances que j'en avais conçues.

Ces chaudières ont été appliquées à *toutes* les machines locomotives qui se sont construites depuis...

Telle est la simple déclaration qui précise le caractère et le mérite de l'invention de Marc Seguin.

Après avoir ajouté : « Le plus grand obstacle que j'entrevoyais à l'accomplissement de mon projet était la difficulté de parvenir à obtenir, dans le foyer, un courant d'air assez fort pour déterminer les produits de la combustion à passer au travers des tubes *qui remplaçaient la cheminée de la chaudière,* » Seguin nous apprend qu'il avait réalisé ce qu'il cherchait à l'aide de ventilateurs à force centrifuge, et conclut par ces paroles véritablement grandes dans leur modestie :

« Je regardai alors la question comme complètement résolue, et pris, le 12 décembre 1827, un brevet de cette invention. »

(1) Quoique fort importante.
(2) Seguin peut écorcher un peu les noms étrangers, mais du moins il les cite franchement.
(3) Évidemment Seguin ne veut entrer dans la discussion personnelle : son argumentation n'en est que plus digne et plus forte.
(4) Verticaux

2414. 9. — **Pecqueur.**

Chariot à vapeur.

(Brevet *original* en date du 25 avril 1828.)

Pour composer, écrivait Pecqueur, un chariot à vapeur offrant le moyen d'être dirigé avec facilité dans toutes les circonstances que présentent les routes, et tirer un bon parti de la force motrice, le problème à résoudre m'a paru présenter cinq conditions principales qu'il était indispensable de bien remplir :

La première condition est de donner l'impulsion au chariot par une machine à vapeur, soit pour le faire avancer ou pour le faire reculer ;

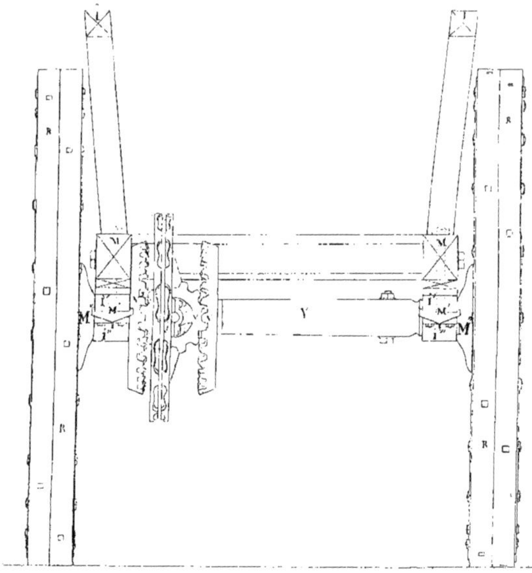

Chariot à vapeur de Pecqueur.

La seconde, d'avoir le moyen de le diriger facilement pendant qu'il avance ou pendant qu'il recule, sans éprouver aucune contrariété dans les mouvements ;

La troisième, de mettre à volonté la machine dans un rapport de force plus grand, quand il s'agit de partir, de gravir une montagne, ou de marcher dans un mauvais chemin ;

La quatrième, de trouver une forme de chaudière à la fois légère, solide, occupant peu de place, et non susceptible d'explosion ;

Et la cinquième enfin, de pouvoir mettre à volonté la vapeur en opposition au mouvement de la machine dans les descentes, soit pour y retenir ou pour y arrêter la voiture.

— Après avoir posé le problème de cette façon magistrale, qui fait de Pecqueur l'un des ancêtres des ingénieurs passionnés d'automobiles, l'inventeur ajoute les lignes suivantes, qui méritent d'être citées :

J'insisterai particulièrement pour obtenir le privilège de faire les applications de ce mécanisme *à toute espèce* de voitures à vapeur, parce que je le considère comme le principal élément au moyen duquel on réussira à faire un bon usage des voitures à vapeur. C'est (j'en suis convaincu) faute de connaître ce mécanisme, que les Anglais font de si grandes dépenses pour faire leurs chemins-de-fer en ligne droite ; par son emploi, ils pourraient suivre sans peine toutes les sinuosités, et, s'ils l'eussent connu, ils auraient probablement, depuis longtemps, établi des roulages et des diligences à vapeur sur les routes ordinaires [1]...

Cela, ce n'est pas sûr ! — répondrons-nous à l'inventeur, — car l'importance d'avoir une bonne surface de roulement est telle, que la traction sur rails sera toujours préfé-

(1) *Publication des brevets*, série I, t. L, p. 25. — Paris, 1843.

rable à la traction sur routes. En tout cas, au moment où l'auteur écrivait, on était excusable de penser de la sorte...

Mais ce qu'il y a de plus curieux dans le brevet de Pecqueur (1828), c'est la description du *différentiel*, qui prouve (entre parenthèses) que nos *chauffeurs* modernes n'ont peut-être pas tout... inventé. Rien ne rend modeste comme de parcourir les annales du passé : dans une telle étude, on constate que les « anciens » avaient du bon. Voici donc la question du *différentiel* :

Description de l'essieu de derrière, ou du mécanisme qui partage la puissance sur les deux roues sans nuire à leur indépendance. — L'essieu de derrière est composé de deux pièces de fer principales Y, Y' (voir fig.); l'une est ronde (Y'), et l'autre forme une chape qui embrasse la première. Sur chacune de ces pièces est fixée une roue d'angle V, V'... La chape Y est fixée aux rayons de la roue d'angle V au moyen de fortes vis; dans le centre de celle-ci passe l'autre partie Y' de l'essieu, qui, au moyen des coussinets Y'', se trouve tout-à-fait maintenue au centre de la chape et d'une manière très solide, — en conservant néanmoins la faculté de pouvoir tourner sans la chape Y, ou la chape de tourner sans cette partie Y'. Ces deux pièces forment donc un *essieu composé*, aux extrémités duquel se fixent les roues de derrière RR, RR, dont les moyeux (M'', M'') sont en fonte de fer.

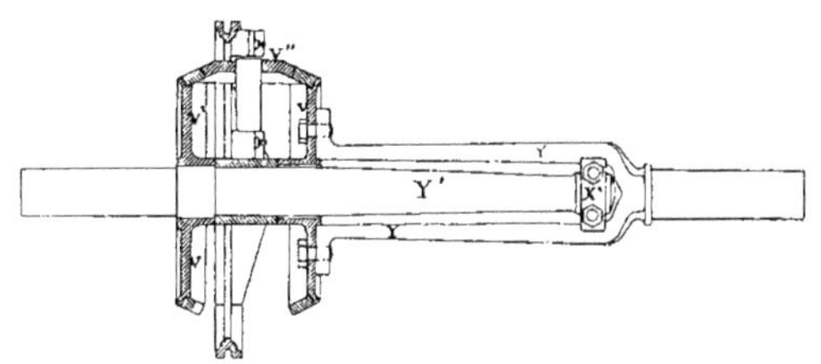

Chariot à vapeur de Pecqueur : le *différentiel*.

C'est au moyen des roues d'angle V, V', que le mouvement du moteur doit se transmettre à chacune des roues de derrière; ces roues d'angle, ainsi que le pignon d'angle V'' qui s'engrène avec elles, sont en fer forgé, afin de présenter toute la solidité nécessaire. Les brancards M, M, sont renforcés par des échantignolles I; à ces échantignolles sont fixés les paliers I'', I'', dans lesquels l'essieu peut tourner.

Une roue J, placée entre les deux roues d'angle, est montée sur l'essieu rond de manière à pouvoir y tourner librement; elle sert de support au pignon d'angle V'', qui reste toujours engrené avec les roues d'angle V et V'. Ce pignon peut tourner sur son axe dans des collets faisant partie de la roue J, de manière que, quand cette roue est sollicitée à tourner, elle emporte le pignon d'angle V'' autour de l'essieu, et lui fait parcourir un cercle, comme un satellite tourne autour de sa planète. Quand l'effort s'exerce sur la roue J, le pignon V'', qui se trouve engrené dans les deux roues d'angle, tend à les entraîner toutes les deux dans son mouvement, et partage nécessairement l'effort qu'il reçoit — entre les deux roues de derrière, puisque ces dernières (comme il a été dit) sont fixées chacune à une partie de l'essieu, et que chaque partie de l'essieu est fixée à une des deux roues d'angle.

Par cette disposition, on voit que le rapport de vitesse entre les deux roues de derrière n'est nullement limité; que l'une peut tourner indépendamment de l'autre, et qu'elle reçoit toujours, dans toutes les circonstances, la moitié de l'action du moteur. Ce qui détermine le rapport de leur vitesse n'est autre chose que le terrain sur lequel elles roulent et prennent chacune leur point d'appui. La roue J est, dans cette application, une roue à encoches, dans laquelle une chaîne sans fin vient s'engrener : c'est par cette chaîne que l'action du moteur est transmise au train de derrière...

La roue J, au lieu d'être une roue à encoches pour s'engrener avec une chaîne, pourrait être une roue dentée s'engrenant avec une autre roue ou avec un pignon denté. Je me propose d'exécuter une machine-à-vapeur composée de deux cylindres et de deux pistons agissant tous les deux sur un axe portant un double coude, placé parallèlement et près de l'essieu de derrière. Etc...

242. MOTEURS A AIR CHAUD

242. 5. — **Burdin.**

Emploi de l'air chaud comme moteur.

Il paraît [dit la Note dont nous faisons usage] (1) que la machine de M. Burdin, ingénieur en chef des Mines, est encore en projet.

L'auteur pense que l'on pourrait, avec un grand avantage, remplacer [comme moteur] la vapeur d'eau par l'air chaud comprimé.

Il suppose que l'air, à 0 degré de température et à 4 atmosphères de pression, sera chassé, au moyen d'une pompe foulante, dans un cylindre de tôle garni de briques à l'intérieur (pour conserver la chaleur), et renfermant un foyer recouvert d'une tranche de charbon suffisante pour convertir la moitié de l'oxygène de l'air en acide carbonique. Cet air acquiert ainsi une température de 800 degrés au moins, et quadruplera de volume, sans diminuer de pression. Il pourra donc produire, à l'aide de deux pistons sous lesquels il se rendra tour à tour, un travail bien supérieur à celui qu'aurait exigé son introduction, c'est-à-dire au moins le double.

M. Burdin, en calculant tous ses effets et en tenant compte de la détente, arrive à montrer que 1 kilogramme de charbon produira, dans ce cas, une force représentée par 598.600 kilogrammes élevés à 1 mètre, — ou 6 à 7 fois le travail réel des meilleures machines-à-vapeur de Woolf.

243. MOTEURS A GAZ

243. 3. — **Lenoir (Ét.).**

Moteur à gaz, breveté le 24 janvier 1860.

(Soumis à la *Société d'Encouragement pour l'Industrie nationale*, en juillet 1861. Vol. LX, pl. 231.)

Cet article vise le même objet qu'un autre n° du Catalogue (243. 2) donnant le brevet de Lenoir, « Moteur à air dilaté par la combustion des gaz. » Voici quelques lignes d'un rapport de Tresca, dans lequel la question du moteur à gaz est consciencieusement étudiée :

M. Lenoir a pris un brevet d'invention pour un moteur à air dilaté par la combustion des gaz. Ce moteur, pour le fonctionnement duquel le seul combustible à employer est du gaz d'éclairage, puisé dans les conduits de la distribution publique, a fonctionné dès le mois de de mars [1860] dans les ateliers de M. Lévesque, rue Rousselet, à Paris...

Si le moteur Lenoir n'est pas essentiellement nouveau dans son principe, il faut reconnaître que, le premier, dans cette direction, il a réellement fonctionné dans l'industrie, et que son emploi s'y est assez propagé pour que deux ateliers de quelque importance soient aujourd'hui consacrés exclusivement à sa construction...

M. Lenoir nous préviendra aussitôt que des expériences pourront être faites sur sa voiture (2) et sur son bateau : sans nous prononcer en aucune façon sur la dépense de ces appareils, nous ne craignons pas de dire qu'ils nous paraissent répondre à leur destination, quant à l'agencement des organes et quant à leur mode de fonctionnement.

... L'expérience a prouvé que la dépense (argent) était, à égalité de puissance, beaucoup plus

(1) *Comptes rendus de l'Académie des Sciences*, séance du 25 avril 1836. — Les commissaires qui présentaient la Note de Burdin (*Sur l'air chaud considéré comme un moteur plus économique que la vapeur d'eau*) ont les suivants : Poisson, Dulong, Navier, Savart.

(2) Cette phrase est importante au point de vue historique.

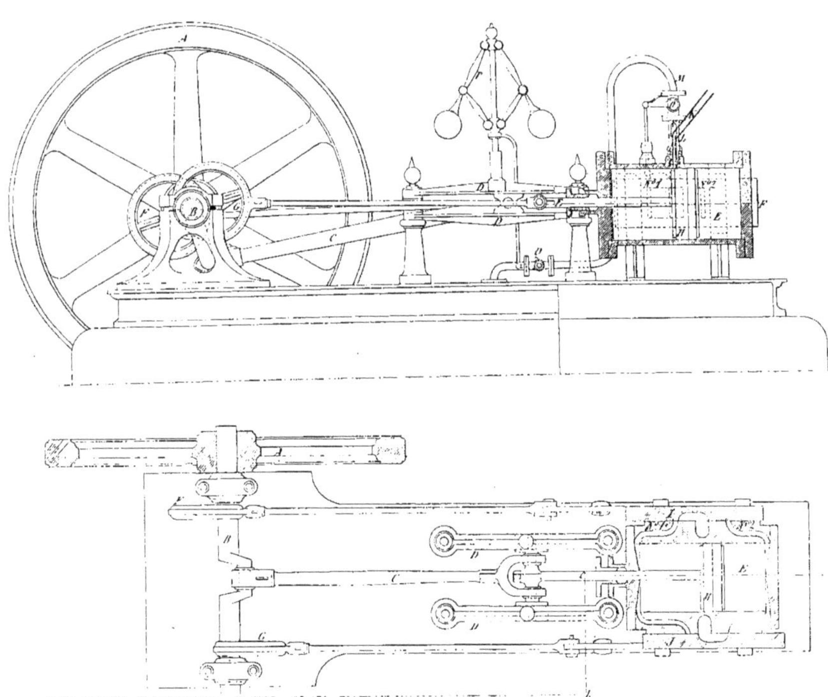

Moteur « à air dilaté » de Lenoir. — Élévation et plan-coupe.

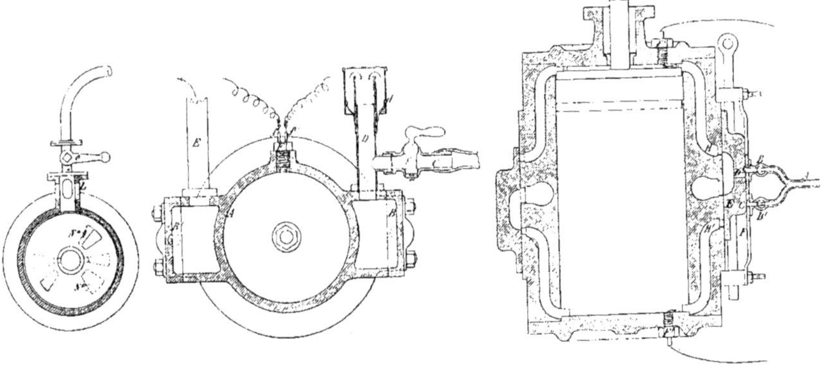

Moteur Lenoir. — Coupes diverses (détails).

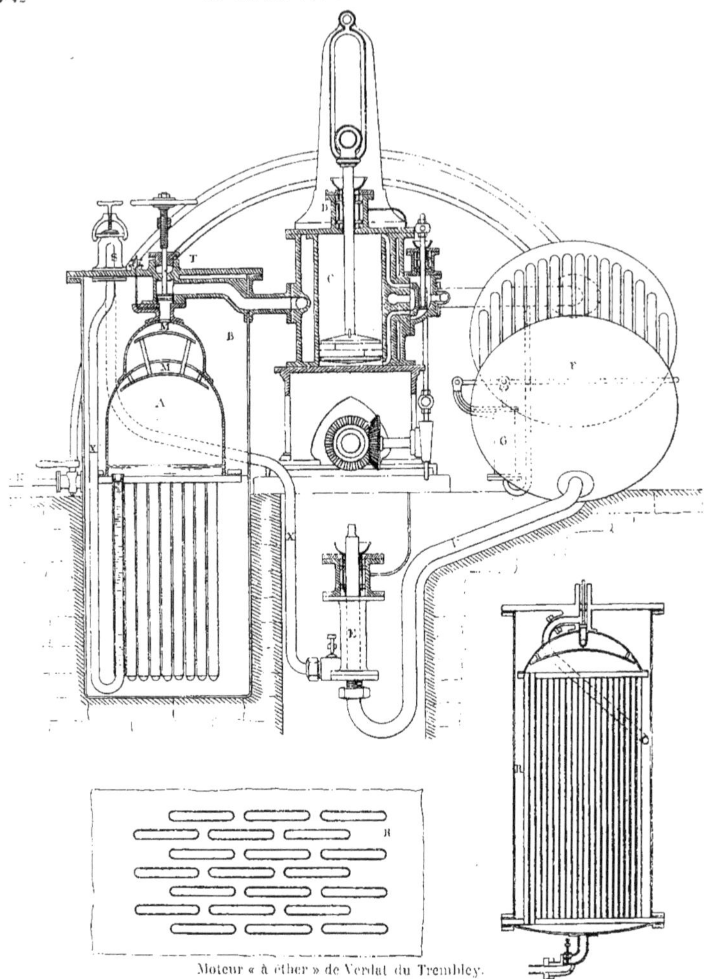

Moteur « à éther » de Verdat du Trembley.

LÉGENDE EXPLICATIVE DE L'INVENTEUR

A, Chaudière à éther verticale, à tubes fermés par une extrémité et assemblés par l'autre dans une plaque fondue... Cette chaudière, et sa calotte servant de réservoir de vapeurs, est tout entière en cuivre rouge. — MM'. Diaphragmes servant à briser les projections liquides des tubes dans lesquels se forme la vapeur d'éther. — T. Soupape à deux lentilles de plomb, jouant au moyen d'une vis et d'un rappel dans une tubulure à deux sièges servant à ouvrir et à fermer l'introduction de la vapeur dans le cylindre. — S. Soupape introduisant dans la chaudière l'éther liquide, refoulé par la pompe d'alimentation E. La pression de la chaudière agit sur cette soupape de manière à la tenir fermée. — XX'. Tubes conduisant l'éther liquide à la chaudière. — B. Enveloppe de la chaudière à éther, dans laquelle est introduite la vapeur d'eau destinée à chauffer l'éther. — N. Tube amenant la vapeur d'eau destinée à chauffer la chaudière à éther. Ce tube provient d'une chaudière à eau (ordinaire) ; on prend la vapeur d'eau à la sortie du cylindre d'une machine dans laquelle elle a agi. — C. Cylindre dans lequel agit la vapeur d'éther, en tout semblable aux cylindres à vapeur ordinaires. Il est muni d'une enveloppe dans laquelle circule de la vapeur d'eau, afin de l'échauffer avant la mise en marche de la machine. — D. Garnitures de cuir à cônes agissant sur la tige du piston par la pression hydraulique... E. Pompe d'alimentation, d'un volume six fois plus considérable que celui des pompes pour la vapeur d'eau. Cette pompe est munie d'une garniture de cuir à cônes, et doit être posée en contre-bas du condenseur. — F. Condenseur à tubes, dans lequel se liquéfient les vapeurs d'éther à la sortie du cylindre. Ce condenseur, dont les tubes sont assemblés avec la plaque, ... a deux calottes, l'une dans laquelle arrive la vapeur d'éther, l'autre qui le reçoit condensé et à laquelle aboutit la pompe d'alimentation. Il doit être plongé dans l'eau fraîche, ou arrosé d'une eau en pluie fine. — G. Pompe destinée à faire le vide dans le condenseur, avant la mise en marche de la machine. — V, Tube conduisant l'éther liquide du condenseur à la pompe d'alimentation... — R. Élévation-coupe d'une chaudière à tubes écrasés, afin de diminuer la capacité intérieure et conséquemment la quantité d'éther à employer. — R'. Vue en plan de l'assemblage dans la plaque fondue..., et de la forme des tubes — Ces chaudières sont munies de niveaux et de manomètres grande qu'avec la machine à vapeur. C'est là, sans doute, un inconvénient grave; mais la machine Lenoir a aussi ses avantages propres, qui résultent surtout de la facilité de son installation, de l'absence de chaudière, d'un fonctionnement immédiat. Il y a bien des circonstances dans lesquelles on aura grand avantage à dépenser 2 700 litres, soit $0^{fr},80$ par force de cheval et par heure [1].

244. MOTEURS THERMIQUES DIVERS

244. 5. — **Verdat** [2] **du Trembley** (Prosper).

Moteur à éther, breveté le 17 janvier 1842 [2 tableaux].

(Extrait de la *Publication des brevets*, S. I, t. LXXXIX, pl. 9 et 10.)

Voici le titre exact du brevet : « Appareils propres à opérer la substitution de la vapeur des éthers et des gaz liquéfiés, à l'action de la vapeur d'eau, pour la production de la force motrice, — et en faisant resservir les mêmes agents, d'une manière continue et sans perte. »

Ce brevet est suivi de trois demandes d'addition et de perfectionnement, dont la dernière est de décembre 1845.

... Le procédé consiste, en théorie, à soumettre les éthers ou gaz liquéfiés, d'abord à la chaleur, pour les convertir en gaz élastiques et les faire agir sur le piston d'un cylindre ordinaire, et puis, quand ils ont produit leur effet, à les condenser et à les ramener à l'état liquide, pour les introduire de nouveau dans la chaudière, et les convertir ainsi en vapeur qui exercera de nouveau son action sur le piston du cylindre ; et ainsi de suite.

La solution de ce problème donne, comme résultat infaillible, une immense économie sur le combustible nécessaire pour produire une force donnée.

Pour la réalisation de cette idée, deux moyens se présentaient d'abord :

Le premier consistait à employer des gaz et des éthers à un prix tellement peu élevé, qu'on pût marcher à vapeur perdue ;

Le second consistait à produire, une fois pour toutes, une certaine quantité de l'agent moteur, et à l'employer dans une machine confectionnée de telle sorte qu'il fût impossible d'en perdre la moindre quantité.

C'est à cette seconde manière de procéder que nous nous sommes arrêté, dans la conviction que le haut prix de revient des éthers et des gaz liquéfiés s'oppose, dans l'état actuel de la science, à ce qu'on puisse les employer sans les conserver.

Le chauffage des éthers et des gaz liquéfiés, et leur vaporisation, exigent une chaudière d'une construction spéciale.

Un condenseur particulier est nécessaire pour ramener à l'état liquide les éthers et les gaz qui ont fonctionné.

Il faut enfin, et surtout, un appareil nouveau destiné à remplacer les boîtes à étoupe, et exerçant, sur les tiges qui doivent se mouvoir sans laisser échapper la vapeur, une pression hydraulique et élastique... qui rende toute fuite impossible [3].

(1) *Bulletin de la Société d'Encouragement*, année 1861, pp. 577 et suivantes.

(2) Voir p. 45, la bibliographie du comte du Trembley.

(3) *Publication...*, *loc. cit.*, p. 226. Paris. 1858. — Dans le *Manuel du conducteur de machines « à vapeurs combinées »*, l'inventeur nous apprend, avec une satisfaction bien légitime, que « M. Lafont, lieutenant de vaisseau, fut chargé par le ministre de la Marine, M. de Mackau (1846), d'étudier la valeur du système Verdat du Trembley, et d'expérimenter une machine construite dans ce but, aux frais de l'État, chez M. Beslay, rue Neuve-Popincourt, à Paris. »

30. GÉNÉRALITÉS SUR LA TRANSMISSION DU TRAVAIL(1)

30. 8. — **Raffard.**

Manchon élastique d'accouplement des arbres de transmission.

(Soumis à la *Société d'Encouragement pour l'Industrie nationale*, en octobre 1886 Vol. LXXXV, p. 549.)

... Chaque arbre, étant porté à ses extrémités par des paliers ordinaires, se termine par un manchon en forme de plateau.

Perpendiculairement à la surface plane de ce plateau, l'inventeur fixe une broche d'acier garnie d'un galet en bronze.

L'arbre suivant porte un plateau semblable et dans des conditions identiques, mais la broche est placée à l'extrémité d'un rayon plus grand que celui qui règle la position du précédent.

Si l'on relie ces deux plateaux par un lien quelconque, une corde nouée, un anneau métallique comme un anneau de chaîne, par exemple, — il est évident que par l'intermédiaire de ces liens et de ces broches, le premier manchon entraînera le second comme par une petite bielle, sans qu'il soit nécessaire, pour éviter les déperditions de force, que les axes des organes soient en parfait prolongement.

L'irrégularité du prolongement causera seulement certains mouvements, compensés par l'action du galet.

Pour équilibrer le mouvement et pour faire face aux divers efforts, l'inventeur multiplie le nombre des broches et des liens (2).

(1) *Transmission du travail.* — tel est le titre de la grande rubrique (III), d'où sont tirés les articles suivants.
(2) *Bulletin de la Société d'Encouragement*, année 1886, p. 549. Rapport de M. Pihet.

RAFFARD (Nicolas-Jules) — [Paris, 1824 † 1898, Paris].

Ancien élève de l'École des Arts-et-Métiers d'Angers (1844), Raffard a consacré sa longue carrière à la solution de problèmes nombreux de mécanique et d'électricité.

Parmi ses dernières inventions, la *balance dynamométrique* (ou *frein équilibré*) fut signalée avec éloge à la Société d'Encouragement. Cette Société fit également grand cas des divers *organes de transmission de mouvement* imaginés par Raffard, — entre autres du *plateau d'accouplement à bagues de caoutchouc*, aujourd'hui classique, universellement appliqué pour substituer des liens élastiques à la rigidité d'assemblage de deux arbres situés en prolongement l'un de l'autre.

Raffard a beaucoup étudié les *régulateurs à force centrifuge*, auxquels il a fait subir diverses transformations.

Il est l'inventeur de l'*obturateur à mouvement louvoyant*, inspiré par un principe mis en lumière par M. Haton (a).

« Il importe, a dit M. Ed. Simon, — d'insister sur deux inventions qui constituent, pour notre pays non moins que pour Raffard, des antériorités incontestables dans l'application de la *traction électrique aux tramways et aux chemins-de-fer*.

» Au mois de mai 1881, il installait sur une voiture de la *Compagnie générale des omnibus de Paris*, une *batterie d'accumulateurs* qui permit à ladite voiture le trajet des ateliers de Montreuil (Seine) au cours de Vincennes (Paris), puis de la place de la Nation (Paris) à Versailles, et retour.

» En 1883, la *première locomotive électrique* était également due à Raffard. En France, par suite de conventions avec le concessionnaire, le brevet pour cette locomotive fut pris sous un autre nom ; mais aux États-Unis (la loi américaine exigeant la désignation sous serment de l'inventeur réel), la patente fut délivrée personnellement à Raffard, qui la rétrocéda à la « Thomson-Houston electric Cy » du Connecticut. Cette glorieuse priorité méritait d'être relevée... »

Il faut remercier M. Ed. Simon d'avoir fixé ce point de l'Histoire des Sciences industrielles.

BIBLIOGRAPHIE. — *Bulletin de la Société d'Encouragement...*, année 1886. — *Bulletin des Ingénieurs civils*, année 1898, *Notice* par M. Édouard Simon.

a. Voir : Haton de la Goupillière, *Traité des mécanismes*, p. 120.

31. TRANSMISSIONS MÉCANIQUES

31. 7. — **Martin et Du Trembley, Smith et Hardy.**

Freins à vide.

(Soumis à la *Société d'Encouragement pour l'Industrie nationale*, en 1882. Vol. LXXXI, pl. 144.)

Dans sa belle étude (1) sur le frein Smith-Hardy, M. Baude n'a pas craint de rappeler les noms des premiers auteurs de l'idée, André Martin et Verdat du Trembley :

... Ce n'est point déroger aux habitudes de la Société d'Encouragement que de rechercher les modestes inventeurs d'un procédé aujourd'hui en usage, alors même que ces inventeurs ne

(1) *Bulletin de la Société d'Encouragement*, année 1882, p. 325.

MARTIN (André-Désiré) = [Rouen, 1822 † 1894, Rouen].

Ancien élève de l'École Centrale, et d'abord ingénieur-architecte, André Martin fut, en 1859, membre du Jury d'une Exposition à Rouen : si nous mentionnons ce fait sans importance, c'est qu'il permit à Martin de rencontrer V. du Trembley, déjà célèbre par ses travaux sur les *vapeurs combinées*, et dont il devait être désormais le collaborateur et l'ami.

Le brevet sur les freins continus est de 1860. « A cette époque fut exécuté chez Hall et Scott, constructeurs à Rouen, un appareil d'essais très original, — un wagonnet, roulant sur une petite voie disposée en *montagne russe* et muni du frein pneumatique. L'ouvrier monteur de ce joujou (qui fonctionna longtemps à Paris, au palais de l'Industrie, devant maintes Commissions officielles), cet ouvrier s'appelait Hardy; il alla se fixer en Angleterre après la disparition de la maison Hall et Scott. »

Malgré de nombreuses expériences, et faites très en grand (1860-1865) par des Compagnies de chemins-de-fer, les inventeurs Martin et V. du Trembley, réduits l'un et l'autre à la plus extrême misère, ne purent arriver à faire triompher leurs idées.

Elles reparurent cependant, en 1878, à l'Exposition universelle de Paris, mais « sous des étiquettes américaines et anglaises ! »

Le fils de Martin parvint alors à faire reconnaître les droits des inventeurs français. André Martin, seul survivant, obtint (du moins) quelques compensations de l'État et des grandes Compagnies, — et même de Westinghouse.

Bibliographie. — Divers. — Renseignements fournis par M. René Martin, architecte à Rouen.

— **DU TREMBLEY (Prosper-Paul Verdat, comte)**. = [Lyon, 1810(?) † 1875(?) Lisbonne].

Après avoir fait assez médiocrement son *droit*, Verdat du Trembley se livra tout entier à la culture des sciences. Son invention la plus connue est celle des *Machines à vapeurs combinées* (V. notre n° 244.5); mais un de nos aimables correspondants, malheureusement bien bref, nous le signale comme l'auteur de la « traction fluviale par chaîne, dite *touage*, qui fonctionne encore sur la Seine entre Rouen et Paris ».

En partie ruiné par ses inventions (en attendant qu'il le fût tout-à-fait), le comte du Trembley représentait à l'Exposition de Rouen (1859) une usine métallurgique, et montrait ses *tubes de cuivre étirés sans soudure*, lorsqu'il fit la connaissance d'André Martin. Ces tubes furent l'origine des travaux communs des deux collaborateurs : et la *sonnette atmosphérique* (1860) doit être citée dans la genèse des *freins continus* (1860). Le brevet sur ces freins « mentionne indistinctement l'utilisation de l'air comprimé ou de l'air raréfié. (*Application Westinghouse*, *application Smith*.) »

Nous ne reviendrons pas sur les infortunes scientifiques des deux amis. V. du Trembley fut le plus malheureux, puisqu'il mourut sans avoir vu le demi-succès auquel assista Martin.

Toujours en quête d'idées nouvelles, mais, hélas ! de plus en plus ruiné, le comte du Trembley fut attiré (par qui ? par quoi ??) du côté du Portugal : il s'éteignit à Lisbonne — m'a-t-on dit, — vers 1875.

On a de lui :

Manuel du conducteur des machines « à vapeurs combinées » ou machines binaires (Lyon, 1850, in-8).

Bibliographie. — Renseignements particuliers fournis par diverses personnes.

se présentent pas, que leurs droits au brevet sont périmés, et que des circonstances malheureuses leur ont ravi les avantages qu'ils devaient en tirer. Telle est la situation de M. Martin, aujourd'hui infirme, et retiré à Rouen (rue d'Elbeuf, n° 8) ; son collaborateur, M. Verdat du Trembley est décédé...

Deux systèmes de freins se partagent les Compagnies françaises (de chemins-de-fer) : celui par l'air comprimé, qu'on nomme Westinghouse, et celui par le vide, dû à MM. Smith et Hardy (1)...

Le frein de MM. Smith et Hardy est employé par la Compagnie du Nord ; il a reçu de très nombreuses applications sur les chemins-de-fer anglais et en Amérique...

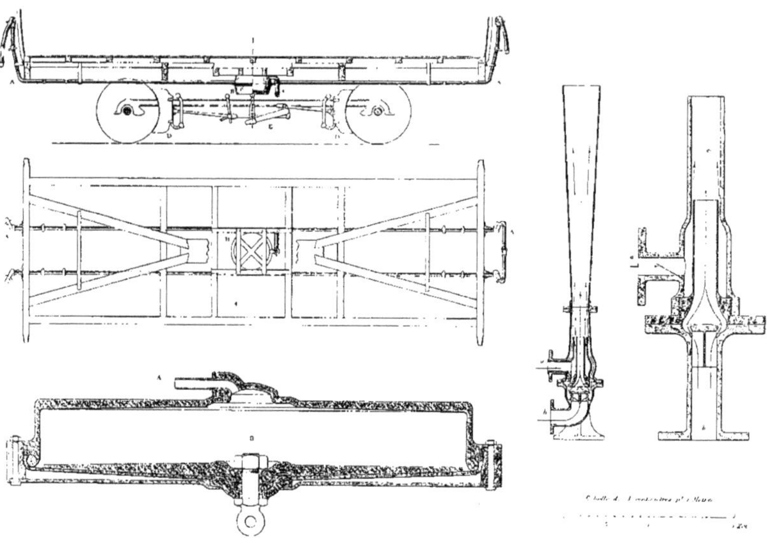

Freins « à vide », dits freins Smith-Hardy.

Nous sommes bien loin d'accuser ces honorables ingénieurs de plagiat pour une invention dont ils ne connaissaient *peut-être* pas l'existence ! mais la similitude du procédé avec celui de M. Martin, dont les brevets remontent au 10 mars 1860, mérite d'être signalée, puisque ce pauvre inventeur, oublié aujourd'hui, dans une situation malheureuse, n'en a guère profité...

... Et, chose singulière ! pour que rien ne manque à la similitude avec le frein à vide de MM. Smith et Hardy, ceux-ci prennent un brevet de perfectionnement, le 4 avril 1877. Il a eu pour objet l'émission de vapeur de la chaudière pour produire le vide : elle arrive dans une tuyère enveloppée par l'épanouissement du tuyau où il s'agit d'enlever l'air ; on lui a donné le nom d'éjecteur.

Mais, dix-sept années plus tôt, soit le 27 décembre 1860, MM. Martin et du Trembley, prenaient un brevet de perfectionnement substituant un jet de vapeur d'entraînement aux pompes — insuffisantes — qui devaient produire le vide...

(1) Smith (John-Y.) ; Hardy (John et John-George). On comprend que devant tous ces Anglais les infortunés Français aient disparu complètement... en France !

33. APPAREILS RÉGULATEURS

33. 9. — **Yvon-Villarceau.**

Régulateur isochrone.

(Soumis à la *Société d'Encouragement pour l'industrie nationale*, en décembre 1875. Vol. LXXIV, pl. 36.)

Yvon-Villarceau fut, on le sait, un théoricien des plus subtils ; mais ses idées n'ont guère passé dans la pratique, — en dépit d'une anecdote racontée par le *Bulletin* (2), et qu'il n'est pas sans intérêt de reproduire :

« Nous appellerons l'attention de nos lecteurs sur une application de la science mécanique, dont les résultats concordent de la manière la plus satisfaisante avec les indications de la théorie, et au sujet de laquelle M. Bréguet a tenu à ce que M. Villarceau fît à ses confrères de l'Académie la déclaration suivante : « C'est la première fois », disait M. Bréguet, en parlant de la construction du nouveau régulateur, « qu'il m'est arrivé, » dans ma longue carrière, de voir un projet — entièrement basé sur la théorie — réussir du premier coup. »

— Après l'anecdote déjà vieille, les constatations actuelles.

En réalité, la recherche du régulateur isochrone était une erreur. Malgré les efforts

(1) *Publication.... loc cit.*. p. 159. — Paris. 1871.
(2) *Bulletin de la Société d'Encouragement*. année 1875. p. 687.

YVON-VILLARCEAU (Antoine-Joseph-François) — (Vendôme, 1813 † 1883, Paris).

Après avoir voyagé dans le Levant, Yvon-Villarceau revint à Paris en 1837. Il entrait bientôt à l'École Centrale, pour en sortir ingénieur (1840).

Mais il se tourna vers l'astronomie : il fit partie de l'Observatoire de Paris en 1846, et du Bureau des Longitudes en 1855.

En 1867, il fut élu membre de l'Académie des Sciences.

Nous lisons dans le discours funèbre prononcé par le colonel Perrier, parlant au nom de cette Académie :

« En mécanique, M. Yvon-Villarceau a produit plusieurs œuvres magistrales :

» ... La *Théorie de la stabilité des machines locomotives en mouvement* (1852), enseignée comme classique à l'École des Mines, et applicable de tous points aux machines à cylindres horizontaux employées dans la navigation maritime et fluviale :

» La *Théorie analytique du gyroscope de Foucault* (1855), déduite des équations du mouvement d'un corps solide, établissant rigoureusement le fait de la rotation de la terre ;

» Un mémoire sur le mouvement et la compensation des chronomètres, où il montre comment, en se fondant sur le théorème de Taylor étendu au cas de plusieurs variables indépendantes, on peut déterminer par l'expérience les six coefficients de l'expression qui représente la marche d'un chronomètre plus ou moins compensé. La méthode qu'il a indiquée pour rectifier les *indications des chronomètres à la mer*, a reçu la confirmation la plus éclatante par douze années d'observations de M. le commandant de Magnac, et a été exposée en détail dans le *Traité de nouvelle navigation astronomique* (a) publié en collaboration avec ce savant officier... »

C'était à la fois (a dit M. Faye), un observateur consommé et un profond analyste, deux qualités rarement réunies dans le même individu. Il disposait en maître de toutes les ressources de la science mécanique. Nul n'était mieux armé que lui pour les répandre ; et, s'il lui a manqué quelque chose, ç'a été l'une de ses occasions — qui s'offrent une fois au plus par siècle — de changer, d'un coup, la face de la science. Quelque élevé et difficile qu'eût été le problème, cette forte tête en aurait eu raison. »

BIBLIOGRAPHIE. — Perrier, *Discours funéraire*. — Faye, *id.* — Tisserand, *id.*

a. Paris. 1878, in-4. avec 1 pl.

faits par Foucault (V. au numéro 33. 10, 11 du Catalogue) pour distinguer *l'isochronisme* et *l'instabilité*, — c'était chose inévitable, qu'une machine munie d'un régulateur isochrone fût une machine affolée.

Un régulateur doit être calculé « de telle manière qu'à une variation donnée de la vitesse angulaire corresponde une modification *suffisante* de l'écartement masses »; mais cette modification ne doit pas être excessive. Il faut bien se garder d'aller jusqu'à ce qu'on appelait — d'un mot d'ailleurs impropre — l'isochronisme!

L'histoire, aujourd'hui close, du régulateur isochrone, n'est pas un exemple d'une théorie juste confirmée par le succès de l'application, — c'est, au contraire, un exemple d'une théorie spécieuse (elle a séduit même de grands esprits), dont les démentis infligés par la pratique ont fait apercevoir le défaut.

42. ÉLÉVATION DES LIQUIDES (1)

42. 19 *bis*. — **Letestu.**

Pompe à incendie (2 tableaux).

(Brevet du 26 avril 1844. — Extrait de la *Publication des brevets*, S. I, t. XCII, pl. 9.)

... On remarquera que les pistons sont formés de deux pièces de cuir fixées à l'extrémité inférieure du cône, de manière à permettre aux deux pièces de se développer pour s'appliquer hermétiquement sur les parois du corps de pompe.

Il y a une différence immense entre un piston formé d'un cône en cuir *d'une seule pièce et cousu*, et un piston formé de deux segments de cône en cuir.

Le piston brisé Letestu (Collection Letestu [de Paris]).

Le piston formé d'une seule pièce de cuir et cousu, outre qu'il est fort difficile à bien ajuster selon le diamètre du corps de pompe, n'a ni assez d'élasticité ni assez de flexibilité pour s'appliquer toujours hermétiquement sur les parois du cylindre. Si on le fait trop large, il fait des plis; si on le fait trop étroit, il laisse passer l'eau. En outre, tous les cuirs ne sont pas également bons pour cet usage, et l'on est souvent obligé d'en faire plusieurs pour en obtenir un convenable.

Il n'en est pas de même pour le piston formé de deux pièces. Tous les cuirs lui sont applicables. Il se place facilement; et on peut le remplacer par de la toile, du feutre et beaucoup d'autres corps plus ou moins flexibles.

... L'objet du présent brevet est une pompe à incendie qui s'alimente par les pistons et par la partie supérieure du corps de pompe; de cette manière, le produit de la pompe est toujours celui de la course des pistons, à moins que ces derniers ne laissent échapper l'eau, — ce qui arrive fort rarement (2).

(1) Cette division fait partie de la rubrique générale (IV) : *Machines élévatoires et machines de compression*

(2) *Publication...*, *loc. cit.*, p. 199. — Paris, 1861.

43. COMPRESSION ET MOUVEMENT DES GAZ

43. 9 *bis*. — **Samain.**

Presse à genoux.

(Soumise à la *Société d'Encouragement pour l'Industrie nationale*, en mai 1861. Vol. LX, pl. 227.)

Voici la mention d'un dispositif particulier, qui prouve, à lui seul, l'ingéniosité de l'auteur, simple serrurier à Blois.

... Nous avons négligé de parler d'un levier à rochet, à l'aide duquel, lorsque le travail au volant est devenu trop dur, on peut encore faire tourner la vis à double filet : le chemin du point d'application de la puissance est alors beaucoup agrandi, et, par conséquent, les efforts à exercer peuvent être amoindris dans une grande proportion.

Il résulte des indications qui viennent d'être données, que l'on pourrait, avec ce levier, exercer des efforts capables de rompre la machine. M. Samain a compris ce danger, et l'a combattu de la manière la plus heureuse, au moyen d'une disposition qui empêche l'opérateur de dépasser une certaine limite de pression.

Cette disposition accessoire mérite une description toute particulière. Les quatre tirants verticaux qui relient le sommier à la caisse inférieure, dans le pressoir à genoux de M. Samain, ne sont pas absolument droits : ils sont, au contraire, courbés à dessein, dans une certaine partie de leur longueur ; et, puisqu'ils résistent à un effort de traction, on comprend qu'ils doivent se redresser plus ou moins pendant le fonctionnement de la machine. C'est ce redressement que M. Samain a utilisé pour faire mouvoir une aiguille sur un index divisé, qui donne une évaluation approximative de la pression en chaque instant. Entre certaines limites, les tirants se comportent comme un véritable ressort dynamométrique. Mais lorsque la pression a atteint un chiffre fixé d'avance, l'aiguille s'est suffisamment rapprochée de la tige du levier moteur pour qu'un mantonnet, que porte cette aiguille à son extrémité, retienne le levier dans le mouvement de retour qu'il accomplit après l'action de chaque effort moteur, — sous l'influence d'un contre-poids, placé à demeure à son autre extrémité, pour faciliter la manœuvre.

L'opérateur est ainsi prévenu que la pression-limite est atteinte, et, voulût-il continuer à presser, il ne pourrait le faire qu'en démontant l'aiguille ou en la forçant [1]...

(1) *Bulletin de la Société d'Encouragement*, année 1861, p. 460. Rapport de Tresca.

51. MESURE DES POIDS[1]

51. 2. — **Quintenz (Aloïs)**, de Strasbourg.

Balance à l'usage du commerce, dite « balance portative » [2 tableaux].

(Brevet *original* en date du 9 février 1822)[2].

... La balance à bascule, portative, à l'usage du commerce, se distingue (écrivait Quitenz) par la grande simplicité de sa construction, par son peu de valeur et de pesanteur, et par sa grande solidité. Elle est destinée à remplacer la *romaine* et la balance à fléau. Elle n'exige qu'un manœuvre qui roule les colis sur une table, élevée de 2 décimètres seulement au-dessus du sol. Elle permet de constater les poids aussi facilement qu'avec une romaine. Deux hommes suffisent à la transporter d'un endroit à un autre.

Ce serait une erreur de penser qu'elle ressemble à celle connue sous le nom de *balance de Santorius*[3]. Ces deux genres de balance n'ont de commun que le principe du levier, qui est celui de toutes les balances.

Dans la bascule portative, la table sur laquelle on pose l'objet n'a que trois points d'appui. Les balances dites de Sanctorius en ont quatre.

Le mécanisme de la « bascule portative » consiste dans deux leviers réunis en une seule fourche, sur laquelle repose le pont triangulaire dont un point est en communication, par le moyen d'une bride, avec un troisième levier, appelé *cou-de-cygne*, — lequel, réunissant les deux rapports différents (savoir : celui de la fourchette et celui du pont), établit le contrepoids avec la charge dans le rapport de 1 à 10.

La balance de Sanctorius a quatre leviers réunis en deux fourches, sur lesquels repose le pont. Ces fourches communiquent, au moyen de deux brides, à un cou-de-cygne, à l'extrémité duquel est attaché le coffre pour le contrepoids.

(1) C'est une des divisions de la rubrique générale (V) *Mesure des quantités mécaniques*.

(2) Et perfectionnements pris en 1824 par Rollé (Frédéric), successeur de Quintenz, mécanicien à Strasbourg. — Quintenz a dû mourir en 1823 ou 1824. Son invention me paraît être de 1815 environ, d'après divers papiers que j'ai lus au Conservatoire des Arts-et-Métiers.

(3) Malgré les différences signalées par Quintenz lui-même, il faut bien admettre que les deux appareils sont parents et se ressemblent.

Mais Ravon n'était pas exact quand il écrivait : *Description de la balance de Sanctorius* ou *de Quintenz*, à la page 118 de son traité de la *Fabrication des poids et mesures* (Paris, 1843) : une identification absolue ne serait point équitable.

Quintenz a créé la forme véritablement pratique, industrielle, consacrée immédiatement par l'usage, et qui, probablement, ne changera guère. Nous avons vu, non sans intérêt, au Bureau central des Poids et Mesures, la circulaire ministérielle du 17 septembre 1824, « autorisant la balance-bascule du sieur Quintenz, de Strasbourg. »

Francœur semble avoir trouvé le mot juste, lorsqu'il a présenté devant la Société d'Encouragement (1824) la « balance de M. Quintenz, imitée de celle de Sanctorius ». Il s'exprime en ces termes :

« M. Quintenz a eu l'idée de rendre à la fois libres les deux extrémités du levier ou tablier qui reçoit le corps à peser : l'une tire le bras du fléau, et l'autre, au lieu d'être fixée sur un appui, presse un second levier placé au-dessous... ; c'est-à-dire que l'un de ses bouts est posé sur un appui fixe, tandis que l'autre tire aussi le bras du fléau par une seconde tige.

» Cet appareil présente donc un fléau tiré par trois puissances verticales, savoir : le poids produisant l'équilibre, d'une part, — et, de l'autre, les deux tiges verticales qui soutiennent le tablier et le corps dont il est chargé, dont on demande le poids. Ces deux tiges constituent la différence essentielle qui distingue cette balance de celle de Sanctorius, laquelle ne fait communiquer le tablier au fléau que par une seule tige... »

Quintenz a fait complètement oublier Sanctorius. J'ai pu me convaincre que personne aujourd'hui ne sait plus ce que c'est que la balance de Sanctorius, — même dans certains milieux où l'on devrait connaître au moins le nom du médecin-mécanicien, si célèbre jadis !

Les cinq prismes de la fourche de la nouvelle balance et les trois prismes du cou-de-cygne sont en acier fondu, et fixés en coulisse, de sorte qu'on peut les sortir aisément en cas de réparation, au lieu que les prismes « en grains d'orge » de la balance de Sanctorius sont brasés sur fer, ce qui rend les réparations très pénibles et exclut l'emploi de l'acier fondu.

Le nouveau système de balance s'applique aussi à la construction des grandes bascules servant à peser les voitures chargées. Les quatre vérins y sont supprimés, et remplacés par un cric qui met le mécanisme en communication avec le pont : par ce moyen, le choc de la voiture sur le pont ne peut plus causer aucun dérangement (1)...

---

52. MESURE DES FORCES ET PUISSANCES

52. 10. — **Carpentier** (Jules) et **Deprez** (Marcel).

Freins dynamométriques.

(Soumis à la *Société d'Encouragement pour l'Industrie nationale*, en mars 1880. Vol. LXXIX, p. 449-450.)

... Parmi les divers artifices destinés à donner au frein (de Prony) la stabilité qui lui est nécessaire, nous signalerons la précaution qu'on prend quelquefois de placer le levier du contre-poids au-dessous et non au-dessus de l'arbre tournant, disposition qui produit une légère augmentation du bras de levier, lorsque le frein cède à l'entraînement de l'arbre; et celle qui consiste à équilibrer le frottement, en tout ou en partie, à l'aide d'un ressort gradué qui développe des efforts d'autant plus grands que le levier subit lui-même un plus grand déplacement angulaire.

Un habile ingénieur, bien connu aujourd'hui dans le monde savant, M. Marcel Deprez, associé de M. Carpentier, a fait connaître récemment un autre procédé, qui se résume dans le serrage automatique des mâchoires. Ce perfectionnement fait du frein de Prony un appareil extrêmement simple, et propre à fournir les plus exactes indications.

Nous nous occuperons d'abord du frein de M. Carpentier, — qui a trouvé, de son côté, une solution de problème toute différente, remarquable d'ailleurs par sa simplicité et son élégance. Elle a spécialement en vue les moteurs de faible puissance, auxquels l'application pure et simple du frein de Prony ne s'est jamais faite sans donner lieu à de sérieuses difficultés.

L'appareil de M. Carpentier comprend deux poulies à gorge, montées l'une à côté de l'autre sur l'arbre tournant qui fournit le travail à évaluer. La première poulie y est calée à demeure; la seconde est une poulie folle, qui ne subit pas l'entraînement du mouvement de rotation. A la poulie folle s'attachent deux cordes qui portent, chacune à son extrémité, un poids connu (2)...

52. 11. — **Raffard.**

Balance dynamométrique,

(Soumise à la *Société d'Encouragement pour l'Industrie nationale*, en janvier 1882. Vol. LXXXI, pl. 143.)

... Comme le frein Carpentier, la balance de M. Raffard se prête à la mesure des petites

(1) *Publication des brevets*, série I, t. XXIII, p. 127. — Paris, 1832.
(2) *Bulletin de la Société d'Encouragement*, année 1880, p. 446. Rapport de M. Ed. Collignon.

forces, mais elle s'applique aussi à l'évaluation des travaux plus considérables, jusqu'à une limite qu'on peut évaluer à 6 chevaux. Le nouvel appareil possède une symétrie qui n'existait

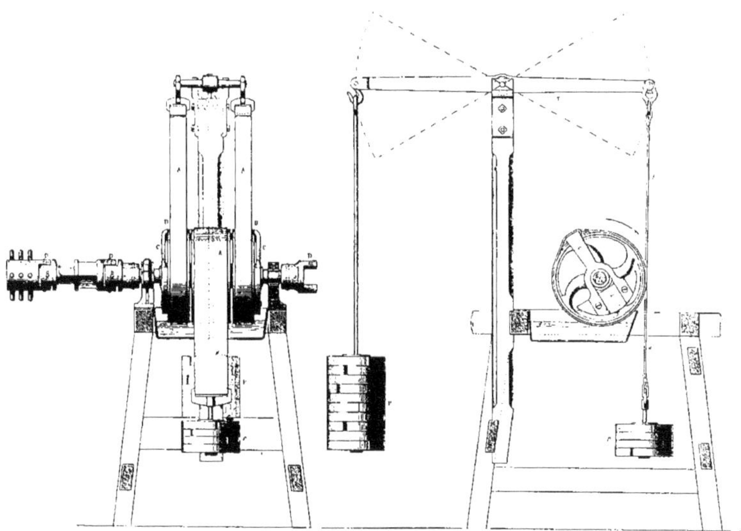

Balance dynamométrique de Raffard.

pas, à l'origine, dans l'appareil funiculaire, et qui améliore, dans une certaine mesure, les conditions dans lesquelles il est appelé à agir (1).

53. MESURE DES PRESSIONS

53. 5. — **Bourdon (E.).**

Manomètre métallique, sans mercure, pour indiquer la pression de la vapeur dans les chaudières.

(Soumis à la *Société d'Encouragement pour l'Industrie nationale*, en avril 1851. Vol. L, pl. 1183.)

... En essayant des tubes de plomb contournés sur eux-mêmes, M. Bourdon avait remarqué que ces tuyaux s'ouvraient ou s'écartaient par leurs extrémités, selon que la pression intérieure était plus ou moins forte. Cette observation lui suggéra l'idée de profiter de cette propriété, en employant un tube métallique plus résistant et élastique, pour lui faire indiquer les divers degrés d'une vapeur qui serait envoyée dans son intérieur.

(1) *Bulletin de la Société d'Encouragement*, année 1882, p. 270. — Rapport de M. Collignon.

... L'auteur a construit aussi des manomètres pour les chaudières des bateaux à vapeur. Comme ils sont généralement placés dans un lieu obscur, il les a disposés de manière à pouvoir être facilement éclairés, afin que les graduations fussent constamment apparentes. Une

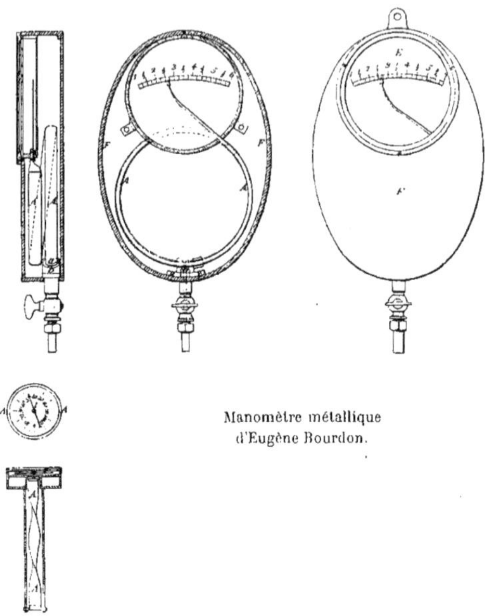

Manomètre métallique d'Eugène Bourdon.

autre condition que remplit ce manomètre, c'est de résister au roulis du navire, pour qu'il ne puisse pas influer sur la marche de l'index et, par suite, sur les indications de la pression. Cette disposition a été adoptée par la Marine(1).

---

54. MESURE DES TEMPS ET VITESSES

54. 9. — **Jacquemier.**

Cinémomètre.

(Soumis à la *Société d'Encouragement pour l'Industrie nationale*, en février 1880. Vol. LXXIX, pl. 110.

... L'instrument que M. Jacquemier, lieutenant de vaisseau, a nommé *cinémomètre*, a pour objet de donner l'indication continue de la vitesse d'une machine, et notamment du nombre de tours qu'un arbre effectue dans l'unité de temps. Il rentre donc dans la classe des appareils tachygraphiques, mais il se distingue de la plupart d'entre eux en ce qu'il ne fait pas intervenir l'action de la force centrifuge.

C'est, à vrai dire, un compteur, qu'un artifice ingénieux ramène à n'inscrire que le nombre de tours effectué par l'arbre tournant dans un intervalle de temps donné, la minute par exemple.

(1) *Bulletin de la Société d'Encouragement*, année 1851, p. 198.

Le manque d'espace ne permet que de mentionner ici diverses sections du Musée Centennal de la Mécanique française, ainsi :

TABLEAUX PROVENANT DE COLLECTIONS PARTICULIÈRES ;

MODÈLES (1) PROVENANT DE COLLECTIONS DIVERSES (Conservatoire national des Arts-et-Métiers, collections de MM. Ed. et Ch. Bourdon, de l'École Polytechnique, etc.).

Quant à la LISTE DES PRINCIPAUX MÉCANICIENS FRANÇAIS, qui figurait également au Musée Centennal, elle contenait en germe un développement naturel : des biographies, analogues à celles qui ont été données ci-dessus dans le texte courant. Parmi ces biographies supplémentaires, on a choisi celle qui suit, consacrée au savant et modeste Du Buat.

(1) Ces Modèles sont détaillés dans l'*Histoire documentaire de la Mécanique française*.

*

* *

DU BUAT (Pierre-Louis-Georges, chevalier puis comte). = [Tortizambert (Calvados), 1734 † 1809, Vieux-Condé (Nord)].

« Aucune biographie, a dit Barré de Saint-Venant (1865), n'a enregistré dans ses colonnes le nom de l'ingénieur français qui a opéré dans la science hydraulique une véritable révolution... »

Depuis que Saint-Venant écrivait ces lignes, la situation n'a guère changé : les dictionnaires biographiques sont toujours muets sur l'illustre Du Buat, et tout ce que nous savons de lui nous vient des recherches de Saint-Venant lui-même.

Ingénieur militaire à l'âge de seize ans (1750), et jugé digne, comme élève de Folard, d'être reçu dans les Travaux publics sans avoir passé par l'école du Génie récemment fondée à Mézières, Du Buat fut employé presque aussitôt sur les chantiers du canal de jonction de la Lys à l'Aa. Touchant ses occupations d'alors, on a trouvé la note suivante, parmi les cartons *Rivières et canaux* du Dépôt des Fortifications (à Paris) : *Calcul de la vitesse de l'eau dans le nouveau lit de la Basse-Meldick.* C'étaient les débuts ès sciences du futur auteur des *Principes d'hydraulique.*

Il fit les campagnes sur le Rhin de 1759, 1761 et 1762, et prit part aux attaques de Kamen et de Schneidingen ainsi qu'au siège de Meppen, ce qui lui valut la commission de capitaine en 1761.

Nous ne détaillerons pas ici ses travaux pratiques, soit comme ingénieur soit comme architecte, — construction à Condé-sur-Escaut de l'église paroissiale et de l'hôtel-de-ville, etc., — pas plus que son avancement militaire [a] ; et nous passerons tout de suite à ses études de mécanicien.

Il les résuma dans un ouvrage daté de 1779 [b]. Laissons-le parler lui-même, suivant cette *première édition*, qui donne comme le jet de sa pensée, et dont Saint-Venant a découvert un exemplaire (rarissime) à la bibliothèque de la ville de Valenciennes.

Le titre est celui-ci :

Principes d'hydraulique, ouvrage dans lequel on traite du mouvement de l'eau dans les rivières, les canaux et les tuyaux de conduite ; de l'origine des fleuves et de l'établissement de leur lit ; de l'effet des écluses, des ponts et des réservoirs ; du choc de l'eau ; et de la navigation tant sur les rivières que sur les canaux étroits — Par le chevalier du Buat [c].

Dans le discours préliminaire, presque entièrement reproduit aux éditions ultérieures, l'auteur expose le programme de ses travaux :

« Après cent cinquante ans de recherches, dit-il, on a pu, et à peine, découvrir ce qui est relatif à

a. Disons seulement qu'il était colonel en 1779.

b. Nouvelle édition en 1786. — C'est en cette année, ou peut-être en 1787, qu'il fut nommé correspondant de l'Académie des Sciences. Après les changements politiques de la fin du XVIIIe siècle, il lui fallut se présenter derechef à l'Institut : « il fut élu correspondant, *à l'unanimité* », le 25 nivôse an XII (1804).

c. Il devint comte après la mort de son frère aîné.

l'écoulement de l'eau par un orifice quelconque; mais tout ce qui concerne le cours uniforme des eaux qui arrosent la surface de la terre nous est inconnu. Et pour se faire une idée du peu que nous savons, il suffit de jeter un coup d'œil sur ce que nous ignorons.

» Faut-il apprécier la vitesse d'un fleuve dont on connaît la largeur, la profondeur et la pente; fixer la pente qu'il convient de donner à un aqueduc pour conserver à ses eaux une vitesse donnée, — ou la capacité du lit qui lui convient pour amener dans une ville, avec une pente donnée, une quantité d'eau qui suffise à ses besoins; tracer les contours d'une rivière, de telle sorte qu'elle ne travaille point à changer le lit dans lequel on l'a renfermée; prévenir l'effet d'un redressement, d'une coupure, d'un réservoir [a]; calculer la dépense d'un tuyau de conduite...; déterminer de combien un pont, une retenue, une vanne feront hausser les eaux d'une rivière; marquer jusqu'à quelle distance ce remou

sera sensible, et prévoir si le pays n'en deviendra pas sujet aux inondations; calculer la longueur et les dimensions d'un canal destiné à dessécher des marais perdus depuis longtemps pour l'agriculture; assigner la forme la plus convenable aux entrées des canaux; déterminer la figure la plus avantageuse à donner aux vaisseaux ou aux bateaux pour fendre l'eau avec le moindre effort...? — Toutes ces questions, et une infinité d'autres du même genre, sont encore insolubles...

» Faute de principes, on adopte des projets dont la dépense n'est que trop réelle, mais dont le succès est chimérique; on exécute des travaux dont l'objet se trouve manqué... »

Faute de *principes!*... Voilà bien la vérité vraie. Or ces principes, c'était Du Buat qui les apportait. « Il est inexact d'appliquer les formules de l'écoulement par des orifices, au cours uniforme d'un fleuve, qui ne peut devoir la vitesse avec laquelle il se meut *qu'à la pente de son lit prise à la superficie du courant*. La gravité est bien, dans les deux cas, la cause générale du mouvement; mais, dans les eaux courantes, il est une *loi* dont la découverte doit servir de base à l'hydraulique... Je me mis donc à consi-

a. Déversoir.

dérer que, si l'eau était parfaitement fluide et coulait dans un lit de la part duquel elle n'éprouvât aucune résistance, elle accélérerait son mouvement à la manière des corps qui glissent sur un plan incliné ; puisqu'il n'en est pas ainsi, il existe quelque obstacle qui empêche la force accélératrice de lui imprimer de nouveaux degrés de vitesse. Or, en quoi peut consister cet obstacle, sinon dans le *frottement* que l'eau essuie de la part des parois du lit, et dans la viscosité du fleuve ? C'est donc un *principe* évident et certain tout à la fois, que : *quand l'eau coule uniformément dans un lit quelconque, la force qui l'oblige à couler est égale à la somme des résistances qu'elle essuie soit par sa propre viscosité, soit par le frottement du lit.* On verra quelle est la fécondité de cette loi. »

Du Buat a rendu le texte ci-dessus plus exact, dans son édition de 1786, en égalant seulement la force qui meut les eaux, à *la résistance qu'elles éprouvent*, et que l'on voit (plus loin) être seulement celle du lit ou de la paroi, sans y joindre la « viscosité ».

La loi simple égalant le poids *décomposé* du fluide au frottement des parois, transmis par le frottement mutuel des filets, reste — malgré des réserves — comme l'expression la plus vraie qui régit le mouvement uniforme des eaux. « Du Buat, a dit Saint-Venant, peut être considéré comme ayant, le premier, substitué d'une manière nette la réalité aux abstractions, en introduisant ce frottement, négligé par d'Alembert et à peine indiqué par d'autres auteurs — bien qu'il soit une propriété aussi essentielle aux fluides, visqueux ou non, que la pression... Il a (surtout dans son édition de 1786, faite après ses expériences) touché à peu près toutes les questions de la science hydraulique, et il les a éclairées d'une vive lumière... Ses vues, ses investigations ont été tellement variées, appropriées avec tant de jugement aux besoins divers de l'hydraulique, qu'il faudra *toujours* citer Du Buat lorsqu'on traitera quelqu'un des points de cette science, et en revenir souvent à sa marche après l'avoir abandonnée. »

Nous regrettons de n'en pouvoir pas dire plus, faute de place. — Tel fut, au jugement d'un hydraulicien remarquable, l'homme dont les compilateurs de dictionnaires biographiques ont oublié d'inscrire le nom !...

Bibliographie. — B. de Saint-Venant, *Notice sur la vie et les ouvrages de P.-L.-G. Du Buat*, dans les *Mémoires de la Société des Sciences, de l'Agriculture et des Arts* de Lille, année 1865.

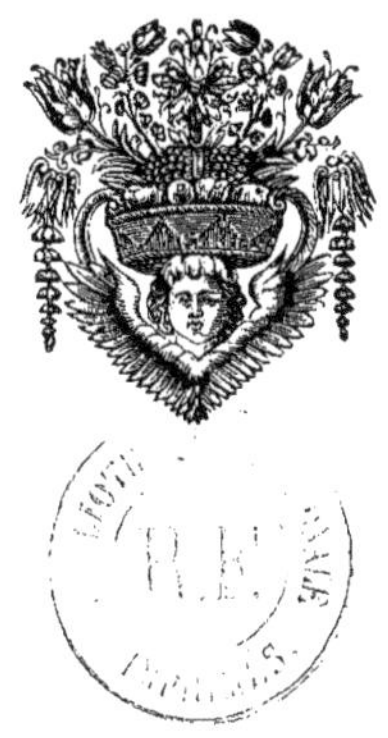

MUSEE CENTENNAL

TOURS
IMPRIMERIE DESLIS FRÈRES
RUE GAMBETTA, 6

LA

MÉCANIQUE

A l'Exposition de 1900

Publiée sous le Patronage et la Direction technique d'un Comité de Rédaction

COMPOSÉ DE MM.

13e LIVRAISON

LES MACHINES FRIGORIFIQUES

PAR

M. G. RICHARD

INGÉNIEUR CIVIL DES MINES

PARIS. VI

Vve CH. DUNOD, ÉDITEUR

49, QUAI DES GRANDS-AUGUSTINS, 49

TÉLÉPHONE 147.92

1902

TABLE DES MATIÈRES

Liquéfaction de l'air

LES MACHINES FRIGORIFIQUES

Les machines frigorifiques exposées en 1900 étaient loin de présenter, comme importance et comme nouveauté — exception faite des machines à liquéfier l'air, — l'intérêt de celles exposées en 1889; ce n'était, pour la plupart, que la reproduction de types bien connus, déjà décrits dans nos publications [1].

La situation générale reste la même qu'en 1889, caractérisée par la prédominance très nette des machines à ammoniaque à compresseur, en lutte avec les machines à acide carbonique; les types à absorption sont, ainsi que les machines à détente d'air, presque abandonnés; les raisons de ces faits ne sont plus à redire; elles sont bien connues de tous ceux qui s'occupent de machines frigorifiques, et dérivent directement des propriétés physiques même de l'ammoniaque: son innocuité, son bon marché, sa liquéfaction facile aux températures ordinaires des eaux de refroidissement et sa grande chaleur de vaporisation, qui en fait un réfrigérateur des plus énergiques; la chaleur latente de vaporisation de l'ammoniaque est, en effet, de 300 calories environ (292,1 d'après Strombeck), tandis que celle de l'acide carbonique n'est que de 55 calories environ. Cette infériorité n'empêche pas que l'acide carbonique permette de réaliser des machines frigorifiques moins encombrantes que les machines à ammoniaque, grâce au travail considérable de sa détente entre les très hautes pressions de leur fonctionnement. En outre, l'acide carbonique présente l'inconvénient d'un point critique très bas : 31°, et, dès qu'on s'en rapproche, le rendement en frigories utilisables par cheval au compresseur diminue rapidement; ce rendement baisse rapidement aussi à mesure que la température s'élève dans le tuyau de refoulement immédiatement au sortir du compresseur. Aussi, les machines à acide carbonique ne paraissent-elles présenter, sur les machines à ammoniaque, d'autres avantages bien constatés que ceux d'un plus faible encombrement et de pouvoir descendre à des températures plus basses, assez rarement exigées d'ailleurs dans l'industrie.

La maison *Escher Wyss*, de Zurich, exposait une machine à acide carbonique de 500 kg de glace à l'heure, avec compresseur horizontal à double effet commandé (*fig.* 1 à 7)[2], directement par le moteur à vapeur *k*. Le bac à glace *m* était desservi par un pont roulant *d*, enlevant les blocs de 25 kg par huit à la fois. Cette glace provenait d'eau distillée dans un appareil représenté schématiquement par les figures, et qui est remarquable par sa disposition rationnelle; la distillation se fait (*fig.* 7) dans un appareil à quadruple effet I, II, III, IV, dont l'eau va subir dans la chaudière *c*, chauffée par un serpentin de vapeur, une ébullition qui la débarrasse de son air, puis cette eau, privée d'air, est refroidie dans l'appareil à contre-courant 30, qui communique avec la rampe de remplissage des moulots; ce remplissage se fait par le bas des moulots, au moyen de tubes à clapets empêchant les rentrées d'air par leur fermeture automatique au sortir des moulots; l'eau qui a servi au refroidissement en 30 sert à l'alimentation des chaudières.

La question de la purification des eaux destinées à la fabrication de la glace alimentaire

1. G. Richard, *les Machines frigorifiques à l'Exposition de* 1889. In-8°, 218 p., 160 fig. Paris, Bernard et *Revue de mécanique*, janvier, mars, mai 1897, août 1899.
2. *Dingler*, 15 décembre 1900.

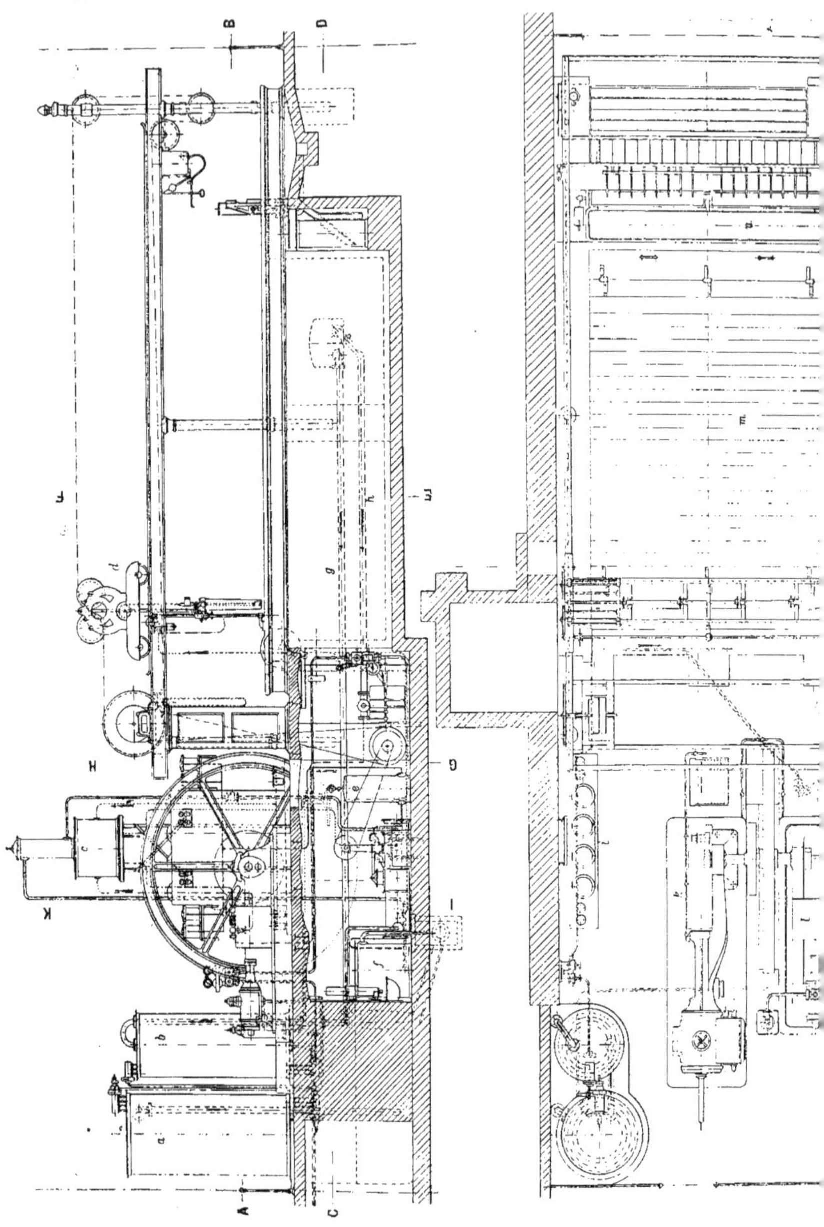

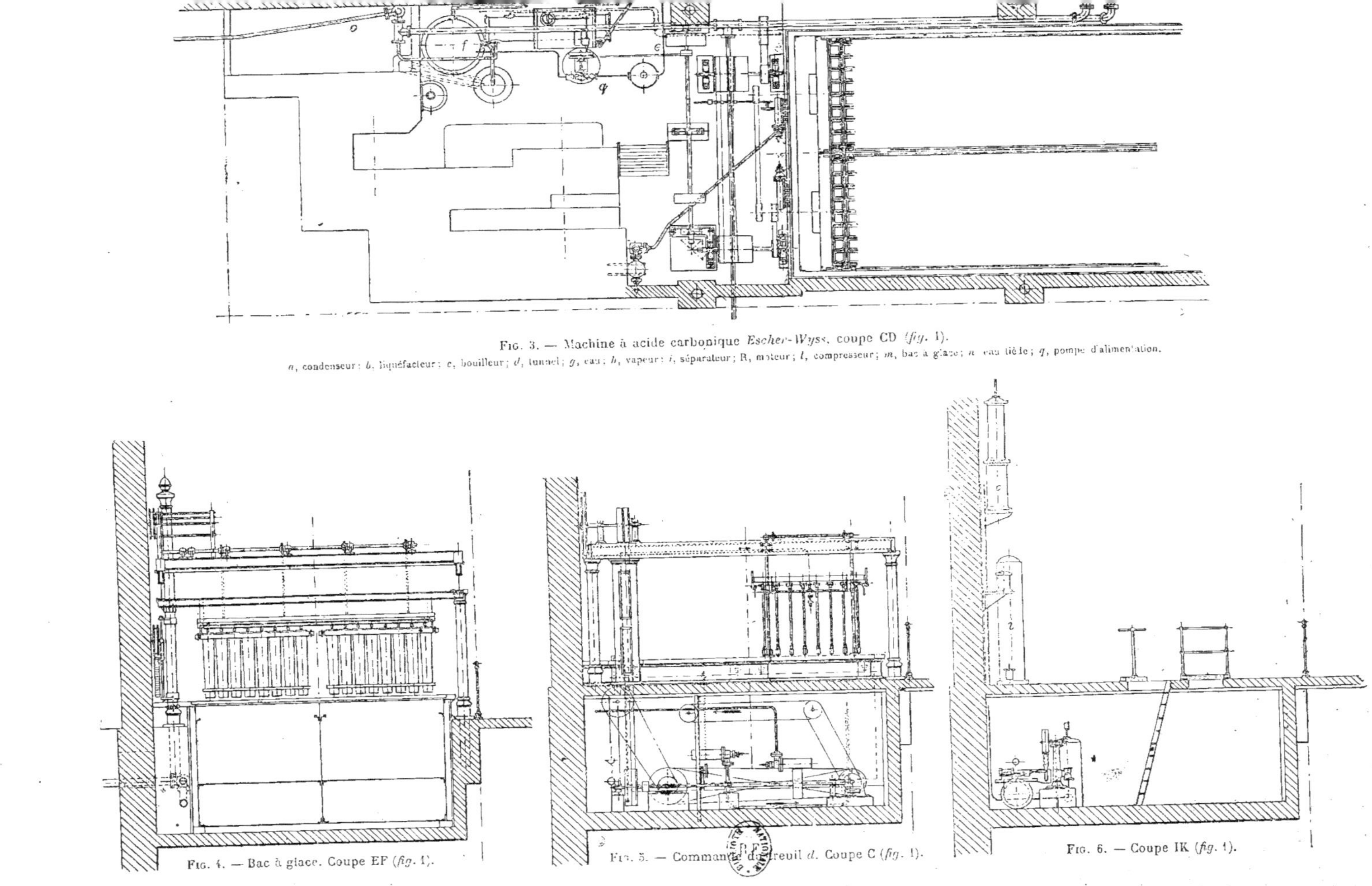

Fig. 3. — Machine à acide carbonique *Escher-Wyss*, coupe CD (*fig.* 1).

a, condenseur ; *b*, liquéfacteur ; *c*, bouilleur ; *d*, tunnel ; *g*, eau ; *h*, vapeur ; *i*, séparateur ; R, moteur ; *l*, compresseur ; *m*, bac à glace ; *n*, eau tiède ; *q*, pompe d'alimentation.

Fig. 4. — Bac à glace. Coupe EF (*fig.* 1).

Fig. 5. — Commande du treuil *d*. Coupe C (*fig.* 1).

Fig. 6. — Coupe IK (*fig.* 1).

est des plus importantes, car on sait que les microbes pathogènes résistent parfaitement à la température des réfrigérants les plus énergiques. On ne doit employer, pour la fabrication de cette glace, que de l'eau très saine, telle que de l'eau distillée, et cette distillation peut se faire très économiquement au moyen d'appareils à effets multiples, dont l'un des meilleurs est celui de *Yarryan ;* le premier effet de cet appareil est chauffé par de la vapeur de la chaudière déten-

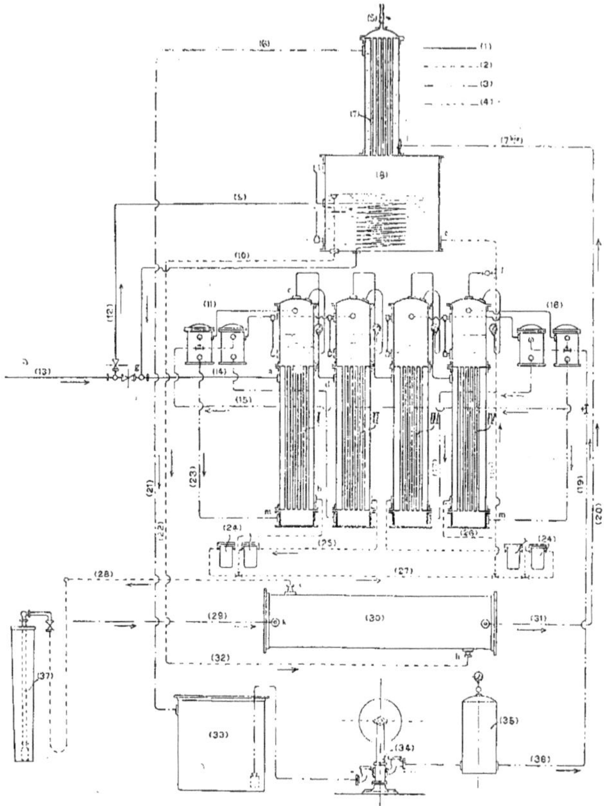

Fig. 7. — Machine à acide carbonique *Escher-Wyss*. Appareil à distiller.

(1), conduite de vapeur; (2), conduite de vapeur condensée; (3), conduite d'eau de réfrigération; (4), conduite d'eau d'alimentation; (5), échappement de l'air; (6), sortie de l'eau de réfrigération; (7), condenseur; 7 (*bis*), amenée de l'eau de réfrigération; (8), bouilleur; (9), vapeur vive; (10), conduite de vapeur condensée; (11) (16), séparateurs à flotteurs; (12), vapeur vive; (13), conduite de vapeur; (14), vapeur; (15), eau d'alimentation; (17), eau d'alimentation; (18), vapeur condensée; (19), conduite d'eau d'alimentation; (20), (21), conduites d'eau de réfrigération; (22), conduite de vapeur condensée; (23), eau d'alimentation; (24), séparateur; (25, 26, 27), vapeur condensée; (28), eau distillée; (29), amenée de l'eau de réfrigération; (30), réfrigérant; (31), sortie de l'eau de réfrigération; (32), eau distillée; (33), réservoir d'eau chaude; (34), pompe alimentaire; (35), réservoir d'air; (36), conduite d'eau d'alimentation; (37), cellules pour la glace.

due à la pression de 1,5 kg. environ, et le dernier effet s'échappe dans un condenseur à la pression atmosphérique; l'eau à distiller traverse d'abord un réchauffeur par l'échappement de la machine à vapeur, disposé entre cette machine et son condenseur, de manière à être amenée très chaude au premier effet du Yarryan. On obtient ainsi, avec des appareils moins encombrants, de l'eau distillée aussi économiquement qu'en employant l'échappement même des machines à chauffer le Yarrian, sans compter l'avantage d'une marche indépendante de celle de ment par une petite machine genre *Hercule*[1], exposée par *Lederer* et *Poges*, de Brunn, à deux cylindres verticaux A, A (*fig.* 15), à simple effet, commandée par un balancier se mouvant dans une chambre à huile B, dont les stuffing box sont les seuls joints extérieurs de la machine. L'ammoniaque est, dans cette machine, refoulé par *bb* au réservoir C, au bas duquel elle dépose son huile, puis il se rend au liquéfacteur *h* par le serpentin *d* du condensateur D, et, de là, au bac à glace, au travers (*fig.* 17) d'un détendeur à membrane soumise à la pression de l'aspiration; du bac à glace, l'ammoniaque revient aux compresseurs par le serpentin *i* de D et la chambre E.

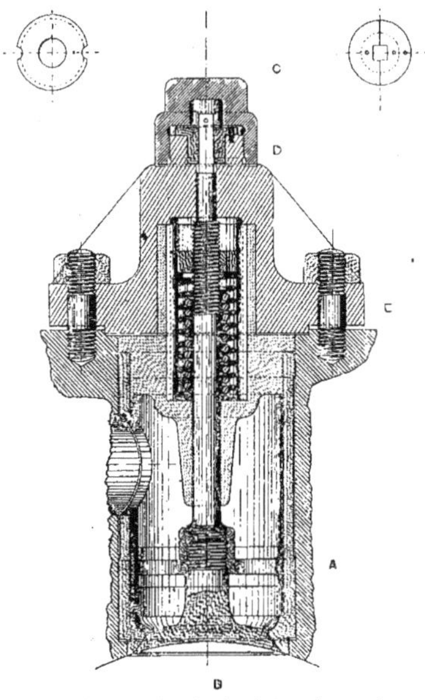

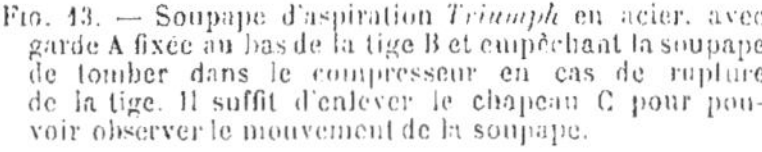

Fig. 13. — Soupape d'aspiration *Triumph* en acier, avec garde A fixée au bas de la tige B et empêchant la soupape de tomber dans le compresseur en cas de rupture de la tige. Il suffit d'enlever le chapeau C pour pouvoir observer le mouvement de la soupape.

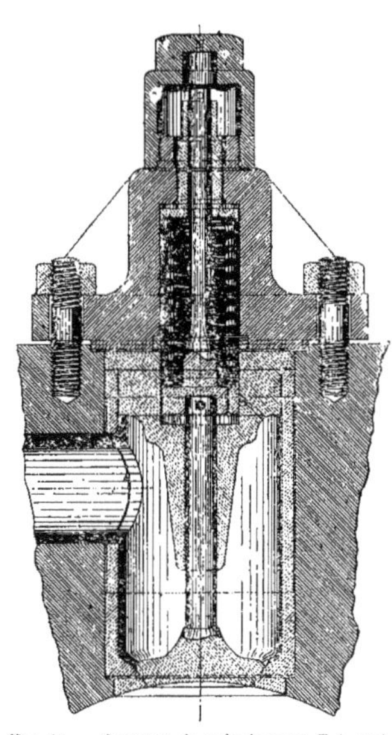

Fig. 14. — Soupape de refoulement *Triumph*.

La société *Danubius*, de Buda-Pesth, exposait une petite machine à glace (*fig.* 18) avec compresseur à simple effet, à soupape d'aspiration *d* et de refoulement *i* au condenseur C, puis au liquéfacteur D, constitué par une bouteille qui peut servir au transport de l'ammoniaque après la fermeture des deux pointeaux *m* et *n*; le serpentin *b* du bac à glace A en est (*fig.* 22) séparé par une cloison *o*, avec ventilateur *c* pour la circulation du liquide incongelable; l'avant du compresseur B est pourvu d'une chambre à huile *h* alimentée du réservoir *f*; la production est de 7 kg par heure.

Nous signalerons encore, dans le domaine des petites machines domestiques, celles de M. *Douane*, au chlorure de méthyle, dont les principales particularités sont suffisamment expliquées par les figures 24 à 27 et leur légende; ces machines donnent, avec 1/2 cheval environ, 2 kg de glace par heure; M. Douane en construit fonctionnant à la main, qui ne pèsent que 60 kg environ, démontables en pièces qui ne pèsent au plus que 30 kg, et qui donnent environ 300 gr de glace en un quart d'heure.

1. *Revue de mécanique*, janvier 1897, p. 67.

Les *applications des machines frigorifiques* s'étendent et se multiplient de plus en plus; mais elle ne figurent, en général, que pour mémoire aux Expositions; je ne ferai que rappeler les plus importantes d'entre elles : aux industries chimiques, notamment aux brasseries, à la fabrication de l'air froid, notamment pour la conservation et l'entreposition des viandes, au moyen de frigorifères tels que ceux de Fixary[1] et de Linde[2], par des circulations de chlorure de calcium ou des gaz frigorifiques détendus, comme dans le système bien connu de Lanveyne, système qui présente inutilement l'inconvénient de s'exposer à des fuites de gaz[3].

La fabrication de la glace que l'on parvient à produire aujourd'hui, dans les installations

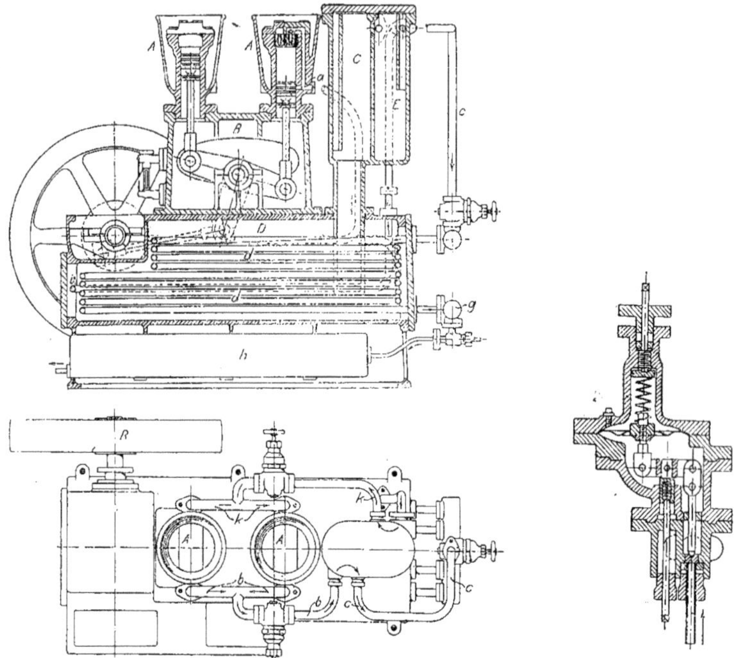

Fig. 15 et 16. — Machine *Lederer et Porges.*

Fig. 17. Détendeur *Lederer et Porges.*

importantes, avec une grande économie (45 chevaux environ pour une production de 1.000 kg à l'heure avec de l'eau de condensation prise à 10°).

Je n'insisterai, ici, que sur une application très intéressante des machines frigorifiques, qui débutait presque chez nous, en 1889, et qui a pris, depuis, une extension considérable : le *fonçage des puits de mines en terrains aquifères par congélation*, le plus souvent au moyen du procédé *Poetsh*[1].

Le procédé de fonçage par congélation permet presque toujours d'exécuter des puits en

1. Crefeld, Falk, Bruxelles (G. Richard, *les Machines frigorifiques à l'Exposition de* 1889 et *Revue industrielle*, 16 mars 1901. Cologne (*Revue de mécanique*, août 1899, p. 160).

2. Abattoirs de Dusseldorf (*Génie civil*, 30 novembre 1901, p. 75).

3. Richard, *les Machines frigorifiques à l'Exposition de* 1889, p. 151. Voir aussi, dans la *Revue de mécanique* d'août 1899, la description de quelques entrepôts anglais et américains.

terrains aquifères avec plus de rapidité, de sûreté et d'économie que les procédés classiques tels que ceux par le cuvelage Kind-Chaudron et par épuisement au moyen de pompes d'avaleresses; et dans bien des cas, il rend possible des fonçages inexécutables par ces derniers procédés. Nous ne pouvons étudier ici d'une façon complète les procédés de fonçage par congélation, qui mériteraient une longue monographie; nous nous bornerons à quelques détails empruntés au mémoire publié, par M. *Daubiné*, dans les *Annales des Mines* de novembre 1900, sur le fonçage du puits numéro 1 de la mine de fer d'Auboué (Meurthe-et-Moselle), en terrains durs, fissurés avec veines

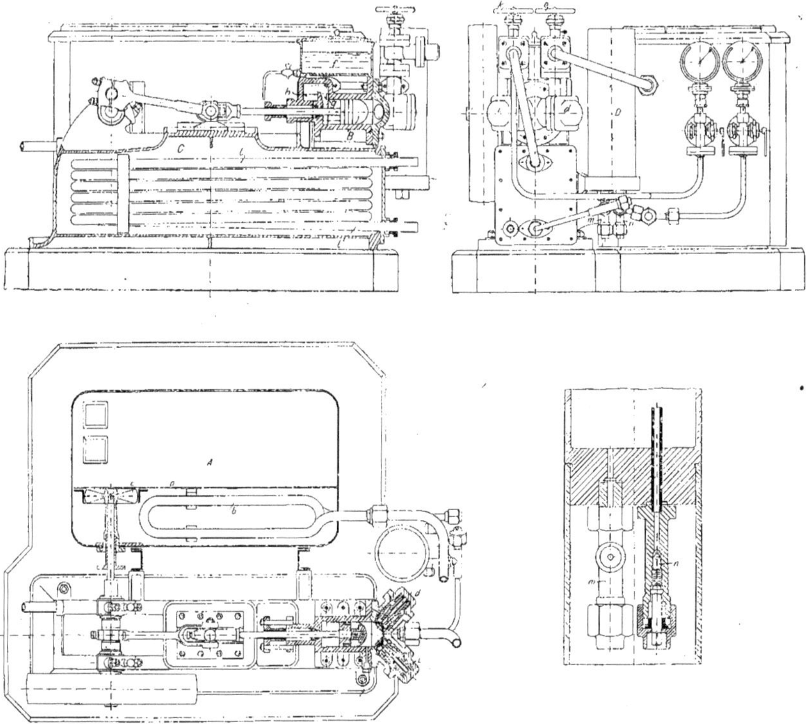

FIG. 18 à 21. — Machine *Douubins*.

d'eau d'importance croissante avec la profondeur, condition qui rendait, sinon impossible, du moins très difficile l'application du procédé Chaudron.

Le procédé de fonçage par congélation consiste à créer autour du puits à creuser un rempart de terrains congelés, qui s'oppose à la venue, par les parois, des eaux renfermées dans les terrains environnants.

L'idée de congeler les terrains est très ancienne; mais elle n'a pu être rendue pratique que depuis la création de machines à glace assez puissantes pour fournir la quantité de froid nécessaire. Il s'agit en effet d'amener, de la température ordinaire à 0°, tous les terrains compris dans un certain rayon autour du puits, puis de congeler l'eau renfermée dans ces terrains et d'abaisser la température du bloc congelé à un degré suffisant pour que les multiples causes de réchauffement du terrain n'amènent pas une décongélation partielle pouvant compromettre le succès du fonçage.

La transmission du froid aux terrains se fait à l'aide d'un liquide incongelable aux plus basses températures atteintes.

Ce liquide circule dans l'intérieur de tubes-circuits, placés dans des trous de sonde répartis régulièrement autour de la périphérie du puits à creuser. Chaque tube-circuit est composé d'une colonne de tuyaux fermée à sa base, dans laquelle on introduit une deuxième colonne de tuyaux plus petits, ouverte à la partie inférieure. Le liquide descend par la colonne intérieure et circule en remontant dans l'espace annulaire, tout en se réchauffant au contact des terrains auxquels il emprunte leur chaleur.

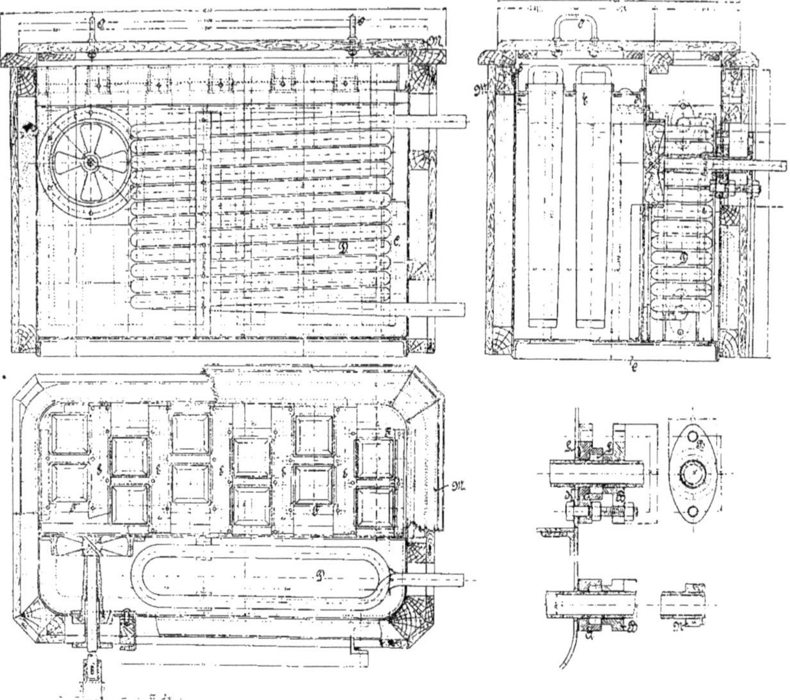

FIG. 22 à 23. — Bac à glace *Dannbins*.

Pendant que l'on commençait la construction de divers bâtiments et l'aménagement du carreau de la mine, on creusa un avant-puits jusqu'au niveau de la rivière. Cet avant-puits atteignit la profondeur de 10,50 m.

On établit au-dessus de l'avant-puits une baraque devant servir de chevalement pour l'exécution des sondages de congélation et pour le fonçage du puits. Elle est représentée par la figure 28.

Pour le fonçage du puits à un diamètre utile de 5 m, le diamètre du creusement aux trousses fut fixé à 5,65 m, et, pour assurer la congélation des terrains, on projeta vingt sondages de 140 m de profondeur, répartis sur une circonférence de 6,50 m de diamètre. L'exécution en fut confiée à MM. Lefèvre père et fils, entrepreneurs à Rombies (Nord).

Les sondages devaient être exécutés à l'aide de deux appareils fonctionnant simultanément. Le premier fut foré sur toute sa hauteur au diamètre de 220 mm et arrêté à la profondeur de 139,60 m. Des échantillons furent prélevés sur toute la hauteur de la formation ferrugineuse pour vérifier l'exactitude des renseignements fournis par l'étude géologique de la concession.

Les autres sondages furent exécutés ensuite, comme l'indique le tableau des pages 410 et suivantes. On rencontra de grandes difficultés pour obtenir des sondages suffisamment verticaux. La faible

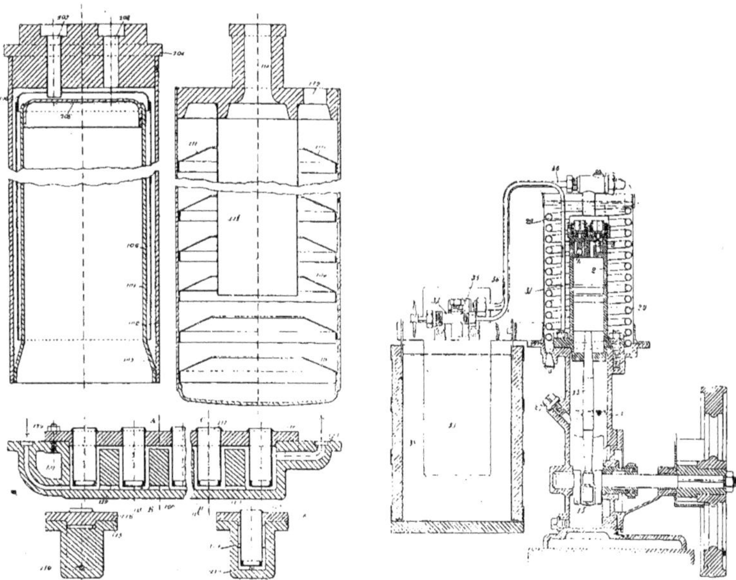

FIG. 24 à 27. — Machine frigorifique *Douane*.

Le gaz liquéfié réfrigérant passe, suivant le détendeur 107 106 100 108, dans un espace annulaire très étroit autour de 101, qui renferme l'eau à congeler ; pour détacher le bloc de glace, on fait passer dans cet espace de l'eau chaude. En fig 25, le gaz réfrigérant passe suivant 112 113 dans 109, au travers des tôles perforées 111, où il s'étale et s'échappe en vapeur par 114 ; la glace se forme sur les parois de 109. En fig. 26, le gaz liquéfié passe de 122 à 123 par 119 121 autour des capsules 117, fixées à une plaque 116, par exemple pour frapper du champagne. Le compresseur 2 (*fig.* 27) refoule en 4 le gaz par le serpentin 29 et 31 au détendeur 34, d'où il revient par le réfrigérant 33 et 36 à l'aspiration 3. L'arbre moteur tourne dans un bain liquide 1, rempli par 27 et formant joint hydraulique.

distance existant entre le sondage et la paroi de creusement exigeait, en effet, que l'on obtînt une verticalité presque parfaite.

On chercha donc les moyens de vérifier la verticalité des sondages et de mesurer leurs déviations.

Jusqu'alors on ne connaissait, dans ce but, aucune méthode précise, et on devait généralement s'en rapporter à l'expérience du sondeur qui, lui, se basait sur les indications grossières et trompeuses du fonctionnement de la sonde.

On imagina alors, à Auboué, le procédé suivant, qui fut appliqué, pour la première fois, au sondage n° 4, et dont nous allons donner la description.

On prend un point de suspension P (*fig.* 29), situé dans la charpente à l'aplomb de l'axe du sondage. En réalité, ce point de suspension est constitué par une petite

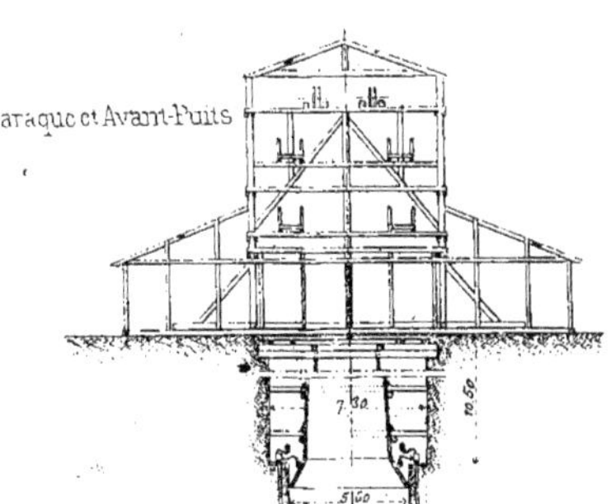

FIG. 28.

poulie sur laquelle passe un fil d'acier ou de laiton qui s'enroule, d'une part, sur le treuil T et dont l'autre extrémité s'attache à un tampon C en bois, lesté, ayant un diamètre un peu plus faible que le trou de sonde. A l'orifice, sur le plancher de l'avant-puits, on cloue deux réglettes *r*, parallèles aux axes du puits. Quand le tampon C est à l'orifice du sondage, on mesure les coordonnées a et b par rapport aux réglettes. Lorsque le tampon sera dans la position indiquée par la figure, l'axe du sondage en ce point sera O_2 ; il sera dévié d'une quantité $x = OO_2$ (méthode directe, *fig.* 2 en plan).

Il s'agit de mesurer cette déviation et, en second lieu, d'en déterminer exactement le sens. Le tampon étant en C, avec son centre en O_2, l'intersection du fil avec le plancher est en O_1 ; on mesure les coordonnées a^1 et b^1 de O_1 par rapport aux réglettes.

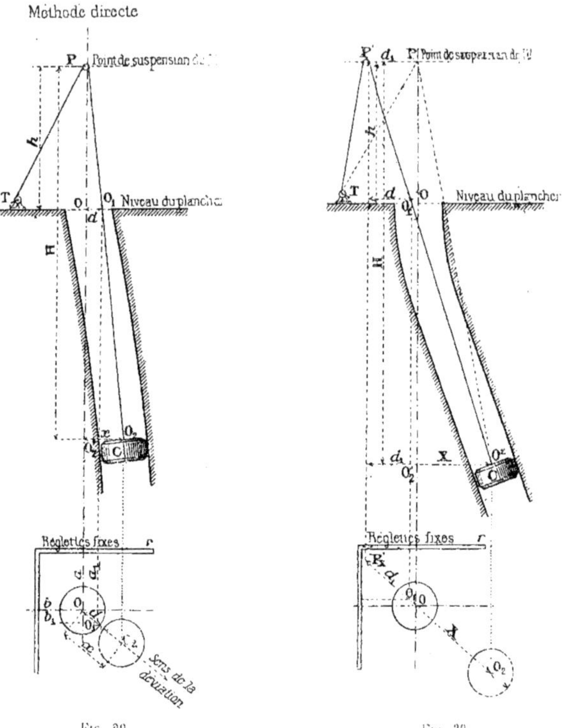

Fig. 29. Fig. 30.

La déviation OO_1, au niveau du sol, est :

$$d = OO_1 = \sqrt{(a_1 - a)^2 + (b_1 - b)^2};$$

on construit, en outre, sur le plan des sondages, la direction OO_1, à l'aide des coordonnées de O et O_1, ce qui détermine le sens de la déviation.

L'amplitude de la déviation $x = OO_2$ se déduit de la considération des triangles semblables POO_1 et PO_2O_2, dans lesquels :

$$\frac{x}{d} = \frac{H}{h}; \qquad \text{d'où} \qquad x = \frac{dH}{h};$$

il n'y a plus alors qu'à porter sur le plan suivant la direction OO_1 la longueur déduite de ce calcul. Les mêmes opérations étaient répétées à différentes profondeurs dans chaque trou de sonde.

Pour l'application de cette méthode, il n'est besoin d'aucune installation particulière; les réglettes sont clouées sur le plancher; la poulie est fixée à la charpente, et le tampon suspendu à un fil, qui vient s'enrouler sur un tambour. Les tampons doivent être d'un diamètre légèrement inférieur à celui du trou de sonde.

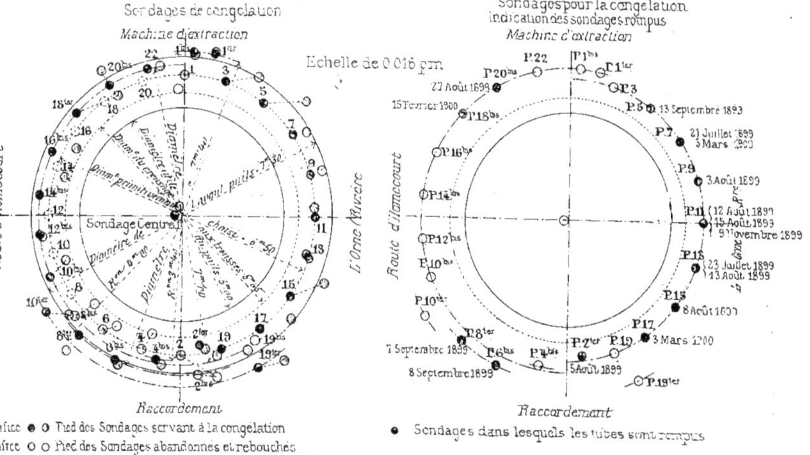

Fig. 31.

Fig. 32.

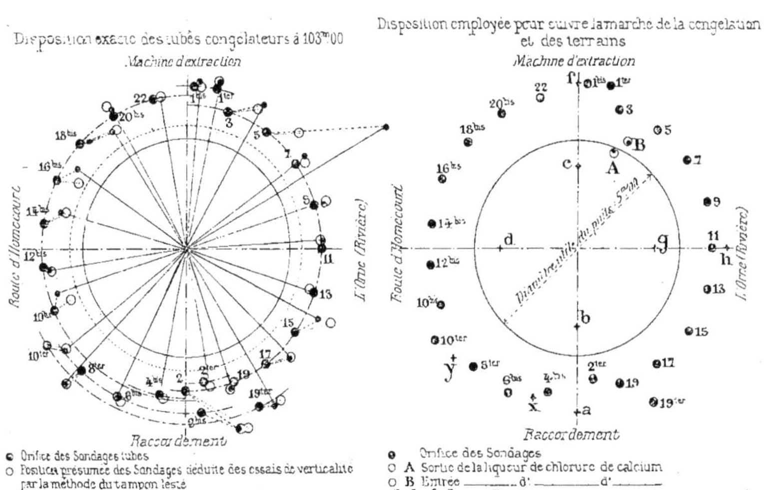

Fig. 33.

Fig. 34.

Mais, dans le cas d'un sondage à forte déviation et à coudes brusques, où le fil de suspension vient buter contre la paroi du sondage, les lectures faites au jour donnent des résultats inexacts, en opérant comme il vient d'être dit.

En pareille circonstance, on reconnaît aisément si le fil peut toucher la paroi, parce que les lectures faites à diverses profondeurs restent invariables. Cependant, comme les coordonnées restent également les mêmes à la surface, lorsque l'inclinaison du sondage est uniforme et de même sens, il faut, dans chaque cas, d'après les mesures précédemment faites dans le même trou, établir une épure préliminaire donnant la coupe du trou dans le plan vertical passant par le fil. Cette épure permet de reconnaître si le fil touche ou non la paroi. S'il la touche, on applique la méthode suivante, dite *méthode indirecte ou par déviation*, qui consiste à changer le point de suspension de manière à donner au fil une obliquité initiale, connue à l'avance.

A cet effet, connaissant le sens de la déviation OO_2 (*fig.* 30), d'après les premières lectures, on choisit sur cette direction un point P' tel que le fil suspendu en ce point ne touche plus la paroi. La position de ce point P' est déterminée *à priori* d'après l'épure préliminaire.

On mesure alors la déviation initiale d_1 du point de suspension P' par rapport au centre de l'orifice du sondage ; on fait les autres lectures comme précédemment, et on a :

$$\frac{x + d_1}{d} = \frac{H}{h}; \qquad \text{d'où} \qquad x = \frac{dH}{h} - d_1.$$

On peut faire varier le point de suspension P' aussi souvent qu'il est nécessaire. A l'aide de ces deux méthodes, on arrive à déterminer la déviation de tous les sondages, comme amplitude et comme direction.

Nous verrons que, dans le cours du fonçage, les résultats obtenus par ces méthodes ont été vérifiés par la rencontre des tubes à 102 m de profondeur et reconnus exacts, sauf pour un sondage dont la déviation devait se faire par coudes très brusques. Dans ce cas particulier, la méthode par déviation elle-même ne peut donner des résultats exacts, mais simplement une approximation de la direction du sondage.

Nous avons représenté sur les figures 31 et 33, les résultats obtenus par ce procédé de vérification.

On peut remarquer sur ce tracé que les déviations se produisaient généralement suivant une même direction, qui est sensiblement celle du pandage des couches à traverser. Cela peut s'expliquer par ce fait que, les terrains étant composés d'assises calcaires dures alternant avec des assises marneuses tendres, la sonde, en attaquant les bancs durs, subit une sorte de glissement sur la face supérieure de leurs assises, inclinées sur l'horizontale, et donne ainsi au sondage une direction qui s'écarte de la verticale.

Quelle que soit la raison de ce fait, il en résultait que, pour la partie à l'aval-pandage du puits, les pieds des sondages s'éloignaient de la paroi de creusage. L'inconvénient était donc nul de ce côté; mais à l'amont-pendage, où la déviation ramenait forcément le sondage à l'intérieur du fonçage, il y avait un inconvénient de premier ordre.

On fut amené, par suite, pour la demi-circonférence à l'est du puits, à reporter l'orifice des sondages sur un cercle de 7 m de diamètre au lieu de 6,50 m. Malgré cela, il y eut encore des déviations importantes ramenant le pied de quelques sondages à l'intérieur de la circonférence de creusement.

On avait également remarqué que des sondages de plus grand diamètre donnaient lieu à des déviations moindres; et, pour réduire l'importance de celles-ci dans les derniers sondages, on les fora avec une sonde de 300 mm dans la traversée des terrains calcaires durs où se manifestaient surtout les déviations (*fig.* 33 la vérification des résultats obtenus par ces méthodes).

Il a été fait, sur le pourtour du puits, trente et un sondages.

Vingt-quatre ont été reconnus bons et ont servi pour la congélation ; sept ont été abandonnés en raison de leurs fortes déviations.

Enfin, un sondage a été fait au centre du puits projeté jusqu'aux marnes supérieures à la formation. Il a été muni de tubes en tôle perforée. Son but était, d'une part, de permettre une empris pour la dislocation des bancs de roches pendant le fonçage ; il devait, en outre, jouer auparavant le rôle de canal de remontée pour les eaux refoulées vers l'intérieur du puits par la pression résultant de la congélation.

Les sondages abandonnés ont été rebouchés pour qu'ils ne créassent pas de communication entre les nappes aquifères des bancs supérieurs et les terrains perméables situés au-dessous des marnes micacées. Le rebouchage a été fait à la partie inférieure, avec du béton très riche en ciment; puis, à la partie médiane, en béton ordinaire ; enfin, à la partie supérieure, avec des pierres et de l'argile.

Installation des appareils frigorifiques. — Une machine à froid, du type de celles qu'on a employées à Auboué, comprend, en premier lieu, un compresseur, qui sert à comprimer l'ammoniaque gazeux à la pression de 8 à 10 kg (*fig.* 35), et qui envoie le gaz chaud dans le serpentin d'un réfrigérant à eau froide. Sous la double influence de la pression et du refroidissement, le gaz se liquéfie et s'accumule dans des réservoirs à la base des serpentins.

Des robinets à orifices étranglés, dits robinets de détente, mettent ces réservoirs en communication avec une autre série de serpentins baignant dans une solution de chlorure de calcium, qui ne se congèle qu'à des températures beaucoup plus basses que la température nécessaire pour la congélation des terrains.

L'ammoniaque liquide passant par ces robinets se détend, et, par un phénomène connu, à la fois cause et conséquence du changement d'état, il emprunte de la chaleur au liquide ambiant dont la température s'abaisse. Cet ammoniaque, redevenu gazeux, est aspiré par le compresseur, puis de nouveau comprimé et refoulé au réfrigérant, accomplissant ainsi un cycle complet.

Pour congeler les terrains autour d'un puits à foncer, la dissolution de chlorure de calcium, refroidie autour des serpentins de détente, est mise pour ainsi dire en contact avec ces terrains par sa circulation dans les tubes-circuit, dont nous avons parlé au début du présent chapitre.

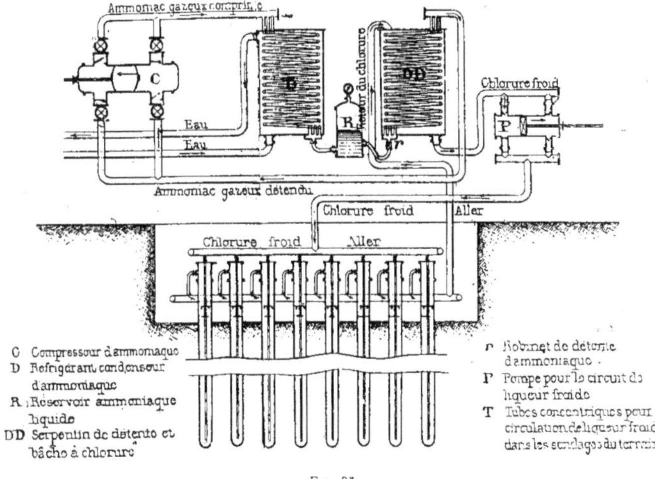

Fig. 35.

Les tubes intérieurs aboutissent, à leur partie supérieure, à une couronne collectrice recevant la dissolution de chlorure de calcium venant des réfrigérants. Les espaces annulaires existant entre les deux tubes concentriques sont reliés à la partie supérieure par une deuxième couronne collectrice, canalisant la liqueur salée au retour. Une pompe, intercalée sur le parcours de la liqueur, prend, à la base des cuves réfrigérantes, le liquide refroidi, le refoule dans les tubes intérieurs et l'oblige à remonter par les espaces annulaires.

La liqueur froide se réchauffe au contact des terrains, puis vient à nouveau se verser dans le réservoir autour des serpentins de détente, accomplissant, elle aussi, un cycle complet.

L'ammoniaque est donc l'agent producteur de froid, tandis que la solution de chlorure de calcium est le véhicule qui le distribue.

Le matériel frigorifique, destiné à congeler les terrains du puits d'Auboué, se composait de deux machines Fixary, pouvant produire chacune 1.000 kg de glace à l'heure (*fig.* 36).

Ces deux machines étaient absolument indépendantes l'une de l'autre et pouvaient fonctionner séparément. Elles avaient été installées pour fonctionner simultanément pendant la période de congélation proprement dite; l'une d'elles devant ensuite suffire seule à maintenir la température dans les limites convenables pendant la durée de fonçage.

Les compresseurs étaient actionnés par deux machines à vapeur Weyher et Richemond de 80 chevaux chacune, destinées à actionner plus tard, l'une, le ventilateur d'aérage général, l'autre, une génératrice d'électricité.

La vapeur nécessaire provenait de trois chaudières faisant partie du groupe de générateurs destinés à l'alimentation des divers services de puits.

La circulation de la liqueur de chlorure de calcium était assurée par une pompe Worthington, débitant 20 litres par coup et marchant à raison de 15 à 35 coups par minute.

Les tubes employés à Auboué avaient les dimensions suivantes :

Colonne de gros tubes : diamètre extérieur : 120 mm ; — épaisseur : 5 mm et demi ;

Colonne de petits tubes : diamètre extérieur : 42 mm ; épaisseur : 4 mm et demi.

Ces tubes étaient en acier sans soudures.

Au fur et à mesure de leur descente dans les trous de sonde, ces tubes étaient essayés à la presse hydraulique à des pressions décroissantes, à mesure que la profondeur dans le sondage diminuait. Cet essai avait pour but de s'assurer de l'étanchéité absolue du système, car il faut éviter l'introduction du chlorure de calcium dans le terrain à congeler, ce qui augmenterait les difficultés de la congélation et pourrait même la rendre impossible, puisque la solution de chlorure de calcium ne se solidifie qu'à très basse température.

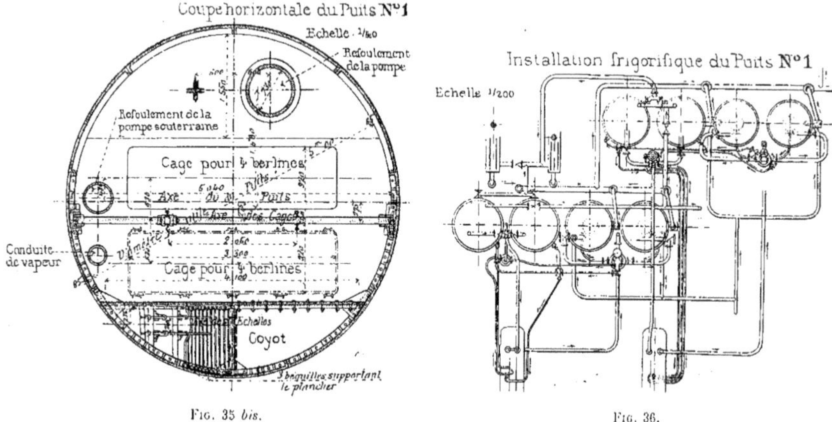

Fig. 35 *bis*.

Fig. 36.

Pour parfaire l'étanchéité du joint de deux tubes assemblés avec un manchon, on plaçait, sur les derniers filets du pas de vis, une tresse de chanvre imbibée de minium, qui se trouvait serrée entre le tube et le manchon.

Les deux tiers des tubes employés dans les sondages étaient neufs; l'autre tiers avait déjà servi à un fonçage. Il en est résulté que ces vieux tubes ont donné lieu à de nombreuses ruptures. Il y a donc intérêt à n'employer que des tubes neufs, soigneusement éprouvés.

Au sujet des manchons d'assemblage des tubes congélateurs, il faut remarquer que leur disposition à l'intérieur des gros tubes et à l'extérieur des petits tubes peut gêner le mouvement de descente et surtout de remontée de la colonne intérieure. Il conviendrait de leur donner une forme ovoïde.

Chaque colonne de tubes était reliée à une couronne collectrice. Ces couronnes étaient formées de tubes en acier et se raccordaient aux tubes congélateurs par des tuyaux en plomb, munis de robinets qui permettaient d'isoler chaque colonne en cas de besoin. Elles étaient placées au fond de l'avant-puits (*fig.* 35 et 35 *bis*), et le liquide réfrigérant y était amené par deux conduites verticales.

Les robinets employés à Auboué étaient du type ordinaire à soupape. L'emploi de ces robinets présente l'inconvénient de ne pas se prêter facilement à la visite des tubulures des couronnes collectrices. Il faut, en effet, démonter le robinet si l'on veut sonder l'intérieur d'un tube de raccord; il se produit toujours, dans ce cas, une perte de chlorure, et le travail de réparation ou de visite devient très pénible. Il serait donc préférable d'employer des robinets à boisseau, que l'on peut déboucher par l'emploi d'une tringle, sans être assujetti à les démonter.

Au bout d'un certain temps, la température de l'atmosphère extérieure étant descendue en dessous de 0°, il devint très difficile de s'assurer si le liquide continuait à circuler dans les tubes. Habituellement on s'aperçoit d'un arrêt de circulation lorsque la tête du tube correspondant ne givre plus. Mais, quand la température de l'atmosphère est assez basse, tous les tubes se recouvrent de givre, même si le chlorure ne circule plus dans quelques-uns. Ainsi, à la profondeur de 102 m, on a rencontré des tubes dans lesquels il n'existait plus aucune circulation, bien que, dans l'avant-puits, la tête de ces tubes fût givrée. Après démontage de la colonne de petits tubes et nettoyage, la circulation fut rétablie; mais le givre ne reparut au fond, sur le tube, que trois jours après la remise en route, ce qui prouve que les terrains, au voisinage, étaient bien réchauffés, par suite d'un arrêt déjà ancien de la circulation de chlorure dans ce tube.

Il y aurait donc, croyons-nous, un sérieux avantage à avoir, pour chaque sondage, un retour distinct venant se déverser dans la cuve à chlorure; ceci permettrait, en outre, de régler uniformément le débit des tubes, ce qui est impossible avec deux couronnes collectrices.

Marche de la congélation à Auboué. — Pour suivre la marche de la congélation dans les terrains on opérait de la manière suivante :

Des thermomètres à mercure étaient placés sur les conduites du liquide réfrigérant, et donnaient, au dixième de degré, la température de la dissolution saline à l'entrée et à la sortie des tubes congélateurs. Ces températures étaient notées toutes les trois heures. On relevait également, aux mêmes intervalles, la vitesse de la pompe à chlorure, dont le débit était de 20 litres par coup; soit : n, le nombre de coups de piston de la pompe par minute, le débit par vingt-quatre heures sera :

$$n \times 20 \times 24 \times 60 = 28.800\, n.$$

La chaleur spécifique de la liqueur de chlorure étant 0,68, sa densité 1,2, — si d est la différence moyenne de température à l'entrée et à la sortie, le rendement en frigories sera :

$$28.800 \times 0{,}68 \times 1{,}2 \times n \times d = 23.498\, nd,$$

formule simple servant de base aux calculs journaliers.

Le suintement ou la source apparaissent généralement plus bas que le point rompu. Quand un suintement se manifeste sur la paroi, on isole des couronnes collectrices les tubes soupçonnés en face de la zone d'émergence, et on démonte les têtes de tubes. Puis, au moyen d'un flotteur suspendu à un fil, on recherche le tube rompu.

Lorsque l'on eut remarqué que les tubes se rompaient à un raccord, on figura, sur un développement de la paroi du creusage, la position des joints de chaque colonne de gros tubes. Un suintement était-il remarqué, on relevait exactement le niveau du point précité; puis ce niveau permettait d'observer à quelle distance au-dessous on rencontrerait le premier joint de gros tubes, représentant le point de rupture. Un trou de barre à mine, fait ensuite dans la paroi, en face du joint soupçonné, venait, généralement confirmer les prévisions. Il fallait alors procéder à une réparation.

Comme on ne pouvait songer à descendre une colonne de secours dans chaque tube rompu, on n'hésita pas, en raison de la solidité du terrain, à aller rechercher le tube rompu au moyen d'une excavation faite dans la paroi du puits.

Une fois le point de rupture dégagé, on plaçait autour du tube un collier de fer, en deux parties, enchâssant les deux tronçons avec interposition d'un collier de plomb. Le tout, fortement serré et maté, donnait une étanchéité parfaite.

La figure 31 indique les sondages dans lesquels les tubes congélateurs se sont rompus.

Dans certains cas, il n'était pas possible de réparer les tubes par le procédé qui vient d'être décrit.

Lorsque les tubes étaient rompus dans un point inaccessible, on était obligé de faire usage de colonnes de secours. Ces colonnes de secours étaient composées de tubes sans soudure de 70 mm de diamètre intérieur, et de 80 mm de diamètre extérieur.

Elles étaient essayées à la presse hydraulique comme les autres, mais en ayant soin de les remplir avec du chlorure de calcium pour éviter que, pendant la mise en place dans un milieu à très basse température, et avant leur mise en service, le liquide d'essai puisse se congeler et entraîner la perte de la colonne.

Il est toujours bon d'avoir en réserve quelques-unes de ces colonnes de secours.

Nous insisterons, en particulier, sur la réparation qui a été effectuée au tube p. 11, lors de sa troisième rupture.

Ce tube avait déjà été réparé deux fois, le 12 et le 15 août, dans la partie supérieure du puits.

Le 9 novembre, après avoir cherché longuement l'origine d'un suintement qui se manifestait en face du tube p. 13, on reconnut que le p. 11 était de nouveau rompu, beaucoup plus haut que le fond du creusage.

Le suintement se manifestait sous la trousse de base de la première retraite; en outre, le chlorure passait par un joint vertical d'un des anneaux de cette première retraite. La rupture était donc située derrière la partie cuvelée, et il était impossible d'aller réparer le tube de la manière ordinaire.

En présence de ce suintement, qui pouvait nuire à la solidité du rempart de glace, on décida de descendre une colonne de secours à l'intérieur du tube rompu et de poser immédiatement une deuxième retraite de cuvelage, dont la trousse de base serait à la profondeur de 65,182 m.

On commença à poser cette deuxième retraite, le 10 novembre, en même temps qu'on descendait la colonne de tubes de 80 mm formant la partie extérieure de la colonne de secours. Mais ce travail de descente fut rendu momentanément impossible, parce que, comme on le reconnut ensuite, les deux parties du tube rompu étaient déplacées l'une par rapport à l'autre. A 50 m de profondeur, la colonne rencontra un obstacle qui s'opposait à la descente; on remonta cette colonne, et, pour reconnaître la nature de l'obstacle, on prit des empreintes au moyen d'un bout de tube portant une motte de terre glaise à sa partie inférieure. A 28 m de l'orifice, ce tube d'essai rencontra un obstacle dont les empreintes semblèrent confirmer que les deux parties de l'ancienne colonne, rompues par cisaillement, s'étaient déplacées; la partie inférieure de la colonne, comprise entre les niveaux 50 m et 28 m, s'était couchée contre la paroi du sondage, parce qu'elle avait été rendue libre par la fusion de la glace en dessous du point de rupture.

On descendit alors une tige pointue qui devait pouvoir pénétrer dans la partie inférieure de la colonne et permettre de descendre la colonne de secours; mais cette tige fut elle-même arrêtée à 50 m de profondeur par l'obstacle qui, la veille, avait arrêté la colonne de secours.

Comme la tige qu'on venait de descendre n'avait pas assez de poids pour ramener les deux tubes de l'ancienne colonne à leur position primitive, on fit emmancher à chaud, à l'extrémité du culot de la colonne de secours, une partie conique à pointe désaxée qui devait pénétrer dans l'espace commun aux deux sections de tubes et, par suite de son poids, ramener les deux portions de tubes rompus à leur position primitive. Ce deuxième essai fut sans succès également.

Pendant toute cette période de tâtonnements, la pose du cuvelage n'avait pas été interrompue, et on en était au deuxième anneau de la deuxième retraite, quand on se décida à employer le moyen suivant pour sauver ce sondage :

Pour suivre l'avancement de la congélation dans les terrains, on mesurait, chaque jour, la température du sol dans des trous de barre à mine, placés à l'intérieur et à l'extérieur de la circonférence du puits à creuser (*fig.* 6, Pl. XVI). On mesurait également celle de l'eau du sondage central.

Le tracé graphique (*fig.* 37), résume toutes ces lectures, dont les résultats ont été reportés dans les deux tableaux suivants.

L'installation du matériel frigorifique fut terminée le 27 mars, ainsi que les essais des compresseurs.

La période de congélation commença le 29 mars 1899, avec deux compresseurs en marche.

Pendant les premiers jours, les lectures de température furent faites d'une manière irrégulière. On éprouvait, d'ailleurs, de grandes difficultés à obtenir une marche satisfaisante des compresseurs. Dans le premier des deux tableaux ci-dessus, nous avons admis, comme rendement frigorifique moyen pendant cette période, le chiffre de 1 400 000 frigories par jour, soit 8 400 000 frigories pour les six premiers jours.

A partir du septième jour de marche, on a pu calculer, chaque jour, le rendement de la journée à l'aide des chiffres relevés. Au début, le degré de concentration du liquide réfrigérant était faible (16° Baumé seulement). On l'augmenta progressivement jusqu'à ce qu'il eût atteint 24° Baumé. La chaleur spécifique de la dissolution saline était alors de 0,68 à 0,82 par litre.

Le rendement total pour la période de congélation, qui a duré cent jours, a été de 362 519 215 frigories.

Le maximum fut atteint, le 18 avril 1899, avec 4 379 375 frigories par vingt-quatre heures.

Pendant cette période de cent jours, les arrêts dans la marche des appareils furent relativement peu nombreux.

Divers arrêts aux compresseurs furent causés par des réparations urgentes à faire aux joints, aux clapets ou aux moteurs, ainsi que pour le rechargement en ammoniaque. Mais, comme on disposait de deux compresseurs, on pouvait, en général, en conserver un en marche, ce qui ne donnait lieu qu'à un simple ralentissement de la congélation.

La marche de la pompe à chlorure dut également être interrompue à plusieurs reprises par des réparations. Comme au début, on ne disposait que d'une pompe ; son arrêt entraînait celui de toute l'installation ; aussi, au bout de quelques jours de marche, ajouta-t-on une deuxième pompe.

L'alimentation en eau des condenseurs était assurée par une pompe centrifuge, placée près de l'Orne, à une grande distance du puits, pour ne pas favoriser l'existence de courants souterrains au voisinage des tubes congélateurs. Cette installation accessoire fut également cause de plusieurs arrêts pour réparations, soit au moteur, soit à la pompe.

Quoi qu'il en soit, sur une durée totale de deux mille cent soixante-seize heures pour toute la période de congélation avant fonçage, il n'y eut que quatre-vingt-trois heures d'arrêt, soit 3,5 0/0.

L'écart de température entre l'entrée et la sortie du liquide froid, fut, dès le début, d'environ 4°. Il atteignit son maximum de 5,35, le 21 mai, et se tint ordinairement à une moyenne de 4°,5.

La température du liquide à l'entrée des tubes diminua progressivement jusqu'à une valeur voisine de — 17°. La valeur moyenne de la température à la sortie varia de — 12° à — 13°.

Quant à la propagation du froid dans le terrain, on l'observait, comme nous l'avons dit, dans des trous verticaux de barre à mine ; la plupart de ceux-ci étaient répartis, comme l'indique la figure 34, sur une circonférence de 3,70 m de diamètre : trois se trouvaient à l'extérieur du puits, sur une circonférence de 7,50 m de diamètre. Un tableau donné plus haut (p. 429 à 434) résume les résultats des observations journalières.

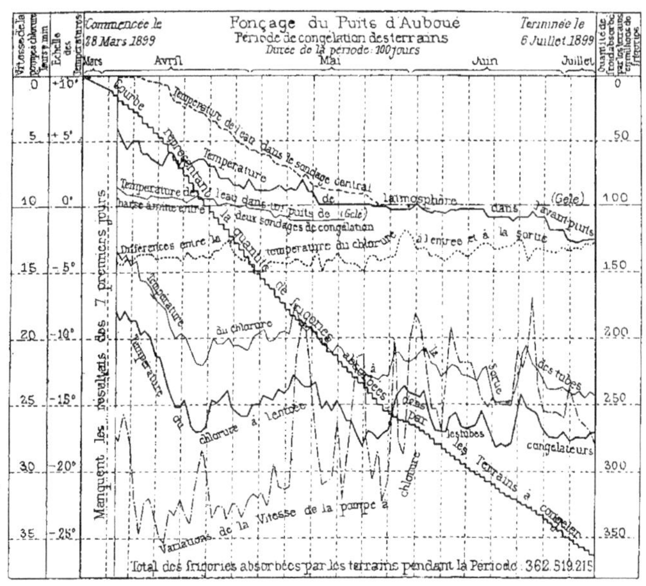

Fig. 37.

Des points d'observations étaient, en outre, choisis dans les communications avec les puits, de la galerie d'écoulement des eaux, qui seront plus tard refoulées par les pompes.

L'examen des renseignements réunis dans le tableau rappelé, donne lieu à diverses observations intéressantes.

Le terrain en x (*fig.* 34) fut congelé au bout de trente-six jours ; en y, il ne le fut que sept jours plus tard ; cette différence tient à ce que le sondage 8 *ter* ne fut givré que longtemps après la mise en marche.

Le sondage 7 ne givre que le vingt-cinquième jour ; le sondage 9 après vingt-sept jours ; et le sondage 8 après quarante-quatre jours seulement.

En a, le terrain se gèle après trente-neuf jours ; en b, après cinquante-trois jours ; en f, après soixante jours ; et, enfin, en h, g, e, d, après soixante-deux jours seulement.

Ces irrégularités dans la répartition du froid s'expliquent, d'une part, par la disposition irrégulière des sondages, et, d'autre part, par ce fait que plusieurs tubes restèrent inactifs pendant longtemps au début de la période. Les débuts de la congélation furent particulièrement difficiles, car on n'obtint pas tout d'abord une circulation régulière du liquide dans les tubes congélateurs, et, après vingt et un jours de marche, seize sondages seulement sur vingt-quatre étaient recouverts de givre, indice de leur fonctionnement.

La cause de cette irrégularité était l'obstruction de certains tubes, qu'il fallut démonter pour les visiter et rétablir la circulation. On peut l'attribuer aussi à la présence, sur les raccords des tubes avec les couronnes collectrices, de coudes assez prononcés où, à la mise en marche, avaient pu se produire des cantonnements d'air.

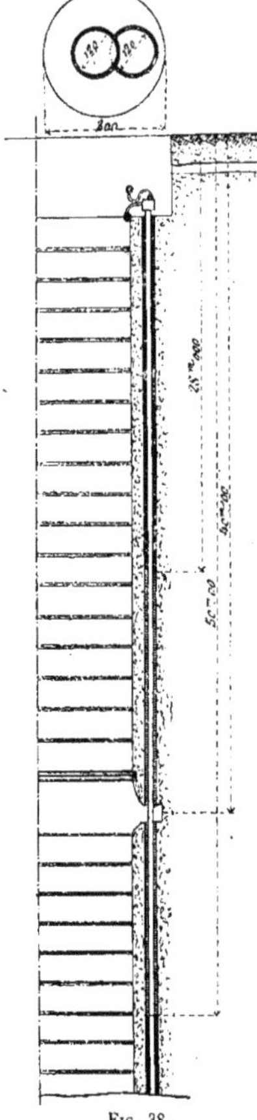

Fig. 38.

Enfin, la section de la conduite d'amenée du liquide froid n'était que de 100 mm de diamètre, soit 2,6 fois plus petite que la section totale des vingt-quatre tubes centraux, ce qui ne favorisait pas une égale répartition du liquide, malgré les tentatives de réglage faites en ouvrant plus ou moins les robinets placés sur les conduites d'entrée.

Quoi qu'il en soit, le terrain était congelé d'une manière suffisante, le 6 juin, c'est-à-dire après soixante et un jours de marche, puisque, dans tous les trous de barre à mine, on rencontrait de la glace, et que l'eau du sondage central commençait à geler au fond de ce sondage.

Les variations du niveau de l'eau dans ce sondage central indiquent d'ailleurs bien que la congélation se développait activement vers le centre du puits.

Le tableau précédent nous montre, en outre, que, à partir de fin mai, soit au bout d'un peu plus de soixante jours de marche, tous les trous dans lesquels on faisait des observations journalières étaient gelés.

L'eau du sondage central ayant commencé à se solidifier, le 6 juin, on doit en conclure que, bien avant le 1er juin, on aurait pu commencer le fonçage du puits en toute sécurité. Mais, l'installation de la recette provisoire n'étant pas terminée, la période de congélation avant fonçage dut être prolongée au-delà des prévisions.

Les températures que l'on releva alors dans les trous refaits à la barre à mine dans la glace montrèrent que la congélation s'avançait surtout en *f* et que la muraille de glace atteignait, à la partie supérieure du puits, 1,80 m à 2 mètres.

En même temps l'eau du sondage central continua à geler, et le niveau de la glace s'y trouvait à 14 m au-dessous du fond de l'avant puits, le 5 juillet, centième jour de marche de l'installation frigorifique.

Comme cette congélation excessive du centre du puits ne pouvait que nuire à la vitesse du fonçage, on ralentit, sur la fin de la période, la marche de la congélation; le débit journalier de l'installation frigorifique tomba à 1 800 000 frigories en moyenne pendant le dernier mois de la période de congélation des terrains.

On remarquera que les conclusions précédentes sur la forme du rempart de glace se trouvent mises en défaut par la congélation très rapide du fonds du puits. Ce fait est peut-être la conséquence des irrégularités de la répartition des sondages autour du puits, et de celles de la marche de l'installation au début; peut-être aussi faut-il l'attribuer à la nature des terrains à congeler, qui étaient formés d'assises tout à fait hétérogènes.

Incidents divers et particularités. — *Accidents aux tubes congélateurs.* — Nous avons vu qu'au début de la période de fonçage on avait constaté de nombreuses ruptures de tubes congélateurs.

Ces ruptures avaient d'abord été attribuées à l'ébranlement produit par l'explosion de la dynamite, ou à des coups de mine mal dirigés. La fréquence de ces ruptures, même lorsque la dynamite ne pouvait plus être mise en cause, puisqu'elle n'était plus employée, et que les coups de mine furent faits moins près des parois, amena à reconnaître qu'il fallait en chercher ailleurs la cause.

Vraisemblablement la rupture des tubes congélateurs doit être attribuée aux tensions exagérées que subit le métal par suite du retrait et à la diminution de résistance produite par le froid.

Lorsque la température passe de + 15° à — 15° environ, une colonne de tubes de 130 m de longueur doit subir un retrait de 5 à 6 cm. Ce retrait ne se produit pas brusquement, mais graduellement. Si, en raison des différences de conductibilité des diverses assises du terrain ou en raison des différences de proportion d'eau, il se forme de la glace en certains points plus tôt qu'en d'autres, le tube se trouve emprisonné en ces points dans de véritables étaux qui s'opposent à tout déplacement longitudinal. Les zones intermédiaires restant libres sont soumises à des efforts de traction considérables, qui arrivent à dépasser la limite d'élasticité du métal, déjà réduite en raison de la basse température auquel il est soumis ; d'où rupture.

Les bris de tubes se produisent toujours en section droite et aux manchons de raccord, dans la partie filetée présentant un point faible.

Lorsqu'un tube est rompu, le chlorure de calcium se répand dans les terrains, en décongelant de proche en proche la glace contenue dans les fissures du terrain et en suivant les lignes de plus grande perméabilité. Le chlorure peut venir jusqu'aux parois du puits, où l'on aperçoit un suintement, soit une source nettement déterminée qui détruit le givre formé sur la paroi.

A la profondeur de 40 m, on ouvrit une niche pour aller rencontrer le tube rompu ; une fois que ce tube fut dégagé, on descendit, par la partie supérieure, un fil à plomb dans l'ancienne colonne. Ce fil à plomb fut aperçu dans la niche en dehors de la colonne ; il y avait donc bien une rupture avec déplacement des deux portions de tubes. On opéra alors sur la partie inférieure du tube une traction dans le sens contraire de ce déplacement, et on put facilement introduire la colonne de secours au milieu du tube rompu (Voir *fig.* 38).

Le tube de ce sondage n. 11 était remis en ordre et marchait normalement, le 20 novembre, après onze jours d'arrêt.

La cause principale d'un aussi grand nombre de ruptures a été l'emploi de tubes ayant déjà servi à un autre fonçage ; toujours ces ruptures se sont produites soit au joint d'un tube neuf avec un tube vieux, ce dernier ayant cédé, soit au point de jonction de deux vieux tubes.

Il faut donc en conclure que, pour un fonçage nécessitant l'emploi de la congélation pendant une période aussi longue, on doit, de toute nécessité, n'employer que des tubes neufs essayés avec beaucoup de soin à la presse hydraulique [1].

1. Consulter sur les fonçages par congélation : *Annales des mines*, août 1885, Mémoire de M. Lebreton ; — *Bulletin de l'industrie minérale* 1894, 1895, 1897 et 1899, Mémoires de MM. François, Schmidt, Saclier et Weymel ; — *Oest. Zeitschr. für Berg et Huttenwesen*, avril et mai 1900, Mémoire de M. Poetsh.

LIQUÉFACTION DE L'AIR

Le principe de la très remarquable machine de M. *Linde*, qui a, le premier, résolu d'une façon véritablement industrielle, en 1894, la fabrication de l'air liquide, se comprendra facilement au moyen du schéma *fig.* 39.

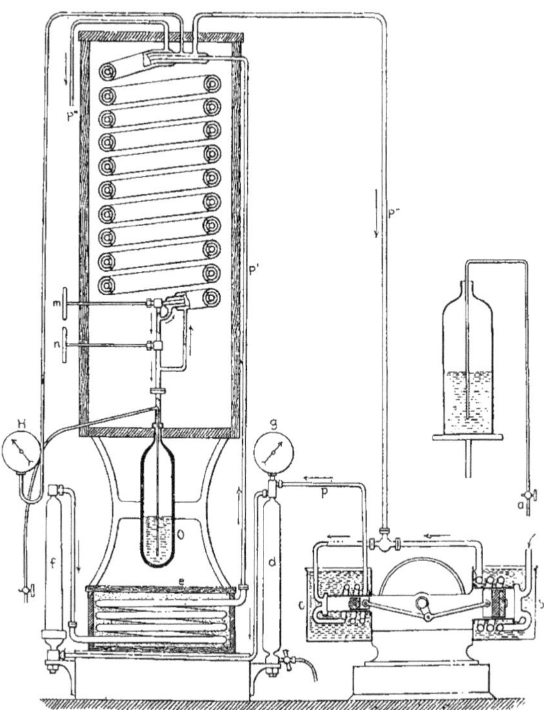

Fig. 39. — Schéma d'une machine *Linde* à liquéfier l'air.

L'air aspiré dans l'atmosphère par un premier cylindre *b* est comprimé dans ce cylindre à une pression d'une vingtaine d'atmosphères, puis refoulé, au travers d'un serpentin qui en absorbe la chaleur de compression, dans un petit cylindre *c*, qui le comprime à 220 atmosphères environ dans le récipient *d*, où il abandonne la majorité de son eau ; de ce récipient, l'air passe au serpentin séparateur f, à chaux sodée, où il se sépare de son acide carbonique, et d'où il va se débarrasser de ses traces d'humidité dans le serpentin e, entouré d'un mélange réfrigérant de glace et de sel. Cet air, ainsi refroidi et purifié, est amené, par le tuyau p', à un serpentin relié au liquéfacteur O par un robinet-pointeau m. Ce serpentin est entouré de deux serpentins concentriques ; du premier de ces serpentins, le pointeau m laisse passer la majorité de cet air dans le serpentin moyen, celui qui entoure immédiatement p', en l'y détendant, *sans qu'il n'accomplisse aucun travail extérieur*, de 220 à 20 atmosphères, ou de 200 atmosphères ; cette détente, grâce à la viscosité de l'air, produit un refroidissement considérable du serpentin p', et cet air revient, par p'', au compresseur c, qui le renvoie à p'. De m, une partie de l'air de p', 1/5 environ, passe au liquéfacteur o, en tombant de la pression de 20 à celle d'une atmosphère ; en marche courante, le quart environ de cet air se liquéfie et le reste s'évacue dans l'atmosphère par le serpentin extérieur et le tuyau p'''. Une machine de ce type, avec cylindres b et c de 40 et 75 × 50 mm. de course, et exigeant une puissance de 35 chevaux, donne environ 1 litre d'air liquide par heure. Le refroidissement intérieur du compresseur b s'obtient au moyen d'une admission d'eau goutte à goutte en a.

Fig. 40. — Petite machine *Linde* du type *fig.* 39, produisant 1 litre d'air liquide par heure, puissance 3ch.5.

On voit que, dans cette machine, l'air qui revient en p' et c, après s'être détendu de 200 atmosphères dans le serpentin moyen de l'échangeur de températures, retourne en p' plus froid après chaque détente, et l'on comprend qu'ainsi, par refroidissements successifs, sa température devienne assez basse pour que la seconde détente, en n, la fasse tomber au-dessous du point critique de l'air, qui est de — 191° à la pression atmosphérique, et que, dès lors, commence la liquéfaction de l'air. Cette liquéfaction s'opère, en effet, au bout d'une période de mise en train plus ou moins longue : deux heures environ pour un appareil de laboratoire, comme celui de la figure 40.

Le fonctionnement de la machine de Linde est donc fondé sur l'accumulation des abaissements de températures produits par des détentes successives d'une même masse d'air (au renouvellement près de la partie liquéfiée et de celle passant en p'''), détentes produites dans un serpentin à contre-courant de celui de l'air comprimé en p'. Le froid produit par chacune de ces détentes, qui s'opèrent, comme on l'a vu, sans travail externe, provient du travail interne de l'air, dont il est l'équivalent, travail qui tient à ce que l'air n'est pas un gaz parfait, c'est-à-dire dont les molécules ne sont maintenues que par la résistance de l'enceinte qui les renferme, et n'éprouvent aucune résistance à se séparer dans le vide.

Cette résistance, due à une sorte de viscosité de l'air, est très faible et n'a été reconnue, puis déterminée qu'en 1854, par une méthode très ingénieuse, due à MM. Thomson et Joule[1], et dont le principe consiste à mesurer les variations de la température des gaz de part et d'autre d'un diaphragme poreux traversé par ces gaz sous une différence de pression $p - p'$, variation qui devrait être nulle avec des gaz parfaits.

L'abaissement de la température d'un gaz se détendant de p' à p atmosphère est donné par la formule :

$$\theta = 0,276 \, (p' - p) \left(\frac{273}{T}\right)^2$$

T étant la température absolue $t + 273^\circ$ du gaz à p; de sorte que, en prenant ce gaz, par exemple, à 0°, on a $T = 273^\circ$, et, le détendant jusqu'à la pression atmosphérique, ou à $p = 1$, il faudrait le comprimer jusqu'à $p' = 750$ atmosphères environ pour que la température descendît aux environs du point critique de l'air sous la pression atmosphérique.

Mais comme, d'après la formule précédente, l'abaissement de température ne dépend pas de la valeur absolue des pressions p' et p, mais seulement de leur différence $p' - p$, tandis que le travail de compression du gaz dépend du rapport p'/p de ces pressions, on voit que l'on a tout

FIG. 41. — Machine *Linde* exposée en 1900.

intérêt à diminuer le plus possible ce rapport et à augmenter la différence $p' - p$, comme le fait M. Linde, en prenant, au cas particulier de la machine (*fig.* 40), $p' = 220$ atmosphères et $p = 20$, au lieu de 1 atmosphère, c'est-à-dire $p'/p = 11$ au lieu de 200.

La machine exposée par M. Linde, en 1900, différait de la précédente parce qu'elle avait (*fig.* 41 et 42) trois cylindres compresseurs A au lieu de deux, et que son refroidisseur DE, venant à la suite du séparateur d'acide carbonique C, à chlorure de calcium, se composait de deux serpentins parcourus l'un, D, par l'air en retour de l'échangeur F au compresseur, et l'autre, E, par une circulation d'ammoniaque liquéfié par un petit compresseur L dans le réfrigérant M ; on reconnaît, en G et H, les détendeurs successifs allant de F au contre-courant réfrigérant, au serpentin extérieur et au collecteur ou liquéfacteur i.

Le premier des cylindres A aspirait, par heure, 19 m³ d'air humidifié, comme dans la machine précédente, et les refoulait à 7 kgs dans le second cylindre, qui les passait à 50 kgs au second, puis le troisième les refoulait, à 200 kgs, au sécheur ou séparateur d'eau B, d'où il passaient au dessiccateur à chlorure de calcium C et au serpentin central du réfrigérant D, refroidi par l'air non liquéfié, qui fait retour au compresseur, suivant FDA, sous une pression de 50 kilog. De D, l'air passe au second réfrigérant E, refroidi par une détente de gaz ammoniaque liquéfié par la petite machine L au liquéfacteur M, et qui revient sans cesse en L suivant les flèches ; et, de E, l'air ainsi refroidi passe à l'échangeur F, analogue à celui de l'appareil précédent, avec robinets de détentes successives G et H et liquéfacteur i ; en G, l'air se détend de 200 à 50 kgs environ, en se refroidissant à environ 130°, et la majorité de cet air revient, comme nous l'avons dit, au compresseur, en contre-courant de l'air arrivant de F en E ; le restant de l'air qui franchit le second détendeur H tombe à la pression atmosphérique, en subissant un second refroidissement, qui en liquéfie le tiers environ, le reste s'échappant dans l'atmosphère en traversant le serpentin extérieur de F.

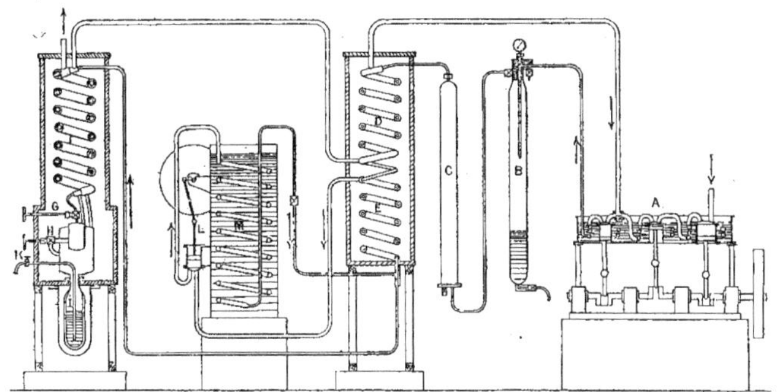

Fig. 42. — Schéma de la machine *Linde*, exposée en 1900.

Le troisième cylindre de compresseur A débite par heure 1,9 m³ d'air à 50 kgs : de ces 1,9 m³, il y a environ 0,40 m³, qui traversent les deux détendeurs G et H, et le reste retourne au compresseur, sous la pression de 50 kgs, pour y être recomprimé de 50 à 200 kgs, ce qui exige un travail théorique d'environ 4 chevaux ; en outre, pour remplacer la perte des 0,40 m³ à 50 kgs passés au liquéfacteur et dans l'atmosphère, le compresseur doit reprendre à l'atmosphère 0,40 m³ × 50, ou 2 mètres cubes d'air, et les recomprimer à 200 kgs, ce qui exige un second travail d'environ 4 chevaux ; en réalité, le compresseur absorbe environ 12 chevaux, de sorte que son rendement et d'environ 8/12, ou de 60 0/0. La machine à ammoniac L (*fig.* 42) absorbe, de son côté, environ 3 chevaux, ce qui porte à 15 chevaux la puissance totale exigée par cette machine pour produire 8 litres d'air liquide par heure, soit 0,530 litre d'air par cheval-heure.

Le rendement de ces machines augmente avec leur importance ; c'est ainsi qu'une machine produisant 50 kgs d'air liquide par heure n'exige que 100 chevaux, soit 2 chevaux par kilogramme d'air, et M. Linde espère abaisser cette dépense à 1,5 kg, peut-être même à 1 cheval, ce qui correspondrait à un rendement total de 30 0/0.

Sur le diagramme entropique *fig.* 43 *bis*, dans lequel on porte en ordonnées les températures absolues T et en abscisses les entropies $S = \int \frac{dQ}{T}$, l'aire ABED représente la chaleur spécifique d'environ 50 calories par kilogramme d'air, et l'aire BCEF la chaleur latente, environ 60 calories, qu'il faut enlever au kilogramme d'air pour le liquéfier. En prenant pour température d'admission de l'air + 20°, correspondant à une température absolue T' de 273 + 20°, ou de 293°, et, pour elle de l'air liquide 273° — 191°, ou 82°, l'aire ABCG, qui représente le travail mécanique de cette liquéfaction, équivaut à environ 190 calories, ou à 0,3 cheval par heure et par kilogramme d'air liquéfié, ce qui donnerait pour la machine capable de liquéfier ce kilogramme d'air par heure avec une dépense de 2 chevaux, un rendement total de 15 0/0[1].

M. *Tripler*, de New-York, avait exposé une machine à liquéfier l'air, composée (*fig.* 43) d'un compresseur à trois étages AB et C, avec refroidisseur à circulation d'eau D, entre A et B et B et C, refoulant l'air à 170 atmosphères dans le réfrigérant E; de là, cet air passe dans deux accumulateurs GG, puis dans deux refroidisseurs liquéfacteurs H et L, parcourus à contre-courant de I en II par la partie de l'air non liquéfiée qui, à l'inverse de ce qui se passe dans l'appareil de Linde, ne revient pas en partie au compresseur; de là, une diminution notable du rendement,

1. Note de M. Linde (*Z. Vereines Deutscher Ingenieure*, 20 janvier 1900.)

On peut calculer ce rendement théorique de deux manières : 1° *En partant du diagramme entropique* (*fig.* 43 *bis*) (Desvignes).

La variation $S_1 - S_2$ de l'entropie en passant de T_1 à T_2 sur la courbe AB est donnée par l'équation bien connue :

$$S_1 - S_2 = C\,L\,\frac{T_1}{T_2}$$

C étant la chaleur spécifique 0.238 à pression constante — supposée invariable de T_1 à T_2 — et L le signe du logarithme népérien.

Pour :

$$C = 0{,}238 \text{ avec } T_1 = 293^\circ \text{ et } T_2 = 83^\circ$$

il vient :

$$S_1 - S_2 = AG = BC = 0{,}300$$

or on a :

$$\text{Aire ABED} = C(T_1 - T_2) = 0{,}238 \times 210^\circ = 50 \text{ calories}$$
$$\text{Aire BCEF} = \text{chaleur latente} = 60 \text{ calories}$$

d'où :

$$CB = \frac{\text{Aire BCEF}}{T_2} = \frac{60}{83} = 0{,}723$$

$$\text{Aire ABCG} = AG\,(T_1 - T_2) + T_2\,(S_1 - S_2) - \int_{S_2}^{S_1} T\,dS$$
$$= AG\,(T_1 - T_2) - C\left[(T_1 - T_2) - T_2\,L\frac{T_1}{T_2}\right]$$
$$= (0{,}300 + 0{,}723)\,210^\circ - 0{,}238\,(210^\circ - 83 \times 1{,}262)$$
$$= 215 - 25 = 190$$

d'où, pour le rendement théorique :

$$\rho = \frac{\text{aire ABCFD}}{\text{aire ABCG}} = \frac{110}{190} = 0{,}58.$$

Une puissance d'un cheval-heure, équivalent à 637 calories, devrait, dans ce cas, produire $\frac{637}{190} = 3{,}35$ kgs d'air liquide; elle en produit au plus 0.5 kg, ce qui correspond à un rendement pratique de 0,5 : 3,35, ou de 15 0/0.

2° *En partant du diagramme pv* ordinaire (*Mathias*).

Le kilogramme d'air pris à + 20° doit être comprimé à une pression p telle que, par sa détente de p à $p° = 1$ atmosphère sans vitesse sensible, sa température tombe à — 191°, ou de 211°. La pression p est donnée par l'équation $211° = 0.26\,(p - 1)$; d'où $p = 813$ atmosphères.

Pour comprimer en isothermique le kilogramme d'air à 813 atmosphères, il faut dépenser un travail de $\frac{10332}{1{,}3} \times 2{,}3$ log. 813 = 53,125 kilogrammètres, équivalent à 125 calories, la chaleur de vaporisation r de ce kilogramme d'air est, d'autre part, de 60 calories, de sorte que le travail théorique nécessaire pour sa liquéfaction, équivalent à 125 + 60 = 185 calories, est de 0,3 chevaux.

telle que la machine de l'Exposition ne produisait guère que 0,18 litre d'air liquide par cheval-heure au lieu des 0,4 lit., de la machine de Linde [1].

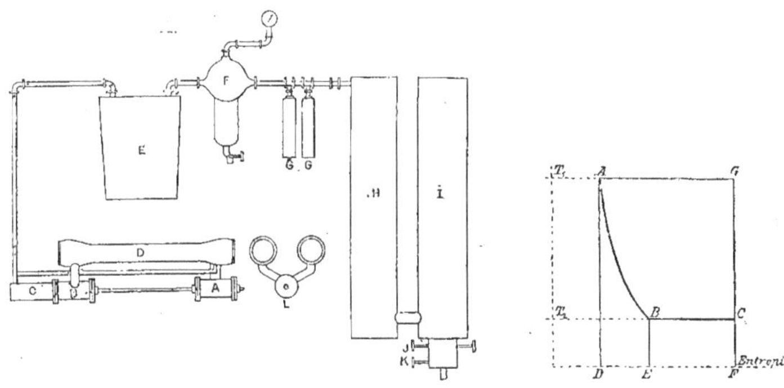

Fig. 43. — Schéma de la machine *Tripler*, exposée en 1900. Fig. 43 *bis*.

Parmi les appareils à liquéfier l'air qui ne figuraient pas à l'Exposition, je citerai ceux de *Hampson*, d'*Ostergreen* et de *Dewar*.

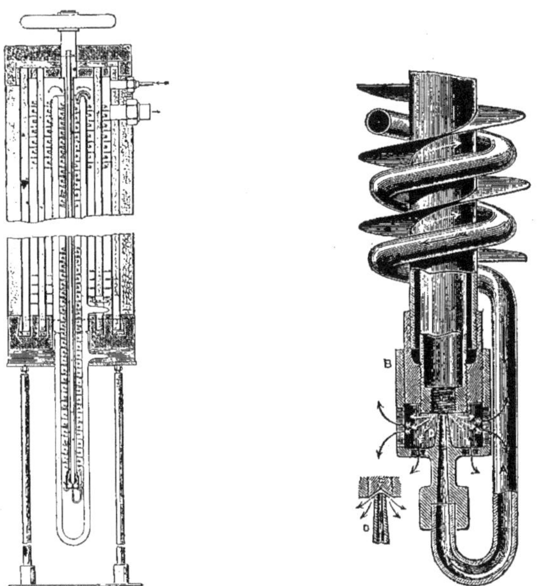

Fig. 44 et 45. — Liquéfacteur de gaz *Hampson*. Ensemble de l'appareil.

Dans l'appareil *Hampson* de 1895, représenté par les figures 44 et 45 et destiné à la liqué-

1. Pour plus de détails sur cette machine, voir l'*Engineering News* du 14 avril 1898, le brevet français Tripler, n° 291276 du 29 juillet 1899, et le *Caster's Magazine* de juin 1899, p. 29.

faction de l'oxygène, ce gaz, comprimé à 120 atmosphères et à la température ordinaire, arrive par le petit tuyau, représenté à droite, au haut de la figure, dans un serpentin qui débouche en

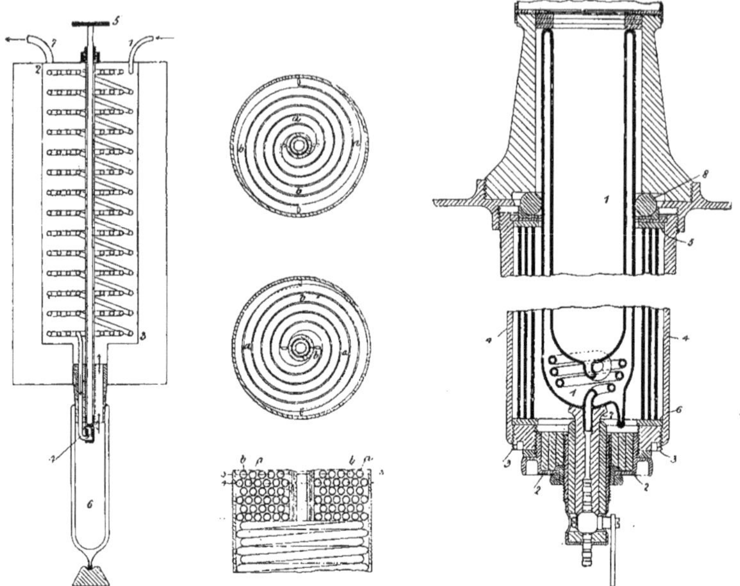

FIG. 46. — Liquéfacteur *Hampson*.

FIG. 47. — Liquéfacteur *Hampson*. Détail du récipient.

A (*fig.* 45) par un ajutage D, sur un bouchon C, d'où il revient, détendu par B, et autour du serpentin qu'il refroidit, dans le compresseur, qui le refoule de nouveau, mais de plus en plus froid, au serpentin. L'oxygène finit par atteindre ainsi, en D, son point de liquéfaction à la pression atmosphérique —180°, de sorte que l'on peut, paraît-il, avec un de ces appareils de 750 mm de haut sur 180 de diamètre, fabriquer de l'oxygène liquide au taux de 7 centimètres cubes par minute [1].

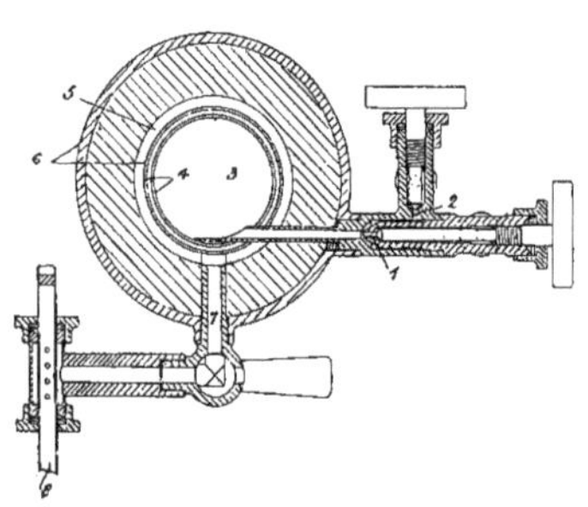

FIG. 48. — Liquéfacteur *Hampson*. Introduction de l'acide carbonique.

Dans l'appareil de 1889, construit par la *Brin's Oxygen C°*, de Londres, le serpentin de l'échangeur de température est (*fig.* 46) le plus serré possible, de manière à réduire au minimum les pertes par rayonnement, tout en présentant une grande surface de contact à l'air aspiré; ce serpentin est formé de deux tubes *a* et *b*, de 4 millimètres de diamètre extérieur, écartés de 0,5 mm : diamètre de l'échangeur 300 mm à l'extérieur, diamètre intérieur 70 mm. La détente se fait presque jusqu'à la pression atmosphérique dans le récipient en verre 1 (*fig.* 47)

1. *Bulletin de la Société d'encouragement pour l'Industrie nationale*, avril 1896, p. 622.

avec enveloppe de vide entourée de trois ou quatre cylindres de verre sur joints en caoutchouc 6, 7 et 8, assurant une étanchéité parfaite sans crainte d'accidents pour le serrage.

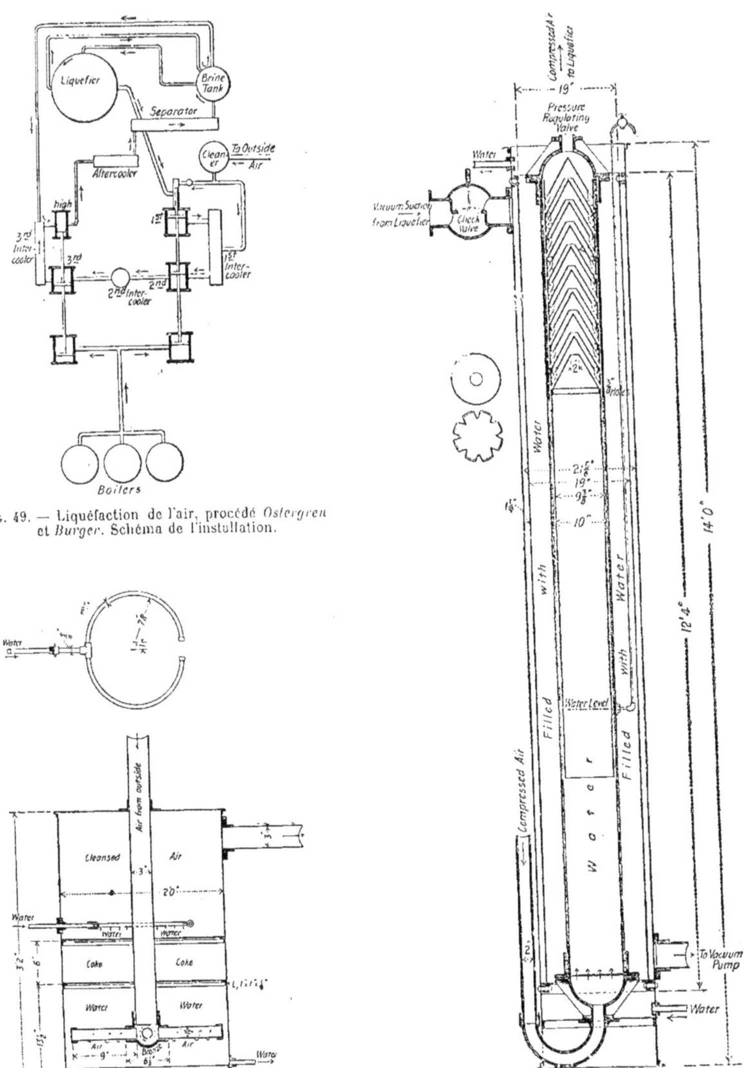

Fig. 49. — Liquéfaction de l'air, procédé *Ostergren* et *Burger*. Schéma de l'installation.

Fig. 50. — Laveur (*Cleaner*, *fig.* 49).

Fig. 51. — Séparateur.

Pour permettre l'introduction, près du détendeur, d'acide carbonique presque à la température de cet acide solide sans risquer de l'encombrer, on fait arriver de l'acide carbonique liquide par un détendeur auxiliaire 1 (*fig.* 48) entouré en 2 d'air comprimé un peu moins froid, qui empêche

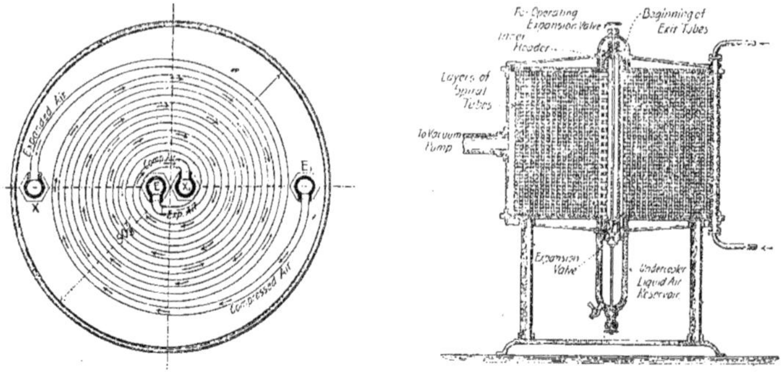

Fig. 52. — Refroidisseur.

Fig. 53. — Liquéfacteur. Détail de la partie supérieure.

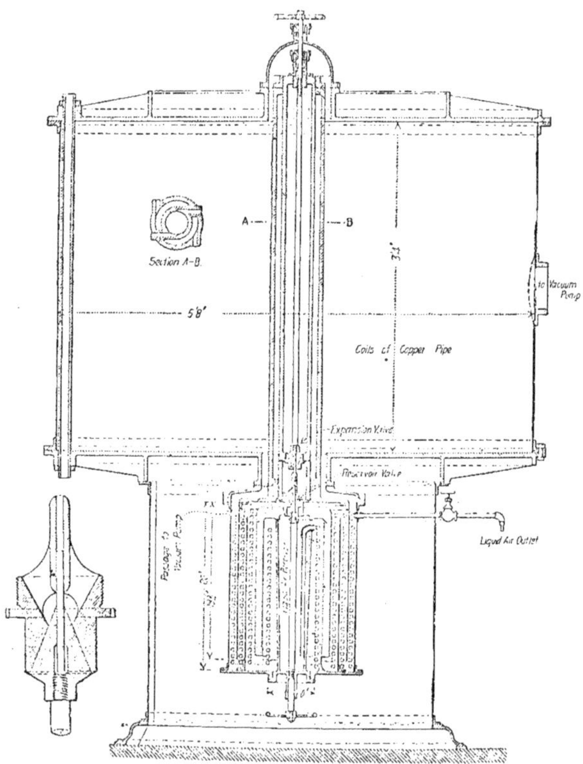

Fig. 54. — Liquéfacteur. Détail du collecteur d'air liquide et d'une soupape de détente.

juste la formation de la neige carbonique en 1, puis le mélange, détendu en 3, est filtré de sa neige sur les toiles métalliques 4, d'où il passe, par 5, 6, 7, 8, au retour du détendeur liquéfacteur d'air. Grâce au refroidissement initial ainsi produit, la liquéfaction de l'air s'effectue très vite : 2 litres paraît-il en quelques minutes, et automatiquement, dans un appareil fort simple, peu encombrant, et facile à transporter par un homme [1].

La machine d'*Ostergren* et *Burger* de 1899, employée par la *General Liquid Air C°*, de New-York, est représentée schématiquement par les figures 49 [2].

L'installation comprend (*fig.* 49) trois chaudières verticales de 75 chevaux chacune, qui fournissent la vapeur à deux compresseurs compound Sergeant : le compresseur de droite aspire l'air de l'atmosphère au travers d'un laveur (*fig.* 50), dans un cylindre de 460 × 465, qui le refoule à la pression d'une atmosphère, et, au travers d'un premier refroidisseur (*intercooler*), dans le second cylindre du compresseur, de 300 × 460, lequel refoule l'air à 4 atmosphères, et au travers du deuxième refroidisseur, dans le premier cylindre, de 600 × 195, du deuxième compresseur. Ce dernier refoule l'air au travers d'un troisième refroidisseur, et à 21 kgs, au quatrième cylindre compresseur, de 600 × 175, qui le comprime à 84 kg, dans le dernier refroidisseur (*aftercooler*), constitué, comme les autres, par un serpentin à circulation d'eau.

De ce dernier refroidisseur, l'air passe au séparateur (*fig.* 51), qui en enlève les poussières, l'huile et l'humidité : c'est une longue colonne de 3,75 m de haut, où l'air traverse d'abord de l'eau, puis une série de déflecteurs en tôle inclinées et ondulées, d'où il s'échappe par une soupape régulatrice et, sous une pression constante, au refroidisseur (*fig.* 52) (*Brine Tank* de la *fig.* 49). Une dérivation de cet air passe au régulateur du compresseur de gauche, dont la marche est ainsi réglée par sa pression. Le refroidisseur se compose de deux serpentins entourés d'une circulation de liquide incongelable. Le premier de ces serpentins reçoit l'air comprimé en X ; cet air y arrive par un tube intérieur d'un diamètre assez faible pour qu'il y prenne une grande vitesse, et qui se termine par un ajutage avec déflecteur qui la débarrasse de son humidité, puis il passe de là au liquéfacteur. Le second serpentin, enroulé en sens contraire du premier, reçoit en E l'air refroidi et détendu revenant du liquéfacteur, qui en sort par X à la pression de 21 kgs pour revenir (*fig.* 49) au troisième refroidisseur, dans lequel il est repris par le dernier cylindre compresseur.

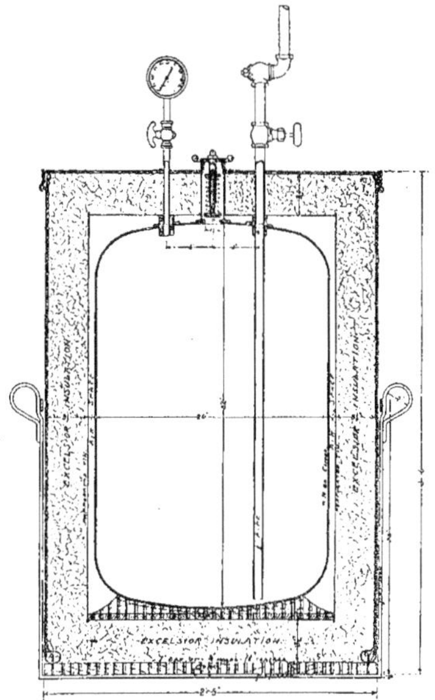

FIG. 53. — Récipient à air liquide.

L'air comprimé passe de X (*fig.* 52) au liquéfacteur, dans lequel il pénètre par le haut du tuyau de droite (*fig.* 53), sous une pression de 84 kgs, dans un premier serpentin de cuivre qui l'amène par la soupape de détente indiquée en figure 5 et avec une chute de pression de 53 kgs, au tube central intérieur (*Inner Header*, *fig.* 53), d'où il passe au second serpentin, concentrique et inverse du premier, d'où il passe au premier cylindre compresseur (*Vacuum Pump*). C'est donc toujours le même air qui circule dans l'appareil — sauf les fuites récupérées par l'air aspiré de l'atmosphère au travers du laveur (*fig.* 50) — et qui, par l'accumulation du froid due aux détentes successives qu'il subit au sortir du premier serpentin du liquéfacteur, finit par se liquéfier. Dès que cette liquéfaction se manifeste, on ouvre le pointeau du bas du liquéfacteur (*fig.* 54), qui laisse cet air tomber dans le collecteur d'air liquide, où il commence par se volatiliser en soulevant le lourd couvercle de ce collecteur, chargé à 0,4 kg, pour repasser en grande partie au premier compresseur (*Vacuum Pump*). Une faible partie seule-

1. *Bulletin de la Société d'encouragement pour l'Industrie nationale*, avril 1899, p. 618 ; voir aussi *The Engineer*, 12 mai 1899, p. 470, et les brevets anglais 10.165 de 1895, 7.773 de 1898.
2. *Bulletin de la Société d'encouragement pour l'Industrie nationale*, juin 1899, p. 912.

ment de cet air resté liquide passe par le siphon du collecteur au petit serpentin, sans cesse refroidi par cette volatilisation, et qui l'amène liquéfié, et même en partie solidifié, au récipient (*fig.* 55), en cuivre, entouré d'un second réservoir à enveloppe isolante, avec, entre eux, un espace ou une soupape chargée à 0,4 kg laisse de temps en temps pénétrer de l'air liquide, qui en conserve le froid.

Cet intéressant appareil vient d'être installé ; il est actuellement soumis à des essais qui en ont constaté le bon fonctionnement, et dont nous rendrons compte quand ils seront publiés. Ces essais auraient constaté la presque inutilité du refroidisseur (*fig.* 52) interposé entre le liquéfacteur et le séparateur.

On a souvent proposé et essayé, mais jusqu'à présent sans succès, d'utiliser, pour le refroidissement de l'air et sa liquéfaction, le travail de détente dynamique de l'air comprimé [1], contre le principe desquelles les partisans de la méthode de Linde élèvent des critiques en apparence bien fondées [2].

L'appareil de *Dewar* de 1897 comprend (*fig.* 56) deux bouteilles en acier renfermant l'une de l'acide carbonique liquide et l'autre de l'air ou de l'oxygène à 150 atmosphères. L'air traverse (*fig.* 57) un long serpentin en cuivre, dans lequel il est refroidi d'abord par la détente de l'acide carbonique, avant d'arriver au détendeur Hampson, d'où l'on voit tomber l'air liquide au bout de quelques minutes.

1. Solvay, Claude et, tout dernièrement Ostergren. *Bulletin de la Société d'encouragement pour l'Industrie nationale*, janvier 1902, p. 107.

2. Voici celles de M. Desvignes :

1° Si dans une machine à froid à air comprimé on appelle :

T_0, la température absolue de l'air à la sortie du cylindre de détente.

T_1, — — à l'entrée de ce cylindre de détente.

T_2, — — à l'entrée du cylindre de compression.

T_3, — — à la sortie du cylindre de compression.

Q, le froid produit, en calories négatives ou frigories.

L, le travail dépensé, en kilogrammètres.

A, l'inverse de l'équivalent mécanique de la chaleur, soit 1/424.

p_0, p_1, p_2, p_3, les pressions correspondant aux températures affectées des mêmes indices.

On a :

$$\frac{T_3}{T_2} = \frac{T_1}{T_0} = \left(\frac{p_3}{p_2}\right)^{0,291} = \left(\frac{p_1}{p_0}\right)^{0,291}$$

Rendement économique :

$$Q : AL = (T_2 - T_0) : \left[(T_3 - T_2) - (T_1 - {}_0)\right]$$

2° D'autre part, dans un échangeur parfait, à contre-courant, on a :

$$PC\,(T_1' - T_1) = pc\,(T_0' - T_0)$$

où :

$$T_1',\ T_1,\ P,\ \text{et}\ C,$$

représentent la température d'entrée, la température de sortie, le poids et la chaleur spécifique du fluide chaud

$$T_0,\ T_0',\ p,\ \text{et}\ c,$$

id. du fluide froid.

Les machines à travail extérieur n'ayant donné encore aucun résultat pratique et les constantes physiques de l'air étant trop incomplètes pour pouvoir analyser le cycle de sa liquéfaction dans de telles conditions, il faut nous borner à considérer seulement son refroidissement jusqu'à la température de liquéfaction, où $T_0 = 83°$ (soit environ $-190°$).

Supposons d'abord une machine sans échangeur, se composant seulement d'un compresseur, d'un refroidisseur et d'un cylindre de détente ; la température de l'air aspiré sera $+20°$ et le refroidisseur ramènera à cette température de $+20°$ l'air comprimé et surchauffé. On aura alors :

$$T_0 = 83°,\ T_1 = T_2 = 293°\ T_3 = 1031°$$
$$Q : AL = 210 : (741 - 210) = 0,396$$

pour :

$$p_2 = p_0 = 1 \text{ atm.}$$

on aura :

$$p_3 = p_1 = 76.6 \text{ atm.}$$

Si nous ajoutons un échangeur parfait, c'est-à-dire sans déperditions et de surface infiniment grande, à la machine ci-dessus, et si nous admettons que 80 0/0 de l'air détendu échappe à la liquéfaction et retourne dans

Le refroidisseur Dewar pour laboratoires se compose d'un serpentin B (*fig.* 58) plongé dans un tube à vide et enroulé sur une ampoule vide; le gaz comprimé sort par le bas du serpentin, et se détend dans l'espace annulaire entre l'ampoule et le tube, dont le vide empêche le rayonnement du serpentin. Pour liquéfier l'hydrogène, ce gaz, comprimé en A (*fig.* 61), traverse un serpentin B, refroidi par de la neige d'acide carbonique, un second C, refroidi par de

l'atmosphère après avoir traversé l'échangeur, l'air comprimé et ramené à 293°, température à laquelle il entre dans cet appareil, le quittera à 125°. En posant :

$$C = c \qquad \text{et} \qquad p = 0.8\ P$$

on a bien :

$$293 - 125 = 0.8\ (293 - 83) = 168$$

puisque, pour :

$$PC > pc$$

on doit avoir :

$$T_1' = T_0'.$$

On aura alors :

$$T_0 = 83°,\ T_1 = 125°,\ T_2 = 293°,\ T_3 = 441°$$
$$Q : AL = (0.2 \times 210) : (148 - 42) = 0{,}396$$

pour :

$$p_2 = p_0 = 1 \text{ atm.}$$

on aura :

$$p_3 = p_1 = 4.10 \text{ atm.}$$

On voit que l'échangeur n'apporte aucun changement au rendement économique Q : AL, mais qu'il permet d'abaisser considérablement la pression p_3, p_1.

Voyons maintenant quel est l'effet utile, c'est-à-dire le rapport du rendement économique pratique au rendement économique théorique d'une machine à froid à air comprimé.

Nous trouvons dans Schroeter, *Untersuchungen an Kaeltemaschinen verschiedener Systeme, erster Bericht*. Munich, 1887, page 150, les résultats des essais qu'il a faits sur une machine, système Bell-Coleman. La moyenne de ses trois essais donne :

$$T_0 = 226°,\ T_1 = 291°,\ T_2 = 292°,\ T_3 = 300°.$$

Puissance indiquée au moteur = 84.39 chevaux, d'où

$$AL = 84.39 \times 636.8 = 53.740 \text{ cal.}$$
$$Q = 30.628 \text{ cal.}$$
$$Q : AL = 0{,}570$$

Théoriquement, on devrait avoir :

$$T_3 = 292 \times (291 : 226) = 376°$$

et

$$Q : AL = 66 : (84 - 65) = 3.47$$

L'effet utile donné n'a donc été que de 0.570 : 3.47 = 16.4 0/0.

Dans cette machine, l'écart entre la température ambiante (+ 19°) et la température la plus basse dans le cylindre de détente (— 47°) était de 66°, et les déperditions étaient limitées au cylindre de détente très bien isolé et qui, du reste, ne présentait qu'une très faible surface. Dans une machine à liquéfier l'air, il faudra descendre jusqu'à — 190° et avoir un échangeur qui aura une surface de déperditions au moins égale à celle du cylindre de détente; par conséquent, les déperditions seront au moins cinq fois plus fortes que dans la machine essayée par Schroeter; il n'est donc pas exagéré de supposer que l'effet utile sera réduit de plus de la moitié, c'est-à-dire à environ 8 0/0. Dans ces conditions, le rendement économique pratique serait de 0,396 × 0,08 = 0.032.

Pour faire une comparaison équitable, il faut envisager la machine de Linde, non pas avec une machine à froid pour améliorer le rendement, mais bien sans réfrigération auxiliaire. La machine Linde de l'Exposition, produisait, sans réfrigération auxiliaire, 5 kgs d'air liquide par heure, avec l'équivalent de 13,5 chevaux indiqués au moteur, soit 2,7 chevaux indiqués pour 1 kg d'air liquide; mais, dans les grandes machines prenant une centaine de chevaux, c'est-à-dire de l'importance de celle essayée par Schroeter, on arrive à 0,400 kgs par cheval indiqué. Comme il faut enlever 110 cal. à 1 kg d'air pris à + 20° pour le liquéfier, cela fait un rendement économique pratique de :

$$(0{,}400 \times 110) : 636{,}8 = 0{,}069$$

Par conséquent, le rendement économique pratique d'une machine de Linde, où on utilise le travail intérieur seulement, serait d'au moins :

$$(0{,}069 : 0{,}032) - 1.00 = 116\ 0/0$$

plus élevé que celui d'une machine à production de travail extérieur, dans laquelle on parviendrait à réduire au minimum les déperditions, ce qui ne paraît pas avoir été réalisé jusqu'à présent.

l'éthylène liquide, puis l'échangeur D, à serpentin G, du bas duquel il s'échappe par un pointeau ouvert par F, après avoir parcouru la surface du serpentin G à une température de — 240° environ [1].

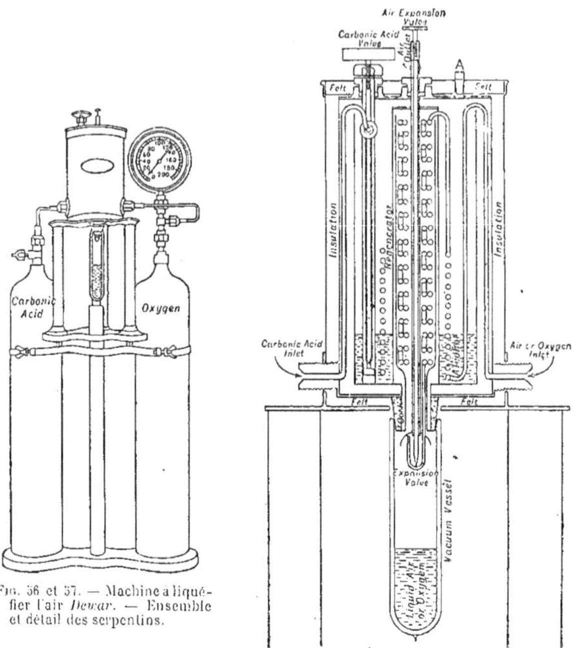

FIG. 56 et 57. — Machine à liquéfier l'air *Dewar*. — Ensemble et détail des serpentins.

Actuellement l'air liquide est en très grande majorité fabriqué par les machines de Linde

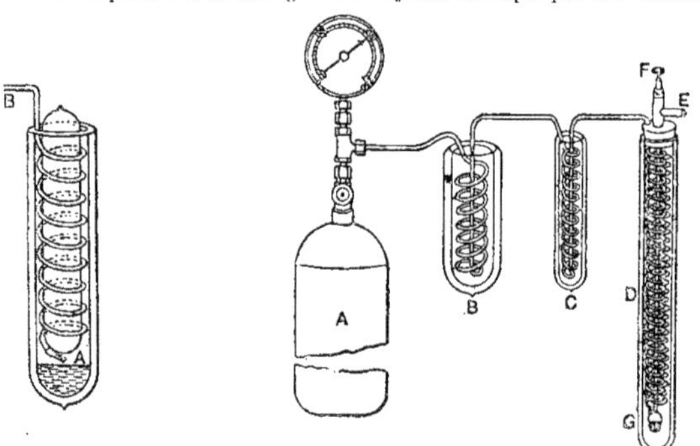

FIG. 58. — Refroidisseur *Dewar* pour laboratoires. — FIG. 59. — Liquéfacteur d'hydrogène *Dewar*.

et de Hampson, et d'après M. Linde, son prix de revient, avec une machine en fabriquant 1.000 kgs par jour, serait de 0,12 fr. environ.

1. *Bulletin de la Société pour l'encouragement de l'Industrie nationale*, octobre 1897, p. 1405.

Les applications de l'air liquide aux recherches scientifiques sont très nombreuses, il en a aussi trouvé de très heureuses en médecine; comme réfrigérant, il ne peut servir utilement que pour les très basses températures, à partir de — 50° environ, pour les températures moyennes de réfrigération, jusqu'à — 30° environ il coûterait, à puissance frigorifique égale, et d'après M. Linde lui-même, 40 à 50 fois plus cher que le froid produit par les machines frigorifiques ordinaires.

Comme force motrice, l'emploi de l'air liquide n'a guère donné lieu, jusqu'à présent, qu'à des réclames et à des entreprises de mouvement perpétuel, et il paraît difficile qu'il ait jamais d'applications de ce genre véritablement industrielles, par la simple raison qu'il faut dépenser, pour le produire, environ six fois plus de travail mécanique qu'il n'en saurait restituer théoriquement; l'air liquide ne paraît donc susceptible de servir utilement, comme agent moteur, que dans certaines circonstances où la question du prix de revient n'intervient pas : bateaux sous-marins, aérostation, torpilles, etc. M. Linde a indiqué, comme un de ces cas, l'application de l'air liquide à la réalisation de moteurs à pétrole très énergiques marchant par injection, dans leurs cylindres, sous une pression très élevée, d'un mélange de pétrole et d'air liquide — à 50 atmosphères, par exemple, — en proportion convenable pour assurer la combustion complète du pétrole; on économiserait ainsi toute la partie du cycle consacrée à la compression dans les moteurs ordinaires.

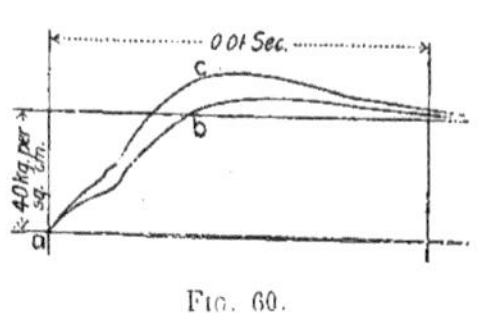

FIG. 60.

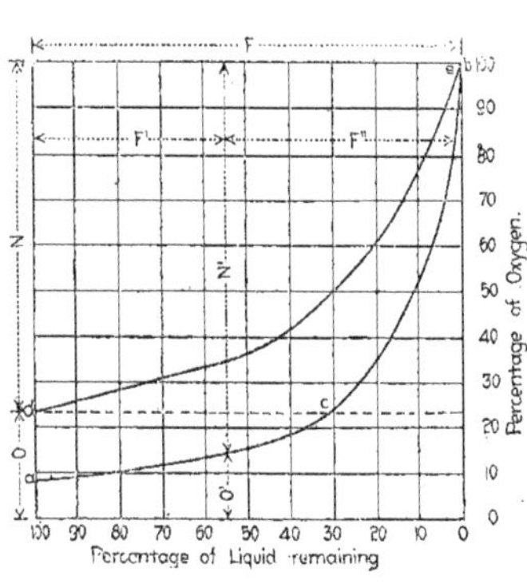

FIG. 61.

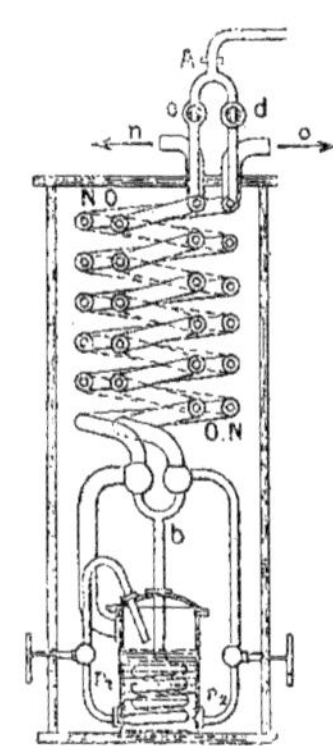

FIG. 62.

On a aussi proposé l'utilisation de l'air liquide comme explosif en le mélangeant avec du pétrole et du kieselguhr, ou terre siliceuse très poreuse, usitée pour la dynamite; on obtient ainsi un explosif puissant, qui détone par une capsule de fulminate de mercure, et qui présente l'avantage de devenir inoffensif après un quart d'heure environ, par l'évaporation de l'air liquide; c'est un avantage au point de vue de la sécurité après un raté, mais un sérieux inconvénient de manipulation. La puissance de cet air liquide est inférieure à celle de la dynamite, mais on peut obtenir un explosif au moins aussi puissant en remplaçant l'air liquide par un liquide plus riche en oxygène, comme le montrent les courbes de la figure 60. Ces courbes ont été obtenues en faisant détoner, dans un cylindre de 20 litres, 85 grammes de dynamite-gomme (courbe *ab*), puis un mélange de 17 grammes de pétrole et 62 grammes d'un liquide à 80 0/0 d'oxygène et de 17 grammes de kieselguhr, enfermé dans 9 grammes de papier.

L'une des applications les plus intéressantes de l'air liquide consiste dans la *fabrication d'oxygène liquide*, ou plutôt d'air très enrichi d'oxygène, et ce, en se basant sur ce que l'azote est beaucoup plus volatil que l'air, de sorte que l'air liquide, abandonné à lui-même, laisse son azote s'évaporer plus vite que son oxygène, dont il s'enrichit ainsi par une distillation fractionnée; l'air liquide, qui renferme, au commencement de son évaporation, environ 92 0/0 d'azote (N) et 8 0/0 d'oxygène (O) (*fig.* 61) s'enrichit en oxygène à mesure qu'il s'évapore, comme le montre la courbe *de*, les proportions d'azote et d'oxygène devenant successivement N' et O', suivant la courbe *c*.

Le principe de l'appareil à séparer ainsi l'oxygène se comprendra facilement d'après le schéma (*fig.* 62), qui représente un échangeur de températures analogue à celui de la machine (*fig.* 39). L'air arrive du compresseur en A et est distribué par les robinets *c* et *d* aux deux serpentins multiples N et O, dont les tubes intérieurs se réunissent en *b* dans le serpentin du collecteur, serpentin dont il sort liquéfié en *r'*, dans ce collecteur. L'air de ce collecteur se vaporise par la chaleur de liquéfaction de l'air comprimé en B, et son azote, qui part le premier, est échappé par *n*, en passant autour du serpentin intérieur de N; une partie de l'air qui reste liquéfié et riche en oxygène au fond du collecteur passe par r^2 en *o*, autour du serpentin intérieur de O; on peut ainsi recueillir en O un mètre cube d'air à 50 0/0 d'oxygène par cheval-heure.

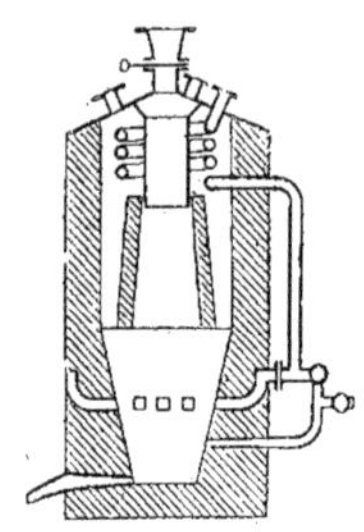

Fig. 63.

Ce gaz riche en oxygène pourrait trouver, dans les industries chimiques et métallurgiques, de nombreuses applications, si l'on arrivait à le produire à bon marché : 0,15 fr. le mètre cube, par exemple, pour certaines fabrications, comme celle de l'acide sulfurique et pour la fabrication de gaz combustibles très actifs permettant d'obtenir des températures très élevées. M. Althans a proposé, à cet effet, l'emploi du gazogène représenté par la figure 63, qui se compose d'une cornue dans laquelle on distille du combustible, dont le coke est, au bas de la cornue, brûlé par un mélange de gaz riche en oxygène et de vapeur d'eau surchauffée; le gaz ainsi produit se mêle, après refroidissement, aux gaz de la distillation de la cornue, et ce mélange donne un gaz composé d'oxyde de carbone avec de l'hydrogène et très peu d'azote.

1. Consulter, outre les sources déjà citées, sur l'air liquide, les suivantes :

Bulletin de la Société d'encouragement pour l'Industrie nationale, mai 1894 : *Mémoire de* M. Linde, octobre 1895, p. 114 : *Machine Linde;* mars 1898, p. 359 : *Machines Linde;*

Electrical Engineer, 22 juillet 1897 : E. Thomson, *Applications électriques:*

The Engineer, 2 janvier 1894 et 17 juin 1892 : Dewar;

Engineering, 21 février 1896 et 11 mars 1898 : Dewar; 1er juin 1900 : Rice; 13 septembre 1901 : Pictet, *Oxygène :*

Engineering News, 14 avril 1898, 14 septembre et 15 octobre 1899 : *Force motrice et bluffs divers;*

Engineering Magazine : E. Thomson, *Emplois divers:*

Glaser's Annalen, 15 mars et 1er avril 1897 : Linde:

Ice and Refrigeration, novembre 1899 et mai 1900 : Linde;

Power, mai 1899 : *Force motrice:*

Revue générale des sciences, 1er novembre 1901 : Mathias;

Scientific american Supplement, 24 septembre 1898 : Barker, *Historique;* 27 avril 1899 : Peckham, *Généralités*: 1er juillet 1899 : *Machine Hampson;*

Société industrielle de l'Est, 7 mars 1900 : *Conférence de* M. Bichat; 12 décembre 1901 : *Conférence de* M. Pictet.

Z. V. Deutscher Ingenieure, 20 janvier 1900 : Linde;

Z. Oesterr. u. Arch. Ver, 2 et 9 mars 1900 : F. Walter, *Généralités;*

Z. Elecktrotechemie, 5 juillet 1897 : Linde;

Brevets anglais : Joly, nº 15.511, de 1901, et Thrupp, nº 18913, de 1900.

Tours. — Imprimerie Deslis Frères, rue Gambetta, 6.

LA

MÉCANIQUE

A l'Exposition de 1900

Publiée sous le Patronage et la Direction technique d'un Comité de Rédaction

COMPOSÉ DE MM.

HATON DE LA GOUPILLIÈRE, G. O. ✻, Membre de l'Institut
Inspecteur général des Mines, *Président*

BARBET, ✻, ingénieur des arts et manufactures.

BIENAYMÉ, C. ✻, inspecteur général du génie maritime.

BOURDON (ÉDOUARD), O. ✻, constructeur mécanicien, président de la chambre syndicale des mécaniciens.

BRÜLL, ✻, ingénieur, ancien élève de l'École polytechnique, ancien président de la Société des Ingénieurs civils.

COLLIGNON (ED.), O. ✻, inspecteur général des ponts et chaussées en retraite.

FLAMANT, O. ✻, inspecteur général des ponts et chaussées.

IMBS, ✻, professeur au Conservatoire des arts et métiers et à l'École centrale des arts et manufactures.

LINDER, C. ✻, inspecteur général des mines en retraite.

ROZÉ, ✻, répétiteur d'astronomie et conservateur des collections de mécanique à l'École polytechnique.

SAUVAGE, O. ✻, ingénieur en chef des mines, professeur à l'École des mines.

WALCKENAER, O. ✻, ingénieur en chef des mines, professeur à l'École des ponts et chaussées.

Secrétaire de la Rédaction : **GUSTAVE RICHARD**, ✻, 44, rue de Rennes.

14e LIVRAISON

LE MATÉRIEL AGRICOLE

PAR

Max RINGELMANN

MEMBRE DE LA SOCIÉTÉ NATIONALE D'AGRICULTURE,
PROFESSEUR A L'INSTITUT NATIONAL AGRONOMIQUE,
DIRECTEUR DE LA STATION D'ESSAIS DE MACHINES.

PARIS. VI
Vve CH. DUNOD, ÉDITEUR
49, QUAI DES GRANDS-AUGUSTINS, 49
—
TÉLÉPHONE 147.92
—
1901

TABLE DES MATIÈRES

LE MATÉRIEL AGRICOLE

A L'EXPOSITION DE 1900

PAR

MAX RINGELMANN

Membre de la Société nationale d'agriculture,
Professeur à l'Institut national Agronomique,
Directeur de la Station d'essais de Machines.

AVANT-PROPOS

En acceptant la rédaction de ce fascicule, consacré à l'examen du matériel agricole à l'Exposition universelle de Paris, en 1900, je me suis fait un devoir de réunir les documents qui peuvent servir à l'agriculture, à la construction et à l'industrie nationales.

Avant d'examiner les diverses machines, j'ai cru utile de donner, dans une très courte introduction, un aperçu général sur l'importance des principales expositions étrangères, ainsi que sur le côté commercial qui semble s'en dégager pour l'avenir.

Pour ce qui concerne la description, j'ai laissé de côté, ou j'ai traité succinctement, les machines qui sont actuellement d'un usage courant chez nous, en insistant plus particulièrement sur certains modèles qui me paraissaient intéressants tant pour la France que pour nos cultures coloniales ; j'ai cru utile d'indiquer les adresses consignées au catalogue officiel de l'Exposition, dans le cas où le lecteur tiendrait à se procurer directement des détails plus complets sur certaines machines.

Les parties qui peuvent faire double emploi avec d'autres fascicules de *la Mécanique à l'Exposition de 1900* (comme les machines à vapeur, les moteurs thermiques, les pompes, la mécanique générale) n'ont été examinées que très rapidement et seulement au point de vue spécial qui intéressait notre étude.

Enfin, au lieu de faire une suite de descriptions, j'ai préféré choisir quelques modèles permettant de fixer les caractères de chaque groupe de machines.

INTRODUCTION

Ainsi qu'il fallait s'y attendre, nos exposants nationaux étaient bien plus nombreux que ceux des sections étrangères ; classés suivant le nombre d'exposants de machines et instruments agricoles (faisant partie de la classe 35), les différents pays se rangent de la façon suivante :

	Nombre d'exposants
France (non compris les 36 exposants des colonies françaises et pays de protectorat..	207
Grande-Bretagne .... 30 } Canada .... 16 }	46
États-Unis d'Amérique..........	21
Allemagne	14
Danemark..........	13
Russie..........	11
Hongrie..........	9
Italie	9
Portugal	8
Suisse	7
Espagne	5
Suède..........	4
Belgique	3
Empire ottoman (Égypte)	1

Le catalogue indique également un ou au plus deux exposants dans les sections suivantes : Bulgarie, Chine, Corée, Équateur, Grèce, Mexique, Norwège, Roumanie, Serbie et République Sud-Africaine.

En nous basant sur les décisions du jury international, nous pouvons chercher quelle est, pour cent exposants de chaque nationalité, le nombre de grandes récompenses accordées ; dans ces grandes récompenses nous comprenons : les exposants mis hors concours comme membre d'un jury international, les grands prix et les médailles d'or. Le tableau suivant classe alors la *qualité moyenne* du matériel présenté dans les diverses sections :

Pays	Nombre de grandes récompenses accordées par 100 exposants.
1° États-Unis..........	80
2° Allemagne..........	64
3° Grande-Bretagne et Canada..........	62
4° Suisse..........	43
5° Hongrie..........	33
6° France..........	22
7° Russie	18
8° Danemark	15

Nous ne venons ainsi qu'en sixième rang, en montrant de cette façon une infériorité relative ; nous croyons que cela est dû à deux causes : l'une revient à l'admission des exposants, l'autre appartient aux constructeurs eux-mêmes et il ne tient qu'à eux de la modifier dans l'avenir.

Dans beaucoup de pays étrangers, les comités d'admission ont fonctionné avec sévérité et n'ont admis l'envoi en France que d'un matériel déjà sélectionné, capable, par son bel ensemble, d'impressionner les visiteurs et surtout les acheteurs.

Chez nous, au contraire, on n'a refusé personne et, sans approfondir par un examen préalable la valeur du matériel proposé, il était difficile, sinon impossible, d'éliminer un certain nombre d'exposants. Le comité d'admission s'est ainsi transformé, tout naturellement, en un bureau enregistrant le plus grand nombre possible de demandes. Comme les abstentions ont été très rares, on peut dire que presque tous les constructeurs français ont figuré à l'Exposition universelle.

S'il en avait été de même pour les expositions étrangères, la classification donnée précédemment aurait été modifiée.

Au point de vue commercial, on peut faire une autre comparaison qui intéresse la fabrication nationale et peut lui donner d'utiles indications. Nous supposons que les grandes récompenses ont été remportées par les maisons étrangères qui détiennent déjà une partie du marché français, ou qui ont fait un effort en vue d'y prendre place. En comparant alors les nombres absolus de grandes récompenses décernées, nous avons la classification suivante :

	Pays	Grandes récompenses
1°	France	47
2°	Grande-Bretagne et Canada	24
3°	États-Unis d'Amérique	17
4°	Allemagne	9
5°	Hongrie	3
	Suisse	3
6°	Danemark	2
	Russie	2

Il ressort de ces chiffres que nous avons en France une cinquantaine de grands constructeurs de machines agricoles, mais aussi que le marché est ou sera occupé en même temps, et à des degrés divers, par des machines étrangères et notamment d'origine anglaise, américaine et allemande.

Il est de toute nécessité (et c'est le but des calculs précédents) que nos constructeurs redoublent d'efforts afin d'augmenter la production nationale, en limitant de plus en plus l'introduction étrangère ; qu'ils organisent, comme plusieurs l'ont déjà fait, leurs travaux pour abaisser les prix de revient afin de pouvoir présenter à l'acheteur français des machines équivalentes, comme prix et comme qualité, aux machines étrangères qui sont offertes en même temps.

Enfin le tableau suivant, relatif à la statistique des exploitations de notre pays, indique, pour 1892 :

EXPLOITATIONS	NOMBRE d'exploitations	ÉTENDUE totale (hectares)	IMPORTANCE RELATIVE en fonction du nombre et de leur étendue totale
Très petite culture (0 à 1 Ha)	2.230.000	1.320.000	6 %
Petite culture (1 à 10 Ha)	2.610.000	11.240.000	66 %
Moyenne culture (10 à 40 Ha)	710.000	14.310.000	23 %
Grande culture (plus de 40 Ha)	138 000	22.500.000	5 %

Il y a donc lieu de se préoccuper du matériel destiné aux petites et moyennes exploitations qui peuvent, aujourd'hui, utiliser avantageusement certaines machines. Il faut avoir à travailler chaque année une étendue déterminée ou une certaine quantité de matières pour que l'usage d'une machine soit économique ; beaucoup d'entre elles, d'un prix assez élevé, ne seraient donc applicables qu'aux domaines de grande culture si nous n'avions la ressource de réunir, pour certains travaux, un petit nombre de fermiers voisins les uns des autres, et on ne peut que souhaiter de voir se répandre dans nos campagnes cette excellente idée des Associations corporatives, dont on trouve de nombreux exemples dans certaines contrées.

Avant de quitter cette introduction, nous croyons bon de jeter un coup d'œil d'ensemble sur la section française de la classe 35 ; cette dernière, d'après la classification officielle, comprend le *Génie rural* (machines agricoles, hydraulique et constructions rurales), auquel se trouvent mélangés d'une façon bizarre : les *engrais*, la *maréchalerie*, la *ferrure* et même les *drogues* de diverses natures.

Les 339 exposants inscrits au catalogue de la section française se répartissent de la façon suivante :

Exposants de	Nombre
Machines et instruments agricoles	207
Appareils de précision et modèles de machines	1
Constructions rurales (plans, articles d'écuries, poteries, peintures, chenils, clôtures)	20
Hydraulique agricole (plans, projets, bondes d'étang, siphons, tuyaux)	6
Engrais	38
Livres, tableaux, plans de parcs	7
Instruments vétérinaires, pinces de castration	9
Maréchalerie, ferrures	17
Produits vétérinaires, pommades, poudres, liniments, drogueries, etc.	34
Total	339

Ainsi qu'on le voit, le noyau principal de la classe 35 est constitué par les 207 exposants de machines et instruments agricoles. Si nous cherchons à classer ces exposants suivant la *spécialité* de leur fabrication, nous obtenons le tableau ci-dessous :

Spécialité de fabrication des machines et instruments.		Nombre d'exposants.
Pour les travaux de culture (charrues, scarificateurs, herses, rouleaux)		35
— la distribution des engrais, les ensemencements et soins d'entretien (distributeurs d'engrais, semoirs, houes, pulvérisateurs)		25
— les travaux de récolte		2
Locomobiles et batteuses		37
Tarares et trieurs		8
Machines diverses :		
Collections de diverses machines et instruments agricoles proprement dits	61	73
Barattes	1	
Lanternes, seaux, pièges	5	
Broyeurs de pommes	2	
Pressoirs	2	
Appareils à distiller	1	
Moulins à farine	1	
Appareils de transports		6
Pompes et appareils pour l'élévation des eaux		15
Moteurs à explosions		3
Moulins à vent		3
Total		207

Il n'y a guère que les cinq premières spécialités qui soient exactement représentées à l'Exposition dans la classe 35 (sauf pour une dizaine de constructeurs du midi qui se sont abstenus); les autres constructeurs spéciaux doivent être surtout recherchés dans d'autres classes : laiteries, distilleries, meuneries, matériel de la viticulture, mécanique générale, etc., et à cet égard il y a lieu de regretter que les Comités chargés des classifications officielles de nos diverses expositions internationales et des admissions, n'aient pas de conceptions plus nettes et plus méthodiques relativement au classement des exposants.

CHAPITRE I

Moteurs employés en agriculture.

A. Moteurs animés. — La plus grande partie de l'énergie réclamée par la culture est fournie par les attelages et les hommes, ces derniers jouant surtout le rôle de conducteurs de machines ou de surveillants. En effet nous avons eu l'occasion de montrer [1] que les 100.000 kilogrammètres utilisables reviennent, en moyenne, dans nos exploitations rurales, de :

1 fr. 30 à 1 fr. 85 quand ils sont fournis par un homme, d'après le prix de la journée et suivant que le travail est effectué à la tâche ou à la journée ;

0 fr. 52 à 0 fr. 71 quand ils sont fournis par un manège à chevaux ;

0 fr. 29 à 0 fr. 40 quand ils sont fournis par un attelage de chevaux ;

0 fr. 12 à 0 fr. 19 quand ils sont fournis par un attelage de bœufs.

Rappelons que l'énergie doit être donnée à nos attelages sous forme de matières alimentaires auxquelles on pourrait affecter une autre destination (production de la viande, du lait ou de la laine) si l'on avait recours, en partie, aux moteurs inanimés.

On compte en France une population rurale de 18.000.000 d'âmes, dont près de 7.000.000 de travailleurs agricoles. Nous disposons, par an, pour les 35.000.000 d'hectares cultivés, de 1.400.000.000 de journées d'hommes et de 1.435.000.000 de journées d'animaux de trait, dont :

587.000.000 journées de chevaux,
153.000.000 — d'ânes et de mulets,
695.000.000 — de bœufs et de vaches.

Les bœufs et les vaches tiennent ainsi la place la plus importante.

La bonne confection des *harnais* permet d'augmenter le travail fourni par un animal avec la même dépense d'aliments ; cependant la pratique considère encore les harnais comme étant des pièces d'importance secondaire. La confection des harnais est abandonnée aux habitudes locales et ces dernières peuvent être considérées comme le résultat d'essais séculaires dans lesquels interviennent un certain nombre de facteurs, tels que la taille, la conformation et l'alimentation des animaux, la nature et la configuration du sol, les conditions économiques de la spéculation animale, etc. Mais si ces considérations ont de la valeur dans les pays d'élevage, il n'en est plus de même pour les fermes qui achètent les animaux de service et qui doivent avoir pour objectif d'obtenir l'énergie au plus bas prix.

Le port du harnais constitue par lui-même une certaine fatigue qu'on doit alléger au

1. *Journal d'agriculture pratique*, 1900, t. I, page 638.

moteur en employant des pièces aussi légères que possible ; on ne comprend pas les colliers volumineux et pesants qui surchargent l'animal, et ces accessoires, comme les peaux de mouton, qui favorisent la transpiration de l'encolure en occasionnant des blessures difficiles à guérir ; enfin ces lourds colliers sont encombrants et d'un entretien coûteux.

A. Sanson, dit dans son *traité de Zootechnie* :

« Il convient que le collier soit, lui aussi, réduit au moindre poids tout en lui donnant les proportions nécessaires à sa solidité et aux pressions qu'il doit supporter... On a cherché à démontrer l'utilité des colliers pesants par ce fait que cela augmenterait la force de traction. L'animal qui tire, dit-on, entraîne la charge non seulement en raison de sa force musculaire, mais encore en raison de sa masse qu'il projette en avant par le déplacement de son centre de gravité : c'est une erreur et les colliers lourds ne font que surcharger les moteurs en pure perte. »

Fig. 1. — Collier métallique *Lhomme et Cie*.

La culture commence à employer les *colliers métalliques* (Lhomme et Cie, 175, rue Saint-Honoré, Paris, fig. 1) déjà utilisés dans les villes et notamment par les grandes compagnies de transports. Ces colliers sont formés de deux attelles en acier embouti, reliées à leur partie supérieure par une pièce à ressort ; la surface interne est zinguée et, dit-on, les propriétés antiseptiques de l'oxyde de zinc faciliteraient la guérison des blessures. Suivant leurs dimensions, ces colliers pèsent de 5 à 10 kilog., sont d'un nettoyage et d'une conservation facile.

M. A. Bajac, de Liancourt (Oise) présente un *harnais* analogue à celui des chevaux de halage et destiné à supprimer les inconvénients des longs traits dans lesquels l'animal se prend fréquemment lors des tournées à l'extrémité du champ. La fig. 2 donne la vue en plan d'un de ces harnais composé de traits courts, maintenus par une sous-ventrière ;

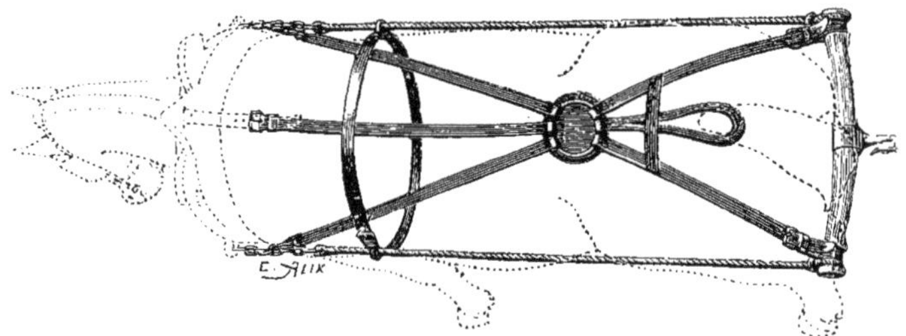

Fig. 2. — Harnais de halage *Bajac*.

des courroies en diagonales, appuyées par une croupière, soutiennent, au-dessus du jarret, le palonnier auquel on fixe la volée ou la chaîne d'attelage. — Nous verrons que le même harnais peut être employé avec les bovidés.

Les bœufs sont généralement attelés soit au *joug double* de front ou de nuque (Espanet, 10, Boulevard de Reuilly, Paris) (fig. 3), soit au *joug de garrot* ou *sauterelle*. On a imaginé un certain nombre d'attaches et de boucles ou joucles ; tels sont les modèles de MM. Souchard, Chastaing et Gougne, de Crest (Drôme) ; Espanet, 10, Boulevard de Reuilly (Paris) ; Grange, de Tournon-sur-Rhône (Ardèche) ; Brasseur, de Perry-au-Bac (Aisne).

Le Portugal avait exposé de nombreux harnais employés notamment dans le nord du pays : les *sauterelles*, en bois souples, passant sous le cou des bœufs, sont maintenues chacune par une broche en fer et une lanière de cuir qui les relient avec un panneau en chêne de 0 m. 40 à 0 m. 50 de hauteur, ajouré et garni de sculptures, d'encoches et de

Fig. 3. — Attelage de bœufs au joug double.

différents dessins ; au centre du panneau, de 0 m. 03 à 0 m. 04 d'épaisseur, et d'environ un mètre de long, est figurée invariablement une croix, le nom de la localité et la date marquée au moyen de clous.

Par suite du manque de simultanéité des efforts, il est préférable de ne pas accoupler, par une pièce rigide, les deux animaux ; on avait proposé, il y a une vingtaine d'années, des *jougs articulés* qui ne sont pas répandus dans la pratique ; il est préférable d'avoir des *jougs simples* comme ceux qui sont en usage chez nos voisins de l'Est.

Dans cet ordre d'idées il convient de citer les harnais de MM. Hélot et Bouchon, qui

Fig. 4. — Attelage de bœufs, harnais *Hélot et Bouchon*.

sont d'un emploi courant dans leurs belles exploitations de Cambrai (Nord) et de Nassandres (Eure). La figure 4 représente un attelage de bœufs avec de semblables harnais que M. Hélot fait faire dans le pays au prix de 25 francs.

Le joug frontal J, en bois, est muni d'un coussin à sa partie interne ; extérieurement il est garni d'une bande de fer plat terminée à chaque extrémité par un anneau A, dans lequel se prend le crochet de la chaîne de traction A E ; en D cette chaîne passe dans un anneau fixé à une sous-ventrière S ; un anneau B relie cette chaîne avec une autre plus petite B C, terminée par un crochet C. Lorsqu'il n'y a qu'une paire de bœufs en travail, la petite chaîne B C s'accroche dans une maille du trait AE ; lorsqu'il y a plusieurs paires, comme dans le cas de la figure 4, la chaîne B'C' se relie avec les traits A B D E de la paire précédente ; dans le cas d'un attelage de plusieurs paires, les bouviers conduisent les animaux de gauche par un cordeau *dd'* relié à un caveçon.

Avec cette disposition les animaux sont indépendants les uns des autres ; l'attelage

FIG. 5. — Bœuf attelé au joug simple, avec traits longs.

ressemble à un attelage de chevaux, et est relié aux machines ou véhicules par des palonniers et des balances. Aussi, dans l'exploitation de M. Hélot, les véhicules sont indistinctement tirés par des chevaux ou des bœufs, sans qu'il soit besoin de leur apporter aucune

FIG. 6. — Bœuf attelé au joug simple, avec sellette et avaloire.

modification suivant la nature de l'attelage ; chez M. Bouchon les bœufs ainsi harnachés tirent les moissonneuses-lieuses.

D'anciens essais que nous avions fait à Grand-Jouan sur les mêmes bœufs attelés au joug double et au collier (venant des Charentes), étaient à l'avantage de ce dernier, à l'aide duquel l'animal donne plus de travail avec moins de fatigue ; c'est-à-dire, en définitive, que l'unité de travail pratique obtenu nécessitait moins de protéine, dont l'excédent pouvait être utilisé par l'animal pour son entretien ou pour son engraissement. Nous sommes donc fondés à conclure que l'attelage indépendant des bêtes bovines est recommandable, et si le reproche des colliers est d'être d'un prix trop élevé d'achat et d'entretien, la même critique ne peut être faite aux harnais adoptés par MM. Hélot et Bouchon.

Les fig. 5, 6 et 7 représentent des bœufs pourvus du joug simple et de différents harnais : traits longs, sellette et avaloire pour limoniers et harnais agricole Bajac.

a) **Manèges**. — Nous n'avons rien de particulier à signaler dans la section des manèges à piste circulaire ou à plan incliné; leur construction s'est améliorée, mais sans présenter aucune modification importante sur les modèles connus en 1889; ces machines ont diminué d'importance depuis que les moteurs à pétrole se sont répandus dans nos campagnes. — Citons les manèges à piste : Simon frères (Cherbourg, Manche), Gautier et Cie (Quimperlé, Finistère), Garnier et Cie (Redon, Ille-et-Vilaine), Texier (Vitré, Ille-et-Vilaine), Lefebvre-Albaret, Laussedat et Cie (Rantigny, Oise), etc. — Les manèges

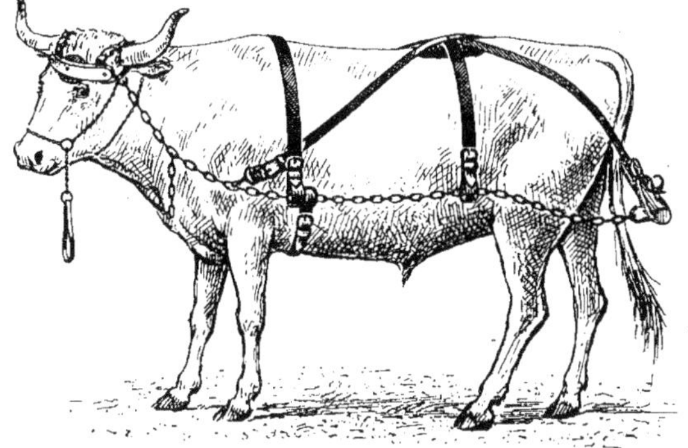

FIG. 7. — Bœuf attelé au joug simple, avec harnais de halage *Bajac*.

à plan incliné de Fortin frères (Montereau, Seine-et-Marne), Beaupré (Montereau, Seine-et-Marne), Dupuis (Montier-en-Der, Haute-Marne), Witenberger et fils (Frévent, Pas-de-Calais), Delaby (Blangy-sur-Ternoise, Pas-de-Calais), etc.

B. **Moteurs hydrauliques**[1]. — L'examen de ces moteurs doit faire l'objet d'une livraison spéciale de la *Mécanique à l'exposition de 1900*; disons seulement que les turbines de fabrication courante remplacent désormais les anciens moteurs dont il fallait faire, à grands frais, une étude et une construction spéciales pour chaque installation. Il est à prévoir que, dans l'avenir, ces turbines, concurremment avec les *moteurs à gaz pauvre*, seront employées dans les grandes exploitations pour actionner des stations centrales d'électricité, chargées d'envoyer l'énergie sur les différents points du domaine.

C. **Moulins à vent**. — Nos constructeurs ont amélioré les moulins à vent américains de 1876, qui ont été introduits lors de l'Exposition de 1878; les modifications ont porté surtout sur le graissage et sur la possibilité d'augmenter le travail utilisé avec l'intensité du vent. Les américains nous ont montré, au contraire, les modèles de 1890-1893, à petite roue et à engrenages, qui sont si employés aux États-Unis où ils donnent d'excellents résultats : pour la même charge (diamètre du piston et hauteur d'élévation de l'eau), les machines de 1893 travaillent par des vents plus faibles (10 à 11 kilom. à l'heure) que

1. Selon la statistique officielle de 1892, l'Agriculture française disposerait de

11.600 moteurs hydrauliques	représentant	57.200 chevaux
6.200 moulins à vent	—	16.500 —
12.000 moteurs à vapeur	—	55.200

les modèles de 1878 (15 à 18 kilom. à l'heure); les deux genres de moulins fuient automatiquement la tempête lorsque la vitesse du vent dépasse, suivant les modèles, 25 à 35 kilom. à l'heure.

Pour donner une idée du travail que peut fournir un moulin à vent, nous résumons dans le tableau ci-dessous quelques chiffres relevés dans nos expériences, qui ont duré près de deux ans, sur un moulin à vent de 3 m. 60 de diamètre, installé à la Station d'essais de Machines. (L'énergie pratiquement utilisable est calculée d'après le volume d'eau élevé à une certaine hauteur) :

MOYENNES D'APRÈS DES OBSERVATIONS HORAIRES RELEVÉES DANS DES PÉRIODES DE TRAVAIL UNIFORME

Vitesse du vent en kilomètres par heure.	Kilogrammètres par heure.
8,5	9.460 k.
11,7	11.110
14,7	15.630
16,7	18.130
18,9	19.310
23,8	27.360
27,0	30.860
32,0	32.330
36,0	35.270
Plus de 36,0	0

à plus de 36 k. le moulin fuit automatiquement la tempête et s'a.rête.

Rappelons l'*éolienne* de Bollée, qui figurait déjà aux Expositions antérieures de 1878 et de 1889 et qui est présentée, avec des perfectionnements de détails, par M. E. Lebret (20, rue Sainte-Hélène, Le Mans, Sarthe). Ce moulin, dont la description a été donnée dans le fascicule des *pompes*, est représenté par la fig. 8. — Par des vents dont la vitesse est comprise entre 14,4 et 21,6 kilomètres à l'heure, l'énergie calculée par heure, pour différents diamètres, serait d'après le constructeur :

Diamètre	Kilogrammètres par heure
2,50	15.000
3,50	30.000
5,00	65.000

Les *moulins à vent* étaient assez nombreux dans la section française; citons les machines Plissonnier, 234, cours Lafayette, à Lyon (Rhône); Bompard et Grégoire, de Nîmes (Gard); Vidal-Beaume 66, avenue de la Reine, à Boulogne (Seine, fig. 9 et 10); Durey-Sohy, 17, rue Lebrun (Paris); David à Orléans (Loiret). Tous ces moulins sont établis sur le principe de l'ancien modèle *éclipse* qui fut introduit des États-Unis, en France, lors de l'Exposition Universelle de 1878. — Les fig. 9 et 10 représentent le moulin Eclipse, de Vidal-Beaume, vu en travail et vu désorienté pendant un grand vent; l'ensemble du moulin tourne dans un plan horizontal sur une couronne de galets; les réservoirs d'huile contiennent la provision nécessaire pour trois ou quatre semaines.

Le *moulin* Plissonnier, à ailes en bois, a 8 mètres de diamètre et son axe porte la manivelle qui actionne directement la tige de la pompe; cette tige est constituée par un tube en fer, guidé de places en places par des galets à gorge. Le graissage des différentes pièces est assuré par une petite pompe à huile actionnée par le moulin; le réservoir d'huile contient la quantité nécessaire à la lubrification du mécanisme pendant un mois.

Le *moulin* Bompard et Grégoire, à ailes cintrées, en tôle, est pourvu du régulateur Hérisson. La roue A (fig. 11) actionne, par manivelle et bielle, la tringle *aa'*, guidée en *a'*; par tour de la roue A, cette tringle parcourt un chemin constant, et on s'est proposé d'avoir à la tige *p* du piston de la pompe P, une course automatiquement variable suivant l'intensité du vent; à cet effet, la tige p est articulée en o à un levier bc mobile autour du point b; le mouvement est transmis de a' par une tringle tt' dont l'articulation t' peut, suivant l'intensité du vent, se rapprocher de c (cas des vents faibles) ou du point b (cas

Fig. 8. — Moulin à vent *E. Lebret.*

Fig. 9. — Moulin à vent *Vidal-Beaume.* Vue du moulin désorienté pendant un grand vent.

des vents forts). L'articulation t' coulisse entre les deux fers parallèles qui constituent le levier bc; elle tend à se rapprocher du point c sous l'action d'une chaîne qui s'enroule sur un tambour n dans lequel est logé un ressort spirale; l'articulation t' peut être rappelée vers les points o et b par une chaîne h qui est tendue par le déplacement d'un écran circulaire B garni de toile. L'écran B est maintenu oblique sur la tige d supportée en e par un joint à la cardan soutenu par la pièce m; la chaîne h passe entre quatre galets à gorge f

Fig. 10. — Moulin à vent *Vidal-Beaume*.

Vue du moulin en période de travail. — A l'extrémité C du pylone est fixée la pièce 17 qui supporte le moulin la roue est formée de lames L maintenues par les traverses J, K fixées aux bras i. L'axe de la roue 2, par un plateau-manivelle et une bielle 10 actionne la tringle 21, 30, 12 reliée à la tringle D de la pompe. Dans le plan de la roue L se trouve la palette N ou vanne régulatrice, reliée par 29 à la monture de l'arbre; cette vanne et la roue peuvent se mettre parallèlement au gouvernail 27 lorsque le vent, appuyant sur N, a une intensité suffisante pour soulever, par le secteur 19, le contrepoids O fixé à l'extrémité de la tige 26; la même manœuvre peut être faite du niveau du sol en soulevant le contrepoids O par une chaîne passant sur la poulie 20. A l'extrémité de sa course, lorsque le moulin est bloqué, le contrepoids O est relevé comme on le voit dans la fig. 9.

et sur la poulie b montée sur l'axe du levier bc. Sous l'action du vent v, l'écran B s'incline, la tige d et la chaîne h prennent la position indiquée en pointillé d' et h' : la chaîne rappelle alors l'articulation t' vers le point b et la tige tt' peut prendre la position extrême $t''t'''$; l'écran B peut tourner au vent sur sa tige d à laquelle il est articulé. — Enfin, pour uniformiser la résistance opposée au moulin par une pompe P à simple effet, des ressorts compensateurs à boudin, R, relient le levier *bc* au pylone; la tension de ces ressorts doit être égale aux 2/3 du poids de la colonne d'eau supportée par le piston de la pompe P, plus les poids des tringles *aa' tt'* et du piston *p*.

Les sections des États-Unis et du Canada avaient exposé plusieurs spécimens de *moulins à vent* à l'annexe de Vincennes; la Stover Mafg. Cie, de Freeport (Illinois) en

Fig. 11. — Moulin à vent *Bompard et Grégoire*.

Fig. 12. — Moulin à vent *Stover Mfg C°*

avait établi un à l'extrémité d'un pylone quadrangulaire de 30 mètres de hauteur. Le moulin Stover (moulin *ideal*, fig. 12) à ailes courbes, est entièrement construit en acier et galvanisé après fabrication; la roue commande l'arbre-manivelle par un pignon engrenant avec une roue à denture intérieure et les engrenages sont dans le rapport de 2,5 à 1, facilitant les démarrages par des vents faibles; la girouette agit sur un frein à ruban, et, dans les tempêtes, la roue se replie parallèlement au gouvernail. Le pylone, en cornières d'acier galvanisé consolidées par des traverses et des tirants obliques en fils d'acier, se monte facilement sans aucun échafaudage. — Ces moulins sont susceptibles de rendre de grands services dans nos exploitations agricoles ainsi qu'aux petites agglomérations.

D. Machines à vapeur. — Les machines à vapeur françaises sont d'une excellente

Fig. 13. — Locomobile *Brouhot*.

Fig. 14. — Locomobile *Duvoir*, de 1855.

Dans cette ancienne machine on a cherché à réaliser une économie de combustible en plaçant le cylindre dans la partie supérieure de la boîte à fumée; la machine est pourvue du régulateur à anneau (Brevet Duvoir) qu'on retrouve dans les anciens modèles de ce constructeur (certains de ces modèles primitifs étaient montés sur socle en bois et la bielle était en bois garnie de fer).

fabrication ; en présence des prix élevés des combustibles, il y a tout intérêt à multiplier les chaudières à retour de flammes et, pour beaucoup de localités, à étudier des foyers capables d'utiliser avantageusement le bois, la tourbe, les pailles, etc. Pour les machines destinées aux colonies, le chauffage à l'aide de différentes tiges, de palétuviers et de lentisques par exemple, mérite également de fixer l'attention de nos constructeurs.

Les types des *locomobiles* (*chaudières* et *machines*) n'ont guère varié pendant ces vingt dernières années : la construction anglaise reste attachée aux foyers carrés, du type locomotive (fig. 23) présentant une grande surface de grille, mais nécessitant de nombreuses entretoises latérales, celles qui étaient autrefois employées pour maintenir le ciel du foyer étant, depuis plus de quinze ans, remplacées par des nervures et des ondulations convenablement tracées.

La construction allemande semble préférer le foyer cylindrique horizontal (fig. 24 et 28),

Fig. 15. — Locomobile d'*Albaret*, de 1865.

ondulé (avec ou sans retour de flammes), amovible, afin de faciliter les visites et les nettoyages si importants de l'appareil évaporatoire.

La construction française (fig. 13 et suivantes) maintient son type à foyer cylindrique vertical, à grille ronde, dans lequel les entretoises sont complètement supprimées, mais qui réduit la surface de chauffe directe du foyer.

Pour ce qui concerne les *machines*, ces dernières sont montées sur un bâti général en fonte dans nos machines françaises, alors qu'on ne rencontre pas cette lourde pièce dans les machines étrangères dont le fonctionnement est tout aussi bon ; ajoutons que ces dernières sont très souvent pourvues d'un régulateur agissant sur la détente, comme on en trouve des exemples chez quelques machines de nos constructeurs.

Il est bon de rappeler qu'une locomobile travaille de 60 à 200 jours au plus par an dans nos exploitations agricoles ou chez les entrepreneurs; on voit de suite qu'elle doit être construite d'une façon plus simple et plus économique qu'une machine industrielle

FIG. 16. — Locomobile *Lefebvre Albaret, Laussedat et Cie.*

devant assurer pendant 300 jours la marche régulière d'une usine où travaillent de nombreux ouvriers.

Dans la section française, citons les *locomobiles* de MM. Breloux et Cie, de Nevers (Nièvre); Brouhot et Cie, de Vierzon (Cher) (fig. 13); Filoque père, de Bourtheroulde (Eure); Arthur Filoque, de Caudebec-les-Elbeuf; Fortin, de Montereau (Seine-et-Marne); Gautreau, de Dourdan (Oise), qui présentait aussi une locomobile montée en locomotive routière, d'un aspect original, proposée aux entrepreneurs de battage pour déplacer le matériel d'un chantier à l'autre; Gigault et Cie, de Vendeuvre-sur-Barse (Aube); Guillon et fils, de

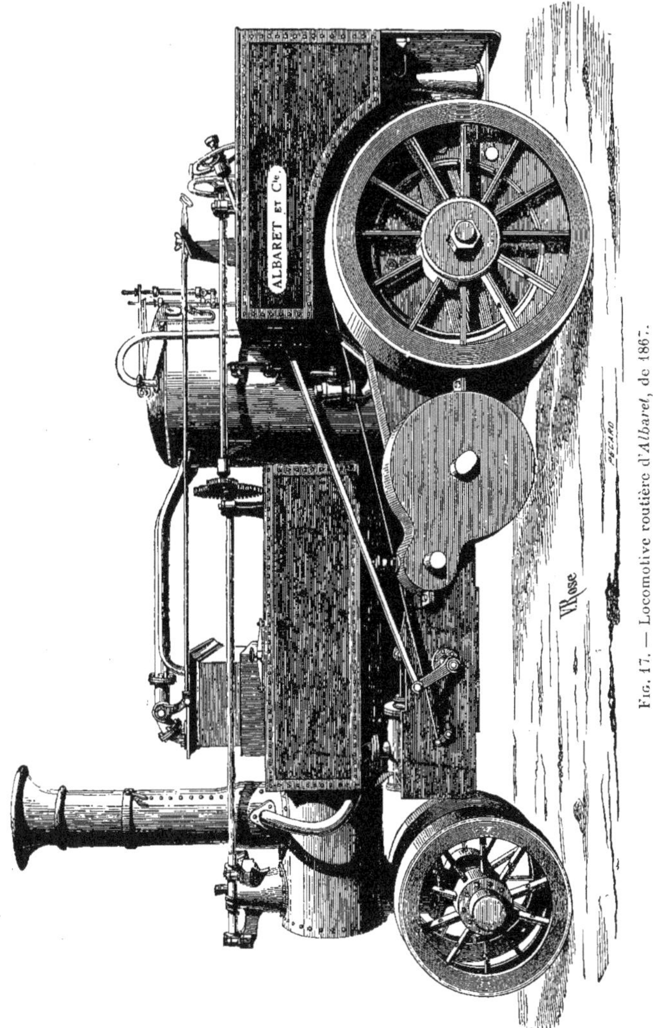

Fig. 17. — Locomotive routière d'*Albaret*, de 1867.

Châteauroux (Indre); Hidien, de Châteauroux (Indre); Lefebvre-Albaret, Laussedat et Cie, de Rantigny (Oise), qui ont édité à l'occasion de l'Exposition un très intéressant catalogue rétrospectif dans lequel on relève les locomobiles de 1855 (fig. 14), 1865 (fig. 15), 1896 (fig. 16), les machines à vapeur fixes de 1855, 1865 et 1896, les locomotives routières et les rouleaux à vapeur de 1867 (fig. 17), 1895 et de 1900. L'examen de ces documents intéressants nous révèle les progrès qui ont été réalisés dans le cours d'un demi-siècle par cette maison de construction dont l'origine fut des plus modestes; actuellement plus de 350 ouvriers sont employés par MM. Lefebvre-Albaret, Laussedat et Cie dans leurs différents ateliers, dont les spécimens de fabrication sont représentés dans diverses classes de l'Exposition; — Lotz, rue Cauclaux, à Nantes (Loire-Inférieure), qui construit toujours les routières (fig. 18) et les locobatteuses à vapeur (voir *batteuses*); Merlin et Cie, de Vierzon (Cher), locomobiles (fig. 19) et machines mi-fixes à retour de flammes (fig. 20); Normand et Cie, de Vierzon-Forges (Cher); Pécard frères, de Nevers (Nièvre); Prevoteau, d'Étampes (Seine-et-Oise); Rivière et Casalis, d'Orléans (Loiret); Samuelson

FIG. 18. — Locomotive routière *Lotz*.

et Cie, d'Orléans (Loiret); Société Protte, de Vendeuvre-sur-Barse (Aube); Société française de matériel agricole et industriel, de Vierzon (Cher) (locomobile à flamme directe, fig. 21, et à retour de flammes, fig. 22); Aubert, à Paris, etc.

Dans la section anglaise nous trouvons les *locomobiles* de Richard Garrett et fils (fig. 23), à Leiston (Suffolk); de Clayton et Shuttleworth, à Lincoln; Marshall fils et Co, à Gainsborough; Ransomes et fils; Ruston Proctor, de Lincoln. Dans toutes ces machines le cylindre, les glissières et les paliers sont directement fixés sur la chaudière sans l'intermédiaire d'un bâti général en fonte qu'on trouve dans nos modèles français; les glissières cylindriques sont employées par presque tous ces constructeurs (sauf Ransomes). Dans certaines locomobiles Garrett, le régulateur, du système Turner-Hartnell, logé entre deux disques fixés sur l'arbre, modifie le calage de l'excentrique. Les divers constructeurs anglais établissent aussi des machines destinées aux colonies, pouvant se chauffer avec des combustibles végétaux ou des huiles minérales. (Dans la section anglaise des *locomotives-routières* sont présentées par la maison Fowler, de Leeds (la cheville ouvrière est montée sur un ressort à lames) et Ruston Proctor; des *rouleaux à vapeur*, par Clayton et Marshall; des *machines à vapeur* fixes et demi-fixes, par Marshall).

De belles *machines à vapeur* sont exposées par les importantes usines de Manheim

FIG. 19. — Locomobile *Merlin et Cie*.

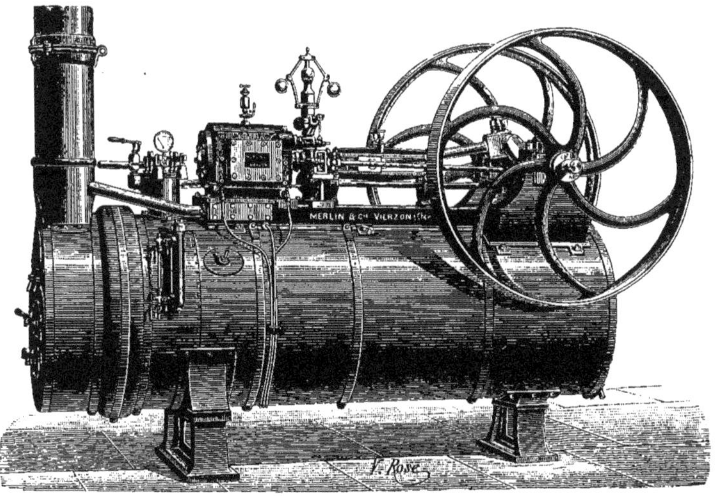

FIG. 20. — Machine à vapeur mi-fixe, à retour de flammes, *Merlin et Cie*.

(Allemagne), de M. Henri Lanz. Une des locomobiles Lanz (fig. 24) est à flamme directe, à foyer cylindrique horizontal amovible (analogue aux fig. 27-28); les détails de construction sont très soignés; notons entre autres l'adjonction d'une pompe à main, d'un extincteur de flammèches, d'un treuil de relevage de la cheminée et de nombreux appareils de

FIG. 21. — Locomobile à flamme directe de la *Société française de matériel agricole.*

FIG. 22. — Locomobile à retour de flammes de la *Société française de matériel agricole.*

Fig. 23. — Locomobile à foyer carré *Garrett.*

Fig. 24. — Locomobile à foyer cylindrique horizontal *Henri Lanz.*

prévention des accidents. Une locomobile Lanz, à foyer carré, destinée aux colonies, peut se chauffer au pétrole injecté par un jet de vapeur, ou avec de la paille, des tiges sèches de maïs, roseaux, cannes à sucre, cotonnier, etc. D'après la puissance calorifique de ces végétaux, il faut compter que 4 à 5 kilog. de ces divers combustibles remplacent 1 kilog. de

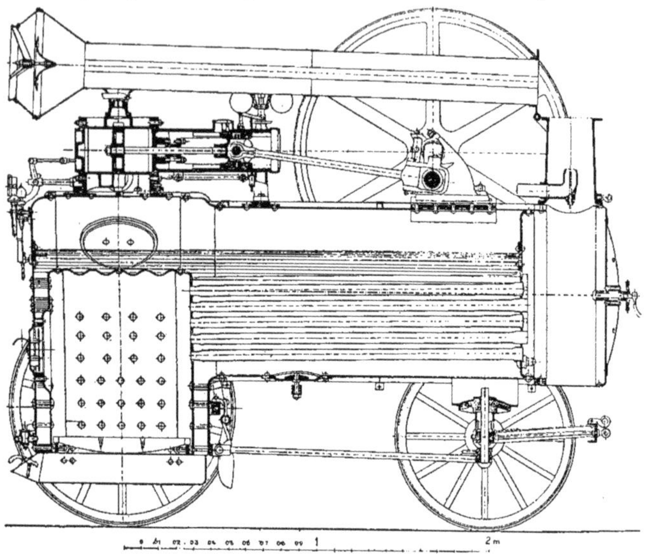

Fig. 25. — Coupe longitudinale d'une locomobile à foyer carré des *Chemins de fer de l'État Hongrois.*

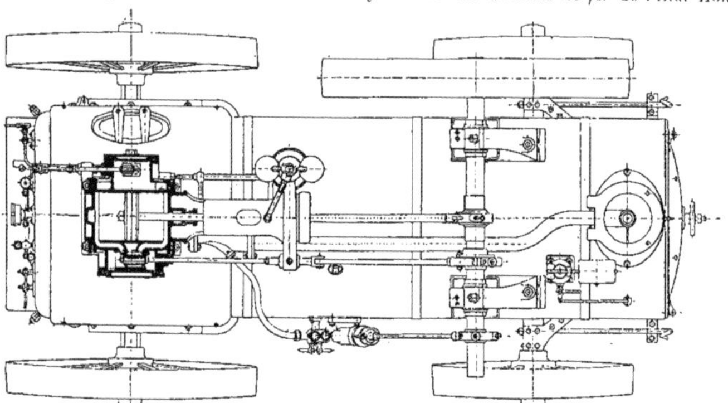

Fig. 26. — Plan de la locomobile fig. 25.

houille et, d'après des essais, le battage de 100 gerbes de blé emploie une dizaine de bottes de paille.

La maison Garrett Smith et C° de Magdebourg (Allemagne) présente une *machine à vapeur* mi-fixe, à deux cylindres. La chaudière à flamme directe est cylindrique horizontale (analogue aux fig. 27-28) à foyer ondulé suivant des cercles parallèles. Ces machines conviennent pour de grandes exploitations ou pour les industries annexes des fermes; pour les modèles de 50 chevaux, la consommation par cheval-heure serait de 1 kg. 06 sans condensation avec réchauffement préalable de l'eau d'alimentation, 1 kg. 12 sans condensation ni réchauffement, et 0 kg. 795 avec condensation et chauffage préalable de l'eau d'alimentation.

Dans la section hongroise nous trouvons une très belle exposition des Ateliers de construction des Chemins de fer de l'État hongrois, à Budapest. Ces Ateliers résultent de la transformation d'une Société anonyme, créée en 1868 par la maison A. et E. Gillain, d'origine belge, à laquelle on ajouta les anciennes usines métallurgiques de Hâmor, fondées en 1865, par Henri Frasola, de Würzbourg, qui, à la suite de modifications successives, prirent le nom d'usines royales de fer et d'acier de Diosgyör. Le directeur central des usines de l'État hongrois est M. Charles de Vajkay, inspecteur général des chemins de

FIG. 27. — Coupe longitudinale d'une locomobile à foyer rond des *Chemins de fer de l'État Hongrois.*

fer et de la navigation; la construction est dirigée par M. l'inspecteur Béla de Melegh et M. F. Balassa est ingénieur en chef. En 1877, la direction des Ateliers de Budapest entreprit la construction des *locomobiles* et en 1879 celle des machines à battre, pour lesquelles l'Angleterre avait conservé jusqu'alors l'importante clientèle de la Hongrie; la millième batteuse fut livrée en 1890. La vente des machines agricoles (faucheuses, moissonneuses, moissonneuses-lieuses, locomobiles, batteuses, élévateurs de pailles), fabriquées par les ateliers de l'État, est confiée à la « Ungarische Handels Actiengesellschaft » en qualité de représentant général. De 1877 à 1895 inclus on fabriqua 1.811 locomobiles et de 1879 à 1895 inclus 2.088 batteuses. Pour donner une idée générale de l'importance de ces grands ateliers, où l'on construit locomotives, machines à vapeur et ponts, nous dirons qu'en

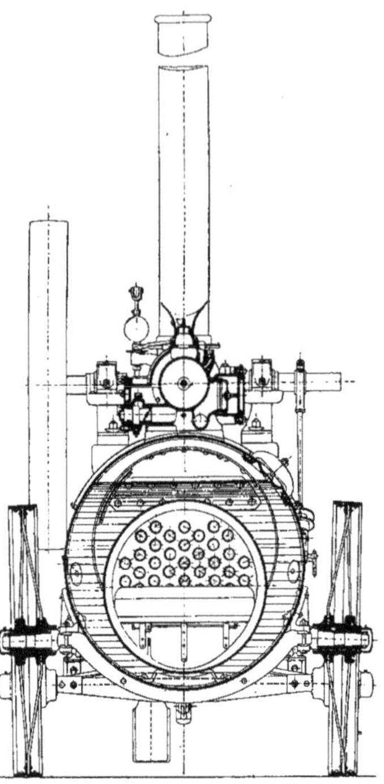

Fig. 28. — Coupe transversale, par le foyer, de la locomobile fig. 27.

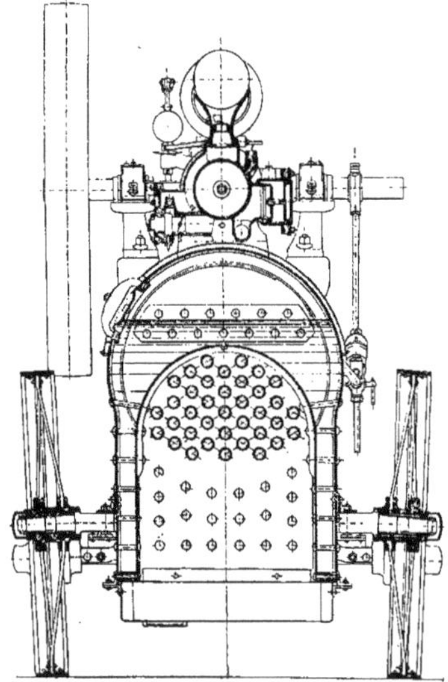

Fig. 29. — Coupe transversale, par le foyer, de la locomobile fig. 25.

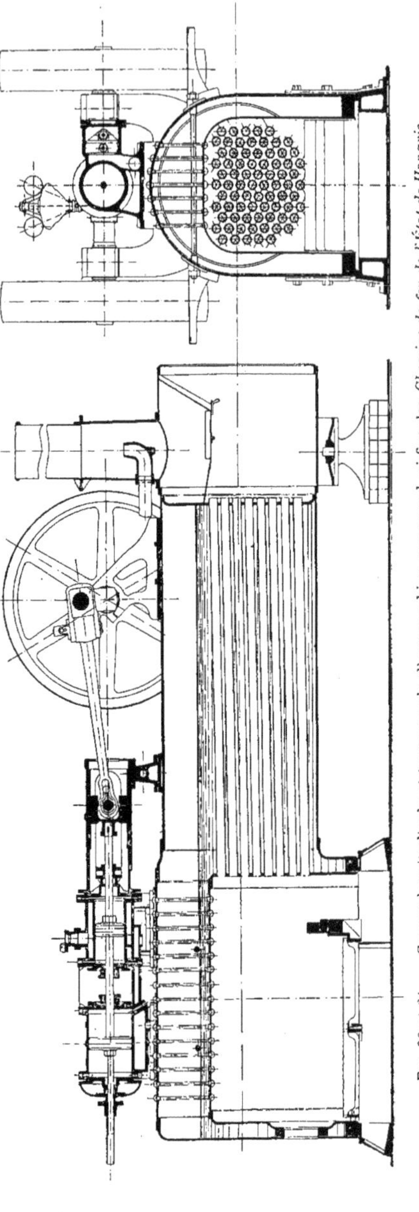

Fig. 30 et 31. — Coupes longitudinale et transversale d'une machine compound mi-fixe des *Chemins de fer de l'État de Hongrie*.

1895 il y avait 3.314 ouvriers employés, recevant un salaire de 4.006.000 couronnes (1 fr. 05) et que le total des recettes se monta à 17.500.000 couronnes.

Les fig. 25 à 31 donnent les plans et coupes diverses en élévation des modèles *locomobiles* à foyer carré, à foyer rond et d'une machine mi-fixe compound, des Ateliers hongrois; les foyers, disposés pour brûler les lignites, peuvent recevoir des mécanismes ou des adjonctions pour brûler de la paille ou de la sciure de bois. Jusqu'à 14 et 16 chevaux, la distribution se fait au moyen de simples tiroirs à coquille; pour les machines de 20 chevaux, compound, le petit cylindre est pourvu du tiroir Rider et le grand cylindre du tiroir Mayer; le régulateur agit sur la détente du petit cylindre.

Les données principales des locomobiles des Ateliers de l'État hongrois sont résumées dans le tableau suivant :

	LOCOMOBILE			
	6 chevaux	8 chevaux	12 chevaux	20 chevaux
Surface de chauffe (en m_2)	12,35	16,79	27,69	47,95
Longueur (en mètres)	3,53	3,71	4,46	6,39
Largeur (en mètres)	1,80	1,94	2,14	2,83
Hauteur sans cheminée (en mètres)	2,65	2,93	3,06	3,08
» avec cheminée (en mètres)	4,98	5,39	6,00	7,09
Nombre de tubes	28	37	53	76
Pression de la vapeur (kilogs)	5,5	5,5	7	12
Diamètre du cylindre (millimètres)	210	240	300	225-338
Course du piston (millimètres)	300	300	300	400
Diamètre du volant (millimètres)	1.500	1.600	1.800	2 de 1.600
Largeur du volant (millimètres)	160	195	200	300
Nombre de tours par minute	140	140	140	140
Diamètre de la cheminée (millimètres)	—	—	32	70
Nombre de chx effectifs (puissance maximum)	16	22	32	70
Poids total, vide (kilogs)	3.960	5.120	6.960	14.800
Prix à Paris (francs)	5.980	7.280	9.150	21.200

Dans nos exploitations rurales les locomobiles sont alimentées avec la première eau venue qu'on se procure à proximité du chantier; au bout d'un certain temps de service, la consommation du combustible s'élève dans une forte proportion et on accuse le charbon ou le chauffeur sans penser à l'eau, dont les dépôts ont eu pour résultat de diminuer la surface active de chauffe et même de présenter des dangers. Les constructeurs feront bien d'étudier des appareils simples et portatifs, pouvant s'appliquer aux locomobiles et capables de réduire, sinon de supprimer, les inconvénients des eaux incrustantes.

E. Moteurs à pétrole. — Un grand nombre de moteurs à pétrole étaient exposés dans le groupe de l'agriculture; une autre section figurait à l'annexe de Vincennes et son étude a fait l'objet d'un fascicule spécial. Rappelons qu'au point de vue de nos applications agricoles il y a surtout lieu de faire une distinction entre les moteurs à *essence minérale* (surtout employés dans les automobiles) et ceux qui utilisent le *pétrole lampant* au sujet desquels nous renvoyons à nos recherches antérieures [1].

Les *moteurs à pétrole lampant* se sont rapidement généralisés en agriculture. Citons

1. Rapport sur le concours international de Meaux, 1891. — Les *moteurs thermiques et les gaz d'éclairage*, Vve Dunod, prix 9 francs.

les moteurs Merlin et Cie, de Vierzon (Cher), moteurs mi-fixes verticaux (fig. 32), horizontaux (fig. 33), ou montés en locomobile (fig. 34) ; Fortin frères, de Montereau (Seine-et-

Fig. 32. — Moteur vertical à pétrole lampant, *Merlin et Cie*.

Fig. 33. — Moteur fixe horizontal, à pétrole lampant, *Merlin et Cie*.

Marne); Gautreau, de Dourdan (Seine-et-Oise); Brouhot et Cie et la Société française, de Vierzon (Cher); la Cie Niel, à Paris, Menot, etc.; beaucoup de moteurs de diverses provenances étaient directement accouplés à des batteuses.

Nous n'avons pas le relevé des moteurs à pétrole employés en France, mais nous pouvons examiner la statistique présentée par la Société d'agriculture de l'arrondissement

Fig. 34. — Moteur locomobile, à pétrole lampant, *Merlin et Cie*.

de Meaux, qui organisa en France le premier concours international avec essais préalables de longue durée. Rien que dans l'arrondissement de Meaux, on comptait :

Années	Nombre de moteurs à pétrole
1890	0
1891	2
1892	2
1893	3
1894	4
1895	8
1896	13
1897	24
1898	44
1899	84

On estime à plus de 100 le nombre de moteurs en usage dans l'arrondissement de Meaux, en 1900, et le prix élevé de la houille, pendant ces derniers temps, a contribué pour une grande part à l'extension de ces machines.

CHAPITRE II

Machines destinées aux travaux de culture.

Avant 1878, la construction des machines destinées aux travaux de culture se faisait presque toute en fonte et en fer, et dans bon nombre d'ateliers on n'employait plus le bois. De 1878 à 1889 quelques constructeurs substituèrent l'acier au fer et la généralisation de l'emploi de l'acier se fit à partir de 1890. L'acier étant plus résistant que le fer, au moins dans le rapport de 160 à 100, les constructeurs de machines agricoles avaient les premiers tout intérêt à faire cette substitution parce que le prix de l'acier devenait relativement plus bas que celui du fer, et que, pour la même résistance, on pouvait diminuer le poids de la matière. Pour donner une idée des variations des cours de ces métaux, nous citons les chiffres statistiques suivants qui étaient exposés par le Ministère des Travaux publics, dans la section de la Métallurgie :

ANNÉES	PRIX MOYEN D'UNE TONNE				
	Fontes		Fers		Aciers
	brutes	de première fusion	marchands, à profils spéciaux	tôles	profilés (rails)
	francs	francs	francs	francs	francs
1850	119	210	280	440	—
1860	125	196	300	440	—
1862	—	—	—	—	950
1870	85	180	230	320	340
1880	80	185	210	310	216
1890	67	151	160	220	130
1898	61	101	161	194	139

Dans ce tableau il faut comparer les prix des fers profilés avec ceux des rails. On voit qu'à partir de 1870 le fer pouvant se substituer au bois, à partir de 1890 l'acier a pu prendre économiquement la place du fer dans la construction des machines. Comme nous l'avons fait remarquer bien des fois, l'étude des perfectionnements d'une fabrication est intimement liée à celle des améliorations apportées au travail des industries préparatoires; or depuis peu d'années, la chimie, les méthodes rationnelles et expérimentales se sont substituées, dans la sidérurgie, à l'empirisme et aux nombreux tours de mains; très rapidement, des traités récents sur la fabrication de l'acier sont devenus caducs, et on peut dire qu'aucune branche de la métallurgie n'a fait, en si peu de temps, des progrès aussi considérables. Pour ce qui nous concerne, nous pouvons nous réjouir que ces progrès de la Grande Industrie aient contraint les constructeurs à nous fournir des machines dans lesquelles l'acier a remplacé le fer.

A. Charrues. — La *charrue*, qui est la plus importante de nos machines agricoles, est toujours la plus intéressante, mais la plus longue à étudier. A côté des modèles de l'Exposition centennale, beaucoup d'étrangers ont été surpris de trouver, chez nous, des charrues construites actuellement sur les plans du commencement du XIXe siècle; il est vrai qu'elles étaient en très petit nombre comparativement à celui qu'on trouve en usage dans presque toutes nos campagnes où les cultivateurs attachés aux anciens modèles sont légion. Si les statistiques décennales montrent que nous sommes bien outillés en fait de charrues (nous avons une charrue par près de 7 hectares de terres labourées (25.700.000 hectares), ce n'est relatif qu'au nombre, mais non à la qualité des machines employées. Cela tient surtout à ce qu'il est difficile de faire comprendre que l'énergie de nos animaux leur est fournie par les matières alimentaires, que si nous pouvons diminuer, pour un même travail, la fatigue de nos animaux, nous pourrons, soit réduire leur nombre dans l'exploitation, soit diminuer leur ration, en consacrant le surplus à la production de la viande, du lait ou de la laine; enfin on diminue ainsi le prix des travaux. — D'après des chiffres fournis par M. Robert Hermet[1], le labour d'un hectare destiné aux céréales (blé ou seigle), revient à 14 francs dans l'État de Wisconsin, alors qu'il est de 29 fr. 40 en Autriche; une grande part de cette différence est due au matériel employé dans les deux exploitations considérées.

Le type de la charrue (araire, à support, à avant-train, à siège, etc.) et les meilleures

FIG. 35. — Charrue à bras *Planet Allen et C°*.

formes à donner aux pièces travaillantes, notamment au versoir, doivent être préalablement l'objet d'une série d'expériences scientifiques, qu'il faut souhaiter de voir accomplir au début du XXe siècle; c'est seulement à la suite de semblables essais qu'on pourra dégager les influences si diverses, dues aux dimensions du labour, à la nature et à l'état du sol, à la pente du terrain, etc., et qu'il sera possible de donner d'utiles indications aux agriculteurs qui sont trop souvent, jusqu'ici, égarés dans une suite de raisonnements fréquemment hypothétiques; c'est alors que les agriculteurs pourront demander aux constructeurs d'établir tels ou tels types reconnus préférables, et nul doute que ces derniers ne s'empressent de satisfaire leur clientèle.

Il convient de mentionner les petites *charrues à bras* Planet Jr, de S.L. Allen et C° (Philadelphie, États-Unis), destinées à faciliter les travaux dans les jardins comme dans la petite culture; elles peuvent rendre des services dans les champs d'expériences et peuvent trouver emploi dans les colonies. Le corps de charrue (fig. 35) est relié par un étançon à un léger bâti porté à l'avant par une roue et prolongé à l'arrière par un manche oblique terminé

1. *Journal d'agriculture pratique*, 1900, tome II, p. 642.

par une traverse à poignées. La profondeur du labour se règle très facilement en déplaçant l'étançon sur le bâti; dans les sols légers on peut atteindre 0 m. 08 à 0 m. 10 de profondeur, pour 0 m. 15 de largeur, à la vitesse d'environ 3 kilomètres à l'heure. Cette petite machine est employée pour labourer, pour rayonner, pour chausser ou déchausser les diverses plantes semées en lignes.

On trouve relativement peu d'*araires* dans la section française (Hurtu, à Nangis, Seine-et-Marne; Meixmoron de Dombasle, à Nancy, Meurthe-et-Moselle; Garnier et Cie, à Redon, Ille-et-Vilaine; Gautier et Cie, à Quimperlé, Finistère, etc.). La section des États-Unis comprenait les araires Oliver, de South-Bend (Indiana), et celles de la Syracuse Chilled Plow C°, de Syracuse (New-York). — Un araire léger, à âge en bois et à mancherons montés à la façon des machines américaines est exposé par M. Émile Lipgart, de Moscou (Russie). — Dans la section canadienne on remarque beaucoup d'araires et de *charrues à supports* (à une ou deux roues); c'est le reste de l'influence des premiers colons français qui apportèrent avec eux les instruments et les procédés usités alors dans leur pays d'origine. (Notons qu'on retrouve cette influence en Louisiane et en Floride; de même qu'on peut suivre les anciennes méthodes espagnoles au Mexique, en Californie, etc.) Cependant à côté de ces araires, qui doivent être conduits par des laboureurs exercés et

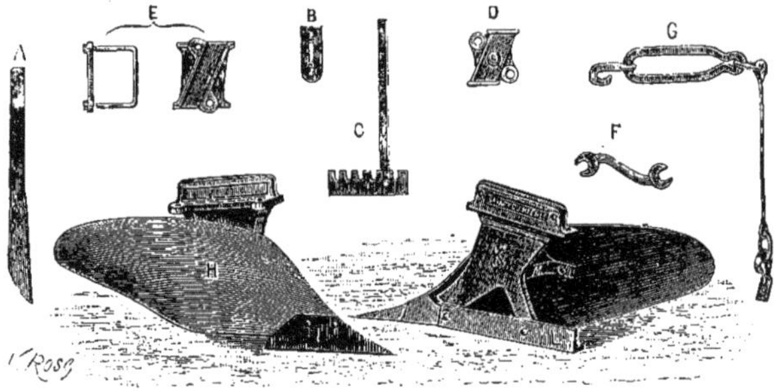

Fig. 36. — Principales pièces d'une charrue *Gautier et Cie*.
A, coutre; E et D, coutrière; I, soc; H, versoir; L, sep; K, étançon; C, régulateur; G, chaîne de traction; B, boitard du régulateur; F, clef.

attentifs, les constructeurs du Canada exhibent d'excellentes *charrues à siège* comme celles de leurs voisins du Sud, ce qui nous montre que les conditions du travail agricole au Canada se rapprochent de plus en plus de celles des États-Unis.

Alors que l'Angleterre reste attachée aux *charrues à supports*, l'Allemagne, la vallée du Danube, imitées par la Russie, donnent la préférence à la *charrue à avant-train*, mais dans laquelle les deux chaînes de traction, une fois bien réglées, donnent à la machine presque la même stabilité que nos charrues brabant, tout en conservant la facilité des tournées.

Le *versoir héliçoïdal* (plus ou moins rationnellement tracé) reste le plus employé en France et en Angleterre; c'est le résultat des modifications apportées dès le début du siècle, quand on chercha à substituer la fonte au bois dans la construction des charrues; cette forme de versoir s'est maintenue par l'engouement pour les charrues anglaises qui s'est surtout manifesté à partir de l'Exposition de 1855. — Les États-Unis, l'Allemagne, l'Autriche et la Russie ont, au contraire, reconnu des avantages au type concave, désigné sous le nom de *versoir cylindrique*. L'Exposition nous montre cependant certaines tentatives de modifications dans les habitudes de chaque pays : quelques modèles français et anglais sont pourvus de versoirs cylindriques. — Signalons aussi l'emploi fréquent d'*amortisseurs* et de roues dont les boîtes à graisse sont analogues aux systèmes dits à *patent*.

En France nous trouvons de bons modèles de *charrues à supports* chez MM. Garnier et Cie (Redon, Ille-et-Vilaine), et Gautier et Cie (Quimperlé, Finistère) (fig. 36). — Dans la section anglaise, citons les machines Howard (Bedford) et Ransomes Sims et Jefferies (Ipswich) avec leur long versoir héliçoïdal. — Dans la section des États-Unis, indiquons les charrues Oliver (South-Bend, Indiana), à support à une roue (fig. 37); ces charrues

Fig. 37. — Charrue à support *Oliver*.

ont le versoir en fonte très résistante et très bien polie et peuvent se monter avec ou sans pointe mobile; quelques modèles sont spécialement destinés à la culture des vignes (charrues à flèche ou à brancards). — L'Espagne et le Portugal présentent des charrues à âge long attaché au joug de l'attelage, et dérivées de l'ancien *aratrum* des Romains.

Les *charrues à avant-train* sont surtout bien représentées dans la section allemande. La maison Rud-Sack, fondée vers 1856, à Leipzig-Plagwitz, est une importante manufacture de charrues et de semoirs; en 1899, les usines Sack ont livré près de 69.000 charrues de divers modèles (l'exportation se fait surtout en Russie, en Bohême, en Autriche et

Fig. 38. — Charrue à avant-train *R. Sack*.

en Hongrie), 15.000 pièces détachées de charrues, plus de 3.800 semoirs et de 400 houes à cheval. La principale fabrication est celle des charrues dont beaucoup de modèles sont vendus en France; le type principal adopté est à versoir cylindrique (fig. 38). — La maison Eckert, fondée en 1848, occupe à Berlin de vastes ateliers de construction où un millier d'ouvriers fabriquent chaque année près de 50.000 machines et notamment des charrues. L'acier fondu, spécialement fabriqué par la maison Eckert, aurait, dit-on, une résistance analogue à celle des pièces en fer forgé. L'âge des charrues Eckert est en acier profilé (section d'un rail à double champignon), qui permet, pour la même résistance, de diminuer le poids de la pièce de près de 30 p. 100; les roues des charrues sont pourvues de boîtes analogues aux *patent*, qui évitent l'introduction de la terre et permettent de lubrifier à l'huile. — D'autres charrues analogues sont exposées par les frères Eberhardt, d'Ulm, dont les usines, qui datent de 1854, livreraient annuellement près de 30.000 charrues.

Dans la section russe nous trouvons plusieurs *charrues à avant-train* : M. Émile Lipgard (Moscou) expose des charrues à versoir héliçoïdal; l'âge, constitué par un fer cornière, courbé en S dans le plan horizontal, repose sur la sellette d'un avant-train de

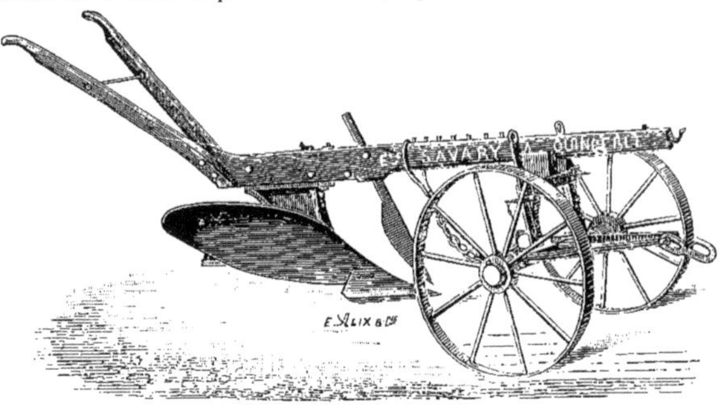

Fig. 39. - Charrue à avant-train *Gautier et Cie*.

construction métallique. — Des charrues analogues avec âge constitué par un fer à double T sont présentées par les frères Donsskié, de Nicolaïeff. — En Roumanie nous ne voyons que des modèles exposés par l'École de métiers du district de Galatz : charrue tout en fer, à avant-train, à un seul mancheron et avec attelage par traverse du genre des charrues Sack.

L'importante maison de construction E. Kühne, de Moson et de Budapest (Hongrie), fondée en 1867, expose une collection complète de diverses machines d'une excellente fabrication et dont les prix de vente (dans le pays) sont en moyenne presque la moitié de ceux de France; les ateliers Kühne présentent des *charrues* du genre Sack. — M. Edmond

Fig. 40. — Charrue tourne-sous-sep.

Mandel, de Nyirbátor (Hongrie), a envoyé un *avant-train de charrue*, genre Sack; les deux roues, de diamètres différents, sont montées sur deux essieux parallèles qu'un levier et un secteur denté permettent de déplacer l'un par rapport à l'autre suivant la profondeur du labour; cette disposition, qui a pour but de maintenir verticaux les plans de roulement des roues, complique inutilement l'avant-train de la charrue.

Dans la section française, M. P. Plisson, de Dourdan (Seine-et-Oise), expose des *charrues à avant-train*, du genre Pluchet, qui sont encore si en usage aux environs de Paris. M. Guinaudeau (Avrillé, Vendée) présente une forte *charrue à avant-train*, à pointe mobile, montée sur un âge en fer cornière pourvu d'une traverse et de deux chaînes de traction comme les charrues Sack. La fig. 39 représente une *charrue à avant-train* de MM. Gautier et Cie (Quimperlé, Finistère); ce modèle est très employé en Bretagne.

Les *charrues tourne-sous-sep*, pour l'exécution des labours à plat, se rencontrent dans

Fig. 41. — Montage du coussinet de la tête de l'âge des brabants-doubles *Bajac*.

les sections allemandes (maison Eckert, versoir cylindrique) et portugaises : Mme Vve Theotonio José Xavier, de Lisbonne, M. Henrique Brasseur, à Figueira da Foz, et M. Eduardo Duarte Ferreira, à Tramagal, exposent de nombreux modèles tourne-sous-sep (fig. 40) à deux ou à un mancheron, comme les charrues brabançonnes, et à âge en bois ou en fer à simple T monté avec une roulette-support ou sur un avant-train à roues de

Fig. 42. — Brabant-double à versoirs à claire-voie *A. Bajac*.

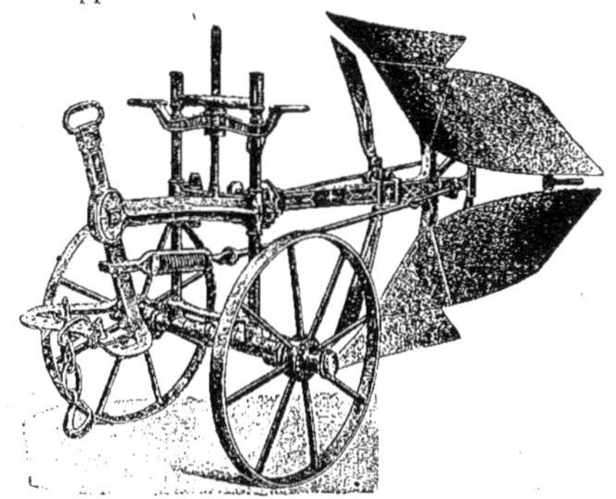

Fig 43. — Brabant-double *Viaud et Cie*.

même diamètre. Ces charrues tourne-sous-sep sont, nous dit-on, très répandues et très estimées dans les nombreuses localités du Portugal où se pratiquent les labours à plat; chez nous, ces machines, proposées autrefois sous le nom de charrues américaines, sont encore utilisées dans le Plateau central, mais, d'une façon générale, elles ont été remplacées avantageusement par nos excellents *brabants-doubles*.

La France présentait une superbe collection de *charrues brabants-doubles*. On en rencontrait de nombreux modèles dans la belle exposition de M. A. Bajac, de Liancourt (Oise); la fig. 41 représente le montage du coussinet en acier (appelé souvent *écamoussure*) de la tête de l'âge des charrues brabant-double de M. Bajac, et la fig. 42 donne la vue générale d'une de ces machines montée avec des versoirs à claire-voie. — MM. P. Viaud et Cie (Barbezieux, Charente) présentent des brabants-doubles (fig. 43) dans lesquels l'essieu est extensible à l'aide d'un écrou central dont une extrémité est filetée avec un pas à droite, l'autre avec un pas à gauche; en tournant cet écrou, limité par les embases des montants, on modifie l'écartement des roues (suivant les dimensions du labour), sans avoir recours aux flottes ou rondelles ordinairement en usage; ce système permet l'emploi des roues montées à « patent »; un ressort amortisseur est adapté à ces machines; dans la même exposition se trouve un brabant-double pourvu de versoirs du type cylindrique.

Citons les *brabants-doubles* présentés par MM. Amiot et Bariat (Bresles, Oise); Candelier et fils (Bucquoy, Pas-de-Calais); Darley-Renault (Nemours, Seine-et-Marne); Defosse-Delambre (Varennes, Somme); Alexandre Guichard (Lieusaint, Seine-et-Marne); Vve Henry (Dury-les-Amiens, Somme); Letrotteur (Viry-Noureuil, par Chauny, Aisne), (fig. 44) dans l'exposition duquel se trouve un modèle de brabant-double que M. Fondeur

Fig. 44. — Brabant-double *Letrotteur*.

(fondateur de cette maison) aurait construit en 1830 : la sellette, l'âge, les étançons et les versoirs sont en bois; c'est un modèle excessivement curieux et surtout très intéressant pour l'histoire de ces charrues. Delaby et fils (Blangy-sur-Ternoise, Pas-de-Calais); Auguste Prat et Prat et Blanc (Grenoble, Isère); le support des machines de ces deux derniers constructeurs présente une certaine analogie avec celui des brabants-doubles fabriqués en Belgique, et en particulier par la maison Mélotte.

De nombreuses charrues, et surtout des *brabants-doubles*, sont présentées dans la section suisse par trois constructeurs du canton de Berne : P. Grossenbacher, à Sumiswald; Franz Ott, à Worb; et J. Altaus, à Ersigen. Les brabants bernois sont montés sur un support analogue à ceux de nos modèles de 1867; le brabant-double Altaus est à avant-train (principe des machines analogues d'Allemagne); les corps de charrue, pouvant tourner autour de la partie postérieure de l'âge articulé dans le plan horizontal avec l'essieu, ne doivent pas avoir en travail autant de stabilité que les excellents modèles fabriqués chez nous.

Les *charrues à siège* se rencontrent dans les sections des États-Unis et du Canada. Citons la charrue tilbury[1] de la Syracuse Chilled Plow C° (Syracuse, New-York), dans

1. Voir notre étude générale sur ces charrues, *Journal d'agriculture pratique*, 1898, t. II, pp. 276, 340 et 406.

laquelle les deux grandes roues d'avant sont reliées par un essieu ; en dessous de celui-ci est attaché l'âge qui porte : le coutre circulaire mobile dans le plan horizontal, le versoir et la petite roue d'arrière jouant le rôle de talon roulant ; à la portée du conducteur sont placés trois leviers, un pour la direction horizontale de la charrue, chacun des deux autres agissant sur une des grandes roues. La même manufacture construit une charrue à siège permettant d'effectuer les labours à plat ; comme le montre la fig. 45, la machine comprend deux charrues indépendantes, l'une versant à droite, l'autre à gauche ; les roues sont montées sur un essieu brisé, et le relevage de chaque corps de charrue est effectué par l'attelage à l'aide d'un rochet qu'un levier rend, au moment voulu, solidaire du moyeu de la roue porteuse correspondante au versoir à soulever.

Rappelons que nous avons procédé à des essais dynamométriques sur des *charrues à siège* chez M. J. Bénard, à Coupvray (Seine-et-Marne) ; les résultats de ces essais, très favorables à ces machines, ont été communiqués à la Société nationale d'Agriculture, dans la séance du 4 janvier 1899.

La Cie Deere (Moline, Illinois) présente des charrues à siège et une *charrue à disques* à deux raies ; dans cette dernière machine, le soc et le versoir sont remplacés par une

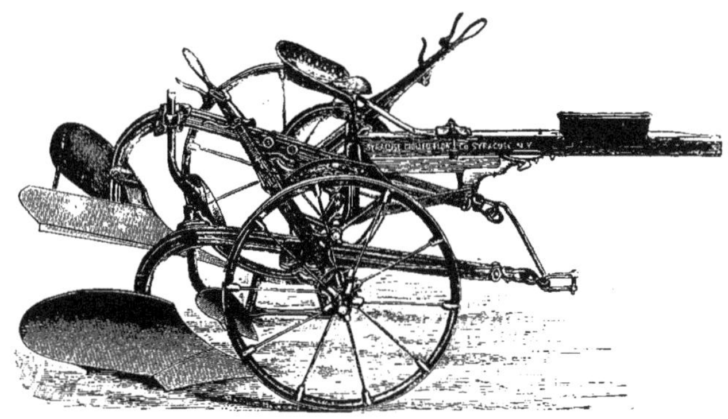

Fig. 45. — Charrue à siège pour labours à plat
Syracuse Chilled Plow C°.

calotte sphérique, folle autour d'un axe maintenu à l'inclinaison voulue sur le bâti à trois roues pourvu d'un siège. En 1899, nous avons eu l'occasion d'essayer une charrue analogue qui a convenablement fonctionné dans des terres légères et dans des terres fortes sans nécessiter une traction exagérée. Ces machines, dont les débuts datent de 1893 (Exposition de Chicago), seraient aujourd'hui assez répandues dans certaines régions des États-Unis.

Parmi les *charrues multiples*, mentionnons la charrue à 5 raies de MM. Amiot et Bariat (Bresles, Oise), dans laquelle les versoirs sont montés sur des âges en fer à U ; la machine est destinée à être tirée par un treuil à vapeur et effectue le retour à vide ; de son siège, le laboureur dirige les grandes roues d'avant, et un frein permet le relevage automatique du bâti qui repose sur trois roues. Citons les charrues multiples de Howard et de Ransomes (Angleterre), de Sack et d'Eckert (Allemagne), de Kühne (Hongrie) et celles de la section danoise : A. Jakobsen, de Fraugde et de Rudolf Kramper, de Horsens (la construction de ces charrues danoises est lourde et rappelle nos anciennes machines en fer, avant que l'acier fût employé d'une façon courante dans la fabrication).

Dans la catégorie des charrues spéciales[1], nous pouvons citer les *charrues défonceuses* et *fouilleuses* de la maison Bajac (Liancourt, Oise); une grande *charrue anti-balance* pour travaux de défoncements à vapeur avec deux locomotives-treuils; les versoirs de cette forte charrue sont du type cylindrique; une *charrue-balance*, avec versoirs à claire-voie placés dos à dos à côté de l'essieu central; cette machine est pourvue de chaque côté de deux dents fouilleuses qui travaillent dans le fond de la raie précédemment ouverte; la charrue, destinée à préparer les terres pour la culture des betteraves à sucre, est pourvue d'un support à deux grandes roues fixé à l'extrémité de chaque âge. La machine est ainsi munie de six roues, et, en travail, chaque corps reposant sur quatre roues doit avoir une grande stabilité.

Citons une *charrue défonceuse* de MM. Amiot et Bariat (Bresles, Oise), montée en brabant-simple, dont le relevage se fait en manœuvrant le volant de la vis de terrage : en soulevant la sellette, un câble, attaché à l'essieu et passant sur deux poulies de renvoi, abaisse un galet articulé à l'étançon d'arrière; la *défonceuse-balance* de MM. Pécard frères (Nevers, Nièvre) et les modèles de la maison Fowler (Angleterre).

Des charrues *déchaumeuses*, pour labours très superficiels, figurent dans les expositions des maisons Sack et Eckert (Allemagne). La déchaumeuse Eckert (fig. 46) fut introduite chez nous dès 1881, par M. Ch. Faul, et nous avons expérimenté le premier modèle à la ferme de l'Institut national Agronomique; depuis cette époque, des machines analogues sont établies par plusieurs ateliers français.

Fig. 46. — Déchaumeuse *Eckert*.

Pour certaines régions, il y a intérêt à accoupler le *semoir* avec des machines travaillant en même temps le sol; nous en avons des exemples dans les sections de Russie, d'Allemagne et d'Angleterre; ces machines, qui peuvent être utilisées dans nos colonies où l'on emploie déjà des semoirs montés sur des cultivateurs, sont destinées à effectuer les ensemencements de printemps pour lesquels, dans certains pays, on ne dispose que de très peu de temps. Voici ce que dit notre camarade Hitier, à propos de l'exposition de météorologie agricole de la section russe[2] : « Les études météorologiques ont permis de préciser avec soin les meilleures époques pour les semis des diverses céréales, de noter les quantités d'eau recueillies dans l'intervalle des phases de végétation de ces mêmes plantes, les quantités de chaleur qui leur sont nécessaires, etc. Une carte indique la quantité de

1. Voir notre traité, *Travaux et machines pour la mise en culture des terres* : enlèvement des obstacles; défrichements; charrues défonceuses, sous-soleuses et fouilleuses; treuils de défoncements; travaux divers. Librairie Dunod.

2. *Journal d'agriculture pratique*, 1900.

jours écoulés entre la disparition de la couche de neige et l'époque des semailles de printemps ; nous y voyons que, pour l'avoine par exemple, cinq jours se sont écoulés entre ces deux époques pour certaines régions ; dans d'autres régions, on ne dispose que de dix jours au maximum. C'est assez dire combien l'agriculteur russe a reconnu la nécessité de

Fig. 47. — Charrue à deux raies, pourvue d'un semoir à maïs *Sack*.

se hâter au printemps pour effectuer les travaux préparatoires et les semis. Aussi recherche-t-il les instruments agricoles qui, avant tout, lui permettent d'aller *vite*. C'est là un point que nos constructeurs français, qui voudraient exporter des instruments, ne doivent pas oublier : de là, ce type de charrue-semoir très répandu en Russie. »

La fig. 47 représente la *charrue à deux raies* de Sack (Leipzig, Allemagne), pourvue d'un *semoir à maïs* dont le distributeur prend le mouvement sur la roue d'avant qui roule

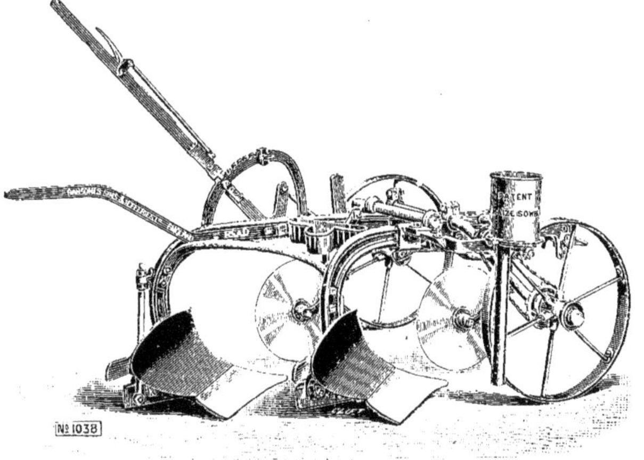

Fig. 48. — Charrue à deux raies, pourvue d'un semoir à maïs *Ransomes*.

dans la raie. Dans l'exposition de la maison Ransomes, Sims et Jefferies (Ipswich, Angleterre), nous trouvons une *charrue à deux raies* pourvue également à l'avant d'un *semoir à maïs* (fig. 48), dont le distributeur est un tiroir circulaire à axe vertical entraîné par engrenages et chaîne ; l'origine du mouvement est pris sur une roue d'avant, et le débrayage est automatique lorsqu'on soulève la charrue à l'extrémité de la raie.

Pour ce qui concerne les *charrues vigneronnes* (fig. 49), nous n'avons rien relevé de saillant, si ce n'est que plusieurs constructeurs français ont une tendance très marquée à établir des machines qui se rapprochent des modèles américains (charrues et houes) ; c'est le résultat d'un certain nombre d'essais pratiques et de concours récents qui ont montré les avantages que présentent ces machines étrangères, soit dans la forme des pièces travaillantes, soit dans leur montage.

Si l'on considère la grande étendue cultivée en vignes, dans notre pays, relativement à la très petite surface occupée par cet arbuste aux États-Unis, on peut être surpris que les Américains possèdent un outillage auquel il y ait quelque utilité, pour nous, d'emprunter certains dipositifs ; c'est le raisonnement tenu par beaucoup de personnes qui ignorent comment les travaux s'effectuent aux États-Unis. Les procédés de culture du sol d'un vignoble planté en lignes sont, au point de vue du matériel à employer, identiques à ceux d'autres cultures également en lignes de même écartement ; or, aux États-Unis, la petite culture maraîchère n'existe pour ainsi dire pas, et, dans quelques états de l'Union, il y a d'importantes étendues consacrées aux légumes et aux arbustes dont les produits sont expédiés très loin. Aussi les constructeurs établissent, depuis longtemps, un matériel très perfectionné permettant d'effectuer économiquement et rapidement les divers travaux (labours, binages, buttages) que nécessite le sol ; c'est ce matériel, employé pour cultiver l'interligne des tomates, des maïs, des groseillers, etc., qui a été importé chez

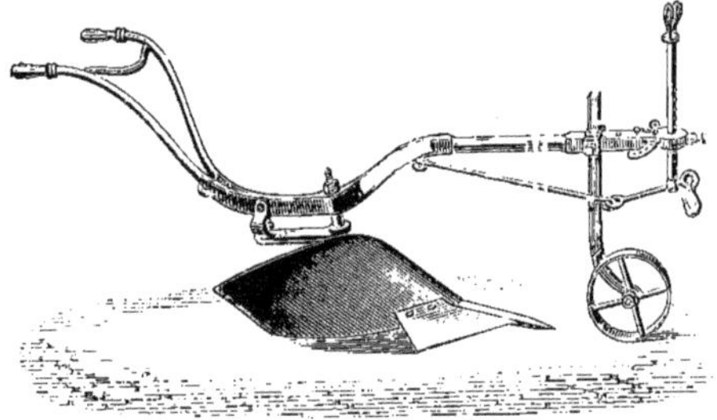

Fig. 49. — Charrue vigneronne *Souchu-Pinet.*

nous avec succès pour travailler l'interligne de nos vignobles : ici la machine n'est pas imposée par la nature des plantes qu'on cherche à obtenir, mais bien par la nature du sol et par la configuration du terrain sur lequel s'effectuent les travaux (culture de rectangles d'une longueur qu'on peut considérer comme infinie, et d'une largeur plus petite de 0 m. 40 à 0 m. 60 que l'écartement des lignes ; enfin, il faut respecter les racines comme les parties aériennes des végétaux cultivés).

Rappelons que le défaut capital des charrues vigneronnes réside, comme nous l'avons montré, dans l'instabilité due à la position du corps de charrue relativement au crochet d'attelage et aux mancherons ; dans cet ordre d'idées, nous avons vu des tentatives faites aux États-Unis, en 1893, mais ces modèles ne sont pas connus chez nous.

Signalons le *buttoir* Andouard (de Nantes, Loire-Inférieure), destiné à faire des rigoles pour l'écoulement des eaux, et la *charrue rigoleuse* d'Eberhardt (Ulm, Allemagne), montée sur un avant-train : la section rectangulaire de la rigole est tracée par deux coutres verticaux dont le tranchant est incliné la pointe vers l'arrière ; le soc se prolonge par un plan incliné rectiligne qui remonte la bande de terre, puis se termine par une partie bombée destinée à la renverser à droite sur le guéret ; cette charrue d'Eberhardt est construite pour tracer, dans les prairies, des rigoles d'irrigation ou de colature de 0 m. 17 d'ouverture et de 0 m. 16 à 0 m. 17 de profondeur.

Bien que les *treuils de défoncements* [1] soient spécialement établis par un certain nombre

[1]. Voir notre fascicule : *Travaux et machines pour la mise en culture du sol*, librairie Dunod.

de nos constructeurs du midi, il n'y a d'exposé que ceux de la maison Pécard frères (de Nevers, Nièvre) (fig. 50 et 51); la fig. 50 représente un treuil actionné par une locomo-

Fig. 50. — Treuil à vapeur, pour défoncements, *Pécard frères.*

bile; le câble tire directement la charrue, et, à chaque raie, l'ensemble est déplacé sur des rails. La fig. 51 représente le treuil fixe du système Howard, construit par MM. Pécard frères. Dans la section anglaise, la maison Fowler (de Leeds) présente une *locomotive-treuil* et une *charrue-balance* dont un certain nombre d'exemplaires effectuent

Fig. 31. — Treuil à vapeur, système Howard, *Pécard frères.*

à forfait, dans le midi de la France et en Algérie, les travaux de défoncements qui précèdent la plantation des vignobles.

M. A. de Souza (198, boulevard Saint-Germain, Paris) présente un *tracteur automobile*; l'aspect général ressemble à une automobile élégante (fig. 52), mais le mécanisme est établi pour lui communiquer des vitesses de 2 et 3 kilomètres à l'heure quand on l'attèle à une charrue multiple ou à tout autre machine propre à effectuer les travaux de

Fig. 52. — Tracteur automobile *de Souza*.

culture; suivant la résistance à vaincre, on garnit de griffes les jantes des roues d'arrière, et, avec le moteur (à essence) de 8 chevaux, on dispose au crochet d'attelage d'une traction de 700 kilog. à la petite vitesse; à la fin du travail, on enlève les griffes des roues et la machine se comporte en locomotive routière capable de remorquer une

Fig. 53. — Vue des pièces travaillantes de la charrue rotative automotrice *Boghos Pacha Nubar*.

charge de 2 à 5 tonnes; montée en automobile à 5 places, elle peut faire 16 kilomètres à l'heure. Enfin, le moteur débrayé de la transmission peut actionner par courroie une machine quelconque de la ferme. En ordre de marche, tel qu'il est représenté par la fig. 52, ce tracteur pèse environ 1.100 kilog.

Dans le pavillon ottoman, nous trouvons un petit modèle démonstratif de *charrue rotative automotrice* exposé par M. Boghos Pacha Nubar, ingénieur des arts et manufactures au Caire (Égypte). Le grand modèle, que représentent les photographies fig. 53 et 54, n'ayant pu trouver place dans l'enceinte de l'Exposition, travaille aux portes de Paris, dans la plaine de Bagneux, près du fort de Montrouge, où il a fonctionné devant le Jury international.

Pour l'établissement de sa machine à pulvériser le sol, M. Boghos Pacha Nubar s'est basé sur les travaux de M. P. P. Dehérain qui les résumait ainsi : « Quand une terre est convenablement remuée, aérée, travaillée, l'azote habituellement inerte qu'elle renferme évolue, devient soluble, assimilable ; la matière organique azotée de l'humus, attaquée par les ferments, se réduit en acide carbonique, en eau, en nitrate, et si nous en sommes encore réduits à acquérir ces nitrates, c'est que le travail du sol, tel que nous le pratiquons aujourd'hui, est inefficace. C'est aux ingénieurs à se mettre à l'œuvre, c'est à

FIG. 54. — Vue générale de la charrue rotative automotrice *Boghos Pacha Nubar*.

eux qu'il appartient d'imaginer un instrument qui divise, remue, secoue, aère le sol tout autrement que ne le font encore nos charrues et nos herses ».

A la suite de plusieurs tentatives préliminaires, M. Boghos Pacha Nubar fit construire une machine uniquement destinée à des essais ; des expériences, qui eurent lieu à la ferme d'application de l'Institut national Agronomique, et dont nous avons été chargé, ont montré que le travail mécanique à dépenser par décimètre cube de terre *pulvérisée* ne devait pas dépasser 11 à 12 kilogrammètres, alors que les charrues à vapeur du concours de Wolverhampton nécessitaient de 12,8 à 13,4 kilogrammètres par décimètre cube de terre *labourée*.

La pièce travaillante de la machine Boghos est constituée en principe par un disque qui tourne dans le plan vertical autour d'un axe parallèle à la ligne parcourue par la machine sur le sol ; le disque est garni sur sa périphérie d'un certain nombre de coutres qui pénètrent en terre de la quantité voulue ; les tranchants des coutres sont inclinés sur les lignes radiales. Le travail pratique obtenu, avec de semblables organes, ne peut pas être comparé à celui fourni par une charrue ordinaire qui se borne à retourner une bande de terre plus ou moins brisée, car, en faisant varier la vitesse d'avancement de la pièce travaillante, ainsi que le nombre de tours, les coutres découpent la terre en tranches dont l'épaisseur peut varier de 0 à 5 ou 6 centimètres, suivant la nature ou l'état du sol et le degré de pulvérisation à obtenir. Afin d'augmenter la largeur du travail, on a adopté trois semblables disques qui sont commandés par un moteur spécial, de sorte que leur vitesse de rotation est rendue indépendante de leur déplacement. Ainsi que le représentent les fig. 53, 54 et 55, chaque disque A, portant les coutres C, est monté sur un axe horizontal x; ces axes, que des engrenages rendent solidaires, sont actionnés par un moteur à vapeur M du type pilon. Le moteur prend sa vapeur à la chaudière de la locomotive-routière L par le tube a, flexible sur une certaine longueur; en c est le tube d'échappement. Le mécanisme AM est monté sur un bâti B attaché à l'arrière de la locomotive L par une articulation n; le châssis B est porté par deux roues h qui permettent de régler, suivant y, la profondeur de la culture P. La locomotive-routière ne présente rien de particulier; c'est une machine Fowler de 8 chevaux, pouvant en développer 30 au

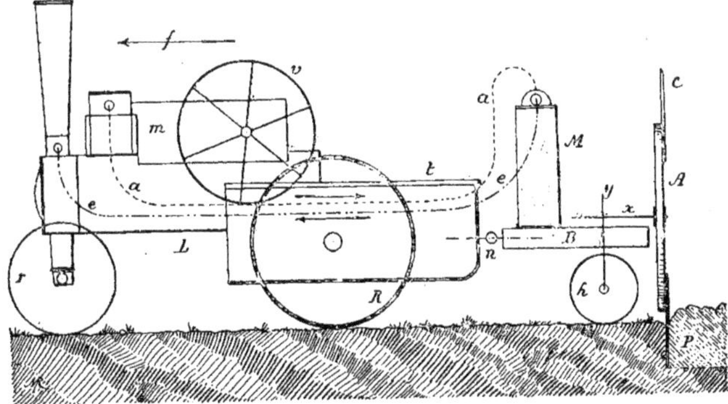

Fig. 55. — Principe de la charrue rotative automotrice *Boghos Pacha Nubar*.

travail maximum; on voit dans le dessin (fig. 55) le moteur m avec son volant v, les roues motrices R et directrices r, le tender t.

En travail, on règle par les montures des roues h la hauteur de l'axe x au-dessus du sol pendant que le moteur M est mis en mouvement : les coutres pénètrent à la profondeur voulue, puis la locomotive L se déplace, dans le sens indiqué par la flèche f, remorquant ainsi les pièces travaillantes A. Notons que le relevage rapide du châssis B pourrait être obtenu à l'aide d'une petite grue fixée à l'arrière du tender t.

D'après des essais faits avec cette machine aux environs de Corbeil, on peut cultiver au moins 3 hectares par journée de 12 heures; enfin, le mécanisme MBA peut s'adapter à l'arrière de toute locomotive routière dont un grand nombre fonctionne en Égypte, et où l'on cherche depuis longtemps à remplacer le maigre labour effectué dans les sols compacts par les charrues arabes qui sont péniblement tirées par de faibles attelages.

Le petit modèle de démonstration, qui se trouve au pavillon ottoman, est du type électrique avec remorquage par câble; il a été établi en vue de répondre aux conditions suivantes : on trouve dans un certain nombre d'exploitations agricoles de l'Égypte une forte machine à vapeur fixe, qui ne travaille que pendant quelques mois de l'année pour élever les eaux nécessaires aux irrigations ; ce moteur est toujours au repos durant les travaux de culture, alors qu'on pourrait utilement l'employer à actionner une dynamo envoyant, dans les champs, l'énergie nécessaire à une réceptrice chargée d'actionner les pièces travaillantes.

Le principe de la charrue électrique de M. Boghos Pacha Nubar est donné par la fig. 56. Sur un chariot b, porté par quatre roues r, dont deux sont directrices, se trouve un bâti B qui supporte la dynamo D et la transmission du mouvement : aux axes x des disques A munis des coutres C et à un treuil de halage t sur lequel s'enroule le câble aa', dévié ensuite par des galets ou rouleaux, et disposé en arrière suivant a'' ; chaque extrémité de ce câble est reliée à une ancre qu'on déplace le long de la fourrière au fur et à mesure de l'avancement du travail. Arrivé à l'extrémité du train, on arrête le mouvement de A et de t, puis on soulève, par le mécanisme S, le châssis B sur le bâti b solidaire des roues r, et on fait tourner le châssis B autour de l'axe vertical y pour repartir dans la direction opposée à la flèche 1. — Cette charrue électrique n'a pas encore été construite en vraie grandeur comme l'intéressant modèle à vapeur dont nous venons de donner la description, mais il y a beaucoup de chances qu'il fonctionnera aussi bien et dans les conditions économiques qui ont été indiquées. — Avec sa charrue à vapeur, M. Boghos Pacha Nubar va procéder, dans ses exploitations aux environs du Caire, à des essais de culture

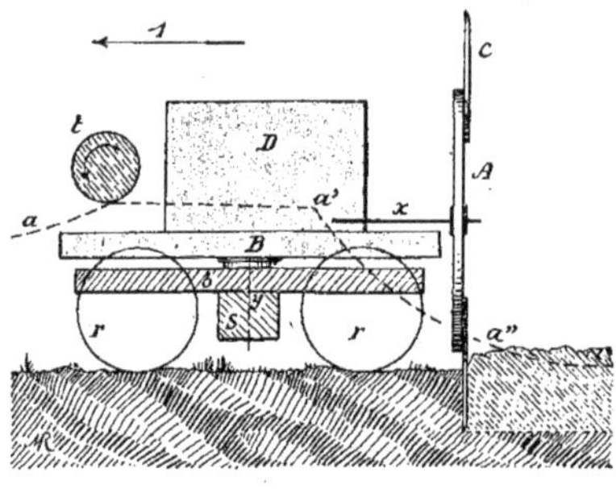

FIG. 56. — Principe de la charrue rotative électrique *Boghos Pacha Nubar*.

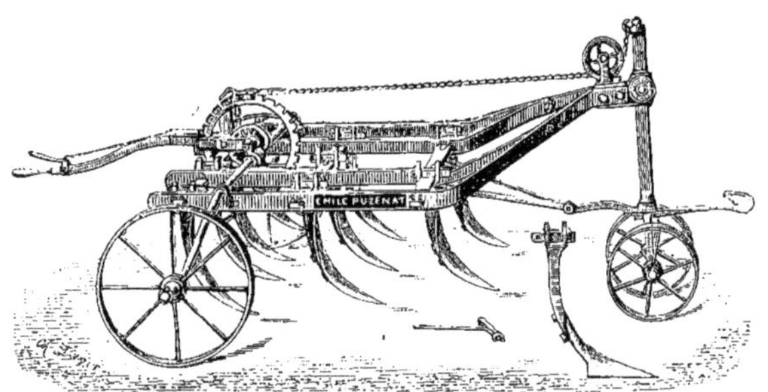

FIG. 57. — Scarificateur à un levier de relevage *Émile Puzenat*.

pour déterminer l'influence de la pulvérisation du sol, comparativement au labour ordinaire ; nous serons ainsi fixés sur l'augmentation de récolte qu'on peut obtenir par ce nouveau mode de travail du sol.

B. Scarificateurs, cultivateurs et extirpateurs. — Aujourd'hui les *scarificateurs*, les *extirpateurs* et les *cultivateurs* ne constituent qu'une seule machine formée d'un certain nombre de pieds ou d'étançons à l'extrémité desquels on fixe des pièces travaillantes de diverses formes, suivant l'état du sol et la nature de l'ouvrage à faire ; ces étançons sont solidaires d'un bâti qui peut se relever plus ou moins sur les roues porteuses.

En général, la fabrication française conserve ses anciens types à *dents rigides* et les différences résident à la fois dans le mode de fixation des dents sur le bâti et dans le mécanisme de relevage qui doit être très bien combiné afin qu'il y ait des chances que l'ouvrier exécute la manœuvre à l'extrémité du train : s'il y a plusieurs leviers à déplacer, si le travail est trop lent ou trop pénible, l'ouvrier fait tourner l'attelage sans déterrer les dents et occasionne des ruptures, car si les étançons sont bien calculés pour résister à des

Fig. 58. — Scarificateur à trois leviers *Émile Puzenat*.

efforts dans le plan longitudinal, ils ne peuvent résister à des charges transversales. Citons les *scarificateurs* de MM. Émile Puzenat (fig. 57-58) et Puzenat aîné (fig. 59) (à Bourbon-Lancy, Saône-et-Loire), Bajac (Liancourt,Oise) (fig. 60), Amiot et Bariat (Bresles, Oise), Letrotteur (Viry-Chauny, Aisne), la Société des usines d'Abilly (Indre-et-Loire), Bruel et fils (Moulins, Allier), Souchu-Pinet (Langeais, Indre-et-Loire), Ch. Drouet (Saint-

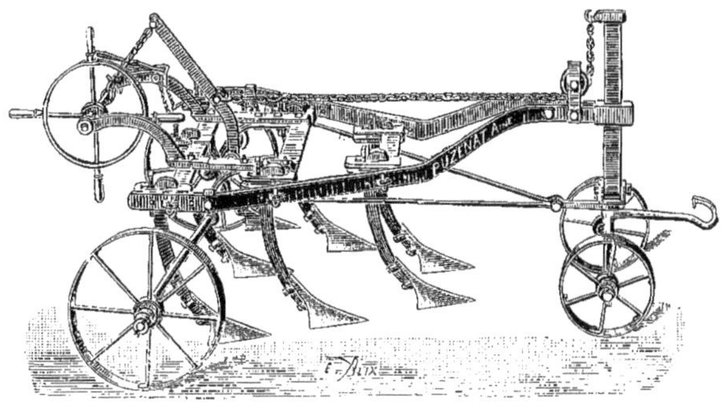

Fig. 59. — Scarificateur à treuil de relevage *Puzenat aîné*.

André, Eure) dont le bâti est articulé avec l'avant-train, dans le plan vertical, L'Hermite (Louviers, Eure), etc.

Dans la section anglaise, des *cultivateurs* sont présentés par les maisons Howard (de Bedford), Massey et Cº (de Toronto, Canada) et Ransomes (d'Ipswich). Le cultivateur Howard est à dents rigides, contournées dans le plan vertical, indépendantes et articulées à l'essieu ; les cultivateurs Massey (fig. 61) et Ransomes sont à dents flexibles montées sur des cadres indépendants, et ces excellents modèles commencent à être également construits par quelques maisons françaises qui souvent, à tort, cherchent à conserver le bâti rigide de nos anciennes machines. Ces cultivateurs peuvent recevoir un *semoir à la volée*; ils conviennent très bien pour les semis de printemps. — La maison Massey présente un nouveau cultivateur à huit dents flexibles montées sur deux châssis, qui peuvent à volonté

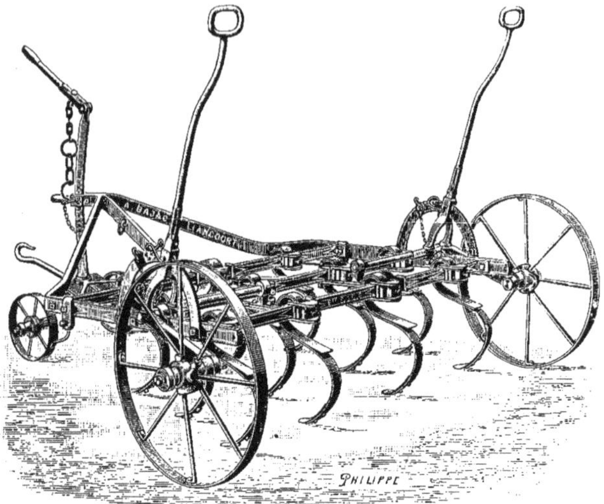

FIG. 60. — Scarificateur-cultivateur à dents flexibles *A. Bajac.*

FIG. 61. — Cultivateur à dents flexibles *Massey et Cᵒ.*

recevoir des mancherons et être rendus indépendants dans le plan horizontal, pour être employés au binage des plantes à grand écartement; l'essieu peut coulisser afin de mettre les roues à l'écartement voulu; pour les travaux de préparation des terres, les châssis peuvent être rendus solidaires dans le plan horizontal.

La maison Osborne, de Auburn (New-York), présente un *cultivateur* à dents flexibles montées sur deux bâtis en cornières d'acier (fig. 62-63); les bâtis sont articulés entre eux

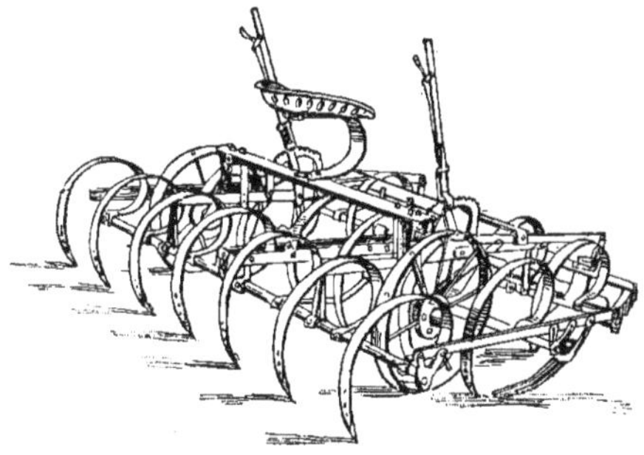

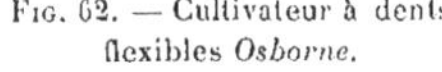

Fig. 62. — Cultivateur à dents flexibles *Osborne*.

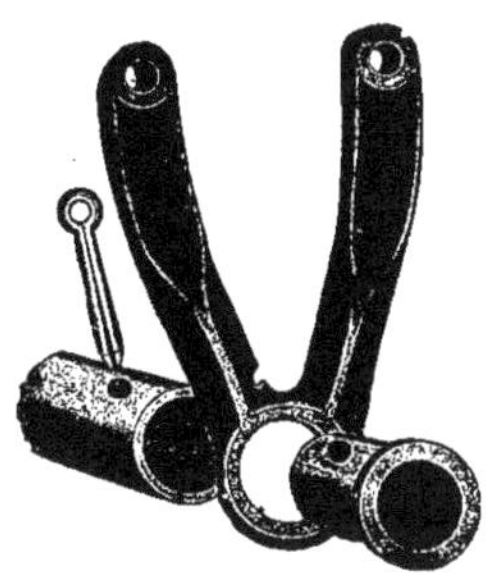

Fig. 63. — Montage des supports des traverses du cultivateur *Osborne*.

et reposent à l'avant sur des patins et à l'arrière sur des roues; de chaque côté du siège sont les leviers d'enterrage.

Toutes ces machines, qui effectuent ce qu'on peut appeler les *pseudo-labours*, se répandent de plus en plus dans les exploitations à culture avancée; il y a lieu de rappeler que nos essais de 1896 ont montré l'intérêt qu'il y a d'employer des pièces travaillantes

Fig. 64. — Pulvériseur *Osborne*.

fixées à des lames flexibles montées par groupe de 5 ou 7 sur des châssis indépendants les uns des autres[1].

C. Pulvériseurs. — Signalons les *pulvériseurs* (fig. 64 et 65) de la maison Osborne (Auburn, New-York); les deux bâtis, qui portent chacun de six à huit disques, sont indépendants et articulés à la traverse supportant le siège du conducteur; — les pulvériseurs de Johnston (Batavia, New-York). — Faisons remarquer qu'aux herses du modèle *acme*

1. *Journal d'agriculture pratique*, 1896, tome II, pages 192, 233 et 269.

on a substitué ces pulvériseurs qui, eux-mêmes, semblent diminuer d'importance et sont remplacés, dans la pratique, par les cultivateurs à dents flexibles.

D. Herses. — Les *herses* n'ont guère été modifiées sur le continent, alors que les

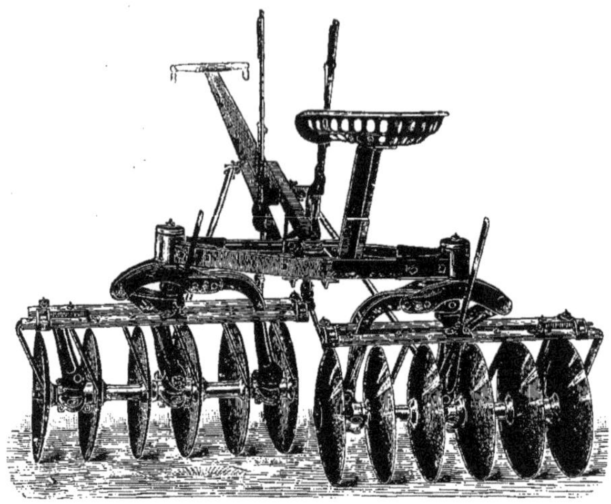

Fig. 65. — Pulvériseur à bâtis articulés *Osborne*.

États-Unis nous montrent, avec de notables perfectionnements de construction, des machines établies sur le principe d'anciens modèles proposés autrefois chez nous; ces herses, dont on peut modifier facilement l'inclinaison des dents, permettent d'effectuer des travaux d'énergies différentes (fig. 66, 67 et 68).

Le genre de *herse* Valcourt se trouve dans la section russe (Émile Lipgart, de

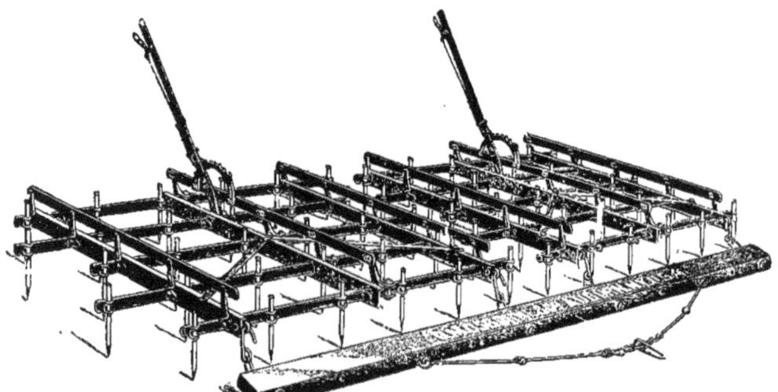

Fig. 66. — Herse à dents inclinables *Osborne*.

Moscou; herse à bâti en bois; deux tringles en fer remplaçent avantageusement la chaîne d'attelage employée dans nos modèles analogues) et dans la section Roumaine (herse de l'École de métiers du district de Bucium (Jassy) : bâti rectangulaire, en bois, dont un angle est pourvu du crochet d'attelage; les dents, dont la partie supérieure se termine par une patte horizontale, sont fixées par une vis sur le bâti).

Les *herses en Z* et *souples* de Howard (Angleterre), ne présentent rien de particulier sur les modèles déjà connus et fabriqués en grand nombre chez nous. Les *herses-scarifi-*

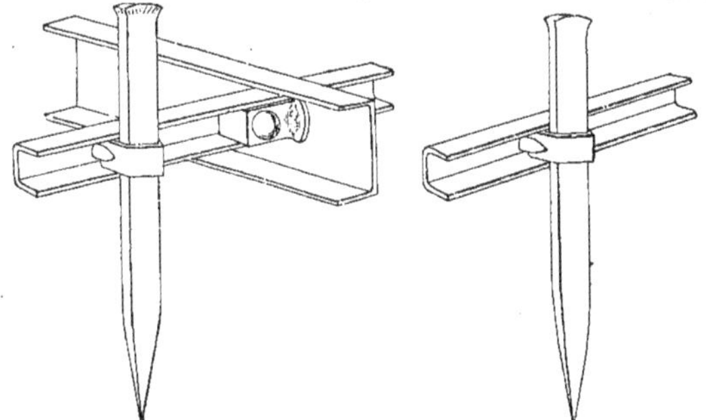

FIG. 67. — Montage des dents de la herse *Osborne*.

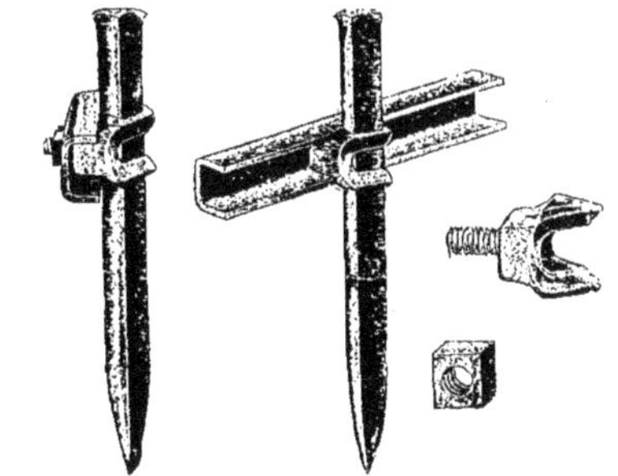

FIG. 68. — Montage des dents de la herse *Osborne*.

FIG. 69. — Régénérateur de prairies *Pilter*.

cateurs sont assez nombreuses dans l'Exposition du Danemark (N.-J. Fog, à Thonning; Jacob Rasmussen, à Skeiby); ce sont de petits scarificateurs portés à l'avant par un sabot et à l'arrière par deux roulettes. — Dans la section française, citons le *régénérateur de prairies*, présenté par la maison Pilter (24, rue Alibert, Paris); la fig. 69 nous dispense de description.

Le principe des *dents flexibles*, dont nous avons parlé au paragraphe des cultivateurs,

Fig. 70. — Herse à dents flexibles *Syracuse Cº*.

Fig. 71. — Herse à dents flexibles *Osborne*.

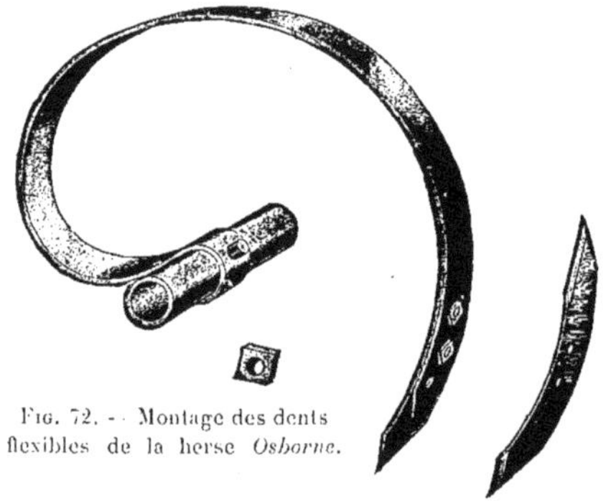

Fig. 72. — Montage des dents flexibles de la herse *Osborne*.

a été appliqué avec succès aux herses américaines et la fig. 70 représente la herse de la Compagnie Syracuse (Syracuse, New-York); les fig. 71 et 72 sont relatives aux herses Osborne; les dents sont montées sur des traverses dont un levier permet de modifier l'inclinaison et par suite l'entrure. Sur le même principe, les maisons américaines montrent des herses à dents rigides fixées sur des traverses susceptibles de prendre, sous l'action d'un levier, une inclinaison voulue dans le plan longitudinal (fig. 66, 67 et 68); les traverses ont des tourillons qui tournent sur le bâti.

Les *herses rotatives* ne sont pas représentées; par contre les *herses roulantes*, dérivées des anciens modèles connus sous le nom de herses norwégiennes, figurent chez beaucoup de constructeurs français. Ces herses, dites écrouteuses, émotteuses, etc., sont générale-

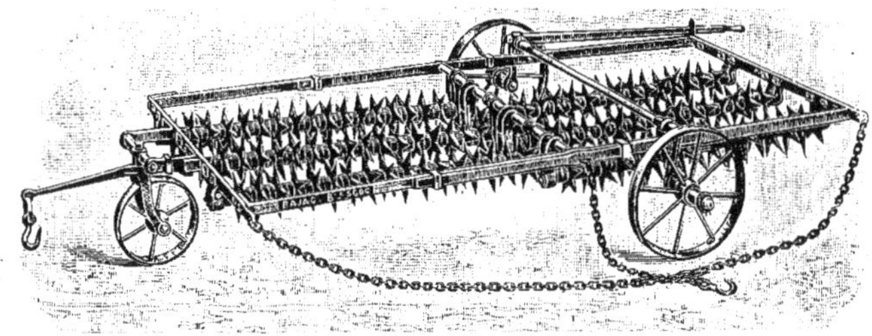

Fig. 73. — Herse roulante *A. Bajac*, disposée pour le transport.

ment accouplées par deux ou trois : A. Bajac (Liancourt, Oise) (fig. 73); Candelier (Bucquoy, Pas-de-Calais); Amiot et Bariat (Bresles, Oise); les herses de ces derniers constructeurs sont à deux compartiments susceptibles de se déplacer verticalement l'un par rapport à l'autre, dans un châssis rectangulaire portant le crochet d'attelage; ce système remplace l'ancien accouplement par charnières.

Nous ne trouvons plus qu'un exemplaire de *herse acme* exposé par M. J. Lacroix (de Roquetaille, Gers).

E. Rouleaux. — Il n'y a rien de particulier à signaler au sujet des *rouleaux* (Pilter,

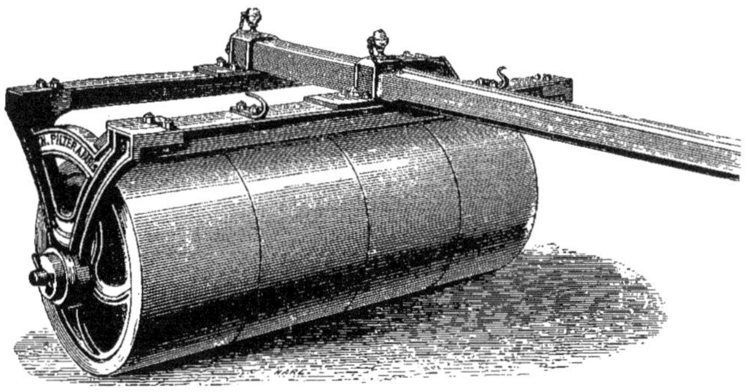

Fig. 74. — Rouleau plombeur *Pilter*.

24, rue Alibert, Paris; fig. 74). — Thiney, de Coussegrey (Aube); Paradis, de Haumont (Nord). — Dans la section anglaise, MM. Barford et Perkins (de Peterborough) ont envoyé une collection de rouleaux; les rouleaux plombeurs, en tôle, peuvent se remplir d'eau afin d'augmenter la pression sur le sol sans accroître notablement le frottement sur les coussinets, comme cela a lieu quand on charge le bâti du rouleau d'un coffre contenant des matériaux quelconques.

CHAPITRE III

Machines destinées aux ensemencements et aux travaux d'entretien.

A. Distributeurs d'engrais liquides. — Ces machines sont bien représentées dans la section française. Des *tonneaux à purin* et des *distributeurs d'engrais liquides* figurent dans les expositions de MM. Ch. Faul (47, rue Servan, Paris); Lalis et fils (de Rantigny, Oise); Michel Rigault (de Gisors, Eure); Bocquet (de Guise, Aisne); Martre (15, rue du Jura, Paris), et Paradis (Haumont, Nord).

Les *tonneaux* Faul peuvent être munis du dispositif d'Anchald; cet appareil est basé sur la loi de Mariotte et permet de maintenir l'uniformité de l'épandage de l'engrais pendant toute la durée de la vidange du tonneau, quelle que soit la charge du liquide au-dessus de l'orifice de sortie.

Les tonneaux Lalis et Rigault sont du système *pneumatique*, avec pompe à air placée à la partie supérieure du récipient.

Un modèle Lalis est pourvu d'une pompe aspirante et foulante, dite à effet multiple, dont le principe est donné par la fig. 75. La pompe verticale P, à simple effet, à piston plein formé de deux cuirs emboutis, est raccordée à sa partie inférieure avec la boîte aux soupapes (s d'aspiration, s' de refoulement) et au réservoir d'air r; en A est le tuyau d'aspiration, en t le tuyau communiquant avec la partie inférieure du tonneau (placé derrière la pompe et qui est indiqué par la ligne pointillée T), en R la conduite de sortie du liquide; tous ces tuyaux, avec les conduits a et r', débouchent au cylindre m, dans lequel on peut déplacer un boisseau de robinet n à quatre voies. Dans la position 1, l'aspiration A est extérieure et on refoule dans le tuyau R; dans la position 2 l'aspiration A est extérieure et on refoule dans le tonneau t; dans la position 3 on aspire dans le tonneau t et on refoule le liquide à l'extérieur par le tuyau R.

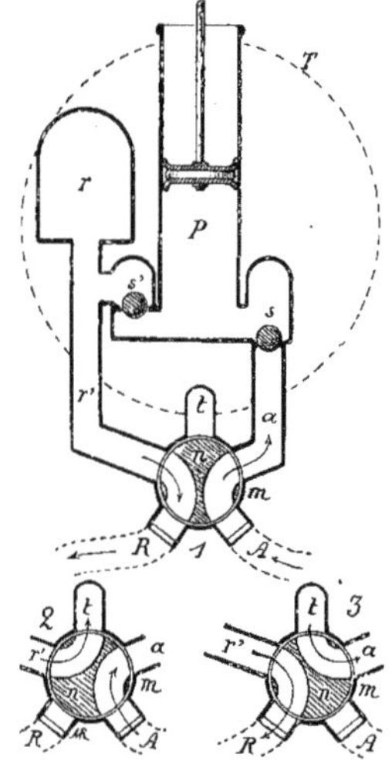

Fig. 75. — Principe de la pompe *Lalis*, à effet multiple.

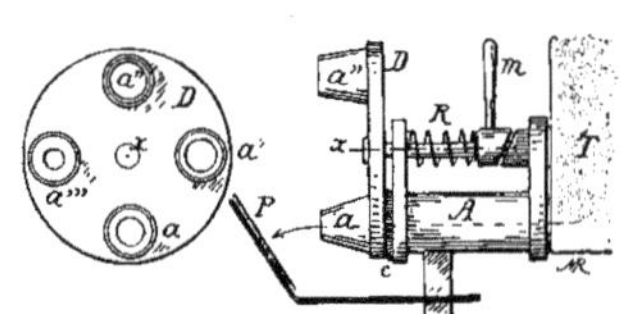

Fig. 76. — Robinet arroseur *Lalis*, à effet multiple.

Les tonneaux Lalis peuvent être munis d'un robinet arroseur à débit multiple : l'ajutage fixe A (fig. 76), tronconique, est raccordé au tonneau T et supporte la palette d'épandage P. Devant l'ajutage A peut se déplacer, autour de l'axe x, un disque vertical D pourvu de quatre ajutages cônes $aa'a''a'''$, semblables par leur grande base (qui s'applique sur A), mais dont les diamètres sont différents aux petites bases afin de faire varier le débit; la plaque D est appliquée contre l'ajutage A par un ressort R; en c est une rondelle de caoutchouc faisant le joint et en m une manette à came héliçoïdale, à l'aide de laquelle on bloque le ressort R pour permettre le changement d'ajutage aa'..... par la rotation du disque D autour de son axe x.

B. Distributeurs d'engrais pulvérulents. — On constate toujours une grande variété dans les mécanismes des *distributeurs d'engrais*. Les systèmes qui donnent les meilleurs résultats sont compliqués et par suite coûteux; on voit que la question n'est pas résolue et que, comme pour les charrues, des expériences précises sont nécessaires.

Parmi les *distributeurs d'engrais* de la section française, citons les machines déjà connues de MM. Ch. Faul (47, rue Servan, Paris) et Hurtu (Nangis, Seine-et-Marne), (systèmes dits à hérisson, à trémie ascendante (fig. 77); Rigault et Cie (Creil, Oise), (fond de trémie occupé par un cylindre; agitateur en dents de scie placé à la vanne de sortie; hérisson d'épandage); Émile Puzenat (Bourbon-Lancy, Saône-et-Loire), Magnier (Provins, Seine-et-Oise); Menot (Arcy-en-Multien, Oise); Dumaine (Moissy-Cramayel, Seine-et-Marne); Modaine (Reims, Marne).

Dans la section anglaise, citons les *distributeurs d'engrais* de la maison James Smyth et fils, de Peasenhall (Suffolk) et de Sargeant et Co, de Northampton. — Le distributeur

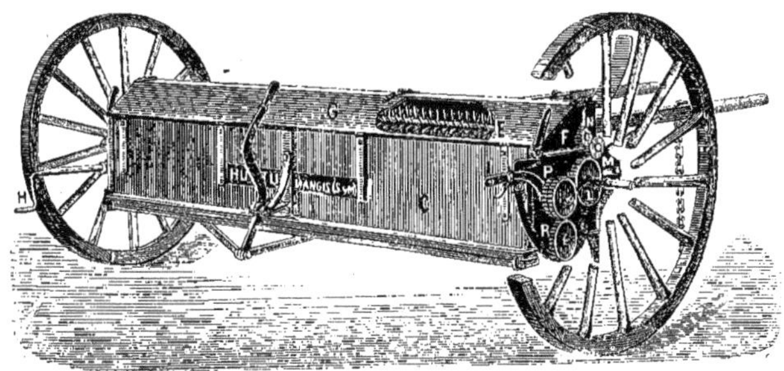

FIG. 77. — Distributeur d'engrais *Hurtu*.

Smyth est à pallerons H (fig. 78) comme l'ancien modèle, mais les encoches de deux pallerons consécutifs sont alternées, de telle sorte que les deux grattoirs K, reliés par un petit balancier M, peuvent osciller par le déplacement même des pallerons; les grattoirs sont montés sur deux planches L à charnières N et leur pression est déterminée par des leviers à contre-poids réglables R. — (Voici la légende des diverses pièces indiquées dans la fig. 78 : A parois de la trémie dans le fond de laquelle se déplace un agitateur FG; CD vannes d'écoulement de l'engrais, manœuvrées par le pignon E; B coffre arrière; H pallerons à encoches montés sur l'arbre carré J; K lames de grattoirs articulées en P avec le balancier M mobile autour de la plaque O; Q clef de serrage; les grattoirs sont fixés sur une planchette L suspendue par des charnières N au couvercle du coffre arrière; R contre-poids appuyant les grattoirs K contre les pallerons H; I conduit d'épandage).

Dans la section allemande nous trouvons les *distributeurs d'engrais* de Hampel, de Siedersleben et de Dehne. — Le distributeur de Siedersleben (de Bernburg), est du système Schlör analogue au modèle vendu en France sous le nom de « hérisson ». — Le distributeur Hampel (à Gnadenfrei, Silésie) comporte une trémie basse, à orifice d'écoulement inférieur au-dessus duquel tournent deux arbres horizontaux; l'un est un agitateur garni de broches radiales, l'autre, tournant au-dessus de l'orifice d'écoulement, est garni de broches et de petites palettes triangulaires.

Lorsque l'emploi des engrais chimiques s'est généralisé, grâce à l'enseignement agricole, aux champs de démonstrations et à la loi de 1884 sur les syndicats, on demandait des machines répartissant les engrais à la volée, aussi uniformément que possible, sur toute

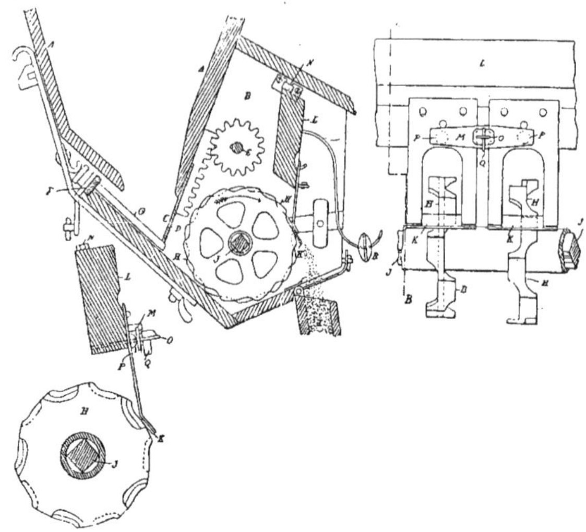

Fig. 78. — Détails du distributeur d'engrais *James Smith et fils*.

l'étendue du champ. Des expériences récentes, appuyées par des pratiques antérieures, montrent qu'au moins pour certains engrais il y a économie à effectuer la répartition en lignes, à côté ou en dessous du rang des plantes cultivées; dans ce dernier cas l'engrais doit être enfoui en même temps que la semence. — Les *distributeurs d'engrais en lignes* ou *en bandes* sont donc à étudier pour l'avenir; en examinant les machines de ce genre qui figurent à l'Exposition on voit qu'on revient ainsi aux *semoirs mixtes*, à graines et à engrais en lignes, qui avaient déjà été remarquées dans la section anglaise de l'Exposition de 1855 et qui furent abandonnés peu à peu à partir de 1867.

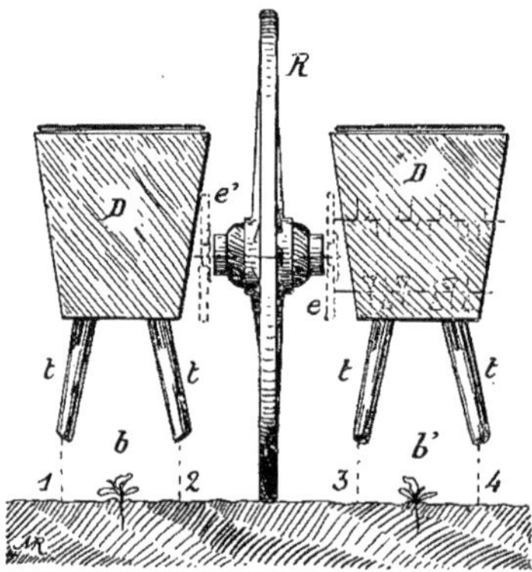

Fig. 79. — Principe d'un distributeur d'engrais en lignes *Dhene*.

La maison Fr. Dehne (Halberstadt, Allemagne) présente un *distributeur d'engrais en lignes* pour la culture des betteraves à sucre : la machine, montée en brouette (fig. 79) est portée par une grande roue R qui, par engrenages, actionne de chaque côté deux petits distributeurs D, à palettes, analogues à celui de Hampel dont nous avons parlé plus haut ; l'engrais est envoyé dans des tubes *t* et tombe à la surface du sol, en *1*, *2*, *3* et *4*, à droite et à gauche de chaque rang de betteraves *bb'* ; la roue passe au milieu d'un interligne *bb'* et on travaille deux rangs à la fois.

C. Semoirs. — Suivant la nature de leur travail, les *semoirs* se divisent en semoirs à la volée, semoirs en lignes, semoirs en poquets, semoirs en bandes. — On compte en France un semoir par près de 380 hectares cultivés en céréales (15.000.000 d'hectares; il y a en plus 2.600.000 hectares cultivés en racines et en tubercules).

L'emploi des semoirs en lignes a fait de grands progrès chez nous, surtout depuis une vingtaine d'années (en 1882 il y avait un semoir mécanique employé par près de 600 hectares cultivés en céréales); en présence de ce développement, des constructeurs entreprirent la fabrication des modèles réputés alors les meilleurs : c'étaient des distributeurs à cuillères latérales, les autres systèmes proposés à cette époque donnant une distribution irrégulière ou concassant les grains. Aujourd'hui encore on fabrique beaucoup, en France, de semoirs copiés sur les modèles anglais, alors que depuis une dizaine d'années on a remplacé à l'étranger les cuillères et les alvéoles par les *distributeurs forcés* avec lesquels le réglage est très facile sans avoir besoin de tenir compte de l'inclinaison du champ; ajoutons que ces distributeurs ont été améliorés afin de ne pas concasser les grains, et comme leur fabrication est très simple, leur prix de vente est bien plus faible

Fig. 80. — Semoir en lignes *Hurtu*.

que celui des autres systèmes; il semble que beaucoup de pays étrangers adoptent les semoirs américains en modifiant certaines parties afin de les conformer aux exigences de leurs cultures.

Nous trouvons dans la section française un *semoir en bandes* pour les céréales, et dans les sections française et belge des *semoirs en poquets* pour les betteraves. Certes, le semis en poquets conduit à une complication du mécanisme, mais les essais favorables de M. Emile Pluchet, en 1899, montrent que l'économie de 50 p. 100 de semences qu'ils permettent de réaliser compense largement la complication des semoirs spéciaux pour ce travail ; ces machines méritent donc un examen attentif et nul doute qu'elles se répandent dans un avenir prochain si les essais favorables se multiplient.

Les *semoirs* sont nombreux dans la section française et sont présentés surtout par MM. Viaud (Barbezieux, Charente, — petits semoirs à distributeur Ben Reid, montés à limonières, applicables à la petite et à la moyenne culture; le châssis de ces semoirs, très bon marché, peut recevoir des lames de houe). — Thomé (Nouzon, Ardennes; semoir à distribution forcée par disques verticaux). — Hurtu (Nangis, Seine-et-Marne) (fig. 80); Eugène Robillard (Arras, Pas-de-Calais); veuve Derôme (Bavay, Nord); Guichard (Lieusaint, Seine-et-Marne); Rigault et Cie (Creil, Oise); Duncan (168, boulevard de la Villette,

Paris; semoir Niagara); Liot frères (Bihorel, près Rouen, Seine-Inférieure); Magnier (Provins, Seine-et-Oise); Garnier et Cie (Redon, Ille-et-Vilaine); Gautier et Cie (Quimperlé, Finistère); Daubresse-le-Docte (Arras, Pas-de-Calais); Nodet (Montereau, Seine-et-Marne); Gougis (Auneau, Eure-et-Loir); Chaussadent (Moissy-Cramayel, Seine-et-Marne); Billy (Provins, Seine-et-Marne); Delaby et fils (Blangy-sur-Ternoise, Pas-de-Calais); Guilloux (Cuillé, Mayenne); Guillou (Kerlaoudet-en-Guiclan, près de Saint-Thegonnec, Finistère); Wallut (168, boulevard de la Villette, Paris); Mailhe (Orthez, Basses-Pyrénées), etc.

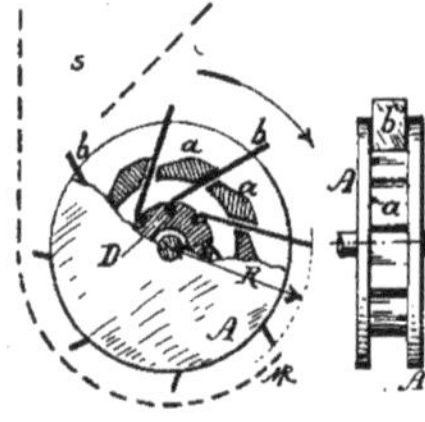

FIG. 81. — Distributeur à alvéoles réglables du semoir *E. Robillard.*

Dans l'exposition de M. E. Robillard nous trouvons une très intéressante étude rétrospective des semoirs et un *distributeur à alvéoles réglables* que représente en principe la fig. 81; entre les disques A, solidaires des pièces *a* formant le fond des alvéoles, sont disposées des palettes *b*, en tôle, dont l'extrémité recourbée est maintenue par le disque intérieur D; en déplaçant, à l'aide d'une clef, le disque D relativement à A on fait varier la longueur extérieure des palettes *b*, c'est-à-dire le rayon R et par suite la capacité des alvéoles d'après la nature des graines à semer et le débit à l'hectare; le coffre du semoir est représenté en *s*.

Plusieurs modèles sont à citer dans la section allemande : les *semoirs* Sack (Leipzig) sont à alvéoles ou à distribution forcée, par cylindres cannelés (fig. 82); dans ces semoirs, dérivés des types si répandus aux États-Unis, le réglage de la distribution se fait en modi-

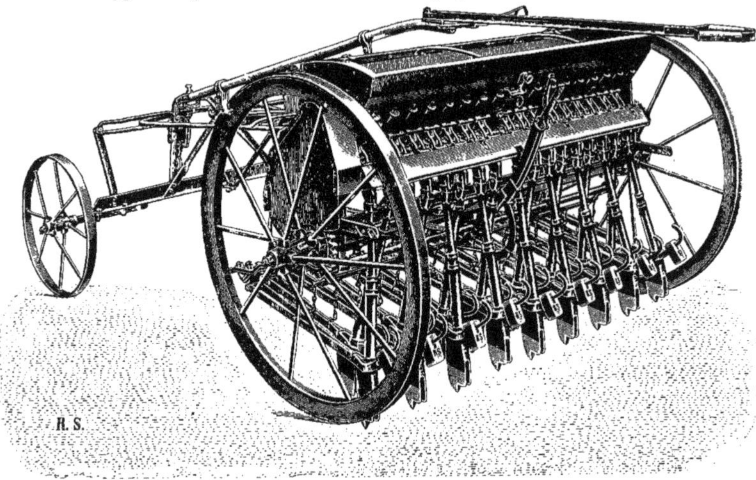

FIG. 82. — Semoir en lignes *R. Sack.*

fiant la longueur de travail des génératrices du cylindre distributeur, par la manœuvre d'une aiguille qu'une clef permet de bloquer; on supprime ainsi les engrenages de rechange, des anciens modèles, destinés à faire varier la vitesse angulaire de l'arbre du distributeur.

La maison Eckert (Berlin) présente des *semoirs à la volée* du type Ben-Reid et le *semoir en lignes* « Bérolina »; dans cette machine (fig. 83), la distribution a lieu par l'écoulement des graines, sur un cylindre métallique, garni d'aspérités, à côté duquel tourne, en sens inverse, une poulie garnie d'une bague en caoutchouc vulcanisé; ces semoirs, de 11 à 25 rangs, travaillent sur une largeur variant de 1 m. 50 à 3 mètres (on voit sur la fig. 83 : K trémie du semoir; *t* origine du conduit de descente des graines; *d* coutres-rayonneurs; *a* secteur denté, solidaire du levier de relevage, actionnant le pignon *b* du treuil sur lequel s'enroulent les chaînes reliées aux leviers porte-coutres).

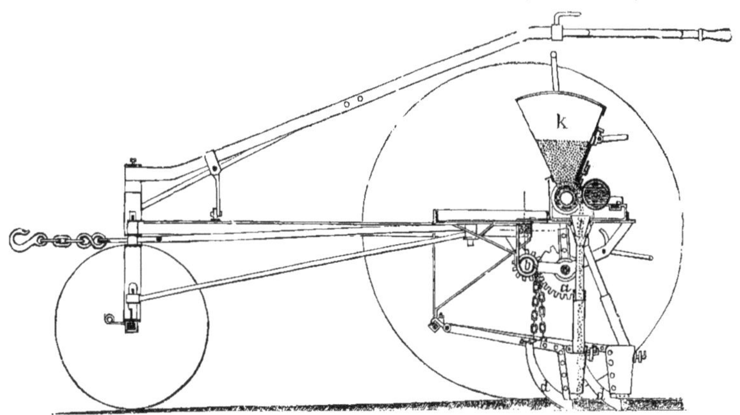

Fig. 83. — Coupe longitudinale du semoir « Bérolina » *H. F. Eckert.*

La maison W. Siedersleben et Cº (Bernburg) présente deux *semoirs en lignes*, l'un à distributeur à palettes (comme le semoir Weiser que nous examinerons dans un instant), l'autre à distribution forcée par cylindres cannelés ; les tubes de descente sont en métal, formés d'une spirale souple ; le levier de débrayage commande en même temps le relevage des coutres-rayonneurs.

La Société F. Zimmermann (Halle-sur-Saale) expose un *semoir en lignes* (fig. 84)

Fig. 84. — Semoir en lignes *F. Zimmermann et Cie.*

« Hallensis » à distribution forcée ; dans la trémie se meut un agitateur animé de mouvements alternatifs verticaux afin d'assurer la descente régulière de certaines graines ; les tubes d'amenage sont en spirales d'acier. Chaque distributeur est constitué par une couronne *b* (fig. 85) à cannelures intérieures, qui tourne dans la portion *e* de l'enveloppe *ae* (représentée renversée dans le dessin) fixée en dessous de la trémie générale du semoir ; le mouvement de rotation de chaque couronne b est assuré par un arbre f et un disque d'entraînement d garni sur sa périphérie d'encoches qui correspondent aux cannelures intérieures de la couronne b ; l'axe f tourne à une vitesse constante et le débit du distributeur se modifie en faisant coulisser horizontalement le manchon c solidaire du disque d de façon à régler la longueur des cannelures b du côté du conduit d'arrivée a. Comme avec

Fig. 85. — Pièces principales du distribuieur *Zimmermann*.

tous les distributeurs du type dit « forcé » la pente du sol, sur lequel se déplace le semoir, n'a pas d'action sur la régularité de la distribution. — Dans la même exposition se trouve un semoir dont les distributeurs sont constitués par des couronnes percées de trous qui tournent en dessous d'un orifice communiquant avec le fond de la trémie.

Si nous examinons les *semoirs* de la section Hongroise, nous trouvons la machine, dite « Zala-Drill », de très bonne fabrication, de M. J. C, Weiser, de Nagy-Kanizsa ; le

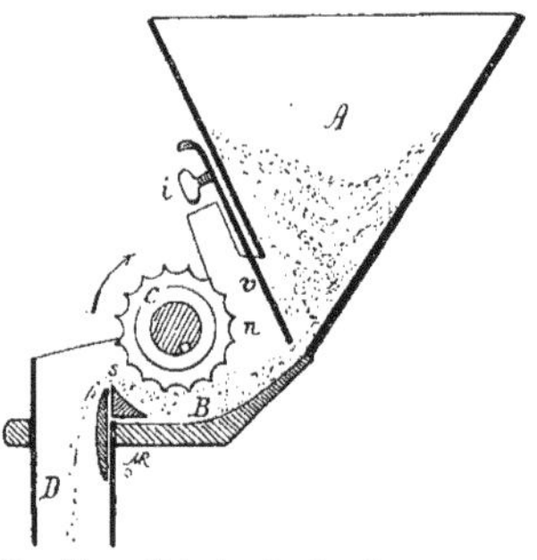

Fig. 86. — Principe du distributeur du semoir *Weiser*.

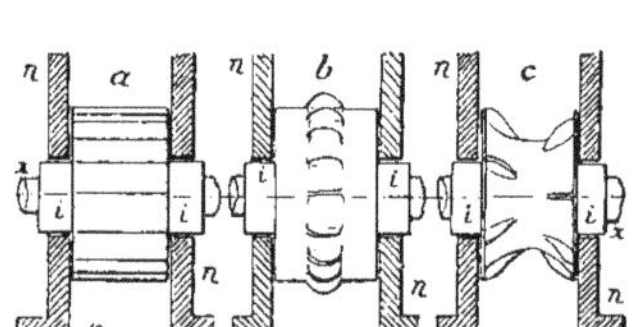

Fig. 87. — Distributeurs du semoir *Weiser*.

semoir à avant-train (nous reprocherons aux roues d'avant de n'avoir pas le même écartement que les roues d'arrière) est pourvu d'un distributeur cannelé analogue à celui exposé par la maison Siedersleben, dans la section allemande. Le fond de la trémie A (fig. 86), dans laquelle se meut un agitateur destiné à faciliter l'écoulement de certaines graines difficiles à semer (comme les betteraves), se raccorde avec un chenal n B et le débit est réglé par une vanne v maintenue par une vis i ; la couche de graines, qui s'accumulent en B, est effleurée par les cannelures du cylindre C qui, tournant dans le sens indiqué par la flèche, déverse les graines à l'origine du conduit de descente D; le niveau du seuil *s* du déversoir peut être modifié à volonté. Il y a suffisamment d'espace entre les cannelures C et le fond du chenal B, ou le seuil *s*, pour ne pas concasser les grains. Suivant les semences, on emploie différents distributeurs représentés en profil par la fig. 87 : *a* pour le blé, l'orge, l'avoine et les betteraves ; *b* pour les graines fines comme le trèfle, le colza, les graines de pavot et de millet ; *c* pour les grosses graines de maïs et de fèves ; le collier *i* de ces distributeurs s'emboîte dans les joues fixes *n* et est entraîné par l'axe *x*. Avec ce genre de distributeur, la quantité de semence à répandre à l'hectare est influencée par la vitesse du cylindre C (fig. 86) qu'on modifie à l'aide de pignons ou de roues d'engrenages de rechange, intercalées entre la roue motrice et l'axe C. Les conduits de descente sont en tôle d'acier enroulée en hélice ; les coutres d'enterrage sont montés sur des leviers à contre-poids articulés dans le plan vertical.

La Société anonyme de sucrerie et distillerie agricoles de Dioszeg présente un *semoir à betteraves*, dans lequel le levier qui porte les coutres d'enterrage est pourvu d'un petit galet destiné à tasser le sol.

Dans la section anglaise, des *semoirs en lignes* sont présentés par les maisons James

Fig. 88. — Semoir à brouette *Planet* (*Allen et Cie*)

Smyth (Peasenhall, Suffolk) et Sargeant et Co (Northampton) ; ceux de Smyth sont suffisamment connus pour nous dispenser de toute description. Dans le semoir Sargeant les tubes de descente sont en caoutchouc et les coutres d'enterrage sont remplacés par des disques de pulvériseurs, comme cela se rencontre dans un certain nombre de semoirs en lignes actuellement en usage aux États-Unis.

M. Elvorti (Elizavet-Grad, Russie) expose un grand *semoir à la volée* et un *semoir en lignes* ; dans ces machines, très bien construites, le distributeur est du type forcé, avec cylindres cannelés dont on règle le débit par la longueur des cannelures en prise dans la trémie ; dans le semoir en lignes, les tubes de descente sont en caoutchouc et débouchent dans des entonnoirs qui surmontent les coutres d'enterrage dirigés la pointe en avant ; la machine à avant-train a son bâti en fer cornière.

Citons dans la section américaine les *semoirs à brouette* Planet Jr, de S. L. Allen, Co, de Philadelphie (fig. 88) et dans la section danoise un *semoir à brouette* pour betteraves, présenté par la Société anonyme Buchtrup (à Randers), analogue aux modèles américains employés pour le maïs et un grand *semoir à la volée* (copie de modèles anglais) exposé par P. Nielsen (de Hillerod).

Dans l'exposition suisse, M. J. Stalder (Oberburg, Berne) présente un grand *semoir en lignes* dans lequel le distributeur est du type Ben Reid, à disques ondulés, mais échancrés sur leur périphérie ; tous les coutres d'enterrage sont montés d'une façon rigide sur deux traverses, comme dans les anciens modèles de Jacquet Robillard ; le débrayage du distributeur est commandé par le relevage des coutres.

Le *semoir à graines et à engrais* (système à barillet), de M. P. Conti (à Carru, Cuneo), figure dans la section italienne.

Jetons un coup d'œil sur les *semoirs à poquets* : M. Guichard (Lieusaint, Seine-et-Marne) présente un dispositif pouvant s'appliquer à tout semoir en lignes : les ailes du coutre reçoivent, à leur partie supérieure, un petit cylindre cannelé entraîné par une chaine sans fin actionnée par un disque de rouleau ; ce dernier est articulé au levier du coutre-rayonneur auquel il est relié par une chaîne, afin que le treuil de relevage du semoir puisse soulever l'ensemble à l'extrémité du train.

En Belgique, le semis des betteraves en poquets avait été préconisé dès 1843 par M. Max le Docte, de Gembloux, qui les applique actuellement sur tout son grand domaine ; on économise au moins 50 p. 100 de la semence et même on considère la quan-

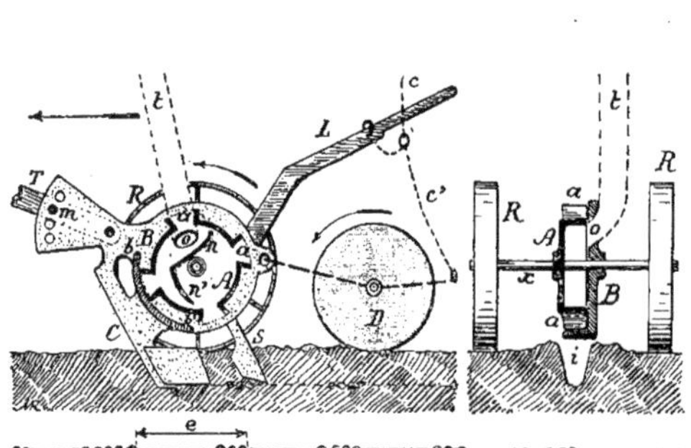

Fig. 89. — Principe du semoir à poquets *Frennet-Wauthier*.

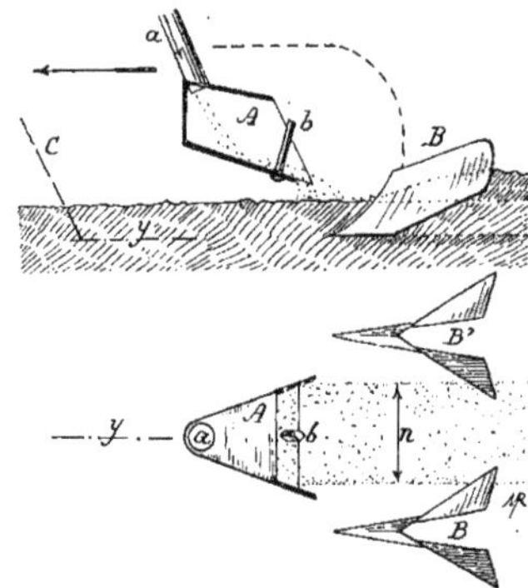

Fig. 90. — Principe de la machine *Derôme*, pour les semis en bandes.

tité de 10 kilog. de graines de betteraves à l'hectare comme nécessaire mais très suffisante pour les semis en *lignes interrompues*, lesquels, donnant par poquet de 2 à 6 plantes bien détachées les unes des autres, facilitent le démariage. — Dans le semoir Frennet-Wauthier (Ligny, Belgique), les graines, fournies d'une façon continue par un distributeur à cuillères, sont envoyées par l'orifice *o* (fig. 89) dans un tambour A calé sur un axe *x* entraîné par deux petites roues R ; le tambour tourne contre une plaque latérale B garnie d'une nervure intérieure *nn'* et d'une portion de jante fixe *bb'* sur un quart de circonférence. La périphérie du tambour A est pourvue d'un certain nombre d'orifices *a* par lesquels s'échappent les graines, d'une façon périodique, pour tomber dans le fond d'un sillon *i* ouvert par le coutre-rayonneur C ; une ou deux petites dents de scarificateur S sont chargées de refermer le sillon, en déplaçant latéralement ses parois, et le sol est ensuite plombé par un rouleau D articulé avec le bâti B ; ce dernier, relié en *m* au tirant T attaché à la traverse d'avant du semoir, est pourvu du levier L muni des chaînes de relevage *c* et *c'*. Le diamètre des roues R et le nombre des orifices *a* du tambour A déterminent, sur la ligne, l'écartement *e* des poquets qui comprennent chacun de 3 à 6 graines réparties sur une longueur moyenne d'environ 0 m. 04 à 0 m. 06. — Quand le système est appliqué à un semoir ordinaire, existant dans l'exploitation, les tubes *t* de descente des graines débouchent par l'orifice *o* ; dans les modèles spéciaux, le distributeur à cuillères est placé latéralement à la plaque B et la graine est déversée en *o* dans le tambour A.

Les *semis en bandes* sont effectués par la machine Derôme (Bavay, Nord) dont la particularité réside dans l'appareil d'enterrage. La machine est combinée avec un distributeur d'engrais pulvérulent ; le distributeur, qui peut être quelconque, envoie la graine dans un tube *a* (fig. 90) débouchant dans une boîte en tôle A dont le fond incliné est pourvu d'une broche *b* ; les graines sont éparpillées à la surface du sol sur une bande d'une largeur *n* ; le recouvrement est effectué par des petits buttoirs B B′ disposés à l'arrière et pouvant se relever à l'extrémité du rayage ; le champ, après le travail, est ainsi tracé de petits billons parallèles recouvrant les bandes semées. Dans cette machine

Fig. 91. — Plantoir de pommes de terre *A. Bajac*.

l'engrais est enterré dans l'axe *y* par des coutres ordinaires, représentés schématiquement en C, qui passent en avant des appareils A B.

Rappelons que les *charrues-semoirs*, qui présentent de l'intérêt pour certaines régions et pour certaines cultures, ont été examinées dans le paragraphe des charrues (p. 36-37).

Signalons enfin le *plantoir de pommes de terre* de M. A. Bajac (fig. 91) dans lequel un enfant fait tomber un à un les plantons dans les encoches du cylindre distributeur calé sur les roues d'arrière ; un corps de buttoir ouvre la raie qui est refermée par deux rasettes.

D. Houes. — Il y a peu de modifications à signaler concernant les *houes* ; pour les céréales et les betteraves nous restons avec nos anciens modèles français très simples et ceux d'origine anglaise, dont la construction est plus compliquée. — Pour les houes à un rang, on constate que quelques-uns de nos constructeurs établissent des types copiés sur les modèles américains (houe Planet, de Allen et C°, Philadelphie (fig. 92-93), Osborne, Auburn (New-York). — Les houes sont surtout employées chez nous pour les binages des racines et nous disposons en moyenne d'une de ces machines pour une dizaine d'hectares de ces cultures.

En France, presque tous nos constructeurs de charrues ou de herses fabriquent des houes qui ne présentent rien de particulier sur les modèles déjà connus depuis plusieurs années. Dans les expositions étrangères, citons : Une *houe multiple* de la Société Eckert (Berlin) ; cette machine, dont la largeur peut varier de 2 à 3 mètres, est à gouvernail et à treuil de relevage ; l'entrure des couteaux est réglable par un petit sabot d'avant et chaque porte-lame, mobile dans le plan vertical, est relié avec la traverse par un parallélogramme

Fig. 92. — Houe à bras *Planet* (*Allen et Cie*).

articulé ; l'entrure des lames est assurée en modifiant, dans le plan vertical, leur angle d'action à l'aide d'une vis à volant ; la machine est très bien construite, mais on peut lui reprocher quelques complications de mécanisme qu'il y aurait intérêt à simplifier. — Une *houe multiple* de Priest et Woolnough, pour betteraves et céréales, se trouve dans l'exposition J. Smyth (Peasenhall, Suffolk ; Angleterre). Une *houe* à 2 rangs, de H. Christoffersen (de Holeby, Danemark) est pourvue de disques ou coutres circulaires destinés à protéger les lignes contre la terre soulevée par les lames. — Des *pulvériseurs à disques*, disposés avec siège pour le binage des maïs et autres plantes sarclées ayant environ un mètre de largeur d'interligne, sont exposés par la maison Johnston (de Batavia, New-York).

Fig. 93. — Houe à un rang, *Planet* (*Allen et Cie*).

E. Soufreuses. — Les différentes machines et appareils propres à défendre les végétaux cultivés contre les insectes ou les cryptogames ont été très améliorés depuis 1889. Tous les étrangers sont unanimes pour proclamer la supériorité incontestable de la fabrication française des *soufreuses* et des *pulvérisateurs*, à petit comme à grand travail.

Les *soufreuses* rendent aujourd'hui de très grands services dans les vignobles ; il convient de citer les machines Vermorel, Besnard et Monserviez.

La soufreuse-poudreuse Vermorel (Villefranche, Rhône), connue sous le nom de « la Torpille », est à simple effet (fig. 94) ; un nouveau type, à distribution continue, est pourvu d'un soufflet supérieur divisé en deux parties par une membrane centrale. — La soufreuse Besnard (28, rue Geoffroy-L'Asnier, Paris), est du même principe que le modèle précédent, et la portion inférieure de l'appareil est représentée par la fig. 95 ; la grille est débarrassée par une brosse à mouvement alternatif (voici la légende de la figure 95 : *a* axe

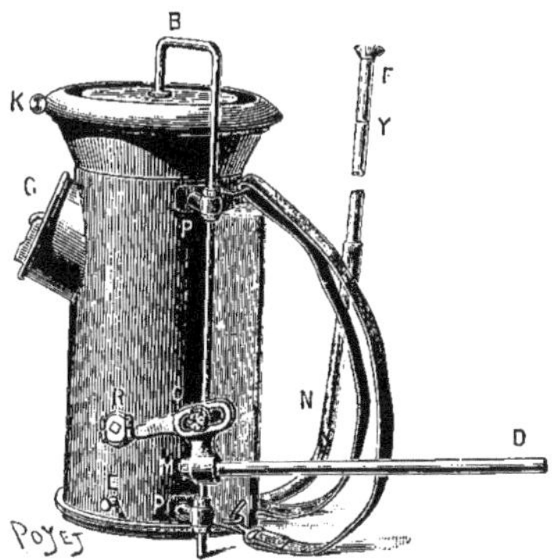

Fig. 94. — Soufreuse *Vermorel*.
MD levier de manœuvre actionnant la manivelle RC et la tige PB ; la tige PB commande le soufflet K ; l'axe R actionne a brosse ; G orifice d'introduction de la poudre ; E réglage du du débit ; NYF tuyau et lance d'épandage.

Fig. 95 — Partie inférieure de la soufreuse *Besnard*.

maintenu par le coussinet *c*, solidaire du tampon de visite *d* ; *b* articulation du levier de manœuvre ; *f* manivelles entraînant la brosse *g* appuyée par *h* sur la grille ; *p l* tige permettant de régler le débit de la grille ; *i* chambre inférieure, dans laquelle arrive l'air sous pression fourni par le soufflet, et communiquant avec le tube de sortie *t*). — Dans la soufreuse Monserviez (237, rue Sainte-Catherine, Bordeaux, Gironde) le soufflet, au lieu d'être placé à la partie supérieure du récipient, est situé en son milieu arrière et est enfermé dans une enveloppe métallique qui le protège ; l'agitateur intérieur divise la poudre à épandre et l'envoie à un tube perforé ; un tube intérieur, garni de trous semblables, peut être déplacé d'un certain angle afin de modifier le débit ; le courant d'air, fourni par le soufflet, passe par ce tube intérieur et entraîne la matière pulvérulente dans le tuyau flexible terminé par la palette d'épandage.

F. Pulvérisateurs. — Les *pulvérisateurs* sont de deux types (à pompe à liquide ou à pompe à air), au sujet desquels on discute toujours pour tâcher d'arriver à établir la supériorité de l'un sur l'autre.

Alors qu'autrefois on employait très volontiers les appareils à dos d'homme, avec lesquels un ouvrier a une main occupée au levier de la pompe, l'autre dirigeant le jet de liquide pulvérisé, on demande aujourd'hui à supprimer le travail manuel du refoulement du liquide, afin que l'homme, moins fatigué, puisse porter son attention sur la perfection du travail de protection. De ce besoin sont nés les pulvérisateurs à compression préalable, effectuée au bord du champ, lors du chargement du réservoir ; on a ainsi appliqué, aux appareils à dos d'homme, le principe qui avait été imaginé pour les *pulvérisateurs à bât*, et même certains constructeurs ont cherché à remplacer le travail manuel de la pompe de

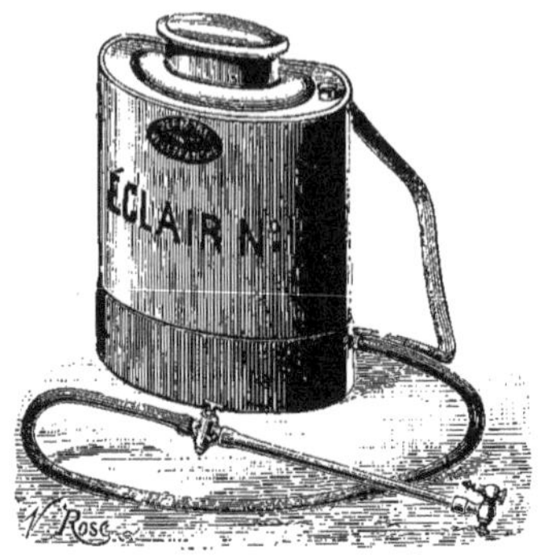

Fig. 96. — Pulvérisateur à dos d'homme *Vermorel*.

Fig. 97. — Pulvérisateur *Vermorel*.

chargement par celui d'un gaz emmagasiné préalablement sous pression (acide carbonique liquide) ou produit sur place avec pression (hydrogène ; on avait même proposé l'acétylène).

Nous trouvons les *pulvérisateurs à dos d'homme* de MM. Vermorel (Villefranche, Rhône), appareil à pompe à liquide, à diaphragme (fig. 96-97) ; Besnard (28, rue Geoffroy-L'Asnier, Paris), appareil à pompe à air : Monserviez (237, rue Sainte-Catherine, Bordeaux, Gironde) ; la Société Yvert (5, boulevard Montmartre, Paris) ; dans la section italienne le pulvérisateur à pompe à liquide de Cecchetti (Cascina, Toscane) etc. — Dans l'exposition Besnard, citons également : un pulvérisateur « Rustic » à compression préalable ; un pulvérisateur plombé et enduit d'un vernis spécial pour le traitement de l'antrachnose par l'acide sulfurique dilué ; enfin un pulvérisateur à grand débit (fig. 98), monté sur un châssis pouvant être muni de poignées ou de roues ; l'emploi de cette machine est recommandable pour tous les traitements des arbres fruitiers et en particulier des pommiers.

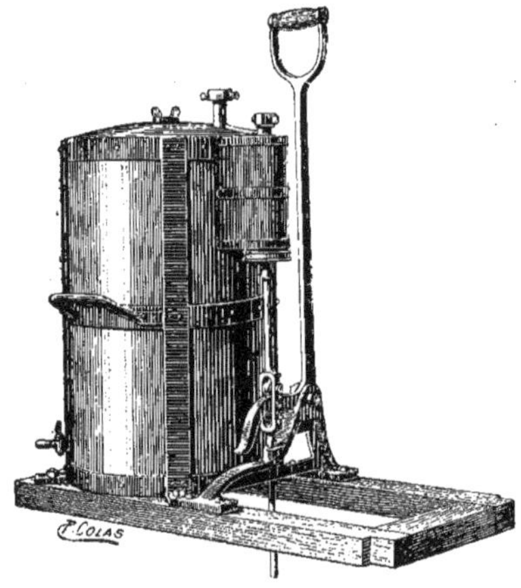

Fig. 98. — Pulvérisateur à grand débit *Besnard*.

Dans la catégorie des machines à grand travail, les *pulvérisateurs à bât* (fig. 99), passant facilement entre les règes de vigne, ont fait abandonner les premiers modèles montés sur roues (fig. 100) ; ceux-ci, lourds et volumineux, risquaient d'endommager les vignes qu'on cherchait précisément à sauvegarder. Par contre, les *pulvérisateurs montés sur roues* se sont répandus dans d'autres exploitations où ils sont employés, avec succès, pour le traitement des plantes basses : destruction des sanves dans les champs de céréales, des insectes ou des cryptogames qui ravagent les cultures de betteraves et de pommes de terre.

Mentionnons les appareils Vermorel (Villefranche, Rhône — appareil à bât (fig. 99) : deux réservoirs cylindriques de 70 décimètres cubes ; appareil à traction (fig. 100), tonneau de 200 décimètres cubes, les roues, par des cames, actionnent les deux pompes à diaphragme logées à l'intérieur du tonneau). — Cazaubon (43, rue Notre-Dame de Nazareth, Paris, appareil à bât, système Hérisson). — Guichard (Lieusaint, Seine-et-Marne — pulvérisateur à traction pour le traitement des sanves, des betteraves et des pommes de terre ; chaque moyeu des roues actionne, par une came, une pompe à liquide à simple effet, qui refoule dans un réservoir de compression pourvu d'un manomètre et d'une soupape de réglage ; des tuyaux de caoutchouc conduisent le liquide à une rampe transversale pourvue de place en place d'orifices pulvérisateurs ; le récipient en cuivre, d'une capacité de 400 décimètres cubes, est porté sur deux roues de 1 m. 20 de diamètre). — Mahot (Ham, Somme). — Dumaine (Moissy-Cramayel, Seine-et-Marne) ; ce constructeur s'est spécialisé dans la fabrication du système Vigouroux : le modèle à traction comprend un tonneau de 400 décimètres cubes monté sur un train en fer cornière ; la pompe à piston Letestu est actionnée par une came solidaire d'une des roues et le débit se règle en modifiant la

Fig. 99. — Pulvérisateur à bât *Vermorel*.

Fig. 100. — Pulvérisateur sur roues *Vermorel*.

course du piston par le changement de la position de l'axe du levier ; le tonneau possède un agitateur qui assure l'homogénéité du liquide à pulvériser.

Nous n'avons vu aucun appareil spécialement combiné pour le traitement des arbres fruitiers des grandes exploitations, bien qu'il en existe depuis longtemps dans l'ouest des États-Unis.

G. Essanveuses. — Le traitement des sanves par le sulfate de cuivre étant très coûteux, il y a lieu d'appeler l'attention sur les *essanveuses*, [les modèles présentés à l'Exposition (essanveuses à peignes) Ch. Faul, 47, rue Servan, Paris ; Guichard, Lieusaint (Seine-et-Marne) datent d'une dizaine d'années] ainsi que sur les travaux de nettoyage du sol (houes) et surtout sur l'emploi des trieurs pour la préparation des semences.

H. Canons à grêle. — Nos récoltes sont souvent dévastées par la grêle, et jusqu'à présent l'assurance seule permettait de diminuer le dommage en le répartissant sur un grand nombre d'assurés : ce n'était qu'une atténuation du mal causé et on cherchait, depuis longtemps, un procédé propre à le prévenir. Des expériences relativement récentes, faites en Autriche (1896) et en Italie, semblent indiquer qu'on peut empêcher la grêle de se former et de s'abattre sur une surface déterminée. Comme on est loin d'être fixé sur le principe même de la formation de la grêle, on est encore moins d'accord sur la façon dont les *tirs* agissent pour empêcher la production ou la chute de la grêle. Aussi, sans vouloir en aucune façon contester l'utilité de l'énorme développement qui a été donné l'année dernière aux stations de tir de l'Italie (il y en avait plus de 15.000), il y a lieu d'attendre les constatations de plusieurs années, afin d'être fixé sur la valeur du procédé. Rappelons qu'une expérience a été organisée cette année par un syndicat du Beaujolais, et que les résultats ont été déclarés favorables. C'est avec plaisir qu'on a vu une importante maison française entreprendre la construction des *canons à grêle* ; elle exposait un matériel pré-

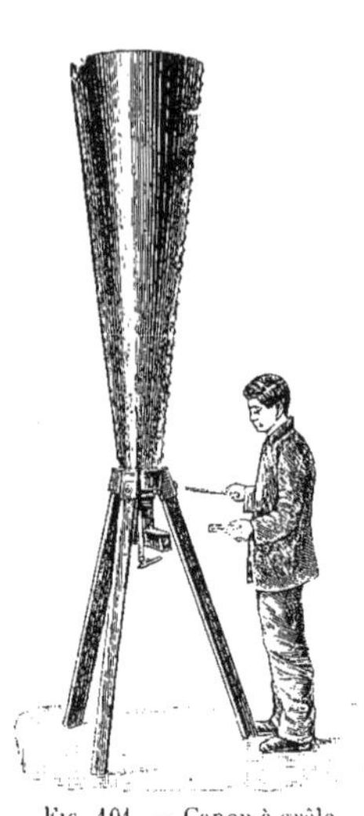

Fig. 101. — Canon à grêle *Vermorel*.

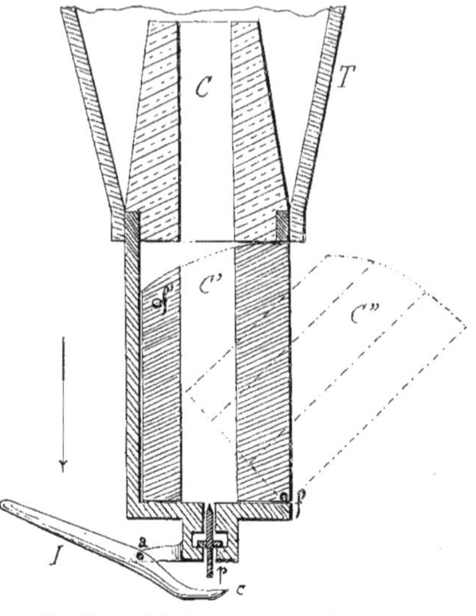

Fig. 102. — Principe du canon à grêle *Vermorel*.
T trombe ; C canon ; C' culasse fermée ; C" position de la culasse ouverte ; *f* clavette formant axe de rotation ; *f'* clavette d'arrêt de la culasse ; *p* percuteur ; *c* chien ; I levier du chien mobile autour du point *a*.

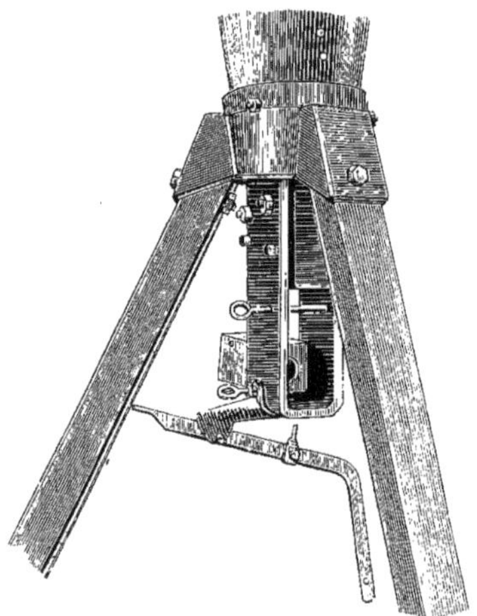

Fig. 103.
Culasse du canon à grêle *Vermorel*.

Fig. 104.
Installation d'un canon à grêle *Vermorel*.

sentant de notables perfectionnements sur les deux modèles qui figuraient dans la section talienne (M. Tua, de Turin ; M. Alberti, de Milan).

La fig. 101 donne la vue générale du *canon à grêle* fabriqué par M. Vermorel (Villefranche, Rhône), au moment où l'artilleur va introduire la douille en acier, contenant 80 grammes de poudre, dans la culasse mobile. La culasse et son percuteur sont représentés par les fig. 102 et 103 : au-dessus, le canon se prolonge par un tronc de cône en tôle ; l'ensemble est porté par un trépied et placé à proximité d'une petite cabane (fig. 104)

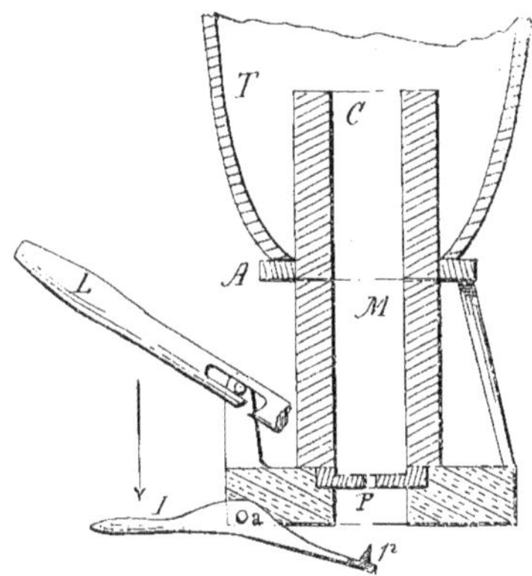

Fig. 105. — Canon à grêle *Tua*

T trombe dont la partie inférieure est paraboloïde ; C canon soutenu par la collerette A ; M culasse mobile ; P plaque mobile pouvant être déplacée par le levier L ; l levier mobile autour du point *a* et portant le percuteur *p*.

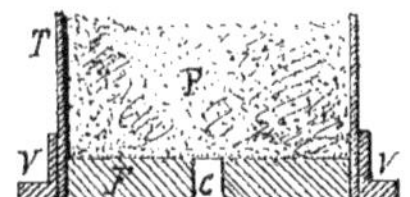

Fig. 106. — Partie inférieure d'une cartouche du canon système *Tua*.

T tube de carton ; V virole ; F fond de la douille ; C capsule ; P charge de poudre.

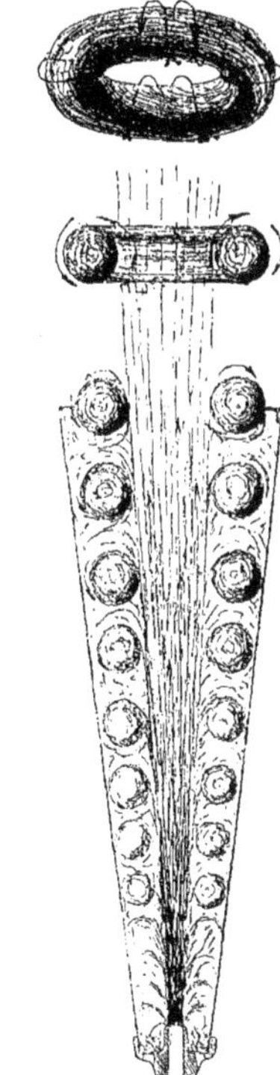

Fig. 107. — Formation du *tore d'air* dans les canons à grêle.

abritant les munitions et l'artilleur. Les fig. 105 et 106 représentent des détails relatifs au canon système Tua (Turin). On explique l'action du canon par une couronne d'air (fig. 107) et de fumée, à laquelle on a donné le nom de *tore d'air* ; cette faible masse, animée de mouvements giratoires et de translation, ne semble pas pouvoir exercer une grande action sur les nuages à grêle, et, suivant certaines personnes, il faudrait chercher les effets de l'appareil dans les ondes vibratoires dues à l'ébranlement causé par la décharge. — On estime qu'un canon, valant avec son installation de 230 à 250 francs, peut protéger 25 hectares ; la première mise de fonds serait de 10 francs par hectare et le service reviendrait à 3 fr. 25 par an pour la même surface : cette somme est modique relativement au profit qu'on peut retirer de l'emploi de ce système de défense ; aussi il se constitue chez nous de nombreux syndicats dans les régions les plus ordinairement exposées à la grêle.

CHAPITRE IV

Machines destinées à effectuer les travaux de récolte.

Les récoltes s'étendent en France sur : 8.400.000 hectares pour les fourrages (non compris les herbages pâturés), 15.000.000 d'hectares pour les céréales ; 2.600.000 hectares pour les racines et les tubercules ; — on compte, en moyenne générale, une faucheuse par un peu plus de 200 hectares de prairies naturelles et artificielles non soumises au pacage, et une moissonneuse par plus de 550 hectares de céréales.

A. Faux et râteaux à main. — Parmi les instruments permettant d'effectuer les récoltes à bras, citons les *faux* armées avec crochet ou dents montées à glissières, pouvant par suite se régler à la taille de l'ouvrier (fig. 108), et les *râteaux à main* présentés par M. Jacquemin-Denaiffe (Sedan, Ardennes) ; dans ces râteaux les dents en bois sont rem-

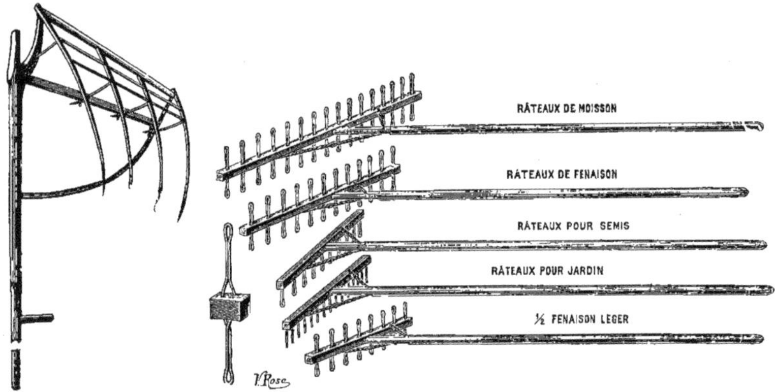

Fig. 108. — Manche de faux armée *Jacquemin-Denaiffe*.

Fig. 109. — Râteaux *Jacquemin-Denaiffe*.

placées par des dents en fil d'acier galvanisé, recourbées à leur extrémité comme l'indique la figure 109 ; la traverse est reliée au manche par deux attaches en fils tordus ou billés : pour les travaux de fenaison et de moisson, les traverses obliques au manche comportent de 8 à 16 dents ; (les râteaux pour semis ont leur traverse perpendiculaire au manche). Des expériences que nous avons eu l'occasion de faire à la Station d'essais de Machines ont montré que les dents en bois de hêtre, de râteaux très bien fabriqués, se rompent sous des charges variant de 14 à 23 kilog., alors que les dents en fil d'acier des râteaux Jacquemin-Denaiffe se plient, supportent un effort de 100 kilog. sans être arrachées de leur traverse et peuvent être redressées (les râteaux de 12 dents en acier ne pèsent que 160 grammes de plus que ceux de semblables dimensions à dents de bois).

B. — Faucheuses.

Exposition rétrospective de la Maison Deering, de Chicago (Illinois). — Le gouvernement américain avait décidé d'organiser une exposition rétrospective des machines destinées aux travaux de récolte (faucheuses, moissonneuses et moissonneuses-lieuses)[1]. Le travail a été confié à la Cie Deering, de Chicago, qui exécuta, d'après les archives du Bureau des brevets des États-Unis, de nombreux modèles, dont plusieurs étaient en mouvement à l'Exposition.

Nous avons cru qu'il serait intéressant pour le lecteur de donner ici un résumé de

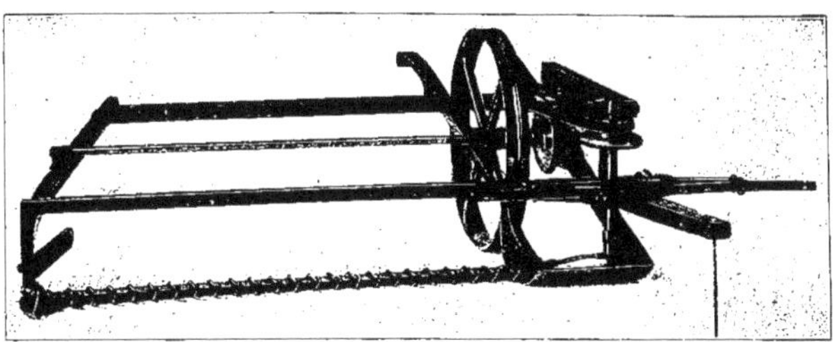

FIG. 110 — Faucheuse *Enoch Ambler*, 1834.

cette très belle exposition rétrospective (nous diviserons cet examen historique en trois sections : faucheuses, moissonneuses-javeleuses et moissonneuses-lieuses).

Le problème de la récolte des céréales par des procédés mécaniques s'était posé bien avant celui de la récolte des fourrages ; aussi les faucheuses qui parurent vers 1834, après les premières moissonneuses, empruntèrent à ces machines l'organe principal de travail constitué par une partie mobile (scie) se déplaçant dans une partie fixe garnie de pointes (doigts séparateurs) ; l'organe de coupe est mis en mouvement par la ou les roues porteuses.

Le 23 décembre 1834, un brevet fut accordé à Enoch Ambler, de l'état de New-

FIG. 111. — Faucheuse *Danford*, 1850.

York, pour une faucheuse à une seule roue motrice (fig. 110) ; par engrenages cônes, la roue commandait une poulie à axe vertical qui, par courroie, actionnait une seconde poulie placée en avant et dont l'arbre portait à sa partie inférieure la manivelle reliée par la bielle avec la scie. Les deux chevaux de l'attelage se déplaçaient sur le côté du train de coupe, comme dans les faucheuses actuelles, et le conducteur marchait derrière la machine qu'il pouvait diriger à l'aide de deux mancherons solidaires du cadre formant bâti ; dans

1. Plus de 7.000 brevets concernant ces diverses machines auraient été pris aux États-Unis.

un modèle original, la roue porteuse et motrice avait la jante garnie d'aspérités afin de ne pas riper par suite de la faible pression qu'elle pouvait exercer sur le sol.

Il nous faut arriver brusquement en 1850 (17 septembre) afin de trouver un brevet accordé à E. Danford pour perfectionnements apportés aux faucheuses. Comme le représente la fig. 111, la machine Danford est à une roue; le bâti pouvait, suivant la hauteur de coupe, s'élever ou s'abaisser relativement à l'essieu; l'extrémité du porte-lame était soutenue par un galet fixé au sabot séparateur. La transmission avait lieu par engrenages et l'organe de coupe était constitué par deux lames glissant l'une contre l'autre, action-

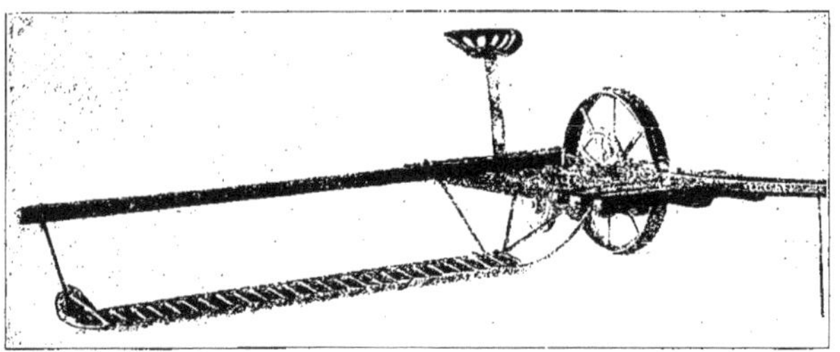

Fig. 112. — Faucheuse *Ketchum*, 1852.

nées chacune par une bielle. En arrière de la roue, le siège du conducteur était fixé sur le bâti qui s'articulait à l'avant avec la flèche afin de permettre de modifier l'inclinaison de cette dernière. La machine fut assez employée dans les prairies de l'Illinois, puis on l'améliora en lui adaptant l'organe de coupe de Hussey.

Le 10 février 1852, un brevet fut obtenu par William F. Ketchum, de Buffalo, pour la faucheuse indiquée par la fig. 112; on y retrouve la roue unique, la transmission par engrenages, la roulette du sabot séparateur, le siège pour le conducteur.

Dans ces trois modèles, la barre porte-lame est reliée d'une façon rigide avec le bâti;

Fig. 113. — Faucheuse *Wheeler*, 1855.

le brevet du 6 février 1855, accordé à Cyrenus Wheeler, est relatif à une faucheuse à deux roues (fig. 113) dans laquelle la barre porte-lame est articulée dans le plan vertical, à l'arrière du bâti, et peut prendre différentes positions en cours de travail et se relever pour faciliter le passage des obstacles, ainsi que les tournées dans le champ ou pour le transport sur les chemins; la faucheuse Wheeler avait deux roues dont la jante (de largeur différente) était garnie d'aspérités; elle fut perfectionnée dans ses détails de construction et fabriquée par la maison D.-M. Osborne et C°, de Auburn (New-York).

Nous nous rapprochons plus de la construction actuelle avec la machine de Jonathan Haines (brevet du 5 septembre 1855), dans laquelle (fig. 114) le porte-lame, disposé à l'ar-

Fig. 114. — Faucheuse *Haines*, 1855.

rière, est articulé avec le bâti et peut être soulevé par un levier placé à la portée du conducteur.

Aultman et Miller furent brevetés le 17 juin 1856 pour la faucheuse représentée par la fig. 115; le porte-lame pouvait se relever verticalement pour les transports; les deux

Fig. 115. — Faucheuse *Aultman et Miller*, 1856.

roues motrices entraînaient, par des griffes convenables, l'essieu sur lequel était calé l'engrenage de la transmission; le sabot séparateur était pourvu d'une planche à andain chargée de pousser latéralement le fourrage coupé en dégageant la piste pour le tour suivant.

Par son brevet du 2 septembre 1856, William A. Kirby revint à la faucheuse à une seule roue (fig. 116) qui fut construite par la maison Osborne ; la machine était simple, et le siège constitué par une planche oblique maintenue au-dessus de la roue.

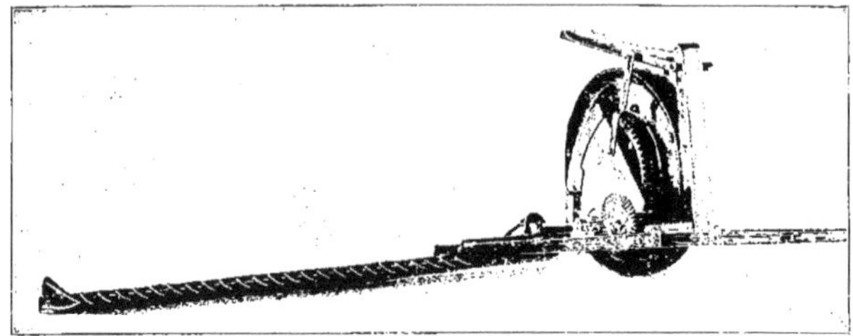

Fig. 116. — Faucheuse *Kirby*, 1856.

Fréderick Nishwitz (brevet du 16 février 1858) reprend la faucheuse à deux roues

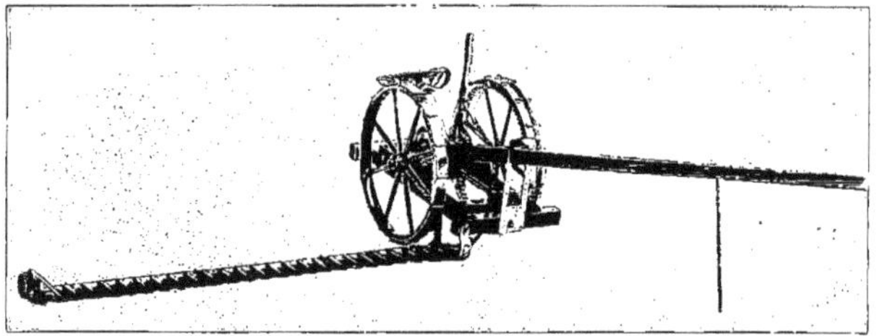

Fig. 117. — Faucheuse *Nishwitz*, 1858.

fig. 117) avec la scie placée à l'avant et articulée, ainsi que le bâti, avec la flèche, afin de pouvoir être soulevée au passage des obstacles.

Le brevet du 17 juin 1856, de Cornelius Aultman et Lewis Miller, fut perfectionné

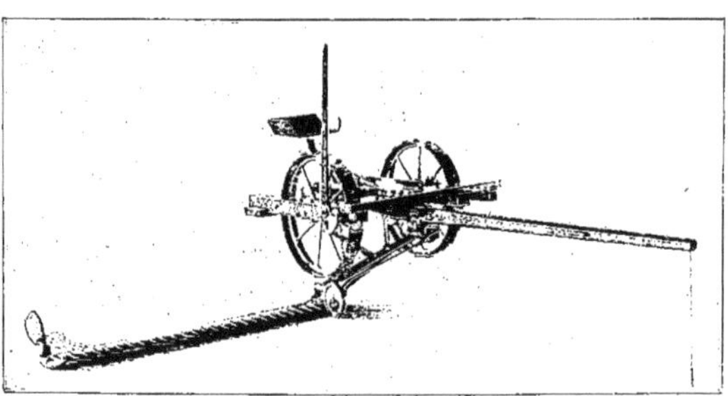

Fig. 118. — Faucheuse *Miller*, 1858.

par Lewis Miller (brevet du 4 mai 1858) qui articula le porte-lame à l'avant du bâti (fig. 118), et le plaça sous la dépendance d'un levier de manœuvre auquel on ajouta une pédale ; un galet soutenait l'extrémité gauche de la lame.

Obed Hussey obtint le 23 août 1859 un brevet pour une faucheuse à un cheval (fig. 119) à une seule roue; un levier permettait de soulever le bâti et le porte-lame à la fois sur l'essieu de la roue porteuse et sur la roulette du séparateur; à cet effet, cette

Fig. 119. — Faucheuse *Hussey*, 1859.

dernière était montée sur une pièce solidaire d'un axe placé derrière le porte-lame et articulé avec le levier de relevage.

La fig. 120 représente la machine S.-W. Tyler (brevet du 13 novembre 1860), dans laquelle le porte-lame, placé en avant des roues, était articulé au bâti par une bielle et une glissière en arc de cercle permettant de le maintenir à la hauteur voulue.

Fig. 120. — Faucheuse *Tyler*, 1860.

La faucheuse Cyrus H. Mac Cormick, brevetée en 1861, est indiquée par la fig. 121; au-dessus de la roue porteuse et motrice se trouvait le siège du conducteur, lequel, en avançant, pouvait soulever la barre porte-lame (voir aussi la fig. 182, p. 105).

Une des premières faucheuses à bâti métallique fut celle brevetée le 18 mai 1869 par

Fig. 121. — Faucheuse *Mac Cormick*, 1861.

Fig. 122. — Faucheuse *Kirby*, 1869.

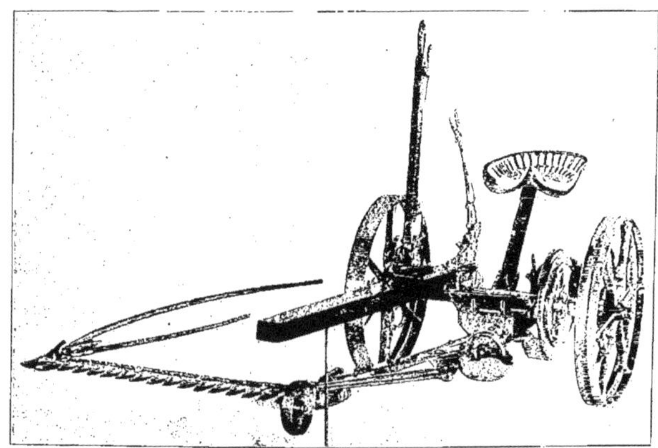

Fig. 123. — Faucheuse *Buckeye*.

William A. Kirby ; chaque roue motrice (fig. 122) était solidaire d'un engrenage à denture intérieure. Une bielle en deux pièces, supportée par un balancier, permettait de laisser travailler la scie pendant les déplacements du porte-lame dans un plan transversal ; on

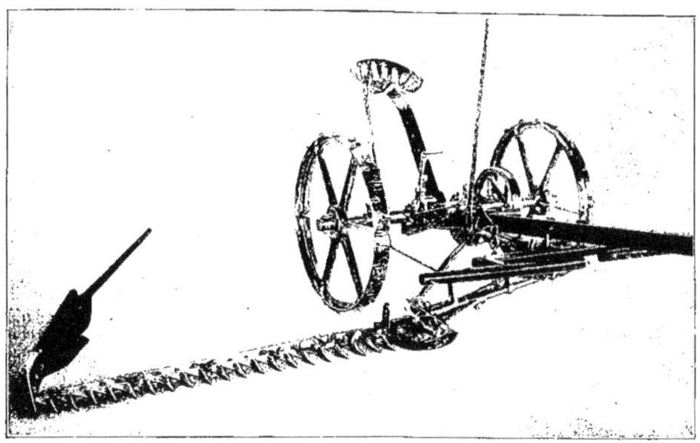

Fig. 124. — Faucheuse *Deering*.

pouvait même relever la lame presque verticalement sans avoir besoin de débrayer la transmission.

A partir de 1870 les faucheuses se sont rapidement améliorées, et il nous suffira de citer quelques modèles : la fig. 123 montre la machine Buckeye, de Lewis Miller (per-

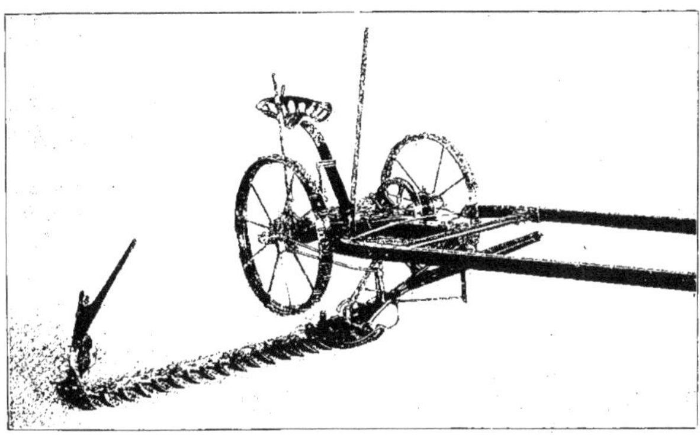

Fig. 125. — Faucheuse à un cheval *Deering*.

fectionnement de celle de 1858, fig. 118), construite par la maison Adriance Platt et C°, de Poughkeepsie (New-York) ; la fig. 124 représente une faucheuse Deering de 1900, la fig. 125 une faucheuse à un cheval et la fig. 126 une faucheuse du même constructeur, pourvue d'un appareil à moissonner à la main. La fig. 127 représente le montage des rouleaux de coussinets qu'emploie la Cie Deering depuis 1891-1893.

Fig. 126. — Faucheuse *Deering*, avec appareil à moissonner.

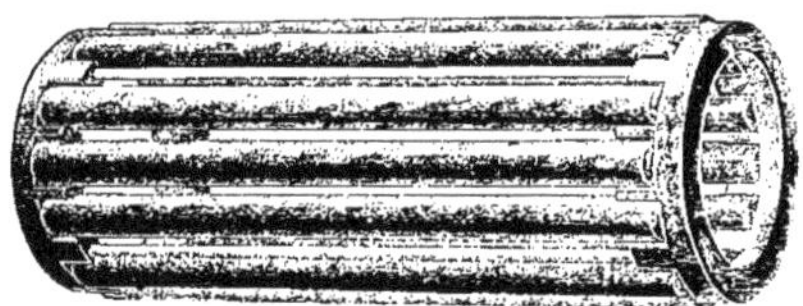

Fig. 127. — Rouleaux de coussinets des machines *Deering*.

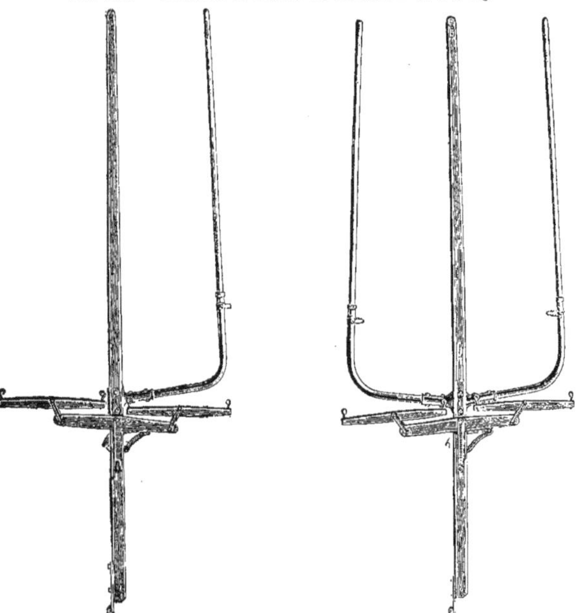

Fig. 128. — Limonière simple *Duncan-Nodet*. Fig. 129. — Limonière double *Duncan-Nodet*.

Faucheuses. — Comparativement à l'ensemble des modèles de 1889 et surtout de 1878, les *faucheuses* actuelles sont bien plus légères ; on a tendance à remplacer les trois paires de petits engrenages par deux paires seulement de plus grand diamètre; quelquefois on substitue à une paire d'engrenages une transmission par chaînes, sans qu'on soit encore bien fixé sur la valeur respective de ces mécanismes ; on a généralisé l'emploi des coussinets à rouleaux et à billes; on exagère beaucoup l'importance de ces montages. La scie, fixée en avant dans les machines actuelles, est pourvue de systèmes très simples permettant le pointage de la lame et le relevage facile de la barre à l'aide d'une pédale et d'un ressort. Une seule faucheuse était pourvue d'un amortisseur.

Des *faucheuses* sont exposées par MM. Hurtu (Nangis, Seine-et-Marne) ; Amouroux frères (Toulouse, Haute-Garonne) et Jannel frères (Martinvelle, Vosges). — Pour faciliter l'attelage des chevaux aux faucheuses et aux moissonneuses, M. Duncan (168, Bd de la Villette, Paris) et M. Nodet (Montereau, Seine-et-Marne) présentent des *limonières* indiquées par les fig. 128 et 129, à l'aide desquelles les animaux supportent la machine par la dossière ordinaire ; ces limonières, simples ou doubles, sont formées d'un tube en fer

Fig. 130. — Faucheuse à deux chevaux *W. A. Wood.*

cintré vers son extrémité postérieure et maintenu dans un boîtard en fonte qu'il suffit de relier à la flèche par deux boulons.

Les *faucheuses* sont surtout intéressantes à étudier dans les sections américaine et anglaise. — Nous trouvons, aux États-Unis, les maisons suivantes :

Adriance Platt, de Poughkeepsie, New-York ;
Aultman Miller, de Akron, Ohio ;
Deering, de Chicago, Illinois ;
Johnston, de Batavia, New-York ;
Mac Cormick, de Chicago, Illinois ;
Milwaukee, de Milwaukee, Wisconsin ;
Osborne, de Auburn, New-York ;
Plano, de Chicago, Illinois ;
Walter A. Wood, de Hoosick Falls, New-York ;
Warder Bushnell et Glessner, de Springfield, Ohio ;

Examinons rapidement les détails de construction qui différencient les divers modèles de faucheuses exposés.

Dans toutes les machines, le bâti principal est en fonte et le poids est diminué soit par l'emploi de nervures, soit par l'adoption de pièces tubulaires. Les deux roues porteuses et motrices sont en fonte, sauf dans les faucheuses Wood (roues à raies et jante en acier, fig. 130 et 131).

La transmission de l'essieu à l'arbre de la bielle s'effectue par deux paires d'engrenages. Dans les machines Adriance et Aultman la première paire est formée d'engrenages cônes, la seconde est à denture intérieure ; la grande vitesse angulaire est ainsi reportée sur des engrenages cylindriques ; l'axe du plateau-manivelle est très long dans la faucheuse Aultman (comme on le remarquait déjà en 1878).

Dans les machines Deering (fig. 132), Mac Cormick, Wood et Warder, la première paire d'engrenages (de grand diamètre) est cylindrique, la suivante étant formée de roues

Fig. 131. — Faucheuse à un cheval *W. A. Wood.*

cônes ; dans la faucheuse Osborne (fig. 133, 134 et 135), les trois paires d'engrenages sont très petites et ramassées dans une boîte en fonte (comme nous en trouvons des exemples dans les modèles de la section anglaise).

On a cherché à remplacer le premier engrenage par une transmission par chaîne : une roue, solidaire de l'essieu, commande, par une chaîne, un pignon claveté sur le même axe qu'une roue cône qui engrène avec le pignon de l'arbre du plateau-manivelle ; la transmission par chaîne a lieu vers l'avant de la machine (Milwaukee, Plano) ou vers l'arrière (Johnston) disposition qui permet d'augmenter la longueur de l'arbre du plateau-manivelle. Nos essais, effectués sur une seule faucheuse à chaîne, ne nous autorisent pas à tirer une conclusion générale à leur sujet.

Nous retrouvons le mécanisme « *champion* » de 1878 dans une faucheuse Warder : l'essieu est solidaire d'une roue cône de 46 dents, qui engrène partiellement avec une roue de 48 dents, montée sur un joint à la cardan, lui permettant de ne prendre qu'un

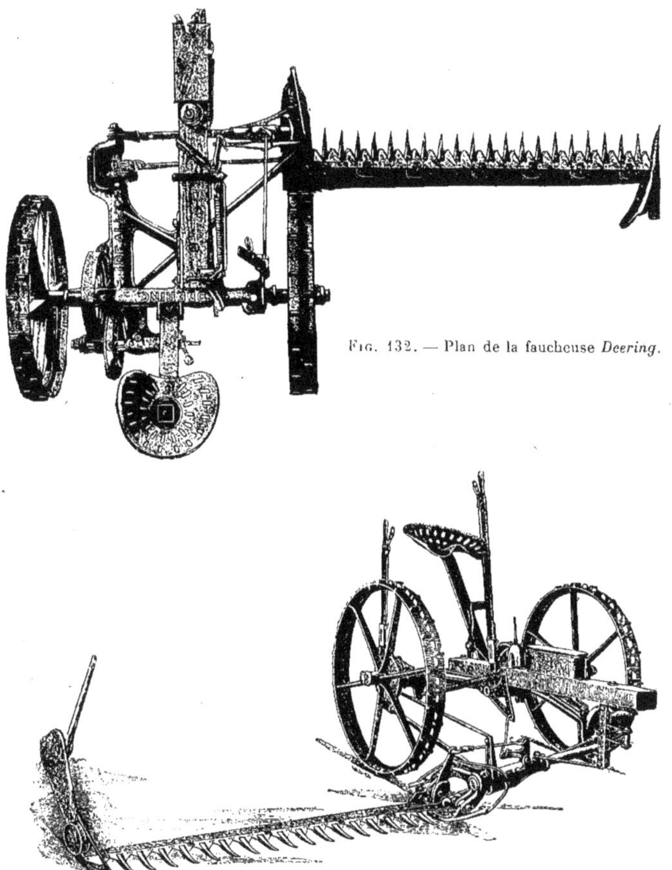

Fig. 132. — Plan de la faucheuse *Deering*.

Fig. 133. — Faucheuse *Osborne*.

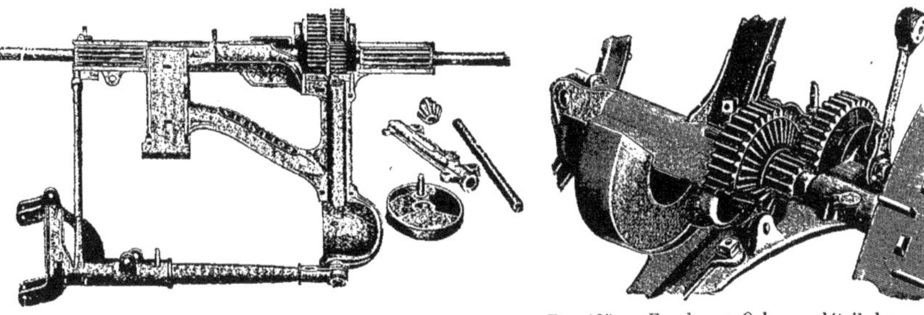

Fig. 134. — Bâti principal et engrenages de la faucheuse *Osborne*.

Fig. 135. — Faucheuse *Osborne*, détail des engrenages de la transmission.

mouvement d'oscillation ; ce dernier est communiqué à un châssis triangulaire, dont le sommet est articulé avec un petit volant monté sur un axe oblique, relativement à l'essieu ; l'angle inférieur du châssis, opposé à la roue d'oscillation, est articulé à une courte bielle décrivant dans l'espace une sorte d'ellipse qui serait tracée sur une portion de sphère. La petite bielle est placée dans l'articulation même du porte-lame, de sorte qu'il est possible de relever verticalement ce dernier sans avoir besoin de débrayer la transmission. En 1881, puis en 1887, nous avons eu l'occasion d'essayer au dynamomètre une faucheuse à un cheval pourvue de ce mécanisme ; la résistance présentée par la transmission à vide était de 28 kilog., alors que les autres modèles comparatifs ont nécessité de 22 à 36 kilog.

Les différents axes tournent dans des coussinets de glissement (faucheuses Aultman, Milwaukee, Plano) ; les coussinets à rouleaux et à billes sont adaptés à l'essieu seulement (Johnston, Mac Cormick, Osborne) ou à tous les axes, sauf du côté du plateau-manivelle, dans les faucheuses Adriance, Deering, Wood, ou sauf à l'arbre du plateau-manivelle (Warder). — Dans presque tous les modèles actuels, les rouleaux sont maintenus dans une monture annulaire (fig. 136) pouvant s'emboîter aussi facilement qu'un manchon, alors qu'autrefois les cylindres, pouvant se séparer de leur châssis, présentaient plus de difficultés pour leur mise en place.

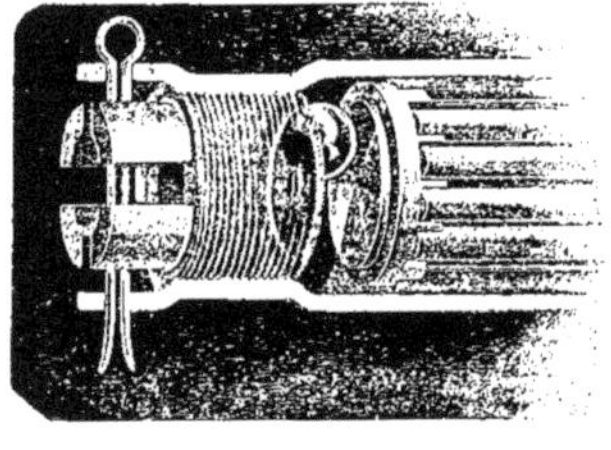

Fig. 136. — Coussinet à rouleaux et billes de buttée *Deering*.

Il est certain que le roulement est préférable au glissement, mais il ne faut pas en exagérer l'importance au point de vue de l'économie de la traction totale ; cette dernière n'a lieu que quand la vitesse de rotation des cylindres ou des billes reste en dessous d'une certaine limite ; elle n'influe que pour diminuer une portion de la résistance de la machine. Nous avons déjà montré que si 100 kilogrammes représentent l'effort total de traction d'une faucheuse[1], en moyenne 30 kilog. sont employés par le roulement, 22 kilog. par la transmission du mouvement et 48 kilog. sont utilisés pour le travail net de la coupe du fourrage. En supposant que l'emploi des billes et des rouleaux permet de réaliser une économie de 20 p. 100, la transmission ne nécessiterait plus que 17 kg. 6 et la traction totale de la machine considérée tomberait de 100 kilog. à 95 kg. 6.

La bielle est en acier dans les faucheuses Aultman, Deering (en 2 pièces, acier et bronze) Osborne et Warder, alors que beaucoup de constructeurs emploient toujours les bielles en bois de hickory afin, sans doute, d'éviter les modifications moléculaires que subit toute pièce métallique soumise à des vibrations incessantes (Adriance, Johnston, Mac Cormick, Milwaukee, Plano, Wood). L'avant de la bielle est libre dans la machine Aultman, alors qu'elle est protégée par une pièce plus ou moins résistante dans les faucheuses Adriance, Deering, Johnston, Mac Cormick, Milvaukee, Osborne, Plano, Wood et Warder.

La barre porte-lame, dont la longueur varie suivant les modèles de 1 m. 20 à 2 m. 30, est soutenue à la hauteur voulue du côté du bâti par une roue (Adriance, Johnston, Wood) ou par un sabot de glissement (Aultman, Deering, Mac-Cormick, Milwaukee, Osborne, Plano, Warder) ; du côté du séparateur, la barre porte-lame est maintenue également par une petite roue (Adriance, Johnston, Osborne et Wood) ou par un patin de glissement (Aultman, Deering, Mac-Cormick, Milwauke, Plano et Warder). Nous ne possédons pas de données précises sur les avantages respectifs de ces différents supports

1. Pour faciliter les rapports nous prenons le chiffre de 100 kilog. ; les faucheuses à deux chevaux exigent une traction de 81 à 125 kilog. par mètre de longueur de coupe (coupe variant, en pratique, de 1 m. 27 à 1 m. 31).

et certains constructeurs ont employé des patins sous prétexte que souvent les roues ne roulent pas lorsque leurs axes sont garnis de brins d'herbe, lorsque l'on n'a pas pris quelques précautions dans la construction ou que le diamètre des roues est trop faible ; en tous cas, la résistance au glissement du sabot placé près du bâti doit être relativement faible, étant donné qu'il se déplace sur une surface humide.

La planche à andain, du séparateur, est montée à ressort dans la faucheuse Wood : à la rencontre d'un obstacle elle peut se déplacer dans le plan horizontal par rapport à la barre porte-lame. Suivant la hauteur de la récolte, on peut régler la position verticale de la poignée en bois de la planche du séparateur (Wood, Plano ; cette dernière machine est pourvue de deux poignées).

Dans toutes ces faucheuses, la position de la barre porte-lame est commandée par deux leviers : un petit, dit levier de pointage, permet de modifier l'inclinaison transversale de la lame et, par suite, la hauteur de coupe en facilitant le passage des obstacles n'ayant pas plus qu'une dizaine de centimètres de hauteur ; l'autre levier, très long, souvent pourvu d'une pédale et d'un ressort à boudin, permet de relever la barre porte-lame, d'abord parallèlement à la surface du sol sur une certaine hauteur (pour faciliter les tournées ou pour franchir de grands obstacles), puis en relevant verticalement la barre afin de disposer la machine pour les transports ; dans la faucheuse Aultman la barre peut se replier horizontalement sur la flèche.

La volée d'attelage est reliée au bâti par une tringle de traction obliquée vers la scie ; cette tringle est pourvue d'un ressort amortisseur dans la faucheuse Adriance. Au concours international de faucheuses, organisé en 1898 à Reinach (Suisse) par la Société d'Agriculture du canton d'Aargau, M. Nachtweh, professeur au Polytechnicum de Zurich, procéda à des essais à l'aide du dynamomètre de Burg dont les indications laissent à désirer au point de vue de l'exactitude. Pour une même longueur de coupe de 1 m. 35, la faucheuse Adriance aurait exigé, à Reinach, une traction de 162 kilog., une autre faucheuse 180 kilog., quatre autres 200 kilog. et enfin une dernière 205 kilog. Si nous comparons les tractions des deux premières machines, nous voyons que l'amortisseur de la faucheuse Aultman procure une économie de traction de 10 p. 100 ; en employant un ressort convenable on doit arriver à un chiffre plus élevé, ainsi que cela découle de nos recherches[1].

Toutes les faucheuses précitées peuvent être pourvues d'un *appareil à moissonner* avec râteau à main, manœuvré par un ouvrier assis sur un siège à côté du conducteur (fig. 126). Les mêmes constructeurs présentent aussi des *machines à un cheval*, mais ces dernières ne sont recommandables que pour couper les gazons des parcs ou pour faucher tous les jours la petite quantité de fourrage vert nécessaire au bétail de l'exploitation[2].

Les *faucheuses* de la section anglaise sont présentées par :

Bamford et fils, à Uttoxeter (Staffordshire) ;
Bamlett, à Thirsk (Yorkshire) ;
Harrison Mac Gregor et C°, à Leigh (Lancashire) ;
Richard Hornsby et fils, à Grantham ;
Massey Harris et C°, à Toronto (Canada) ;
Philip Pierce et C°, à Wexford (Irlande) ;
Richmond et Chandler, à Manchester ;
Samuelson et C°, à Bambury (Oxfordshire) ;
Sargeant et C°, à Northampton.

1. Voir le résumé de ces recherches, dans le *Journal d'Agriculture pratique*, 1893, t. I, p. 124.
2. Voir notre communication à la Société nationale d'Agriculture, bulletin de 1898 : Faucheuses à un et à deux chevaux.

Ces diverses machines sont à bâti en fonte ; les roues sont en fonte, sauf dans quelques modèles qui ont les rais en fer (Harrison (fig. 137), Samuelson, Sargeant, Bamford). La transmission du mouvement s'effectue à l'aide de deux paires d'engrenages, la première

Fig. 137. — Faucheuse *Harrisson Mac Gregor.*

constituée par une grande roue à denture intérieure (Richmond et Chandler, Bamlett, Samuelson, Sargeant, Bamford) ou par trois paires d'engrenages, ramassées dans une

Fig. 138. — Faucheuse *Massey Harris.*

boîte en fonte fixée sur l'essieu (Harrison, Massey, (fig. 138), Hornsby, Pierce). Les différents axes tournent dans des coussinets ordinaires ; seule la machine Massey est montée avec rouleaux et billes. La bielle est en bois (Sargeant, Pierce) ou en métal (autres machines); elle est protégée en avant par un tube, faisant partie du bâti dans quelques machines (Massey, Sargeant, Pierce). La barre porte-lame est maintenue d'un côté par une roue, de l'autre par un galet, sauf dans la faucheuse Sargeant qui emploie à leur place deux sabots de glissement. Le levier de pointage de la lame se rencontre dans la Massey; les autres machines n'ont qu'un petit levier modifiant la position verticale de la charnière du porte-lame; le grand levier de relevage est accompagné d'une pédale (avec ressort) dans les faucheuses Harrison et Massey; la machine Sargeant n'a qu'une pédale de relevage.

Une seule *faucheuse*, très bien fabriquée, est exposée par les Ateliers de construction des Chemins de fer de l'État hongrois, à Budapest.

Dans la section allemande, des *faucheuses* sont présentées par la fabrique de Hennef-sur-la-Sieg (Rheinland), la Société Zimmermann, de Halle et par Siedersleben et Cº, de Bernburg; nous n'insisterons pas sur ces machines qui sont la copie d'anciens modèles

Fig. 139. — Faucheuse automobile *Deering*.
(D'après une photographie prise à l'Exposition.)

(Wood, Aultman et Hornsby); remarquons seulement la grande longueur donnée à l'essieu : la flèche est à 0 m. 40 ou 0 m. 45 de la roue de droite (côté de la scie), alors qu'elle est à près d'un mètre de la roue de gauche afin d'atténuer la tendance qu'ont les faucheuses de tourner, en plan horizontal, autour de la roue de droite par suite de la résistance que présente le travail de l'organe de coupe.

Les *faucheuses* suisses sont des copies de modèles américains; à signaler la machine J. Stalder (Oberburg, Berne) dans laquelle le débrayage de la transmission fonctionne automatiquement lorsqu'on manœuvre le levier de relevage de la scie au delà d'une certaine course.

Dans la section danoise nous ne trouvons qu'un *appareil à moissonner* présenté par M. P. Nielsen (à Hillerod) : la barre de coupe de la faucheuse est pourvue en arrière d'un tablier oblique, en tôle, qui se prolonge par des tringles en acier, horizontales, également obliques à la lame.

Comme principale nouveauté il y a lieu de signaler les *faucheuses automobiles* (section des États-Unis). Les machines sont portées sur trois roues (celle d'avant étant directrice), et un moteur à essence minérale est chargé de donner le mouvement à la scie et à l'essieu d'arrière. La faucheuse Deering (de Chicago, Illinois) que représente la photographie prise à l'Exposition (fig. 139), possède un moteur à deux cylindres horizontaux et la transmission a lieu par engrenages ; la direction s'effectue avec la plus grande facilité au moyen d'un volant-manivelle qui commande la roue d'avant (fig. 140). Dans la machine Mac Cormick (Chicago, Illinois) le moteur à deux cylindres est vertical, la transmission se fait par chaîne et galet de tension, la roue directrice est commandée par un levier.

Ces faucheuses automobiles furent soumises à des essais dans les champs de Mitry-Mory, par les soins de la Société d'Agriculture de Meaux. Le 30 août, les deux machines

Fig. 140. — Faucheuse automobile *Deering*.

précitées ont travaillé sur une seconde coupe de luzerne dont le rendement pouvait être évalué de 1.500 à 2.000 kilog. de fourrage sec à l'hectare. La vitesse d'avancement des machines variait de 1 mètre à 1 m. 10 par seconde, et la largeur coupée était de 1 m. 20 pour une longueur de scie de 1 m. 30 ; ces données nous montrent qu'il faut un peu plus de deux heures de travail utile pour faucher un hectare, c'est-à-dire à peu près le même temps qu'avec les chevaux ; si le travail n'est pas beaucoup plus rapide, il peut, toutefois, être plus économique, et le problème est posé pour l'avenir.

C. Faneuses. — Dans l'exposition rétrospective de Hongrie, M. Jean Schald, professeur de Génie rural à l'Institut Agronomique de Keszthеley présente le modèle d'une *faneuse* de 1816 ; la machine est montée sur roues elliptiques dont la jante est garnie d'aspérités et l'essieu entraîne le râteau ramasseur dans ses déplacements verticaux.

Les *faneuses* à mouvements circulaires ont fait place aux machines dites à fourches alternatives dont les mouvements, mieux combinés et souvent moins violents, ne risquent pas de détériorer les fourrages ; ces machines, d'invention américaine, sont aujourd'hui fabriquées couramment chez nous : Émile Puzenat (Bourbon-Lancy, Saône-et-Loire); Pilter (24, rue Alibert, Paris); Viaud (Barbezieux, Charente); Rigault (Creil, Oise); Hurtu (Nangis, Seine-et-Marne); Bruel (Moulins, Allier); Meslé (Nevers, Nièvre).

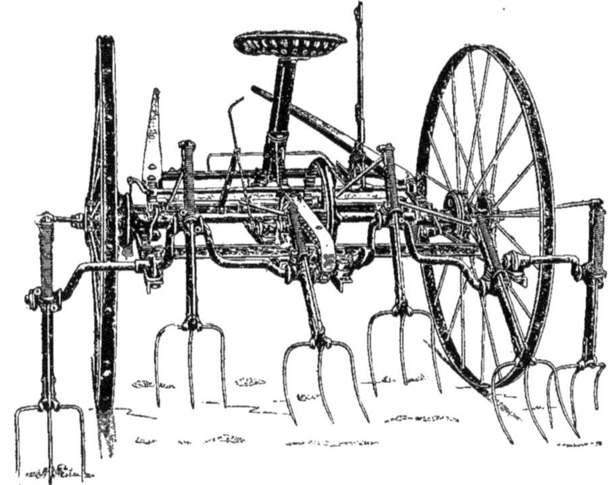

Fig. 141. — Faneuse *Osborne*.

En Amérique, citons les *faneuses* Johnston (Batavia, New-York — fourches alterna-

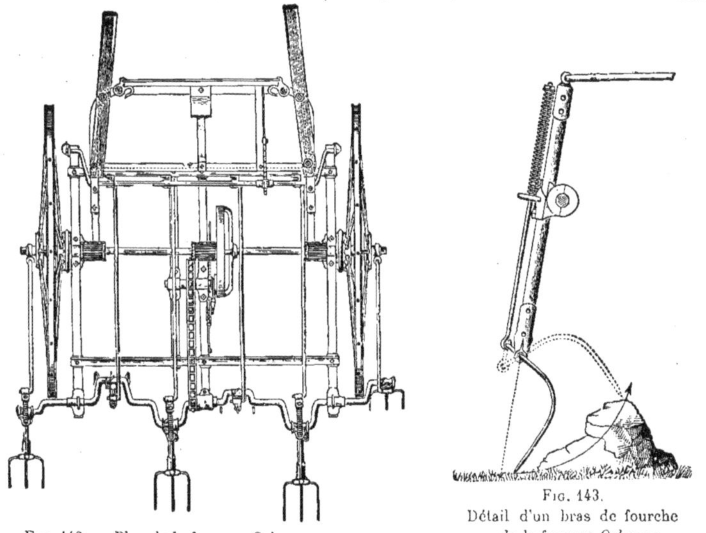

Fig. 142. — Plan de la faneuse *Osborne*.

Fig. 143. Détail d'un bras de fourche de la faneuse *Osborne*.

tives, commande centrale); Osborne (New-York — fourches alternatives, roues et transmission montées sur coussinets à rouleaux (fig. 141, 142 et 143) et Wood (Hoosick Falls,

New-York — faneuse à 12 fourches à mouvement rotatif, montées sur deux arbres indépendants pourvus d'excentriques agissant sur la position des fourches).

Dans la section anglaise, des *faneuses* alternatives sont présentées par les maisons Bamford (Uttoxeter, Staffordshire); Barford et Perkins (Peterborough — les manches des

Fig. 144. — Faneuse *Massey*.

fourches sont en bois); Massey (Toronto, Canada — machine à commande centrale (fig. 144) et Nicholson et fils (Newark-sur-Trent — fourches alternatives animées en outre d'un mouvement angulaire autour de l'axe du manche).

D. Râteaux à cheval. — Les *râteaux à cheval* sont fabriqués chez nous par de nombreux constructeurs (voir les noms donnés au paragraphe des faneuses; Puzenat aîné (Bourbon-Lancy, Saône-et-Loire); Thomé (Nouzon, Ardennes), etc.). On emploie des pièces d'assez grandes dimensions qui rendent la machine un peu lourde; on augmente la hauteur des dents pour obtenir des andains volumineux, en oubliant que la section maximum de l'andain est déterminée par la trajectoire de la pointe des dents plutôt que par leur diamètre de courbure. Pour obtenir le relevage automatique des dents, nos constructeurs ont établi des mécanismes très ingénieusement combinés, mais qu'on peut trouver bien compliqués étant donnée la nature du travail à faire.

Les *râteaux* américains sont à dents en fil d'acier à section circulaire; les dents sont souvent contournées en volute formant ressort (fig. 146); les roues sont en acier et le relevage a lieu à l'aide de cliquets : Deering (Chicago, Illinois); Johnston (Batavia, New-York); Mac Cormick (Chicago, Illinois); Osborne (Auburn, New-York — roues montées sur coussinets à rouleaux (fig. 145, 146 et 147); Plano (Chicago, Illinois — machine pourvue d'un levier de réglage de la hauteur des dents) et Wood (Hoosick Falls, New-York).

Les *râteaux* anglais (du genre de construction de nos râteaux français) sont exposés par Bamlett (Thirsk, Yorkshire) et par Nicholson et fils (Newark-sur-Trent); un râteau du genre américain, à dents en acier rond, est présenté par la maison Massey (Toronto, Canada).

Dans la section allemande, un *râteau à cheval*, de construction très simple, est

Fig. 145. — Râteau à cheval *Osborne*.

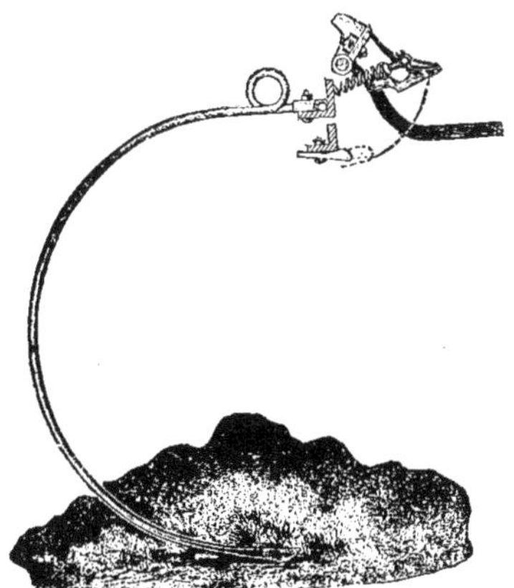

Fig. 146. — Dent du râteau *Osborne*.

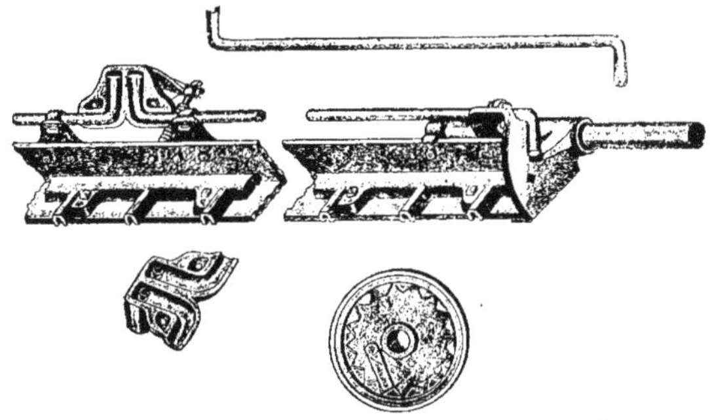

Fig. 147. — Détails du mécanisme de relevage du râteau *Osborne*.

présenté par MM. Jelaffke et Seliger (de Ratibor, Silésie). Les brancards de cette machine, représentée par la fig. 148, sont articulés au châssis porte-dents, mobile dans le plan vertical autour des fusées des roues ; le siège est articulé à la fois aux brancards et au châssis porte-dents, en arrière de l'essieu. Le relevage est obtenu par le poids du conducteur qui, au moment voulu, se penche un peu en avant en s'appuyant sur un petit levier solidaire du châssis porte-dents ; en se penchant en arrière, le conducteur fait

Fig. 148. — Râteau à cheval *Jalaffke et Seliger*.

reprendre aux dents leur position de travail et les maintient en place en bloquant le levier de manœuvre.

E. Fourches ; élévateurs de foin. — Dans le matériel employé à la récolte des fourrages, citons pour la section américaine, les *fourches* de Withington et Cooley (Jackson, Michigan) et les *appareils pour élever et transporter les foins* dans les fenils[1], de la Manufacture Whitman et Barnes (Akron, Ohio) ; cette dernière maison expose aussi des doigts et des sections de scies de faucheuses et de moissonneuses, des clefs et tout un assortiment d'outils et de pièces de quincaillerie.

Dans la section suisse, M. Arnold Herren (Laupen, Berne) présente un petit modèle d'*élévateur* de char à foin : il s'agit d'élever au niveau du plancher du premier étage d'une construction rurale, une voiture chargée de foin ; le véhicule est poussé sur une plateforme soulevée par quatre câbles qui s'enroulent sur un treuil à manivelles.

F. — Moissonneuses-javeleuses.

Exposition rétrospective de la Maison Deering, de Chicago (Illinois). — De la très belle exposition rétrospective faite par la maison Deering, et dont nous avons déjà parlé à propos des faucheuses, nous extrayons ce qui suit relativement à l'histoire des moissonneuses.

La fig. 149 est la reconstitution de la moissonneuse employée par les Gaulois au début de notre ère. On trouve ce qui suit dans l'*Histoire naturelle de Pline* (Livre XVIII, 72) : « Dans les vastes domaines des Gaules, on emploie une grande caisse dont le bord est armé de dents, et que portent deux roues ; elle est conduite dans un champ de blé par un bœuf qui la pousse devant lui ; les épis arrachés par les dents tombent dans la caisse. Ailleurs..... ». La machine citée par Pline l'ancien (23 à 79) semble inconnue à Caton, à

1. Ces appareils sont susceptibles de nombreuses applications chez nous ; voir notre étude générale des principaux systèmes, dans le *Journal d'agriculture pratique*, 1898, t. I, p. 681 et 715.

Varron et à Columelle. L'évêque Palladius (fin du ve siècle) décrit bien la machine gauloise signalée par Pline ; il dit (Livre VII, chap. 2) : « Les habitants des pays plats des Gaules ont une méthode de moissonner qui économise le labeur de l'homme car elle n'exige que la journée d'un bœuf. La surface du véhicule est carrée et garnie de planches inclinées en dehors afin que le fond soit plus petit. Sur le devant les planches sont moins élevées qu'à l'arrière. Des dents nombreuses, écartées, recourbées dans leur partie supé-

FIG. 149. — Machine à moissonner employée par les Gaulois.

rieure sont placées en ordre sur les planches. En arrière du véhicule sont deux brancards très courts comme ceux des litières pour porter les femmes ; un bœuf est attelé par un joug et des courroies, la tête tournée vers le chariot. Le bœuf doit être doux et ne doit pas excéder de vitesse. Le bœuf poussant le chariot dans la moisson, les épis sont pris entre les dents et tombent séparés de la paille dans le chariot. Le bouvier dirige la marche du chariot, l'élève et l'abaisse ; et en quelques heures d'allées et de venues on expédie toute

FIG. 150. — Moissonneuse *Gladstone*, 1806.

une moisson. Ce procédé est bon pour les pays plats, à terrain égal et quand la paille n'est pas de nécessité. »

Cette lourde machine ne se propagea pas et on continua à se servir de la faucille, qui était depuis longtemps en usage chez les Égyptiens, et de la faux, dont l'invention remonte au temps de Varron (216 av. J.-C.). Il faut arriver à la fin du XVIIIe ou au début du XIXe siècle pour trouver la solution du problème.

En Angleterre, en 1806, un nommé Gladstone proposa une machine pour moissonner (fig. 150), portée par deux roues, tirée par un cheval marchant à côté du grain non coupé ; l'organe de coupe était un disque circulaire horizontal protégé par des doigts fixes prolongés vers l'avant ; le grain moissonné était adossé contre la muraille de la récolte non

FIG. 151. — Moissonneuse *Salmon*, 1808.

coupée. Plus tard on perfectionna la machine en ajoutant des fourches au-dessus du disque pour coucher la récolte coupée et on remplaça le disque circulaire tranchant sur sa périphérie par un disque garni de dents.

En 1808, également en Angleterre, un nommé Salmon présenta une machine (fig. 151)

FIG. 152. — Moissonneuse *Smith*, 1811.

qui semble devoir être poussée à bras, comme une brouette, à moins que l'auteur comptait y atteler un cheval soit sur le côté, soit placé en arrière à des brancards mis à la place des mancherons. Sur la gauche, une partie était prolongée en avant de l'organe de coupe, afin de séparer la récolte sur pied de la portion qui devait être moissonnée par la machine sur l'usage de laquelle on ne possède pas de documents plus précis.

Smith, de Deanston (Angleterre) fit en 1811 une moissonneuse (fig. 152) : deux chevaux poussaient devant eux un véhicule dont les roues, munies de cliquets, actionnaient par des engrenages un axe vertical à l'extrémité inférieure duquel se trouvait un disque circulaire tranchant sur sa périphérie ; au-dessus du disque, un tambour tronc-

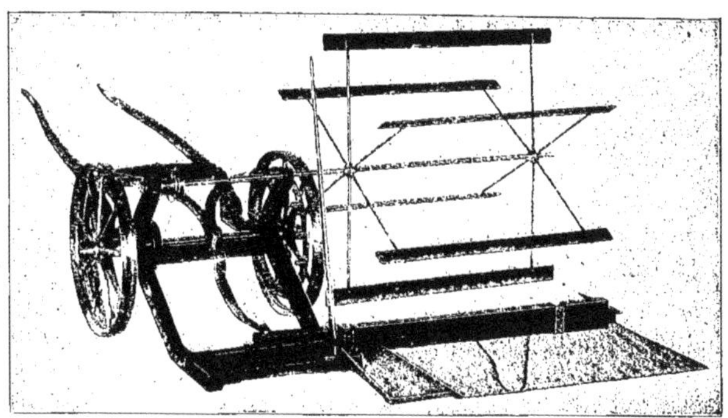

Fig. 153. — Moissonneuse *Ogle*, 1822.

conique avait pour mission de rejeter sur le côté la récolte coupée et de la disposer en andain. Des galets ou roues-supports étaient logées en dedans du disque et ce dernier pouvait être plus ou moins haussé par une tringle placée sous la main du conducteur qui marchait derrière les chevaux. (L'*encyclopédie Edensis* dit que : par un appareil spécial, l'opérateur peut lever ou abaisser la coupeuse quand un obstacle est dans le chemin ou quand on va d'un champ à un autre.) Le *Farmers Magazine* cite avec éloges cette machine

Fig. 154. — Moissonneuse *Bell*, 1827.

comme très employée, et pouvant couper une quarantaine d'ares par heure ; un prix de 50 guinées fut décerné à M. Smith par la Highland Society of Scotland. — La figure 152 est faite d'après le modèle publié en 1816 par le *Farmers Magazine*.

Un brevet anglais fut accordé en 1822 à Henry Ogle pour une machine dont « la lame coupeuse reçoit son mouvement d'échappements placés sur les roues du support » (fig. 153). Au-dessus de l'appareil de coupe est un rabatteur à ailettes, monté sur un axe horizontal (comme dans les moissonneuses-lieuses actuelles) ; le cheval tirait sur le côté et la récolte coupée tombait en arrière, disposée en audain que plusieurs personnes, réparties sur la piste, ramassaient pour former des javelles.

En 1826, le révérend Patrick Bell (de Carmyllie, en Forfarshire, Écosse) inventa une machine qui fonctionna dès 1827 et fut employée couramment dans un grand nombre d'exploitations d'Angleterre et d'Écosse, jusqu'en 1853 selon les documents donnés dans l'En-

Fig. 155. — Moissonneuse *Bell* (employée en 1864).

cyclopédie de Loudon, et jusqu'en 1867 d'après un rapport lu par P. Bell à la réunion annuelle de la *British Association for the Promotion of Science*. La fig. 154 montre la machine primitive : deux chevaux attelés à une volée placée à l'extrémité postérieure de la flèche poussaient la machine que dirigeait un homme. En arrière de l'organe de coupe était une toile sans fin qui recevait le grain couché par un rabatteur ; la récolte était déversée sur le côté de la piste et disposée en audain. La figure 155 montre la machine Bell, employée par James Todd en 1864 ; ce dernier remplaça les ciseaux de l'organe de coupe

Fig. 156. — Moissonneuse *Randall*, 1833.

par les doigts fixes et la scie de Hussey. — De curieux détails sur la machine Bell figurent dans la décision de la Cour Suprême des États-Unis lors du procès de C. H. Mac Cormick pour son brevet de 1845 contre Seymour et Morgan.

(Nous verrons que les dispositions principales de la machine Bell se retrouvent dans les grandes moissonneuses actuelles désignées sous le nom de *Header*.)

Pendant la moisson de 1833, on fit fonctionner une machine construite par Abram

Randall. La fig. 156 est une reproduction d'après les pièces versées en 1848 à un procès fait par les habitants de New-York. La moissonneuse Randall était pourvue d'organes de coupe analogue aux ciseaux de la machine Bell ; un rabatteur à ailettes, un diviseur, une plate-forme de réception et une place pour l'ouvrier javeleur complétaient la moissonneuse tirée sur le côté par l'attelage.

Après Bell, le quaker Obed Hussey est l'inventeur qui ait le plus contribué au succès des machines à moissonner. Les fig. 157 et 158 représentent la machine primitive brevetée

Fig. 157. — Moissonneuse *Hussey*, 1833.

aux États-Unis le 21 décembre 1833 ; nous signalerons dans la suite, par ordre chronologique, les diverses modifications apportées tant par Hussey que par les différents constructeurs des États-Unis et de l'Angleterre.

Dans la machine Hussey, la flèche était articulée au bâti porté par deux roues ; on pouvait, à volonté, rendre motrice l'une ou l'autre, ou les deux à la fois (ce dispositif avait pour but d'atténuer le couple horizontal auquel est soumis toute faucheuse ou moisonneuse

Fig. 158. — Moissonneuse *Hussey*, 1833.

parce que la résistance ne se trouve pas dans le même plan que la puissance). L'organe de coupe, qui sera amélioré par Hussey en 1845, se composait de la façon suivante que nous extrayons de son brevet : « Ces doigts sont formés d'une pièce supérieure et inférieure jointe à la pointe et à la base, parallèles et écartées les unes des autres d'environ un huitième de pouce (0 m. 003) formant une mortaise horizontale à travers tous les doigts. Ces mortaises, étant disposées suivant la même ligne, forment une rangée continue d'ouvertures ; le premier doigt est placé à l'arrière de la roue de droite, le dernier est à l'extrémité de la plate-forme et les doigts intermédiaires sont écartés d'environ 3 pouces (0 m. 076) d'axe en axe. — L'appareil coupeur, ou scie, est formé de plaques triangulaires d'acier attachées à une tringle droite plate, d'acier ou de bois, large d'un pouce et demi (0 m. 038). Ces plaques qui ont 3 pouces à leur base (0 m. 076) et 4 pouces et demi de haut (0 m. 114) sont tranchantes des deux côtés, se terminent à peu près en pointe, et, rangées les unes à côté des autres forment une espèce de scie à grandes dents. — La scie est passée ensuite au travers des mortaises de tous les doigts, la dimension des mortaises étant adaptée à recevoir la scie avec les dents pointées vers l'avant, les pointes des dents devant toujours correspondre avec l'axe des doigts. — Une extrémité de la scie est reliée à la bielle, mue par une manivelle qui reçoit son mouvement de l'essieu principal par le moyen d'engrenages. La course de la manivelle doit être égale aux distances des axes des doigts ou des pointes des dents de la scie, ou à peu près, de façon que, la machine étant en travail, la pointe de chaque dent de scie passe, à chaque course de la manivelle, de centre en centre des doigts sur chaque côté de la même dent. »

Ainsi l'organe de coupe est bien spécifié dans les revendications d'Obed Hussey. — La scie, comme dans la machine de Ogle, porte un sabot diviseur et en arrière une plate-forme sur laquelle se place l'ouvrier rabatteur et javeleur ; la plate-forme était soutenue par un galet et en enlevant cette plate-forme, la machine « était adaptée à couper l'herbe aussi bien que le grain » ce qu'il n'est pas possible d'affirmer car on ne connaît pas exac-

Fig. 159. — Moissonneuse *Mac Cormick*, 1834.

tement la vitesse de la scie dans la machine Hussey ; il est cependant probable qu'on a pu lui faire couper certains fourrages assez résistants.

La machine Hussey fut très employée dès 1834 et elle attira l'attention de l'Europe surtout à partir de l'Exposition de Londres en 1851.

Le 31 juin 1834 un brevet fut accordé à Cyrus H. Mac Cormick, de Rockbridge (Virginie) pour une moissonneuse à laquelle il travaillait depuis 1831. Dans cette machine, (fig. 159) on retrouve les dispositifs généraux de la moissonneuse Bell et celle de Hussey de 1833 ainsi que le rabatteur breveté le 2 novembre 1825 par James Ten Eyck (Rapport de Chas. G. Page, examinateur du Bureau des Patentes, 22 janvier 1848). — Les nouveautés étaient : la machine portée par deux roues tend à appuyer sur la flèche d'arrière et la dression est reportée à une barre transversale dont les extrémités reposent sur les sellettes les chevaux. La lame coupeuse, à mouvement de va-et-vient, n'agit que dans un seul sens, les dents n'étant affilées que dans une seule direction ; la partie fixe de l'organe de coupe était formée d'une barre pourvue de goupilles obliques chargées de retenir les chaumes contre la lame. — La machine, pourvue à gauche d'un diviseur de 6 pieds (1 m.80) qui supportait l'extrémité de l'arbre du rabatteur, était poussée par les chevaux, bien qu'il soit spécifié qu'avec des brancards, convenablement placés, on pourra la faire tirer de côté par l'attelage (fig. 160). En outre du conducteur placé à l'arrière, un ouvrier marchait sur le côté et, à l'aide d'un râteau à main, enlevait du tablier la récolte coupée pour la disposer en javelles sur le champ.

Dans son rapport du 1er janvier 1848, au Commissaire des Brevets, C. H. Mac Cor-

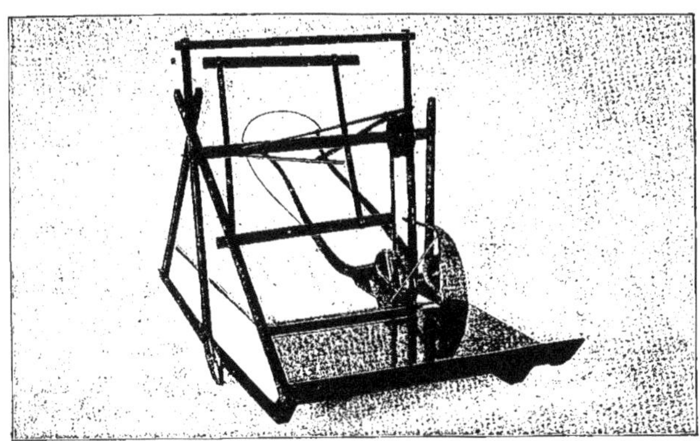

Fig. 160. — Moissonneuse *Mac Cormick*, 1834.

mick relate ses différents essais faits avec persévérance à partir de 1831 ; les deux premières machines furent vendues pour la moisson de 1840 et modifiées en 1841 ; sept moissonneuses furent livrées en 1842.

Peu après 1840, un mécanicien Georges Rugg, d'Ottawa (Illinois), qui dirigeait un

Fig. 161. — Appareil de coupe de *Rugg*, 1840-1845.

atelier de réparation, eut l'idée de faucillerles tranchants des sections de scie de l'appareil de coupe de Hussey (fig. 161).

En 1841 la moissonneuse Hussey fut portée sur une seule roue garnie d'aspérités (fig. 162) ; la fabrication de cette machine, qui ressemble à la faucheuse d'Enoch Ambler, (fig. 110, page 69) se développa de 1845 à 1855.

George Esterly prit le 22 octobre 1844 un brevet pour une machine à moissonner les épis. C'était un retour à la machine des Gaules décrite par Pline et Palladius. Comme le

FIG. 162. — Moissonneuse *Hussey*, 1841.

montre la fig. 163, l'attelage poussait un grand coffre porté sur deux roues ; en avant un rabatteur coupait les épis et les jetait dans le coffre d'où on les enlevait de temps à autre

FIG. 163. — Moissonneuse *Esterly*, 1844.

pour les déverser dans une voiture qu'un attelage tirait sur le côté. Le rabatteur avait des lames héliçoïdales frottant contre une lame droite fixe, comme dans nos tondeuses de

FIG. 164. — Moissonneuse *Mac Cormick*, 1845.

gazon. Les chevaux étaient placés entre le coffre et le truc d'arrière qu'une roue de gouvernail permettait d'obliquer plus ou moins pour assurer la direction.

La fig. 164 représente la moissonneuse Mac Cormick, brevetée le 31 janvier 1845.

F. Woodward, de Freehold (New-Jersey), construisit peu après 1840 une moissonneuse dans le genre de la machine Bell ; de nombreuses modifications furent peu à peu apportées et l'inventeur prit un brevet le 30 septembre 1845. Cette machine (fig. 165) est pourvue d'un arrière-train que le conducteur peut diriger par un gouvernail ; le rabatteur couche, aux ciseaux, la récolte qui tombe sur le tablier d'arrière d'où un homme, marchant sur le côté, l'enlève avec un râteau. — En 1843 quelques-unes de ces machines furent construites dans le comté de Kane (Illinois), et un modèle fut perfectionné par le

Fig. 165. — Moissonneuse *Woodward*, 1845.

fermier Marcus Steward aidé du mécanicien J. F. Hollister, de Kendall County (Illinois) ; peu après on y adapta l'organe de coupe de Hussey modifié par un des voisins, George Rugg (fig. 161). Cette machine, avec trois chevaux et deux hommes, coupait une largeur de 3 mètres et récoltait de 8 à 12 hectares par jour ; elle travailla pendant près d'une trentaine d'années sur une quarantaine d'hectares de blé par an avant qu'elle fût remplacée dans l'exploitation.

Reprenant la machine Ogle qui déchargeait en arrière, sur la piste, la récolte coupée,

Fig. 166. — Moissonneuse *Cook*, 1846.

A. J. Cook fit breveter le 20 novembre 1846 une machine dans laquelle on supprimait l'ouvrier javeleur. Une des ailes du rabatteur (fig. 166) était garnie de dents de râteaux qui, en frôlant le tablier, rejetaient en arrière la récolte qu'il contenait.

Obed Hussey perfectionna l'organe de coupe (brevet du 17 août 1847) en supprimant la mortaise des doigts, ces derniers restant ouverts à l'arrière (fig. 167) afin de permettre le dégagement facile des brins d'herbe ou de pailles; on raconte que ce perfectionnement était si important (on le retrouve dans toutes les machines actuelles) qu'il vendit son brevet pour un million de francs alors qu'il n'avait plus que deux années à courir; le système fut employé par presque tous les constructeurs de faucheuses et de moissonneuses.

Le brevet du 23 octobre 1847 pris par Cyrus H. Mac Cormick pour divers perfectionnements, comporte entr'autres un siège pour l'ouvrier javeleur (fig. 168); il reporte la roue motrice en arrière de l'alignement de la scie, permettant par suite, sans fatiguer l'attelage,

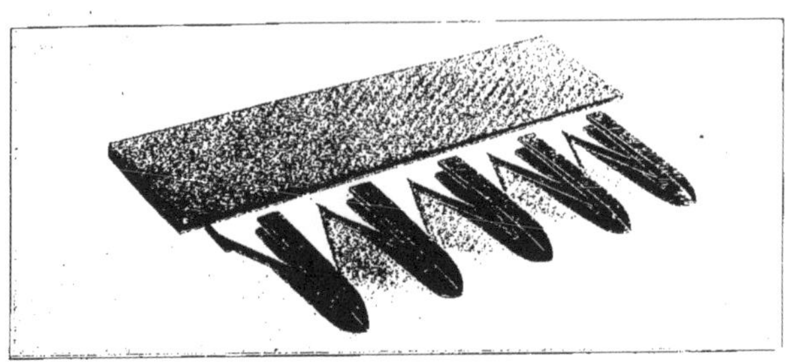

Fig. 167. — Appareil de coupe de *Hussey*, 1847.

d'équilibrer le poids de la machine et de l'ouvrier javeleur qui tournait le dos à la flèche.

Dans le but de faire faire la javelle par le conducteur de l'attelage, un brevet fut octroyé le 14 novembre 1848 à F. S. Pease. La plate-forme qui recevait le grain (fig. 169) était à rainures parallèles à la scie et au travers desquelles passaient les dents d'un râteau que le conducteur actionnait à l'aide d'un levier placé à sa portée. La machine était dépourvue d'engrenages, et le mouvement de la scie était pris sur la jante de la roue,

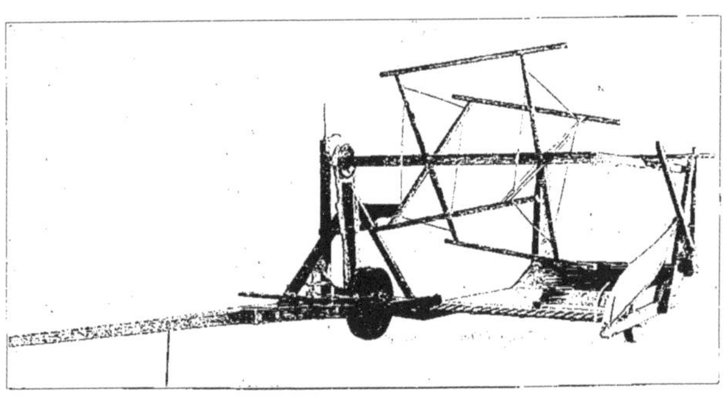

Fig. 168. — Moissonneuse *Mac Cormick*, 1847.

tracée suivant une came cylindrique déplaçant, parallèlement à son axe, une pièce garnie de deux galets. La flèche pouvait s'obliquer plus ou moins afin d'assurer, par tâtonnements, l'équilibre de la machine dans le plan horizontal. — De nombreuses tentatives furent faites plus tard, et jusqu'en 1889, pour adopter des cames de différentes formes à la place des engrenages, mais, par suite des chocs qui détérioraient le mécanisme, ces dispositifs ne se sont pas répandus dans la pratique.

Jonathan Haines, dans son brevet du 27 mars 1849, perfectionne la machine Bell, et fit une moissonneuse qui sert de type aux Headers actuels (direction de l'arrière par une roue à gouvernail ; tablier recouvert d'une toile sans fin élevant la récolte dans une voiture qui se déplace sur le côté de la machine fig. 187-241).

La fig. 170 représente la vue d'arrière d'une moissonneuse à râteau automatique dont

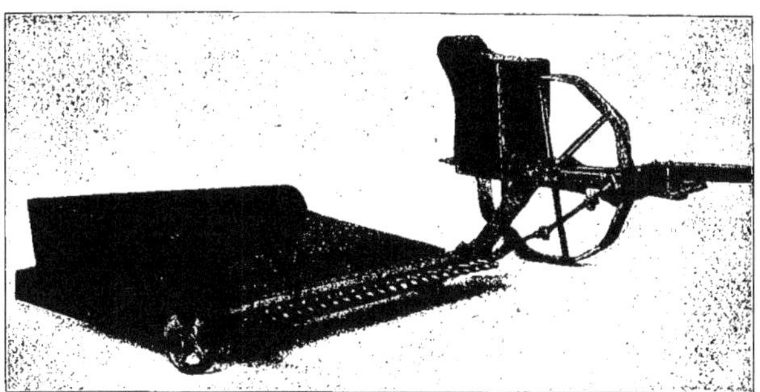

Fig. 169. — Moissonneuse *Pease*, 1848.

le brevet fut accordé le 4 février 1851 à Aaron Palmer et S. G. Williams. Nous trouvons pour la première fois en arrière de la scie un tablier en quadrant de cercle ; la récolte est couchée par un rabatteur à ailettes et la javelle est confectionnée par un râteau à mouvement alternatif, guidé à une extrémité par des tringles fixées au tablier, l'autre extrémité, articulée près de la roue motrice, étant actionnée par une came ; le râteau s'éloignait de

Fig. 170. — Moissonneuse *Palmer et Williams*, 1851.

la scie en frottant sur le tablier, alors qu'il passait à un certain niveau au-dessus de ce dernier dans son mouvement de retour. Cette machine, de construction relativement simple, rejetant automatiquement les javelles hors de la piste, se répandit assez rapidement.

Le même principe (tablier et râteau javeleur) fut appliqué par William H. Seymour (brevet du 8 juillet 1851) ; le mouvement du râteau était obtenu par engrenage et crémaillères ; la fig. 171 représente la vue d'avant de cette moissonneuse, dont beaucoup de spécimens furent construits par Seymour et Morgan.

En 1851, Sydney S. Hurlbut prit un brevet pour une moissonneuse qui élevait la récolte coupée et la déversait sur le sol en javelles d'un poids déterminé ; par sa conception,

Fig. 171. — Moissonneuse *Seymour*, 1851.

comme par ses dispositifs principaux, nous croyons bon de placer cette machine au début des moissonneuses-lieuses, et nous la décrirons dans ce chapitre spécial (fig. 191).

Nous arrivons ainsi à l'Exposition universelle de Londres, en 1851, où figurèrent les machines Hussey et Mac Cormick ; des essais eurent lieu sous les auspices de la *Cleveland Agricultural Society*. D'après un rapport imprimé à Bruxelles en 1852, l'organe de coupe de la machine Hussey (de Baltimore) était formé de lames mobiles analogues à des

Fig. 172. — Machine *Hussey*, construite par *Garrett*.

ciseaux ; celui de la machine Mac Cormick (de Chicago) comprenait une lame de scie passant entre des pointes en fer de lance. Ce même rapport belge fait mention d'une moissonneuse de W. Trotter, de Bywell, près Newcastle, qui figurait aussi à l'Exposition universelle de Londres, en 1851.

Peu après l'Exposition de Londres, la machine Hussey fut construite en Angleterre par Garrett (fig. 172) (machine à un cheval ; l'ouvrier javeleur est assis sur le coffre qui recouvre la roue motrice et les engrenages de la transmission), et, en Écosse, par Jack et Son, de Maybole (fig. 173) (machine montée sur trois roues, d'après un modèle construit en 1864).

La fig. 174 montre la machine W.-H. Seymour (brevet du 28 mars 1854), dans

FIG. 173. — Machine *Hussey*, construite par *Jack et fils*.

laquelle le mouvement fourni au râteau javeleur était obtenu par un mécanisme plus simple que dans le modèle de 1851 (fig. 171).

Le 20 mars 1855, un brevet fut accordé à Walter A. Wood pour des perfectionnements aux moissonneuses, qui étaient simples et parfaites dans leurs détails de construction ; un

FIG. 174. — Moissonneuse *Seymour*, 1854.

levier permettait de modifier la hauteur de coupe (fig. 175). De nombreuses machines furent ainsi construites par la manufacture W.-A. Wood, de Hoosick Falls (New-York).

John H. Manny prit le 23 septembre 1851 un brevet complété par celui du 1er janvier 1856, et construisit la machine représentée par la fig. 176 ; une roulette mobile dans le plan horizontal soulage la flèche; l'ouvrier javeleur est placé sur un siège à côté de la roue motrice; le rabatteur à ailettes est réglable relativement à la scie, et celle-ci peut également se déplacer pour modifier la hauteur de coupe.

Malgré les diverses tentatives faites jusqu'alors, la pratique n'employait que des

Fig. 175. — Moissonneuse *Wood*, 1855.

machines qui rabattaient et coupaient la récolte, la mise en javelles et le déversement de celles-ci sur le sol étant effectués par un ouvrier marchant à côté de la moissonneuse ou porté par elle, lorsque Owen Dorsey réussit à faire faire le travail du javelage par un

Fig. 176. — Moissonneuse *Manny*, 1856.

mécanisme simple; la fig. 177 représente la machine O. Dorsey, brevetée le 24 juin 1856 : un arbre vertical, placé entre la roue porteuse et la scie, était relié par articulations avec deux pièces diamétrales dont les déplacements verticaux étaient déterminés par une came fixe; sur les quatre bras, deux étaient garnis d'une simple planchette et jouaient le rôle de rabatteurs; deux autres étaient pourvus de dents qui, frôlant le tablier, jouaient le rôle de javeleurs en chassant la javelle hors du tablier quart circulaire; du même coup, la javelle était déposée sur le sol en dehors de la piste que l'attelage doit parcourir au tour suivant. Cette machine fut importée en Angleterre, où elle occupa plusieurs constructeurs qui la répandirent en Europe. Nous verrons que l'invention de Owen Dorsey fut complétée en 1865 par celle de Samuel Johnston.

Malgré l'invention de Dorsey, on continua quelque temps à chercher et à combiner

Fig. 177. — Moissonneuse *Dorsey*, 1856.

divers dispositifs pour effectuer le travail du javelage : nous en trouvons des exemples dans les machines Whiteley, Young et Seiberling.

La fig. 178 représente la moissonneuse William N. Whiteley (brevet du 25 novembre 1856); le râteau automatique, articulé au bâti, était déplacé par une bielle et une mani-

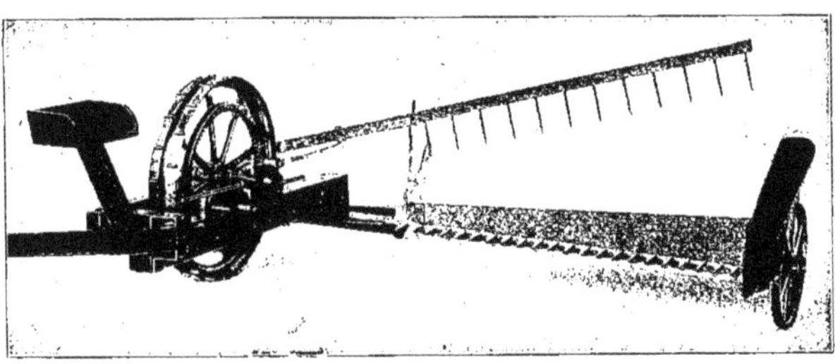

Fig. 178. — Moissonneuse *Whiteley*, 1856.

velle, et ses divers mouvements dans l'espace (de la scie à l'arrière en frôlant le tablier pour chasser la javelle; de l'arrière à l'avant en passant au-dessus du tablier) étaient assurés par une came fixée au bâti, entre l'extrémité de la scie et la roue porteuse. Cette machine fut construite par les prédécesseurs de la maison Warder, Bushnell et Cie.

La machine Mac Clintock Young (fig. 179), brevetée le 18 septembre 1860, comporte le rabatteur du type Ogle, un tablier en quadrant de cercle et un râteau javeleur articulé

Fig. 179. — Moissonneuse *Young*, 1860.

dont une came fixe et une bielle solidaire de l'arbre du rabatteur assurent les divers déplacements dans l'espace ; ce système fut appliqué aux moissonneuses Mac Cormick.

Thomas S. Whitenack perfectionne les râteaux de Owen Dorsey par son brevet du

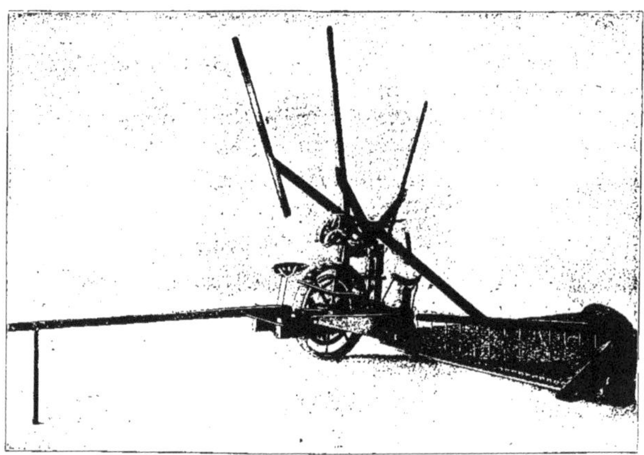

Fig. 180. — Moissonneuse *Whitenack*, 1861.

5 février 1861. Comme le représente la fig. 180, chaque râteau est indépendant des autres et est articulé à l'extrémité d'un arbre vertical ; les râteaux sont guidés par une came circulaire, et une seconde came, placée sur le tablier, permet de les relever après leur passage de la scie (râteau rabatteur) ; quand on abaissait cette seconde came (en agissant

sur un levier placé à côté du siège), les dents du râteau, devenu javeleur, frôlaient le tablier en quadrant de cercle et chassaient la javelle en arrière de la machine.

Le brevet accordé le 7 février 1865 à Samuel Johnston est relatif au système qui est encore en usage, comme principe, dans toutes les moissonneuses-javeleuses. Johnston,

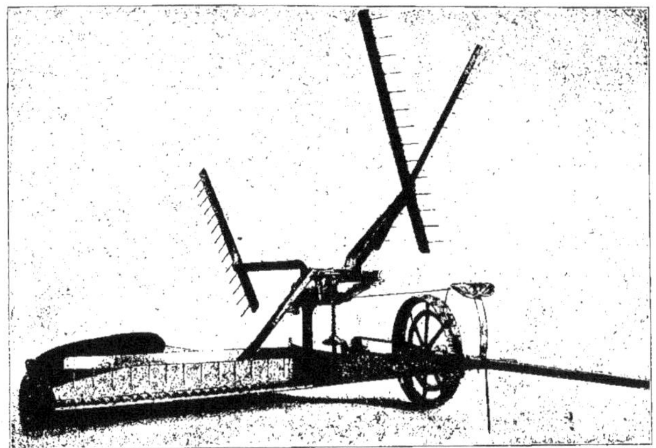

Fig. 181. — Moissonneuse *Jonhston*, 1865.

reprenant les idées de Dorsey et de Whitenack, astreint chaque râteau à se déplacer, par un galet, sur une came fixe qui entoure l'axe vertical (fig. 181); au passage de la scie, la came se dédouble en deux chemins de roulement : l'un inférieur, l'autre supérieur, raccor-

Fig. 182. — Moissonneuse *Seiberling*, 1865.

dés par une pièce mobile ou aiguille dont le déplacement est sous la dépendance du conducteur par l'intermédiaire d'une corde et d'une pédale (plus tard, l'aiguille sera actionnée par un mécanisme solidaire de la transmission générale). Quand le galet d'un râteau s'engage sur la courbe inférieure, il y a javelage, et les dents du râteau frôlent le tablier en quadrant de cercle sur toute son étendue; si le galet s'engage sur la courbe supérieure, le râteau correspondant est simplement rabatteur; à la volonté du conducteur, chaque râteau peut aussi être rabatteur ou javeleur.

Le brevet du 5 décembre 1865, de John F. Seiberling, est relatif à une faucheuse

Fig. 183 — Moissonneuse *Kirby*.

qu on peut transformer en moissonneuse (fig. 182); on y trouve le rabatteur à ailettes de la machine Ogle; en arrière de la scie est un tablier rectangulaire articulé, qui reçoit la récolte coupée; quand il y en a une certaine quantité, le conducteur, appuyant le pied sur une pédale, fait basculer le tablier et la récolte sur le sol, et des ouvriers l'enlèvent

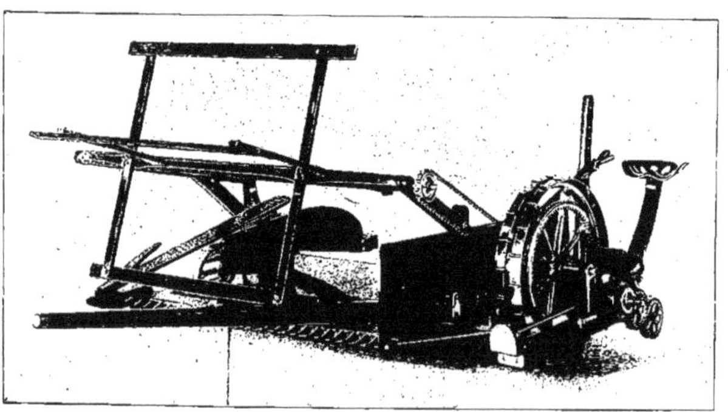

Fig. 184. — Moissonneuse *Wood et Rosebrook*, 1871.

afin de débarrasser la piste pour le tour suivant; pendant le déversement de la javelle, une tringle articulée retient les épis de la javelle suivante.

Nous retrouvons encore des moissonneuses avec rabatteurs à ailettes : la fig. 183 représente la machine de William A. Kirby, construite par la maison Osborne (machine analogue à la Wood de 1855, à rabatteurs à ailettes, à deux sièges et à tablier triangulaire). Le brevet Wood et Rosebrook (du 3 janvier 1871), est un perfectionnement apporté

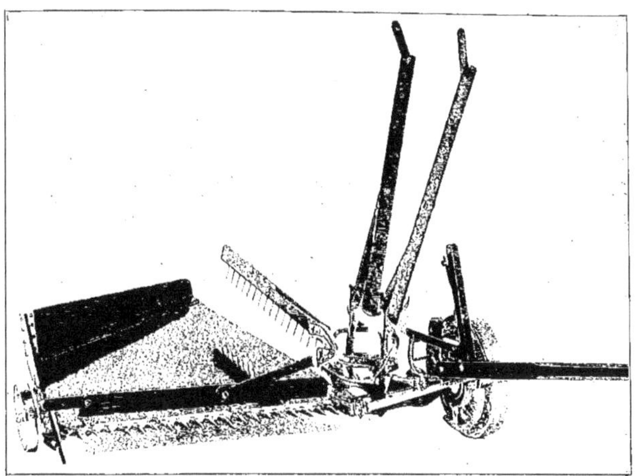

Fig. 185. — Moissonneuse *Burdick*.

à la machine Walter A. Wood, de 1855, à tablier rectangulaire. Une chaîne sans fin se déplace dans une rainure du tablier et actionne une palette articulée par des bras

Fig. 186. — Moissonneuse *Deering*, 1900.

(fig. 184) dont les mouvements sont combinés pour se rapprocher de la roue motrice et chasser la javelle derrière le siège. Cette machine fut très employée en Russie.

On perfectionna ensuite la construction des machines S. Johnston, et on en diminua

le poids en abaissant les articulations des râteaux : la fig. 185 montre la machine W. Burdick construite par la maison D.-M. Osborne et Cie, de Auburn (New York). La fig. 186 représente la moissonneuse-javeleuse type 1900, construite par la *Deering Harwester C°*, de Chicago (Illinois). La fig. 187 est relative à un *Header* actuel : c'est une large moissonneuse poussée par un attelage; le rabatteur à ailettes fait tomber la

Fig. 187. — *Header.*

récolte sur un tablier rectangulaire où une toile sans fin l'emmène à un élévateur qui la déverse dans un chariot qu'un attelage déplace à côté de la moissonneuse. Ces Headers se répandent dans l'Amérique du Sud, en Espagne et en Afrique (on les désigne aussi sous le nom d'*Espigadoras*).

Exposition rétrospective de M. Thallmayer. — M. Victor Thallmayer, professeur de Génie rural à l'Académie royale de Magyar-Ovar (Hongrie) a envoyé un magnifique album contenant un certain nombre d'aquarelles qui représentent les moissonneuses anciennes et modernes. Nous croyons intéressant d'indiquer sommairement les différentes planches de moissonneuses-javeleuses, réservant pour un autre chapitre celles qui sont relatives aux moissonneuses-lieuses.

Travaux manuels (faucilles et faux);

1811. Machine Smith, à disque horizontal, poussée par l'attelage et déposant la récolte en andain;

1826. Moissonneuse Bell;

1831. Moissonneuse Mac Cormick, avec rabatteur à axe horizontal; tablier rectangulaire. A l'aide d'un râteau à main, un homme, qui marche à côté de la mach'ne, retire la javelle du tablier;

1851. Machine Hussey;

1851. Moissonneuse Garrett; un homme, debout sur le tablier, rejette la javelle avec un râteau à main;

1855. Moissonneuse Mac Cormick; machine analogue à la précédente, mais pourvue en plus d'un rabatteur à axe horizontal;

1862. Moissonneuse Bell-Croskill; amélioration de la machine de 1826, mais sans modification dans son principe général;

1862. Moissonneuse Burgess et Key; rabatteurs à axe horizontal; tablier incliné garni de vis entraînant sur le côté la récolte qui est déposée en andain;

1862. Moissonneuse Mac Cormick; première machine à râteaux rabatteurs, à tablier en quadrant de cercle; un râteau javeleur est animé de mouvements alternatifs;

1862. Moissonneuse Hallenbeck, dite la Buckeye, avec deux hommes sur un siège; râteau javeleur à main;

1866. Moissonneuse Bamlett; un homme au râteau javeleur à main est assis sur un siège; le conducteur marche à côté du cheval;

1869. Moissonneuse-javeleuse Mac Cormick ; amélioration de la machine de 1862 ;
1869. Moissonneuse dite modèle original de Samuelson ; le conducteur est monté sur le cheval de gauche ;
1873. Moissonneuse Wood ; tablier rectangulaire ; un râteau (à chaîne) ramène la javelle en arrière de la roue, parallèlement à la scie ;
1874. Moissonneuse, dite Royale, de Samuelson, avec râteaux automatiques et siège ;
1874. Moissonneuse, dite Champion, de Warder Mitchell et Cie ; machine combinée à râteaux automatiques ;
1876. Moissonneuse Aultman, avec râteau javeleur articulé au centre du tablier et tournant dans le plan horizontal.

Moissonneuses javeleuses. — Les *moissonneuses-javeleuses*, qui sont relativement de moins en moins demandées par la culture, n'ont présenté que peu de modifications sur des types déjà connus.

Nos constructeurs de faucheuses (voir le paragraphe spécial) exposent aussi des

Fig. 188. — Moissonneuse-javeleuse *W. A. Wood.*

moissonneuses-javeleuses. Nous trouvons une belle collection dans le palais des machines des États-Unis : toutes les moissonneuses sont pourvues de quatre râteaux qui peuvent être indistinctement rabatteurs ou javeleurs ; suivant l'intensité de la récolte, on peut avoir un javeleur par cinq, quatre, trois, deux ou un râteau ; le conducteur a à sa portée deux leviers, un (dit de pointage) pour modifier l'inclinaison transversale de la scie, le second destiné au relevage du tablier. La roue porteuse et motrice est en fonte, sauf dans la moissonneuse Wood (voir pour les domiciles des constructeurs le paragraphe relatif aux faucheuses) pourvue d'une roue en acier dont la boîte peut être remplacée après usure

FIG. 189. — Moissonneuse-javeleuse *Deering.*

fig. 188) ; la roue tourne folle sur l'essieu qui est muni de coussinets à rouleaux et à billes dans les machines Deering (fig. 189), Johnston, Mac Cormick et Warder ; l'essieu est

FIG. 190. — Moissonneuse-javeleuse *Harrison Mac Gregor.*

fixé au bâti en fonte qui supporte le mécanisme des râteaux ainsi que la tête du porte-lame et du tablier ; dans la moissonneuse Warder, l'essieu est pris à chaque extrémité dans un bâti rectangulaire en acier, d'une seule pièce, qui se raccorde au bâti de fonte supportant les râteaux. Pour faciliter les virages, ou tournées, les axes des deux roues (motrice et roue du séparateur) sont placés sur la même transversale, ou sensiblement, disposition que nous trouverons appliquée aux moissonneuses-lieuses. Enfin, les machines diffèrent par leur mécanisme de transmission du mouvement de la roue aux râteaux qui a lieu : par engrenages dans les modèles Mac Cormick, Plano, Wood et Warder (arbre à joints), par chaîne dans les moissonneuses Aultman, Deering, Johnston et Osborne. La transmission de la roue à l'arbre du plateau-manivelle s'effectue par engrenages, sauf dans la machine Johnston, dont la première paire d'engrenages est remplacée par une transmission par chaîne, comme dans la faucheuse des mêmes constructeurs.

Nous ne dirons que peu de mots des *moissonneuses-javeleuses* de la section anglaise (les adresses des exposants sont indiquées au paragraphe consacré aux faucheuses). Les machines à quatre râteaux (Massey) ou à cinq râteaux (Harrison, fig. 190 ; Samuelson) ont le bâti général en fonte (Harrison) ou en acier (Massey, rectangle entourant la roue motrice et relié au tablier par un fer en U ; Samuelson, fer plat). La transmission du mouvement aux divers organes (scie et râteaux) a lieu par engrenages, sauf dans la Massey où les râteaux sont commandés par un arbre brisé à joints.

Mentionnons une *moissonneuse-javeleuse* présentée par les Ateliers des Chemins de fer de l'État hongrois et, enfin, les modèles des sections allemande te suisse (mêmes constructeurs que les faucheuses) qui sont copiés sur les anciens types anglais ou américains et ne présentent aucun sujet intéressant d'étude.

G. — Moissonneuses-lieuses.

Exposition rétrospective de la Maison Deering, de Chicago (Illinois). — Dans l'exposition rétrospective des États-Unis confiée à la maison Deering, et dont nous avons déjà

Fig. 191. — Moissonneuse *Hurlbut*, 1851.

parlé, avec éloges, aux chapitres des faucheuses et des moissonneuses-javeleuses, nous relevons les documents suivants relatifs aux moissonneuses-lieuses[1].

Le problème du liage mécanique des céréales coupées a préoccupé les inventeurs avant que la moissonneuse simple, ou moissonneuse-javeleuse, fût assez perfectionnée pour entrer dans la pratique courante.

A l'origine nous pouvons placer la machine de Sydney S. Hurlbut (brevet du 4 février 1851) ; dans cette moissonneuse (fig. 191) la récolte coupée tombait sur un

1. Le lecteur pourra aussi consulter notre étude sur les *moissonneuses-lieuses*, parue dans le *Journal d'agriculture pratique* de 1888, t. I, p. 665, où figurent des documents historiques.

tablier rectangulaire sur lequel se déplaçait une toile sans fin formant élévateur à une extrémité, du côté de la roue motrice (nous trouvons déjà le principe des moissonneuses-lieuses, dites à une toile, qui furent présentées à l'Exposition universelle de 1889). La récolte, arrivant d'une façon continue, tombait dans un des trois compartiments du tambour latéral et quand il y en avait une quantité suffisante pour faire une gerbe (qu'on pouvait régler avec un contrepoids), le tambour décrivait automatiquement un tiers de tour et laissait tomber sur le sol des javelles du même poids. (La fig. 191 ne représente pas le rabatteur à ailettes, placé au-dessus de la scie et chargé de coucher la récolte sur le tablier.)

Le premier brevet pour une moissonneuse-lieuse fut donné, aux États-Unis, en 1850 (appareil semi-automatique). Dans un brevet du 13 mai 1851, accordé à Watson, Renwick et Watson, pour une moissonneuse-lieuse, il est fait mention d'un mécanisme entièrement automatique pouvant lier avec de la ficelle, mais aucun appareil fut construit.

Le troisième brevet fut délivré le 6 décembre 1853, à Peter H. Watson et Edward S. Renwick qui ne firent qu'un modèle que représente la fig. 192. La machine, très

Fig. 192. — Moissonneuse-lieuse *Waston et Renwick*, 1853.

compliquée, liait à la ficelle; l'organe lieur était placé au-dessus et à côté de la roue motrice, à l'opposé du tablier, de la scie et du rabatteur; les tiges coupées étaient amenées vers la roue, puis élevées par des courroies sans fin; pendant la confection du nœud, le mécanisme lieur comprimait la gerbe qui était ensuite chassée hors de la machine; cette dernière comportait de nombreux détails et dispositifs très ingénieux.

Au lieu de chercher un mécanisme lieur, d'autres inventeurs tournèrent leur attention sur les procédés ou systèmes propres à diminuer le nombre d'ouvriers nécessaires au travail. A l'époque où nous en sommes, il fallait deux hommes à la machine (un pour conduire l'atttelage, l'autre pour le javelage et la surveillance du mécanisme), plus six à huit ouvriers répartis sur la piste afin de reculer les javelles et d'en effectuer le liage, opérations qui étaient rendues longues par suite des déplacements imposés aux hommes. Néanmoins, dans ces conditions, un chantier de huit à dix ouvriers pouvait moissonner de 4 à 5 hectares par jour.

Deux jeunes fermiers du Far West, Charles W. et Willlam W. Marsh, eurent l'idée de modifier la moissonneuse genre S. Hurlbut et de lui donner des dimensions telles que deux ouvriers puissent se tenir sur la machine pour recevoir et lier des gerbes; des essais furent entrepris pendant la moisson de 1857 et un brevet fut pris le 17 août 1858. La fig. 193 représente une de ces machines Marsh que nous retrouverons plus tard (1874-1875) avec des perfectionnements. Le rabatteur couchait la récolte coupée sur le tablier; des courroies sans fin l'amenaient à un élévateur qui la déversait à une table devant laquelle se tenait deux ouvriers : pendant que l'un d'eux recevait une javelle, l'autre liait la javelle précédente avec des liens en corde préparés d'avance. On pouvait ajouter un berceau ou porte-gerbes (qui fut de nouveau appliqué en 1884 aux moissonneuses-lieuses) afin d'en rece-

Fig. 193. — Moissonneuse *Marsh*, 1858.

voir un certain nombre et de les déverser aux endroits voulus. Économisant quatre ouvriers au moins pour effectuer le même travail, la machine Marsh se répandit rapidement. Une petite fabrique fut installée, en 1863, par Marsh frères, Lewis et George Steward, à Plano, et la maison devint successivement : Marsh frères et Steward; Gammon, Deering et Steward; Gammon et William Deering, enfin la Deering Harvester C°.

En 1866, Stephen D. Carpenter, du Wisconsin, construisit une moissonneuse-lieuse

Fig. 194. — Moissonneuse-lieuse *Carpenter*, 1866.

que représente la fig. 194; la machine était poussée par les chevaux, un système actionnait un râteau javeleur amenant périodiquement la récolte coupée vers la roue motrice, près de laquelle se trouvait le mécanisme lieur, ce dernier étant susceptible d'être déplacé afin de modifier la position du lien suivant la hauteur de la récolte; enfin on pouvait enlever l'appareil lieur et transformer la machine en simple moissonneuse-javeleuse. Diverses modifications furent ensuite introduites par l'inventeur : les chevaux furent placés en avant, le tablier fut pourvu d'un toile sans fin et d'un élévateur, comme dans la machine Marsh, et la fig. 195 donne la vue d'ensemble du modèle breveté le 22 décembre 1868, mais qui ne fut pas employé dans la pratique.

James F. Gordon prit un brevet le 12 mai 1868 pour la machine indiquée par la fig. 196 qui présentait des perfectionnements de détails de la machine Carpenter de 1866 (fig. 194) dont elle avait le principe général de fonctionnement ; la moissonneuse Gordon

Fig. 195. — Moissonneuse-lieuse *Carpenter*, 1868.

ne fut pas employée en pratique et des modifications lui furent apportées en 1874, comme nous le verrons plus loin.

George H. Spaulding, de Rockford (Illinois), fit, en 1869, un modèle (fig. 197) qui ne fonctionna que dans les ateliers ; le 31 mai 1870, le même inventeur prit un brevet pour une machine (représentée par la fig. 198) du même principe que la précédente, mais avec des modifications de construction ; l'élévateur était vertical ; la table de liage, garnie de tasseurs

Fig. 196. — Moissonneuse-lieuse *Gordon*, 1868.

articulés en dessous d'elle, était au-dessus de la roue motrice ; quand une certaine quantité de récolte était accumulée, un embrayage entrait automatiquement en fonction pour actionner le mécanisme lieur ; c'est la première machine qui permettait de faire des gerbes de grosseur uniforme, mais la position de l'élévateur et de la table de liage ne pouvait rendre l'ensemble pratique.

En 1872-1873, Sylvanus D. Locke réussit à construire une lieuse à laquelle il travaillait depuis 1864. Son brevet fut acheté par la maison Walter A. Wood, de Hoosick Falls (New-York) qui envoya un exemplaire à l'exposition internationale Vienne, en 1873, mais la machine (fig. 199) ne fut pratique qu'en 1874 ; nous l'avons retrouvée à l'Exposi-

FIG. 197. — Moissonneuse-lieuse *Spaulding*, 1869.

FIG. 198. — Moissonneuse-lieuse *Spaulding*, 1870.

FIG. 199. — Moissonneuse-lieuse *Wood*, 1872-1873.

tion de Paris de 1878, et en 1880 nous eûmes personnellement l'occasion de faire des recherches sur une de ces machines que la maison Wood avait offerte à l'Institut national Agronomique. La récolte, fournie par l'élévateur, tombait sur la table de liage qui était cintrée; la javelle était serrée entre deux bras en fonte pendant que l'aiguille l'entourait d'un fil de fer recuit, dont la torsion était effectuée par un mécanisme placé en dessous de la table; les deux bras et l'aiguille étaient animés de mouvements périodiques assez

FIG. 200. — Moissonneuse-lieuse *Gordon*, 1874.

complexes dont la cinématique était très curieuse à étudier. La machine fut construite par la maison Wood jusque vers 1878; en 1880, M. Th. Pilter appliqua le lieur Locke à l'arrière d'une batteuse Garrett pour lier la paille battue.

La fig. 200 représente la machine James Gordon brevetée du 20 janvier 1874 et construite par Gammon et Deering, de Chicago; une machine Marsh était pourvue de

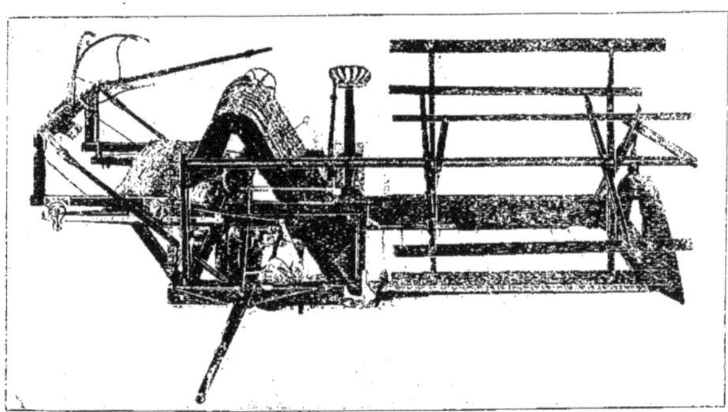

FIG. 201. — Moissonneuse-lieuse *Gordon*, 1874.

l'appareil lieur; la gerbe était serrée par des tasseurs, le mécanisme chargé de la torsion du fil de fer était un peu compliqué. La fig. 201 représente un autre modèle Gordon de 1874, dans lequel le bâti portant l'axe de l'aiguille lieuse s'avançait vers l'élévateur pour reculer ensuite pendant la période de la torsion du fil de fer. La fig. 202 montre une machine Gordon qui ne fut pas mise en service courant comme étant bien trop compliquée : un sorte de table à claire-voie faisait un demi-tour lors du liage de chaque gerbe, et servait à retenir et à séparer la récolte fournie par l'élévateur. Enfin la fig. 203 représente un autre brevet Gordon. de 1875, qui fut appliqué par la maison Osborne et Cie de Auburn (New-York); la gerbe était serrée contre le fil de fer tendu par l'aiguille lieuse qui, au moment voulu, descendait, mettait le fil en prise avec l'appareil chargé d'en

FIG. 202. — Moissonneuse-lieuse *Gordon*, 1874.

effectuer la torsion et placé sous la table horizontale, puis l'aiguille s'écartait de l'élévateur, rejetait la gerbe liée et reprenait sa position primitive.

Vers cette époque (1875) la maison Deering construisit des lieuses à fil de fer avec mécanisme Steward.

Les machines Marsh, dont nous avons déjà parlé (fig. 193) se perfectionnèrent et furent très employées à partir de 1871 ; la fig. 204 représente un modèle de 1875 avec parasol

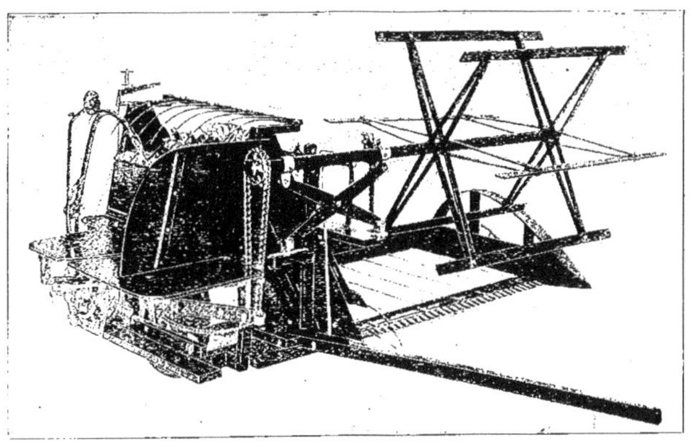

FIG. 203. — Moissonneuse-lieuse *Gordon*, 1875.

destiné à protéger les ouvriers chargés du liage ; il y a un porte-gerbes qu'on inclinait au moment voulu pour effectuer la décharge. La fig. 205 est relative à une de ces machines ayant une longueur de coupe de 2 m. 10 et pouvant recevoir trois hommes chargé du liage de la récolte. Ces machines Marsh figurèrent à l'Exposition universelle de Philadelphie, en 1876.

La fig. 206 représente la lieuse H. A et W. H. Holmes (brevets du 3 janvier 1878 et

Fig. 204 — Moissonneuse *Marsh*, 1875.

Fig 205. — Moissonneus *Marsh*, 1875.

Fig. 206.— Moissonneuse-lieuse *Wood*, 1878.

du 3 décembre 1878) qui fut très employée et construite par la maison W. A. Wood jusque vers 1883 ou 1884, époque vers laquelle apparut le lieur Wood dont le principe général est encore en usage par ces constructeurs.

John F. Appleby, employé dans une ferme de l'Ouest, chercha, dès 1858, un mécanisme simple, capable d'effectuer le liage des gerbes avec de la ficelle ; malgré de grandes difficultés, il fit de nombreux essais et, pendant un certain temps, se préoccupa du liage au fil de fer. En 1874 Appleby reprit l'idée du noueur employant la ficelle ; dès 1875, un

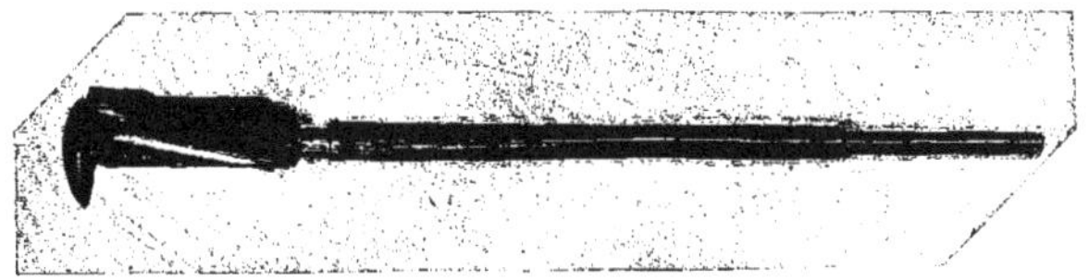

Fig. 207. — Noueur primitif d'*Appleby*, 1858.

premier modèle fonctionna et fut successivement modifié jusqu'en 1878, époque à laquelle il fut aidé par William Deering, de Chicago, qui monta le mécanisme sur une moissonneuse Marsh. La fig. 207 représenterait le noueur primitif fait par Appleby, en 1858, à l'âge de dix-huit ans. Les fig. 208 et 209 sont relatives à une moissonneuse-lieuse Appleby construite par Deering en 1878 et en 1879 ; comme dans toutes les machines actuelles, les tasseurs étaient articulés sous la table ainsi que l'aiguille lieuse qui, en remontant, se

Fig. 208. — Moissonneuse-lieuse *Deering*, 1878.

chargeait de séparer la gerbe à lier de la récolte fournie continuellement par l'élévateur ; après le liage, pendant que l'aiguille descendait s'effacer sous la table, des bras éjecteurs chassaient la gerbe liée hors de la machine.

Marquis L. Gorham prit, du 9 février 1875 au 12 octobre 1880 plusieurs brevets et les fig. 210, 211, 212 et 213 sont relatives au dernier modèle, lourd et volumineux ; l'aiguille lieuse était articulée à un axe horizontal placé au niveau de la table au-dessus de laquelle était disposé l'organe noueur.

Fig. 209. — Moissonneuse-lieuse *Deering*, 1879.

Fig. 210. — Moissonneuse-lieuse *Gorham*, 1880.

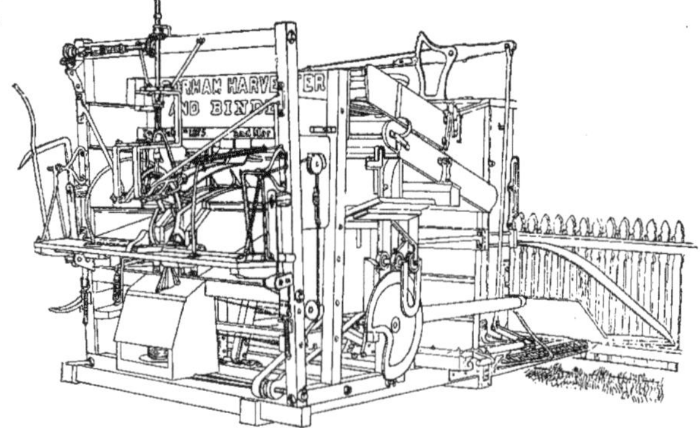

Fig. 211. — Moissonneuse-lieuse *Gorham*, 1880.

Fig. 212. — Moissonneuse-lieuse *Gorham*, 1880.

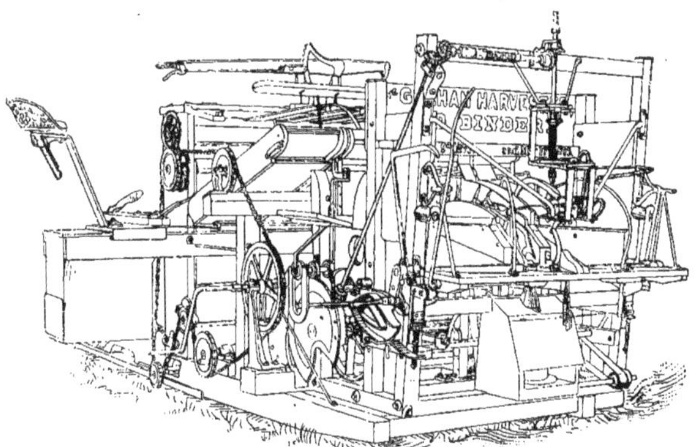

Fig. 213. — Moissonneuse-lieuse *Gorham*, 1880.

Fig. 214. — Moissonneuse-lieuse *Mac Cormick*.

La fig. 214 représente la machine Mac Cormick (brevets Charles B. Withington et autres) construite jusque vers 1880; l'axe de l'aiguille lieuse, placé au-dessus de la table, se déplaçait horizontalement pendant le liage.

Le brevet A. C. Miller, du 5 septembre 1882, est relatif au perfectionnement de la

Fig. 215. — Moissonneuse-lieuse *Osborne*, 1882.

lieuse de James F. Gordon (fig. 203) de 1875; cette machine Miller (fig. 215) fut construite par la maison Osborne et pouvait lier au fil de fer ou avec de la ficelle.

A l'Exposition universelle de Paris, en 1889, la maison Wood présenta une machine liant avec un lien en paille de seigle qu'elle confectionnait au fur et à mesure des besoins

Fig. 216. — Moissonneuse-lieuse *Deering*, 1900.

(voir notre rapport officiel; Exposition de 1889, classe 49; essais de Noisiel et *Journal d'agriculture pratique*, 1889, t. II).

Terminons par les modèles de 1900 de la maison Deering : fig. 216, moissonneuse-lieuse; fig. 217, moissonneuse-lieuse à large coupe de 4 mètres, portée sur un avant-train dont les roues sont garnies de disques circulaires afin de pénétrer dans le sol et de

FIG. 217. — Moissonneuse-lieuse à large coupe, *Deering*.

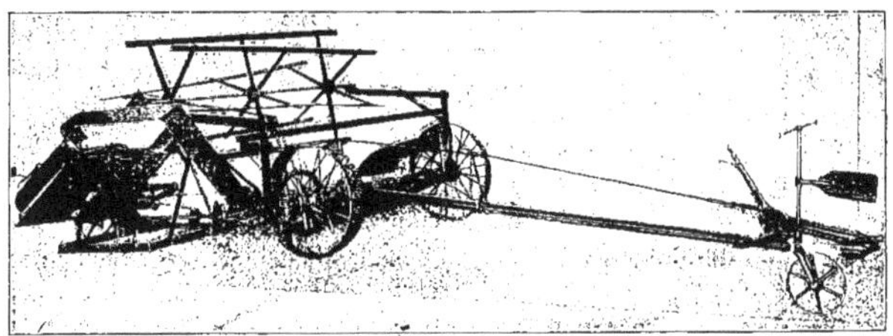

FIG. 218. — Header avec lieur, *Deering*.

FIG. 219. — Moissonneuse à maïs, *Morrow*, 1886.

s'opposer à la rotation de la machine dans le plan horizontal ; fig. 218, header avec lieuse (brevet du 15 septembre 1896).

Les *moissonneuses* spécialement construites pour le maïs à grain, semblent apparaître en 1886 avec la machine Richard H. Morrow (brevet du 10 août 1886, fig. 219) ; les tiges coupées étaient maintenues verticales par des doigts et entraînées dans cette position à l'arrière d'où elles tombaient sur le sol. Le brevet du 5 janvier 1892, est accordé à

Fig. 220. — Moissonneuse-lieuse à maïs, *Peck*, 1892.

A. S. Peck, qui adapte un mécanisme lieur à une machine propre à récolter le maïs ; dans le premier modèle, la moissonneuse, analogue à celle de Morrow, était poussée par les chevaux ; la fig. 220 représente le dernier modèle Peck construit par la maison Mac

Fig. 221. — Moissonneuse-lieuse à maïs, *Osborne*, 1895.

Cormick. Le 28 février 1895, Charles S. Sharp prit un brevet pour une moissonneuse-lieuse à maïs (fig. 221) : des chaînes sans fin, garnies de saillies de place en place, concurremment avec des plaques dentées animées de mouvements alternatifs, entraînent verticalement la récolte coupée à l'arrière de la machine où l'aiguille lieuse se déplace dans le plan horizontal; cette machine est construite par la maison Osborne.

Enfin la fig. 222 représente la machine Deering dans laquelle les tiges de maïs sont couchées horizontalement, liées à l'arrière du siège et déversées dans le porte-gerbes.

Fig. 222. — Moissonneuse-lieuse à maïs, *Deering*.

Exposition rétrospective de M. Thallmayer. — Comme suite à la liste donnée précédemment au paragraphe des moissonneuses-javeleuses, nous citons les documents suivants, extraits de l'exposition de M. Victor Thallmayer, professeur de Génie rural à l'Académie royale de Magyar-Ovar (Hongrie) :

1869. Machine Marsh, avec élévateur; le liage est fait par deux ouvriers portés par la machine;
1876. Machine Adams French, analogue à la précédente; trois hommes sont chargés du liage des javelles;
1879. Moissonneuse-lieuse Wood; liage au fil de fer;
1880. Moissonneuse-lieuse Mac Cormick; liage au fil de fer;
1884. Moissonneuse-lieuse Wood; liage à la ficelle;
1885. Machine *Header*, de Wood;
1886. Moissonneuse-lieuse Wood; liage à la ficelle;
1889. Lieuse indépendante Hubbard, ramassant les javelles sur le champ et effectuant le liage au fil de fer (cette machine parut en France en 1880-1881).
1889. Lieuse indépendante Johnston (analogue à la machine Hubbard précitée; liage au fil de fer);
1889. Moissonneuse-lieuse Adriance, sans élévateur;
1890. Moissonneuse-batteuse, tirée par vingt-quatre mules; employée en Californie;
1890. Moissonneuse-batteuse employée en Californie; machine tirée latéralement par une locomotive routière à chaudière verticale;
1894. Moissonneuse-lieuse Wood, à une toile;
1894. Moisonneuse-lieuse à maïs, de Mac Cormick.

Moissonneuses-lieuses. — Les *moissonneuses-lieuses*, qui se répandent avec rapidité, ont été améliorées dans beaucoup de détails; les machines à une seule toile, préconisées en 1889 pour le travail des fortes récoltes, sont remplacées par les moissonneuses à bâti ouvert à l'arrière; le bâti, qui laissait à désirer dans quelques anciens modèles, est aujourd'hui rigide quoique léger, grâce à l'emploi de l'acier; l'usage des coussinets à rouleaux, la simplification du lieur et beaucoup de détails pratiques dans l'agencement des mécanismes sont à signaler dans les nouvelles moissonneuses-lieuses.

Une seule *moissonneuse-lieuse* figurait dans la section française (Hurtu, Nangis, Seine-et-Marne); les autres modèles qu'il y a lieu d'examiner figurent dans les sections américaine et anglaise. (Rappelons que les domiciles des maisons de construction ont été donnés plus haut à l'occasion de l'examen des faucheuses.)

Les moisonneuses-lieuses constituent certainement la partie la plus intéressante à étudier dans la section des États-Unis.

Sauf la machine Adriance, toutes les moissonneuses-lieuses exposées sont à élévateur. La machine Adriance est connue chez nous depuis longtemps : des dents implantées sur un cylindre à axe horizontal parallèle à l'essieu, soulèvent la récolte à 0 m. 40 environ au-dessus de la toile du tablier; quand la quantité voulue pour faire une gerbe est accumulée, l'aiguille lieuse l'entraîne horizontalement, vers le siège, au noueur qui est sous la table; la gerbe est ensuite prise par une fourche animée de mouvements périodiques et déposée sur le sol. En supposant que la complication du mécanisme noueur reste la même, on voit que pour économiser l'élévateur, on est conduit, dans cette machine, à employer des organes complexes animés de mouvements variés chargés

Fig. 223. — Bâti de la moissonneuse-lieuse *Osborne*.

d'effectuer les déplacements de l'aiguille et des fourches. D'ailleurs, nos essais ont montré que l'élévateur, constitué par des organes simples animés de mouvements continus, n'absorbait qu'une très petite quantité du travail nécessité par les moissonneuses-lieuses (à peine 1 p. 100). Ajoutons que la maison Adriance construit également des moissonneuses-lieuses à élévateur à trois toiles.

Il résulte de l'ensemble de nos recherches effectuées sur les moissonneuses-lieuses que le roulement (influencé surtout par le poids de la machine) absorbe de 40 à 50 p. 100 du travail mécanique total; le mécanisme nécessite de 20 à 30 p. 100, alors que le travail pratique effectué (coupe de la céréale, élévation et liage [1]) utilise de 28 à 32 p. 100 du travail total que fournit l'attelage à la machine.

Les moissonneuses-lieuses à une seule toile, qui avaient été préconisées surtout vers

1. Coupe de la récolte 23 à 26 p. 100; élévation de la récolte 0,5 à 1 p. 100; liage 4,5 à 5 p. 100.

1889, ont été abandonnées par la pratique dès qu'elle eut à sa disposition les machines dites à bâti ouvert à l'arrière, permettant de travailler dans les très hautes récoltes de notre pays ; on est ainsi revenu, avec juste raison, au système dit à trois toiles : une horizontale sur le tablier, chargée d'entraîner les tiges coupées vers la roue motrice, les deux autres toiles inclinées laminant les tiges et les élevant au-dessus de la roue pour les déverser au sommet de la table de liage. Dans toutes les machines, le bâti longitudinal est très large (jusqu'à 1 m. 70) et supporte l'élévateur supérieur, le siège, ainsi que les divers leviers de manœuvre ou de réglage (fig. 223).

Alors que les anciens modèles de 1878 comportaient un bâti en bois et des roues en fonte, les types de 1889 étaient déjà presque tous à châssis métallique ; actuellement, tous les bâtis construits d'une façon très rigide sont formés d'une tôle maintenue dans un châssis en acier (fig. 223) de différentes sections : méplats, cornières, en U, ou en tubes (Milwaukee) ; la roue motrice est à rais et jantes en acier (dans la Milwaukee, la jante est concave sous prétexte d'éviter l'adhérence de la terre humide et d'empêcher la machine de s'enfoncer dans les terres légères).

L'axe de la roue du sabot diviseur est placé sur la même transversale (ou sensiblement) que celui de la roue motrice afin de faciliter les virages de la machine. A l'aide

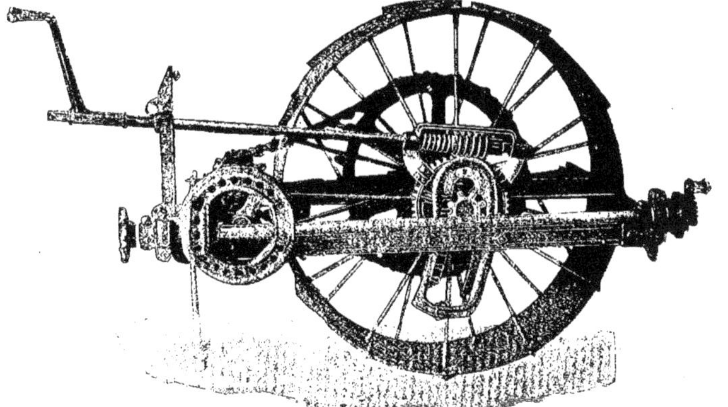

Fig. 224. — Roue motrice de la moissonneuse-lieuse *Osborne*.

d'une manivelle, l'essieu de la roue motrice peut se déplacer, relativement au bâti, dans une coulisse en arc de cercle (chez presque toutes les machines, fig. 224) ou en ligne droite (Plano) ; dans la Milwaukee, ce déplacement est obtenu à l'aide d'un levier agissant sur un treuil à rochets sur lequel s'enroulent deux câbles, un commandant la position de la roue motrice, l'autre celle de la roue du séparateur. Lorsque l'arc de cercle de la coulisse de la roue motrice a pour centre l'arbre du pignon qui reçoit la chaîne principale de commande, la longueur de cette chaîne reste constante et il n'y a pas lieu d'employer un galet tendeur ; on trouve ce galet, dont le mouvement est déterminé par un ressort, dans la machine Mac-Cormick ; dans la Milvaukee, la chaîne principale n'est pas tendue, mais son brin de retour est maintenu sur le pignon par un galet de contact. Cette chaîne est en fonte dans les différentes machines, sauf chez la Mac-Cormick et la Milwaukee dont les maillons sont réunis par des broches d'acier. Les autres chaînes de commande (aux rabatteurs, aux toiles, au lieur) sont à maillons de fonte, sauf dans la Mac-Cornick où ils sont découpés et emboutis dans une plaque d'acier ; ces maillons, plus légers de moitié que ceux en fonte, auraient, dit-on, une résistance de 18 p. 100 plus élevée.

Les coussinets à rouleaux sont appliqués à la roue motrice (Johnston) ainsi qu'au premier axe intermédiaire (Mac-Cormick, Osborne, Warder) et à l'arbre de la manivelle

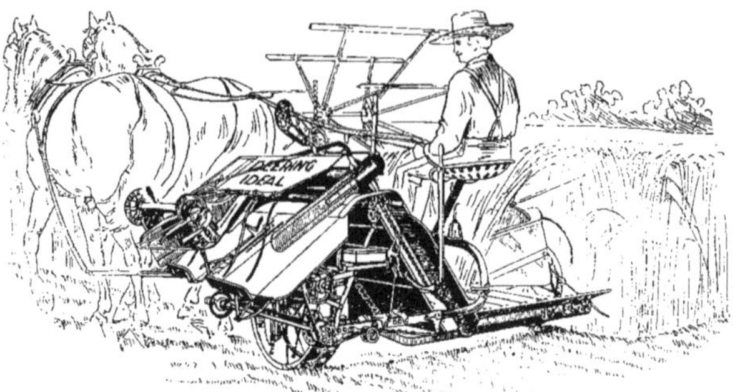

FIG. 225. — Moissonneuse-lieuse *Deering*.

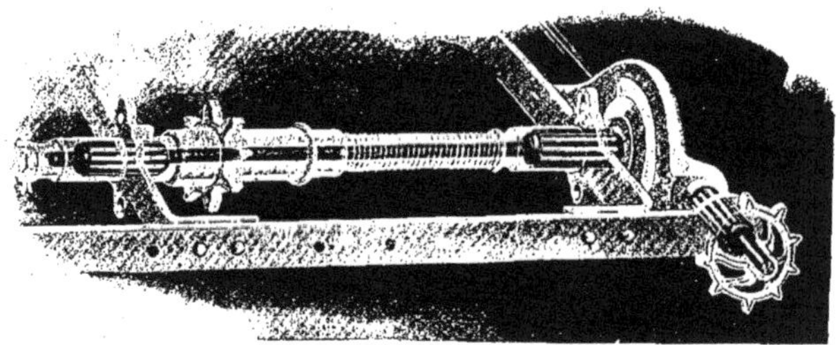

FIG. 226. — Montage des coussinets à rouleaux des machines *Deering*.

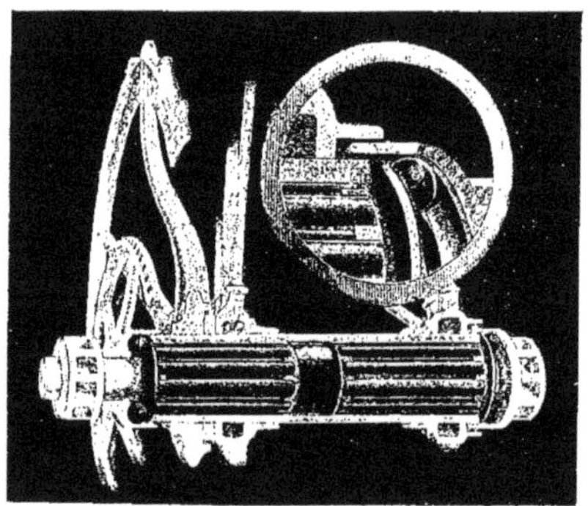

FIG. 227. — Détails des coussinets à rouleaux et à billes de la moissonneuse-lieuse *Deering*.

(Deering (fig. 225, 226 et 227), Wood); on a même appliqué ces coussinets à certains axes du lieur dans la machine Wood (fig. 228) comme à l'axe de la roue du séparateur (Deering,

Wood). Les coussinets en bronze ou en métal antifriction sont conservés dans les machines Aultman, Milwaukee (porte-coussinets à rotules) et Plano. Au sujet des coussinets à rouleaux, nous pouvons appliquer ici ce que nous disions lors de l'examen des faucheuses.

Le rabatteur, formé de six ailettes, reçoit son mouvement de différentes façons : au moyen d'un arbre oblique (Aultman, Wood), d'engrenages-cônes dont le pignon peut

Fig. 228. — Moissonneuse-lieuse *W. A. Wood.*

coulisser sur l'arbre vertical (Plano, Warder), par une chaîne (Deering) ou deux chaînes (Johnston, Mac-Cormick, Milwaukee, Osborne). Afin d'éviter les accidents, lorsqu'on moissonne près des arbres dont les branches peuvent briser les ailettes du rabatteur, ce dernier est quelquefois monté à friction (Plano).

La position de l'axe du rabatteur dépend de la hauteur de la récolte et même de son

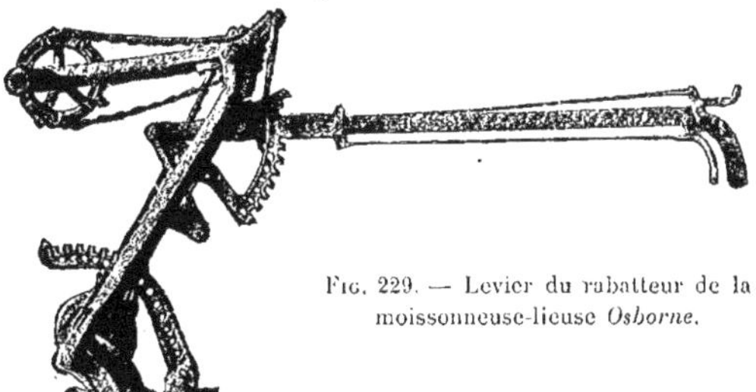

Fig. 229. — Levier du rabatteur de la moissonneuse-lieuse *Osborne.*

état : dans les fortes récoltes droites on éloigne le rabatteur de la scie, alors qu'on fait la manœuvre inverse dans les récoltes courtes et versées ; le déplacement du rabatteur dans les deux plans (vertical et horizontal) est obtenu à l'aide d'un seul levier à deux cliquets (Deering, Osborne, fig. 229), un seul levier (Johnston, Milwaukee, Warder), deux leviers :

un pour la position verticale, l'autre pour la position horizontale (Mac-Cormick), ou enfin à l'aide d'un levier pour le réglage vertical et d'une pédale pour le réglage horizontal (Aultman, Plano, Wood); ces déplacements du rabatteur sont souvent rendus faciles à l'ouvrier pour l'adjonction d'un ressort compensateur chargé d'équilibrer le poids de l'appareil (Deering, Mac-Cormick, Plano, Warder).

Dans les premières machines, la scie (fig. 230-231) se trouvait à gauche du conducteur; actuellement, presque tous les constructeurs fabriquent aussi bien les machines dont la coupe est à droite que celles ayant coupe à gauche. Le mécanisme étant le même dans les deux modèles, il n'y a aucune distinction à faire au sujet du travail proprement dit de la coupe et du liage, alors qu'il n'en est pas de même pour ce qui concerne les habitudes de l'ouvrier et de l'attelage; dans beaucoup de localités, et en particulier celles où les charrues versent à droite, on préfère, avec raison, les lieuses ayant la scie de ce côté comme l'ont, du reste, les faucheuses et les moissonneuses-javeleuses.

Il n'y a rien de particulier à dire au sujet du sabot séparateur qui abrite la roue du tablier; dans les fortes récoltes versées, on peut souvent ajouter une planche supplémen-

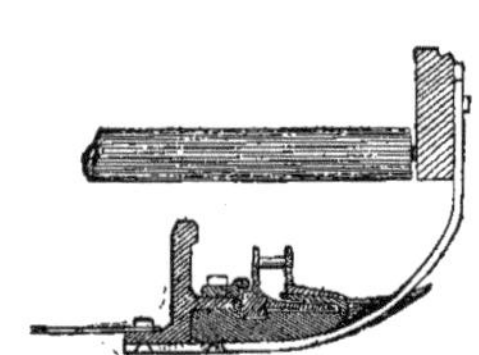

Fig. 230. — Coupe transversale du sabot du porte-lame de la machine *Plano*.

Fig. 231. — Coupe transversale du porte-lame de la machine *Plano*.

taire au diviseur de la Deering, de la Mac-Cormick, de la Milwaukee, etc., alors que cela n'est pas nécessaire dans d'autres machines.

Les toiles, en coton, du tablier et de l'élévateur sont garnies de place en place de liteaux en bois chargés d'assurer l'entraînement de la récolte; ces liteaux, à section rectangulaire, sont rivés sur les toiles; afin d'éviter que les tiges de céréales puissent se prendre entre eux et la toile au moment où ils passent sur les rouleaux extrêmes, les liteaux ont leur face intérieure évidée dans la machine Wood.

Les deux extrémités de chaque toile sont réunies par des courroies à boucles dont on détermine la tension à volonté; cette tension est réglée par un ressort au tablier horizontal de la Deering, de la Mac-Cormick et de la Milwaukee; dans la Mac-Cormick, on peut détendre rapidement les toiles en tirant une petite poignée permettant de rendre libre un des rouleaux de chaque toile. (Il faut toujours recommander aux ouvriers de détendre les toiles lorsqu'on laisse la nuit la machine dans les champs.)

Les cylindres des toiles sont en bois garnis à chaque extrémité d'une broche en fer, ou traversés de part en part par un long axe (Aultman); ces axes tournent dans des coussinets en érable bouilli dans l'huile (Mac-Cormick), en antifriction ou en bronze (Wood, coussinets pouvant se déplacer afin de présenter à l'usure quatre surfaces différentes).

L'élévateur ne se compose souvent que des deux toiles inclinées tendues par quatre cylindres dont deux sont moteurs; la toile inférieure décharge directement la récolte en tête de la table du liage (Aultman). Afin de faciliter le passage de la récolte et, par suite, dégager la toile inférieure, certaines machines sont pourvues d'un cylindre supplémentaire placé au niveau ou même un peu au-dessous du cylindre de la toile (Deering, Mac-

Cormick, Plano, Wood) ou disposé au-dessus de ce dernier (Johnston, Osborne); dans le même but, la toile supérieure de la machine Warder est déviée transversalement par un rouleau et se prolonge au-dessus de la table du liage, et la Milwaukee est pourvue d'une toile supplémentaire de dégagement, de sorte que cette machine comporte neuf rouleaux sur lesquels passent les quatre toiles.

Les pieds des tiges qui arrivent sur la table de liage doivent être égalisés; on employait autrefois différents mécanismes pour effectuer ce travail, alors que dans toutes les machines actuelles, on a recours à un égaliseur constitué par une planche garnie de saillies sur sa face interne et animée de mouvements alternatifs communiqués par une manivelle (la Warder est pourvue d'une planche très haute); dans la moissonneuse-lieuse Deering, il y a deux planches superposées, actionnées par deux manivelles calées à 180°.

Les botteleurs sont disposés généralement en dessous de la table et passent par des

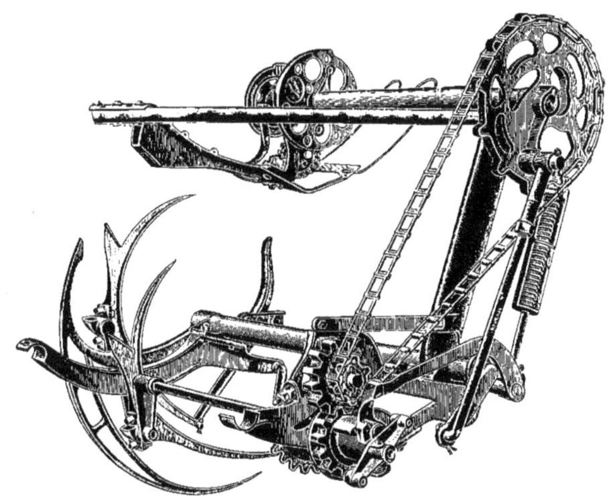

Fig. 232. — Ensemble du mécanisme lieur des machines *Johnston*.

lumières ménagées dans cette dernière, sauf dans la machine Wood (botteleurs tournant au-dessus de la table).

Sans entrer dans l'étude de l'organe lieur, rappelons qu'au moment voulu, un embrayage automatique met en mouvement un arbre horizontal placé à une certaine distance au-dessus de la table du liage ; cet arbre porte un disque incomplètement denté (fig. 232, 233, 234, 235, 236 et 237) qui fera tourner le noueur, une came qui actionnera le couteau ainsi que la pince chargée de retenir le brin de ficelle, et les bras éjecteurs dont la mission est de chasser la gerbe liée hors de la table; l'arbre précédent, qui ne décrit qu'un tour par gerbe à lier, commande, par manivelles et bielle, l'axe de l'aiguille qui doit s'animer d'un mouvement circulaire alternatif. Le mouvement, dont l'origine est prise sur un arbre placé en dessous de la table de liage, était autrefois transmis à l'arbre supérieur par un train d'engrenages, alors qu'aujourd'hui on emploie une chaîne (Aultman, Johnston, Osborne, Wood, Warder), un arbre oblique avec des roues cônes (Deering, Mac-Cormick, Milwaukee) ou un levier articulé avec trois manivelles (Plano). En supposant que l'attelage ait une vitesse constante, les transmissions par chaînes ou par arbre et engrenages communiquent une vitesse angulaire uniforme au mécanisme lieur, alors que la résistance que présente ce dernier est variable dans les diverses périodes d'un tour. Aussi certains constructeurs ont cherché, soit par des leviers (Plano), soit par

Fig. 233. — Mécanisme lieur *Johnston*. Fig. 234. — Couteau-pince de la machine *Plano*.

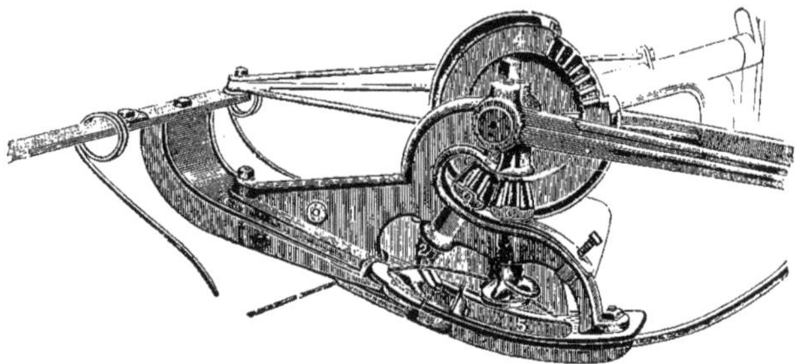

Fig. 235. — Vue d'ensemble du mécanisme lieur *Plano*.
1, bâti; 2, noueur; 4, roue de commande; 5, couteau-pince.

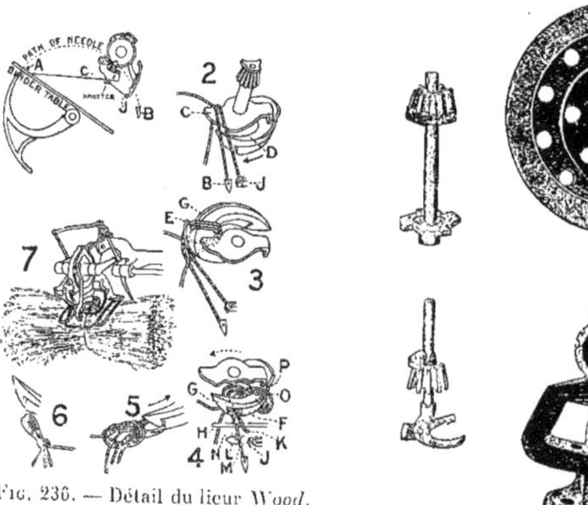

Fig. 236. — Détail du lieur *Wood*.

A, C, J, ficelle; B, position extrême de la pointe de l'aiguille lieuse; L, J, couteau-pince; D, noueur; G, crochet; 2, 3, 4, détails du noueur; 5, 6, nœud; 7, vue d'ensemble du mécanisme.

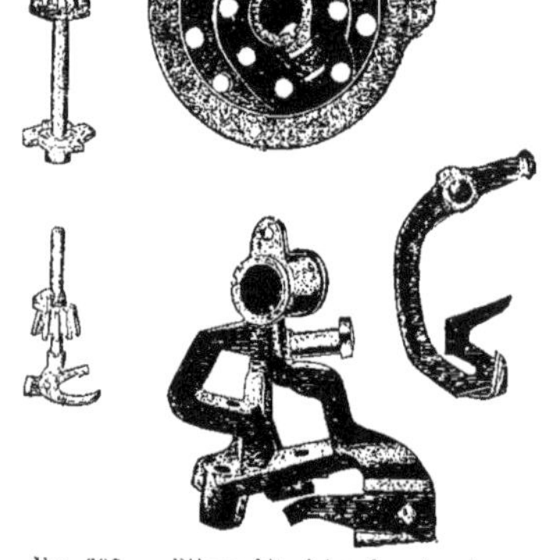

Fig. 237. — Pièces détachées du mécanisme lieur *Osborne*.

une roue excentrique (Warder), à ce que la vitesse soit autant que possible en raison inverse de la résistance opposée : pendant une certaine période l'appareil va plus lentement, mais le temps total pour l'ensemble de l'opération reste le même. Les résultats de l'emploi des mécanismes précités devraient se traduire par une diminution de l'effort maximum demandé à l'attelage au moment du liage si les organes additionnels, qu'on est contraint d'employer pour obtenir ces mouvements variés, n'occasionnent pas de résistances passives supplémentaires ; mais, dans aucun cas, ils ne peuvent diminuer le travail mécanique que l'attelage doit fournir pour effectuer le liage d'une gerbe.

Pendant le liage, la gerbe est maintenue du côté des épis par des tringles cintrées en acier ; ces dernières sont remplacées par une palette en tôle dans la moissonneuse-lieuse Warder.

Deux genres de noueurs sont en usage : l'un dans la machine Wood (les pièces décrivent environ ³/₄ de tour dans un sens et reviennent à leur position primitive en tournant en sens inverse, fig. 236), l'autre qui effectue la boucle en un tour complet est le système de John F. Appleby (1874) dont la première application aurait été faite aux machines Deering ; le mécanisme Appleby, légèrement modifié par les divers constructeurs, se rencontre dans les machines Aultman, Deering, Johnston, (fig. 232, 233) Mac-Cormick, Milwaukee, Osborne, (fig. 237) Plano (fig. 234, 235) et Warder.

La ficelle est coupée et retenue par un disque cône qui décrit un tour par gerbe (Plano, fig. 234) ou une fraction de tour (Milwaukee), un tambour à axe vertical qui fait un demi-tour par gerbe (Mac-Cormick), un disque actionné par une came (Aultman, Deering, Osborne, Warder), un disque mu par une roue dentée (Johnston, fig. 233) ou une pièce à mouvements alternatifs (Wood, fig. 236).

Dans toutes les machines, le lieur peut être déplacé en entier afin qu'on puisse régler

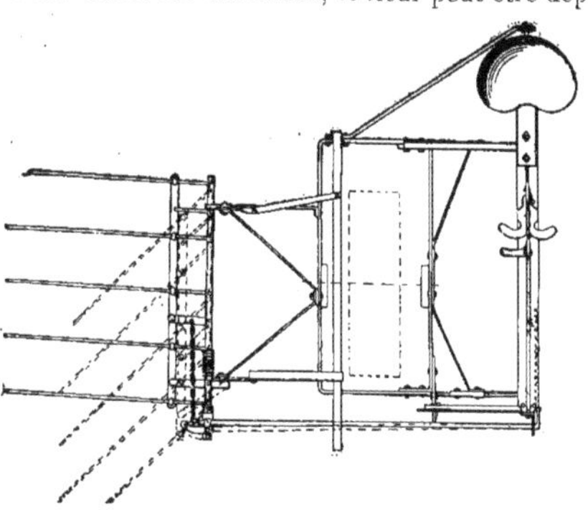

Fig. 238. — Plan du porte-gerbes de la moissonneuse-lieuse *Osborne*.

Fig. 239. — Volant de la moissonneuse-lieuse *Plano*.

la position du lien sur la gerbe suivant la hauteur de la récolte ; ce déplacement, obtenu par un levier, s'effectue sur des glissières ou sur des galets (Plano, Wood et Warder).

Le travail d'une moissonneuse-lieuse peut se diviser en deux périodes : pendant la première, la machine fonctionne en moissonneuse à élévateur ; dans la seconde, il y a en plus le travail du lieur ; le chemin parcouru durant la première période dépend du poids des gerbes, du poids de la récolte par unité de surface et de la longueur de coupe ; il oscille généralement de 4 à 5 mètres pendant lesquels la traction de la machine est relativement faible. Dans la seconde période, qui s'étend sur un chemin variant de 1 m. 30 à 1 m. 90, la traction augmente brusquement, surtout sur une portion de ce parcours ; afin d'atténuer cette rapide augmentation, la machine Plano peut être pourvue d'un volant de 0 m. 50 de diamètre placé à l'arrière et monté à friction sur un arbre perpendiculaire à l'essieu (fig. 239) ; ce volant fait environ dix tours par mètre d'avancement de la moissonneuse-lieuse. L'adjonction d'un volant augmente nécessairement d'une certaine quantité la traction moyenne de la machine, mais peut diminuer l'amplitude des variations brusques de la traction.

Dans les récoltes peu élevées (avoines), le déplacement horizontal du lieur, qui se trouve reporté vers l'avant de la machine, a pour effet de modifier l'équilibre de cette dernière relativement à l'axe de la roue motrice; pour rétablir cet équilibre, dans quelques machines, on peut déplacer le siège sur le bâti (Osborne et Wood). Le conducteur a à sa portée : le levier général d'embrayage ; le ou les leviers modifiant la position du rabatteur; le levier d'inclinaison transversale de la scie, réglant la hauteur de coupe; le levier permettant de déplacer longitudinalement l'appareil lieur; la tringle modifiant la position de l'égaliseur; enfin la pédale qui commande le porte-gerbes.

Le porte-gerbes, qui fit son apparition en août 1884 au concours de Shrewsbury, peut s'appliquer à toutes les moissonneuses-lieuses; il permet de retenir les gerbes dans les tournants et de les déposer sur le sol par groupes de trois à cinq. Le porte-gerbes est constitué par un berceau carré pivotant autour d'un point central (Aultman), un berceau carré tournant en entier autour d'un axe parallèle à l'essieu (Mac-Cormick), de cinq tiges pouvant osciller d'avant en arrière et de haut en bas (Deering, Johnston, Milwaukee, Osborne (fig. 238), Plano, Wood, fig. 228) ou de deux triangles, formant éventails, mobiles dans le plan vertical (Warder).

Le résumé précédent montre que l'ingéniosité des constructeurs et, par-dessus tout, la recherche de dispositifs autres que ceux employés par leurs concurrents, se traduisent par l'emploi d'organes différents pour l'obtention d'un même résultat pratique, sans qu'on soit souvent bien fixé sur la valeur propre de ces organes. Relativement à 1889, l'amélioration de la construction des moissonneuses-lieuses est manifeste, tant pour la diminution du poids de la machine que pour l'agencement des mécanismes.

Rappelons ici que quand on nous demande un conseil pour l'achat d'une moissonneuse-lieuse, nous donnons sans crainte le suivant, relatif à la façon de procéder. Si on ne consulte qu'un catalogue américain, il résulte de sa lecture qu'il n'y a pas de modèle plus perfectionné et meilleur que celui dont on a la notice sous les yeux. Si, au contraire, pour faire son choix, on consulte plusieurs catalogues, on ne sait plus que penser, sinon que les mêmes mécanismes ont été inventés et perfectionnés par chaque constructeur et mal copiés et imités par les autres, et pour appuyer cette thèse, on met souvent en jeu des dates qui ne correspondent pas avec les documents précis qu'on possède. L'achat d'une moissonneuse-lieuse ne doit pas être basé sur la lecture des catalogues; il faut voir les machines en travail, et autant que possible les juger comparativement. Nous pouvons certainement dire que toutes les moissonneuses-lieuses exposées sont bonnes, mais, incontestablement, il y en a qui, par l'ensemble de leurs dispositifs, sont meilleures que les autres; il est regrettable que le Jury de la classe 35 n'ait pas cru devoir procéder à des expériences publiques, comme cela avait été si bien organisé lors de l'Exposition de 1889.

Quatre *moissonneuses-lieuses* se trouvent dans l'exposition anglaise :

Harrison Mac Gregor et C°, à Leigh;
Massey Harris et C°, à Toronto (Canada);
Richard Hornsby et fils, à Grantham;
Samuelson et C°, à Bambury.

Il nous suffira d'examiner rapidement ces diverses moissonneuses-lieuses, étant donnés les détails déjà indiqués dans les pages précédentes. Les machines à bâti ouvert à l'arrière, sont à trois toiles[1]. Les roues motrices sont en acier (Hornsby, Samuelson) et certaines sont pourvues d'une jante en bois placée sous la tôle de roulement (Harrison, Massey, fig. 240); l'axe de la roue se déplace dans une coulisse en arc de cercle et entraîne le mécanisme par une chaîne en fonte qui passe sur un tendeur à ressort; les coussinets à rouleaux se rencontrent dans la machine Massey. — Le rabatteur, équilibré par un ressort,

Fig. 240. — Moissonneuse-lieuse *Massey-Harris*.

(Harrison, Massey, Samuelson) est entraîné par engrenages cônes dont le pignon peut coulisser sur l'arbre (Harrison, Massey, Samuelson) ou par une chaîne (Hornsby); le déplacement de l'axe du rabatteur est commandé par deux leviers, sauf dans la Massey (un levier et une pédale). Les toiles de la Hornsby sont pourvues d'un tendeur à ressort.

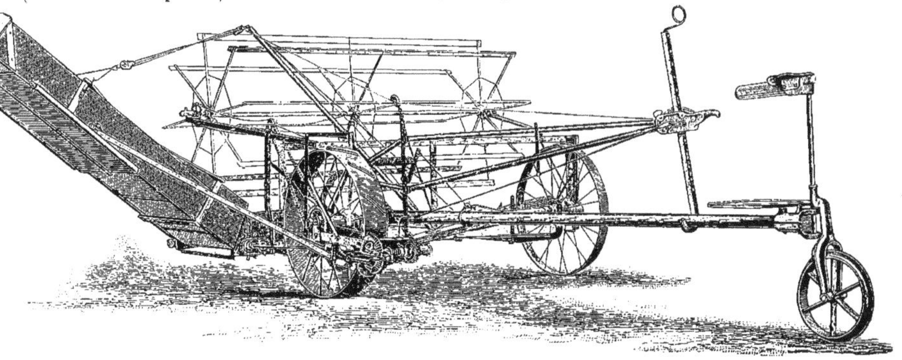

Fig. 241. — Header *Johnston*.

— L'élévateur de toutes ces machines comporte un rouleau supplémentaire (appelé septième rouleau) placé au même niveau ou un peu en dessous du cylindre de la toile. — L'égalisateur est constitué par une planche animée de mouvements alternatifs. — Le mouvement est transmis à l'arbre supérieur du lieur par une chaîne (Massey) ou par engre-

1. La maison Massey aurait été la première à inventer ou à construire les machines à trois toiles, à bâti ouvert à l'arrière.

nages cônes et arbre oblique (Harrison, Hornsby, Samuelson). — Le noueur est du type Appleby ; la ficelle est coupée et retenue par un disque (Harrison, Horsnby), ou par une couronne (Samuelson, Massey). Le siège est placé à l'arrière dans le plan de la roue motrice dans la machine Harrison, alors que dans les autres il se trouve entre les deux roues, au-dessus de la rencontre du tablier avec l'élévateur.

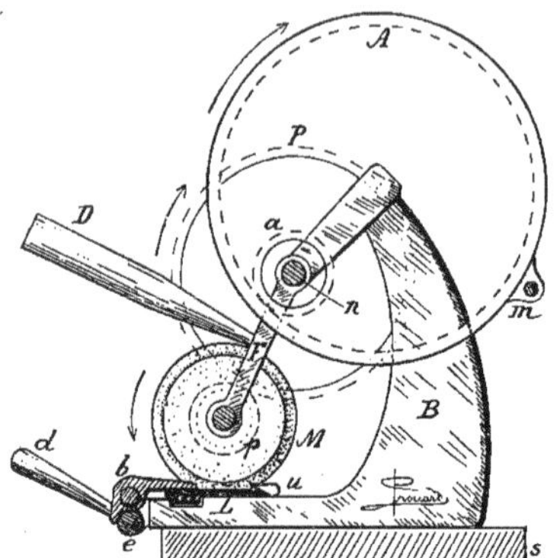

Fig. 242. — Meule à affûter *Deering*.

Une *moissonneuse-lieuse* figure dans la section hongroise, exposée par les Ateliers de construction des Chemins de fer de l'État hongrois, à Budapest.

A l'Exposition de 1878 on avait déjà remarqué une grande moissonneuse à quatre chevaux (section canadienne); les nouveaux modèles (appelés « *header* » aux États-Unis, « *espigadora* » au Chili, en Espagne, en Algérie) qui figurent dans la section américaine sont susceptibles d'emploi dans certaines de nos colonies; plusieurs constructeurs exposent ces grandes moissonneuses à élévateur (Johnston, fig. 241, Mac-Cormick, Plano, etc.), ainsi que des *moissonneuses-lieuses à maïs* (fig. 220, 221 et 222).

H. Meules à affûter. — Avant de terminer cette partie relative à la récolte des céréales ou des fourrages, il convient de mentionner les petites *machines destinées à affûter les scies* des faucheuses et des moissonneuses. Dans le but de remplacer la lourde et volumineuse meule en grès, difficile à transporter dans les champs, on emploie une petite meule en aggloméré d'émeri, constituée par deux troncs de cône réunis par leur grande

Fig. 243. — Meule à affûter *Plano*. Fig. 244. — Meule à affûter *Plano*.

base; citons la *meule* Deering dont le principe est représenté par la fig. 242 : la manivelle *m* entraîne la roue A à denture intérieure, qui commande le pignon *a* calé sur l'axe *n* solidaire de la roue P, engrenant avec le pignon *p* fixé sur l'axe de la meule M; le mécanisme, soutenu par le bâti B, se fixe sur un socle *s*; la lame à affûter L est maintenue par le guide *u* et la patte *b* qui est appuyée par l'excentrique *e* solidaire de la poignée *d*. L'axe de la meule M est fixé à l'extrémité du levier F mobile dans le plan vertical autour du point n et l'ouvrier donne la pression de la meule sur la lame en agissant sur la poignée D. — Dans la *meule* Plano (fig. 243, 244), la manivelle m entraîne la roue A et le pignon a calé sur l'axe de la meule M; cette dernière prend un mouvement d'oscillation, dans le plan vertical, son axe étant soutenu par le balancier F (mobile autour du point n) dont les fourches sont déplacées par la came G, cette dernière étant mise en mouvement par le pignon p et la roue P; le mécanisme, soutenu par le bâti B, repose sur un patin b qui reçoit la lame L par la monture D pouvant tourner horizontalement autour du point E; la lame est maintenue par une vis de pression v. — Ces petites meules ont environ 0 m. 10 de diamètre, 0 m. 09 d'épaisseur et peuvent affûter simultanément deux demi-section consécutives.

I. Arracheurs de pommes de terre. — Nous n'avons rien de particulier à signaler au sujet des *arracheurs de pommes de terre*[1], si ce n'est une machine à fourches rotatives, déjà connue, exposée par la maison Zimmermann (Halle-sur-Saale, Allemagne).

J. Arracheurs de betteraves. — Les *arracheurs de betteraves* sont restés stationnaires depuis le concours international de Cambrai (en 1895), pendant lequel nous avons eu l'occasion de faire de nombreux essais dynamométriques. — M. A. Bajac (Liancourt,

Fig. 245. — Arracheur de betteraves *A. Bajac.*

Oise) a fait une très intéressante exposition rétrospective d'arracheurs de betteraves, de laquelle nous citons les modèles suivants :

Arracheur de 1867 à 1872 : un soc fouilleur passe en arrière d'un *pulsateur* constitué par une lame oblique à l'axe de l'âge et chargée de pousser latéralement le collet des betteraves — Ce modèle a été fabriqué pendant six ans avec certaines modifications dans le montage du bâti et des étançons.

Arracheur de 1873, à deux routes (ou lignes); deux griffes sous-soleuses, placées l'une devant l'autre, agissent chacune d'un côté des betteraves qui sont soulevées sans être déplacées horizontalement.

Arracheur de 1874, à deux routes, analogue au précédent, mais pourvu d'un avant-train à gouvernail; en déplaçant les griffes on pouvait obtenir un arracheur à deux griffes à un seul rang.

1. Voir notre étude sur les *arracheurs de pommes de terre* dans le *Journal d'agriculture pratique*, tome II, de 1898.

Arracheur de 1876, d'Eveloy (d'Armancourt), à fourches, pour une seule ligne; ce modèle a été exploité plus tard par M. Olivier Lecq (de Templeuve, Nord).

Arracheur de 1876, à une seule ligne et en forme de V, agissant en dessous des racines; la machine est munie d'un pulsateur comme le premier modèle cité.

Depuis 1876 et surtout après l'application de la loi de 1884, qui eut pour conséquence de changer la forme des racines et par suite celle des pièces travaillantes, des modifications ont été apportées; le modèle à roues lourdes (fig. 245), fut primé au concours international de Cambrai en 1895[1].

Citons dans la section belge *l'arracheur-décolleteur* à disques, de Frennet-Wauthier (Ligny), et dans la section allemande les machines Zimmermann (Halle-sur-Salle; arracheur à fourches) et Siedersleben (Bernburg; arracheur à soc sous-soleur, connu chez nous sous le nom de Cartier, qui l'importa en 1865).

j) **Machine à décolleter les betteraves.** — Nous trouvons dans l'exposition de M. Kühne (de Moson et de Budapest, Hongrie) une *machine à décolleter les betteraves*, imaginée par M. H. Zehetmayer, dans le but d'augmenter le poids des racines envoyées aux sucreries; cependant, suivant M. Kühne, la petite augmentation de recette produite par l'emploi de cette machine ne rembourserait pas, dans les conditions actuelles, les frais nécessités par le travail. Un léger bâti en bois A (fig. 246), facilement transportable dans les champs (poids de la machine 23 kilogs), porte un axe x tournant dans deux coussinets a; une manivelle m actionne la roue B qui engrène avec le pignon b, claveté sur un axe x' qui porte, en dehors du bâti, une calotte sphérique D garnie d'un certain nombre de couteaux $c\,c'$, dont le tranchant courbe est disposé à l'intérieur de la pièce D, dans laquelle un aide présente une à une les betteraves R. Avec cette machine, deux personnes pourraient travailler près de 100 mètres cubes de betteraves par jour. Par l'ancien procédé de décolletage, dont le résultat est représenté en M, on estime la diminution de poids de la récolte variant de 15 à 20 p. 100, alors qu'avec l'emploi de la machine précitée, donnant des betteraves figurées en N, la diminution ne serait que de 5 à 10 p. 100 du poids de la récolte. — M. Kühne expose également un tout petit modèle à bras dans lequel la manivelle m est fixée directement sur l'axe x' de la pièce D (fig. 246). — Ces machines mériteraient d'être essayées pratiquement chez nous afin de se rendre compte de l'intérêt qu'elles pourraient présenter à nos cultivateurs de betteraves à sucre.

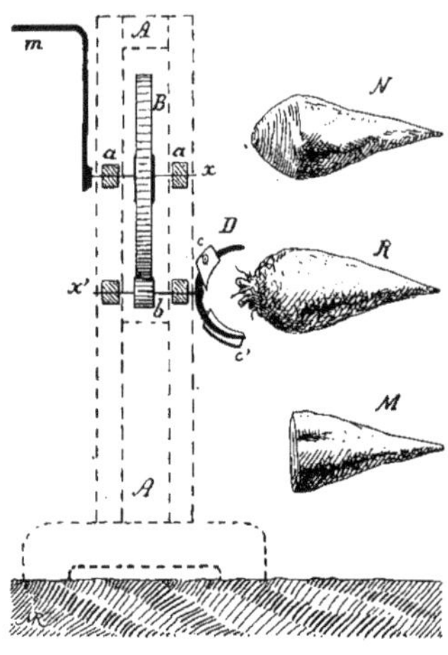

Fig. 246. — Machine à décolleter les betteraves *H. Zehetmayer*.

1. Voir le rapport de ce concours dans le *Journal d'agriculture pratique*, 1895, tome II, et dans le *Bulletin de la Chambre syndicale des Fabricants de sucre de France*, 1896.

CHAPITRE V

Machines destinées à la préparation des récoltes en vue de la vente ou de la consommation.

A. Battage des grains. — Nous avons à battre chaque année, en France, près de 518.000.000 de quintaux de gerbes de céréales et nous disposons d'une batteuse par 60 hectares cultivés en céréales diverses (non compris le maïs). — La séparation du grain de la paille doit s'effectuer dans des conditions différentes suivant les régions : alors que dans la plus grande partie de la France et dans les pays du Nord on se propose d'effectuer le battage en conservant aux pailles toute leur longueur, les régions méridionales procèdent au travail en brisant ou en hachant le plus possible les pailles qui sont utilisées ensuite pour l'alimentation des animaux.

Pour nos colonies, où l'on a intérêt à triturer les pailles, nous citerons le *rouleau*

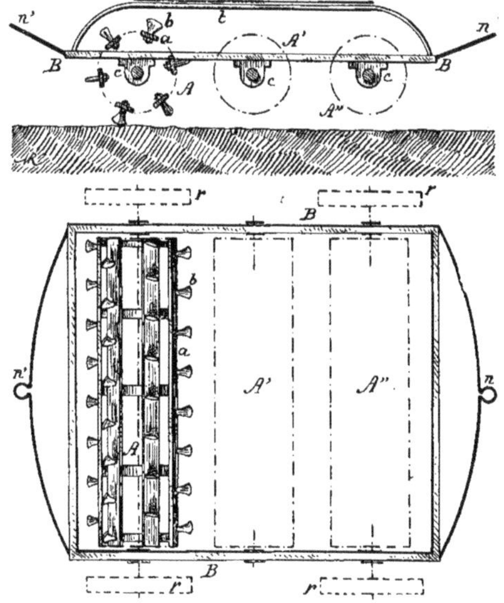

FIG. 247. — Élévation et plan du trilho portugais *Vve Theotonio Jose Xavier.*

à dépiquer, désigné sous le nom de *Trilho*, exposé dans la section portugaise par Mme veuve Theotonio Jose Xavier (Lisbonne). Ainsi que cela se pratique dans le midi de la France et en Afrique, l'agriculteur portugais, en égrenant sa récolte, cherche surtout à hacher la paille qui est destinée à son bétail. Le trilho, de construction entièrement métallique, se compose de trois rouleaux A A′ A″ (fig. 247) à claire-voie; chaque rouleau, de 0 m. 20 de diamètre environ et de 0 m. 80 de longueur, est pourvu de six battes *a* en fer plat garnies de palettes *b* inclinées dans différentes directions, afin de bien briser la paille. Chaque rouleau est monté sur un axe dont les extrémites tournent dans des boîtes *c* fixées en dessous du bâti B, recouvert d'une garde en tôle *t* ou d'un plancher en bois sur lequel s'assied le conducteur; l'attelage s'effectue en *n* ou en *n'* et le bâti B est pourvu de quatre roues-supports *r* fixées sur les axes des cylindres extrêmes A et A''.

Nous verrons que, pour le même genre de travail, certaines machines anglaises et françaises sont pourvues d'un broyeur de pailles; mais l'erreur réside dans l'ensemble : d'un côté on emploie un batteur en travers, qui conserve la paille aussi droite que possible, alors qu'à l'extrémité de la machine on cherche à déchiqueter aussi complètement que possible ces pailles; il serait préférable d'adopter un batteur en bout, d'autant plus que ce dernier économise du travail mécanique.

D'une façon générale, la construction française des *machines à battre* est irréprochable et on peut le juger à l'Exposition, en les comparant aux machines provenant des meilleurs constructeurs de l'étranger.

Depuis une dizaine d'années les *machines à grand travail*, nécessitant une puissance de 10 à 12 chevaux-vapeur, se sont répandues chez nous, ce qui explique pourquoi nos constructeurs ont eu intérêt à entreprendre la fabrication de ces machines, désignées sous le nom de *batteuses type anglais*. Ces batteuses, destinées aux grands entrepreneurs, ne

Fig. 248. — Petite batteuse à pointes *Gautier et Cie*.

peuvent que se répandre, le règlement d'assurance contre les accidents (de 1899) ne tenant pas compte de la puissance de la machine ni du nombre de personnes employées au travail. — Les batteuses de 5 et 6 chevaux restent pour les propriétaires et les entrepreneurs des pays de moyenne culture; les batteuses de 2 à 3 chevaux sont intéressantes pour les associations d'agriculteurs et sont actionnées économiquement par les moteurs à pétrole.

Les *batteuses fixes*, spéciales à certaines localités où elles concordent avec d'autres travaux et avec la vente des pailles dans les villes voisines, ont profité des améliorations apportées aux batteuses locomobiles, mais leur emploi ne peut pas se généraliser. Les *batteuses à petites graines*, qui avaient été très améliorées en 1899, sont restées pour ainsi dire stationnaires.

La loi de 1898 et le règlement de 1899 sur la réparation pécunière des *accidents* occasionnés par les machines agricoles mues par un moteur inanimé, ne tenant pas compte des *appareils préventifs*, ces derniers ont subi un temps d'arrêt : c'est une question à reprendre quand on aura admis qu'avant la *réparation* d'un accident on doit en chercher la *prévention*. — Nous trouvons dans la section suisse, un appareil permettant d'enlever les poussières qui, gênant le travail de l'ouvrier engraineur, peuvent être jusqu'à un certain point la cause d'accidents.

Citons les *petites batteuses* à pointes, de MM. Gautier et Cie (Quimperlé, Finistère; fig. 248, batteuse simple; fig. 249, batteuse avec secoueur de pailles), et de Garnier et

Fig. 249. — Batteuse *Gauthier et Cie*, avec secoueur de pailles.

Cie (Redon, Ille-et-Vilaine); ces machines sont très employées dans les pays de métayage et de petite culture; elles peuvent servir au battage des graines de semence et sont susceptibles d'être utilisées par les champs d'expériences.

Les *batteuses* sont très bien représentées dans la classe 35 de la section française :

Fig. 250. — Batteuse *Brouhot* à grand travail.

Breloux et Cie (Nevers, Nièvre); Brouhot et Cie (Vierzon, Cher, fig. 250); Filoque père (Bourtheroulde, Eure); A. Filoque (Caudebec-lès-Elbeuf); Fortin (Montereau, Seine-et-

Fig. 251. — Batteuse fixe *Duvoir*, de 1850.

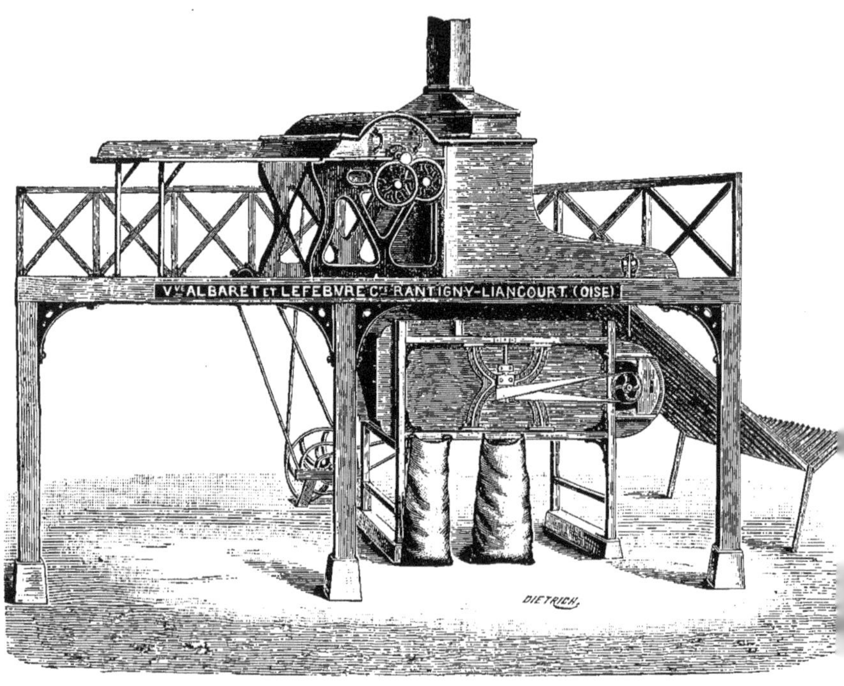

Fig. 252. — Batteuse fixe *Lefebvre Albaret, Laussedat et Cie*, de 1900.

Marne); Gautreau (Dourdan, Seine-et-Oise); Gigault et Cie (Vendeuvre-sur-Barse, Aube); Guillon et fils (Châteauroux, Indre. — Batteuse à petites graines, à trois nettoyages;

Fig. 253. — Batteuse locomobile *Duvoir*, de 1855.

Fig. 254. — Batteuse d'*Albaret*, de 1878.

les grains battus à l'ébourreur passent directement au second nettoyage et ne sont pas envoyés à l'ébosseur; le ventilateur du troisième nettoyage est reporté sur le panneau d'arrière); Hidien (Châteauroux, Indre); Lefebvre-Albaret, Laussedat et Cie (Rantigny, Oise. — A citer une collection de petits modèles de batteuses de 1845, 1855 et de 1900, qui figurent aussi dans un catalogue rétrospectif édité spécialement pour l'Exposition : les machines à battre fixe de 1850 (fig. 251) et de 1900 (fig. 252); la batteuse locomobile de 1855 (fig. 253) de 1878 (fig. 254) et de 1900; la fig. 255 représente cette dernière machine

FIG. 255. — Batteuse *Lefebvre Albaret, Laussedat et Cie*, de 1900.

de 10 chevaux pouvant battre 600 à 800 gerbes par heure. — Lotz (rue Canclaux, Nantes, Loire-Inférieure (fig. 256) ; batteuses à petites graines, du système Chesnel; locobatteuse à vapeur (fig. 257) montée sur deux roues, de l'ancien type si employé dans nos départements de l'ouest, et dont le centre de fabrication est pour ainsi dire cantonné à

FIG. 256. — Batteuse *Lotz*.

Nantes); Merlin et Cie (Vierzon, Cher; batteuses à blé à grand travail (fig. 258, 259, 260 et 261 et à petites graines); Normand et Cie (Vierzon-Forges, Cher); Pécard frères (Nevers, Nièvre) : Prevoteau (Étampes, Seine-et-Oise) ; Rivière et Casalis (Orléans, Loiret); Samuelson et Cie (Orléans, Loiret); Société Protte (Vendeuvre-sur-Barse, Aube);

Société française de matériel agricole (Vierzon, Cher ; — batteuse à double nettoyage (fig. 262); batteuse à trieur (fig. 263) ; batteuse à grand travail pourvue d'un broyeur de pailles (fig. 264) ; batteuse à petites graines ébourrant et ébossant (trèfle, luzerne, minette, fig. 265).

Des *loco-batteuses à manège à plan incliné* sont présentées par M. Dupuis (Montier-

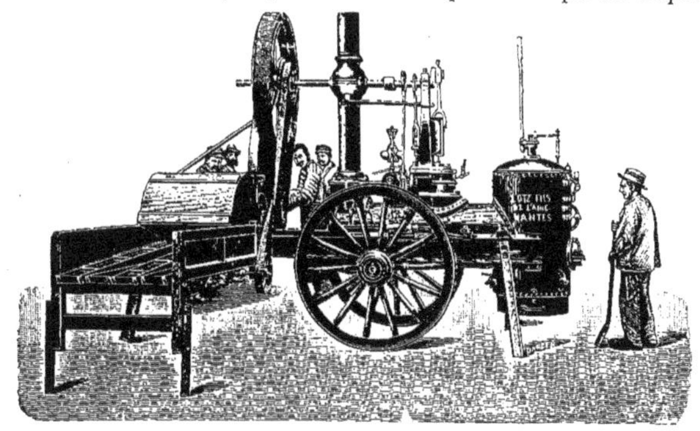

Fig. 257. — Loco-batteuse à vapeur *Lotz*.

en-Der, Haute-Marne ; les plateaux du manège, disposés en escalier, sont recouverts d'un morceau de câble plat, en aloès, pour éviter le glissement des sabots du cheval);

Fig. 258. — Batteuse *Merlin et Cie* à double nettoyage par élévateur à force centrifuge.

citons aussi les machines de MM. Fortin (Montereau, Seine-et-Marne); Lecocq (Boisville, Eure-et-Loir), etc.

De 1895 à 1896 les loco-batteuses étaient actionnées par des manèges à plan incliné;

Fig. 259. — Batteuse *Merlin et Cie*, avec double nettoyage par élévateur à force centrifuge et coffre à engrainer.

Fig. 260. — Batteuse *Merlin et Cie*, avec ébarbeur et trieur.

Fig. 261. — Batteuse *Merlin et Cie*, à grand travail, avec coffre à engrainer, double nettoyage, ébarbeur et trieur rotatif.

Fig. 262. — Batteuse de la *Société française de matériel agricole.*

à partir de 1896 nous voyons apparaître les premiers modèles de *loco-batteuses à pétrole*: ces machines, beaucoup demandées dans les pays de petite culture, sont très nombreuses à l'Exposition et ne figurent que dans la section française; mentionnons les batteuses :

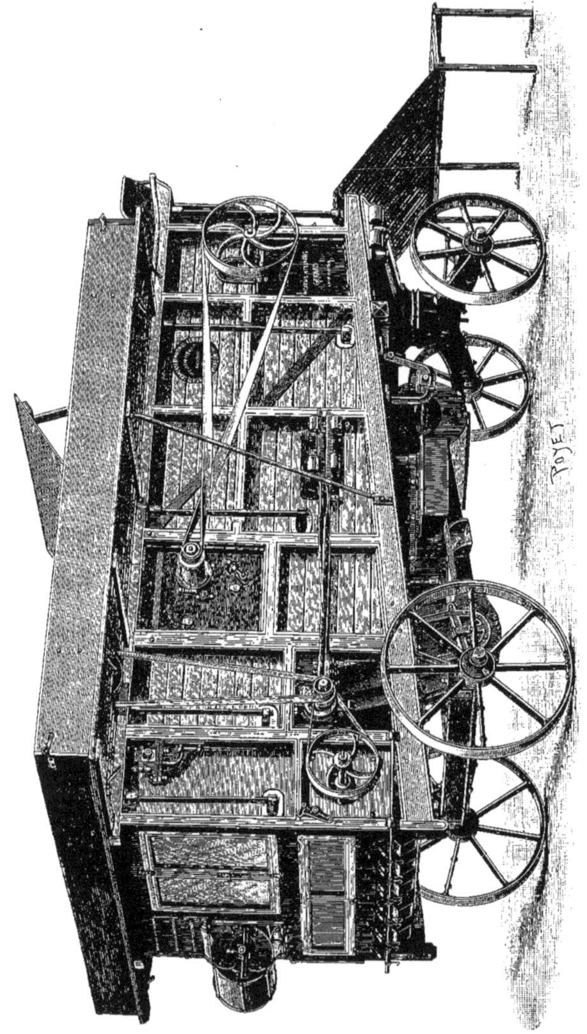

FIG. 263. — Batteuse de la *Société française de matériel agricole*.

E. Beaupré (Montereau, Seine-et-Marne); Dupuis (Montier-en-Der, Haute-Marne); Egeley et fils (Marcenay, Côte-d'Or); Fortin (Montereau, Seine-et-Marne); Albert Lacroix (rue de la Monnaie, Caen, Calvados); Albert Lecoq (Boisville, Eure-et-Loir); Maupoix

(Tiaucourt, Meuse); Meixmoron de Dombasle (Nancy, Meurthe-et-Moselle); Montandon (Vernon, Eure); Prevoteau (Étampes, Seine-et-Oise); Witenberger et fils (Frévent, Pas-

Fig. 264. — Batteuse à grand travail avec broyeur de pailles et sasseur, de la *Société française de matériel agricole.*

de-Calais); Delaby (Blangy-sur-Ternoise, Pas-de-Calais). Pour ces machines, il y a lieu de donner la préférence aux moteurs verticaux, placés au-dessus de l'essieu d'arrière afin d'assurer la stabilité en cours de travail : le moteur commande par poulies (fixe et folle) un arbre intermédiaire qui actionne à son tour les divers organes de la batteuse. — Actuellement un grand nombre de ces loco-batteuses sont employées par des coopératives

Fig. 265. — Batteuse à petites graines de la *Société française de matériel agricole.*

des Flandres ; nos Sociétés locales d'Agriculture doivent pousser au développement de ces associations dont il existe des exemples chez nous et dont quelques-unes exposaient dans la classe 115.

Les *machines à battre* qui figurent dans la section anglaise sont presque toutes du

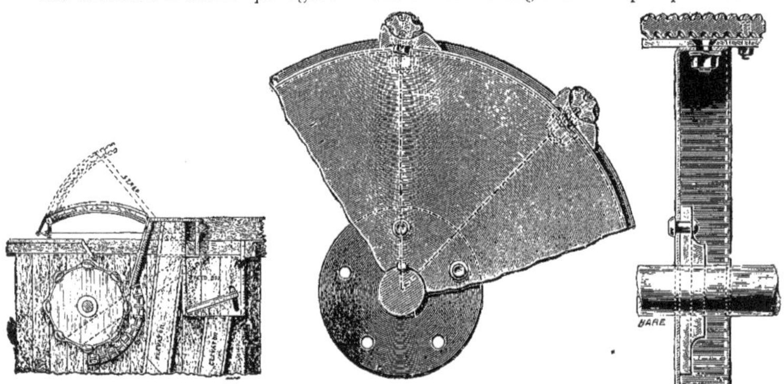

Fig. 266. — Couvercle de protection du batteur des machines *Garrett.*

Fig. 267. — Disques du batteur des machines *Garrett.*

type à grand travail de 10 à 12 chevaux (souvent pourvues d'un ébarbeur d'orge), à trieur extensible : quelques modèles sont munis de dispositifs propres à garantir les ouvriers des accidents (Garrett et fils, Leiston, Suffolk (fig. 266) ; — Clayton et Shuttleworth, Lincoln ; Marshall fils et C°, Gainsborough ; Ransomes sims et Jefferies, Ipswich ; Ruston Proctor et C°, Lincoln ; Hornsby, Grantham). La maison Garrett présente une grande batteuse avec *broyeur de pailles* (fig. 268) et une batteuse à petites graines, faisant l'ébourrage et l'ébossage; dans ces machines les battes, en acier, sont fixées sur des disques emboutis (en tôle d'acier), calés sur l'arbre (fig. 267).

FIG. 268. — Batteuse *Garrett*, à grand travail, avec broyeur de pailles et sasseur.

FIG. 269. — Lieuse *Howard* appliquée à une batteuse à grand travail.

Des *lieuses* pouvant se fixer aux batteuses sont exposées par les maisons Hornsby et Howard (fig. 269); ces machines, portées sur deux roues, sont à deux liens et leurs organes principaux (tasseurs, noueurs, etc.), sont identiques à ceux des moissonneuses-lieuses; on les place au débouché des secoueurs et leur mouvement, communiqué par une

Fig. 270. — Batteuse *Lanz*.

chaîne, est pris sur un des axes de la batteuse, comme l'indique la fig. 269. Depuis quelques

Fig. 271. — Batteuse à trèfle, *Zimmermann et Cie*

années, ces machines sont demandées en assez grand nombre par les entrepreneurs de battages, notamment dans la région du nord; elles permettent de réduire beaucoup le personnel employé à la manutention des pailles battues. Faisons remarquer en passant que toutes les machines réalisant une réduction de main-d'œuvre, sans modifier la quantité de travail effectué, ni même le prix de revient de ce travail, ont toutes chances de se répandre sous l'influence de cette tendance aux grèves qu'on constate actuellement dans la population ouvrière, les grèves étant moins à craindre dans les chantiers et ateliers à personnel restreint. Le triste résultat des constatations qu'on peut faire à l'étranger, et qu'on fera bientôt chez nous d'une façon générale, est qu'on cherche à diminuer le nombre des employés pour le même ouvrage, au détriment des travailleurs; les ouvriers supportent ainsi les conséquences d'un mouvement, souvent irréfléchi, déterminé par quelques phraseurs populaires.

De très belles *batteuses* sont exposées par M. Lanz (Manheim) dans la section alle-

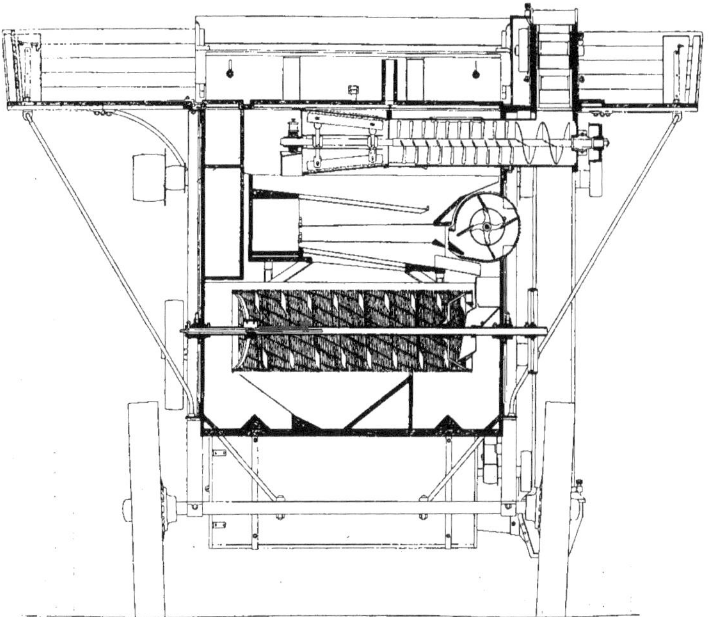

Fig. 272. — Batteuse à grand travail des *Chemins de fer de l'état Hongrois.* Coupe transversale par le trieur.

mande; ces machines (fig. 270) sont pourvues de nombreux appareils préventifs des accidents et présentent une foule de détails ingénieux et pratiques; les coussinets du batteur sont articulés dans leur monture et sont munis de bagues mobiles chargées d'en assurer le graissage.

La maison Zimmermann (Halle-sur-Saale, Allemagne) présente une petite *batteuse à trèfle* (fig. 271), comprenant un batteur ébourreur dont le produit tombe sur des secoueurs; la bourre passe à un batteur-ébosseur placé en dessous du précédent et tombe sur un crible traversé par un courant d'air fourni par un ventilateur disposé en dessous de l'ébosseur; la reprise des capitules non battus ou ébossés est faite par deux chaînes à godets; tous les axes à grande vitesse (des deux batteurs et du ventilateur) sont disposés au-dessus de l'essieu d'avant de la machine, qui est munie d'un second nettoyage.

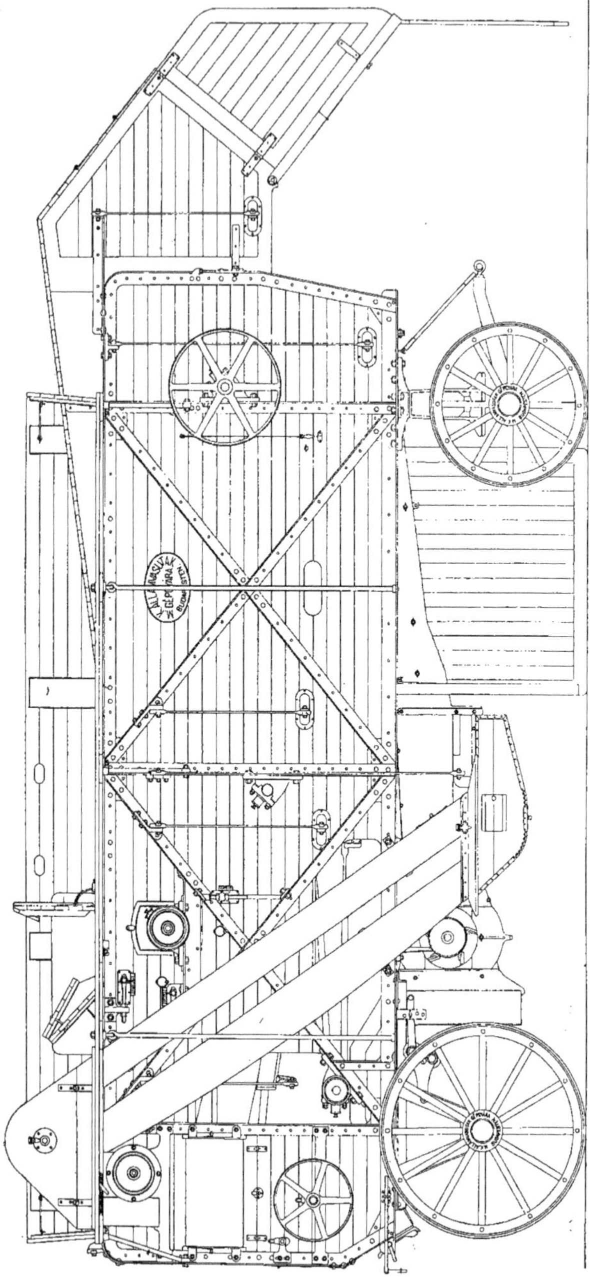

FIG. 273. — Élévation d'une batteuse à grand travail des *Ateliers de construction des Chemins de fer de l'État Hongrois.*

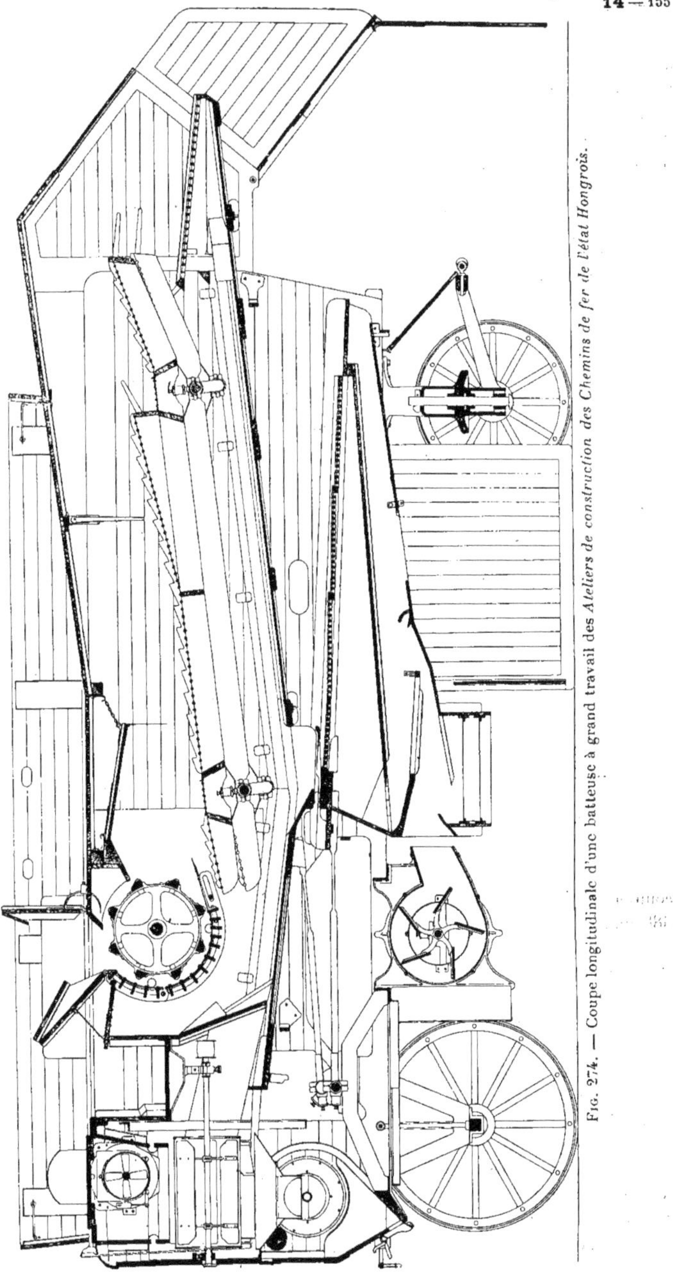

Fig. 274. — Coupe longitudinale d'une batteuse à grand travail des *Ateliers de construction des Chemins de fer de l'état Hongrois.*

Dans l'exposition hongroise de nombreuses photographies et des tableaux représentent les principaux travaux agricoles effectués dans les grands domaines de ce pays, et notamment une scène de battage avec trois machines pourvues d'élévateurs de pailles, de l'éclairage électrique par lampes à arc, etc. — Pendant longtemps la Hongrie achetait ses grandes *batteuses* en Angleterre; en 1879, la fabrication fut entreprise par les Ateliers de Construction des chemins de fer de l'État hongrois (dont nous avons parlé à propos des

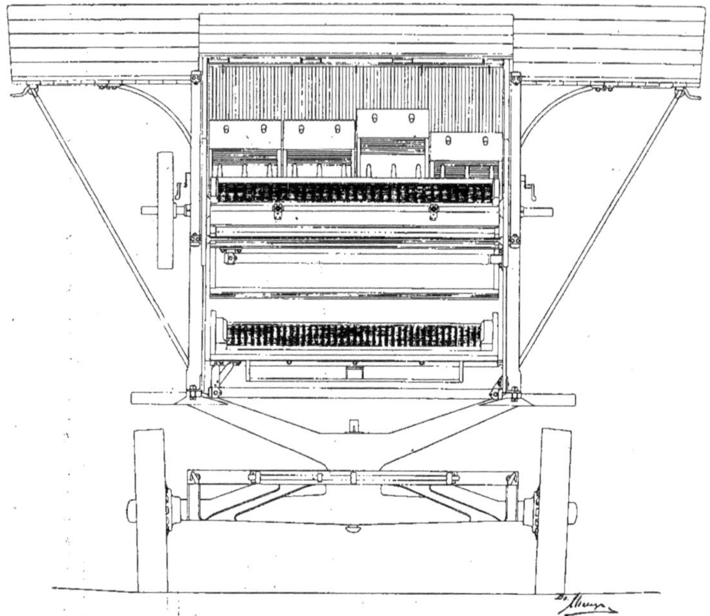

Fig. 275. — Batteuse à grand travail des *Chemins de fer de l'état Hongrois*. Vue du côté de l'avant-train.

locomobiles) et la millième batteuse fut livrée en 1890; de 1879 à 1895 inclus on fabriqua 2.088 machines à battre dont un très beau spécimen figure à l'Exposition.

Les fig. 272, 273, 274 et 275 représentent une de ces machines de 12 chevaux (type fort) montée sur un cadre métallique; ce dernier supporte les paliers munis de coussinets à rotules. Le grain nettoyé, remonté par une chaîne à godets, passe à l'ébarbeur (si cela est nécessaire), au dernier nettoyage et enfin au trieur extensible; les balles sont chassées par ce dernier ventilateur dans le batteur et ne risquent pas de se mélanger au grain battu. Les dimensions principales des batteuses construites par les Ateliers de l'État hongrois sont indiquées dans le tableau de la page suivante.

M. Pierre Tixhon Smal (de Herstal-lez-Liège, Belgique), présente une petite *batteuse en bout*, dite « *riseuse* » qui peut être actionnée par un manège à 4 chevaux. La machine, dont le principe est indiqué par la fig. 276, est à batteur à pointes B et les secoueurs S, placés en travers du batteur, rendent la paille droite, non mêlée. L'ouvrier engraineur, monté sur le pont de service *p*, présente au batteur, suivant la flèche 1, les gerbes fournies sur la table d'alimentation A par des aides; le contre-batteur est disposé au-dessus du

	BATTEUSE							
	4 chevaux	6 chevaux		8 chevaux		10 chevaux	12 chevaux	
		type léger	type fort	type léger	type fort		type léger	type fort
Longueur du batteur (mm.)	1050	1180	1210	1360	1360	1510	1700	1700
Diamètre du batteur (mm.)	550	550	550	550	550	550	550	600
Nombre de tours par minute	1050	1050	1050	1050	1050	1050	1050	969
Diamètre de la poulie du batteur (mm.)	195	195	195	195	210	210	240	260
Longueur totale de la machine (m.)	5,11	5,11	5,63	5,72	5,96	5,97	5,97	6,68
Largeur totale de la machine (m.)	1,95	2,08	2,25	2,41	2,43	2,56	2,77	2,81
Hauteur totale de la machine (m.)	2,88	2,88	3,07	3,08	3,22	3,30	3,30	3,30
Poids (kg.)	2960	3310	4590	4710	4840	5080	5380	6320
Prix à Paris (fr.)	4150	4480	5000	5180	5350	6000	6480	6950

batteur B actionné par la poulie *b*; la paille battue est déplacée par les secoueurs S suivant la flèche 2 et tombe en 3 sur la grille inclinée G. On voit, en *x x'*, l'arbre à villebrequin des secoueurs S et sa poulie de commande; en *d d'* est disposé un plan incliné au-dessus du pied des secoueurs S (la longueur *d d'* est de 1 m. 60 afin de pouvoir travailler les récoltes à longue tige). Le ventilateur (dont l'axe est parallèle à celui du batteur) est placé en B*n* en dessous de la table A; les grilles du tarare s'étendent sous les secoueurs S, les poussières et les balles s'échappent de la machine dans la direction indiquée par la flèche 4. Ce système fournissant, dit-on, la paille battue non mêlée permet d'employer le batteur en bout qui, pour effectuer la même quantité de travail pratique, exige un peu plus de la moitié de l'énergie nécessitée par le batteur en travers; on pourrait ainsi économiser près de la moitié de travail mécanique, et par suite de combustible, ce qui n'est pas à dédaigner avec les cours actuels.

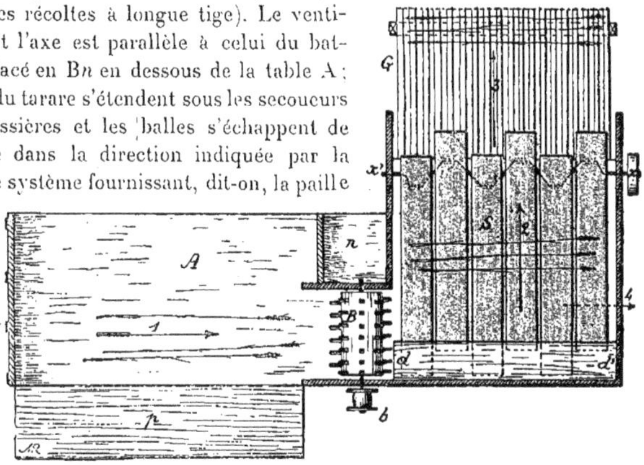

Fig. 276. — Plan de la batteuse *Tihxon Smal*.

Dans la section suisse, la maison Stalder (Oberburg, Berne) expose une ***batteuse à pointes*** du modèle très employé dans ce pays. La batteuse est pourvue d'un collecteur de poussières destiné à protéger l'ouvrier engraineur. Au-dessus du conduit d'alimentation *a* (fig. 277), auquel se raccorde la table *t*, est disposé horizontalement un tuyau en tôle A dont le quart inférieur est ouvert et garni d'un grillage à mailles d'environ un demi-centimètre; ce tuyau (de 0 m. 12 à 0 m. 13 de diamètre) se raccorde, par deux coudes arrondis et une partie inclinée B avec l'œillard d'un ventilateur V, calé sur l'axe du batteur, en dehors du bâti *n*; pendant le travail, les poussières qui peuvent se dégager en P sont ainsi aspirées par le ventilateur V et refoulées à une certaine hauteur par le conduit R à section rectangulaire.

M. Émile Lipgart, de Moscou (Russie) présente une *batteuse en bout* dans laquelle le batteur porte sur sa périphérie six axes autour desquels peuvent osciller des masses devant jouer le rôle de fléaux; le contre-batteur, à jour, est constitué par une grille quart cylindrique placée à la partie inférieure du batteur. Dans la petite *batteuse en bout* de M. Elvorti (Elizavet-Grad, Russie), les battes, ainsi que les contre-battes, sont garnies de place en place de pointes pyramidales très peu saillantes.

Citons la petite *batteuse en bout* de MM. Thermaenius et fils (Hallsberg, Suède) et une *batteuse à petites graines*; dans cette dernière machine, la bourre est envoyée à un batteur tronc-conique, à axe horizontal; elle pénètre du côté de la petite base du contre-batteur en bois, garni intérieurement de plaques métalliques; le produit passe ensuite à un tarare ordinaire.

a) Egreneuses de maïs. — Les *égreneuses de maïs* n'ont pas été modifiées depuis

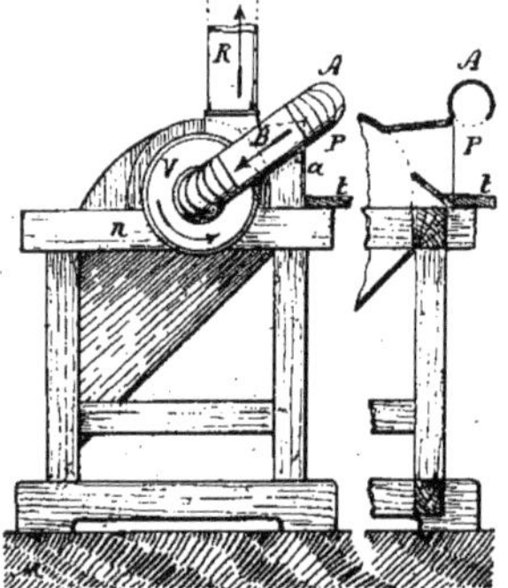

Fig. 277. — Batteuse *Stalder* avec aspirateur de poussières.

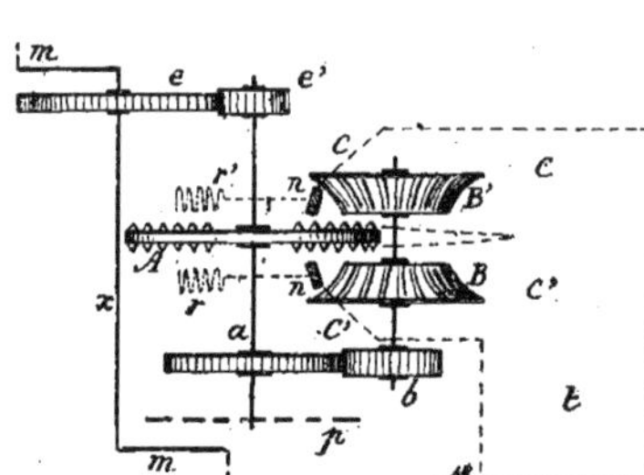

Fig. 278. — Principe de l'égreneuse à maïs à double action *E. Kühne.*

une trentaine d'années; une seule machine à grand travail (Mac-Cormick) figurait à l'Exposition, mais nous n'avons pas de données pratiques à son sujet.

Des *égreneuses de maïs* sont présentées par M. Mailhe (Orthez, Basses-Pyrénées), M. F. R. Hinga (Leiria, Portugal) et Kühne (Moson et Budapest, Hongrie). Ce dernier constructeur expose une égreneuse de maïs à double action, représentée en principe par la fig. 278 : l'axe x, portant les manivelles m, entraîne, par les engrenages e et e', l'axe a sur lequel est calé le plateau A dont chaque face est garnie de dents pyramidales; par engrenages l'axe a commande l'axe b sur lequel sont clavetées deux noix B et B' garnies de cannelures dirigées suivant les génératrices. Les épis de maïs placés dans la trémie (dont la projection est indiquée en pointillé t) sont envoyés, par des enfants, dans les couloirs inclinés CC et C'C'; les épis sont retardés dans leur descente par les plaques n, montées à charnières, et que des ressorts r et r' poussent vers les noix B et B'. Les râfles et les grains tombent sur un crible à secousses qui reçoit un courant d'air fourni par un ventilateur placé en dessous de l'égreneuse. A bras, la machine peut fournir 7 à 9 hectolitres à l'heure; on peut l'actionner par une courroie passant sur une poulie placée en p.

a') Egreneuse de sorgho. — L'*égreneuse de sorgho à balais*, exposée par M. Kühne, précité, est du système américain et peut intéresser certaines de nos colonies : deux cylindres en bois A et B (fig. 279) de 0 m. 30 environ de diamètre, sont placés l'un au-dessus de l'autre et tournent en sens inverse comme l'indiquent les flèches ; chaque tambour, de 0 m. 80 environ de long, est garni de tiges *a* en fer rond, aplaties à leur extrémité comme le représentent les coupes *x* et *x'* ; ces tiges, de 0 m. 10 environ de longueur, sont implantées sur les cylindres suivant des hélices à pas allongé. Deux ouvriers présentent les poignées de sorgho à l'action des pointes, comme on le fait en Algérie pour défibrer les feuilles de palmier nain et préparer le produit désigné sous le nom de *crin végétal*. La machine, mue par une courroie C, nécessite une puissance d'environ 2 chevaux-vapeur; les batteurs font de 700 à 800 tours par minute et deux hommes peuvent battre par jour la récolte de 5 à 6 hectares.

B. Nettoyage et triage des grains. — La récolte en France est en moyenne de 188.000.000 de quintaux de grains qui passent aux tarares, aux trieurs et, en grande

Fig. 279. — Égreneuse de sorgho *E. Kühne*.

Fig. 280. — Tarare *Gautier et Cie*.

partie, aux concasseurs divers. Parmi les *tarares* qui figurent à l'Exposition, citons les machines Bourget frères (Ancenis, Loire-Inférieure); Brichard aîné (Massy, Seine-et-Oise); Gautier et Cie (Quimperlé, Finistère; fig. 280); Garnier (Redon, Ille-et-Vilaine); Lebouvier-Menard et Papin (Botz, Maine-et-Loire); Röber (Allemagne); Kühne (Budapest, Hongrie — tarare système Behan, dans lequel les grains tombent sur un crible horizontal traversé obliquement par le courant d'air provenant du ventilateur); Johnston et Field (Racine, Wisconsin, États-Unis — grands tarares au moteur); J. Nielsen (Vester Aaby, Danemark); Robert Boby (Bury-Saint-Edmnds, Suffolk, Angleterre), etc.

Les tarares les plus perfectionnés se rencontrent dans la section russe; ils l'étaient déjà à l'Exposition de 1878 où ils ont passé inaperçus : il ne faut donc pas croire qu'en exposant, les constructeurs courent le risque de montrer leurs machines à des concurrents qui en feront des copies. De très bons modèles sont présentés par M. I. Waraksine, de Soumak; la descente régulière des grains à nettoyer est assurée par un agitateur à mouvements circulaires alternatifs, qui se déplace dans la trémie d'alimentation. L'enveloppe du ventilateur est munie d'une soupape constituée par une plaque de tôle, montée à charnières horizontales et pourvue d'un contre-poids ; la plaque se soulève ainsi automatiquement dès que la pression, et, par suite, la vitesse de l'air dépasse la limite voulue; enfin une planchette à charnières permet de modifier la direction du courant d'air à envoyer sous les grilles. Ces diverses dispositions sont très recommandables, et à la suite de nos essais spéciaux de tarares (Arras, 1898), pour lesquels les grains nettoyés (blé et avoine) avaient été estimés par des experts habiles, nous disions à la fin du rapport : « Il y a à retenir des résultats d'essais qui précèdent que le déplacement de l'air doit se modifier en intensité et en direction suivant la nature des graines à nettoyer; comme ces réglages ne peuvent se faire d'une façon suffisante dans les machines concurrentes, cela explique pourquoi chaque tarare a donné un meilleur travail avec tel grain plutôt qu'avec tel autre. La conclusion qui résulte de ces constatations est que, pour établir de bons tarares à toutes graines, les constructeurs doivent employer des dispositifs permettant de modifier l'intensité et la direction du courant d'air fourni par le ventilateur, comme on en trouvait un exemple dans le tarare russe de Mestcherine, qui figurait à l'Exposition universelle de 1878. » Citons aussi, dans la section russe, le tarare exposé par l'École de Nartasskoï ; la

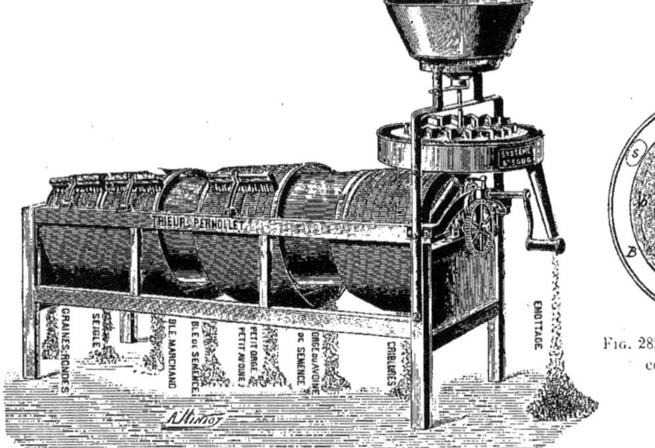

Fig. 281. — Trieur *Billioud*

Fig. 282. — Plan de l'émotteur centrifuge *Billioud*.

trémie d'alimentation est munie d'un distributeur formé d'un cylindre horizontal, en bois, placé sous la vanne d'écoulement des grains.

Les *trieurs* à alvéoles sont d'invention française ; pendant longtemps on employait en Allemagne et en Autriche les cribleurs rotatifs, alors que l'Angleterre restait attachée aux cribleurs alternatifs et la France utilisait avec raison les trieurs à alvéoles. On constate depuis quelques années que l'Autriche et l'Allemagne construisent des trieurs à alvéoles, et il semble, d'après l'Exposition, que l'Angleterre entre dans la même voie; signalons l'emploi d'une enveloppe en tôle protégeant le cylindre alvéolaire contre les chocs. Les trieurs, qui sont si importants pour la sélection des semences, sont relativement d'un prix élevé et d'un petit débit, et pour les multiplier dans les campagnes on peut préconiser l'association à laquelle ces machines se prêtent si bien.

Les trieurs sont représentés dans la section française par les excellentes machines Marot (Niort, Deux-Sèvres) ; Clert (Niort) ; Billioud (108, rue Saint-Maur, Paris) ; Billy (Provins, Seine-et-Marne) ; Presson (Bourges, Cher) ; Denis (Brou, Eure-et-Loir) ; Hérault (197, boulevard Voltaire, Paris) ; le sélectionneur (ou calibreur) Mathias, exposé par M. Wehrlin (21, rue des Jeûneurs, Paris).

Dans certains modèles de *trieurs* à alvéoles de Billioud, le crible à secousses (émotteur), placé entre la trémie et le cylindre alvéolaire, est remplacé par un émotteur centrifuge constitué par un disque horizontal A (fig. 281-282) perforé sur toute sa surface de trous triangulaires *a* ; ce disque est garni sur sa périphérie de deux séries concentriques de petites cloisons représentées en *b* et en *b'* ; le grain arrive au centre *y* du disque A qui tourne (suivant le sens indiqué par la flèche) dans le plan horizontal, tout en recevant des secousses dans le plan vertical ; le grain se calibre, passe au travers des perforations *a*

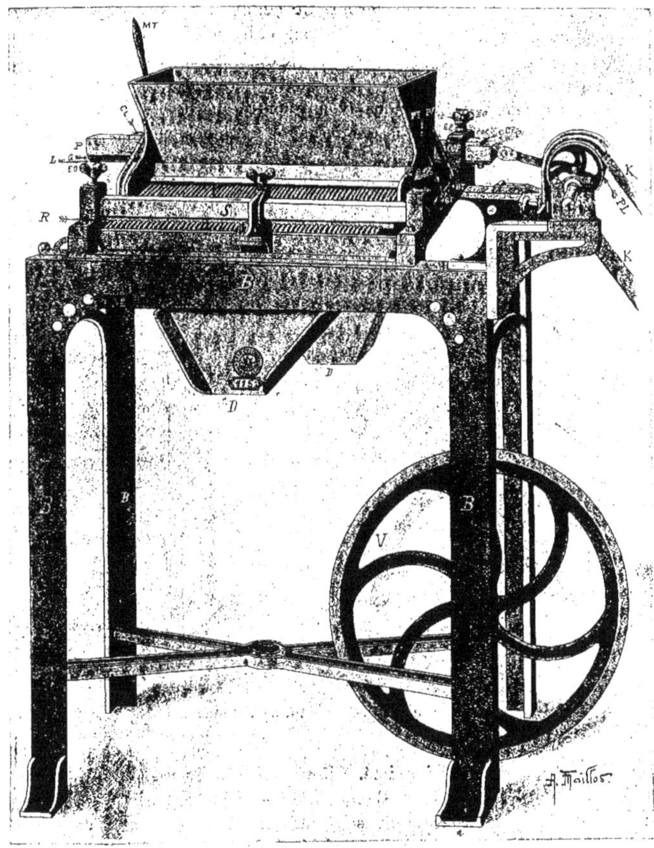

Fig. 283. — Sélectionneur *Mathias*.

et s'écoule dans le cylindre à alvéoles ; l'émottage, circulant entre les cloisons *b* et *b'* se déverse dans une cuve annulaire B où une palette *n* l'entraîne à un orifice de sortie *s*. Cet émotteur travaille régulièrement sur toute la surface du disque A, et ce principe a été appliqué au décuscutage des graines de luzerne et de trèfle.

Le sélectionneur Mathias, représenté par la fig. 283, se compose d'une trémie T qui déverse les grains sur un plan incliné formé de cylindres C placés à un certain écartement les uns des autres ; ces cylindres sont animés d'un mouvement de rotation, tantôt dans un sens, tantôt dans l'autre, communiqué par la barre P actionnée par une bielle et une manivelle montée sur l'axe des poulies K. Le plan C peut ainsi être considéré comme une grille dont les barreaux rotatifs facilitent la descente régulière des grains. Les grains, très exactement calibrés en deux catégories suivant leurs dimensions, se déversent par les goulottes D.

Dans la section allemande nous trouvons les *trieurs à alvéoles* de Mayer (à Kalk); dans la section anglaise les *cribles extensibles* de Penny et C° (Broadgate, Lincoln City) employés dans toutes les batteuses à grand travail, et les *cribleurs* de Robert Boby (Bury-Saint-Edmnds, Suffolk) qui exposent aussi des trieurs à alvéoles.

C. Travail des grains. — Les *aplatisseurs*, *concasseurs* et *moulins* n'ont pas été modifiés dans ces derniers temps ; nous avons montré que les aplatisseurs doivent être remplacés par les concasseurs et que ces dernières machines ne sont intéressantes que

Fig. 284. — Concasseur-aplatisseur *Bamford*.

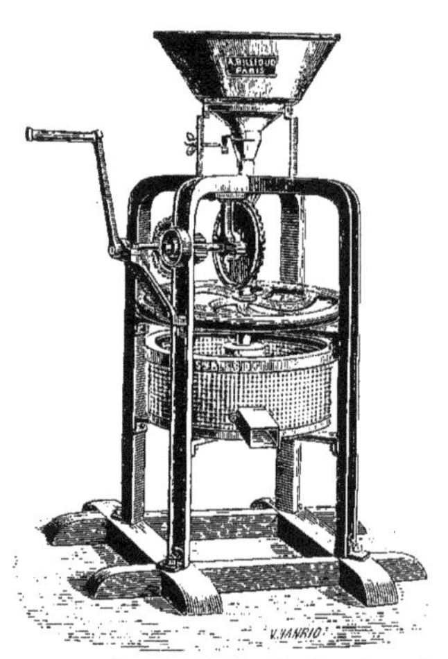

Fig. 285. — Machine *Billioud* à décortiquer le riz.

quand on dispose d'un moteur inanimé. Citons les concasseurs de MM. Simon frères (Cherbourg, Manche); Garnier et Cie (Redon, Ille-et-Vilaine); etc.

Les *aplatisseurs et les concasseurs* sont surtout bien représentés dans la section anglaise (Bamford et fils à Uttoxeter, Staffordshire ; Barford et Perkins, à Peterborough : Bentall; Blackstone et C°, à Stampford, Lincolnshire; Harrison Mac Gregor, à Leigh, Lancashire ; Nicholson et fils, à Newark-sur-Trent ; Richmond et Chandler, à Manchester). Les aplatisseurs à cylindres, généralement de petit diamètre et de longue génératrice, souvent pourvus de quelques rainures très espacées et tracées en hélices, sont quelquefois montés sur le même bâti qu'un concasseur (Bamford, fig. 284 ; Barford et Perkins ; Bentall). Nombreuse est la collection des concasseurs au manège et au moteur : Bamford; Barford et Perkins; Bentall; Blackstone et C° (moulins à meules en pierres, rhabillées, à axe horizontal) ; Harrison Mac Gregor ; Nicholson ; Richmond et Chandler. Nous avons eu l'occasion d'essayer plusieurs de ces machines, notamment lors du concours spécial d'Arras, en 1898, et, en général, les meilleurs résultats ont été obtenus avec des meules à profils tronc-coniques ou ondulés, qui favorisent plus le dégagement du concassage que les plateaux-plans ; l'engorgement des plateaux a pour effet de constituer une sorte de frein absorbant inutilement une grande quantité d'énergie et élevant par suite le prix de revient du concassage. Les essais d'Arras ont montré surtout que les frais du concassage à bras, d'un quintal de maïs ou d'orge, sont tellement élevés qu'il y a lieu de rechercher s'il n'y aurait pas un autre procédé plus économique à employer pour la préparation de ces aliments, comme le trempage par exemple. C'est un problème dont la solution est du ressort de la Zootechnie qui, seule, peut fournir des données précises aux ingénieurs, afin que ceux-ci modifient en conséquence les machines actuelles, ou, au besoin, en établissent d'autres sur de nouveaux principes.

Des *moulins à maïs*, à manège direct et au moteur, sont exposés par la manufacture

Fig. 286. — Machine *Nicholson* à décortiquer le riz, avec ventilateur.

Stover, de Freeport (Illinois, États-Unis) ; ces machines concassent les épis entiers de maïs, grains et râfles ; les modèles au moteur ont une meule centrale mobile entre deux couronnes fixes, l'alimentation ayant lieu sur chaque face par des vis montées sur l'arbre ; les pressions de l'arbre sont, par suite, mieux équilibrées que dans les concasseurs dont le plateau, travaillant sur une seule face, exerce une pression qui se reporte sur les coussinets ou sur une vis de buttée.

Des *machines à décortiquer le café et le riz* sont exposées par M. Billioud (108, rue Saint-Maur, Paris, fig. 285), et par la maison Nicholson (à Newark-sur-Trent, Angleterre, fig. 286, machine à bras, à meule conique à axe vertical) ; ces modèles peuvent intéresser un grand nombre de nos colonies.

Il ne rentre pas dans notre cadre d'étudier en détail les *moulins à farine* ; nous citerons rapidement les expositions suivantes : La société parisienne de meunerie-boulangerie Schweitzer (1, rue Méhul, Paris) a fait une belle installation qui fonctionne devant le public : nettoyage du grain, moulin avec blutoir, pétrin mécanique sont commandés par une dynamo ; un four continu et un étalage de vente complètent cette installation. Dans la section hongroise un salon est spécialement consacré aux céréales ; on y trouve différents modèles de moulins ruraux et les cylindres broyeurs de Ganz et Cie de Budapest ;

Fig. 287. — Presse à fourrages *Lefebvre-Albaret, Laussedat et Cie.*

il suffit de se rappeler que la mouture hongroise, ou par cylindres, a apporté de profondes modifications dans la meunerie, pour comprendre tout l'intérêt que présente cette exhibition. Dans la section suisse nous trouvons les convertisseurs à cylindres en

Fig. 288. — Presse à fourrages *Pilter.*

porcelaine de Fr. Wegmann, de Zurich (ces cylindres ont été inventés en 1874 par M. Wegmann, qui n'a cessé de les perfectionner), les machines Daverio et de Adolphe Buhler (de Uzwil). En Angleterre, les moulins à farine de Robinson, les pétrins de

Backer et ceux de Richmond et Chandler. En Allemagne, les broyeurs à cylindres de Seck frères, de Dresde. Dans la section française (classe 37), les broyeurs à cylindres étaient très bien représentés par nos grandes maisons de construction.

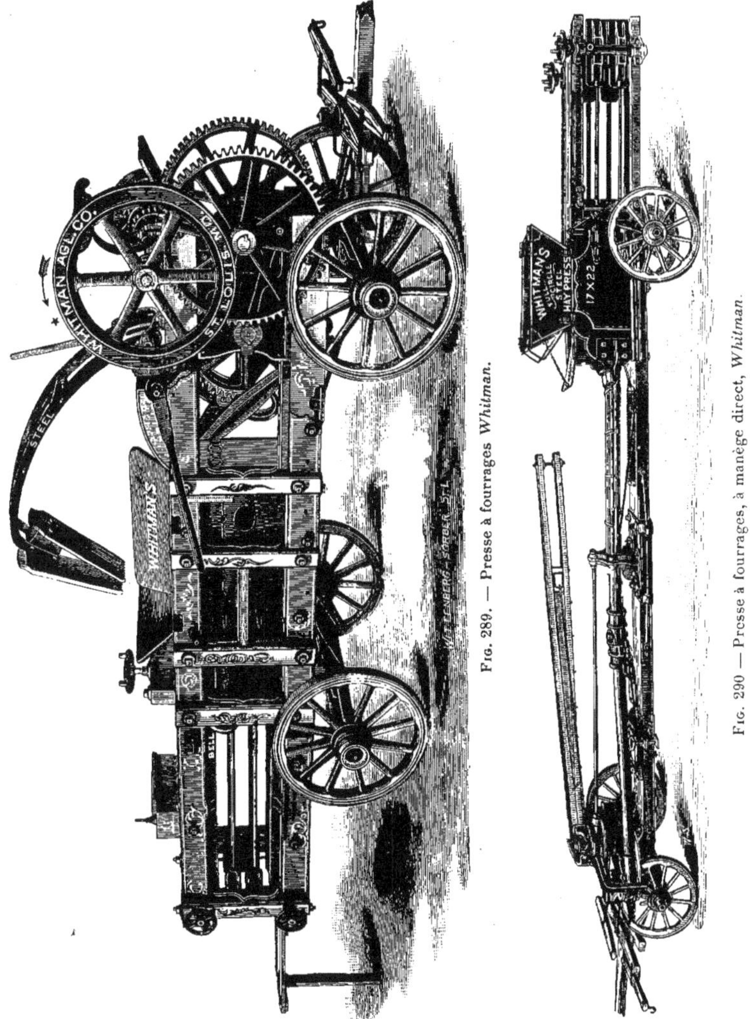

Fig. 289. — Presse à fourrages *Whitman*.

Fig. 290 — Presse à fourrages, à manège direct, *Whitman*.

D. Presses à fourrages[1]. — Les *presses à fourrages*, au moteur, sont exposées par les maisons Lefebvre-Albaret Laussedat et Cie (Rantigny, Oise — presse à piston, balles

1. La récolte des fourrages en France peut être évaluée à 640.000.000 de quintaux, dont 330.000.000 pour les ailles et 310.000.000 pour les foins.

parallélipipédiques, fig. 287) ; Pilter (24, rue Alibert, Paris, fig. 288 — presse donnant des balles cylindriques). Dans l'exposition Pilter se trouve aussi une *presse à bras* destinée à comprimer et à mettre la fibre de bois en balles. Dans la section américaine figurent les

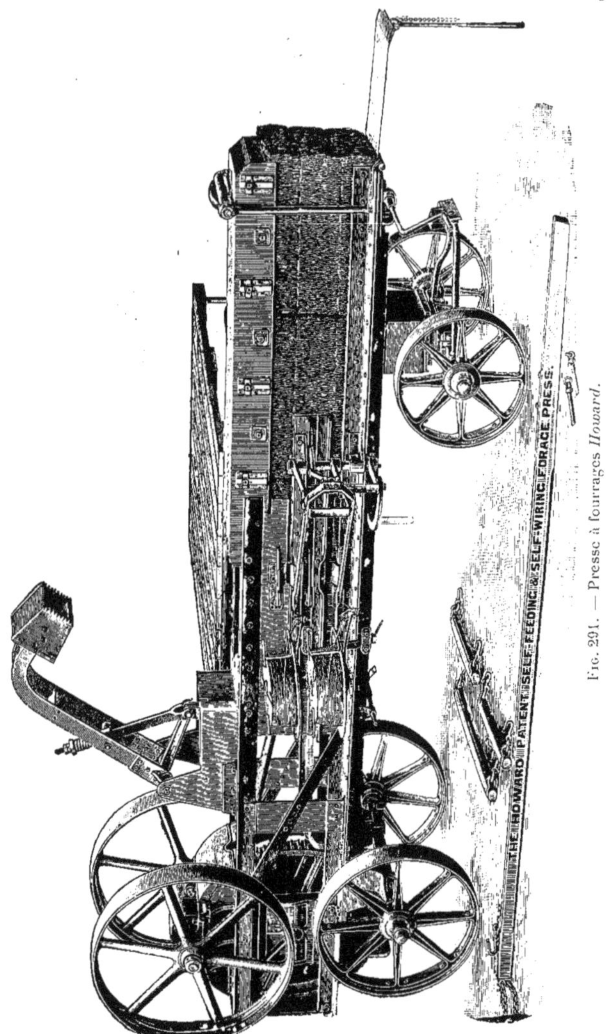

Fig. 291. — Presse à fourrages *Howard*.

presses au moteur (fig. 289) et à manège (fig. 290) de la Cie Whitman, de Saint-Louis, Missouri (presses à piston comprimant le fourrage en balles parallélipipédiques). Toutes ces presses (fig. 287 à 290) ont pris part, en 1899, à nos essais spéciaux de Lizy-sur-Ourq, et on trouvera dans notre rapport, publié par la Société d'agriculture de Meaux, les dféirents chiffres relatifs à leur travail pratique; nous indiquerons seulement les moyennes suivantes qui résultent de l'interpolation des résultats d'essais :

POIDS des balles au mètre cube	TRAVAIL MÉCANIQUE MOYEN, EN KILOGRAMMÈTRES, NÉCESSAIRE POUR COMPRIMER 100 kilogs de fourrage.			
	Presses à manège direct		Presse à moteur	
	Foin de luzerne	Paille de blé	Foin de luzerne	Paille de blé
kg.	kgm.	kgm.	kgm.	kgm.
100	22.000	24.000	40.000	61.200
150	29.000	32.000	53.000	86.000
200	38.000	43.000	65.000	111.800
250	48.000	56.000	85.000	151.200
300	60.000	—	110.000	201.300
350	—	—	145.000	270.000

Suivant les machines, ces chiffres peuvent être augmentés ou diminués de 14 p. 100 lors du travail du foin, alors qu'avec les mêmes presses ils peuvent être augmentés ou diminués de 40 p. 100 lors du travail de la paille, par suite de la plus grande résistance que cette dernière oppose à la compression.

Dans la section anglaise, la maison Howard (de Bedford) expose une *presse à fourrages* (fig. 291) à bâti métallique, donnant des balles prismatiques, analogue aux machines du type Dederick (fig. 287-289); la particularité à signaler dans cette presse est qu'on a cherché à supprimer le travail préalable de confection des liens (la coupe des fils de fer à la longueur voulue et la formation d'une boucle à une extrémité du lien); les deux meules de fils de fer sont placées sur des dévidoirs à axe vertical et fournissent directement les fils à l'ouvrier chargé du liage; nous n'avons pas encore de données sur le travail pratique de cette machine.

E. Division des fourrages. — Rien de particulier à signaler parmi les *hache-paille* et les *hache-maïs*; citons les modèles Lefebvre-Albaret, Laussedat et Cie (Rantigny, Oise), les *broyeurs d'ajonc* de MM. Garnier (Redon, Ille-et-Vilaine); Gautier et Cie (Quimperlé, Finistère) (fig. 292); Texier jeune (Vitré, Ille-et-Vilaine). Il n'y avait ni broyeurs de brindilles ni broyeurs de sarments. La section anglaise nous montre des machines très bien construites et pourvues d'*appareils de protection* des ouvriers, conformément à la loi anglaise du 6 août 1897 (applicable aux hache-paille actionnés par un moteur autre que l'homme) dans les expositions : Bamford et fils (Uttoxeter, Staffordshire); Bentall; Richmond et Chandler (Manchester); John Crowler et Co (Sheffield) présentant le système Samuel Edwards qui fut primé au Concours général agricole de Paris, en 1899. Les *hache-paille* Kühne (Moson et Budapest, Hongrie) sont pourvus d'appareils préventifs des accidents; dans un des modèles à bras, les lames sont protégées, du côté extérieur, par des gardes en fonte ajourées fixées sur le volant à un certain écartement des lames. Un *hache-paille* à avancement intermittent est exposé par N.-G. Nielsen (Herning, Danemark); etc.

F. Préparation des racines, des tubercules et des tourteaux. — Les diverses machines de cette catégorie (*laveurs de racines*, *coupe-racines*, *appareils à cuire*, *brise-tourteaux*) figurent en très petit nombre sans présenter des dispositifs nouveaux [1]. — Citons les

1. La récolte moyenne, en France, est de 300.000.000 de quintaux de racines fourragères et de tubercules (non compris les récoltes vendues en nature aux usines, sucreries, distilleries, féculeries, etc.); enfin on peut compter que la consommation annuelle des tourteaux est d'environ 1.100.000 quintaux.

laveurs de racines Defosse-Delambre (Varennes, Somme, — bras en bois fixés à un axe tournant au-dessus d'une cuve demi-cylindrique en tôle perforée, placée dans un bac rempli d'eau). — Les *coupe-racines* Lefebvre-Albaret, Laussedat et Cie (Rantigny, Oise — coupe-racines à disque vertical) ; Pilter (24, rue Alibert, Paris) ; Drouet (Saint-André, Eure — coupe-racines cylindriques et coniques). — Les *appareils à cuire les aliments du bétail* de M. Faul (47, rue Servan, Paris) et des Usines de Rosières (Cher). — Les *broyeurs d'os* très bien établis de Nicholson et de Richmond (Section anglaise). — Un *brise-tourteaux* pour gros concassage de Mortensen (à Bolbro, Danemark) à un seul cylindre garni de dents crochues qui pénètrent dans la trémie au travers des barreaux d'une grille ; — les nombreux *brise-tourteaux* à bras ou à moteurs des constructeurs anglais et notamment ceux de Harrison Mac Gregor (Leigh, Lancashire), Nicholson (Newark-sur-Trent), Richmond et Chandler (Manchester), — le *brise-tourteaux* pour huileries de MM. Laurent et

Fig. 292. — Broyeur d'ajonc *Gautier et Cie*.

Collot (Dijon, Côte-d'Or). — La Cie générale des voitures (1, place du Théâtre-Français, Paris) a représenté sa belle installation mécanique pour la *manutention* et la *préparation* des rations; cette manutention (dépôt de la rue du Ruisseau) comprend les diverses machines pour la division des grains, des tourteaux, des résidus de féculeries, distilleries, amidonneries, des fourrages; tout l'atelier, qui occupe chaque jour une centaine de personnes, est actionné par une puissance de 30 chevaux-vapeur et est complété d'immenses silos métalliques, de granges et de magasins divers.

G. Machines et appareils divers. — Nous ne ferons que signaler les machines et appareils divers de la classe 35 qui ne rentrent pas dans une des catégories précédemment examinées : l'*ensacheur* Bloch (44, rue de Bondy, Paris) ; les *monte-sacs*, *treuils* et *palans* de M. Lorin (Doulaincourt, Haute-Marne) ; les *pièces détachées* d'instruments et de machines, de M. Roffo et Cie (8, place Voltaire, Paris) ; la *peleuse d'osier* de M. Meixmoron de Dombasle (Nancy, Meurthe-et-Moselle) ; l'*évaporateur-dessiccateur* de fruits de M. L. Tritschler (Figeac, Lot) ; l'*appareil à acétylène* de M. H. Corblin (Vouvray-sur-Loire, Sarthe). — Les *tondeuses mécaniques* pour moutons et chevaux, de MM. Bariquand et Marre (127, rue Oberkampf, Paris) et celles de la Cie Cooper Stewart (Chicago, Illinois, États-Unis) : la tondeuse est mue par une manivelle (ou une courroie) et un arbre flexible ; l'emploi de ces machines, permettant de couper plus ras et plus régulièrement qu'à la main, augmente le poids de la toison ainsi que la valeur de la laine qui est enlevée sans reprises sur toute sa longueur. — Les appareils de M. Le Blanc (52, rue du Rendez-vous, Paris) pour le *traitement des ordures* des villes et leur transformation en engrais pulvérulent.

CHAPITRE VI

Machines et appareils de transports.

La culture emploie en moyenne un véhicule par 7 à 8 hectares de terres cultivées (ce chiffre est en relation, comme celui des charrues, avec les attelages disponibles) ; près de 4 millions de véhicules sont répartis dans les exploitations de France. Cependant aucune nouveauté importante n'a été présentée par les quelques exposants de véhicules agricoles ; ces véhicules sont surtout construits et entretenus par les charrons de campagne qui continuent à fabriquer suivant les habitudes locales datant du début du siècle, alors que la carrosserie de service et de luxe a fait d'importants progrès en France. On construit trop lourdement et il faut bien se rappeler qu'un animal, sur une voie déterminée, ne peut tirer qu'une certaine charge ; comme cette dernière comprend la charge utile et le poids mort du véhicule, on a intérêt à diminuer le plus possible ce dernier afin d'augmenter le *rendement* de l'appareil de transport ; c'est d'ailleurs ce qui se pratique dans certains pays étrangers où les véhicules agricoles sont très légers et où, pourtant, les routes et chemins n'existent qu'à l'état de nom, sans pouvoir en aucun point être mis en comparaison avec nos belles routes de France. Il semblerait se dégager de ce qui précède cette anomalie qu'aux pays à mauvaises routes correspondent surtout les meilleurs véhicules : dans les pays à mauvaises routes on se rend bien vite compte de l'intérêt économique que présente l'emploi de véhicules légers et bien construits.

Citons les *roues* en fer, et en fer et bois, de MM. Champenois et Delacourt (Chamouilley, Haute-Marne) et Champenois-Rambeaux (Cousances aux Forges, Meuse) ; — Les *voitures* de M. Marcou (73, rue Riquet, Paris). — Les *voitures légères* à 2 et à 4 roues de MM. Brissard frères (Saint-Benin d'Azy, Nièvre) et de la Société de la carrosserie industrielle (228, faubourg Saint-Martin, Paris). — Des *voitures de service* (charrettes et chariots) sont exposées par M. Commergnat (Auxerre, Yonne), qui a conservé les roues armées du système Chambard (la partie inférieure des rais est maintenue sur le moyeu par 2 collerettes en fer cornière, réunies par des boulons) ; voici un aperçu des dimensions et prix de 3 voitures exposées par ce constructeur :

	POIDS DE LA CHARGE	PRIX
Tombereau de 4 mètres cubes	4000 k.	750 fr.
Charrette	7500	1500
Chariot à avant-train à roues basses	5000	1085

La section portugaise nous montre des *charrettes* ordinaires du pays, avec leurs roues de construction très simple, calées sur un essieu en bois, alors qu'à côté un *tombereau* à flèche, monté sur ressorts, et de très bonne fabrication, est présenté par M. Ligorio da Silva (Lisbonne).

L'emploi des petits *chemins de fer à voie étroite* est toujours indiqué dans nos exploitations, mais dans certains cas on peut diminuer le prix d'établissement de la voie : lorsque l'intensité du transport à effectuer est faible, quand, par exemple, il y a peu de vagons en service relativement à la longueur de la voie, le transport peut très bien se faire par vagons isolés roulant sur un mono-rail. — Citons les matériels complets (voie et vagons de divers types) de la Société du Monorail (39, rue Lafayette, Paris), de M. Paupier (2, rue Stendhal, Paris) et de M. Jules Weitz (Lyon, Rhône) ; les bennes des vagonnets Weitz, destinés au transport de la vendange, sont en tôle à angles arrondis.

Pour les transports de terres, signalons les *ravales* ou *pelles à cheval* de MM. Garnier et Cie (Redon, Ille-et-Vilaine) et de la Cie Syracuse (Syracuse, New-York, États-Unis)[1].

CHAPITRE VII

Appareils de pesage.

En nous limitant à l'examen du matériel exposé dans la classe 35, nous citerons *les balances* et les *bascules* de MM. Lefebvre-Albaret, Laussedat et Cie (Rantigny, Oise), de M. Léonard Paupier (2, rue Stendhal, Paris) ; à citer dans la belle collection de M. Paupier une bascule pouvant recevoir des barrières lors du pesage des bestiaux (fig. 293) ; le

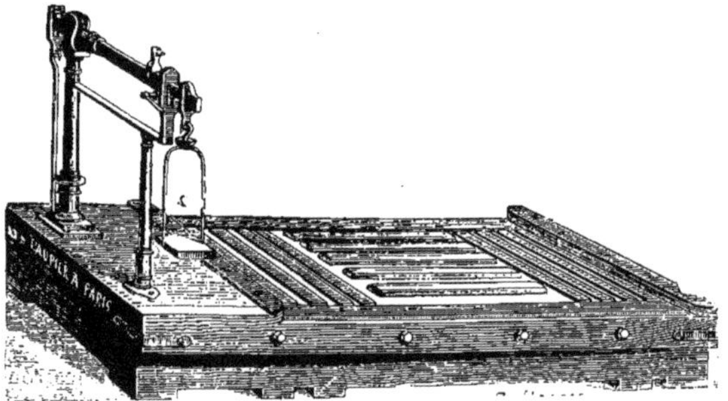

Fig. 293. — Bascule *L. Paupier*.

montage de l'appareil vérificateur sur le fléau horizontal et non, comme on le fait souvent, sur l'appareil démonstratif ; les leviers de calage des tabliers qui soulèvent ces derniers d'une très petite quantité (un millimètre à un millimètre et demi), suffisante pour éviter les chocs sur les couteaux lors de l'arrivée ou du départ du véhicule à peser ; enfin un grand pont-bascule, avec cuvelage en fonte, se posant directement sur une couche de ballast, sans nécessiter de maçonnerie. — Les *balances* et *bascules* de M. Kugelstadt (11, rue des Juifs, Paris). — Les *bascules* et *peso-chargeurs* de MM. David et Trophème (Grenoble,

1. L'étude de ces ravales se trouve dans notre fascicule : *Travaux et machines pour la mise en culture des terres.*

Isère) ; brouette B (fig. 294, 295, 296, 297 et 298), à deux roues E dont le tablier A comporte une balancerie (aLKFChCDdmL), soigneusement protégée contre les chocs; ces

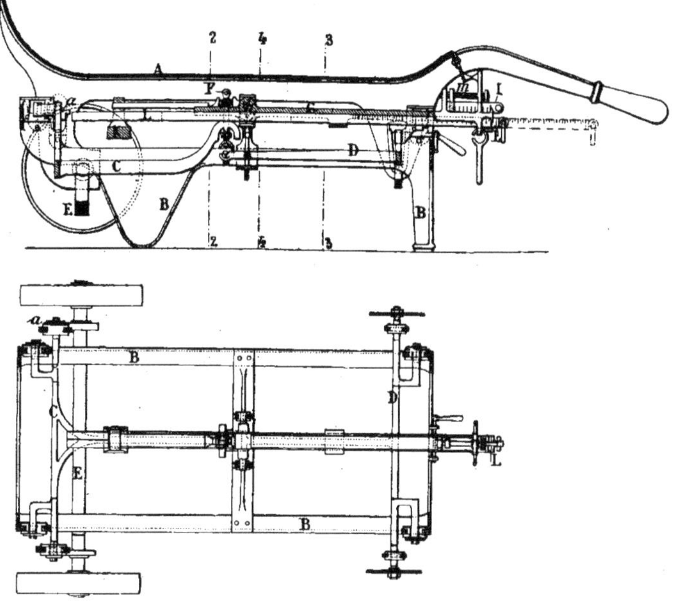

Fig. 294. — Coupe verticale et plan de la brouette peso-chargeur *David et Trophème.*

brouettes, permettant de transporter et de peser les charges (caisses, sacs, ballots) avec le

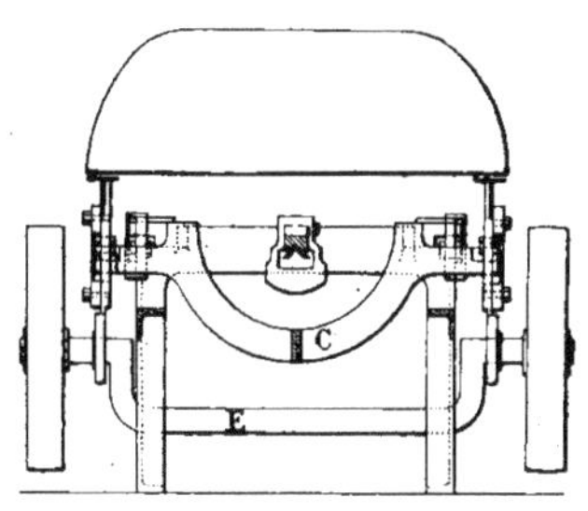

Fig. 295. — Brouette peso-chargeur *David et Trophème.* Coupe transversale 2 de la figure 294.

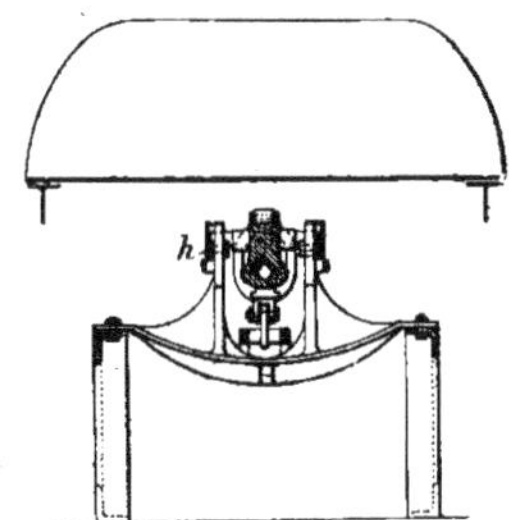

Fig. 296. — Brouette peso-chargeur *David et Trophème.* Coupe transversale 4 de la figure 294.

minimum de manutention, sont très recommandables pour les magasins de particuliers ou de syndicats ainsi que pour les quais d'expéditions.

Pour ce qui est relatif aux sections étrangères, nous citerons les *bascules* Fairbanks de la succursale de Budapest (Hongrie) et un *compteur-bascule* automatique pour peser et

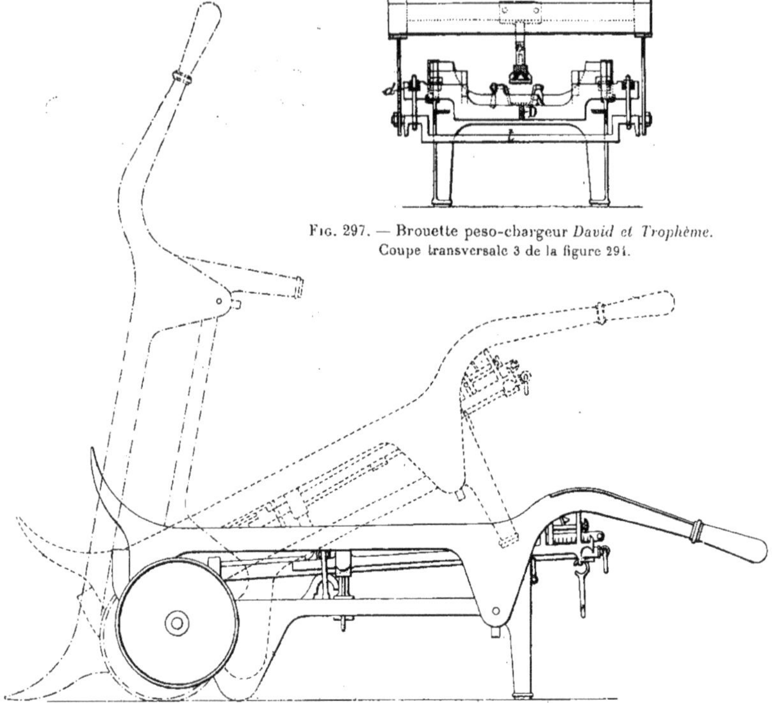

Fig. 297. — Brouette peso-chargeur *David et Trophème*. Coupe transversale 3 de la figure 294.

Fig. 298. — Différentes positions de la brouette peso-chargeur *David et Trophème*.

mesurer les grains de M. B. G. Assan, ingénieur à Bucharest (Roumanie), construit par C. Schember et fils, de Vienne (Autriche).

CHAPITRE VIII

Machines et appareils pour l'élévation des liquides.

Certaines expositions antérieures ont montré des machines nouvelles, telles que les pompes centrifuges, les béliers hydrauliques, les pulsomètres, etc. ; celle de 1900 ne nous présente que des perfectionnements apportés dans la construction de modèles déjà connus. — Nous ne ferons donc qu'un examen rapide de cette section, en renvoyant le lecteur au fascicule spécial consacré aux *pompes*, et en n'insistant que sur quelques types qui n'ont pas encore été décrits.

Citons les modèles de M. Faul (47, rue Servan, Paris ; pompe foulante à purin) ; Buzelin (aux Lilas, Seine) ; Couppez et Léonet (118, rue d'Angoulême, Paris) ; Daubron

(210, boulevard Voltaire, Paris) ; David (Orléans, Loiret) ; A. Hirt (56, Boulevard Magenta, Paris) ; X. Hirt (11, faubourg Saint-Martin, Paris) ; Vidal-Beaume (66, avenue de la Reine, Boulogne, Seine ; pompes diverses et béliers hydrauliques) ; Baussant (Vouvray-sur-Loire, Sarthe ; pompes foulantes pour puits profonds) ; Compagnie pour l'éclairage des villes (174, rue Lafayette, Paris ; pompes et élévaleurs d'eau du système Durozoy) ; Debray (38, rue de la Folie-Méricourt, Paris ; pompes à chapelet) ; Lemaire (152, rue de Rivoli, Paris ; noria à nombreux petits augets) ; — la *roue élévatoire*, à godets siphoïdes de MM. Pascault et de Coursac (à Vivonne, Vienne) ; cette roue à palettes radiales est placée dans un ruisseau dont elle élève l'eau à une hauteur égale environ à

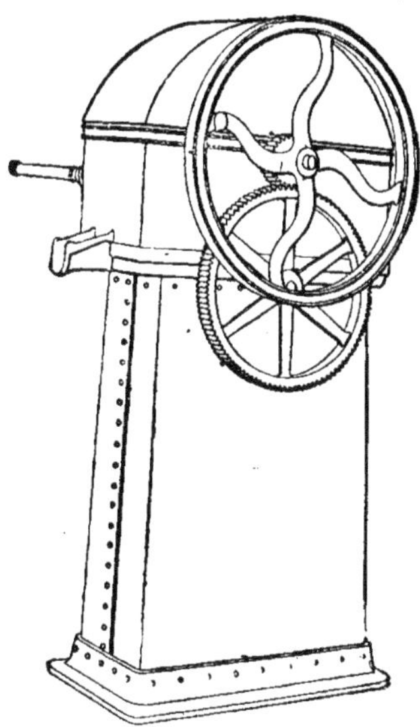

Fig. 299. — Pompe à saugle *Pilter*.

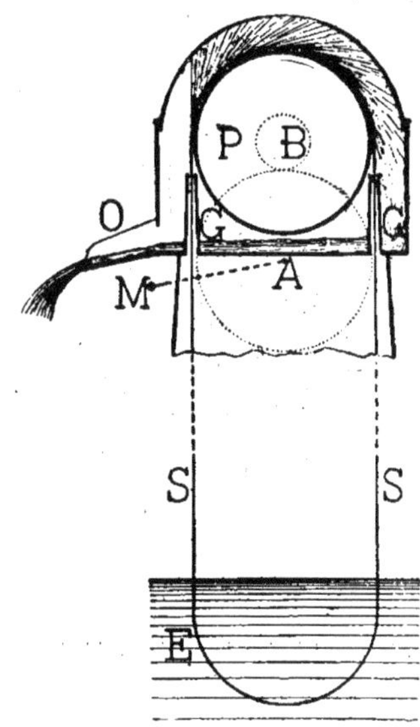

Fig. 300. — Principe de la pompe à sangle *Pilter*.

son rayon ; cette machine, que nous avons eu l'occasion d'expérimenter il y a quelques années, serait susceptible de rendre de nombreux services si elle était mieux connue.

La *pompe à chapelet* présentée par M. Delacroix (Jargeau, Loiret) est dépourvue du rochet ordinaire d'arrêt qui, agissant directement sur l'arbre, favorise le décalage du volant ; dans cette machine (fig. 301) l'arrêt est obtenu d'une façon très simple par un petit cylindre en bois *a*, pouvant se déplacer dans une goulotte *bc* excentrique au volant V ; la goulotte *bc* est fixée au bâti B de la pompe. Lors du travail, le volant V, tournant dans le sens indiqué par la flèche, entraîne le rouleau *a* vers le point *b* ; dès qu'on abandonne le volant V, celui-ci s'arrête, puis revient un peu en arrière et le galet se déplace vers le point *c* en formant frein sur la jante (en P est figurée la poulie dans la gorge de laquelle passe la chaîne *hh'* qui se déplace dans le tube d'ascension *n*).

Dans l'exposition de la maison Pilter (24, rue Alibert, Paris) nous trouvons différents modèles de *béliers hydrauliques* et de pompes-sangle. La *pompe-sangle*, dont la vue extérieure est donnée par la fig. 299 et la coupe par la fig. 300, se compose en principe d'un tambour P animé d'un rapide mouvement de rotation, entraîné par la manivelle M, la roue

A et le pignon B qu'on aperçoit sur la vue extérieure ; la sangle sans fin S plonge dans le bief aval E et passe sur le tambour P chargé de l'entraîner ; au changement de direction que la sangle subit sur le tambour P, l'eau qu'elle entraîne est projetée dans l'enveloppe et tombe dans la goulotte intérieure G pour s'écouler en O. Mue à bras la machine peut élever l'eau à 20 mètres de hauteur ; au delà, on actionne la pompe-sangle à l'aide d'un manège ou de tout autre moteur, et, d'après le constructeur, on pourrait employer économiquement la pompe-sangle pour élever l'eau des puits de 100 mètres de profondeur.

L'*élévateur* de MM. Jonet et Cie (Raismes, Nord) consiste en un tambour ou treuil A (fig. 302) actionné par une manivelle extérieure *m* et pourvu d'un frein *f* à levier L mobile autour du point *x*. Sur le tambour A s'enroule un câble en fils d'acier auquel est attaché le seau S' ; quand ce dernier arrive à la partie supérieure de sa course, il s'accroche dans

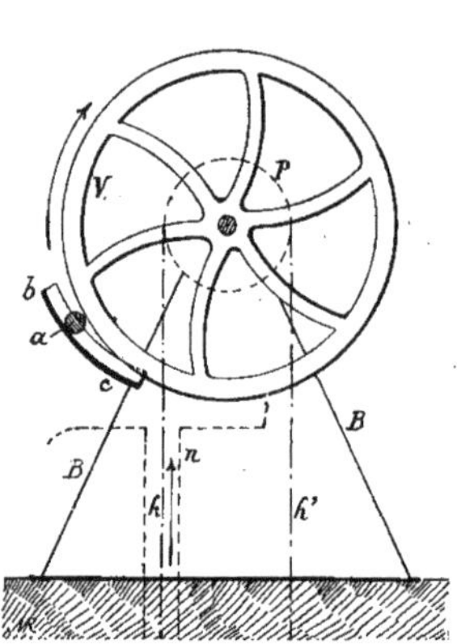

Fig. 301. — Principe de l'arrêt par friction de la pompe à chapelet *Delacroix*.

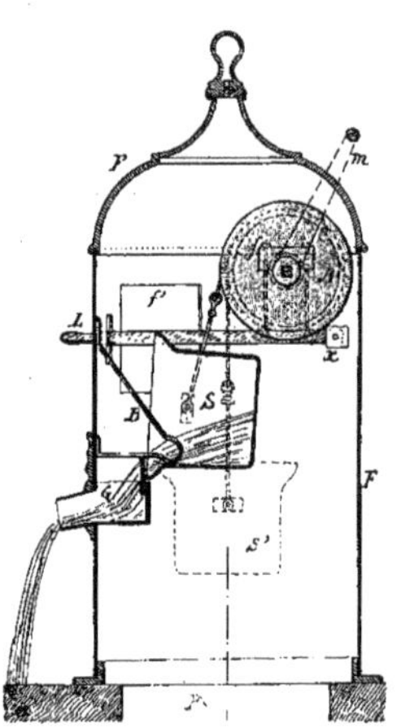

Fig. 302. — Coupe verticale de l'élévateur *Jonet*.

le fer B, bascule en S et déverse son contenu dans la goulotte G. L'ensemble est monté dans un bâti en tôle et fonte F, fermant la partie supérieure du puits P ; cette enveloppe est pourvue d'une fenêtre latérale *f'* par laquelle on peut examiner le mécanisme.

L'*élévateur* présenté par M. Caruelle (Caulaincourt, par Vermand, Aisne) est constitué par une poulie à gorge A (fig. 303), sur laquelle passe un câble *n* en acier ; à chaque extrémité le câble est attaché, par une tige *m*, à un récipient cylindrique B : en dessous de la poulie A, et soutenu par le bâti en fonte F, sont placés deux sortes de tampons C et C' (dont la coupe est indiquée dans la figure) et une table de déversement DD' ; quand un récipient B' arrive à la partie supérieure de sa course, la tige *m* passe par le tube central *t*, la paroi du récipient passe à son tour entre le tampon C et la collerette *d*, et l'eau contenue en B' vient frapper la portion annulaire *c* pour tomber en D et s'échapper en D'. Le diamètre minimum du puits P peut être de 0 m. 60. D'après les renseignements fournis sur un certain nombre de ces machines en fonctionnement, on aurait, en pratique, les débits suivants :

Hauteur d'élévation.	Débit en litres par minute.
6 m.	120
16	50
25	33

Le bâti F recouvre le mécanisme et le puits ; en M est la manivelle extérieure calée sur l'axe de la poulie A.

L'*élévateur* de M. Roger (Ovillers, par Sainte-Geneviève-Petit-Fercourt, Oise), cons-

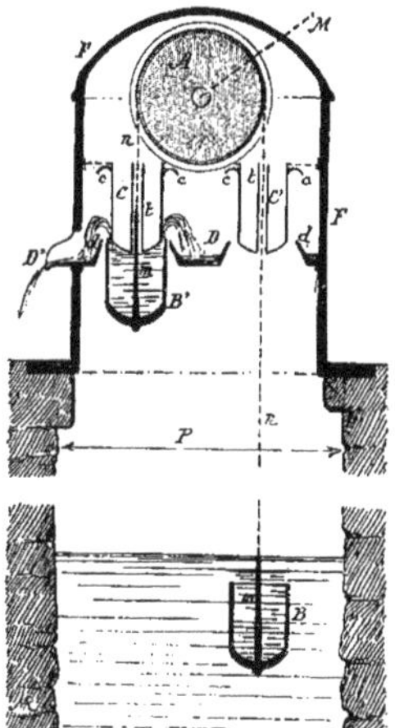

Fig. 303. — Élévateur *Caruelle*.

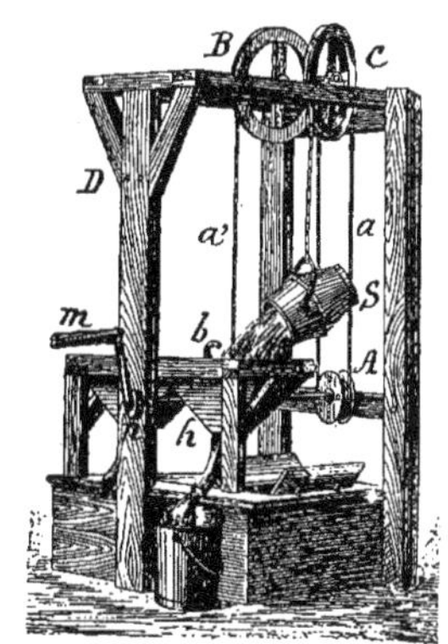

Fig. 304. — Élévateur *Roger*.

truit par M. L. Paupier (2, rue Stendhal, Paris), se compose en principe d'un tambour à gorge A (fig. 304) sur lequel un câble d'acier *aa'* fait deux ou trois tours, passe sur les poulies supérieures B et C dont les axes, obliques l'un par rapport à l'autre, sont mainte-

Fig. 305. — Pompe à vin, montée sur brouette, *Piller*.

nus par la charpente D élevée au-dessus du puits dont la partie supérieure est fermée par un coffrage en bois ; à l'extrémité de chaque brin du câble *aa'* sont accrochés des seaux S en tôle galvanisée qui, à la fin de leur course ascendante, se prennent dans les crochets *b*, basculent et déversent leur contenu dans l'auge *h*. Le tambour A est mis en mouvement par une manivelle *m* pourvue de deux roues à rochets *n*. Chaque seau a une capacité de 25 à 30 litres.

Dans la classe 38, il convient de citer la *pompe centrifuge* de M. A. C. Roy (110, rue Notre-Dame, Bordeaux, Gironde), permettant d'élever, dans les cuves, la vendange foulée ; la turbine, en bronze, de cette pompe qui débite de 20 à 25 hectolitres à la minute a été établie pour ce travail, et il ne se produit pas d'engorgements quelle que soit la consistance pâteuse du mélange à élever à 5 ou à 6 mètres et à transporter à des distances allant jusqu'à 100 mètres.

Mentionnons également les *pompes* de MM. Fafeur frères (5, Square Gambetta, Carcassonne, Aude) et les différentes *pompes à vin* montées sur brouette (fig. 305).

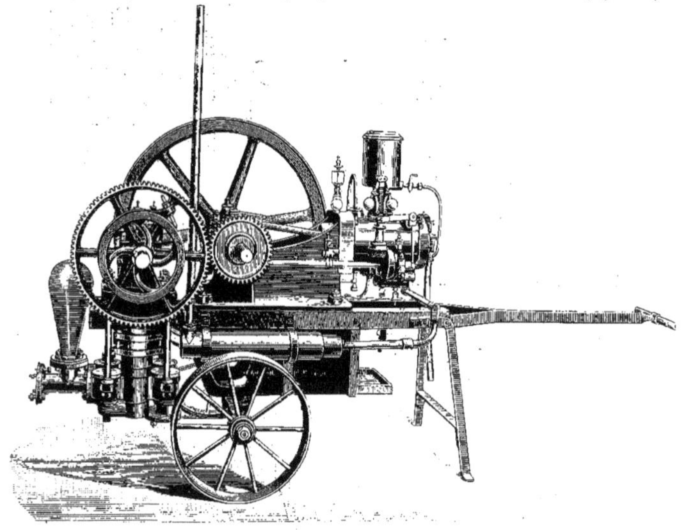

Fig. 306. — Pompe à vin locomobile et moteur à pétrole *Brouhot et Cie*.

La *pompe à vin* à piston plongeur, exposée par MM. Brouhot et Cie (Vierzon, Cher), est destinée à être actionnée par un moteur à pétrole auquel elle peut être accouplée par engrenages (fig. 306). Un modèle de pompe horizontale est pourvu d'un dispositif permettant de diminuer sa résistance lors de la mise en route du moteur. La figure 307 donne le principe du montage adopté : la culasse du cylindre horizontal C se raccorde à la chambre des soupapes (*a* d'aspiration, *b* de refoulement) ainsi qu'aux tuyaux d'aspiration A et de refoulement R ; lors d'une mise en route, et jusqu'à ce que le moteur ait pris son allure de régime, on supprime le travail de la pompe C en soulevant, à l'aide d'une vis à volant V, la soupape *a* dont la pièce *n* lève, après un certain parcours, la soupape *b* ; pour mettre la pompe en travail, on fait descendre la vis V afin de rendre libre le jeu de la soupape d'aspiration ; la visite de la boîte aux soupapes s'effectue facilement par le tampon *t* maintenu par un étrier et une vis de pression.

Citons enfin une *pompe rotative* à palettes réglables, de MM. Gaulin et Cie (86, rue Myrha, Paris) spécialement établie pour la manutention du lait et du petit lait (fig. 308).

M. P. de Singly (196, rue d'Allemagne, Paris) expose une collection de *tuyaux* en tôle galvanisé pour conduites d'eau ; les brides sont pourvues d'oreilles et l'assemblage a lieu avec deux ou trois boulons (suivant le diamètre des tuyaux) et une rondelle de joint en caoutchouc.

Dans la section hongroise, la Société des *dessèchements*, de Nagy Becskerek, expose un modèle d'usine élévatoire ; la pompe centrifuge, montée à siphon, est actionnée directement par une machine à vapeur à deux cylindres horizontaux, compound, avec condensation. — Les dessèchements par machines sont nombreux dans la vallée du Danube et une très belle carte, accompagnée de diagrammes explicatifs, nous permet de donner les quelques chiffres suivants que nous prenons par périodes de dix années afin de mieux montrer l'effort considérable qui a été fait en vue d'accroître l'étendue des terres cultivées de la Hongrie :

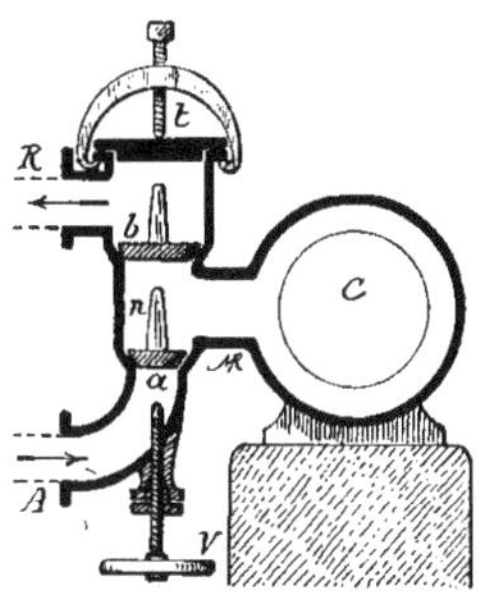

Fig. 307. — Boîte à clapets de la pompe à vin *Brouhot*.

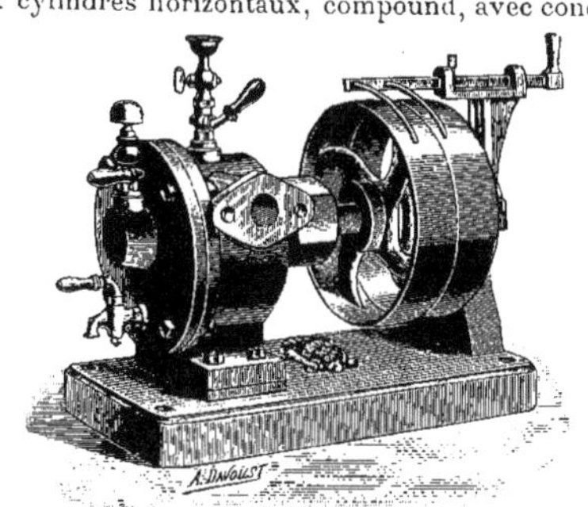

Fig. 308. — Pompe rotative pour lait et petit-lait *Gaulin et Cie*.

	ANNÉE		
	1878	1888	1898
Nombre d'établissements d'épuisement	1	12	92
Nombre de pompes en service	1	14	134
Débit, par seconde, en mètres cubes	1,3	5,5	109
Dépenses annuelles des établissements d'épuisement (en couronnes, 1 couronne = 1f,05)	214.000c	694,290c	8,711,132c

Dans la section allemande nous trouvons les plans de la belle installation faite en 1094-1898 au delta du Niemen, par le syndicat agricole de Linkuhnen-Senkenburg ; le fleuve se déverse dans la mer Baltique par un certain nombre de bras qui forment six *polders* entourés de digues ; la superficie à assécher est de 18.600 hectares. Des roues élévatoires, mues par des réceptrices de trente à quarante chevaux, sont installées dans chaque polder, et le courant (triphasé) est fourni par usine centrale placée près de Tramischen, où le sol est résistant et où l'arrivée de la houille peut se faire de la façon la plus économique. L'usine centrale comprend trois chaudières et deux moteurs à vapeur accouplés directement aux alternateurs à champ magnétique tournant. Chaque moteur peut développer deux cent quarante chevaux ; l'usine comprend en outre deux excitatrices à courant continu. — Après l'installation, la valeur des terres du delta a passé de cinq cents francs à mille cinq cents et mille six cents francs l'hectare.

CHAPITRE IX

Machines et appareils d'industrie laitière.

On estime à 77 millions d'hectolitres la quantité de lait produite en France, chaque année ; sur ce chiffre, près de 38 millions d'hectolitres sont employés à la fabrication du beurre, 21 millions d'hectolitres sont transformées en fromages et 18 millions d'hectolitres sont consommés en nature. La production du beurre est de 132 millions de kilogrammes

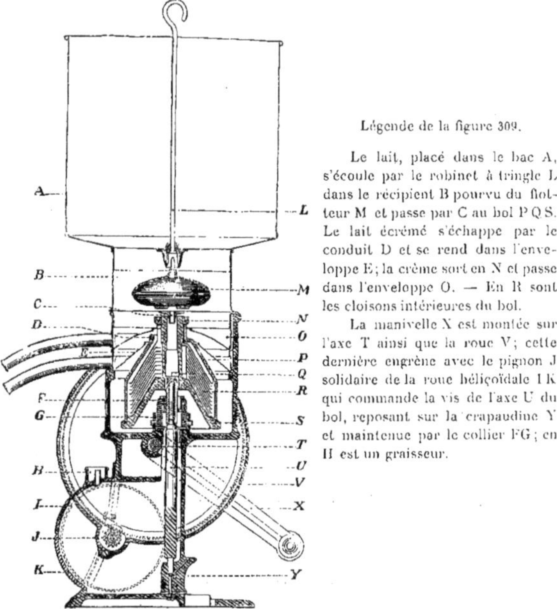

Légende de la figure 309.

Le lait, placé dans le bac A, s'écoule par le robinet à tringle L dans le récipient B pourvu du flotteur M et passe par C au bol P Q S. Le lait écrémé s'échappe par le conduit D et se rend dans l'enveloppe E ; la crème sort en N et passe dans l'enveloppe O. — En R sont les cloisons intérieures du bol.

La manivelle X est montée sur l'axe T ainsi que la roue V ; cette dernière engrène avec le pignon J solidaire de la roue héliçoïdale I K qui commande la vis de l'axe U du bol, reposant sur la crapaudine Y et maintenue par le collier FG ; en H est un graisseur.

Fig. 309. — Coupe verticale de l'écrémeuse Alfa Colibri, de *Laval*.

représentant une valeur totale de près de 300 millions de francs (on estime à 128 millions la valeur de la production des divers fromages).

L'Exposition nous a montré une belle collection d'*appareils* et de *machines d'industrie laitière*, et notamment des écrémeuses à vapeur à action directe et des élévateurs de crème ; la facilité de montage et surtout l'indépendance de la transmission générale de la laiterie feront donner la préférence aux *écrémeuses à action directe* lorsqu'il s'agira de traiter un certain volume de lait. Les *laiteries coopératives* se multiplient chez nous, et ce mouvement ne peut que s'accentuer, surtout à la suite des exemples remarquables qui nous ont été donnés par le Danemark et par la Belgique. (Depuis 1890, les beurreries coopératives se sont beaucoup multipliées dans les Charentes, les Deux-Sèvres, la Vendée, le Nord et l'Aisne.)

En Danemark, la première laiterie coopérative a été fondée en 1882 dans l'ouest du Jutland; en 1898, il y en avait 1.013, comptant 148.000 adhérents possédant ensemble 842.000 vaches; ces établissements ont produit 59 millions de kilogrammes de beurre dont la plus grande partie est expédiée en Angleterre.

En Belgique, la première écrémeuse centrifuge parut en 1881 au concours de Gand; en 1888-1889 s'organisa la célèbre laiterie coopérative d'Oostcamp, et aujourd'hui on compte en Belgique plus de 2.500 écrémeuses à bras, 150 écrémeuses à vapeur et plus de 300 laiteries coopératives.

La meilleure partie de l'exposition suédoise est relative aux *écrémeuses centrifuges* très bien représentées par les machines Laval (Stockholm), l' « excelsior » et par le

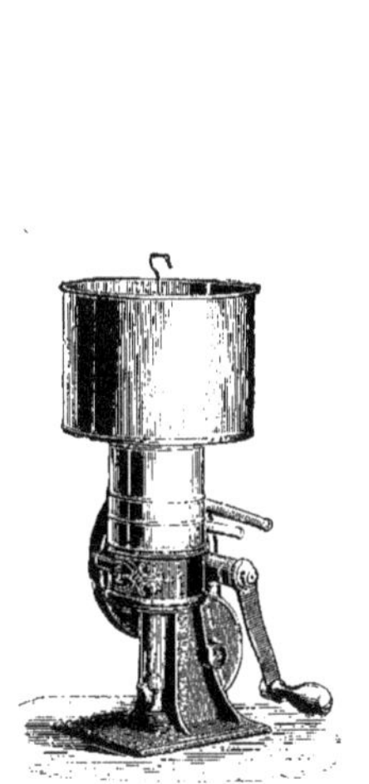

Fig. 310. — Écrémeuse à bras *Laval*.

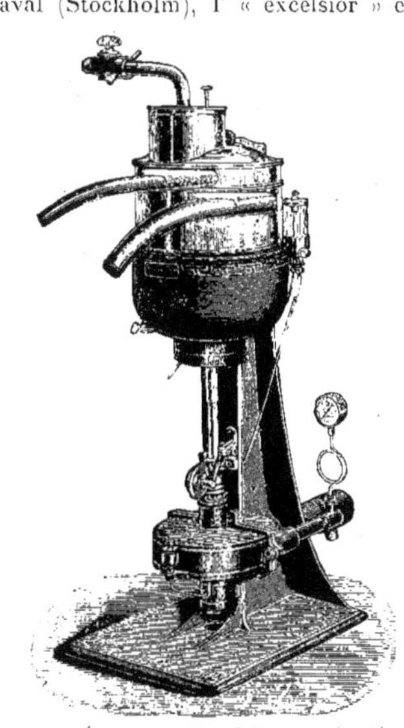

Fig. 311. — Écrémeuse *Laval*, à vapeur à action directe.

« radiateur ». Dans les belles collections d'écrémeuses Laval, mentionnons un tout petit modèle à bras, désigné sous le nom d'*alpha* L (fig. 309-310), pouvant travailler 40 litres de lait par heure par suite des nombreuses cloisons intérieures dont est pourvu le bol séparateur. D'importants perfectionnements ont été apportés à la construction des grandes écrémeuses à vapeur, à action directe, que représentent les fig. 311 et 312. L'arbre A du bol K est entraîné par le manchon-crapaudine *b* et l'arbre *o* de la turbine *r*; cette dernière, bien plus simple que dans les anciennes machines, est constituée par une simple roue à rochets, en bronze, qui reçoit le jet de vapeur arrivant par un ajutage tangentiel; la turbine est enfermée dans une enveloppe qui recueille la vapeur d'échappement, cette dernière étant évacuée par un tuyau de large section. L'écrémeuse qui travaille 400 litres de lait à l'heure fonctionne avec de la vapeur à la pression de 1 kilog.; le modèle de 600 litres nécessite une pression de 1 kg. 4, et il suffit de 2 kg. 8 pour les grandes écrémeuses devant travailler de 1.200 à 1.800 litres de lait par heure. Ces machines à action directe ne peuvent que se répandre dans les grandes laiteries ; elles consomment bien moins de vapeur que les premiers modèles Laval et ont le grand avantage de rendre l'écrémeuse indépendante des autres machines de l'usine. La qualité du travail est, en effet, influencée par la vitesse du bol qui doit être constante ; or, dans les installations par transmission (courroies et câbles), la mise en route ou l'arrêt d'une machine de la laiterie entraîne toujours une variation dans la vitesse de l'écrémeuse, inconvénient qui se trouve supprimé dans ces machines à action directe ; enfin, étant indépendantes de toute transmission, le choix de leur emplacement dans les locaux est rendu plus facile.

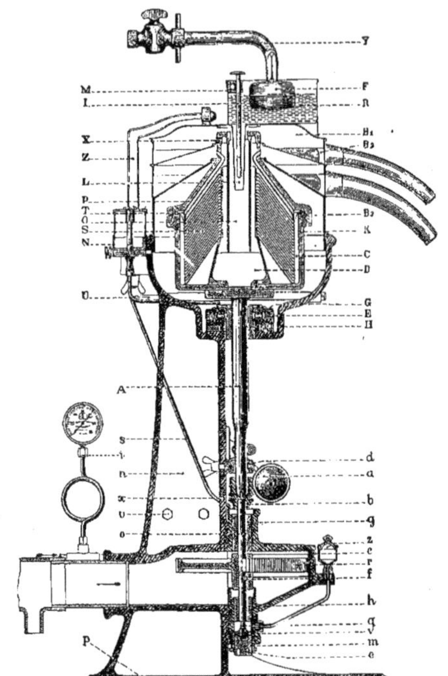

Légende de la figure 312.

Y arrivée du lait à écrémer ; F flotteur réglant l'alimentation de l'écrémeuse ; R bassin d'alimentation ; M I tige réglant l'arrivée du lait à l'écrémeuse par le tube L ; O tube central d'arrivée du lait dans le cône intérieur D du bol K ; S disques « Alfa » garnissant l'intérieur du bol K et maintenus par les côtes verticales C ; B_1 couvercle en fer blanc maintenu par le bras Z qui évite les vibrations ; B_2 enveloppe recueillant la crème, située au-dessus de l'enveloppe recevant le lait écrémé ; B_3 enveloppe ; X vis de réglage déterminant la section d'écoulement de la crème et par suite le degré de l'écrémage ; P chapeau du bol et T joint en caoutchouc ; U verrou de sûreté maintenant le bol à l'arrêt de la machine ; N graisseur compte-gouttes ; G E H coussinets en bronze, à ressorts ; A arbre du bol. *a* compteur de tours ; *d* collier de l'arbre A ; *h* manchon-crapaudine à goupille filetée de l'arbre *o* de la turbine *r* ; *g* collier supérieur de l'arbre de la turbine *r* et *h* collier inférieur ; *q* pivot en acier de cet arbre reposant sur des galets *v* placés dans la crapaudine *me* ; *f* goupille fixant la turbine *r* sur son axe *o* ; *n* bâti de l'écrémeuse ; *i* manomètre branché sur la conduite d'arrivée de vapeur ; *s* tube graisseur ; *z* graisseur de la crapaudine de la turbine ; *c* enveloppe de la turbine ; *u* trous pour fixer la pompe à élever le lait écrémé, actionnée par la machine à l'aide d'une corde passant dans la gorge *x* ; P patin de l'écrémeuse.

Fig. 312. — Coupe verticale de l'écrémeuse centrifuge *Laval*, à vapeur à action directe.

Nous croyons intéressant de donner les chiffres comparatifs suivants qui montrent l'économie que permettent de réaliser les écrémeuses centrifuges :

Dans l'écrémage spontané, le lait est laissé en repos dans des vases de diverses formes, la crème est exposée à tous les germes contenus dans l'air, et 1 kilog. de beurre est obtenu avec 26 à 30 litres de lait, alors que 24 seraient suffisants, mais à la condition de prolonger le temps d'écrémage en diminuant la qualité du produit. En prenant la moyenne de 29 litres de lait pour obtenir 1 kilog. de beurre, 100 litres de lait donnent 3 kg. 400 de beurre vendus 2 fr. 50 le kilog., soit 8 fr. 50.

Avec la machine, le lait est écrémé aussitôt après la traite et se trouve soustrait à l'action des germes en suspension dans l'air. L'écrémeuse centrifuge permet d'obtenir 1 kilog. de beurre avec 22 à 24 litres de lait, soit en moyenne près de 23 litres ; par suite,

100 litres de lait donnent environ 4 kg. 400 de beurre qui, à raison de 2 fr. 50 le kilog., représentent 11 francs.

Ainsi, de 100 litres de lait, on retire 8 fr. 50 avec l'écrémage spontané et 11 francs avec l'écrémage centrifuge, soit une différence de 2 fr. 50 par 100 litres de lait.

Si l'on cherche, suivant la quantité de lait travaillée par jour, la machine Laval qu'il faudrait employer afin que son prix d'achat fût remboursé dans les trois mois, représentant le crédit accordé généralement dans le commerce, on a (en se basant sur les prix de vente en France des machines Laval (Pilter, 24, rue Alibert, Paris) :

Litres de lait traités par jour		60	150	320
Plus-value réalisée en 3 mois par l'écrémage centrifuge		135^{f}	337^{f},50	720^{f}
Écrémeuse Laval à employer	Prix d'achat	140^{f}	340^{f}	730^{f}
	Litres de lait travaillés par heure	40	200	450

En modifiant les prix ci-dessus suivant les circonstances, on peut ainsi déterminer,

Fig. 313. — Écrémeuse centrifuge *Garin*.

par un simple calcul, l'écrémeuse centrifuge qu'il convient d'employer dans chaque cas spécial.

Dans la section danoise, citons les *écrémeuses* : Alexandra, de la Société Titan (Copenhague) ; la Société Paash, Larsen et Petersen (Horsens) ; Burmeister et Wain (Copenhague).

Dans la section belge : les *écrémeuses* Melotte (Remicourt, Liège) ; Tixhon Smal

(Herstal-lez-Liège) ; Jules Persoons (Thildonck-lez-Louvain) ; Schoonjans et Geens (Gand) ; Antoine Mercier (Vitron), etc.

A citer dans la section des États-Unis, une *écrémeuse centrifuge* à vapeur à action directe « Russian », de P.-M. Sharples (West Chester, Pensylvanie), tournant, dit-on, à une vitesse vertigineuse, pourvue d'un détendeur de vapeur (la roue motrice est fixée directement à la périphérie du bol).

En France, nous trouvons l'*écrémeuse* Melotte, construite par M. Garin (Cambrai, Nord), dont un modèle est représenté par les fig. 313 et 315, et l'écrémeuse « la Couronne », vendue par MM. Simon frères (Cherbourg, Manche) (fig. 314). Enfin, il convient de mentionner la très belle exposition collective française (Association centrale des laiteries

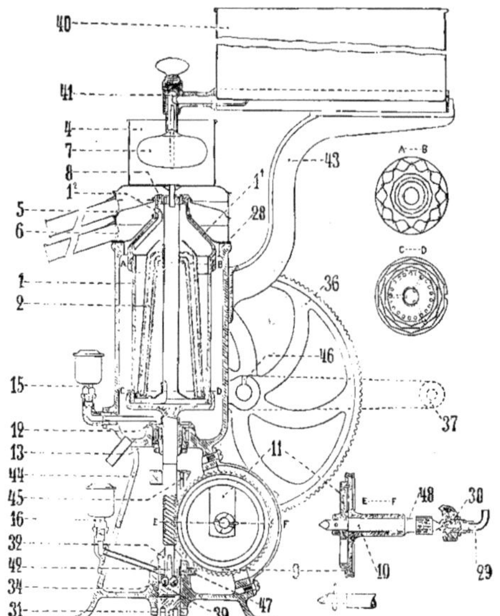

Légende de la figure 314.

1 bol de l'écrémeuse, dont on voit les coupes en AB et en CD. — Le lait placé dans le récipient *40*, soutenu par le support *43*, s'écoule par le robinet *41* à flotteur *7* dans le réservoir *4*, d'où il se rend dans le bol *1*, garni des cloisons intérieures *2*. Le lait écrémé passe par le tuyau *1²* dans l'enveloppe *1¹* et s'écoule en *6*; la crème s'échappe par l'orifice *8* pour se rendre dans l'enveloppe 5.

Le mouvement est donné par la manivelle *37*, calée sur l'axe de la roue *46*, *36*, qui engrène avec un pignon *48* monté sur un axe *10* qui, par le cran d'excentrique *11*, entraîne la roue à denture héliçoïdale *9* ; en *29* et *30* sont les pièces du coussinet de l'axe *10*. — La roue *9* commande la vis montée sur l'axe *32*, *42* du bol qui tourne dans le coussinet *13* et sur les billes *34* de la crapaudine *47*, *33* et *31* ; les graissages sont en *15*, *12*, *45*, *16*. L'ensemble est enfermé dans le bâti *44*, *28*.

Fig. 314. — Coupe verticale de l'écrémeuse centrifuge *Simon frères*.

coopératives des Charentes et du Poitou), comprenant une installation modèle de réfrigérants, écrémeuses, élévateurs de crème, pasteurisateurs, barattes, malaxeurs, etc.

Dans la section allemande figurent : les *réfrigérants* et *réchauffeurs* à lait de W. Schmidt (Bretten, Bade), dont certains modèles, de très grandes dimensions, peuvent traiter 10 mètres cubes de lait par heure ; les *écrémeuses centrifuges* « Germania », *barattes* et *malaxeurs* de la Société des usines flemsbourgeoises (Flensbourg), et de la Société Laval (à Bergedorf).

Les *élévateurs de crème* ont pour but de monter sans agitation, à un certain niveau, la crème fournie d'une façon continue par une écrémeuse centrifuge ; on en trouve deux modèles, celui de M. Pilter (24, rue Alibert, Paris), et celui de MM. Paasch, Larsen et Petersen (Horsens, Danemark). Comme le représente schématiquement la fig. 316, la crème, débitée par le tube *a*, tombe dans un bac *b* pouvant basculer autour de deux tourillons *c*. Lorsque le récipient élévateur A, descendant suivant la flèche 1, arrive à la fin de sa course A′, il fait basculer, par un taquet convenablement disposé, le bac *b* et reçoit la crème que ce dernier contient, puis il monte; arrivé à la partie supérieure de sa course A″, le récipient bascule à son tour sous l'action d'un taquet, fixé à la hauteur voulue, et déverse automatiquement son contenu dans la goulotte fixe G qui envoie la crème au réfrigérant. Le récipient A parcourt ainsi, d'un mouvement alternatif, la course A′A″, soutenu par une monture *m* qui glisse sur la colonne CC′. La transmission

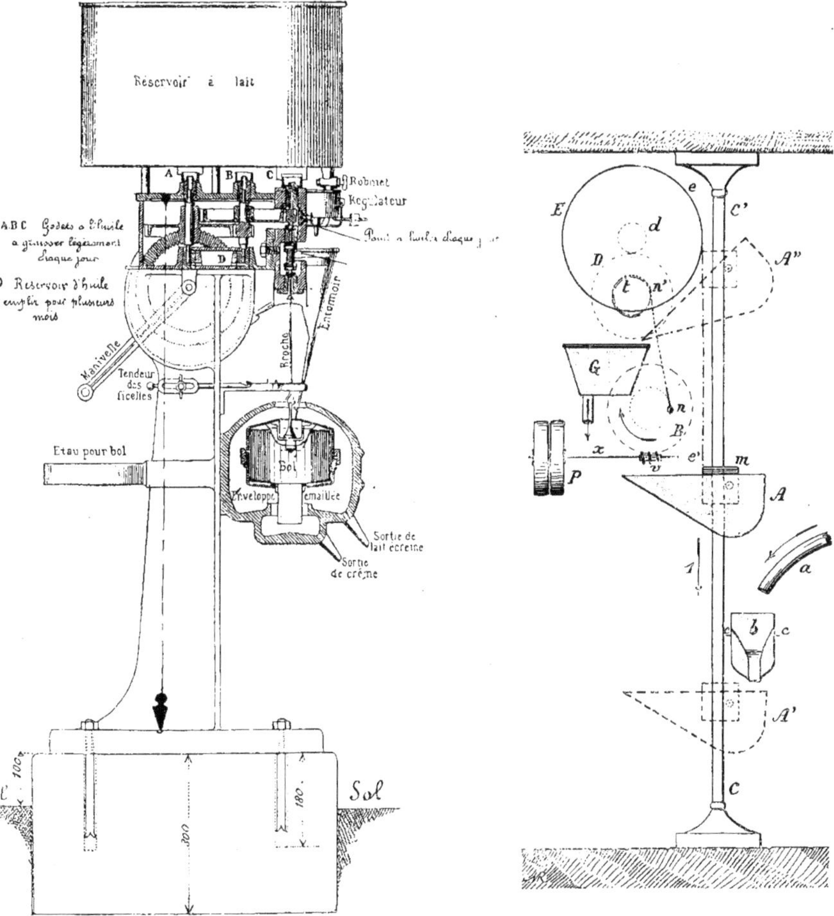

Fig. 315. — Coupe verticale de l'écrémeuse centrifuge *Garin*.

Fig. 316. — Principe de l'élévateur de crème *Paasch, Larsen et Petersen*.

du mouvement est obtenue par un axe x portant les poulies P et une vis v engrenant avec la roue B, dont le bouton de manivelle n est relié à une chaîne nn' qui s'enroule sur un tambour t solidaire d'une roue dentée D; cette dernière engrène avec un pignon d calé sur un axe entraînant la poulie E à la jante de laquelle est attachée une chaîne ee' reliée à la monture *m* du récipient A. La partie P*v*B*n* du mécanisme étant animée d'un mouvement circulaire continu, on voit que la portion *t*D, *d*E, *em*A prend un mouvement alternatif dont l'amplitude A'A'' est déterminée par les dimensions des roues et le rayon de la manivelle *n*.

Dans l'élévateur de crème de M. Pilter, de construction plus simple, le bac est relié

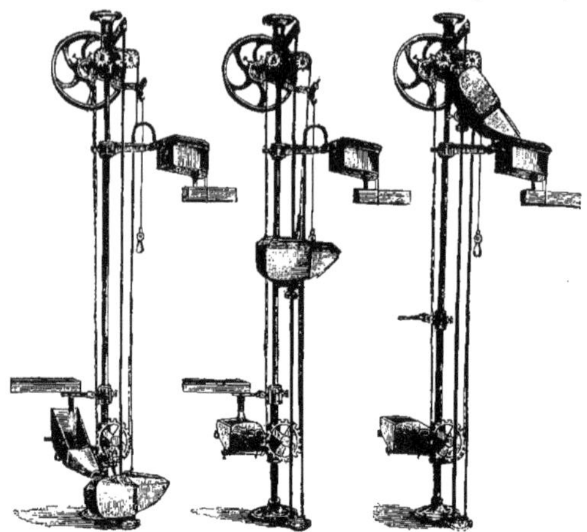

Fig. 317. — Élévateur de crème, *Pilter*.

par une bielle à un maillon d'une chaîne sans fin, verticale, animé d'un mouvement continu (fig. 317).

Tout un ensemble d'appareils et de machines spéciales pour la conservation du lait est présenté par MM. Gaulin et Cie (86, rue Myrha, Paris). Citons en premier lieu les *stérilisateurs*, ou chaudières autoclaves pouvant, suivant l'importance du travail, se chauffer avec un fourneau à gaz, à pétrole, avec un foyer ou à la vapeur. Le stérilisateur sur foyer, représenté par la fig. 319, comprend une chaudière genre Field, en cuivre, posée

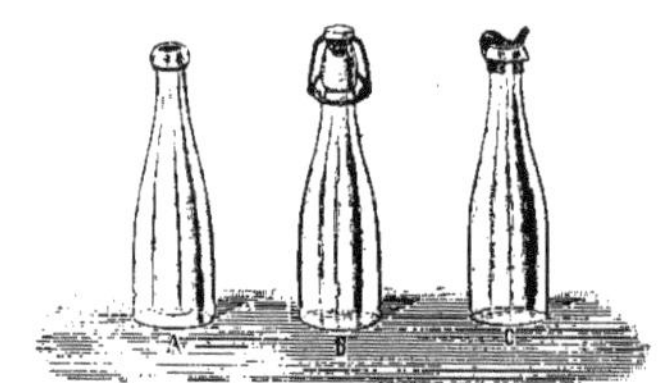

Fig. 318. — Bouteilles pour lait stérilisé, *Gaulin et Cie*.

sur un foyer et pourvue des différents accessoires : manomètre A, niveau d'eau H, thermomètre G, robinet d'eau F, de vapeur E, C, soupape de sûreté B ; la partie supérieure forme couvercle D maintenu par des vis de pression ; des paniers en tôle perforée, contenant les bouteilles à stériliser (fig. 318), sont placés dans la chaudière qui est garnie extérieurement d'une enveloppe en bois maintenue par des cercles. Le stérilisateur pour la grande industrie est chauffé à la vapeur (fig. 320) ; il est pourvu des accessoires ordinaires et la manœuvre du panier contenant les bouteilles à lait s'effectue rapidement avec un palan soutenu par une potence latérale; les grands stérilisateurs peuvent ainsi recevoir 204 bouteilles de 1 litre ou 800 bouteilles de $^1/_5$ de litre. L'opération complète dure environ une heure et se fait à une température de 108 à 110°.

Le lait stérilisé crème assez facilement, et, lors des transports, se sépare en petit lait

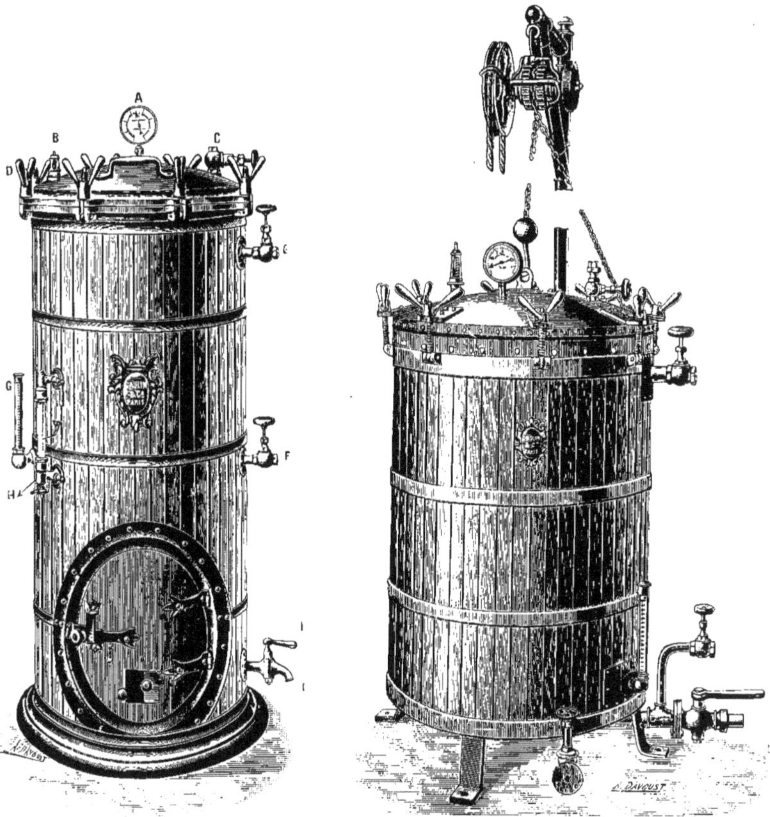

FIG. 319. — Stérilisateur sur foyer, *Gaulin et Cie*. FIG. 320. — Grand stérilisateur à vapeur, *Gaulin et Cie*.

et en beurre. Pour éviter cette modification, MM. Gaulin ont imaginé la *machine* dite *à fixer le lait*; cette dernière consiste (fig. 321) en trois pompes à piston plongeur, à simple effet, pulvérisant le liquide, à une pression pouvant atteindre 200 à 250 kilog., au travers d'orifices de 9 dixièmes de millimètres de diamètre : le lait est ainsi rémulsionné, les globules butyreux sont réduits à un diamètre inférieur à un millième de millimètre et ne peuvent plus s'agglomérer; le lait stérilisé, puis fixé par cette machine, se conserve très longtemps dans son état primitif en supportant toutes les secousses des transports; il peut être exporté au loin, en grandes masses, dans des *pots* à fermeture hermétique (fig. 322).

La *pasteurisation du lait* se fait en le chauffant à une température d'environ 60 à 75°

au plus, en agitant le liquide. Citons le petit modèle « eureka », de MM. Gaulin; la chaudière (du genre Field, en cuivre) est posée sur un petit fourneau, l'agitateur, à axe vertical, est mis en mouvement par un petit tourniquet hydraulique; la fig. 323 donne la

Fig. 321. — Machine *Gaulin*, à fixer le lait.

vue du pasteurisateur à vapeur consommant 1 kg. 5 à 2 kilog. de vapeur par 100 litres de lait pasteurisé. Pour ces appareils à vapeur (stérilisateur et pasteurisateur), il est possible d'utiliser la vapeur d'échappement du moteur de la laiterie, en employant une valve à trois voies (fig. 324) qui peut se manœuvrer sans arrêter le moteur, car il y a toujours

Fig. 322. — Pots à fermeture hermétique pour le transport du lait stérilisé, *Gaulin et Cie*.

communication du tuyau d'arrivée avec l'un ou l'autre des tuyaux de dégagement (conduite d'échappement et de chauffe) ou avec les deux à la fois.

La *concentration du lait* dans le vide s'effectue à l'aide d'appareils analogues à ceux qu'on rencontre dans les sucreries (Egrot, 21, rue Mathis, Paris; Deroy, 73, rue du Théâtre, Paris; Gaulin, 86, rue Myrha, Paris). En principe, le lait est pasteurisé puis additionné de sucre et envoyé dans une chaudière chauffée à la vapeur ; la chaudière, par un tuyau et un refroidisseur, communique avec une pompe à air ; quand le volume a été

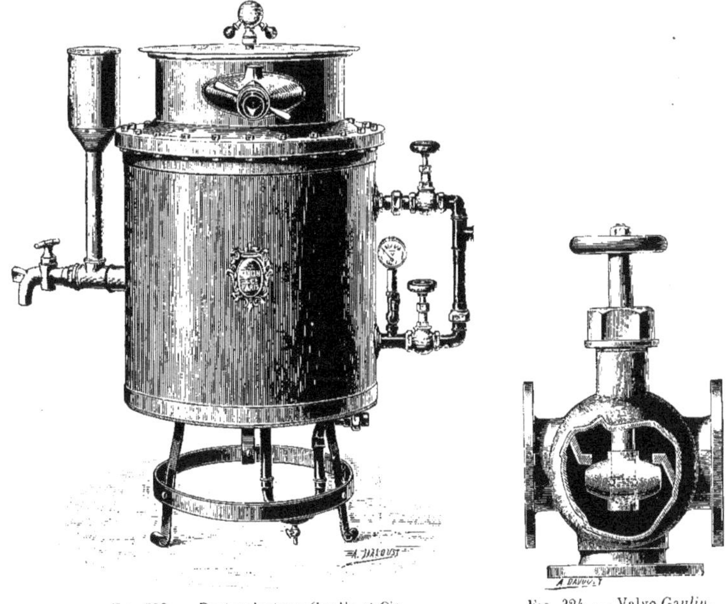

FIG. 323. — Pasteurisateur *Gaulin et Cie*.

FIG. 324. — Valve *Gaulin*.

FIG. 325. — Baratte *Simon*. — A, coupe du coussinet à billes.

réduit des deux tiers, par l'évaporation de l'eau à basse température, on met le lait concentré et visqueux dans les récipients d'expédition ; cette industrie s'est surtout développée en Suisse.

Mentionnons les nombreux modèles de *machines* et *appareils d'industrie laitière* figurant à l'Exposition : Simon frères (Cherbourg, Manche — baratte-tonneau (fig. 325), malaxeur (fig. 326), appelé « fuseau », dont la table circulaire est concave, et le cône malaxeur a son axe dirigé suivant une corde ; les cannelures du cône s'arrêtent à une certaine distance de la pointe qui a pour fonction de relever et de retourner le beurre en remplaçant le travail de râcloirs fixes) ; Pilter (24, rue Alibert, Paris) ; Garin (Cambrai, Nord — réfrigérant à ailettes); Baquet (Vesly, Eure — baratte); Boucher (Corbeny, Aisne — baratte); Frédéric Fouché (38, rue des Écluses Saint-Martin, Paris); Brehier et Cie (50, rue de l'Ourcq, Paris) ; Hignette (162, boulevard Voltaire, Paris) ; Carpentier-Chapellier (Ernée, Mayenne — barattes polyédriques) ; Flament-Fontaine (Dompierre,

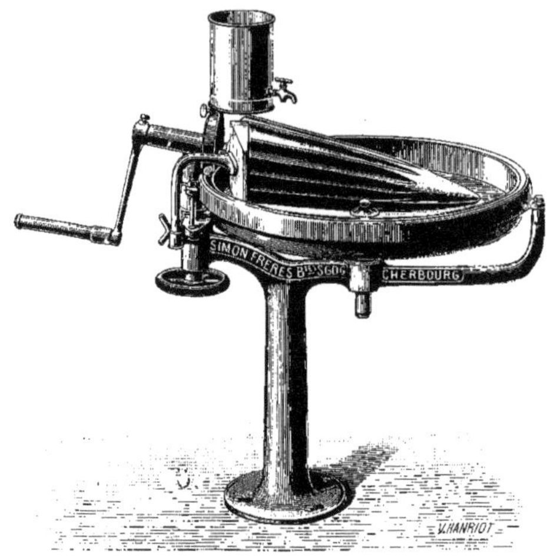

FIG. 326. — Malaxeur *Simon.*

Nord) ; les plans d'installations de laiteries de M. Cauchepin (Bernay, Eure) ; les bouteilles à lait Durafort et fils (162, boulevard Voltaire, Paris), etc.

Le *matériel de fromageries* est présenté par M. Laurioz (Arbois, Jura), Lardet (Bourg, Ain). Dans la section suisse par les exposants suivants : Dennler (Langenthal, Berne — balances et chaudières) ; Gaberel (Berne — balances à lait) ; Fritz Gerber (Langnau, Berne — chaudières); J. Ruef (Berne — chaudières) ; Sulzer frères (Winterthur — chaudières et appareils de chauffage); Franz Ott (Worb, Berne — installation complète de fromagerie).

MM. H. Scellier et Cie (Voujaucourt, Doubs) présentent de nombreux modèles de *calorifères pour fromageries.*

Il convient de citer les expositions collectives des fromageries à gruyère de la Franche-Comté, de la Haute-Savoie et l'exposition du matériel de la Société des caves et producteurs réunis de Roquefort (Aveyron).

Enfin, dans la même classe, nous trouvons le matériel des *fabriques de margarine* (Auguste Pellerin, 19, rue des Écoles, Pantin, Seine; Georges Pellerin et Cie, Malaunay, Seine-Inférieure).

CHAPITRE X

Matériel d'huileries.

L'extraction des huiles végétales s'effectue avec un matériel très simple : un *broyeur* ou *moulin*, quelquefois un *chauffoir* (pour les graines), enfin une *presse*. Un petit nombre de machines figuraient à l'Exposition, et nous ne nous occuperons que de celles qui peuvent être employées dans les exploitations rurales, laissant de côté les machines industrielles.

M. Marmonier fils (cours Villeurbanne, Lyon, Rhône) expose deux *moulins-concasseurs* à cylindres en fonte dure. M. Morane, 10, rue du Banquier, Paris) présente un *chauffoir à graines* : une bassine à fond convexe est chauffée à la vapeur ; un agitateur empêche la matière de s'attacher aux parois ; quand la masse a atteint une température de 50 à 55° elle est évacuée par une petite vanne latérale pour tomber dans les sachets en laine. Les *presses à huile* d'olive (dont le mécanisme de serrage est analogue à celui des modèles destinés à travailler les raisins ou les pommes) sont présentés par MM. Marmonier (presse à trois colonnes entre lesquelles se placent les scourtins ou cabas en sparterie contenant les olives broyées) ; MM. Mabille frères (Amboise, Indre-et-Loire — presse à quatre colonnes (fig. 327) ; Morane (précité), presse à genouillères : une vis horizontale déforme un losange articulé ; en diminuant une diagonale, on augmente la longueur de l'autre qui force alors le plateau presseur à descendre sur la charge. MM. Laurent et Collot (Dijon, Côte-d'Or) présentent une *presse-filtre* permettant de supprimer les toiles en crin ou en laine, les scourtins et étreindelles dont l'usure est assez rapide : le plateau de la presse porte un récipient cylindrique à double enveloppe dont celle de l'intérieur est garnie de

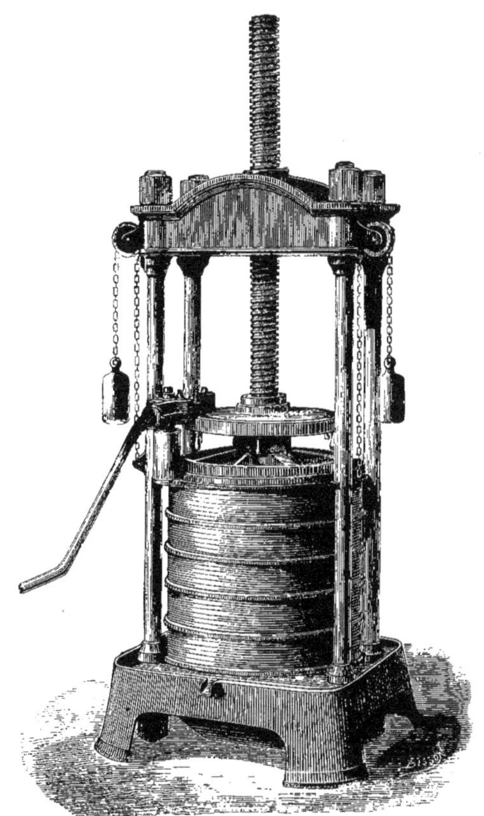

FIG. 327. — Presse à huile *Mabille*.

fentes étroites tracées suivant les génératrices; la matière contenue dans le récipent, poussé par le piston, vient butter contre un disque fixe supérieur et subit ainsi la pression; une fois cette dernière terminée, on laisse descendre le piston mobile et on retire le récipient pour le vider et le remplir à nouveau; avec une presse hydraulique, l'opération complète est effectuée en un quart d'heure. Les mêmes constructeurs présentent un *broyeur de tourteaux* à trois paires de cylindres dentés superposées, pouvant broyer des tourteaux frais ayant 0 m. 08 à 0 m. 12 d'épaisseur et 0 m. 35 à 0 m. 37 de côté.

Citons les *tissus* et *étoffes* pour scourtins, nappes d'épuration, les *étreindelles* à garnitures de fer ou de cuir de M. A. Bodin (42, rue des Lombards, Paris) et les *filtres à huile* de MM. Louis Martin (Toulon, Var — filtre à manches pendantes, l'huile brute est versée dans un bac supérieur et passe par une manche repliée en plusieurs épaisseurs); Simoneton (41, rue d'Alsace, Paris — filtres-presses à plateaux verticaux et parallèles recouverts chacun d'une chemise en tissus de coton écru); Philippe (124, boulevard Magenta, Paris — filtre pour la démargarinisation des huiles); enfin le filtre du marquis de Cabra (Cabra, Cordoue, Espagne), dans lequel une pompe à air fait le vide dans un récipient dont la partie inférieure est en relation avec les manches qui sont rectangulaires.

CHAPITRE XI

Machines employées pour la fabrication du vin et du cidre.

Le matériel de la viticulture[1] figure surtout dans la classe 36, qui compte, pour la section française, 229 exposants parmi lesquels nous trouvons pour ce qui est relatif aux machines spéciales que nous étudions dans ce chapitre :

	exposants.
Fouloirs et pressoirs	11
Réfrigérants, pasteurisateurs	6
Pompes	10
Filtres	11
Articles de caves	21
Chai modèle	1

Il y a également six exposants de charrues et houes vigneronnes, et neuf exposants de pulvérisateurs, soufreuses, canons à grêle, dont nous avons examiné le matériel dans les précédents chapitres de ce rapport; notons qu'un certain nombre de ces exposants figure également dans la classe 35.

A. Chai modèle. — Il convient de citer en premier lieu une exposition collective organisée par M. E. Simoneton, qui a renouvelé, en l'améliorant, le *chai modèle* qui eut tant de succès à l'Exposition universelle de 1899. Il s'agissait de montrer un type d'installation réunissant les principales machines et constructions nécessaires à la fabrication des vins rouges et des vins blancs. Douze constructeurs différents ont fourni le matériel du chai modèle, actionné par un moteur à pétrole Brouhot et Cie (Vierzon, Cher).

La vendange arrive au chai dans des vagons qui circulent sur un petit chemin de fer à voie étroite, passant sur une bascule (Paupier, 2, rue Stendhal, Paris); les vagons

1. La superficie consacrée aux vignes est d'environ 1.730.000 hectares et la récolte moyenne est de près de 36 millions d'hectolitres (sauf en 1900 où ce chiffre a été de beaucoup dépassé et a atteint plus de 67 millions d'hectolitres). — La production du cidre est en moyenne de 15 millions et demi d'hectolitres et a atteint en 1900 près de 29 millions et demi d'hectolitres.

déversent leur contenu dans la trémie d'un élévateur (Mabille, Amboise, Indre-et-Loire), formé de deux chaînes sans fin, parallèles, reliées de place en place par des godets en tôle. Au premier étage, la vendange est envoyée dans un fouloir-égrappoir (Mabille) et, à l'aide d'un transporteur, les raisins tombent dans la cuve de fermentation située au rez-de-chaussée ; cette cuve cylindrique, à axe vertical, est en ciment et fer (Cie générale française des travaux en ciment et fer, à Hallain, Nord).

Le moût soutiré est envoyé par une pompe (Brouhot) dans des foudres (Adam, 140, rue Croix-Nivert, Paris); après le soutirage, le marc est passé à un pressoir à maies roulantes montées sur vagonnets (Mabille). En vue de la vinification en blanc des raisins rouges, le chai modèle est pourvu d'une presse continue à deux hélices (Mabille). Pour les pays chauds, où il est nécessaire d'abaisser la température du moût, on a prévu un réfrigérant (Egrot et Grangé, 28, rue Mathis, Paris); les vins soutirés sont envoyés à des filtres (Simoneton, 41, rue d'Alsace, Paris) et à un pasteurisateur (Houdard, 7, avenue de la République, Paris).

Enfin, le chai modèle montre encore des pompes de transvasement (pompe au moteur, de Brouhot et pompe rotative à bras, de Daubron, 210, boulevard Voltaire, Paris), une chaudière pour l'échaudage des fûts (Antoine, 22, rue des Francs-Bourgeois, Paris), un monte-charge au moteur (Traizet, 125, rue de Flandre, Paris) et un petit laboratoire pourvu des différents appareils permettant d'analyser rapidement les moûts et d'en régler le travail (Dujardin-Salleron, 24, rue Pavée, Paris); — ajoutons que l'ensemble très bien installé permet au visiteur de se faire facilement une idée de l'outillage des chais modernes.

B. Elévateurs, transporteurs. — Les *élévateurs* à vendange ou à pommes, présentés par MM. Mabille, frères (Amboise, Indre-et-Loire), Marmonier et fils (cours Villeurbane, Lyon, Rhône), Simon frères (Cherbourg, Manche), sont constitués par deux chaînes sans fin, parallèles, réunies de place en place par des godets comme les norias ; les chaînes, du type *Simplex*, sont formées de maillons en fonte ou en acier et passent chacune sur deux tambours dont l'un est moteur. Les godets en tôle, souvent galvanisée (Marmonier) sont quelquefois percés de trous rectangulaires (Simon). — Les *transporteurs* sont établis sur le même principe : des palettes fixées à la chaîne se déplacent dans un couloir horizontal à paroi pleine ou perforée (on emploie aussi des transporteurs à vis d'Archimède).

C. Fouloirs, fouloirs-égouttoirs. — Dans la section des *fouloirs* plusieurs modèles sont présentés : machines pourvues d'un agitateur dans la trémie, d'un écraseur complétant le travail des cylindres fouleurs, ou d'un égrappoir préalable permettant de ne fouler que les grains de raisin débarrassés des râfles. — Plusieurs *fouloirs-égouttoirs* sont exposés, et ces machines simples, qui permettent de retirer jusqu'à 66 p. 100 de jus de goutte, peuvent, soit remplacer les pressoirs continus, soit augmenter le travail de ces derniers en leur envoyant des marcs déjà asséchés en grande partie.

Le *fouloir-égrappoir* Mabille (Amboise, Indre-et-Loire) est représenté par la fig. 328. Les cylindres à cannelures héliçoïdales du fouloir sont disposés perpendiculairement à l'axe de l'égrappoir; ce dernier est constitué par un arbre garni de palettes qui tournent dans un demi-cylindre fixe, en tôle de cuivre, percé de trous par lesquels passent les grains de raisins. Les palettes peuvent s'incliner plus ou moins sur l'axe, et le pas de l'hélice se règle suivant les cépages : en général, le pas est petit pour les machines destinées à l'Algérie et à la Tunisie, moyen pour celles du Midi, et très allongé pour les égrappoirs du Bordelais. Le grand modèle, capable de travailler 120 hectolitres de vendange à l'heure, nécessiterait environ un demi-cheval vapeur.

Dans le *fouloir* de MM. Étienne Meunier et fils (35, rue Saint-Michel, Lyon, Rhône), au-dessus des deux cylindres A et B (fig. 329) tourne, dans le sens indiqué par la flèche, un agitateur C formé par une palette reliée par ses extrémités à l'axe x; cette palette occupe toute la largeur de la trémie d'alimentation T.

Le *fouloir-égouttoir* de MM. Simon (Cherbourg, Manche), est à deux cylindres à palettes mobiles comme ceux des broyeurs de pommes des mêmes constructeurs; en dessous est placé l'égouttoir constitué par deux toiles métalliques horizontales superpo-

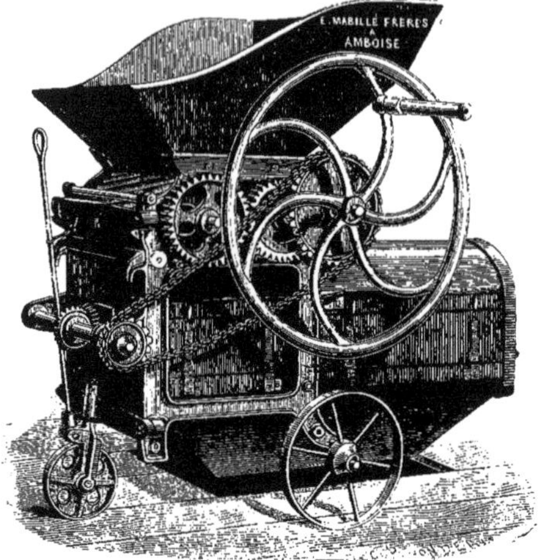

Fig. 328. — Fouloir égrappoir *Mabille*.

sées, sur lesquelles passe la vendange foulée, entraînée par des palettes fixées à deux chaînes sans fin; cet égouttage permet de retirer ainsi plus de 45 p. 100 du jus du raisin. Selon M. Martial L. de Cursay, propriétaire au château de Cursay, près de Lencloître (Vienne), l'égouttage obtenu avec cette machine peut être évalué entre 50 et 55 p. 100

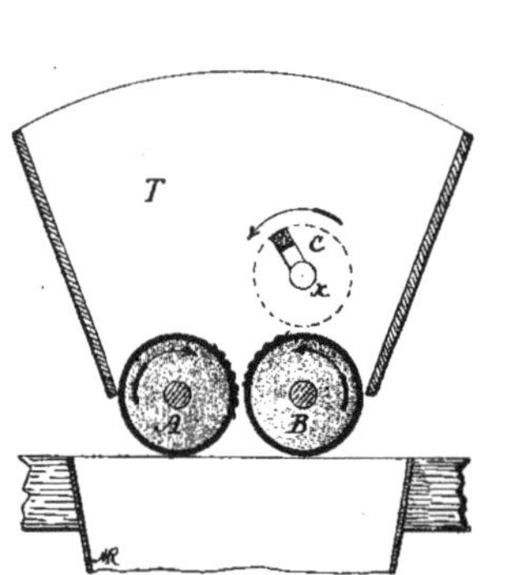

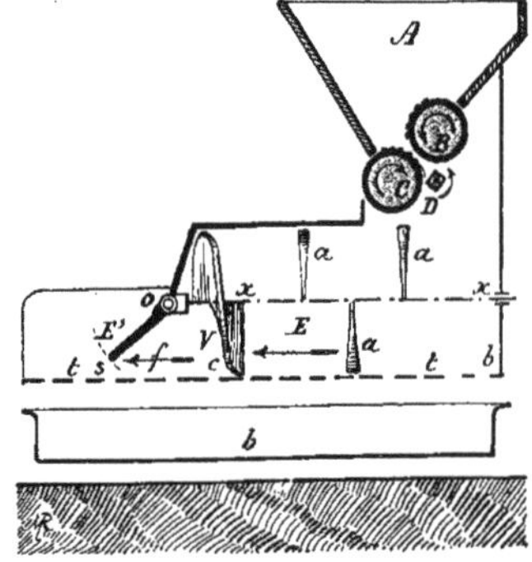

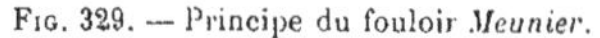

Fig. 329. — Principe du fouloir *Meunier*. Fig. 330. — Principe du fouloir-égouttoir *Marmonier*.

du poids de la vendange fraîche (en Folle blanche); le débit était de 3.000 à 3.500 kilog. de vendange à l'heure.

Dans le *fouloir* Marmonier (cours Villeurbane, Lyon, Rhône), l'axe du cylindre C (fig. 330) est placé au fond de la trémie A, à un niveau inférieur à celui du cylindre B: un écraseur D, constitué par une pièce à section carrée tournant contre le cylindre C, dans le sens indiqué par la flèche, complète le foulage par une trituration; la vendange tombe ensuite dans l'égouttoir E, cylindrique horizontal, dans lequel tourne l'axe x garni de nombreuses palettes inclinées a et portant à l'extrémité une vis V qui force la marchandise (suivant la flèche f) vers la sortie; cette dernière est obstruée par un clapet E' articulé à la charnière o; la moitié inférieure du cylindre fixe t est perforée de trous rectangulaires dont le grand côté est parallèle à l'axe x. Avec cette machine, travaillant des raisins rouges, on obtiendrait en égouttage jusqu'à 55 p. 100 de jus blanc, recueilli dans le récipient b. Les palettes a ne font que déplacer de b vers le point c la vendange qui est pressée dans la portion c s.

L'*égrappoir-fouloir* de M. A. C. Roy (110, rue Notre-Dame, Bordeaux, Gironde) fait l'opération en sens inverse des machines précédentes: la vendange passe en premier lieu à un égrappoir à axe horizontal qui rejette les râfles, tandis que les grains seuls tombent, à la partie inférieure, au fouloir constitué par deux cylindres lisses ayant des vitesses tangentielles différentes; on règle leur écartement de façon à ne jamais écraser les pépins. — Le même constructeur présente un *fouloir-égouttoir* : en dessous du fouloir à cylindres en caoutchouc, à surface rugueuse, la vendange tombe dans un égouttoir formé d'un cylindre perforé dans lequel une hélice pousse la marchandise vers la sortie obstruée par un clapet à contre-poids; l'égouttoir est incliné de bas en haut. La machine permet de retirer 66 p. 100 de jus de goutte, de diminuer la quantité de lies fournies par les pressoirs continus, enfin, d'augmenter le débit de ces derniers qui n'ont plus à travailler que des marcs déjà privés d'une grande partie de leur liquide. Il y a donc lieu d'appeler l'attention sur ces fouloirs-égouttoirs, comme nous le verrons tout à l'heure en étudiant les pressoirs.

D. Broyeurs de pommes. — Parmi les *broyeurs de pommes* citons les machines Garnier et Cie (Redon, Ille-et-Vilaine); Texier jeune (Vitré, Ille-et-Vilaine); Gautier et

FIG. 331. — Noix de broyeur de pommes *Gautier et Cie*.

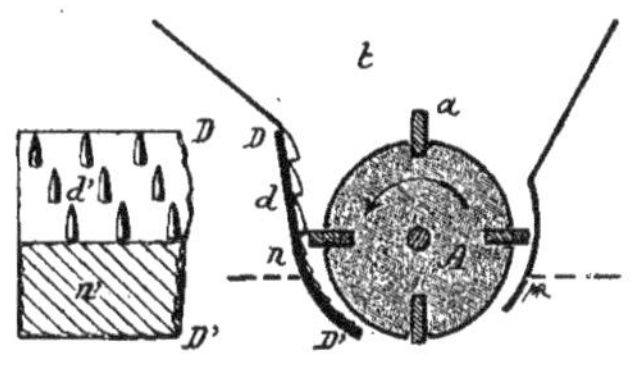

FIG. 332. — Principe du broyeur de pommes *Leclerc*.

Cie (Quimperlé, Finistère) (fig. 331); Leclerc (Beauvais, Oise); Goessant (Villers-Escalles, Seine-Inférieure, — broyeurs à quatre noix, à dents ondulées); Piquet (Sartrouville, Seine-et-Oise); Simon frères (Cherbourg, Manche, — broyeurs à palettes).

Nos essais de Rouen (1896) ont montré que les broyeurs de pommes à palettes nécessitent une grande quantité de travail mécanique, sans utilité pour l'extraction du jus; un constructeur, M. Leclerc (Beauvais, Oise), se basant sur ces résultats, a apporté des modifications qui supprimeraient cet inconvénient des systèmes à palettes: la machine, dont le principe est indiqué par la fig. 332, comprend le cylindre A et les quatre palettes a ordinaires, mais la première partie du dossier DD' est garnie de saillies d (vues de face en d') destinées à fendre les fruits, dont le broyage est achevé par la portion nD' à cannelures n' rapprochées et obliques; un ressort tend à pousser le dossier D' vers le cylindre A; il est possible que ce dispositif diminue le travail mécanique nécessaire au broyage des pommes.

E. Pressoirs. — Les *pressoirs* sont très nombreux ; citons les modèles des sections rétrospectives d'Autriche, de Hongrie et de France où on retrouvait les anciennes machines décrites dans la *Maison Rustique du XIXe siècle* (tome III). — Les mécanismes des *pressoirs à levier* n'ont pas varié, si ce n'est en complication : on a tort de multiplier le

Fig. 333. — Pressoir *Gautier*.

nombre des bielles, des articulations et glissières, s'il n'est pas prouvé qu'à l'augmentation du nombre de pièces employées, correspond une augmentation de rendement mécanique de la machine; bien que le mot complication soit loin d'être synonyme de perfectionnement, on ne peut s'expliquer cette évolution que parce que chaque constructeur croit avoir,

C volant de manœuvre à manivelle P (pour la première pression) et à levier D; le volant C entraîne par un cliquet E, mobile dans la boîte S, le pignon B qui engrène avec le plateau-écrou A appuyant sur le crapaud H.

Fig. 334. — Mécanisme du pressoir Savary; *Gautier et Cie*.

au point de vue commercial, intérêt à faire autrement que ses concurrents avant de se préoccuper de faire mieux.

Nous trouvons dans la classe 35 les *pressoirs* de MM. Gautier et Cie (Quimperlé, Finistère, — mécanismes à engrenages à levier déplacé dans le plan vertical; écrou monté sur cônes de roulement, fig. 333-334); Garnier et Cie (Redon, Ille-et-Vilaine); Texier jeune (Vitré, Ille-et-Vilaine); Piquet (Sartrouville, Seine-et-Oise); Drouet (Saint-André, Eure.

— Pressoir genre Mabille); L'Hermite (Louviers, Eure. — Pressoir genre Marmonnier). — Dans la classe 36 : Mabille, Marmonnier, Simon, Cassan fils (Bourgoin, Isère); Gaillot (Beaune, Côte-d'Or); Levasseur et ses fils (Saint-Just-en-Chaussée, Oise); Meunier (35, rue Saint-Michel, Lyon, Rhône); David (Orléans, Loiret). — Peu de modifications ont été apportées à ces machines : dans le pressoir Mabille on a changé la position du levier de manœuvre relativement aux bielles. — Des pressoirs hydrauliques sont présentés par M. Adolphe Neveux (Damery, Marne).

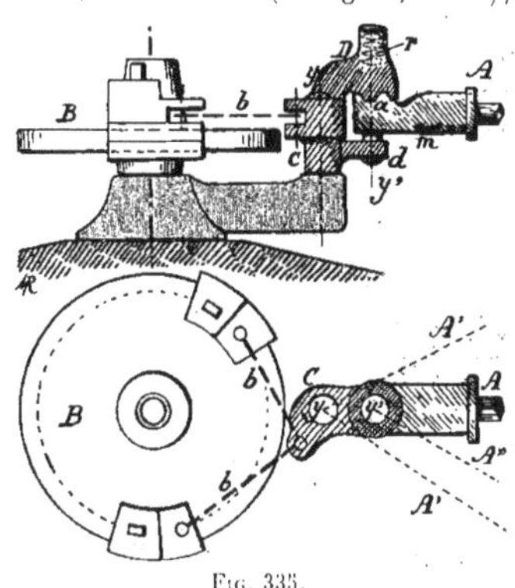

Fig. 335.
Élévation et plan du mécanisme *Simon*.

Dans un modèle Simon (Cherbourg, Manche) on a cherché à éviter les ruptures qui pourraient arriver au mécanisme en assurant automatiquement le débrayage du levier de manœuvre A (fig. 335), dès que la pression exercée par l'écrou B dépasse une limite voulue; à cet effet, la boîte C des bielles b est munie des pièces d et D, cette dernière étant pourvue de crans trapéziformes a dans lesquels s'engagent des crans analogues de la douille m; des rondelles Belleville r rappellent la pièce m vers D. Tant que l'effort exercé

Fig. 336. — Pressoir *Simon*.

n'atteint pas la limite voulue, la pièce m reste solidaire de la boîte DC et le levier A se déplace dans le plan horizontal A'A' autour de l'axe y. Lorsque l'effort opposé par l'écrou

B, et par suite par la boîte à bielles C, dépasse une certaine intensité, la pièce m, comprimant les rondelles r, s'abaisse et les crans a se débrayent de ceux de la boîte DC : le levier tourne alors suivant A'' autour de l'axe y' et l'ouvrier ainsi prévenu s'arrête ; au bout d'un certain temps, le marc s'étant asséché en produisant une diminution de pression, on peut reprendre la manœuvre du levier A. — Les mêmes constructeurs présentent des claies ployantes faciles à nettoyer, remplaçant les anciennes claies rigides destinées à séparer les charges superposées enfermées dans des toiles (fig. 336).

Le mécanisme du *pressoir* Stalder (Oberburg, Berne, Suisse) est représenté en principe par la fig. 337 ; le plateau-écrou A porte à sa partie inférieure une couronne B garnie de dents à l'extérieur et à l'intérieur ; au-dessus, des lumières sont tracées suivant un cercle a. Pour la première pression, on agit avec un levier l solidaire de la boîte b dont le cliquet c tombe dans les lumières a ; pour un serrage énergique le levier L est placé dans la boîte m mobile dans le plan horizontal autour de l'axe y solidaire du crapaud C. Le mouvement circulaire alternatif de la boîte m se communique aux deux cliquets n et n' qu'un ressort tend à faire rapprocher l'un de l'autre ; alternativement chaque cliquet avance (en poussant une dent extérieure ou intérieure) et recule (en échappant les dents) en faisant tourner le plateau A suivant la flèche *1* autour de la vis V ; pour desserrer l'écrou, on met en action les cliquets i et i' qu'on rapproche par un ressort, alors qu'on détend le ressort des cliquets n et n'. Le pressoir qui figure à l'Exposition a sa cage circulaire divisée verticalement en deux parties (nous en avons donné le principe à la suite de nos recherches de 1891).

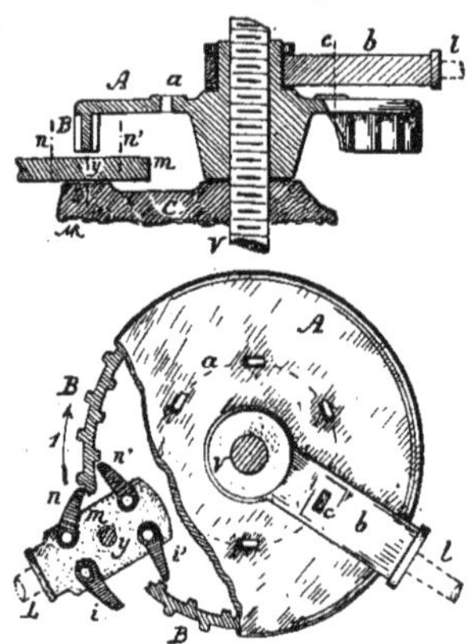

Fig. 337. — Élévation et plan du mécanisme *Stalder*.

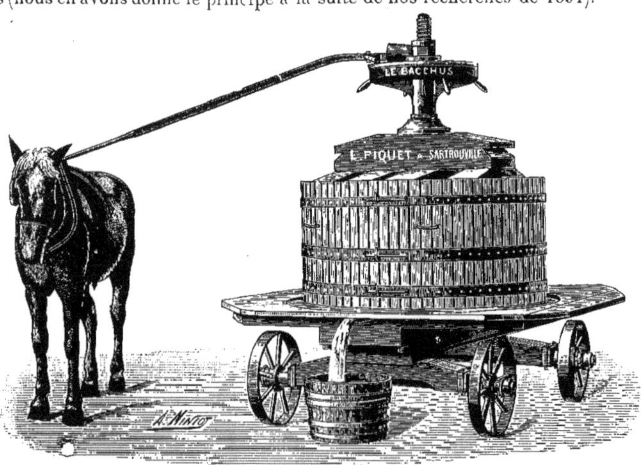

Fig. 338. — Pressoir *Piquet*, à manège direct.

M. Piquet (Sartrouville, Seine-et-Oise) expose le *pressoir locomobile à manège direct* « le Bacchus », représenté par la fig. 338. La première pression est donnée à la main à l'aide des poignées fixées à l'écrou ; la deuxième peut encore se faire à bras en rendant la flèche du manège solidaire de l'écrou, à l'aide d'un cliquet articulé à la flèche et venant buter contre une saillie de la couronne de l'écrou. Pour la troisième manœuvre on embraye la flèche (à l'aide de deux cliquets) avec un pignon central ; ce dernier, par deux roues folles, actionne la denture intérieure du plateau-écrou. La flèche est mobile verticalement par son articulation avec le boîtard et prend des obliquités variant avec le niveau du

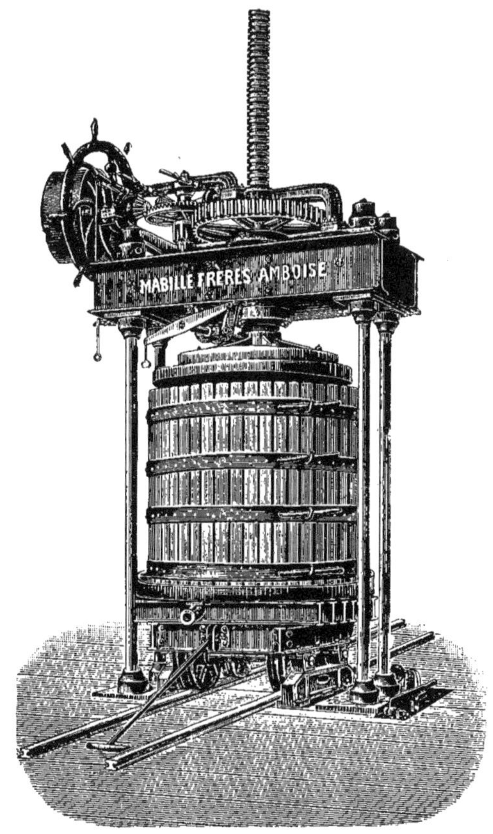

Fig. 339. — Pressoir au moteur, *Mabille*.

plateau-écrou ; l'attèle du manège peut se déplacer transversalement à l'extrémité de la flèche. La pression se transmet sans chocs et la fin du travail est indiquée par une sonnerie qui fonctionne automatiquement quand les bois de charge ont subi une certaine flexion. Le desserrage de l'écrou s'obtient en faisant tourner le cheval en sens inverse. — Ce système, qui peut s'appliquer à tous les anciens pressoirs, permet à un cheval de remplacer avantageusement le travail pénible de quatre hommes aux leviers.

Plusieurs modèles de *grands pressoirs* fonctionnant au moteur sont présentés dans la classe 36 (Mabille, Marmonnier et Simon). — Les constructeurs ont cherché à accélérer le travail, soit par des cages disposées sur des vagonnets, soit en employant des cages fixes de grande capacité, ou en plaçant les charges sur une sorte de toile sans fin, de façon à se rapprocher du travail des pressoirs continus. Dans beaucoup de ces machines, la cage contenant la matière à presser est amenée en dessous d'un plateau ou piston solidaire d'une vis verticale pouvant coulisser, de haut en bas, dans un chapeau soutenu par des colonnes; le déplacement vertical de la vis, dans un sens ou dans l'autre, est assuré par un écrou mis en mouvement par engrenages et une poulie sur laquelle passe la courroie de commande. — Comme il s'agit ici de pressoirs commandés par un moteur inanimé, un débrayage automatique s'impose afin que le mécanisme puisse être arrêté lorsque la pression dépasse la limite indiquée. En principe, ces débrayages, sur lesquels les constructeurs ont apporté leur attention, sont basés sur l'emploi de ressorts qui permettent de décaler la poulie de commande, de déplacer la courroie, ou de diminuer la course des cliquets d'une quantité suffisante pour que l'écrou ne soit plus mis en mouvement, cette course reprenant automatiquement son amplitude maximum quand la pression s'est abaissée, après l'écoulement d'une certaine quantité de jus.

Le mécanisme du *pressoir* Mabille (Amboise, Indre-et-Loire, fig. 339), est supporté sur un chapeau maintenu à la hauteur voulue par quatre colonnes; la maie circulaire est solidaire d'un vagonnet roulant sur une voie de 0 m. 50 et, lors du travail, le bâti du vagon, légèrement soulevé, supporte seul la pression. Le plateau de pression est fixé à l'extrémité inférieure de la vis V (fig. 340) déplacée, dans un sens ou dans l'autre, par l'écrou E qui tourne entre deux colliers maintenus par le chapeau C et une arcade *ss'*; l'écrou E est fileté dans l'axe de la roue dentée E' entraînée par le pignon *a* solidaire de deux roues cônes concentriques A qui peuvent être séparément engrenées avec un des pignons cônes *b*, *c* ou *d* de l'arbre de commande *xx*; des leviers permettent l'embrayage :

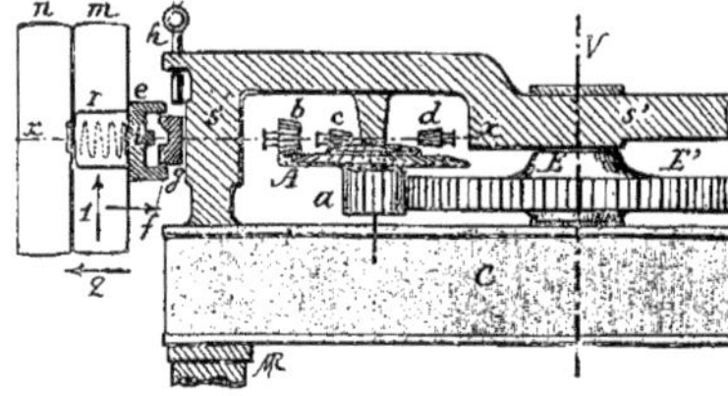

FIG. 340. — Principe du mécanisme du pressoir au moteur *Mabille*.

du pignon *c* pour la première pression (grande vitesse), du pignon *b* pour la dernière pression (petite vitesse) et du pignon *d* pour faire remonter (à la grande vitesse) la vis V et le plateau en faisant tourner en sens inverse l'écrou E. — L'arbre *x* est commandé par une courroie passant sur les poulies folle *n* et fixe *m* (cette dernière est solidaire d'un volant pourvu de poignées pour l'abaissement rapide du plateau). Si l'ouvrier chargé de la manœuvre du pressoir peut opérer les embrayages en temps voulu, il faut assurer automatiquement le débrayage quand la pression maximum est obtenue; à cet effet, la poulie *m*, sous l'action d'un ressort réglable *r*, est déplacée suivant *f*, afin que l'ergot *i* que porte son moyeu *e* soit embecqueté avec une coche du manchon *g* calé sur l'arbre *x*: cette coche présente un plan incliné qui permet à l'ergot *i* d'en sortir sous l'action du mouvement (qui a lieu suivant la flèche *1*), à la condition que l'effort transmis à l'arbre *x* (et par suite à la vis) atteigne la limite voulue en comprimant le ressort *r* logé dans le moyeu de la poulie *m*; en faisant ainsi reculer la poulie *m*, suivant le sens *2*, le manchon *e* s'écarte du bâti *s* d'une quantité suffisante pour laisser tomber un verrou *h* qui joue à ce moment le rôle d'une cale : la poulie *m* tourne alors sans entraîner le manchon *g* et l'arbre *x* ainsi que le train d'engrenages, et l'ouvrier averti fait passer la courroie sur la poulie folle *n*. Lors de la remontée du plateau, ce dernier, à l'extrémité de sa course, déplace automatiquement la fourche de la courroie et fait passer celle-ci sur la poulie folle *n*. — Ces fortes machines sont établies suivant deux dimensions :

Diamètre de la vis		0 m. 11	0 m. 13
Claie circulaire	Diamètre	1 m. 10	1 m. 20
	Hauteur	1 m. 05	1 m. 10
	Cube (hect.)	10	12,5

Par suite du foulage préalable de la vendange, la claie de 10 hectos peut recevoir 13 à 14 hectos de vendange. Avec un moteur d'environ 2 chevaux-vapeur on a pu effectuer, en 9 à 10 heures de travail, 18 pressées de 13 hectolitres de vendange foulée et égouttée; comme cette dernière représente environ la moitié du volume primitif de la

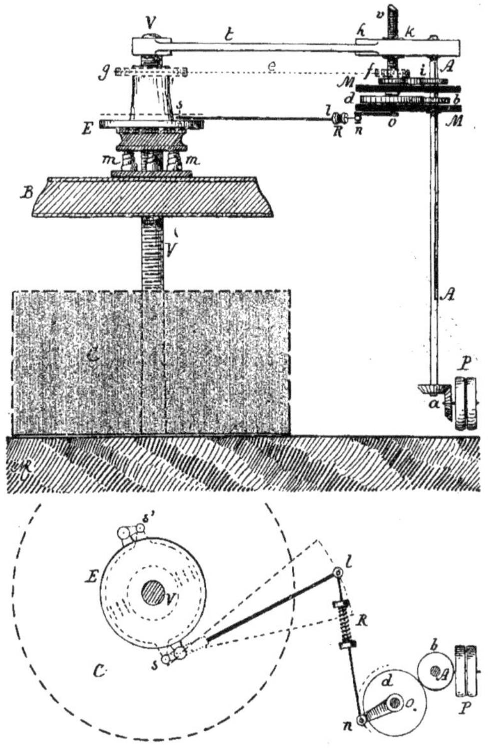

Fig. 341. — Principe du pressoir au moteur *Marmonier*.

vendange, un de ces pressoirs peut ainsi fournir le travail journalier de 468 hectos de vendange fraîche.

Dans le grand *pressoir* Marmonier (cours Villeurbane, Lyon, Rhône), dont le principe est représenté par la fig. 341, la pression est donnée par l'écrou E qui tourne autour de la vis V fixée au centre de la cage C, d'une capacité de 10 mètres cubes. L'écrou E est pourvu du système dit américain, indiqué schématiquement en *ss'*, et le mouvement du plateau des clavettes est donné en oscillant, dans le plan horizontal, le levier *sl*. L'extrémité *l* parcourant un arc de cercle, le mouvement peut être transmis par une bielle *ln* articulée à la manivelle *no*; mais comme l'écrou E s'abaisse au fur et à mesure que l'épaisseur de la charge se réduit, le mécanisme destiné à actionner la manivelle *n* doit suivre les mêmes déplacements. La commande a lieu par les poulies P et les roues cônes *a* à l'arbre vertical A le long duquel peut glisser le pignon *b* engrenant avec la roue *d* dont l'axe porte la manivelle *no*; l'ensemble *bd*, maintenu dans une monture M, pouvant coulisser entre des colonnes (non représentées dans le dessin), est soutenu à la hauteur voulue par une vis *v* pouvant tourner dans un écrou K, le mouvement étant assuré par une chaîne *e* et deux roues : l'une *g* de commande, solidaire du plateau E, l'autre *f* chargée de faire tourner la vis *v*; les rapports des rayons des roues *g* et *f* sont calculés suivant les pas des vis *v* et V afin que les pièces E et M se déplacent toujours parallèlement. — La bielle *ln* est extensible grâce à un ressort R, de sorte que lorsque la pression dépasse une limite voulue, la compression de ce ressort a pour résultat de faire diminuer l'amplitude de l'oscillation du levier *sl*, dont la course insuffisante empêche alors les clavettes (du plateau *ss'*) de faire tourner l'écrou E; quand la pression diminue dans la charge C (par suite de l'écoulement du liquide) le ressort R n'agit plus et, automatiquement, le levier *l* reprend sa course nécessaire pour faire tourner l'écrou E. — Comme dans les pressoirs ordinaires du même

Fig. 342. — Pressoir à travail continu, *Simon*.

constructeur, le début du desserrage de l'écrou E a lieu en retournant les clavettes du plateau *ss'*; après un certain desserrage, on débraye les engrenages *bd* et on embraye les engrenages représentés en *i* qui permettent à l'arbre A de faire tourner la roue *f* et par suite la vis *v* afin de remonter rapidement l'écrou et les bois de charge (dans le modèle exposé la pression de l'écrou E se transmet par des ressorts *m* à la charge B constituée par de fortes poutrelles en acier). Le bâti *h* est relié par des entretoises *t* avec la partie supérieure de la vis V.

Le *pressoir* Simon (Cherbourg, Manche), que représente la fig. 342, est établi sur le principe suivant : une toile sans fin, horizontale, joue le rôle de maie ; à une de ses extrémités on élève une charge enfermée dans des toiles séparées les unes des autres par des claies. Des pistons, articulés à une chaîne sans fin inclinée, viennent se reposer sur les charges successives qu'on a soin d'élever à un écartement convenable. Les deux chaînes sans fin (de la maie et des pistons) se déplacent dans le même sens et sont animées d'un mouvement lent : la poulie de commande entraîne ces divers organes par des vis sans fin et des roues héliçoïdales ; la pression donnée est lente, graduelle et se règle en modifiant l'inclinaison de la chaîne supérieure dont l'articulation est pourvue de rondelles Belleville. La machine est munie d'un débrayage automatique qui entre en jeu dès que la résistance (ou la pression) atteint une certaine limite fixée d'avance ; le modèle travaillant 20.000 kilog. de vendange fraîche par jour, a 6 mètres de longueur, 2 mètres de largeur, et nécessite, dit-on, trois chevaux-vapeur.

Les *pressoirs continus*, dont on se préoccupe depuis 1888-1889, ont donné lieu à de vives polémiques et il était difficile de se prononcer à leur sujet malgré les énormes progrès réalisés par les constructeurs, notamment depuis 1894-1895.

M. H. de Lapparent, inspecteur général de l'agriculture, chercha le premier à mettre de la clarté dans les différents résultats constatés ; il se livra à une enquête, tant sur le travail des machines que sur la valeur des produits obtenus (eau-de-vie), et en fit un rapport détaillé à la session de 1898 de la Société des Viticulteurs de France. Ce rapport, confirmé par la discussion publique qui en fut la conséquence, était nettement favorable aux pressoirs continus qui permettaient de réaliser une économie variant du 1/3 aux 3/4 sur les frais de vinification.

A la suite de vœux émis par la Société des Viticulteurs de France et par le Conseil général de l'Aude, un arrêté ministériel du 10 mai 1898 organisa un concours spécial qui eut lieu à Jouarres, sous la présidence de M. H. de Lapparent.

Les essais de Jouarres ont été très méthodiques et très complets. Le rapport fut divisé en trois parties confiées chacune à un membre du jury : M. Georges Barbut, professeur départemental de l'Aude, fut chargé de la section pratique ainsi que des visites et enquêtes faites par le jury dans diverses propriétés (Midi, Gironde, Charente et Anjou) ; M. Paul Ferrouillat, Directeur de l'École nationale d'agriculture de Montpellier, traita de la construction des machines et détailla les essais ; enfin M. Lucien Sémichon, Directeur de la Station œnologique de l'Aude, fut chargé des expériences de laboratoire et de l'étude des vins obtenus.

Si on analyse le rapport très documenté des essais de Jouarres, on constate que s'il n'est pas franchement hostile aux pressoirs continus, il ne se prononce en leur faveur que sur un très petit nombre de points et encore avec hésitations et réserves ; le rapport déclare que les pressoirs continus sont inférieurs aux pressoirs ordinaires, excepté peut-être pour le travail demandé par les Charentes.

Un passage du rapport de M. Sémichon montre que l'égouttage seul donne un vin bien supérieur tout en assurant un rendement presque égal aux pressoirs continus, et il ajoute : « Quoique les vins blancs se vendent en général plus cher que les rouges, ce n'est pas toujours en faisant 80 p. 100 de vin en blanc qu'on atteindra le bénéfice maximum, parce que les vins rouges de séparation sont très défectueux. Ces défauts, mauvaise couleur, âpreté prononcée, rudesse de goût, etc., ne sont pas spéciaux aux pressoirs continus, ils se manifestent de la même manière avec les pressoirs ordinaires. Des expériences personnelles m'ont prouvé bien des fois qu'un meilleur résultat économique était atteint en ne faisant en blanc que 50 p. 100 environ, parce que les marcs égouttés donnent encore des vins rouges excellents par cuvage direct, à la condition de les égrapper. Les substances qui causent l'âpreté et la rudesse des vins sont en effet contenues dans les râfles, et celles-ci sont en proportion exagérée dans les marcs égouttés. D'ailleurs la couleur est ainsi beaucoup mieux utilisée ».

« Ce résultat peut être atteint facilement par les procédés simples d'égouttage que l'on possède dans les caves. Aussi, à moins que des conditions économiques toutes spéciales ne donnent un avantage important à la fabrication du vin blanc en grande quantité, ou à l'extraction immédiate du moût (vente des moûts bourrus, vallée du Rhône), nous croyons qu'on n'en viendra pas à s'écarter beaucoup de cette règle et que les pressoirs continus ne se répandront pas pour la vinification de l'Aramon ».

« Dans tous les autres cas les pressoirs continus pourront concurrencer les pressoirs ordinaires avec des succès divers ».

M. Sémichon termine par des réserves, constate que les pressoirs continus peuvent être utilisés, avec plus ou moins d'avantages, à la place des autres systèmes d'épuisement, mais qu'ils ne sont pas indiqués pour traiter la vendange entière, et que, même dans les Charentes, ils seraient avantageusement remplacés par l'égouttage préalable.

Le Rapport du concours spécial de Jouarres, avec sa grande autorité, met ainsi en relief le rôle prépondérant que l'avenir réserve aux *fouloirs-égouttoirs*, et c'est pour ce motif que nous avons insisté sur les différents types de ces machines qui figurent à l'Exposition universelle (page 191).

Les *pressoirs continus* à vis (Mabille, Amboise, Indre-et-Loire (fig. 343); Roy, 110, rue

Fig. 343. — Pressoir continu *Mabille*.

Notre-Dame, Bordeaux, Gironde); à vis compound (Sâtre et Cie, quai Rambaud, Lyon, Rhône (fig. 344 et 345), ou à cylindres cannelés (Cassan et fils, Bourgoin, Isère) ne présentent que des améliorations de détail, leur principe n'ayant pas subi de modifications dans ces dernières années. — Le pressoir Mabille est pourvu d'un filtre-tamiseur continu, constitué par une toile métallique (de cuivre) sans fin, qui passe entre deux cylindres en recevant une série de chocs par des taquets fixes convenablement disposés. D'après une attestation du comte Ch. de Divonne, propriétaire d'un important vignoble aux environs d'Arles, le pressoir continu Mabille permet de retirer des Aramons 83 p. 100 de vin blanc et 4 p. 100 de vin rouge, avec un débit de 1.577 kilog. de vendange à l'heure.

D'après MM. Vidal, propriétaires à Hyères, le pressoir Sâtre, à vis compound, opérant sur des marcs fermentés, mélangés de $^2/_3$ d'Alicante-Bouschet et de $^1/_3$ d'Aramon, aurait donné 68,5 p. 100 de vin de pressoir ; en travaillant 10 kilog. de marc à la minute, il fallait une puissance comprise entre deux et trois chevaux-vapeur.

Fig. 344. — Pressoir continu *Sâtre.*

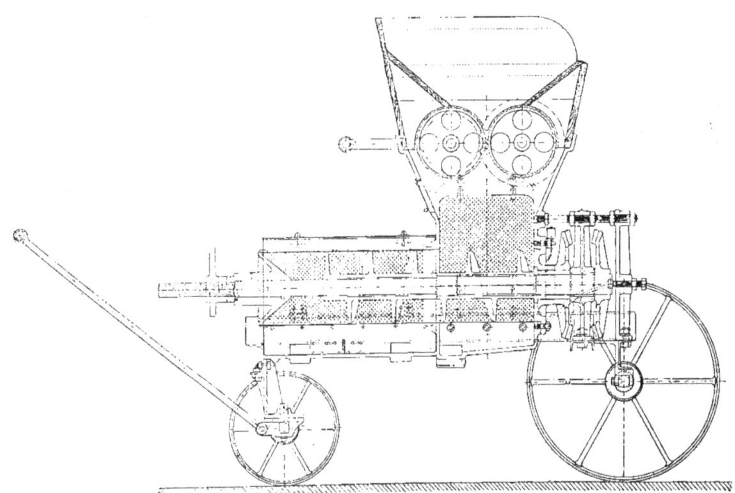

Fig. 345. — Coupe longitudinale du pressoir continu à vis compound, *Sâtre.*

F. Diffuseurs. — Des *diffuseurs* sont exposés par MM. Egrot et Grangé (28, rue Mathis, Paris) et par MM. Levasseur et fils (Saint-Just-en-Chaussée, Oise — modèle de diffuseur en vase clos, fonctionnant sous pression hydraulique). — La diffusion, qui donne de bons résultats pour la fabrication du cidre et du poiré, pourrait très probablement être employée avec succès dans la fabrication du vin, mais nous n'avons pas encore de données pratiques permettant de vérifier les essais de laboratoire qui ont été effectués dans cette voie. Il y aura peut-être, dans l'avenir, une modification des procédés et par suite du matériel vinicole, comme nous avons vu s'en produire une dans la sucrerie et la distillerie, où la diffusion a remplacé avantageusement le travail des presses ; il est très possible que les fouloirs-égouttoirs seront chargés d'extraire le vin de goutte, l'épuisement du marc étant achevé par les diffuseurs.

CHAPITRE XII

Machines pour la préparation des textiles.

Les machines destinées à la préparation, au point de vue agricole, du chanvre et du lin font complètement défaut à l'Exposition. On sait d'ailleurs que les cultures du lin et du chanvre se sont développées en France au début du siècle ; les manufactures s'établirent, s'agrandirent, et, bientôt la matière première fournie par les agriculteurs voisins devenant insuffisante, les industriels furent obligés de s'adresser à l'étranger; le résultat fit baisser les prix de près des $^2/_3$ et la superficie consacrée à ces cultures tomba rapidement dans le rapport de 8 à 1. Les représentants des départements intéressés obtinrent, sans profit pour le pays et au détriment du Trésor, l'institution de primes d'encouragement ; ces dernières, malgré leur taux élevé, n'ont pu enrayer la diminution des cultures des plantes textiles.

Par contre on s'intéresse aux fibres qu'on peut retirer de certains végétaux de nos colonies et parmi ces derniers la ramie préoccupe toujours une foule de personnes. Un *congrès international de la Ramie*[1] s'est tenu pendant l'Exposition et on institua un *concours international de machines propres au traitement de la Ramie*. — Par suite de la difficulté de sécher les tiges du textile, très hygrométiques et très fermentescibles, confirmée par des expériences récentes faites à la Station d'essais de Machines, dans lesquelles nous avons eu à manipuler près d'une tonne de tiges, nous croyons que l'avenir est aux machines traitant la récolte à l'état vert, et non au travail des tiges sèches ; — nous avons à signaler deux machines nouvelles dont l'une donne un produit équivalent, sinon supérieur, au *china-grass*.

L'*appareil* Bachellerie (60, rue Caumartin, Paris) consiste en un autoclave dans lequel on place les tiges de ramie qu'on soumet pendant 5 minutes à une pression de 1 à 2 kilog. d'acide carbonique produit dans une bouteille latérale (avec du bicarbonate de soude et de l'acide chlorhydrique) ; l'acide carbonique entraîne dans l'autoclave des traces d'acide chlorhydrique gazeux qui doit exercer une certaine action sur les fibres. — Au sortir de l'appareil, les tiges sont mises à sécher, puis passées à la broie mécanique ; elles sont ensuite peignées, mises en paquets et expédiées aux filatures. — Cet appareil n'a pas pris part aux essais du concours international.

A. Concours international de machines à décortiquer la ramie. — Les essais du *concours international*, institué au quai Debilly, par l'arrêté du 1er septembre 1900,

1. Voir dans le *Journal d'agriculture pratique*, 1900, tome II, page 659, notre résumé sur l'état actuel de la question de la ramie et sur le congrès international tenu à l'Exposition de 1900.

ont eu lieu le 9 octobre. Le jury, présidé par M. Maxime Cornu, professeur-administrateur du Muséum, était constitué par :

MM. Balsan, député ;
Banchereau, délégué de la Chine ;
Dodge, délégué des États-Unis d'Amérique ;
Dupont, de la Banque de France.
Dr Greshoff, de Harlem, délégué de la Hollande ;
Haller, professeur de chimie à la Faculté des sciences ;
Imbs, professeur au Conservatoire national des arts et métiers ;
S. Ishiwara, délégué du Japon ;
Martel, délégué de l'Association générale des tissus ;
Max Ringelmann ;
G. Rivière, professeur départemental d'agriculture ;
C. Rivière, directeur du jardin d'essais du Hamma, Alger ;
Jose C. Segura, délégué du Mexique ;
Urbain, professeur à l'école Lavoisier (secrétaire).

Les machines étaient présentées par :

MM. A. Estienne, 22, place Vendôme, Paris (The Anglo French Ramie Machine Company) ;
P. Faure, 21 place du Champ de Foire, à Limoges (Haute-Vienne) ;
Lacôte et Marcou frères, 10 rue du Débarcadère (Paris) ;
F. Michotte, 21 rue Condorcet (Paris).

Examinons les diverses machines concurrentes avant de résumer les essais effectués et les résultats obtenus.

Machine Estienne. — L'organe principal est constitué par un batteur A (fig. 346) garni de 20 battes radiales *a* taillées en biseau mousse. Les tiges effeuillées sont placées sur une table horizontale B formée de tasseaux en bois *b* ; elles passent, suivant la flèche *1*, entre des lames verticales *c* en tôle qui constituent ainsi une série de goulottes permettant d'alimenter le batteur A sur toute sa largeur. Les tiges sont prises par deux cylindres alimentaires *de*, l'axe du cylindre *e* étant fixé à la garde en tôle *t* pouvant tourner autour du point *o* et rappelée vers le cylindre *d* par deux ressorts dont on peut modifier à volonté la tension à l'aide d'un écrou à oreilles R. Les cylindres *e* et *d* donnent une pression suffisante pour assurer l'alimentation sans chercher à écraser préalablement les tiges.

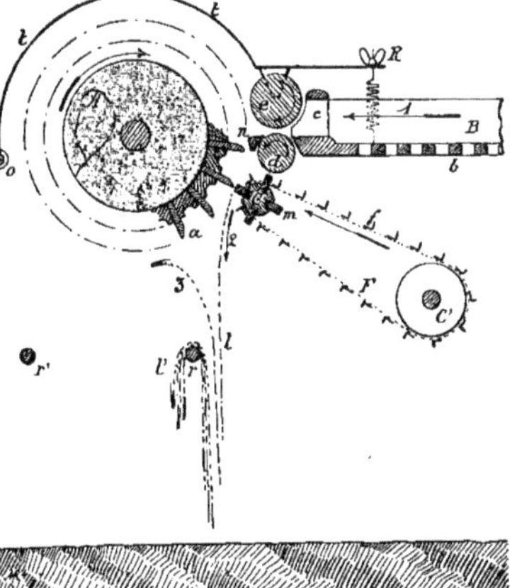

Fig. 346. — Principe de la machine *Estienne*.

Le batteur A ploie les tiges contre une pièce fixe *n*, appelée enclume, et les envoie suivant la flèche *2*. En dessous de la table d'alimentation se trouve une chaîne sans fin F formée de deux courroies reliées de place en place par des petits fers cornières *f* taillés en biseau mousse. La chaîne est entraînée par le cylindre C garni de quatre battes *m* qui, logées dans des génératrices pourvues de ressorts, peuvent se rapprocher de l'axe du cylindre C ; la chaîne sans fin *f*, tournant dans le sens indiqué par la flèche, passe sur un cylindre fou C'.

Des engrenages communiquent les vitesses angulaires voulues aux pièces A *d e* C ; la vitesse à la circonférence des cylindres alimentaires *d c* étant de 0 m. 35 par seconde, celle des battes *a* est de 3 m. 85. Les vitesses de A et de C sont combinées pour assurer le dépelliculage qui doit s'effectuer des deux côtés des lanières : à cet effet la transmission des mouvements est telle que chaque batte *a* passe devant une batte élastique *m* et qu'entre deux battes *a* c'est un des fers *f* qui râcle l'autre face de la lanière pour assurer l'enlèvement complet de la pellicule.

La lanière dépelliculée s'étale suivant la position *l*, puis, quand le bout de la tige est abandonné par les cylindres *e d*, elle s'échappe suivant la position *3* et tombe en *l'* à cheval sur un transporteur[1] constitué par un gros câble sans fin (dont on voit la coupe en *rr'* qui se déplace, dans le plan horizontal, entre deux poulies).

La machine, très bien combinée par M. Estienne, ancien mécanicien en chef aux

FIG. 347. — Machine *Faure*.

Messageries maritimes, est d'une excellente construction[2] ; la marche est silencieuse et l'uniformité de son travail peut se constater au bois cassé en fragments réguliers d'environ 4 millimètres de longueur.

Machine Faure. — M. Faure, dont la construction avait été très remarquée lors des essais de Genevilliers en 1891, présente trois machines d'une fabrication irréprochable ; cet ingénieur a abandonné la grande production grossière pour faire le *china-grass*. Les machines sont basées sur le même principe : l'une dite de démonstration (fig. 347 petit

1. Nous avions vu le principe de ce transporteur appliqué à la machine Faure lors des essais de Genevilliers, en 1891.

2. La machine est construite par M. Michel Puy, de Marseille (Bouches-du-Rhône).

modèle, pouvant, au besoin, fonctionner à bras) est destinée aux essais ; les deux autres, de plus grandes dimensions, concourent au même travail qui se fait en deux fois sur chaque poignée de deux ou trois tiges.

L'organe principal (fig. 348) est constitué par un batteur *a* (550 tours par minute) pourvu de 12 battes *a'* formées de fer à simple T, dont l'arête travaillante est mousse. En avant se trouve un contre-batteur *x* garni d'une plaque de cuivre *bx* qui se raccorde avec une table d'alimentation *bm* ; ce contre-batteur, appuyé par un ressort *r*, est articulé en *d*, repose sur un ressort *e'* ou sur un bloc de caoutchouc maintenu par la monture *n* du bâti. Le mode de suspension indiqué permet au contre-batteur *bx* de s'animer d'un mouvement vibratoire au passage des battes *a'*, mouvement qui contribue à assurer le dépelliculage des lanières. Un excentrique à volant *v* permet de régler l'écartement *1* du contre-batteur suivant la grosseur des tiges à travailler ; le contre-batteur est concentrique au

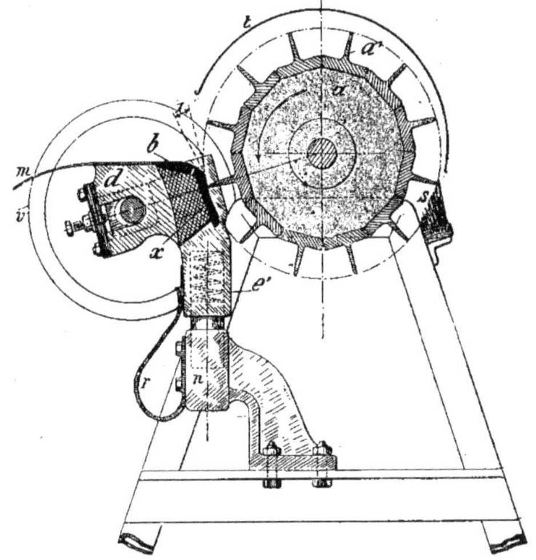

Fig. 348. — Coupe de la machine *Faure*.

batteur. Une brosse fixe S et une garde en tôle *t* complètent la machine dont la marche est silencieuse ; le batteur *a* est directement entraîné par une poulie calée sur son axe.

En travail régulier, deux machines placées dos à dos sont employées : dans la première un ouvrier passe le pied des tiges pour les décortiquer sur une longueur de 0 m. 30 à 0 m. 40, puis il les retire et les donne au deuxième ouvrier placé derrière lui, alimentant la seconde machine ; ce dernier, tenant le paquet par les lanières libres, introduit les tiges par leur pointe et les accroche à l'appareil chargé d'en effectuer le mouvement de retour et de sortir les lanières de la machine en leur faisant subir une certaine torsion. En plan, le principe de cet apppareil peut être représenté par la fig. 349, dans laquelle *a* représente la projection du batteur et *bm* celle de la table d'alimentation, solidaire du contre-batteur. Lorsque l'ouvrier a introduit en *1* les tiges de toute leur longueur non décortiquée, il déplace le pied (travaillé par la première machine) vers le crochet fixe E afin de le prendre entre un câble sans fin à section circulaire CC'C'' et une courroie sans fin D tendue par T dans la gorge d'une poulie folle P qui tourne dans le sens indiqué par la flèche : le brin *2*, fortement pincé entre C' et D, est rappelé, sort de la machine suivant

3 pour occuper ensuite la position *4*; dans ce travail, il se produit une compression de la lanière qui lui donne un très bel aspect. Vers le point C'' une palette fixe, héliçoïdale, enlève la lanière du câble et la laisse tomber sur un transporteur constitué par une large courroie horizontale. (Dans une installation industrielle ce transporteur, recevant les lanières fournies par une batterie de machines, les conduirait à une étuve qui serait en

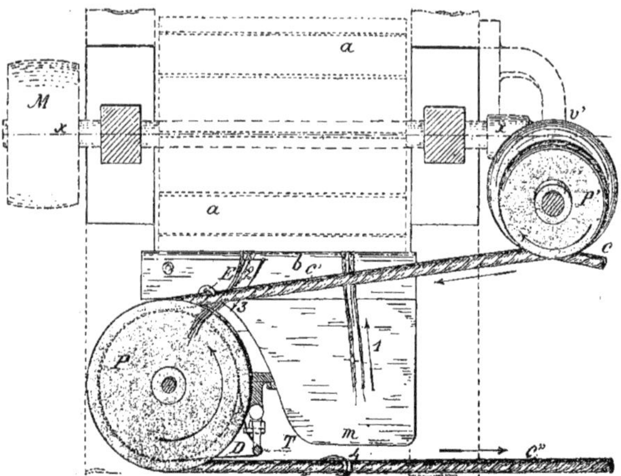

Fig. 349. — Plan de la machine *Faure*.

relation avec un aéro-condenseur Fouché). On voit en P' la poulie conique de commande du câble CC'C'' (passant entre C'' et C sur une poulie folle non représentée dans le dessin); cette poulie P', à axe incliné, est mise en mouvemement par une vis sans fin calée en *v'* sur l'axe *x*, du batteur *a*, qui porte en M la poulie sur laquelle passe la courroie de commande.

Machines Lacôte et Marcou frères :

1° *Machine à China-grass.* — Cette machine simple se compose d'un batteur en fonte A (fig. 350) tournant en porte à faux au-dessus d'un contre-batteur B en cuivre; le batteur A est pourvu de 10 battes *a* et le contre-batteur, maintenu par des ressorts *b* peut vibrer lors du travail; des vis de réglage permettent de déterminer son écartement suivant la grosseur des tiges à travailler. L'ouvrier fait quatre opérations par paquets de deux à trois tiges; il les décortique en deux fois, et à chaque fois, les fait passer suivant la flèche *1* puis les rappelle à lui en suivant la flèche 2[1].

2° *Machine pour travailler en sec.* — A l'extrémité de la table d'alimentation A (fig. 351) se trouvent deux cylindres alimentaires à surface lisse *aa'*: les tiges passent sur une table fixe *b* au-dessus de laquelle tourne un concasseur méplat C (c'est une tranche de cylindre): enfin les lanières sont prises entre deux fouetteurs F et F' formés chacun de battes *n* (tubes de cuivre pouvant tourner sur des axes *x* constituant les génératrices de F et de F'). Nous verrons que cette machine, travaillant des tiges bien sèches, donne des lanières *l* très bien déboisées.

1. Il a été déclaré au Jury que le premier brevet avec contre-batteur non élastique a été pris par M. Berthet; le premier brevet à batteur élastique et vibratoire appartiendrait à M. Faure.

Machine Michotte. — Les tiges, étalées en grand nombre sur la table T (fig. 352), sont prises par les cylindres alimentaires *a* et *b*, poussées au batteur A qui les travaille sur le contre-batteur B. La pièce A est formée de deux disques réunis par douze génératrices *n* en fer rond, autour desquelles peuvent tourner librement des fers *f* qui constituent les battes; ces dernières, sous l'action de la force centrifuge, tendent à prendre une direction

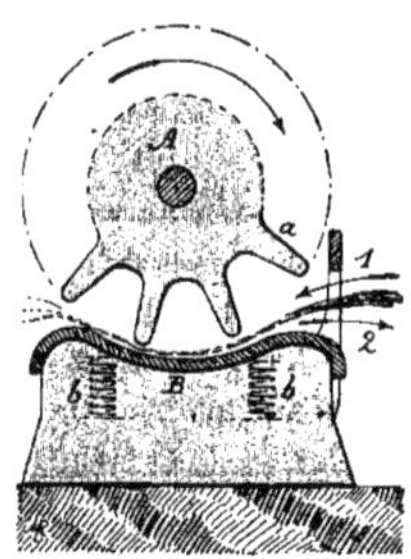

Fig. 350. — Principe de la machine à china-grass, de *Lacôte et Marcou*.

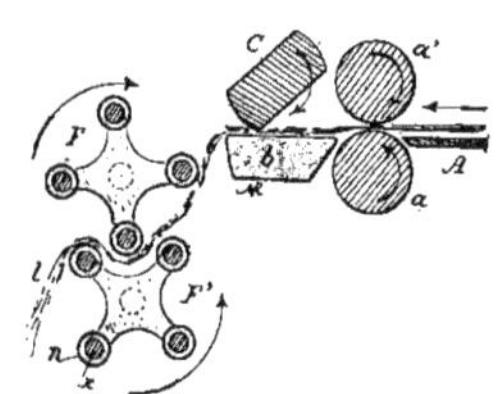

Fig. 351. — Principe de la déboiseuse *Lacôte et Marcou*.

radiale. Ajoutons que ce modèle d'essai n'était pas bien réglé, ne tournait pas à une vitesse suffisante et prenait plus d'énergie que le moteur employé pouvait en fournir.

Machine à faire la filasse de MM. Lacôte et Marcou frères. — Cette machine travaille les lanières déboisées en sec fournies par la machine de la fig. 351. Les lanières arrivent suivant *l* (fig. 353) et passent entre deux mâchoires horizontales : l'une A, mobile, animée d'un rapide mouvement alternatif communiqué par un excentrique E (calé sur un axe

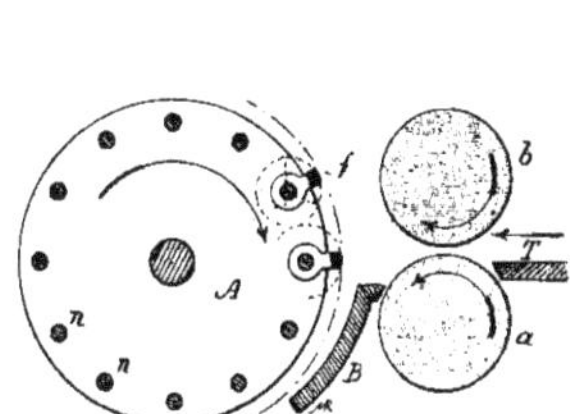

Fig. 352. — Principe de la machine *Michotte*.

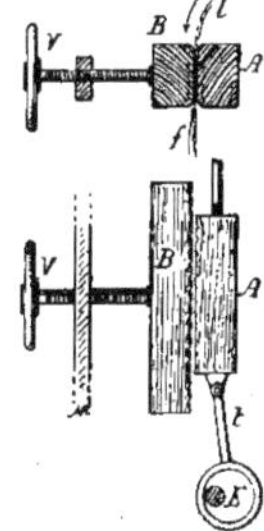

Fig. 353. — Principe de la machine à faire la filasse, de *Lacôte et Marcou*.

vertical) et une tige *t*; l'autre B, fixe, dont on peut régler la position par une vis à volant V. Les mâchoires A et B sont en bois dur, garnies de petites stries ou cannelures verticales; la lanière *l* sort en *f* à l'état de très belle filasse et la gomme s'échappe en grande partie sous forme de poussières. Ajoutons que le Jury n'a pu voir fonctionner qu'un tout petit modèle démonstratif, ce qui explique le faible débit constaté.

B. Essais. — Pour ses expériences, le Jury ne disposait que de très petites quantités de tiges : ramie de Limoges ayant 4 et 8 jours de coupe; ramie d'Achères coupée le matin même; enfin de très belles tiges de ramie sèche provenant d'Algérie. Voici les indications relevées sur les matières premières :

TIGES	RAMIE DE	
	Limoges	Achères
Longueur	2m,05	1m,20
Diamètre moyen	0m,011	0m,010
Poids moyen	0k,100	0k,068
Poids moyen du mètre de tige	0k, 487	0k,0566

Les machines ont travaillé des poids variant de 5 à 15 kilogrammes de diverses tiges; afin de rendre les résultats comparables, nous avons ramené, par le calcul, les différents chiffres au travail de 100 kilog. de tiges vertes, à celui de 20 kilog. de tiges sèches[1] et à 1 kilog. de filasse; les résultats sont consignés dans le tableau suivant :

MACHINES	TRAVAIL DE 100 KILOG. DE RAMIE VERTE					
	de Limoges			d'Achères		
	Temps employé	Lanières fraîches	Lanières dans les déchets	Temps employé	Lanières fraîches	Lanières dans les déchets
Estienne (fig. 346)[1]	17' 40"	28k33	0	21',40"	23k	0
(Le bois laissé dans les pieds des lanières, d'après le travail des machines *Faure* et *Lacôte*, peut être estimé à	»	7k70	»	»	4k40	»
Faure (fig. 347)[2]	42' 13"	8,10	12k66	45'	5,10	13k50
Lacôte (fig. 350)[3]	2h 15' 33"	14,40	6,40	1h35'	10,10	7,90
Michotte (fig. 352)[4]	58' 20"	20,06	?	48'20"	19,90	?

TRAVAIL DE 20 KILOG. DE RAMIE SÈCHE

Machine Lacôte[5] (fig. 351)	Temps employé	30 minutes.
	Lanières obtenues	6 k. 480
	Lanières dans les déchets	0

TRAVAIL DE 1 KILOG. DE LANIÈRES SÈCHES

Machine Lacôte[6] (fig. 353)	Temps employé	6 h. 57 minutes.
	Filasse obtenue	0 k. 833

1. Très belles lanières qui conservent environ 0 m. 04 de bois dans le pied; le pied des tiges avait été préalablement coupé de 0 m. 15 environ.

2. Très belles lanières de china-grass; les tiges de ramie ont été passées entières; le temps constaté aux essais aurait pu être diminué si les deux machines avaient pu être placées dos à dos comme le demande le constructeur. Les résultats obtenus ici confirment l'attestation délivrée à M. Faure le 4 août 1900 par le docteur Schulte : 52 kilog. de tiges fraîchement coupées ont été travaillées en 23 minutes et ont donné 3 kg. 820 de lanières admirablement décortiquées, valant le plus beau china-grass. — On passe environ 3 tiges à la fois. — Dans l'essai, avec la ramie d'Achères, 4 tiges abandonnées par l'ouvrier, ont passé dans les déchets.

3. Très belles lanières.

4. Lanières emmêlées, contenant du bois; des lanières très divisées, passent aux déchets et on n'a pu les retirer; comme nous l'avons dit, la machine n'était pas en régime régulier (vitesse et puissance).

5. Très bien déboisées; le bois est coupé par morceaux réguliers de 4 à 5 centimètres de long.

6. Très belle filasse.

1. On admet, en effet, que 100 kilog. de tiges fraîches donnent 20 kilog. de tiges sèches.

Sauf les décortiqueuses Estienne et Michotte, les pièces travaillantes des autres machines ont une trop grande longueur pour ne travailler que quelques tiges à la fois.

Les temps indiqués précédemment correspondent au travail utile ; en pratique, il est prudent de compter sur un travail utile de quarante-cinq minutes par heure, le reste étant perdu par les ouvriers et les divers arrêts courants.

Comme on le voit, les machines donnent de très belles lanières, mais leur débit est bien faible.

Les lanières ont été dégommées par les soins de M. Urbain et, dans une dernière réunion, le Jury a prononcé les conclusions suivantes :

En examinant le temps employé respectivement pour fournir des *lanières dégommées sèches*, le Jury en déduit la production à l'heure à :

15 kilog. pour la machine Estienne ;

4 kg. 2 pour les deux machines Faure ;

6 kg. 5 pour la machine Lacôte et Marcou, spéciale pour le travail de la ramie sèche.

D'autre part, le Jury rapprochant de ces rendements les qualités des filasses dégommées conclut comme suit :

Travail en vert. — 1° En ce qui concerne la machine Estienne, la filasse, bien qu'amoindrie en valeur par des résidus de bois et de pellicule est encore bien utilisable, et la large production qui la fournit paraît au Jury mériter l'attribution d'une médaille d'or à cette machine.

2° En ce qui concerne la machine Faure, la production est faible, mais la qualité des lanières et de la filasse est l'équivalent du china-grass, c'est-à-dire aussi parfaite qu'on puisse le désirer, et le Jury décerne de même à cette machine une médaille d'or.

Travail en sec. — 3° Enfin, en ce qui concerne la machine Lacôte et Marcou, pour le travail en sec, la filasse est sans déchirures, quoique certainement amoindrie en valeur par des résidus de bois et par la pellicule restée intégralement dans les lanières et provoquant en outre une teinte brune spéciale du produit dégommé, mais cette filasse est encore bien utilisable. D'autre part, la production de la machine est sérieuse et le travail en sec, pour lequel elle convient, intéresse certaines régions de culture et permet une utilisation continue toute l'année, ce qui la rend très économique. En conséquence, le Jury décide de décerner également à cette machine une médaille d'or.

CHAPITRE XIII

La Station d'essais de Machines.

A. — Généralités sur les essais des machines agricoles. — Le perfectionnement du matériel agricole s'impose et se poursuit d'une façon continue, surtout depuis près d'un demi-siècle, sous l'influence de certaines conditions économiques, telles que les variations survenues dans le loyer de la terre, la hausse des salaires et le nivellement des prix de vente sur les marchés.

En présence de la concurrence étrangère, nos agriculteurs sont conduits à résoudre deux problèmes : l'augmentation des récoltes et l'abaissement du prix des travaux. Pour le premier, il s'agit d'employer des semences perfectionnées et d'appliquer judicieusement les engrais et les bonnes méthodes de culture ; on ne peut obtenir la solution du second problème que par l'emploi des machines.

Les constructeurs de tous les pays modifient et améliorent sans cesse le matériel qu'ils offrent aux agriculteurs ; aussi constate-t-on qu'il existe, dans une même catégorie de machines, de nombreux modèles différant les uns des autres par leur construction proprement dite comme par leurs dispositifs.

Pour ce qui concerne les engrais, les semences, les matières alimentaires, les produits sont vendus après vérification par différentes Stations agronomiques ou Laboratoires spéciaux ; sous ce rapport l'agriculteur intelligent, pouvant être parfaitement renseigné, peut agir en toute connaissance de cause. Mais pour le choix à faire entre telle ou telle machine, l'agriculteur comme l'industriel fut pendant longtemps abandonné à lui-même, n'ayant pour se guider que les prospectus des constructeurs et représentants, ou les listes de récompenses des concours publics.

De nombreux essais sur les machines agricoles les plus diverses ont été effectués en France depuis 1850. Cependant, dès 1854, le comte de Gasparin émettait des critiques sévères sur les concours des comices, les essais des concours régionaux et ceux des expositions générales. « Partout, disait-il, on juge les instruments d'agriculture, et nulle part on n'est convenu d'un mode uniforme, méthodique, basé sur des principes exacts pour procéder à leur examen et à leur comparaison. »

En pratique, dans les concours, on ne peut procéder qu'à des *essais comparatifs* entre les différentes machines concurrentes ; le peu de temps dont dispose le jury l'oblige à employer un mode de jugement très expéditif, en faisant fonctionner, autant que possible, toutes les machines dans les mêmes conditions et en ne les examinant qu'à un nombre restreint de points de vue, sur lesquels il peut facilement porter son examen et discuter les différences.

Le défaut de cette façon d'opérer donne une très grande importance à l'habileté de l'ouvrier qui conduit la machine, ainsi qu'à la docilité et à la puissance de l'attelage : de cette façon, on juge les hommes et les animaux plutôt que les machines elles-mêmes, en ne cherchant qu'un des éléments du problème alors qu'il en comporte plusieurs.

La classification obtenue dans ces essais rapides de concours ne peut donc pas être considérée comme absolue ; avec les mêmes machines concurrentes, cette classification se trouve très souvent modifiée dans des concours ultérieurs dont les conditions de fonctionnement sont toutes différentes. Ce sont ces motifs qui furent invoqués à plusieurs reprises par les constructeurs pour obtenir la réduction du nombre des concours officiels, si ce n'est leur suppression totale.

Il est certain que les essais précis deviennent de plus en plus difficiles, exigent beaucoup de temps et de soins, et comme dans les concours il s'agit de procéder rapidement, on juge soit avec des idées préconçues, soit en faisant intervenir involontairement une foule de choses qui sont indépendantes du matériel à examiner. Bien que l'étude des *concours spéciaux* de machines agricoles ne rentrent pas dans le cadre de ce travail, nous ne pouvons nous empêcher de faire remarquer qu'au lieu de supprimer ces *concours officiels*, il serait préférable de leur faire subir certaines modifications et de les maintenir sous forme d'*essais spéciaux*, basés sur des programmes bien détaillés, s'appliquant à des conditions de fonctionnement nettement définies.

La difficulté des essais des machines agricoles réside surtout dans la variabilité des conditions de fonctionnement qu'on ne rencontre généralement pas dans les machines industrielles ; ces dernières opèrent sur des matières bien déterminées : le travail du fer, la fabrication des pâtes alimentaires, celle de l'acide sulfurique, etc., par exemple, sont les mêmes sur un point quelconque du territoire ; tandis qu'en agriculture, au contraire, les conditions diverses de sol, de climat, de culture, de milieu économique, etc., font qu'un groupe de machines, en se perfectionnant, se divise en un nombre de types de plus en plus grand, chacun n'étant recommandable que dans des conditions bien précises, bien déterminées, en dehors desquelles il cède la place à d'autres. C'est précisément cette variation qui rend difficile l'étude d'un groupe de machines agricoles, car cette étude, pour être profitable, doit reposer sur des données scientifiques appuyées d'expériences précises

La différence entre les machines agricoles et les machines industrielles s'accentue quand on les considère au point de vue de la construction. La machine industrielle, devant travailler 300 jours par an et 10 heures par jour, doit être établie avec les plus grands soins, afin d'éviter tout accident et tout arrêt qui peut entraîner souvent le chômage d'une partie de l'atelier. La machine agricole ne devant fonctionner qu'une fois ou au plus trois fois par an sur certaines surfaces cultivées, demande à être construite avec une autre méthode. Certes, pour établir les deux machines, les moyens mis en œuvre par le constructeur sont les mêmes d'une façon générale, mais ils diffèrent dans leur application : la construction des machines agricoles est relativement plus simple, en tant que pièces, mais plus délicate sous le rapport des formes à leur donner.

Dans beaucoup d'essais, on recherche l'économie du travail mécanique dépensé sans s'occuper souvent de la façon dont est fait l'ouvrage. Mais il peut se faire que de deux machines destinées à effectuer le même travail, la plus économique de fonctionnement, c'est-à-dire celle qui donne le travail pratique au plus bas prix, soit celle qui demande le plus de puissance, si, d'un autre côté, elle est moins coûteuse d'amortissement, d'entretien ou de main-d'œuvre nécessaire, et les rapports de ces divers frais sont eux-mêmes variables, suivant la quantité d'ouvrage à effectuer et le temps consacré au travail.

Ainsi, par exemple, plus le temps annuel de fonctionnement d'une machine à vapeur est faible, moins grande est l'importance de la quantité de combustible nécessaire ; dans ce cas, la meilleure machine est la plus simple de construction et d'un plus faible prix d'achat, pourvu qu'elle soit convenablement établie, quitte à lui voir consommer une plus grande quantité de combustible pour vaporiser un certain poids d'eau et utiliser moins bien la vapeur.

Les essais des machines, et en particulier ceux des machines agricoles, sont des travaux délicats et complexes dont nous ne pouvons donner ici qu'un aperçu général :

Un essai doit être aussi complet que possible, afin que la discussion de ses résultats puisse permettre de déterminer la valeur de la machine considérée ; il y a donc lieu de tenir compte :

De la quantité et de la qualité du travail pratique exécuté dans diverses conditions de fonctionnement ;

De la quantité d'énergie, ou de travail mécanique, nécessaire au fonctionnement ;

De la durée probable de la machine, basée sur l'examen de la construction elle-même : nature des matériaux employés, agencement des divers organes constitutifs, ajustage des différentes pièces, etc.

Ces trois données principales permettent d'évaluer le prix de revient du travail de la machine considérée (nous en avons fourni des exemples d'application dans nos rapports de divers concours : 1894, Meaux, moteurs à pétrole ; 1896, Rouen, broyeurs de pommes à cidre ; 1898, Arras, tarares et concasseurs).

L'essai, dont nous venons d'indiquer le programme dans ses grandes lignes, conduit à des recherches d'ordre à la fois scientifique et pratique, qui ne peuvent être effectuées qu'à l'aide d'instruments de précision que possèdent les laboratoires convenablement outillés.

On voit, par ce qui précède, qu'on doit déterminer avec des appareils automatiques, et autant que possible enregistreurs, toutes les fonctions de la machine expérimentée, afin de fixer sa valeur et la limite économique de son emploi ; telle est la méthode que nous appliquons à notre laboratoire. Pour répondre à un semblable programme, il faut effectuer des expériences de longue durée, en faisant varier une à une les diverses conditions de fonctionnement afin de constater leur influence sur le travail ; dans chacune de ces conditions, on répète plusieurs fois les essais, afin de vérifier si les résultats obtenus sont bien comparatifs. N'oublions pas que, dans toutes ces expériences, les machines, bien que munies des appareils de recherches, doivent toujours fonctionner en *régime régulier* de marche dans les *conditions normales de la pratique*. Les nombreux résultats de ces essais peuvent être utilement représentés d'une façon graphique qui facilite leur discussion ; l'analyse des courbes et des diagrammes obtenus permet alors de tirer des conclusions d'ordre général. — La Station d'essais de machines présente, à l'Exposition universelle de 1900 (classe 38), quelques diagrammes et courbes relevées dans ses expériences (fig. 360 et 361).

L'essai méthodique d'une machine comprend ainsi de nombreuses séries d'expériences effectuées suivant un programme spécial à chaque catégorie. Pour les semoirs, par exemple, il faut mesurer, par des procédés appropriés : la régularité de la distribution, celle de la répartition des semences, avec différentes graines : blé, avoine, maïs, trèfle, betteraves, etc., et pour chaque semence, faire fonctionner la machine à différents débits, avec les engrenages de rechange, les ouvertures des vannes, etc., ; répéter ces essais sur des terrains diversement inclinés en faisant travailler la machine en montant et en descendant ; puis faire varier l'écartement et le nombre des lignes semées, etc. Les charrues seront essayées dans des sols de diverses natures, et sur chaque terre, dans différents états (sèche, humide, enherbée), en faisant varier les dimensions du travail pratique effectué, c'est-à-dire du labour... Les moteurs seront essayés à leur vitesse de régime dans diverses conditions de leur puissance : au maximum possible, au travail normal, à demi-charge et à vide... Dans ce rapport, nous ne pouvons qu'indiquer ces programmes sans entrer dans le détail de chacun d'eux.

Chaque expérience d'un essai doit être aussi prolongée que possible, car nous avons vu des machines dans lesquelles le *régime de marche* ne s'établissait souvent qu'après plusieurs heures de travail, à la suite desquelles on pouvait seulement commencer les constatations définitives. Ainsi pour certains moulins à farine, ce n'est souvent qu'après plus d'une heure que le travail commence à devenir régulier : les organes, légèrement bourrés, présentent alors plus de résistance, exigent une plus grande quantité de travail mécanique et, pour obtenir un résultat pratique, il eût été inexact de se baser sur des constatations ou des expériences d'un quart d'heure. Dans d'autres machines, au contraire (comme les pompes, les hache-paille, les tarares les coupe-racines), le régime de travail s'établit assez rapidement ; il faut plus de temps pour les machines de culture (charrues, cultivateurs, herses), pour les machines destinées aux travaux de récolte (faucheuses, moissonneuses), pour les batteuses, les broyeurs divers, pour les moteurs thermiques, dont il faut attendre qu'ils aient pris la température de régime, etc.

Il convient donc de se livrer à des recherches spéciales pour chaque genre de machines et pour chaque machine en particulier. En appliquant les mêmes méthodes, en employant des appareils de précision soigneusement contrôlés avant chaque série d'essais, les résultats obtenus d'expériences faites à de grands intervalles restent comparatifs ; c'est ce procédé qui nous a permis de formuler un certain nombre de principes généraux applicables aux machines.

Nous ne pouvons donner que d'une façon sommaire un aperçu du matériel scientifique nécessaire aux expériences ; très souvent on est obligé, pour l'essai d'une machine, d'établir des appareils spéciaux très coûteux et d'une manœuvre délicate ; ces appareils peuvent être simplement *indicateurs*, ou, ce qui est préférable, peuvent *enregistrer* la quantité qu'on mesure en laissant ainsi une trace constante, un document de l'expérience sur lequel on pourra rechercher ultérieurement. Lorsqu'on emploie des appareils indicateurs, un aide doit en suivre les variations et les noter à des intervalles de temps réguliers, aussi courts que possible.

Pour mesurer les dimensions et les mouvements, on a recours à des enregistreurs cinématiques, des compteurs, des tachymètres, des anémomètres...

Pour mesurer les efforts et les pressions, on emploie différents dynamomètres de traction, de compression, à manivelle, de rotation, des indicateurs, des manomètres, etc.

Inutile d'insister sur les compteurs de temps, les thermomètres, les compteurs d'eau, les balances diverses...

Les différents appareils enregistreurs ou indicateurs, montés sur une machine en expérience, ne doivent jamais gêner les ouvriers chargés de son service ni modifier le travail pratique effectué ; autant que possible, ces divers appareils de précision seront tous mis en marche ou arrêtés automatiquement et simultanément, sans interrompre le mouvement de la machine en essai. A notre laboratoire, l'embrayage et le débrayage de tous ces appareils a lieu électriquement par la manœuvre d'un seul commutateur qui envoie le courant (d'une petite dynamo) dans des directions voulues, aux électros chargés de l'embrayage. Par ces quelques lignes, on peut se faire une idée du temps nécessaire à la préparation d'un essai, au montage des différents appareils de précision, aux calculs des tracés fournis par les enregistreurs, enfin, à l'analyse des résultats obtenus.

Avec la méthode précitée, les résultats d'essais donnent une grande puissance pour dresser les *Bulletins d'expériences* d'une façon très précise, en permettant de spécifier si la machine est bonne, médiocre ou mauvaise, en totalité ou dans telle ou telle partie ; une semblable façon de procéder permet d'indiquer au constructeur la voie à suivre en vue de l'amélioration de la machine. Certes, l'application de notre programme nous conduit à adapter ou à combiner continuellement des appareils de précision spéciaux, mais les documents fournis sont précieux au point de vue de la mécanique générale et de la science des machines.

B. — La Station d'essais de machines. — A la suite de plusieurs rapports préliminaires, alors que j'étais répétiteur de Génie rural à l'École nationale d'agriculture de Grand-Jouan, le Comité consultatif des Stations agronomiques, présidé par M. E. Tisserand, directeur de l'agriculture, avait émis le vœu de la création, à Paris, d'une Station d'essais de machines agricoles, et l'avait soumis à l'approbation de M. le ministre de l'Agriculture. Pour des motifs budgétaires, la réalisation de ce vœu fut reculée jusqu'au 24 janvier 1888, et le Conseil municipal de Paris, prenant en considération l'intérêt qu'un semblable établissement pouvait présenter pour l'industrie parisienne, décida, dans sa séance du 17 décembre 1888, qu'un terrain communal d'une contenance de 3.309 mètres carrés, situé rue Jenner, n° 47 (XIIIe arrondissement), serait affecté, pour une durée de 15 années, à l'administration de l'Agriculture, à l'effet d'y établir la Station d'essais de machines.

Le terrain, placé en bordure d'une voie large et d'un accès facile, en face de bâtiments municipaux, offre des avantages incontestables, tant par sa superficie que par sa situation et le voisinage.

Une clôture de 70 mètres de développement limite la Station ; un portail en fer s'ouvre sur une rampe d'accès pavée, qui aboutit au hall principal d'essais. — Une grue locomobile, de 4 tonnes, facilite les manœuvres.

Le hall principal d'essais (voir le plan, fig. 354, et les photographies, fig. 357), de 15 mètres de longueur sur 10 mètres de largeur, renferme le bureau, le moteur à gaz de 6 à 7 chevaux actionnant un arbre de couche de 12 mètres de longueur, les vitrines aux appareils de précision[1], l'atelier d'outillage de précision (forge, établi, tour parallèle, machines à percer, etc.) ; la chambre noire et les machines destinées aux essais de résistance des matériaux, etc. Dans le fond du hall, un étage, limité par un balcon, sert de salle de dessin, de remise aux archives et au petit matériel.

Ce hall principal est destiné aux essais de diverses machines mues à bras ou actionnées par des courroies (tarares, trieurs, aplatisseurs, concasseurs, moulins à farine, hache-paille, coupe-racines, appareils d'industrie laitière, moteurs divers, etc.) ainsi qu'aux machines industrielles qu'on soumet à l'examen de la Station. Des poulies spéciales, de diamètre modifiable à volonté, permettent de donner avec une grande exactitude la vitesse voulue à la machine qu'on expérimente.

Perpendiculairement, et se raccordant avec ce hall principal, se trouve un second de 15 m. 50 de longueur et 10 mètres de largeur ; cette annexe sert de remise au gros matériel ainsi qu'à certaines expériences (essais des moteurs et des pompes).

Un appentis de 12 mètres de long sur 4 mètres de large, fermé sur ses deux pignons, permet d'abriter les machines dont le fonctionnement occasionne des poussières ; ces machines sont alors actionnées par l'arbre de couche du grand hall, qui, à cet effet, fait saillie du bâtiment sur une longueur de 3 mètres ; cette saillie permet aussi d'actionner l'arbre de couche par un moteur (en location) lorsque la machine à essayer nécessite plus de 6 chevaux-vapeur.

Les essais des batteuses et des machines à vapeur peuvent s'effectuer en plein air, à côté de la rampe d'accès, ou à l'abri, sous l'appentis précité.

Une piste circulaire macadamisée est disposée à l'effet des essais des manèges et des machines actionnées par un manège direct (batteuses, moulins à pommes, machines à préparer le mortier, etc.).

Dans l'axe du portail, au centre du terrain, se dresse un pylône en fer de 18 mètres de hauteur, pouvant recevoir des planchers espacés de 3 en 3 mètres ; ce pylône est destiné aux essais des pompes et des moulins à vent ; des prises d'eau et des compteurs complètent cette installation hydraulique.

En arrière du pylône, une petite galerie de 12 mètres de long sur 6 mètres de large abrite différentes machines.

Les matériaux divers, bois, fer, charbon, matières destinées aux essais, sont remisés dans une cour située derrière le hall principal et l'annexe.

Le fond du terrain est aménagé en prairie permanente, de 40 mètres de longueur et de 20 mètres de largeur moyenne ; cet emplacement est destiné aux essais et aux concours spéciaux organisés par le Ministère ou par des Sociétés sous les auspices de l'Administration de l'Agriculture.

Telles sont, avec la maison du directeur et celle du mécanicien-concierge, les constructions principales de la Station d'essais de machines.

On voit par ce rapide exposé l'installation générale de l'établissement, lequel, par son outillage perfectionné qui s'augmente sans cesse, permet de faire les essais des machines dans des conditions exceptionnelles, tant au point de vue du fonctionnement même auquel les machines sont soumises, qu'au point de vue de la durée des épreuves. — Ajoutons qu'il n'existe, tant en France qu'à l'Étranger, aucune autre Station d'essais de Machines organisée comme celle dont l'Administration de l'Agriculture nous a confié l'installation et la direction.

Les machines destinées aux travaux de culture, d'ensemencements, d'entretien et de récolte ne font que passer à la Station pour être expédiées, avec le matériel scientifique nécessaire, dans différentes exploitations agricoles où s'effectuent les expériences dans les conditions normales de la pratique.

1. La Station d'essais possède aujourd'hui un grand nombre de ces appareils que nous avons imaginés pour nos essais et recherches.

Afin d'éviter l'encombrement, l'Administration a décidé de faire percevoir une faible taxe pour chaque machine soumise à l'examen de la Station ; cette taxe est encaissée par le Trésor et ne rentre pas en recettes au laboratoire ; elle est fixée, par le règlement, suivant le prix de vente de la machine ; les frais de transport, de main-d'œuvre, d'attelages, de combustibles, etc., qui varient avec chaque essai, sont à la charge des intéressés.

Les essais de longue durée, comme ceux qui sont effectués à la Station, ne peuvent être exécutés ni par l'agriculteur ou l'industriel, ni par le constructeur; ce dernier ne possède pas le matériel scientifique nécessaire et ne peut se livrer à ces longues et délicates recherches, obligé qu'il est de consacrer tout son temps à son entreprise.

Les machines adressées par les inventeurs, les constructeurs ou leurs représentants sont soumises aux essais, soit à la Station même, soit dans une ou plusieurs exploitations agricoles, dans des usines ou des manufactures.

Les points principaux de l'examen portent sur :

le rendement mécanique de la machine ;
la quantité et la qualité du travail produit ;
les frais de fonctionnement ;
la construction de la machine ;
l'usure approximative.

L'examen peut porter sur l'ensemble précédent ou sur une partie seulement, indiquée par l'intéressé.

A la fin des essais, il est dressé, par le directeur de la Station, un *Bulletin d'expériences* sur lequel sont consignés tous les résultats constatés. Ce bulletin, constituant un *document officiel*, est la *propriété* de l'intéressé, qui est libre de le publier.

Souvent, le mécanicien est retardé dans des perfectionnements et des modifications à apporter à d'anciens modèles ou dans l'établissement de nouveaux types, ne possédant pas de renseignements scientifiques sur leur valeur propre ; c'est alors qu'il a recours à la Station ; de même pour les essais de résistance des matériaux qu'il emploie dans sa fabrication.

En plus de ces deux catégories d'essais, des recherches d'ordre scientifique sur les diverses machines s'effectuent continuellement à la Station.

Le personnel du laboratoire comprend : le directeur, le mécanicien-concierge, des journaliers et aides en nombre variable suivant les travaux.

Des anciens élèves de diverses écoles ont successivement travaillé à la Station, en y jouant le rôle de préparateurs, ce sont :

MM. E. Rousseaux (1890), ingénieur-agronome ;
B. Lefebvre (1891), ancien élève de l'École nationale d'agriculture de Grignon ;
J. Danguy (1894-1896), ingénieur-agronome ; répétiteur de Génie rural à l'École nationale d'agriculture de Grignon ;
H. d'Anchald (1894-1900), ancien élève de l'École nationale d'agriculture de Grignon.
J. Philbert (1896-1897), conducteur des ponts-et-chaussées ;
G. Coupan (1898-1900), ingénieur-agronome, répétiteur-préparateur à l'Institut national agronomique ;
H.-P. Martin (1899), ingénieur-agronome-électricien ;
P. Drouard (1899-1900), ingénieur-agronome.

En dehors des recherches scientifiques, voici la récapitulation des travaux effectués à la Station depuis sa fondation (l'exercice 1889 ne comprend que le 4e trimestre ; — l'exercice 1893 a été écourté par suite d'une mission officielle à l'exposition de Chicago).

EXERCICES	NOMBRE de machines soumises aux essais	VALEUR du matériel soumis aux essais	NOMBRE total d'expériences
		FR.	
1889 (4e trimestre)	6	5.335 »	140
1890	17	5.927,50	324
1891	16	3.615,50	390
1892	14	7.771 »	587
1893	7	2 000 »	307
1894	18	47.754,90	762
1895	26	11.648,30	740
1896	34	14.438,90	619
1897	20	10.668 »	406
1898	28	18.737 »	530
1899	22	25.734 »	1.312
Totaux	208	153.630,10	6.117

Ces différents essais ont été effectués sur :

8 charrues ;
3 scarificateurs ;
3 rouleaux ;
3 distributeurs d'engrais ;
10 semoirs ;
1 houe ;
5 pulvérisateurs et soufreuses ;
2 faucheuses ;
2 râteaux ;
9 moissonneuses et lieuses ;
11 arracheurs ;
11 appareils de transports ;
1 générateur ;
3 machines à vapeur ;
2 moteurs à gaz d'éclairage ;
12 moteurs à pétrole ;
2 moteurs à alcool ;
1 moteur à air chaud ;
3 moteurs hydrauliques ;
1 moulin à vent ;
6 tarares et ventilateurs ;
2 trieurs ;
10 concasseurs ;
7 moulins à farine ;
pressses à fourrages ;
3 hache-paille ;
3 laveurs de racines ;
2 appareils à cuire ;
25 broyeurs de pommes ;
9 pressoirs ;
5 machines élévatoires ;
3 broyeurs divers ;
9 mécanismes divers ;
3 machines diverses ;
19 résistances de matériaux.

Le tableau de la page suivante résume les provenances des diverses machines soumises à l'examen de la Station d'essais pendant la période 1889-1899 (fig. 362 et 363).

Un service de renseignements gratuits, concernant toutes les questions qui se rattachent au *Génie rural* (machines, hydraulique, constructions), a été organisé à la Station d'essais. Les demandes de renseignements étaient au nombre de 149 en 1893 ; elles passèrent successivement à :

364 en 1894
313 en 1895
359 en 1896
351 en 1897
336 en 1898
378 en 1899

PROVENANCE	NOMBRE absolu	RAPPORTS	
FRANCE			
Paris et département de la Seine	51	25 p. 100	70 p. 100
Départements	93	45 —	
PAYS ÉTRANGERS			
EUROPE :			
Angleterre	20		
Allemagne	13		
Belgique	3		
Suisse	2		
Danemark	2	21 p. 100	
Italie	2		
Russie	1		
Autriche	1		
AFRIQUE :			
Égypte	1		30 p. 100
ASIE :			
Japon	1		
AMÉRIQUE :		9 p. 100	
États-Unis	10		
Canada	4		
Mexique	4		

Enfin des essais spéciaux ont été organisés par la Station pour diverses sociétés, d'accord avec l'administration de l'Agriculture :

En 1894. — Meaux. Moteurs à pétrole (Société d'agriculture de Meaux) ;
1895. — Cambrai. Arracheurs de betteraves (Syndicat des fabricants de sucre de France) ;
1896. — Rouen. Broyeurs de pommes à cidre (Association pomologique de l'Ouest) ;
1897. — Recherches sur les moteurs à alcool (Société d'agriculture de Meaux) ;
1897. — Nantes. Pressoirs à cidre (Association pomologique de l'Ouest) ;
1898. — Meaux et Coupvray. Charrues à siège (Société d'agriculture de Meaux) ;
1898. — Arras. Tarares ; concasseurs ; laveurs de racines (Fédération des sociétés agricoles du Pas-de-Calais) ;
1899. — Lizy-sur-Ourcq. Presses à fourrages (Société d'agriculture de Meaux).

Les résultats généraux des essais auxquels ont donné lieu ces divers concours ont fait l'objet, en leur temps, de rapports imprimés par les différentes sociétés intéressées.

La Station d'essais de machines figure à l'Exposition universelle de 1900, dans la classe 38 (Agronomie et Statistique agricole). Des *tableaux* garnissent la surface murale ; la tablette est occupée par une petite *bibliothèque* et par des *vitrines* contenant différents appareils de précision exécutés au laboratoire.

Les figures suivantes donnent la reproduction photographique des dix *tableaux* (à l'échelle du dixième), dans lesquels nous avons cherché à faire ressortir ce qui a été décrit dans la deuxième partie de ce chapitre.

Fig. 354. — Plan général de la Station d'essais de machines ;
Fig. 355. — Personnel et budget des dépenses ;
Fig. 356. — Récapitulation graphique des travaux effectués (1889-1899).
Fig. 357 et 358. — Photographies des constructions et de quelques appareils et essais ;
Fig. 359. — Règlement, modèle de déclaration, spécimen de bulletin d'expériences ; récapitulation des machines essayées (1889-1899).
Fig. 360 et 361. — Spécimens de diagrammes de quelques expériences ;
Fig. 362. — Machines expérimentées (1889-1899). — Répartition des machines françaises suivant leur provenance, et photographies d'essais ;
Fig. 363. — Machines expérimentées (1889-1899). — Répartition des machines étrangères suivant leur provenance, et photographies d'essais.

La *bibliothèque* contient nos principaux rapports, mémoires et ouvrages :

Rapports techniques sur les travaux effectués à la Station (période 1889-1899), 2 vol.
Photographies des différents appareils et essais (période 1889-1899), 1 vol.
Traité de mécanique expérimentale, 1 vol.
Perfectionnement des machines agricoles, 1 vol.
Les machines agricoles, 3 vol.
L'électricité dans la ferme, 1 vol.
Machines et ateliers pour la préparation des aliments du bétail, 1 vol.
Moteurs thermiques et gaz d'éclairage applicables à l'agriculture, 1 vol.
Machines employées en agriculture pour l'élévation des eaux, 1 vol.
Constructions rurales, 2 vol.

Les *vitrines* renferment quelques spécimens d'appareils originaux que nous avons établis en vue de diverses recherches :

Frein automatique pour essais de moteurs.
Dynamomètre de compression de 150 tonnes pour essais de pressoirs.
Enregistreur cinématique pour essais de charrues, scarificateurs, etc.
Appareil pour les recherches sur les divers mélanges tonnants.
Mécanisme permettant de modifier la vitesse et le sens de rotation des enregistreurs.
Compteurs de temps et de tours à commande électrique.

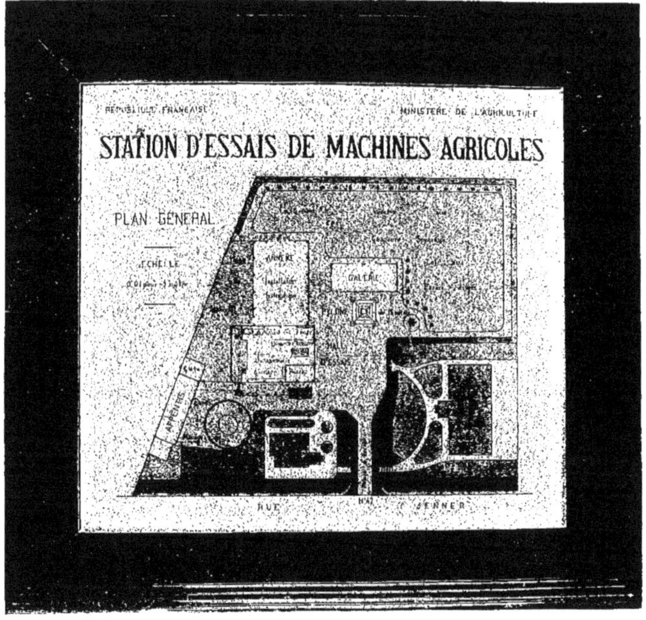

FIG. 354. — Plan général de la Station d'essais de machines.

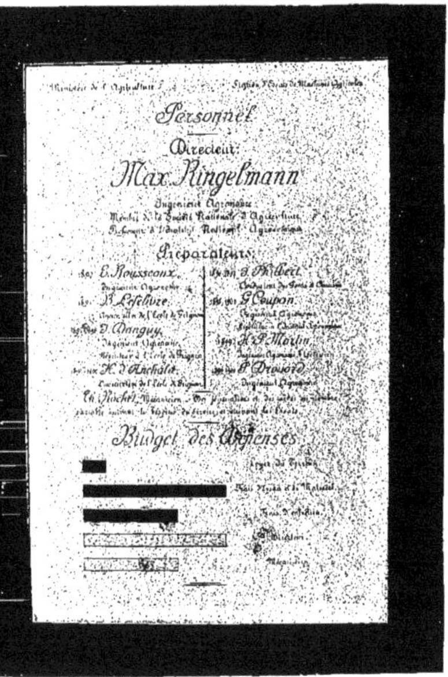

FIG. 355. — Personnel; budget des dépenses.

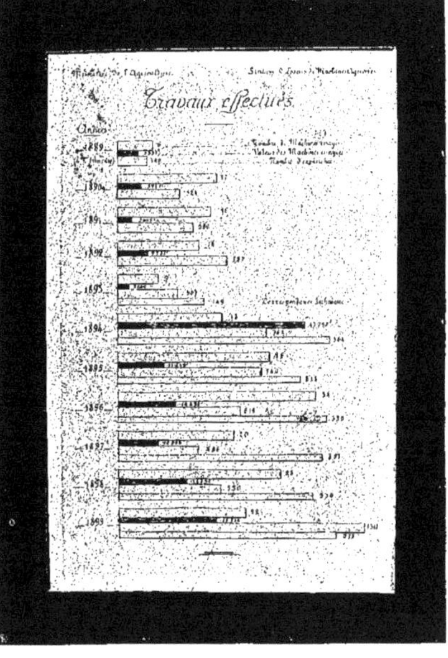

FIG. 356. — Récapitulation graphique des travaux effectués (1889-1899).

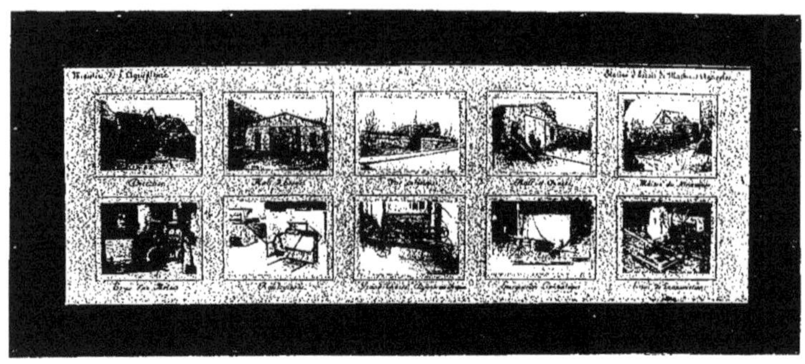

Fig. 357. — Photographies des constructions et de quelques appareils.

Fig. 358. — Photographies d'essais.

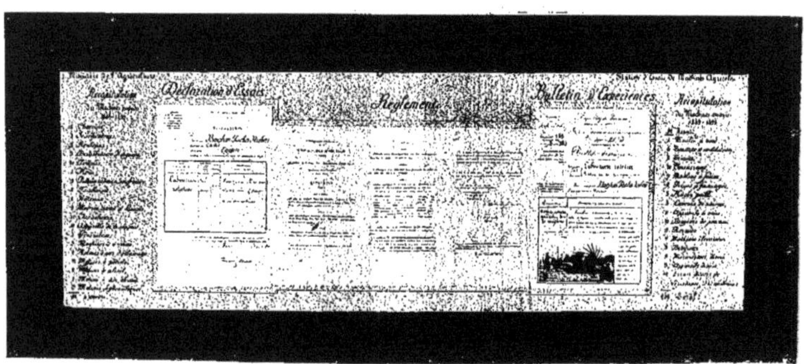

Fig. 359. — Règlement; déclaration d'essais; spécimen de bulletin d'expériences; récapitulation des essais (1889-1899).

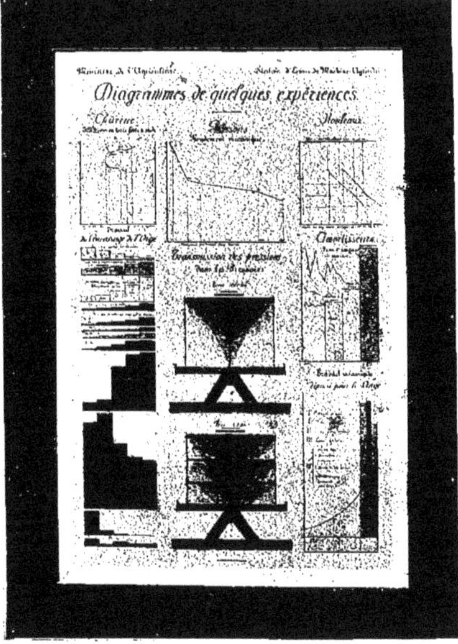

FIG. 360. — Spécimens de diagrammes de quelques expériences.

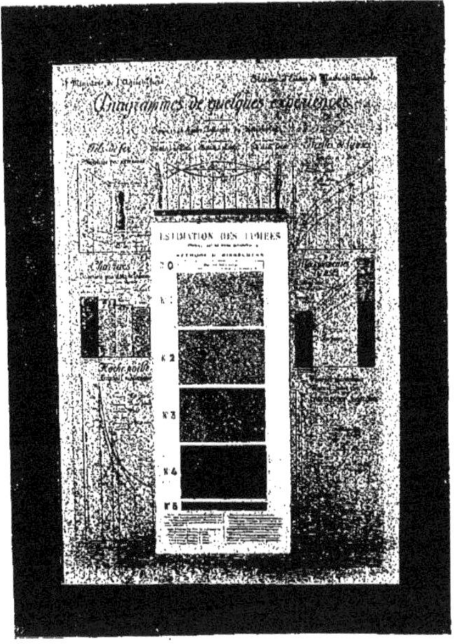

FIG. 361. — Spécimens de diagrammes de quelques expériences.

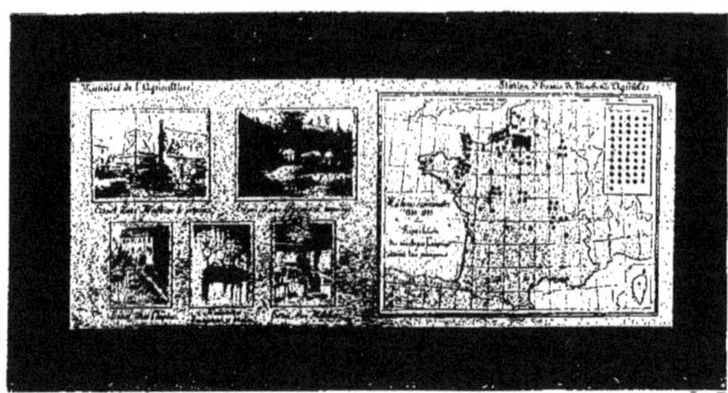

Fig. 362. — Machines expérimentées (1889-1899); répartition des machines françaises suivant leurs provenances; — photographies d'essais.

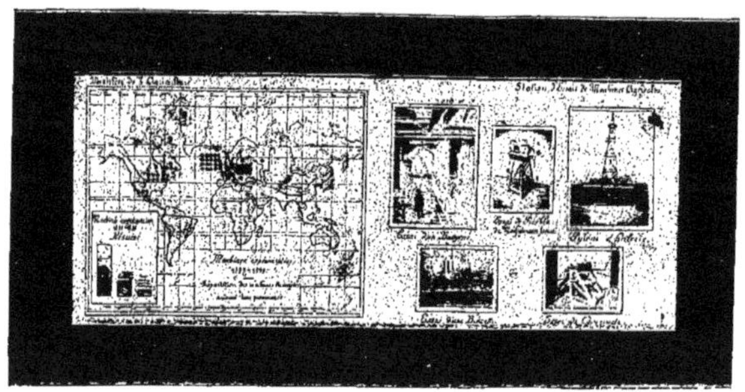

Fig. 363. — Machines expérimentées (1889-1899); répartition des machines étrangères suivant leur provenance; — photographies d'essais.

MACON, PROTAT FRÈRES, IMPRIMEURS *Le Gérant :* Vve Ch. Dunod.

LA MÉCANIQUE
A l'Exposition de 1900

Publiée sous le Patronage et la Direction technique d'un Comité de Rédaction

COMPOSÉ DE MM.

15e LIVRAISON (1)

L'ARTILLERIE A L'EXPOSITION

PAR

Le Colonel X.

PARIS
Vve CH. DUNOD, ÉDITEUR
49, QUAI DES GRANDS-AUGUSTINS, 49

TÉLÉPHONE 147.92

1900

TABLE DES MATIÈRES

TABLE DES FIGURES

L'ARTILLERIE A L'EXPOSITION

PAR

M. le Colonel X.

INTRODUCTION

La *Mécanique à l'Exposition* n'est pas une revue d'artillerie, et les questions d'art militaire et d'armement échappent à son programme. Cependant ces dernières ne sont pas de celles dont elle puisse se désintéresser complètement : ainsi que nous le disions en 1897, « dans les questions relatives au matériel d'artillerie, les études d'agencement, de « manœuvre, de transmissions, prennent maintenant le premier rang. Il ne s'agit plus tant « de chercher à construire un canon résistant à une pression donnée pour lancer un pro- « jectile dans des conditions balistiques déterminées que de le munir des accessoires, et de « l'établir sur les organes les plus favorables à l'utilisation de sa puissance, à la rapide « production de ses effets, à la protection du personnel et du matériel mis en jeu ».

Ce sont là toutes questions du ressort de l'ingénieur-mécanicien, et il est donc intéressant de rechercher à l'Exposition les agencements ou mécanismes les plus remarquables. Suivant dans ce travail la même division que dans nos études sur le matériel d'artillerie, nous grouperons ensemble tous les objets de même nature, tels que culasse, affûts légers, affûts lourds, tourelles, mitrailleuses, etc., de toute provenance. Toutefois, pour la plus complète information du lecteur, nous allons commencer par résumer sommairement l'Exposition de chaque constructeur, en indiquant pour chacun d'eux quels sont les objets ou mécanismes sur lesquels il pourra être revenu en détail dans la deuxième partie, sur lesquels on aura pu se procurer des renseignements complémentaires intéressants.

Dans ce résumé, nous suivrons la série alphabétique tant pour l'ordre des pays que pour celui des exposants de chaque nationalité.

Les États eux-mêmes se sont abstenus, à l'exception du gouvernement russe, dont les ministères ont envoyé divers matériels, et du gouvernement mexicain, lequel expose des canons de montagne exécutés d'après ses tracés à l'usine de Saint-Chamond, et dont le détail est développé à propos de cette dernière usine. Les autres puissances n'ont rien exposé, en ce qui concerne du moins le matériel d'artillerie.

PREMIÈRE PARTIE

COUP D'ŒIL D'ENSEMBLE SUR LES MATÉRIELS EXPOSÉS

ALLEMAGNE

Le gouvernement allemand n'a rien exposé, en ce qui concerne le matériel d'artillerie; il en est de même de l'usine Krupp : nous n'avons donc rien à retenir de l'Exposition de cette puissance.

ANGLETERRE

ÉTABLISSEMENTS VICKERS

Le gouvernement anglais n'a rien exposé non plus, en ce qui concerne le matériel d'artillerie, et la puissante maison Armstrong Whitworth and Cº s'est également abstenue. Par contre, les établissements Vickers de Sheffield ont organisé un pavillon, le plus intéressant peut-être de tous ceux de l'Exposition militaire, à raison de la grande variété des types présentés et des idées nouvelles qui ont conduit à leurs tracés. Une étude d'ensemble de ces usines s'impose donc au préalable : cette étude, indépendamment de l'intérêt propre que présente le puissant outillage de cette maison, est particulièrement instructive au point de vue des ressources que peut y trouver l'Amirauté anglaise, tant comme constructions de navires que comme armements : elle l'est surtout si l'on remarque que c'est par suite des encouragements et des commandes de l'État que s'est créé l'ensemble des ateliers d'artillerie qui construisent aujourd'hui, avec toutes les ressources de l'outillage le plus moderne, les bouches à feu les plus puissantes peut-être de toutes les pièces placées sur les navires de guerre.

Fondés à la fin du siècle dernier, les établissements Vickers se sont peu à peu développés à Sheffield, et consistaient principalement en aciéries. Leur capital, en 1867, était de 155.000 livres sterling, soit 3.900.000 fr.

Depuis 1888, ils ont pris une extension très considérable, puisque le capital est aujourd'hui de 3.500 livres ou 88 millions de francs. Cette extension est due, pour une notable partie, aux encouragements du gouvernement anglais. A cette époque, en effet, l'Amirauté se préoccupa d'augmenter les ressources du pays sous le rapport de la construction des canons, car, à cette date, trois établissements seulement, privés ou royaux, étaient en mesure de fabriquer des bouches à feu de gros calibre. Aussi crut-on devoir confier à la maison Vickers une commande d'environ 5 millions avec promesse d'autres plus importantes si l'on créait l'outillage nécessaire. C'est ce qui fut exécuté, comme nous le dirons en détail plus loin, en profitant de tous les progrès de la métallurgie et de la mécanique modernes, et sans être, comme tant d'usines officielles ou privées, encombré d'une série de machines motrices ou d'outils de types anciens, que l'on hésite à écarter des ateliers, où leur fonctionnement pénible et leur lenteur reviennent souvent plus cher que ne le ferait leur mise de côté.

Dans le même ordre d'idées, et en raison du grand développement que prit la flotte de guerre anglaise, la maison Vickers fut encouragée à s'outiller pour la fabrication des plaques de blindage, où elle se plaça rapidement au premier rang.

La conséquence naturelle de ces progrès était la mise en marche d'un chantier pour la construction des navires devant recevoir les blindages et les canons avec toutes leurs machines. C'est pour ce motif qu'il y a deux ans les Vickers achetèrent les chantiers bien connus de Barrow-in-Furness. Enfin, de même que la maison Armstrong avait fusionné avec l'usine Whitworth à Openshaw, près Manchester, la maison de Sheffield s'annexa les établissements d'artillerie Maxim, avec leurs usines d'Erith, de Birmingham, etc.

C'est ainsi que se trouvent aujourd'hui constituées en Angleterre, grâce aux encouragements du gouvernement, deux maisons d'une puissance hors de pair, travaillant en temps normal pour l'État comme pour l'étranger, et susceptibles, en temps de crise, de lui prêter pour ses armements un concours bien supérieur à celui que l'industrie française pourrait offrir au pays.

1° *Usine de Sheffield.* — L'usine de Sheffield occupe une situation très avantageuse, le long de la ligne principale du Midland Railway, à l'est de la ville d'une part, et s'étendant, d'autre part, jusqu'à la River Don, cours d'eau qui n'est pas navigable, mais utilisé comme source d'alimentation d'eau de l'usine. Les huit hectares situés sur le bord de la rivière sont occupés par les ateliers les plus récents, plus particulièrement affectés au travail des plaques de blindage et des canons.

Quand, au reçu d'une commande de canons de gros calibre d'environ 5 millions, faite par l'État, la maison Vickers s'outilla pour la fabrication des bouches à feu, elle eut la bonne fortune que cette organisation coïncidât avec l'adoption par les autorités anglaises d'un nouveau mode de construction des canons. Quelques détails sont ici nécessaires.

On sait que, pour résister aux énormes pressions exercées par les gaz de la poudre, les canons actuels ne peuvent pas être composés d'un tube unique, mais que ce tube doit être renforcé extérieurement, ce qui se fait d'ordinaire à l'aide d'anneaux d'acier dits *frettes*, qui l'enserrent et s'associent ainsi à sa résistance. Ces frettes s'associent également, mais d'une manière plus irrégulière et plus délicate à réaliser, à la résistance au déculassement ou projection en arrière du mécanisme de fermeture. En ce qui concerne la résistance le long du tube, dont nous parlions en premier lieu, on est souvent conduit à renforcer le premier rang de frettes par un second, parfois par un troisième, et l'on peut démontrer que, pour une même épaisseur de métal, la résistance croît avec le nombre de frettes convenablement disposées.

Il y a quelque trente ans, Schultz en France et Longridge en Angleterre proposèrent de séparer les organes destinés à renforcer les résistances dans le sens longitudinal et transversal, et, en ce qui concernait la résistance dans le sens transversal, de l'assurer en multipliant pour ainsi dire indéfiniment le nombre des frettes, en enroulant autour du tube primitif de nombreuses spires de fil d'acier dont chaque couche servait ainsi de frette à la précédente.

En France, l'expérience échoua du fait d'une mauvaise organisation de la résistance longitudinale, et l'étude fut abandonnée. En Angleterre, de nombreux essais amenèrent l'artillerie anglaise à adopter ce mode de construction pour une série de raisons qu'il est intéressant de reproduire, et qu'elle formulait en ces termes :

« La pureté absolue du métal employé à renforcer le tube est réalisée avec les fils, tandis qu'il n'y a ni épreuve de recette, ni soin de fabrication susceptible de donner une telle garantie pour des frettes en acier forgé. La mise en place des fils peut être réglée avec la plus grande précision, tandis qu'avec les frettes en acier le résultat n'est pas aussi assuré, et que leur serrage à la pose présente de grandes difficultés, surtout si elles sont longues. S'il y a dans une frette une crique, apparente ou cachée, il y a fort à craindre qu'elle ne se prolonge jusqu'à rupture, tandis qu'avec les fils, s'il se produit une rupture dans un ruban, les rubans voisins sont indemnes.

« L'acier sous forme de rubans possède une force de tension double de celle des frettes ou des tubes, ce qui augmente les garanties de sécurité, ce qui autorise, en outre, des pressions et, par suite, des charges de poudre plus fortes, et permet d'obtenir des effets plus puissants. Enfin, en ce qui concerne la construction d'un canon à fils, la dépense d'installation est minime, car tandis qu'il y a toujours des tracés et gabarits spéciaux à établir pour chaque frette et de nombreuses passes d'outils à effectuer pour la mise à la cote avec une précision minutieuse, l'enroulement du fil s'opère simplement et avec une régularité automatique. »

De tous ces avantages, et du dernier en particulier, la maison Vickers s'est trouvée naturellement amenée à profiter dès le début de son organisation. Inutile d'ajouter que les organes les plus puissants sont réunis dans les ateliers : tels une presse hydraulique de 2.500 tonnes, des foreuses montées sur banc de 35 mètres de long, des appareils tendeurs spéciaux pour l'enroulement des fils, un puits pour la trempe, renfermant 63 hectolitres d'huile, une bigue de 100 tonnes pour la manutention des gros canons, etc.

C'est avec de tels moyens que l'on construit à Sheffield les pièces de tous calibres de la flotte anglaise, et principalement ce gros canon de 12 pouces (305 millimètres), le plus puissant de tous ceux qui existent actuellement. Ce canon, du poids de 51 tonnes, lance un projectile de 285 kilog. animé d'une vitesse de 840 mètres. C'est grâce au frettage en fil d'acier que ce formidable résultat a pu être réalisé dans des conditions de poids aussi modérées en l'espèce.

2° *Ateliers d'Erith et succursales.* — En outre de ses ateliers de Sheffield, la maison Vickers possède aujourd'hui les ateliers d'Erith pour la fabrication de mitrailleuses et canons automatiques Maxim, avec une succursale à Crayford, une manufacture à Birmingham pour la fabrication des étuis de cartouches, des poudrières; une usine à Dartford pour la confection des munitions, une fonderie à North-Kent pour les projectiles; et des polygones d'expériences à Swanley et à Eynsford.

Matériel exposé.

Dans le pavillon spécial qu'ils ont fait construire, les directeurs des établissements Vickers ont réuni des modèles de tout le matériel qu'ils font construire, y compris les navires de guerre. En ce qui concerne l'artillerie, cette collection comprend principalement :

1° Un canon de 305 millimètres, fretté en fils d'acier. La culasse de cette bouche à feu est décrite plus loin.

2° Un canon de 7 p. 5 ou 19 centimètres à tir rapide, également fretté en fils d'acier,

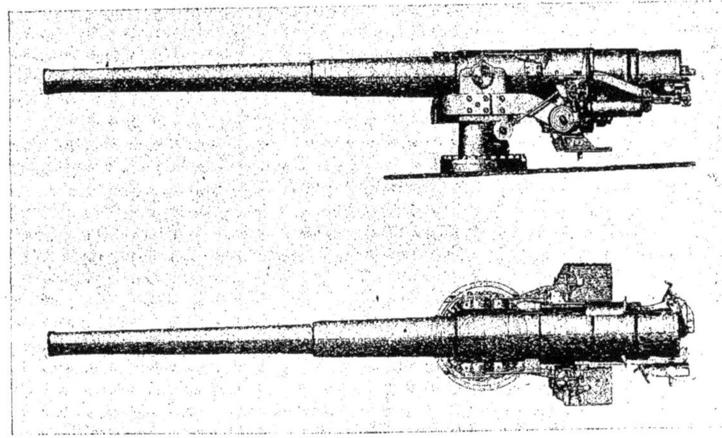

FIG. 1.

monté sur son affût à pivot central. La culasse de ce canon est analogue à celle de la pièce précédente. L'affût est semblable à celui du canon de 152 millimètres, dont il va être question (fig. 1).

3° Un canon de 152 millimètres à tir rapide, toujours fretté en fils d'acier, monté sur affût à pivot central pour pont des gaillards.

Ces affûts se composent d'un corps d'affût supérieur en acier reposant sur un support à billes horizontal monté sur un pivot creux en acier et d'un berceau portant un cylindre de frein et deux cylindres récupérateurs à ressort, reliés au canon par des bras montés sur la frette de culasse. Le pointage s'exécute à l'aide de volants indiqués sur la figure. Les dispositions de détail sont décrites au chapitre spécial des affûts, ainsi que la culasse « Vickers ».

4° Un canon de 76 mm. 2, muni de la culasse Melstrom décrite au chapitre spécial, et monté sur affût naval décrit également plus loin ; le recul est limité par deux cylindres de freins hydrauliques travaillant à pression constante. A l'intérieur de ces cylindres sont établis les ressorts à boudin récupérateurs (fig. 2).

5° Un deuxième canon de 76 mm. 2 plus léger, et dont l'affût (à bêche élastique type Saint-Chamond) est décrit au chapitre spécial ; il est muni de la fermeture Vickers.

6° Un troisième canon de 76 mm. 2, muni d'une fermeture spéciale semi-automatique également décrite plus loin.

7° Trois canons de 75 millimètres, à tir rapide, un de campagne, un de débarquement, un de montagne, munis de la fermeture Mellstrom. L'affût de campagne sera décrit en

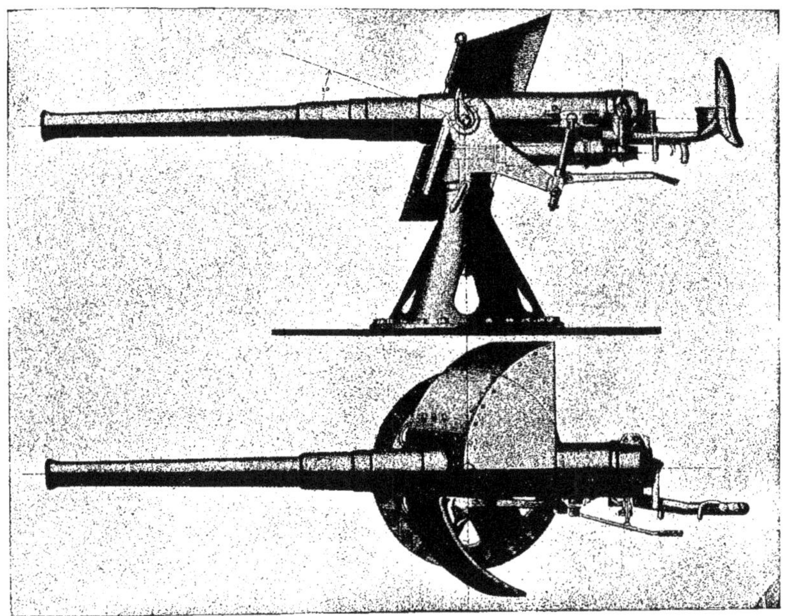

Fig. 2.

détail. L'affût de montagne est représenté ci-contre (fig. 3 et 4). Ce modèle est employé actuellement au Transwall. Il est transporté par cinq mulets. Le premier porte la pièce complète, du poids de 107 kilog. et 17 kilog. de bât et harnais accessoires, au total 124 kilog.

Le deuxième porte le berceau et les freins, du poids de 88 kilog., la limonière pouvant servir à atteler (13 kilog.), et 30 kilog. de bât et harnais accessoires, soit au total 131 kilog.

Le troisième, le corps d'affût (102 kilog.), et 24 kilog. de bât et accessoires, soit 126 kilog.

Le quatrième, les roues (64 kilog.), l'essieu (21 kilog.), les accessoires (18 kilog.). et 23 kilog. de bât et harnais, total 126 kilog.

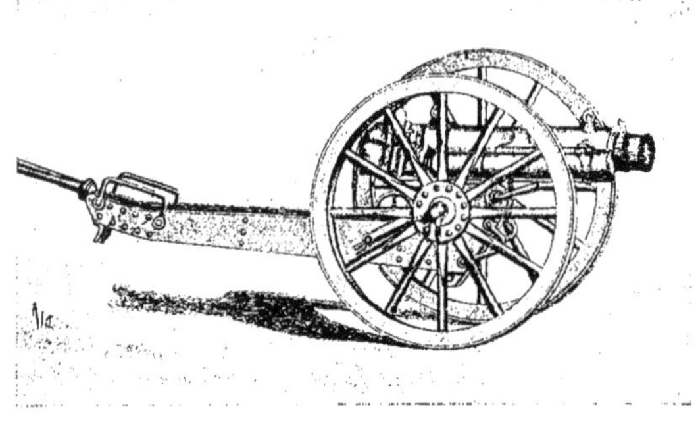

Fig. 3.

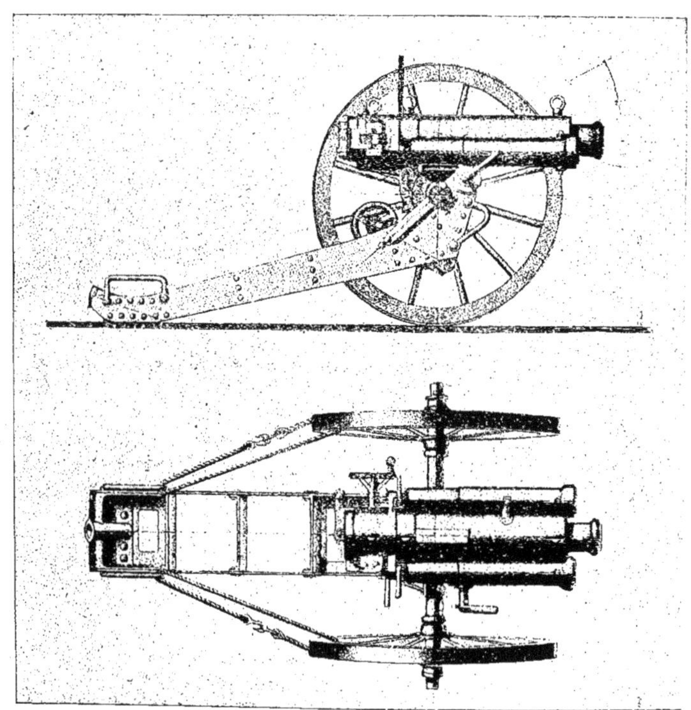

Fig. 4.

Enfin, le cinquième mulet transporte deux caisses à munitions, renfermant chacune six gargousses complètes pesant 6 kg. 500 l'une : la charge totale de l'animal est de 126 kilog.

8° Un canon semi-automatique de 47 millimètres, avec trémie de chargement (fig. 5).

Ce canon se compose d'un fort tube renforcé par une robuste jaquette et une frette ; il n'a pas de tourillons et s'ajuste dans un berceau en bronze muni de tourillons supportés par l'affût ; deux freins hydrauliques à ressorts intérieurs sont attachés au-dessous du berceau, les tiges étant reliées au canon.

Le système est monté sur un chandelier avec pivot et croisillon ; le pointage se fait à l'épaule, et la mise de feu au pistolet. Le fonctionnement de la trémie est étudié au chapitre spécial.

9° Trois mitrailleuses Maxim montées l'une sur affût de cavalerie, les deux autres

Fig. 5.

sur trépied. Ces armes sont bien connues aujourd'hui, et l'on se contentera d'en rappeler ci-dessous le principe.

L'arme est entièrement automatique comme fonctionnement, et alimentée automatiquement de cartouches par des bandes sur lesquelles sont fixées ces dernières. Le feu s'effectue à volonté en appuyant sur un levier de détente placé à l'arrière (fig. 6).

L'arme se compose de deux parties : la partie reculante et celle non reculante.

La première comprend le canon et le mécanisme de tir qui va et vient sur des guides assujettis au bâti ; le mouvement était imprimé par l'effort du recul dont l'énergie est emmagasinée et régularisée par un ressort.

Les fonctions du mécanisme consistent à recevoir la cartouche pleine apportée par la bande, à l'introduire dans la chambre, à faire partir le coup et à éjecter la douille vide.

La partie fixe se compose du bâti et de l'enveloppe extérieure comprenant la chemise à eau qui entoure le canon pour le refroidir pendant le tir. Cette chemise est munie d'une soupape pour permettre le dégagement de la vapeur produite.

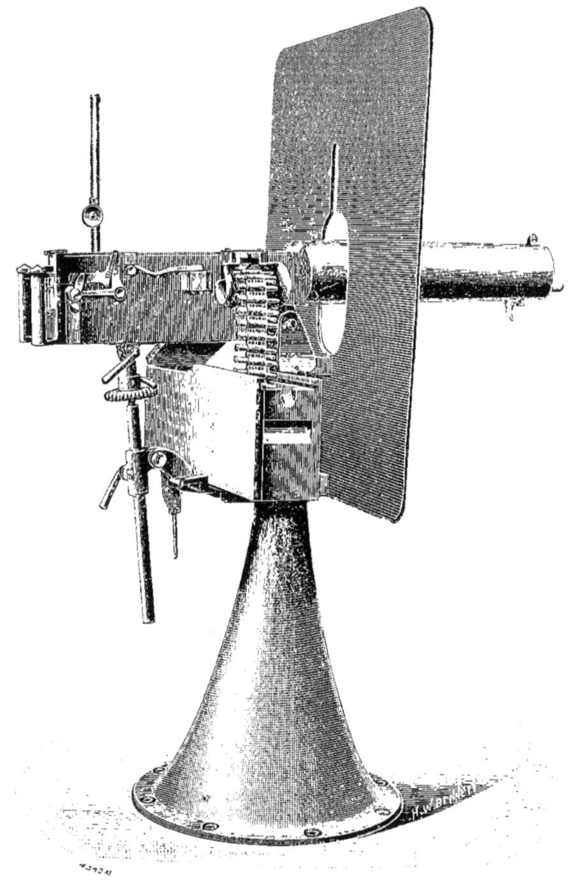

Fig. 6.

Le fonctionnement du système est le suivant :

Supposons l'arme chargée, c'est-à-dire une cartouche dans la chambre et une autre dans la bande, à l'intérieur de la boîte d'alimentation placée au-dessus du mécanisme. Quand on presse sur le levier de détente, la cartouche part et l'effort de recul ramène la partie mobile en arrière ; le mécanisme est alors actionné, et extrait simultanément la douille vide du canon et une cartouche nouvelle de la boîte d'alimentation. Pendant le mouvement de recul du mécanisme, le distributeur descend, amenant la douille vide en face du tube d'éjection, tandis que la rotation de la manivelle ouvre la culasse et arme le ressort principal.

Le mécanisme se reporte en avant sous l'action du ressort en poussant la nouvelle cartouche dans le canon et la douille vide dans le tube d'éjection, et lorsque la culasse se ferme le distributeur remonte de bas en haut de manière à saisir une cartouche nouvelle dans la boîte d'alimentation et abandonner la douille vide dans le tube d'éjection.

9° Deux canons automatiques, de 37 millimètres, l'un sur affût de hune, l'autre sur affût de campagne, reposant sur le même principe.

10° Enfin une mitrailleuse à détente gazeuse du calibre de 7 mm. 7 et décrite également dans tous ses détails au chapitre spécial.

Indépendamment des types exposés, l'usine présente des tracés d'affûts de gros calibre et de tourelles qui seront également étudiés dans la deuxième partie.

Les tableaux qui suivent résument les chiffres essentiels relatifs aux nombreuses bouches à feu de l'artillerie Vickers, de manière à permettre de se faire une idée de la puissance et du rendement de ce matériel (p. 10).

AUTRICHE

Le gouvernement autrichien n'a pas non plus exposé de matériel de guerre ; mais deux grandes usines sont représentées par une série de spécimens-types de leur fabrication. Ce sont l'usine Manlicher de Steyr pour les armes à feu portatives, et la grande aciérie Skoda, de Pilsen, pour les bouches à feu et les mitrailleuses. Nous n'avons à nous occuper que de cette dernière.

USINES SKODA

Renseignements généraux.

Les usines de Pilsen, établies en 1859 par le comte de Waldstein, ne comportaient au début qu'un atelier de machines, une forge, une chaudronnerie et une menuiserie. Elles se développèrent rapidement jusqu'en 1886, époque à laquelle fut installée l'aciérie; enfin, à partir de 1889, elles entreprirent la fourniture de matériel de guerre pour le gouvernement austro-hongrois. Après s'être d'abord limitée aux canons à tir rapide de petit calibre, aux mitrailleuses et aux blindages, l'usine aborda en 1896 la fabrication de tout le gros matériel de guerre.

Aujourd'hui, les ateliers d'artillerie couvrent une superficie de 14.600 mètres carrés. Les machines établies dans tous ces ateliers sont mues par l'électricité fournie par une installation centrale. Des grues électriques d'une force de 6 à 80 tonnes servent uniquement de moyens de transport, et la station centrale qui assure le service de ces ateliers fournit tant pour les machines que pour l'éclairage un courant d'une puissance moyenne de 1.000 chevaux.

L'acier employé dans l'usine satisfait aux conditions suivantes :

L'acier coulé doit avoir une résistance à la traction de 45 à 50 kilog. avec un allongement de 20 à 15 p. 100 ; l'acier forgé, une résistance de 50 à 65 kilog. avec un allongement de 22 à 16 p. 100. Enfin, avec l'acier au nickel, on obtient une charge de rupture de 70 kilog. avec limite d'élasticité de 40 kilog. et allongement de 14 p. 100.

CANONS ET AFFUTS DE LA COMPAGNIE VICKERS, SONS ET MAXIM, Ltd.

		37 mm. 30 cal.	37 mm. 32.5 cal.	47 mm. 40 cal.	47 mm. 47.2 cal.	57 mm. 42.3 cal.	57 mm. 50 cal.	Naval 76.2 mm. 45 cal.	Naval 76.2 mm. 50 cal.	Campagne Lourd 29 cal.	Campagne Léger 23.5 cal.	Montagne 75 mm. 10.7 cal.	101.6 m/m 45 cal.
CANON.	Calibre . . . mm.	87	37	47	47	57	57	76.2	76.2	75	76.2	75	101.6
	Longueur de l'âme . . . mm.	1105	1575	1873.5	2218.4	2413	2850	3429	3810	2134	1790	802.6	4572
	Longueur totale du canon . . . mm.	1773.2	2387.6	1980	2324	2651.7	2956.5	3556	3937	2242	1919	910.6	4727
	Diamètre de la chambre . . . mm.	36.58	40.64	51.815	51.815	62.23	71.12	91.44	91.44	75.44	86.36	76.2	127
	Longueur de la chambre . . . mm.	67.05	96.01	328.42	328.42	259.08	360.68	191.16	391.16	330.2	243.8	116.2	538.5
	Pression maxima d. la chambre. kg p. cm²	2047	2205	2047	2040	2372	2562	2520	2520	2347	2205	1260	2677
	Poudre sans fumée . . .	Cordite	Cordite	Cordite	Cordite	Cordite	Cordite	Cordite	Cordite	Ballistite	Cordite	Cordite	Cordite
	Poids de la charge . . . kg.	0.0355	0.085	0.255	0.312	0.425	0.567	1.462	1.162	0.461	0.455	0.177	2.722
	Poids du projectile . . . kg.	0.454	0.567	1.5	1.5	2.722	2.722	5.67	6.35 et 5.67	6.5	5.67	5.67	11.34
	Poids du canon y comp. la fermeture. kg.	213	278.5	303	231	330	406	743	770 et 800	360	290	107.5	1676
	Vitesse initiale . . . mètres par seconde.	549	716	648	732	701	762	793	762 et 823	500	518	280	823
	Force vive à la bouche . . mètres tonnes.	6.97	14.86	31.9	40.88	68.13	80.5	181.5	187.9 et 195.7	83	77.5	22.6	391.1
	Pénétration dans une planche de fer forgé, à la bouche (formule de Gavre) . . mm.	48.5	84	114	135	157.5	178	234	246	»	»	»	295
	Pénétration dans une planche d'acier, à la bouche (Formule de Gavre) . . . mm.	38	66	88	104	122	137	180	190	»	»	»	229
	Nombre de coups par minute . . .	300	300	30	30	28	28	20	20	20	20	14	15
AFFÛT.	Poids de l'affût complet avec masque. kg.	162	280	495	516	635	610	1321	1372	Pas de Masque. Affût et avant-train avec accessoires et 36 coups	Pas de Masque. Affût et avant-train avec accessoires et 40 coups	294	4306
	Épaisseur du masque . . .	6.35	Pas de Masque	6.35	6.35	4.76	6.35	50.8	50.8			Pas de Masque	101.6
	Poids du masque . . . mm.	43		89	89	51	93	508	508	1418	1219		2337
	Angle d'élévation . . .	16°	13°	18°	18°	20°	20°	28°	20°	17°	17°	26°	20°
	Angle de dépression . . .	25°	25°	15°	15°	20°	15°	10°	20°	5°	5°	10°	7°

Les types plus anciens de canons de 23.36 cm., 25.1 cm., 30.48 cm., et 34.29 cm. fabriqués par la Compagnie ne sont pas énumérés ici, mais seulement les canons modernes faisant usage de poudre sans fumée.

CANONS ET AFFUTS DE LA COMPAGNIE VICKERS, SONS ET MAXIM (*Suite*)

		101.6 mm. 50 cal.	12 cm. 40 cal.	12 cm. 45 cal.	15.24 cm. 40 cal.	15.24 cm. 45 cal.	20.3 cm. 45 cal.	23.36 cm. 45 cal.	25.4 cm. 42 cal.	30.48 cm, 40 cal.
CANON.	Calibre. . . . . mm.	101.6	130	120	152.4	152.4	203	233.6	254	304.8
	Longueur de l'âme. . . . . mm.	5080	4800	5400	6096	6858	9144	10515.5	10291	12192
	Longueur totale du canon. . . . . . . mm.	5232.3	4910	5511.8	6329.7	70.91	9451	10840.7	10668	12611
	Diamètre de la chambre. . . . . mm.	127	129.54	139.7	172.72	215.9	279.4	342.9	292.1	444.5
	Longueur de la chambre. . . . . mm.	538.5	647.7	654	825.5	838.2	1092.2	1701.8	1609.1	2214.9
	Pression maxima dans la chambre. Kg. par cm²	2677	2520	2077	2520	2677	2677	2677	2677	2677
	Poudre sans fumée.	Cordite	Cordite	Cordite	Cordite	Cordite	Cordite	Cordite	Cordite	Cordite
	Poids de la charge. . . . . kg.	2.722	3.855	4.082	8.618	113.4	22.68	42.86	45.36	93.9
	Poids du projectile. . . . . kg.	11.34	20.4	20.4	45.36	45.36	113.4	172.36	204.12	385.55
	Poids du canon y compris la fermeture. . . . . kg.	1829	2540	2743	6858	7518	19127	27230	28653	51155
	Vitesse initiale. . . . .mètres par seconde	854	760	793	771	846	800	838	786	793
	Force vive à la bouche. . mètres tonnes	420.9	600.8	653	1374	1654	3699	6171	6445	12339
	Pénétration dans une planche de fer forgé, à la bouche (formule de Gavre) mm.	312	338	358	470	536	701	871	820	1075
	Pénétration dans une planche d'acier à la bouche (formule de Gavre). . mm.	241	262	277	366	517	544	676	635	833
	Nombre de coups par minute.	15	12	12	8	8	5			
AFFUT.	Poids de l'affût complet avec masque kg.	4572	5944	6350	8890	9400	16663	Dépend du type d'affût.		
	Épaisseur du masque. . . . . mm.	101.6	101.6	101.6	101.6	101.6	101.6			
	Poids du masque. . . . . kg.	2347	4962	3762	4064	4064	7112			
	Angle d'élévation.	20°	20°	20°	16°	16°	15°			
	Angle de dépression.	7°	7°	7°	7°	7°	5°			

Matériel exposé.

Bien que la fabrication actuelle de l'usine comporte des bouches à feu et des tourelles cuirassées de tous calibres, l'exposition se trouve limitée à un nombre de types assez restreint. Ce sont :

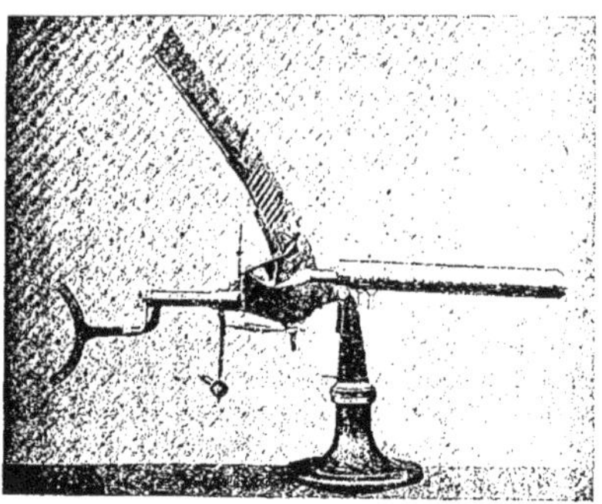

Fig. 7.

1° La mitrailleuse de 6 mm. 5 sur trépied léger.
2° La mitrailleuse de 7 millimètres sur affût de campagne.
3° La mitrailleuse de 8 millimètres sur affût de place (fig. 7).

Fig. 8.

Le mécanisme de ces trois armes est analogue et sera décrit en détail plus loin.

4° *Le canon de montagne de 37 millimètres à tir rapide.* — La pièce pèse 33 kilog. et l'affût 95 kilog. La fermeture, à coin horizontal avec manivelles coudées, permet de tirer 20 coups à la minute en rectifiant le pointage, et 30 coups sans rectification. Le transport est effectué par trois bêtes de somme.

1ᵉʳ Charge :	Canon, timon et armement, poids total	....	93 kilog.
2ᵉ	— Affût avec roues	....	114 kilog.
3ᵉ	— 2 caisses à munitions (ensemble 120 coups)	.....	126 kilog.

Fig. 9.

5° *Le canon de 66 millimètres à tir rapide*, de 60 calibres de longueur, monté sur affût à berceau à pivot central.

Ce canon, du poids de 738 kilog., lance un obus de 4 kilog. à la vitesse de

Fig. 10.

800 mètres. L'affût, sans masque, pèse 940 kilog. Le frein hydraulique (glycérine) a un recul moyen de 150 millimètres. La fermeture de culasse est décrite plus loin.

6° *Le mortier de 240 millimètres de siège et place*, d'une longueur de 9 calibres (fig. 8 et 9).

Cette pièce pèse, avec la vis cylindrique de fermeture, 2.136 kilog. Elle est montée sur berceau, ce qui donne un poids total de 3.490 kilog., et la plate-forme, avec corps d'affût, en pèse 3.536 kilog. Le recul moyen dans le frein à glycérine est de 310 millimètres à la grande charge (2 kg. 250 de poudre sans fumée), donnant une vitesse de 300 mètres à l'obus de 135 kilog. renfermant 21 kg. 500 d'explosif.

Le transport de la pièce se fait en deux voitures. L'avant-train pèse 550 kilog. La première voiture, berceau avec mortier sur roues et avant-train, pèse 4.636 kilog.; la deuxième, plate-forme avec corps d'affût et avant-train, en pèse 4.664.

Il est fait usage dans cette pièce, non pas d'obturateur fixe comme dans la plupart des artilleries de gros calibres, ni de douille métallique contenant toute la charge comme dans les canons à tir rapide, mais de culots obturateurs en acier encastrés dans la culasse

Fig. 11. — Canon *Skoda* de 149. 1 m/m.

par une queue convenablement ajustée et embrassant d'autre part la gargousse renfermant la charge. Aussi la fermeture de cette bouche à feu est-elle décrite plus loin en détail.

7° Le canon de 120 millimètres à tir rapide, avec fermeture à coin horizontal, sur affût à pivot central (fig. 10).

Cette pièce, de 40 calibres de longueur et du poids de 2.050 kilog., lance à la vitesse de 700 mètres des projectiles de 23 kg. 230 à 24 kg. 790. La manœuvre et le pointage sont aisés.

8° Le canon de 149,1 à tir rapide, avec fermeture à coin horizontal sur affût à pivot central (fig. 11).

Ce matériel est en tous points semblable au précédent. La pièce, de 40 calibres de longueur, avec fermeture à coin horizontal et levier à coulisse, pèse 4.210 kilog.; elle lance, à la vitesse de 690 mètres, un projectile du poids moyen de 45 kilog.

FRANCE

Le gouvernement français n'a pas exposé de matériel d'artillerie; mais les constructeurs ont envoyé de nombreux types de leur fabrication; nous allons les résumer ci-dessous.

USINES DU CREUSOT

Artillerie Schneider-Canet.

On sait que depuis 1897 les usines du Creusot se sont annexé les ateliers de construction de matériel d'artillerie établis au Havre par la Société des forges et chantiers de la Méditerranée. Depuis cette époque le matériel d'artillerie fabriqué tant au Havre qu'au Creusot même sous la direction supérieure de M. Canet, porte la marque Schneider-Canet. Des spécimens des principaux types sont actuellement exposés dans le pavillon Schneider. Leur description succinte est donnée ci-après.

Canons de 24 centimètres en tourelle barbette.

Le matériel de ces types est destiné aux croisseurs Cisneros, Cataluña et Princessa des Asturias de la marine espagnole.

Le canon pèse 23 tonnes et lance un projectile de 202 kilogr. à la vitesse de 750 mètres.

Le poids de la tourelle barbette est de 220 tonnes.

Le canon, muni de la fermeture Schneider-Canet à obturateur plastique et mouvement continu d'ouverture, est monté dans un affût à manchon comprenant deux cylindres de frein symétriques et deux récupérateurs à air dépendant des freins. La tourelle est à pivot hydraulique, et s'oriente électriquement ou à bras.

Canon à tir rapide de 24 centimètres de 45 calibres (fig. 12).

Fig. 12.

La pièce pesant 23.100 kilogr. lance à la vitesse de 850 mètres un projectile de 150 kilogr. : l'affût pèse 11.860 kilogr.

Le canon est muni d'une culasse à vis à obturateur plastique, dont l'ouverture et la fermeture rapides sont obtenues par le mouvement de rotation continu d'une manivelle unique actionnée par un seul homme. Il est porté dans un manchon affût comprenant deux freins hydrauliques à résistance constante placés symétriquement de part et d'autre de l'axe du canon et un récupérateur à air indépendant assurant la rentrée en batterie du canon sous tous les angles de pointage. L'ensemble du canon et du manchon affût repose sur un châssis qui roule pendant pendant le pointage latéral sur une couronne de billes portée par la sellette.

Des mécanismes spéciaux à haut rendement permettent à un seul homme de faire le pointage.

Canon à tir rapide de 20 centimètres de 45 calibres.

La pièce pesant 13.400 kilogr. lance à la vitesse de 840 mètres un projectile de 90 kilog. : l'affût pèse 10. 500 kilog.

Le canon est muni d'une culasse à vis à obturateur plastique et à mouvement d'ouverture continu.

Il est monté sur affût à manchon comprenant deux freins hydrauliques et un récupérateur à air indépendant des freins. Un seul homme suffit à l'exécution des pointages. Toutefois on a prévu pour le pointage latéral l'emploi éventuel d'un moteur électrique pour accélérer la rotation.

Les munitions sont élevées par une noria mue électriquement ou à bras, qui les déverse sur le côté droit de l'affût, puis amenées dans le prolongement de l'axe par un élévateur articulé à deux mouvements. Un refouloir télescopique à vis achève le chargement.

L'ensemble du matériel et du personnel de la pièce est protégé par un masque complètement fermé fixé sur une plate-forme en tôlerie porté par le châssis.

Canons jumeaux à tir rapide de 15 centimètres et de 42 calibres.

Chaque pièce pèse 4.700 kilog. et lance à la vitesse de 740 mètres un projectile de 40 kilog. L'affût commun pèse 1120 kilog.

Les pièces, munies de la culasse à un seul mouvement sont portées par un seul manchon affût muni pour chaque canon de deux freins hydrauliques à résistance constante et d'un récupérateur à air indépendant. Les deux pièces peuvent donc être tirées soit ensemble, soit séparément. L'affût repose sur un châssis qui roule pendant le pointage en direction sur une couronne de billes portée par la sellette.

Le pointage est commun aux deux pièces : il s'exécute à bras par un seul homme.

Canons à tir rapide de moyens calibres et de 50 calibres de longueur (fig. 13).

DONNÉES PRINCIPALES

CANON DE :	15cm	14cm	12cm	10cm
Poids du canon	6300k	4800k	3050k	1860k
Poids du projectile	40k	40k	21k	13k
Vitesse initiale	835m	700m	825k	800k
Poids de l'affût	4100k	4900k	2050k	2000k

Dans ces matériels qui sont semblables, le canon est muni de la culasse à manœuvre rapide à un seul mouvement de levier pour l'ouverture ou la fermeture.

Il est monté sur un manchon affût sur lequel sont fixés le frein hydraulique et le récupérateur à ressorts.

Fig. 13.

Le manchon affût est porté par un châssis qui repose à sa partie inférieure sur un grain en acier logé dans la sellette.

Le pointeur a sous la main les manivelles de commande des deux pointages.

Obusiers de bord de 10 calibres de 15 et 24 centimètres (fig. 14 et 15).

L'organisation de ces deux bouches à feu est la même. La culasse à vis s'ouvre en deux mouvements : elle est munie de l'obturateur plastique.

La pièce est montée dans un affût à manchon sur lequel se fixe un frein hydraulique double, à résistance constante, dont les cylindres sont placés symétriquement par rapport à l'axe du canon, et un récupérateur à air indépendant. Le manchon affût est porté par un châssis qui repose sur la sellette par l'intermédiaire d'une couronne de billes.

Les mécanismes de pointage vertical et latéral sont à haut rendement de manière que le pointeur puisse faire rapidement à bras les deux opérations. Un dispositif spécial permet de rendre la ligne de mire indépendante des mouvements du manchon affût pour que la visée puisse être faite quelle que soit l'inclinaison de l'obusier. Le chargement de la pièce terminé, il suffit de la ramener rapidement à la position indiquée par la ligne de mire.

Pour l'obusier de 24 les projectiles sont élevés à hauteur de chargement par un parallélogramme articulé muni d'un dispositif de sécurité qui empêche le fonctionnement de l'appareil tant que la culasse n'est pas ouverte.

Le matériel est protégé à l'avant et sur les côtés par un masque fixé au châssis par des attaches élastiques. Un petit masque intérieur emboîté sur la volée de l'obusier et

Fig. 14. — Obusier de 15 centimètres.

entraîné dans les mouvements d'oscillation du manchon affût, obture à chaque instant le sabord du masque principal.

La gravure représente le système avec enlèvement de la moitié du masque, pour laisser voir les mécanismes.

Les pièces pèsent respectivement 920 kilog. et 4.400 kilog., leurs affûts 3.600 et 10.700 kilog.

Les projectiles des poids de 40 kilog. et 150 kilog. ont des vitesses maxima de 260 et 300 mètres.

Fig. 15. — Obusier de 24 centimètres.

Obusier de siège de 15 centimètres de 12 calibres.
Système Schneider-Canet-Peigné.

L'obusier du poids de 860 kilog. lance un obus de 40 kilog. à la vitesse de 260 mètres.

L'affût proprement dit pèse 3.500 kilogr. Tout le système est monté sur un truck dont le poids total (matériel compris) est de 12 tonnes.

La pièce est munie d'une fermeture à vis à trois mouvements avec obturateur plastique.

L'affût à double frein est du type spécial étudié pour la batterie mobile du général Peigné en vue de réduire au minimum les percussions sur la voie ferrée et de permettre le tir de pièces puissantes sans batterie spéciale.

Le pointage en hauteur s'effectue en actionnant directement la bouche à feu, celle-ci étant ensuite maintenue en place par deux vis de pression agissant sur les tourillons. Le pointage en direction, dont l'amplitude est de 360° s'effectue également en agissant directement sur l'affût à l'aide de deux leviers ; une circulaire graduée munie d'un vernier permet de donner l'orientation voulue.

Le truck monté sur deux boggies est muni de volets à charnières qui au moment du tir sont disposés normalement à la voie et permettent de reporter les points d'appui a une distance convenable, diminuant ainsi les efforts supportés par les rails.

Canon à tir rapide de 12 centimètres de 48 calibres.

La pièce pèse 3.155 kilog. et lance un projectile de 51 kilog. à la vitesse de 760 mètres.

L'affût pèse 3.750 kilog.

Le canon est muni de la fermeture de culasse à filets concentriques, système Schneider-Canet. Il est monté dans un berceau formé de deux longrines entrecroisées qui portent extérieurement les tourillons autour duquel oscille le système mobile au pointage vertical. Le recul est limité par un frein hydraulique à résistance constante et et la rentrée en batterie par un récupérateur à ressort indépendant du frein.

Tout le système mobile au pointage vertical repose sur un châssis en acier moulé qui roule pour le pointage en direction sur une couronne de billes portée par la sellette. Cette dernière comprend d'ailleurs un pivot-guide, un verrou qui permet d'immobiliser le système mobile en direction et deux agrafes qui s'opposent au soulèvement du châssis pendant le tir.

Canons de côte à tir rapide de 12 centimètres et de 9 centimètres de 30 calibres.

Les pièces pèsent respectivement 1.645 kilog. et 765 kilogr et lancent à la même vitesse de 580 mètres, des projectiles de 18 et 7 kg. 600. Les affûts sont de 2.500 et 1.800 kilog.

La fermeture est du type habituel à un seul mouvement, Le canon est monté dans un manchon affût sur lequel sont fixés le frein hydraulique et le récupérateur à ressorts. Le manchon-affût est porté par un tronc de cône en tôlerie à la partie supérieure duquel est fixée la plate-forme de chargement. Le pointeur a sous la main les manivelles de commande des deux pointages. Pour le matériel de 9 centimètres la direction se donne à l'épaule au moyen de la crosse.

Canons à tir rapide de 47 millimètres et 37 millimètres de 60 calibres.

Ces deux pièces, semblables entre elles, pesant 270 kilog. et 150 kilog. et leurs affûts 450 kilog. et 285 kilog. Les projectiles du poids respectif de 1 kg. 500 et 0 kg. 800 ont des vitesses de 820 mètres et 800 mètres.

La fermeture est à filets concentriques. La pièce est montée dans un manchon-affût sur lequel sont fixés le frein et le récupérateur. Ce manchon est porté par un châssis tournant dans une sellette fixée à la partie supérieure d'un cône en tôlerie boulonné sur le pont. Les deux pointages se font à l'épaule à l'aide d'une crosse fixée sur le côté gauche du manchon.

Canon de siège de 12 centimètres de 28 calibres sur affût à bêche et frein hydropneumatique.

Le canon pèse 1.450 kilog. et l'affût 1.880. L'obus du poids de 21 kilog. a une vitesse initiale de 500 mètres.

La fermeture est du type à un seul mouvement. La charge est contenue dans une douille métallique séparée du projectile.

Le canon recule sur un berceau à tourillons portant le cylindre de frein et le récupérateur à air comprimé qui lui est joint.

Les tourillons reposent dans des sous-bandes fixées à la partie supérieure de la flèche, laquelle est munie d'une bêche de crosse et de deux plateformes latérales qui reçoivent pendant le tir le chargeur et le pointeur. Ce dernier peut manœuvrer d'une main le volant de pointage en direction, qui produit le déplacement de l'affût sur l'essieu et de l'autre la manivelle de pointage en hauteur qui s'exécute à l'aide d'une vis.

L'appareil de visée est à ligne de mire indépendante. Il comporte une lunette, un collimateur, disposés sur un secteur mobile autour du tourillon gauche du berceau ; ce secteur se déplace indépendamment du canon, ce qui permet de faire la visée pendant le chargement. La pièce porte un index qui est amené au moment du tir, à l'aide du système de pointage en hauteur, en regard de la division du secteur gradué correspondant à l'inclinaison voulue, laquelle peut ainsi se modifier jusqu'au dernier moment.

L'appareil comporte d'autre part un niveau permettant de faire la correction de l'angle de site et de l'inclinaison des tourillons.

Le canon se met à la position de route sur la flèche, sans le secours d'aucun appareil de levage : on se contente de dételer la tige du récupérateur et d'amener la pièce au recul extrême. Le poids se trouve ainsi convenablement réparti sur les essieux.

Obusier de campagne à tir rapide de 15 centimètres sur affût à bêche et frein hydropneumatique (fig. 16).

La pièce pèse 750 kilog. et son affût 1.050 kilog. elle lance l'obus de 40 kilog. à la vitesse de 260 mètres. La fermeture est du type à trois mouvements avec obturateur

Fig. 16.

plastique. La pièce recule dans un berceau à tourillons portant les cylindres de frein et le récupérateur à air indépendant qui assure la rentrée en batterie sous tous les angles. Les tourillons reposent dans des sous-bandes fixées à la partie supérieure des flasques : la flèche est munie d'une bêche de crosse. Le pointage en hauteur s'obtient à l'aide d'un secteur denté fixé au berceau et actionné par le pointeur.

Matériel de campagne (fig. 17).

L'exposition du Creusot comprend un grand nombre de spécimens de ce matériel, présentant les types successivement essayés ou adoptés : il ne sera question ici que du plus récent.

Le canon de 75 pèse 365 kilog. et lance un obus de 6 kg. 500 à la vitesse initiale de 550 mètres, l'affût pèse 645 kilog., la pièce en batterie 1010 kilog. et la pièce attelée, avec coffre d'avant-train contenant 36 coups 1.700 kilog. environ.

La fermeture est du type rapide Schneider-Canet à un seul mouvement. La charge est contenue dans une douille métallique réunie au projectile pour former cartouche complète.

Le canon recule dans un berceau à tourillons portant le frein hydraulique et le récupérateur à air comprimé indépendant pour assurer la rentrée en batterie sous tous les angles : on peut également employer un récupérateur à ressorts.

Le pointage en direction s'obtient par déplacement de l'affût sur l'essieu et celui en

Fig. 17.

hauteur par une crémaillère. Les volants de ces deux mécanismes se trouvent sous la main du pointeur assis sur un siège fixé sur le côté gauche de la flèche. Un autre siège, à droite, reçoit le chargeur. Une bêche est disposée sous la crosse. Pendant le tir les roues reposent

Fig. 18.

sur deux sabots munis à leur partie inférieure d'une nervure longitudinale. Ces sabots contribuent d'une part à assurer la stabilité latérale de l'affût, et de l'autre à faciliter la mise en direction. Ils constituent l'enrayage de route pendant la marche. Tout ce matériel est repris en détail dans la deuxième partie.

Matériel de montagne.

Canon de 75 millimètres à frein hydropneumatique de 16 calibres (fig. 18).

Le canon de montagne de 75 pèse 105 kilog. et lance un obus de 5 kilog. à la vitesse de 290 mètres. La fermeture est comme celle du précédent du type rapide à un seul mouvement et la charge contenue dans une douille métallique réunie au projectile par un sertissage.

Le canon recule dans un berceau à tourillons portant le frein hydraulique et le récupérateur à air comprimé indépendant qui assure la rentrée automatique en batterie.

Le pointage en hauteur est obtenu à l'aide d'une crémaillère actionnée par le pointeur. La flèche, munie d'une bêche de crosse, se divise en deux parties distinctes, susceptibles d'être assemblées rapidement lors de la mise en batterie.

Le montage et le démontage de la pièce s'effectuent en quelques instants : lorsque la pièce est attelée sur limonière, l'arrière de la flèche est simplement rabattu et fixé sous la partie avant par une cheville.

Tourelle à éclipse pour canon à tir rapide de 57 millimètres.

Signalons enfin une tourelle à éclipse armée d'un canon à tir rapide de 57 sur affût spécial comprenant un frein hydraulique de recul et un récupérateur à ressorts. L'affût est en outre muni d'un mécanisme spécial permettant de rentrer le canon dans la tourelle pour le mouvement d'éclipse, avec dispositif de sûreté s'opposant à la descente tant que la volée n'est pas complètement rentrée.

Tout le système mobile en direction repose par l'intermédiaire d'un pivot sur un grain logé dans une crapaudine : cette disposition réduit les frottements et permet au pointeur de faire à lui seul le pointage.

Le poids de la tourelle est équilibré à la position moyenne par un contre-poids et l'effort additionnel à fournir pour produire l'éclipse ou la remontée s'obtient au moyen d'un système spécial dit treuil de lancement, mis en mouvement à bras.

La tourelle comprend en outre tous les appareils nécessaires pour assurer le service en toute sécurité, éviter les fausses manœuvres et rendre aussi faciles que possible les démontages et visites des diverses parties, ainsi que la ventilation.

COMPAGNIE DES FORGES DE CHATILLON-COMMENTRY ET NEUVES-MAISONS

La Compagnie des forges de Châtillon-Commentry et Neuves-Maisons s'est plus particulièrement attachée à l'étude des blindages et comme suite naturelle de la construction de tous les engins métalliques se rattachant à l'armement des forts. Son exposition comporte donc principalement des modèles ou spécimens de coupoles avec leur armement, savoir :

1° CANONS

1 canon à tir rapide de 65 millimètres de 27,7 calibres avec mise de feu automatique.

Ce canon est placé dans la coupole pour 2 canons de 65 millimètres.

1 modèle d'obusier de 21 centimètres avec fermeture de culasse à tir rapide.

Ce modèle est placé dans la coupole pour un obusier de 21 centimètres.

2° COUPOLES CUIRASSÉES

1 coupole armée d'un obusier de 21 centimètres.

Cette coupole est complète. La calotte et l'avant-cuirasse seules, en raison de leur poids, ont été remplacées : la première par un modèle en bois et tôle mince, dont une partie est enlevée pour faire voir l'intérieur de la coupole ; la seconde, par deux petits segments d'avant-cuirasses de mêmes formes et mêmes épaisseurs et formés de même métal que l'avant-cuirasse réelle, c'est-à-dire en fonte durcie coulée en coquille. Ces segments ont été cassés pour montrer la texture du métal.

1 coupole à éclipse armée de 2 canons à tir rapide de 65 millimètres.

Cette coupole est complète, sauf les différences suivantes : le canon de gauche est remplacé par un faux canon en fonte ; la calotte et le blindage cylindrique sont en fonte ordinaire. L'avant-cuirasse est remplacée par deux petits segments de mêmes formes, de mêmes épaisseurs, en acier coulé.

1 modèle de coupole armée de 2 canons de 24 centimètres de 36 calibres de longueur.

(Ce modèle est exactement la reproduction d'une grande coupole, réduite à 1/20e).

1 modèle de coupole armée de deux canons de 15 centimètres de 25 calibres de longueur. (Exécuté à l'échelle de 1/20e).

1 modèle de coupole armée d'un canon-obusier de 12 centimètres à tir rapide. (Exécuté à l'échelle de 1/10e.

1 modèle de coupole armée d'un canon à tir rapide de 53 millimètres. (Exécuté à l'échelle de 1/10e).

Plus divers tracés, entre autres ceux d'affûts à éclipse que l'on retrouvera dans la 2e partie.

USINES DE SAINT-CHAMOND

On sait que la Compagnie des Forges et Aciéries de la Marine et des Chemins de fer a créé, à Saint-Chamond, des ateliers importants pour la fabrication du matériel d'artillerie. Les corps de canons ou tubes sont exécutés à Saint-Chamond avec des aciers préparés sur la sole des fours Martin-Siemens : les fontes travaillées à cet effet dans ces fours contiennent en soufre environ un dix-millième, en phosphore souvent moins d'un dix-millième, grâce à un procédé particulier d'affinage. Les frettes sont en acier fondu ou en acier puddlé pour le matériel de campagne, en acier fondu pour le matériel de marine.

Indépendamment des types adoptés dans les Artilleries des diverses puissances, la Compagnie exécute différents modèles de bouches à feu, affûts, etc., étudiés dans ses bureaux sous la direction de M. Darmancier. Ce sont les types ainsi exposés par la Compagnie que nous allons énumérer et décrire ci-dessous.

Tourelle de côte pour deux canons de 305 millimètres.

Cette tourelle est armée de deux canons de 305 millimètres de 40 calibres de longueur d'âme, tirant un projectile de 290 kilog. à la vitesse initiale de 800 mètres.

Le cuirassement mobile peut, en raison de son épaisseur, de sa forme et de la qualité de l'acier employé, résister au tir des bouches à feu les plus puissantes installées à bord des cuirassés.

La tourelle est montée sur un pivot à galets, et sa construction est basée sur les principes suivants :

Les canons et affûts sont indépendants du cuirassement mobile, de même la partie mobile est indépendante de l'avant-cuirasse dont les déformations même notables ne compromettraient en rien le fonctionnement de la partie mobile.

Les mouvements d'orientation, de pointage en hauteur et d'élévation des charges, se font à bras sans le secours d'aucun moteur à vapeur ou électrique.

Un approvisionnement de 14 projectiles, prévu dans la chambre des canons, permet d'obtenir, à un moment donné, une rapidité de tir de 3 salves par minute.

Les maçonneries sont terminées à leur partie supérieure par une plongée en béton de ciment dans laquelle est noyée une avant-cuirasse en fonte durcie protégeant la base du cuirassement mobile.

Cette tourelle est décrite plus en détail dans la deuxième partie.

Tourelle à éclipse pour obusier de 12 centimètres à tir rapide.

Cette tourelle est à éclipse verticale ; dans sa position normale elle repose sur l'extrémité d'un balancier chargé, du côté opposé, d'un poids suffisant pour l'équilibrer ; un contrepoids additionnel, convenablement déplacé, permet de réaliser les mouvements d'éclipse et de remontée.

L'ensemble de la tourelle est constitué par une cuve cylindrique en tôle d'acier de 20 millimètres, coiffée à sa partie supérieure d'une calotte sphérique épousant la forme intérieure du blindage de toiture ; à sa partie inférieure cette cuve cylindrique prend appui sur une robuste plate-forme en fonte. Un plancher intermédiaire limite, dans la partie supérieure, la chambre de manœuvre, à laquelle on accède par un escalier.

La verticalité de la tourelle est assurée par un pivot fixe ajusté dans un tube central encastré dans la plate-forme inférieure en fonte, et relié au plancher intermédiaire ; ce tube se prolonge dans la chambre de manœuvre pour servir d'appui au caisson en tôlerie portant l'affût.

Pour la rotation, la partie tournante porte un pignon engrenant, quelle que soit la position de la tourelle, avec une circulaire dentée scellée à l'intérieur de la cuve en maçonnerie. Ce pignon est actionné par un engrenage hélicoïdal que l'on peut mettre en mouvement dans l'intérieur même de la chambre de manœuvre, tout en réglant le pointage de la bouche à feu. Pour faciliter la rotation, on a fait reposer la plate-forme intérieure par l'intermédiaire de galets coniques, sur une voie circulaire de diamètre réduit.

L'armement comporte un obusier de 12 centimètres de 14 calibres de longueur lançant un projectile de 16 kilog. à la vitesse de 350 mètres. Pendant le recul, l'obusier fait piston dans le cylindre de frein qui porte les tourillons horizontaux ; des ressorts métalliques le ramènent en batterie. L'affût en acier, à pivot avant, donne des inclinaisons de — 5° à + 30° et de — 3° à + 3° en orientation.

A la position d'éclipse, l'obusier est rentré dans la tourelle ; à la position de tir, la volée émerge d'environ 900 millimètres et l'obturation de l'embrasure est réalisée.

Des dispositifs spéciaux empêchent, soit de mettre le feu lorsque la tourelle est éclipsée, soit de produire l'éclipse avant la rentrée complète de la pièce.

Les munitions sont déposées dans la chambre, au nombre de 20 ; le ravitaillement se fait par l'escalier, et l'évacuation des étuis vides par un couloir en toile.

Le cuirassement comporte un blindage cylindrique de 110 millimètres d'épaisseur et 2 m. 60 de diamètre, avec embrasure, et une toiture légèrement sphérique de 150 millimètres d'épaisseur. A l'extérieur, en contact avec la plongée en béton de ciment, est une cuirasse en deux voussoirs de fonte trempée.

Modèles de tourelles.

On voit enfin à l'Exposition 4 modèles réduits d'appareils déjà connus, savoir :

Une tourelle avec pivot et galets de roulement pour deux canons de 15 centimètres.

Une tourelle sans pivot, roulant sur une couronne de galets, pour deux canons de 15 centimètres également.

Une tourelle à éclipse pour deux canons à tir rapide de 47 millimètres.
Un observatoire cuirassé à éclipse.

Matériel de côte.

Obusier de 24 centimètres et canon de 21 centimètres.

L'obusier de 24 centimètres, de 13 calibres de longueur d'âme, lance un projectile de 220 kilog. à la vitesse de 300 mètres. Il est constitué par un tube renforcé d'une jaquette avec frette de calage, ces deux derniers éléments réunis par une frette d'assemblage filetée.

Le canon de 21 centimètres de 45 calibres de longueur totale, soit 43 calibres de longueur d'âme, tire un projectile de 150 kilog. à la vitesse initiale de 700 mètres. Il est constitué par un tube renforcé à l'arrière par un corps de canon et à l'avant par deux manchons de volée et une frette de bouche. Une frette d'assemblage filetée réunit le corps de canon au premier manchon de volée. Le corps de canon est recouvert en partie par un manchon de culasse et les frettes de corps de canon.

Les fermetures de culasse de ces deux pièces sont du type à vis cylindrique à filets interrompus. Le mouvement d'ouverture ou de fermeture est produit par la rotation continue imprimée à une manivelle placée sur le côté droit de la culasse. Cette fermeture est décrite en détail dans la deuxième partie.

Les affûts des deux pièces sont également semblables : ils sont décrits en détail dans la deuxième partie. Les angles limites de pointage en hauteur sont pour l'obusier de 24 centimètres — 5° et + 60° et pour le canon de 21 centimètres — 7° et + 20°.

La rapidité de tir est de 3 coups par minute pour les deux pièces : le temps nécessaire pour parcourir tout le temps de pointage en hauteur est de 7 secondes. Enfin les deux pièces peuvent tirer dans toutes les directions, et faire le tour de l'horizon en 2 minutes.

Canon de 155 millimètres sur affût de bord à pivot central.

Le canon de 155 millimètres de 40 calibres de longueur d'âme est muni d'une fermeture de culasse analogue à celle des pièces précédentes. Son poids est de 4.950 kilog. ; le projectile pèse 40 kilog. et se tire à la vitesse de 800 mètres avec une pression de 2.600 kilog. par centimètre carré.

L'affût à pivot central est décrit dans la deuxième partie.

Matériel de siège et de place.

Signalons d'abord pour mémoire :

1° Un affût de casemate pour obusier de 12 centimètres, semblable à celui de la tourelle.

2° Un mortier rayé de 155 millimètres de 5 calibres de longueur d'âme, d'un type déjà exposé en 1889.

Affût à éclipse à frein hydraulique et plate-forme roulante pour canon de 120 millimètres (fig. 19).

Cet affût porte un canon de 120 millimètres de 40 calibres, lançant un projectile de 20 kilog. à la vitesse initiale de 600 mètres ; sa plate-forme roule sur une voie de 1 m. 50, et s'y fixe par 4 agrafes mobiles au moment du tir. L'affût pèse 8.340 kilog. et la pièce

1.700 kilog. La manœuvre se fait couramment avec quatre hommes. Le système est décrit en détail dans la deuxième partie.

Fig. 19.

Matériel de campagne (fig. 20).

Le matériel de campagne exposé comprend une série de types d'affûts successivement étudiés et exécutés pour le service d'une bouche à feu du calibre de 75 millimètres

Fig. 20.

tirant un projectile de 6 kg. 500. Il y a deux types de bouche à feu, le type léger où la vitesse initiale est de 500 mètres, le poids du canon 350 kilog., et celui de la pièce en batterie 950 kilog., et le type lourd où les mêmes éléments ont respectivement pour valeur 550 mètres, 405 kilog. et 1.050 kilog. La vitesse de tir est la même pour les deux modèles : de 12 à 15 tours par minute en rectifiant le pointage, et de 20 coups sans rectifier.

Les deux bouches à feu sont établies d'après un mode de construction unique. Elles se composent d'un tube, d'une jaquette avec ou sans tourillon, d'une frette de calage et d'un anneau vissé qui réunit la jaquette et la frette.

La fermeture de culasse est à vis à filets interrompus ; elle comprend une vis-culasse, un volet, un levier de manœuvre avec pignon à tenons, et un percuteur.

Selon que la charge est contenue dans un sachet ou un étui métallique, la vis-culasse est munie ou non d'un obturateur plastique.

Les mécanismes de culasse sont à deux ou à un temps ; les systèmes se distinguent entre eux par la disposition du levier de manœuvre. Dans l'un comme dans l'autre le percuteur ne peut agir que lorsque la culasse est complètement fermée.

Ces mécanismes sont décrits en détail dans la deuxième partie.

Il en est de même du type d'affût, à bêche élastique constituée par un frein hydraulique et un récupérateur à ressort.

Matériel de montagne.

1° Le *matériel démontable de 80 millimètres de montagne* comporte :

Une bouche à feu composée de deux tronçons raccordés au moyen d'un assemblage à filets interrompus, l'étanchéité du joint de jonction des deux tronçons étant assurée par un anneau obturateur métallique. Deux clavettes de sûreté sont prévues pour empêcher pendant le tir tout déplacement d'un tronçon par rapport à l'autre. La pièce, munie de la fermeture de Bange, pèse 124 kilog. et lance à la vitesse de 305 mètres un projectile de 5 kg. 600.

Un affût divisé en quatre parties : le corps d'affût, le levier-support de tourillons avec fourreau d'essieu et essieu, le frein hydraulique et les deux roues. Le corps d'affût est un caisson en tôle mince qui porte le système de pointage ; le levier-support de tourillon dont l'extrémité supérieure est ajustée sur les tourillons du canon, oscille sur l'essieu maintenu dans son fourreau ; le frein hydraulique permet l'oscillation du levier-support qu'il ramène à sa position initiale après chaque coup. Le corps d'affût et le fourreau d'essieu sont assemblés par une clavette mobile ; le frein hydraulique est lui-même fixé d'une façon analogue d'une part à l'extrémité inférieure du levier-support et de l'autre au corps d'affût, ce qui donne une grande simplicité et facilité de montage et de démontage.

Quatre mulets transportent le matériel, un pour chaque demi-canon, un pour l'affût, un pour le frein, les roues et la limonière.

2° Le *matériel de 75 millimètres de montagne* exposé comprend deux types d'affûts : le premier avec flèche télescopique, le second avec bêche élastique analogue à celle du canon de campagne. Les deux canons tirent le même projectile, du poids de 6 kg. 500 à la vitesse de 275 mètres et ne diffèrent que par la fermeture, à deux temps pour le modèle monté sur affût télescopique, à un seul temps pour l'autre modèle, toutes deux décrites dans la deuxième partie. Le deuxième type d'affût y est également décrit en détail. La pression maximum dans l'âme ne dépasse pas 1.200 atmosphères.

Matériel de montagne type Mondragon.

Le canon de 70 millimètres et le mortier de 80 millimètres, exécutés d'après les avant-projets du colonel Mondragon, pour le gouvernement mexicain, sont des bouches à feu en acier, munies d'une fermeture de culasse identique pour les deux calibres, à vis cylindrique et filets interrompus. Les manœuvres d'ouverture et de fermeture de la culasse se font en un temps, ce qui permet de tirer de 20 à 25 coups par minute.

Les projectiles, du poids de 4 kg. 350 pour le canon de 70 millimètres et de 6 kg. 500 pour le mortier de 80 millimètres, sont lancés à la vitesse initiale de 300 mètres pour le canon et 210 mètres par seconde pour le mortier.

L'affût est le même pour ces deux bouches à feu. Il est formé de deux flasques solidement entretoisés et sur lesquels reposent directemeet les tourillons de la pièce. A l'arrière, il est muni d'une bêche de crosse élastique articulée, maintenue par un ressort métallique dissimulé à l'intérieur des flasques d'affût.

Cette disposition permet à l'affût un recul limité par la compression du ressort, et assure la remise en batterie.

Le mouvement de pointage en hauteur est donné par une manivelle placée sur le côté extérieur du flasque gauche et qui actionne une vis disposée entre les deux flasques. Les angles limites en hauteur sont, pour le canon de 70 millimètres : — 10° et + 25° et pour le mortier de 80 millimètres : 0° et + 45°.

La direction de la pièce est donnée au moyen d'un levier engagé dans une lunette qui termine la crosse de l'affût.

Pour le chargement sur bâts, le matériel : canon et affût se décompose en une série de pièces dont le poids individuel n'excède pas 73 kilog., et quatre mulets suffisent pour le transport du canon et de l'affût de chaque type.

Pour le roulement du matériel, la crosse d'affût est prévue pour recevoir une limonière, laquelle permet d'atteler un ou plusieurs des mulets employés pour le transport.

Le démontage ainsi que l'assemblage du matériel s'effectuent très facilement et très rapidement, sans le secours d'aucun outil.

SOCIÉTÉ ANONYME DES ANCIENS ÉTABLISSEMENTS HOTCHKISS ET Cie

I. *Renseignements généraux.*

Fondée à Paris en 1875, la maison Hotchkiss et Cie établit à Saint-Denis une usine organisée pour la fabrication des canons-revolver et à tir rapide et des matériel et munitions nécessaires à ces bouches à feu.

Après la mort de son fondateur, l'établissement fut dirigé par ses associés jusqu'en 1887. A cette époque, l'exploitation fut transférée pour la France à la Société anonyme des Anciens Établissements Hotchkiss et Cie, et pour l'Angleterre à la « Hotchkiss Ordnance Company Ld ».

L'usine de Saint-Denis est installée de façon à pouvoir livrer annuellement 400 canons avec tout le matériel nécessaire à leur service et 300.000 cartouches complètes pour canons revolvers et à tir rapide.

Les ateliers sont presque tous à rez-de-chaussée, éclairés par le haut. Ils sont divisés en plusieurs parties consacrées chacune à une fabrication spéciale : canons, affûts et voitures, projectiles, douilles en laiton, système Hotchkiss, et fusées percutantes. Des locaux sont affectés à la forge, à la trempe et au bronzage. Un musée renferme les principaux modèles de canons-revolvers et à tir rapide fabriqués par la Société anonyme des Anciens Établissements Hotchkiss et Cie.

Un champ de tir, situé à peu de distance de l'usine, sert à faire les épreuves des canons et des affûts, les essais de pénétration des obus en acier, et la mesure des vitesses initiales. La salle des chronographes est située dans l'usine. Quant aux pressions, elles sont évaluées avec des crushers placés soit dans la douille, soit dans le bloc de culasse.

Quand il s'agit de faire des tirs à grande distance, ayant pour but de déterminer les éléments des tables de tir, on les exécute généralement, avec l'autorisation du Gouvernement, soit à Gâvre, soit à Calais.

L'outillage ne comprend pas de machines spéciales. Ce sont, outre les balanciers et les presses servant à la fabrication des douilles et au ceinturage, des tours, des machines à rayer, des fraiseuses, des raboteuses et des mortaiseuses de modèles ordinaires, sur lesquelles on dispose des montages spéciaux suivant l'opération mécanique à exécuter.

Les éléments des canons sont reçus à l'usine bruts de forge. On y exécute le forage, le tournage, l'assemblage des éléments, le rayage et le finissage. Les pièces du mécanisme sont presque entièrement fabriquées mécaniquement ; la plupart sont interchangeables.

Toutes les pièces sont vérifiées avec le plus grand soin par un personnel spécial attaché à l'établissement. Les calibres et instruments vérificateurs sont faits à l'usine.

La marine française et quelques gouvernements étrangers détachent à Saint-Denis des officiers et des contrôleurs chargés de surveiller l'éxécution des commandes, de s'assurer que toutes les conditions des cahiers des charges sont exécutées, et de prononcer la réception définitive du matériel commandé.

Le nombre des ouvriers est très variable ; il est en moyenne de 350 environ ; beaucoup d'entre eux travaillent à l'établissement depuis sa fondation. Tous sont assurés contre les accidents par les soins de la Société. Ils sont, en général, payés à la pièce.

Les ateliers sont éclairés à l'électricité.

Depuis sa fondation la Société a livré, tant au gouvernement français qu'aux gouvernements étrangers, 12.000 canons revolvers ou à tir rapide, avec le matériel nécessaire à leur service, et plus de 4.000.000 de cartouches complètes pour ces canons.

II. *Matériel exposé.*

Le matériel exposé comprend essentiellement :

1° Quatre canons de 76 millimètres, montés l'un sur affût de bord, le second sur affût de débarquement, le troisième sur affût de campagne, et le dernier sur affût de montagne. Les trois premiers sont analogues à ceux bien connus des calibres inférieurs. Le dernier est muni d'une fermeture horizontale à coin qui est décrite dans la deuxième partie. Le corps du canon est constitué par un élément unique sur lequel est vissée la frette porte-guidon. Le pointage en hauteur est obtenu à l'aide d'une manivelle passant dans un écrou à fourche articulé sur un axe horizontal. Cette fourche se prolonge en avant par un bras recourbé sur lequel repose la culasse, la prépondérance étant suffisante pour assurer la stabilité. Le recul se limite à l'aide de cordes d'enrayage embrassant les jantes et accrochées aux poignées de crosses.

Le transport du matériel demande trois mulets, le premier (pièce) porte 130 kilog. ; le deuxième (affût) 126 kilog., le troisième (roues et limonières) 90 kilog. Les munitions sont renfermées dans des caisses contenant chacune 8 coups : un mulet en transporte deux.

2° Un canon de campagne de 75 millimètres de 22 calibres (fig. 21).

Bouche à feu. — Le canon se compose d'un tube renforcé par une jaquette qui supporte tout l'effort longitudinal : une frette de calage assure l'assemblage du tube avec la jaquette, et porte le guidon.

Les rayures sont à pas constant, et tournent de gauche à droite.

Fermeture à coin. — Le mécanisme de fermeture est analogue à celui de tous les canons à tir rapide Hotchkiss. Un coin vertical, contenant le système percutant, est manœuvré par un levier à main placé à droite de la culasse. En amenant le levier vers l'arrière, on détermine l'armé du percuteur et on abaisse le coin ; la culasse est alors ouverte. Pour qu'après le chargement la pièce soit prête à faire feu, il suffit de relever le coin, ce qui s'effectue en ramenant simplement le levier vers l'avant.

Lorsque après le départ du coup on ouvre la culasse, le coin, en s'abaissant, provoque le mouvement de l'extracteur, et la douille vide est complètement éjectée.

Dans le canon de campagne, la gâchette qui existe dans les autres canons à tir rapide Hotchkiss est remplacée par une tige verticale de mise de feu, logée dans la partie droite de la culasse. Une olive fixée à l'extrémité du cordeau tire-feu est engagée dans une fente horizontale correspondant à la partie supérieure de cette tige; en tirant sur le cordeau, on produit, à l'aide de l'olive, l'abaissement de la tige, et celle-ci vient alors agir sur la détente, d'où dégagement du percuteur qui, sous l'action de son ressort, se porte en avant pour frapper l'amorce.

La queue de la came de l'arbre du percuteur est prolongée à l'arrière par une partie quadrillée; en appuyant sur celle-ci, on peut réarmer le percuteur, sans être obligé d'ouvrir la culasse.

Fig. 21.

Tant que la culasse n'est pas fermée, le percuteur ne peut pas se porter assez en avant; il n'y a donc pas à craindre de départ prématuré.

Une pièce de sûreté, sorte de loquet à ressort, se déclenchant par inertie au départ du coup, s'oppose à l'ouverture de la culasse tant que le coup n'est pas parti.

Enfin, on peut adapter au coin un verrou de sûreté immobilisant la détente pour permettre de manœuvrer avec la pièce attelée lorsque celle-ci est chargée.

Organes de pointage. — Sur la gauche de la culasse est pratiqué le logement de la boîte de hausse; celle-ci se met en place au début du tir, et est maintenue par un loquet. On détermine le mouvement ascensionnel de la tige de hausse, taillée en crémaillère, en agissant sur une manette reliée à un pignon spécial maintenu par un ressort. La planchette de dérive porte un cran de mire, et au-dessous un œilleton. Le guidon à pointe striée est pourvu d'une ouverture circulaire avec réticule.

Pour donner à la pièce l'inclinaison voulue, on agit sur un volant à main, transmettant, à l'aide d'organes intermédiaires supportés par le flasque gauche, le mouvement à un arc denté fixé à la culasse.

La pièce tire une cartouche métallique avec projectile serti dans la douille.

Affût. — L'affût est du type rigide; il est réduit à sa plus grande simplicité et ne comporte ni appareils à déformations, ni freins hydrauliques, ni dispositif particulier pour l'achèvement du pointage en direction; en un mot, aucun organe délicat exigeant un entretien constant ou nécessitant en cas de réparations l'emploi d'ouvriers spéciaux. La flèche est terminée par une forte bêche de crosse, qui est constituée par une sorte de dent formée par le prolongement de la partie inférieure de la crosse.

Pour les deux premiers coups, le recul de la pièce est d'un mètre environ; pour les suivants, il est extrêmement réduit, — par exemple, pour une série de 10 coups, il ne dépasse pas 0 m. 90 à 1 mètre. En vue d'atténuer considérablement le soulèvement, l'angle d'affût a été rendu aussi petit que possible, en donnant aux tourillons une faible hauteur au-dessus de l'essieu et en allongeant beaucoup la flèche. Le tracé des différentes parties de l'affût a d'ailleurs été étudié avec le plus grand soin en vue d'annuler à peu près complètement les efforts de flexion qui, par suite du soulèvement, pourraient compromettre la solidité de l'ensemble.

La bêche est d'une seule pièce avec la crosse; elle est munie latéralement de deux oreilles destinées à empêcher la crosse de s'enterrer dans les terrains meubles.

A droite et à gauche de la pièce, au-dessus de l'essieu, on peut disposer deux sièges destinés à des servants.

Pour le matériel du type lourd, on peut, avec un personnel très exercé, tirer à la minute de 7 à 15 coups par pièce suivant qu'on rectifie ou non le pointage.

Pour le matériel du type léger, on a pu réaliser une vitesse de 12 coups pointés par minute.

Signalons enfin dans l'avant-train un dispositif fort ingénieux pour y rattacher l'affût. Une pièce à contrepoids s'appuyant contre un butoir ménagé sur le crochet qui reçoit la lunette de crosse de l'affût, s'oppose à ce que celle-ci puisse, par suite d'un choc, abandonner le crochet, et pour séparer l'affût de l'avant-train il suffit d'agir sur le contrepoids et de soulever la crosse.

3° Un canon de 65 millimètres à tir rapide, du modèle bien connu; à noter seulement qu'une poignée de réarmemement permet de réarmer le percuteur en cas de raté, sans ouvrir la culasse.

4° Un canon de 57 millimètres à tir rapide, sur affût automatique de bord à éclipse, vu que dans certains cas il peut être nécessaire de pouvoir faire rentrer la volée du canon derrière la muraille du bâtiment, soit pour fermer complètement le sabord et empêcher ainsi l'entrée de l'eau, soit pour soustraire la volée à un choc éventuel. La pièce repose par ses tourillons sur un pivot à fourchette qui peut tourner dans une crapaudine, laquelle est constituée par l'extrémité d'une console mobile autour d'un support vertical.

Lorsque la pièce est en batterie, la console est assujettie au piédestal cylindrique au moyen de deux fortes broches à poignées. Pour faire rentrer la pièce, on retire les broches et l'on fait tourner la console autour de l'axe en agissant sur la crosse; puis, en faisant tourner la pièce autour de son pivot, on ramène la console sur son piédestal et on l'assujettit en position.

5° *Trois canons de 47 millimètres à tir rapide.* — Le premier appartient au type habituel, monté sur affût élastique sans recul. Le deuxième est sur affût à recul limité par un frein hydraulique avec rappel automatique dû à l'action d'un ressort disposé à l'intérieur du cylindre de frein. Le troisième est à manœuvre semi-automatique et se trouve décrit en détail dans la deuxième partie (fig. 22).

6° *Un canon de montagne de 42 millimètres.* — Ce canon a été établi dans le but de constituer un matériel assez léger pour pouvoir être transporté dans toute espèce de terrains, sur roues, à dos de mulet et même à bras. Le projectile a une vitesse initiale de 500 mètres, ce qui assure son efficacité même aux grandes distances de combat. Il pèse 880 grammes, ce qui permet de transporter un nombre de coups assez considérable avec un minimum de personnel et de bêtes de somme. La simplicité du mécanisme permet de le mettre entre toutes les mains.

Le corps du canon est constitué par un bloc unique sur lequel est vissée la bague porte-tourillons. La fermeture est à coin horizontal comme celle du canon de 76 millimètres décrite dans la deuxième partie. Le système est porté par deux mulets : le premier (pièce et roues) a une charge de 140 kilog., le deuxième (affût et limonière) porte 130 kilog. Une caisse à munitions contenant 28 coups ne pèse que 45 kilog. Un mulet de caisses transporte donc 56 coups.

7° *Canon de yacht de 42 millimètres.* — Le même canon a été approprié au service des yachts pour lesquels il constitue un armement élégant et pratique. Son affût de bord repose sur un châssis formé de trois tubes reliés par une entretoise d'avant portant la

Fig. 22.

lunette de cheville ouvrière et une entretoise d'arrière portant des galets qui roulent sur une circulaire en bronze fixée au pont.

L'affût, de forme ordinaire, est muni d'un frein automatique à frottement (recul 350 millimètres) agissant sur le tube médian du châssis. Le support de pointage en hauteur est commandé par une vis. Le châssis s'oriente au moyen de palans qui servent également à l'amarrage (fig. 23).

8° *Canon de 37 millimètres.* — Le premier de ces canons, court et léger, est destiné à l'armement des hunes et des petites embarcations ou torpilleurs. Très maniable, son service n'exige qu'un seul homme; il peut tirer de 25 à 30 coups par minute. Il est monté par ses tourillons sur un pivot à fourchette mobile dans une crapaudine que l'on fixe soit sur un support conique, soit sur le plat-bord. Le deuxième, plus puissant, est établi sur affût à recul limité et rappel automatique, monté lui-même sur un support à colonnes.

Cet affût se compose : 1° d'un berceau se prolongeant au-dessous pour former cylindre de frein; 2° d'un châssis fixe à tourillons munis de glissières sur lesquelles recule le berceau et recevant à l'avant la tige du piston de frein; 3° enfin d'un pivot à fourchette recevant les tourillons du châssis et d'un support conique en tôle d'acier portant la crapaudine du pivot. La pièce repose dans le berceau auquel elle est assujettie par un système de nervures et de cannelures circulaires ; une clavette l'empêche de tourner. Le

Fig. 23.

système de freins et récupérateurs fonctionne comme d'ordinaire, mais toujours suivant la direction de l'axe du canon.

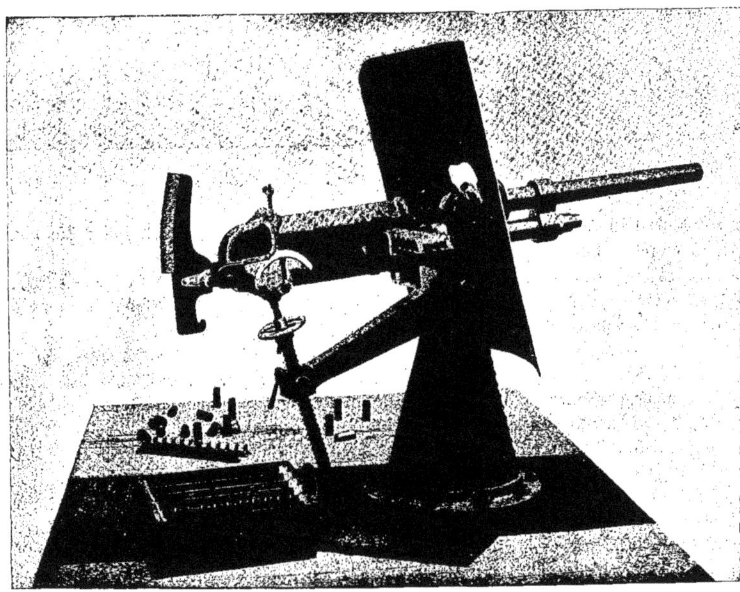

Fig. 24.

Canons automatiques à gaz. — Maïs la partie la plus intéressante de l'exposition Hotchkiss est certainement celle des armes automatiques par détente des gaz de la charge. Dans ce système, les gaz de la poudre sont partiellement admis, au moyen d'un évent percé dans l'âme de la pièce, dans un cylindre placé sous le canon ; là, ils se détendent en agissant sur la tête du piston, lequel, au moyen d'une série de cames et de ressauts placés sur sa tige, actionne par ses mouvements alternatifs tous les organes de la pièce; le retour de ce piston vers l'avant est produit par un ressort de renvoi qui bute contre un épaulement du piston.

Des deux armes de ce type qui sont exposées, l'une, le canon automatique de 37 millimètres, est décrite en détail dans la deuxième partie (fig. 24). L'autre, la mitrailleuse de 8 millimètres, semblable d'ailleurs à la précédente, est représentée à l'Exposition par quatre types, l'une, sur trépied (fig. 25), la deuxième sur affût de débarquement, la

Fig. 25.

troisième sur affût naval, la dernière enfin en matériel de montagne. Pour ce dernier type, deux mulets suffisent à transporter, le premier, l'arme avec son trépied et 600 cartouches, et le second, soit deux caisses à 960 coups chacune, soit six petits coffres de 300 coups disposés de manière qu'on puisse en enlever un sans toucher aux autres.

RUSSIE

La Russie est la seule puissance européenne ayant exposé du matériel réglementaire. On trouve en effet, dans le pavillon organisé par le Ministère de la guerre, les bouches à feu suivantes :

Canon de campagne de 87 millimètres sur affût réglementaire.

Ce canon ne présente rien de particulier. L'affût, à tampons élastiques et bêche de crosse, est décrit dans la deuxième partie.

Mortier de campagne de 6 pouces.

Bien que cette bouche à feu soit destinée à être remplacée, on trouvera dans la deuxième partie la description de son affût à tampons et bornes élastiques, à raison des particularités qu'il présente et de l'emploi de rondelles de caoutchouc comme ressorts d'amortissement et de récupération.

Affût élastique à éclipse Durlacher pour canon de 9 pouces.
Affût automatique Durlacher pour canons de 11 pouces.

Ces deux affûts sont décrits dans la deuxième partie.

En outre du pavillon de la guerre, la département de la marine russe expose de son côté diverses bouches à feu et affûts spéciaux, savoir :

Canon de 75 millimètres, de 50 calibres de longueur, monté sur affût système Meller.

Ce canon est du système Canet, composé d'un tube et d'une jaquette; la fermeture, qui s'opère par un seul mouvement de manivelle, est décrite dans la deuxième partie.

L'affût imaginé par le capitaine Meller ne pèse que 754 kilog. Il est caractérisé par la substitution au système à berceau primitivement employé d'un système de coulissage du canon dans un manchon.

L'affût a deux cylindres de frein hydrauliques, reliés entre eux par un réservoir communiquant avec un récupérateur pneumatique. Les freins hydrauliques se règlent pour l'amplitude du recul. de la manière ordinaire. Le récupérateur pneumatique se compose de deux cylindres emboités l'un dans l'autre : l'air y est maintenu comprimé par des diaphragmes qui transmettent l'effort du liquide au moment du recul, ou inversement la contrepression gazeuse.

Canon Hotchkiss de 47 millimètres sur affût Meller à frein au mercure.

Ce canon est du type habituel. Dans cet affût comme dans le précédent, on s'est efforcé d'alléger le matériel sans cependant qu'il en résultât un accroissement de recul, la place à bord étant toujours très limitée. Or, si l'on se reporte à la théorie des freins hydrauliques, on voit que, toutes choses égales d'ailleurs, l'amplitude du recul est en raison inverse du poids spécifique du liquide contenu dans le frein, comme de celui de la masse soumise au recul. On voit donc qu'en augmentant le poids, on pourra réduire la masse dans les mêmes proportions. Pour augmenter le premier, on emploie ici du mercure au lieu de glycérine, ce qui décuple sensiblement la résistance à l'écoulement par rapport au type ordinaire.

La disposition est d'ailleurs fort simple : en reculant, le canon entraîne une frette d'attache et le piston du frein, ce qui force le liquide à s'écouler par les orifices et à remonter dans un cylindre vertical, en soulevant un diaphragme qui comprime de l'air situé au-dessus. Le recul terminé, cet air comprimé fonctionne comme récupérateur, de la manière ordinaire.

Canon Hotchkiss de 37 millimètres sur affût, avec récupérateur à ressort. — Ce canon ne présente rien de particulier, il recule en entraînant un cylindre formant piston creux à l'intérieur du cylindre hydraulique; le liquide est ainsi refoulé dans l'évidement central de ce piston, ce qui forme frein en même temps qu'un ressort métallique est comprimé pour servir de récupérateur.

Ces trois bouches à feu et leurs affûts sont exposés par l'usine d'*Oloukhov*, laquelle appartient actuellement au ministère de la marine russe.

DEUXIÈME PARTIE

DESCRIPTION DÉTAILLÉE DU MATÉRIEL

CHAPITRE PREMIER

Fermetures de culasse.

§ 1. — FERMETURES A COIN

A. *Fermeture Skoda.*

Le dispositif que l'on va décrire est celui signalé dans la première partie comme adapté au canon à tir rapide de 66 millimètres de la marine autrichienne.

Coin. — Le coin est plat et se meut verticalement dans une mortaise pratiquée à l'arrière du canon.

Les organes qui servent à faire monter ou descendre le coin sont : le levier de manœuvre coudé H, la manivelle *b* la bielle L et le bras directeur *u*. Le levier de manœuvre (fig. 26 et 29) est fixé par une clavette sur un arbre *a* qui traverse la paroi du canon. La manivelle fait corps avec l'arbre ; elle est articulée avec la bielle par le moyen du bouton *c*. Le bras directeur porte un mentonnet *e* dont le rôle sera indiqué plus loin.

Pour ouvrir la culasse, il faut abaisser le coin. En faisant tourner le levier d'avant en arrière, c'est-à-dire du côté de la culasse, la manivelle prend un mouvement de rotation dans le même sens. Le bouton *c* descend, entraînant la bielle et le bras directeur : et le coin, qui ne peut se mouvoir que dans le sens vertical, s'abaisse en même temps pour venir à la position de chargement.

A remarquer que lorsque la culasse est fermée, la manivelle et la bielle forment un coude, de telle sorte qu'en ouvrant la culasse, le prémier effet du mouvement de rotation est de raidir ce coude, et par suite de soulever un peu le coin. Cette disposition offre une garantie contre l'ouverture de la culasse pendant le tir : cet accident est d'ailleurs également prévenu par un appareil spécial, qui sera décrit plus loin.

Pour fermer la culasse, on fait monter le coin par les mouvements inverses. Sa course est limitée par la vis-arrêtoir (fig. 28 et 29).

Appareil de mise de feu. — Cet appareil se compose d'un percuteur *s* avec ressort-gâchette et détente (fig. 27).

Le percuteur porte sur sa face supérieure un ressort *m* ; il est creusé en forme de gaine pour recevoir un ressort spiral (fig. 27). Ce ressort prend appui par l'une de ses extrémités sur la partie antérieure du percuteur, et par l'autre sur la tige de la gâchette.

La gâchette est suspendue à un axe *o* (fig. 27) qui est vissé dans le coin et autour duquel elle peut tourner. Elle se termine par un bec *r* qui se place en avant de la partie gauche du ressort du percuteur lorsque celui-ci est armé. La détente se compose d'un levier A, calé sur un axe *v* (fig. 26), et d'une came *t* placée derrière et contre la partie inférieure de la tige de gâchette (fig. 27).

Lorsqu'on ouvre la culasse, le mentonnet *e* vient s'appliquer sur la droite du ressort du percuteur, et refoule celui-ci jusqu'à ce que le bec de la gâchette, qui glisse sur la partie gauche du percuteur, tombe en avant du ressort. Lorsqu'on ferme la culasse, le mentonnet, revenant à sa position primitive, cesse de presser le percuteur, qui n'est plus retenu que par le bec de la gâchette. Si l'on ramène alors en arrière le levier ou la languette de détente, soit avec le doigt, soit par l'intermédiaire d'un cordeau tire-feu, on

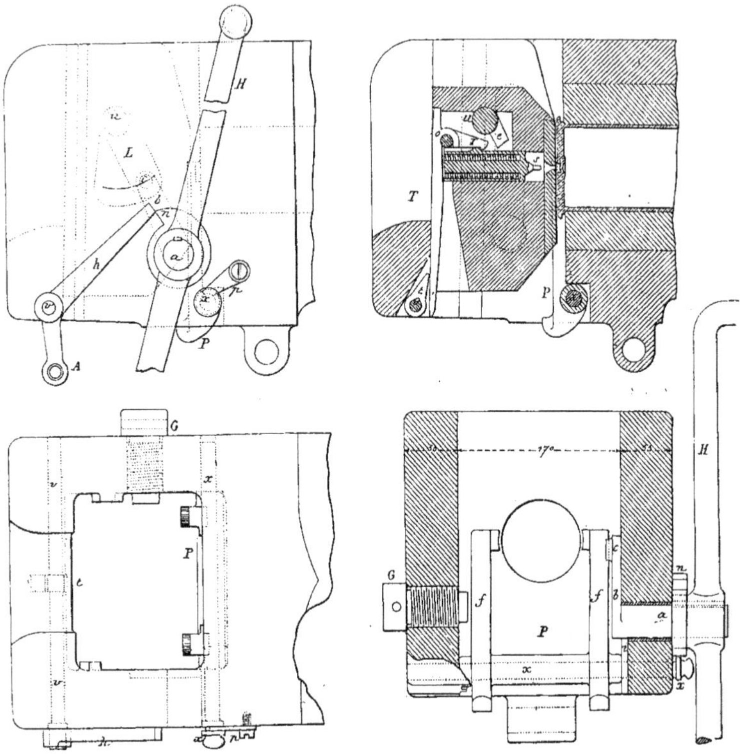

Fig. 26 à 29. — Fermeture à coin *Skoda*.

fait tourner vers l'avant la came *t* (fig. 27) qui pousse la tige de la gâchette. Celle-ci pivote sur l'axe *o*; le bec se soulève et abandonne le percuteur qui est projeté en avant. Un évidement est ménagé dans la partie postérieure du coin pour permettre ce mouvement de la tige de la gâchette. Le ressaut du percuteur, outre son rôle spécial, a encore pour effet d'empêcher tout mouvement de rotation du percuteur à l'intérieur du coin.

La mise de feu se fait toujours à l'aide de la détente, jamais automatiquement.

Appareil de sûreté. — Un bras du levier *h* (fig. 26 et 28) fait corps avec le levier de détente A, ou bien est fixé sur l'axe *v* de la languette de détente; une pièce à mentonnet *n* (fig. 26 et 29) est calée sur l'axe du levier de manœuvre H.

Lorsqu'on agit sur la détente pour faire partir le coup, le levier de sûreté vient se placer en arrière du mentonnet *n*, empêchant ainsi le levier H de tourner et la culasse de s'ouvrir automatiquement par l'effet du tir. On ne peut d'ailleurs agir sur la détente que si le mentonnet *n* laisse passer le levier de sûreté; la mise de feu ne s'effectuera donc pas si la culasse n'est pas complètement fermée.

Extracteur. — L'extracteur P est à deux branches; chaque branche *f* porte à son extrémité supérieure une griffe dont le profil correspond à celui du bourrelet de la douille, et à son extrémité inférieure un talon (fig. 29).

Les branches sont réunies par une traverse qui peut tourner autour d'un axe x situé sous la tranche antérieure de la mortaise.

Le loquet ou verrou *p* fixé au canon par une vis, s'engage dans une rainure ménagée à l'une des extrémités de l'axe qu'il maintient.

Deux petites rainures limitées vers le haut sont pratiquées sur la partie antérieure du coin pour le passage des talons de l'extracteur. Le fonctionnement est le suivant :

Au moment où l'on introduit la cartouche dans la chambre, les griffes la saisissent en avant du bourrelet.

Lorsqu'on ouvre la culasse, les talons s'engagent dans les rainures. Dès qu'ils touchent les rampes de ces rainures, ils déterminent une rotation de l'extracteur autour de l'axe x, laquelle a pour effet de décoller la douille.

A la fin du mouvement, les fonds des rainures butent contre les talons, le choc détermine une rotation plus rapide de l'extracteur, d'où éjection violente de la douille.

Un évidement ménagé dans la partie antérieure du coin permet le mouvement rétrograde des branches de l'extracteur.

Démontage et remontage. — Pour démonter la culasse, on procède de la façon suivante :

On enlève d'abord l'axe de l'extracteur; celui-ci tombe, et on le met de côté.

Après avoir dévissé l'arrêtoir, on fait tourner le levier de manœuvre d'avant en arrière jusqu'à refus, et on le tire un peu pour amener la bielle à l'entrée de l'orifice *i* qui se trouve sur le côté droit de la mortaise (fig. 29). On peut alors, en déplaçant la bielle latéralement, dégager le bouton *c* et enlever le coin, qu'on pose sur sa partie antérieure. On retire la bielle en la faisant passer par un évidement ménagé à cet effet sur la droite du coin.

Pour enlever la gâchette, il suffit de pousser en avant la tige, tout en la soulevant; on dégage ainsi le pivot *o* de son logement.

Il ne reste plus qu'à retirer le percuteur et son ressort.

Le remontage s'opère en ordre inverse.

Le système décrit ci-dessus est à coin tombant. Le mécanisme reste le même pour le cas de coin à translation horizontale, également employé chez Skoda, sauf que le levier de manœuvre est alors au-dessus du coin, et que le trou de chargement se trouve à gauche, comme dans la fermeture Hotchkiss que nous allons décrire.

B. *Fermeture à coin horizontal. Système Hotchkiss* (fig. 30 et 31).

Le logement de la fermeture comprend la mortaise (9) du coin, dont la face postérieure verticale est inclinée sur l'axe de la bouche à feu, tandis que sa face antérieure est normale à cet axe. La section de la mortaise par un plan parallèle au plan de tir est sensiblement rectangulaire, mais les arêtes en sont raccordées par des arcs de cercle, A l'avant de cette mortaise débouche la chambre à poudre (12), à l'arrière le cône de chargement. En dessus, la rainure guide de l'extracteur, en dessous, le logement fileté de la vis arrêtoir et la nervure guide du coin. Sur le pan droit, à l'arrière, le logement du filet de la vis de fermeture (3) et celui du plateau d'appui de la poignée de manœuvre.

Mécanisme. — Le mécanisme comprend : la culasse mobile et l'extracteur ; la culasse mobile est un coin prismatique, à arêtes arrondies et muni :

1° Du levier de manœuvre ;
2° De la vis de fermeture (3) et de la rampe d'armement (4) ;
3° De la douille à ressort ;
4° Du ressort à boudin (6) ;
5° De la détente (9) ;
6° Du percuteur (7) avec sa pointe (15) ;
7° De la plaque de tir (1) vissée à demeure et pourvue d'un grain de lumière (16).

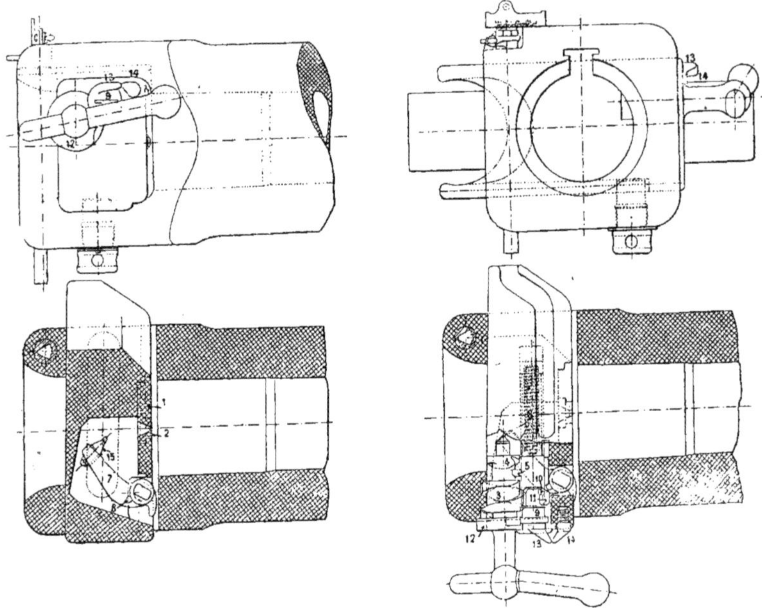

Fig. 30 et 31.

1, Plaque de tir. — 2, Œil du percuteur. — 3, Vis de fermeture. — 4, Rampe d'armement. — 5, Doigt de la douille. — 6, Ressort à boudin. — 7, Percuteur. — 8, Dent du percuteur. — 9, Détente. — 10, Gâchette. — 11, Cran d'armé. — 12, Manivelle. — 13, Bec de détente. — 14, Bec fixe. — 15, Pointe du percuteur.

Le levier de manœuvre est placé du côté droit de la pièce : la vis-arrêtoir engagée dans une rainure pratiquée sur le plateau d'appui de manœuvre limite la course du coin vers la gauche et assure sa position.

Le coin est guidé dans ses mouvements par la face postérieure de la mortaise et par la nervure directrice sur laquelle il prend appui.

Sur la face supérieure du coin se remarque la rainure coudée de manœuvre d'extracteur.

Enfin, à l'extrémité gauche est disposée la lunette de chargement fortement évasée vers l'avant.

L'extracteur est formé d'un chariot plat, en acier, muni de nervures-guides latérales et terminé par une griffe. La face inférieure de ce chariot porte un téton qui s'engage dans la rainure coudée du coin. Cette rainure dont la partie rectiligne est parallèle à la face d'appui du coin, s'incline brusquement vers l'arrière dans la région située au-dessus de la lunette de chargement.

Il résulte de cette disposition qu'au moment de l'ouverture du coin l'extracteur est ramené en arrière lentement d'abord tant que le culot de la cartouche porte sur la face antérieure du coin, plus vivement dès qu'il se trouve en regard de la lunette de chargement : la cartouche est ainsi rejetée automatiquement hors de la pièce, et la chambre dégagée pour en recevoir une nouvelle.

Ouvrir la culasse. — Saisir de la main droite la poignée de manœuvre et la faire tourner de manière à ramener la grande branche en arrière. Tirer alors vivement le coin à droite jusqu'à ce que le mouvement soit limité par la vis-arrêtoir.

En tournant ainsi le levier de manœuvre de droite à gauche on produit l'armement du percuteur par l'action de la rampe d'armement (4), laquelle portant sur le doigt (5) de la douille lui imprime un mouvement horizontal de gauche à droite en bandant le ressort à boudin (6), et ramène le percuteur (7) en arrière en le faisant pivoter autour de son axe par l'intermédiaire de la denture.

A la fin de ce mouvement, les cames du levier de manœuvre et de la détente sont en contact, la détente (9) tourne de gauche à droite autour de son axe et la gâchette (10) s'engage dans le cran d'armé pratiqué à cet effet dans la douille. Le percuteur se trouve ainsi armé, et le bec extérieur de la détente vient buter contre celui fixé à demeure sur la face droite du coin.

Fermer la culasse. — La cartouche ayant été introduite et son culot amené contre l'extracteur, on referme la culasse par les mouvements inverses de ceux de l'ouverture en ayant soin d'abattre à bloc vers l'avant le grand bras de la poignée.

On engage ensuite le crochet tire-feu dans l'espace compris entre le bec de la détente (13) et le bec fixe (14) du coin. En agissant ensuite sur le cordeau pour mettre le feu, on fait tourner le bec de la détente autour de son axe, ce qui dégage le cran d'armé. La douille ainsi dégagée se porte en avant sous l'impulsion du ressort, entraînant le percuteur par sa denture, et fait partir le coup.

Démontage du mécanisme. — Dévisser de quelques filets la vis-arrêtoir et dégager de leurs logements le coin et l'extracteur.

Désarmer ensuite le percuteur s'il est armé.

Placer le levier de manœuvre perpendiculairement en faisant coïncider les deux repères et faire tourner la détente, à l'aide d'un tourne-vis spécial, jusqu'à ce qu'elle sorte sous l'action de son ressort, en ayant soin de peser sur le tourne-vis pour éviter les chocs. Retirer ainsi ces deux pièces, puis le levier de manœuvre qui se trouve dégagé.

Enlever la vis de fermeture : amener le percuteur à fond vers l'arrière et le retirer, ainsi que la douille à ressort.

Pour remonter le mécanisme, procéder en ordre inverse : replacer la douille, puis le percuteur en s'assurant que la dent de ce dernier est bien engagée avec celle de la douille, remonter ensuite la vis de fermeture et le levier de manœuvre bien à fond, en mettant en regard les deux repères. Replacer le ressort à boudin et la détente à l'aide d'un tourne-vis spécial, en ayant soin de placer le bec du côté des repères, et vissant à fond jusqu'à l'arrêt de butée.

Si l'on veut simplement changer le percuteur, il suffit, après avoir ouvert la culasse de dégager la détente à l'aide du tourne-vis, d'amener les deux repères en regard, puis appuyer la douille à ressort contre l'épaulement de la vis de fermeture, et retirer le percuteur.

Cette fermeture est la seule, à coin horizontal, exposée par Hotchkiss. Quant à la fermeture à coin vertical du même constructeur, elle est trop connue pour qu'il soit nécessaire d'y revenir ici en détail.

§ 2. — FERMETURES A VIS

A. *Fermeture Mellström* (fig. 32 à 35).

La fermeture à vis à un seul mouvement, système Mellström, figure à l'exposition Vickers après un canon de campagne de 76 millimètres et un canon de montagne du même calibre. Cette fermeture est absolument entrée dans la pratique : elle est en particulier appliquée à de nombreuses bouches à feu fournies à la République Argentine et à l'Espagne. Aussi croyons-nous devoir la décrire en détail.

Ce qui la caractérise, c'est de ne demander aucun mouvement longitudinal de sortie du bloc de culasse. En effet, ce bloc D, relié constamment par quelques filets continus au volet A, qui lui-même oscille autour du boulon de charnière B par l'intermédiaire des oreilles C, ce bloc, lorsqu'on le dévisse d'une quantité égale à 90°, se dégage de suite de la pièce; ce résultat est obtenu en approfondissant convenablement les parties lisses E du logement de culasse ménagé dans la frette arrière (et non dans le tube) suivant une directrice circulaire concentrique à l'axe B. Le bloc, tout en tournant sur lui-même pour se dégager des filets, tourne ainsi en même temps autour du boulon B.

La manœuvre de fermeture s'opère au moyen du levier F, oscillant autour de l'axe G, qui le maintient entre les deux oreilles H du support de culasse.

L'extrémité du levier est en forme de pignon segmenté I, qui vient s'emboîter, au travers d'une ouverture pratiquée dans le support, dans un segment denté K, dont les dents sont taillées à même le bloc de culasse.

La première partie du mouvement du levier fait donc tourner le bloc sur lui-même, par l'engrenage du pignon et du segment denté du bloc.

Comme une rotation du bloc, de 90°, doit le dégager de la culasse d'une quantité égale au quart du pas des filets, les dents du pignon sont placées excentriquement par rapport au centre de son axe, de telle sorte qu'elles reculent graduellement à mesure que le bloc sort pendant son départ, et conservent ainsi un engrenage régulier.

Le pignon porte aussi un talon L, destiné à venir buter contre la surface du bloc et à l'empêcher de continuer de tourner après son dévissage de 90°. A partir de ce moment, la marche du levier entraîne le pivotage du bloc autour de l'axe B.

L'ouverture de la culasse est donc produite par un seul mouvement du levier dans un même plan, et il va de soi que la fermeture s'opère de la même manière par la série inverse des opérations.

Au centre du bloc de culasse, se trouve un logement qui reçoit le percuteur M, à l'intérieur duquel est placé un ressort qui bute contre la pointe solide du percuteur et prend son point d'appui contre le manchon vertical N, retenu entre les deux oreilles H par l'axe G.

La compression du ressort est produite par la rotation du bloc de culasse et, dans ce but, deux rampes hélicoïdales O sont pratiquées dans le bloc, surfaces sur lesquelles reposent deux taquets P, situés à l'arrière du percuteur, ce dernier ne pouvant d'ailleurs être entraîné dans la rotation du bloc à raison de la présence de la tige directrice Q, qui ne peut se mouvoir que longitudinalement. Ainsi la rotation du bloc entraîne le percuteur en arrière en bandant le ressort. La directrice Q se termine au delà du support en forme de crochet, ce qui permet d'agir directement sur le percuteur et son ressort et de réarmer en cas de raté d'amorce, sans avoir à ouvrir la culasse.

En enlevant l'axe G, le manchon N devient libre, et l'on peut retirer et remplacer en cas de besoin le percuteur et son ressort.

Extracteur. — L'extracteur R oscille autour d'un axe S, fixé dans les oreilles T de la culasse ; il se compose d'un bras présentant deux griffes d'extraction U à l'entrée de la chambre.

Il porte extérieurement un talon V, que le bras du support A vient heurter avant la

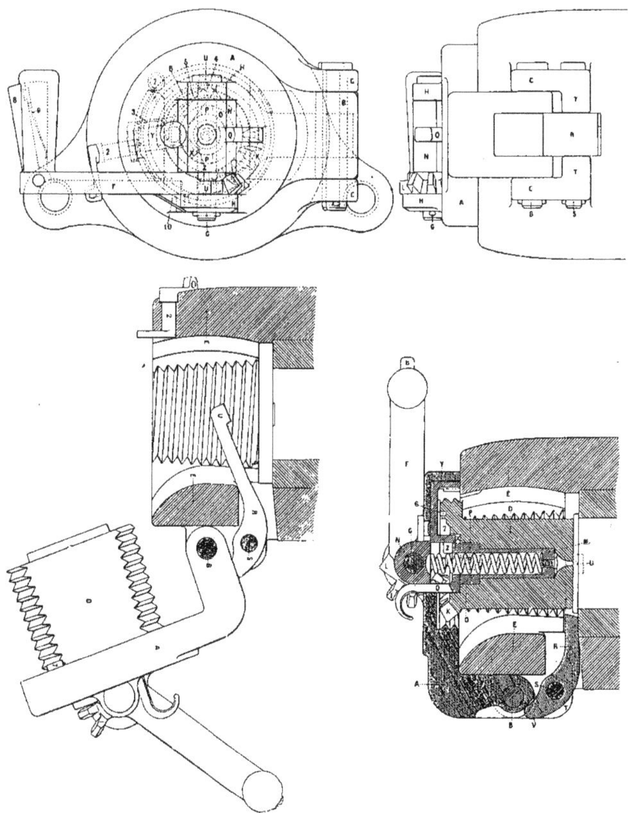

Fig. 32 à 35. — Fermeture *Mellström.*

fin de l'ouverture de culasse, de manière à reporter les griffes en arrière. Ce mouvement, d'abord gradué afin de décoller la douille, s'accélère ensuite brusquement de façon à éjecter violemment la douille hors du canon.

Le mécanisme de détente se compose d'un taquet X, fixe sur un bras Y mobile dans le support de fermeture : lorsque le ressort du percuteur est bandé, le taquet X l'immobilise dans cette position. L'autre extrémité du bras Y est en contact avec l'extrémité du levier de détente 2, logé dans la culasse et actionné extérieurement pour la mise de feu.

Le ressort 3 maintient le taquet X dans le logement du percuteur.

La détente de sûreté se compose d'un taquet 4, à l'extrémité de l'allonge du bras Y. Ce taquet coulisse dans la rainure 5, pratiquée dans le bloc de culasse, pendant que ce dernier se dévisse sous l'action du levier de manœuvre.

Dès que les rampes ont ramené le percuteur en arrière, le taquet X s'engage dans son logement et le taquet 4 se place dans une seconde rainure 6, coulisse dans cette dernière jusqu'au moment où la culasse est fermée. A ce moment seulement, il se trouve en face d'une ouverture lui permettant de descendre dans la rainure 5 et, par là même, de permettre au taquet X de dégager le percuteur. Ainsi, la mise de feu n'est possible qu'après la fermeture complète de la culasse.

Un bouton à ressort 7 assure la fixité du bloc de culasse dans son volet dès que la rotation de 90° est effectuée, et rentre dans son logement au moment de la fermeture, en comprimant son ressort et libérant ainsi la culasse. Afin d'assurer l'immobilité du levier de manœuvre, un levier coudé 8, actionné par un ressort plat 9, est placé à l'intérieur de la poignée de manœuvre. Son extrémité inférieure porte un talon 10 qui s'emboîte dans un logement évasé dans l'oreille II du support A. Ce talon ne peut sortir de ce logement que lorsque le servant appuye sur la poignée de manœuvre pour le déclencher.

B. *Fermeture Vickers pour canon de campagne* (fig. 36 à 38).

Le mécanisme de culasse est ouvert ou fermé par un seul mouvement horizontal du levier de manœuvre, lequel fait tourner sur elle-même, verrouille ou déverrouille la vis, et la fait pivoter autour du boulon de charnière.

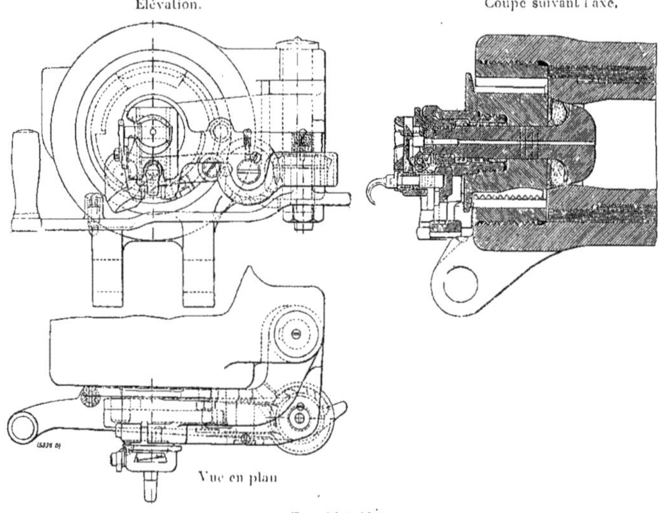

Fig. 36 à 38.

Le dispositif consiste en une bielle dont une extrémité est articulée sur un maneton en saillie sur la face arrière de la vis et l'autre à une courte manivelle montée sur le volet. Cette manivelle se meut dans un plan parallèle à la tranche de culasse. Autour du moyeu du levier est une roue dentée hélicoïdale engrenant avec une roue analogue montée sur la manivelle.

Lorsque la culasse est fermée, le levier de manœuvre est appliqué contre le canon : les axes de la bielle et de la manivelle sont presque en ligne droite, de manière à former un joint de verrouillage, ce qui donne une grande force pour ouvrir ou fermer la culasse. Lorsqu'on écarte le levier du canon pour l'ouverture, la manivelle déplace la bielle sans causer d'abord le moindre déplacement à la culasse : puis elle se met à tourner, entraînant la culasse dans son mouvement de rotation, lent d'abord et s'accélérant progressivement pendant le dévirage. Le volet pivote à son tour en emmenant la culasse. La mise de feu est à percussion et le bloqué se produit pendant le premier mouvement de la manivelle, de telle sorte qu'il est impossible de tirer sans que la culasse soit complètement fermée. Un puissant extracteur est articulé à un côté de la culasse pour l'éjection des douilles vides : il est muni de deux bras portant des griffes qui s'engagent derrière le bourrelet, un troisième bras est actionné par une surface à came ménagée sur le volet pendant la dernière partie de la rotation extérieure du système, de manière à imprimer aux griffes une impulsion énergique pour assurer l'extraction de la douille.

La vis de culasse est du type Welin, ou à échelons. La culasse porte quatre secteurs filetés et deux secteurs lisses. On sait que ce système permet d'employer des vis très courtes et par suite de dégager la culasse de son écrou sans avoir à lui imprimer de mouvement de translation suivant son axe, ni à ménager dans l'écrou des évasements spéciaux de manœuvre, comme dans la fermeture Melström décrite au paragraphe précédent.

Le mécanisme représenté en coupe est muni de l'obturateur de Bange, et par suite ne comporte pas d'extracteur : les autres dispositions sont communes aux deux systèmes.

C. *Fermeture de culasse à un seul mouvement. Système Schneider-Canet* (fig. 39 à 42).

La vis-culasse est supportée par le volet auquel elle est reliée par un filetage de même pas que celui de l'écrou de culasse. Les filets de la vis, comme ceux de l'écrou, sont interrompus sur des secteurs de 90°, ce qui détermine l'amplitude de la rotation d'ouverture : en outre, les tracés relatifs des secteurs sont tels, qu'après le dévirage la culasse est immédiatement entraînée avec le volet.

Le *volet* à charnière est en bronze et comporte le filetage de retenue et de conduite de la vis, les logements de la crémaillère, de son verrou et de la détente.

Le *levier* fait corps avec l'axe de charnière et porte le tourillon de commande de la crémaillère, ainsi que le talon d'entraînement du volet; il est en outre muni d'une poignée mobile verticalement, laquelle s'enclenche automatiquement dans le volet lors de la fermeture, de manière à empêcher tout dévirage accidentel de la vis.

La *crémaillère*, guidée dans le volet, engrène avec la vis-culasse et porte à son extrémité une échancrure dans laquelle s'engage le tourillon de manœuvre du levier.

L'*extracteur*, à deux fourches, est monté sur un axe qui porte un bouton sur lequel appuie en temps utile la rampe d'un manchon calé sur l'axe de charnière.

Le *percuteur*, logé au centre du bloc de culasse, porte deux rampes hélicoïdales symétriques, qui s'appuient, au moment de l'ouverture, sur deux rampes semblables, ménagées dans la vis. Le ressort d'armé est placé entre la pointe du percuteur et un manchon à ailettes qui, prenant appui dans la vis-culasse, ne peut participer au mouvement du percuteur; une clavette traversant à la fois le volet et le percuteur empêche ce dernier de tourner, tout en lui permettant d'obéir à l'action des rampes hélicoïdales au moment de la rotation de la vis, et de reculer ainsi en comprimant le ressort d'armement.

La manœuvre du mécanisme est la suivante :

La culasse étant supposée fermée, on dégage le talon d'enclenchement du levier en appuyant sur la poignée, puis on fait tourner le levier de droite à gauche. Le tourillon de ce dernier actionne la crémaillère qui fait dévirer la vis, laquelle, en tournant, fait reculer le percuteur et bande son ressort : à la fin de ce mouvement, la gâchette s'engage sous le bloc arrière du percuteur et le tient ainsi à l'armé. A la fin du dévirage, le taquet de l'axe de charnière heurte le volet et l'entraîne dans un mouvement continu de rotation jusqu'à ce qu'il vienne rencontrer le canon. Au moment où commence cette rotation du volet, le verrou, sous l'action de son ressort, s'engage dans la crémaillère et immobilise la vis dans le volet; puis, quand la culasse est à peu près sortie du canon, la rampe du manchon appuie sur l'axe de commande de l'extracteur et produit l'éjection de la douille.

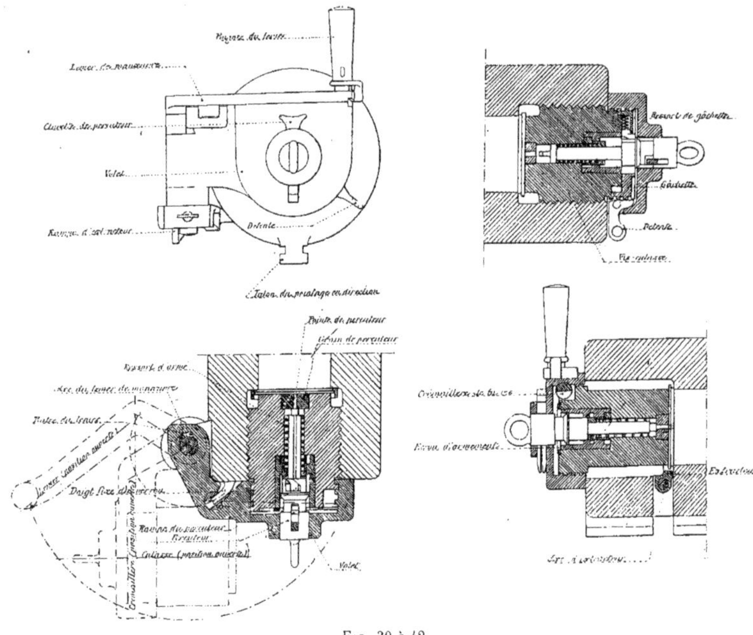

Fig. 39 à 42.

Pour fermer la culasse, on fait tourner brusquement le levier de gauche à droite. Le levier entraîne d'abord tout le système, puisque le tourillon est engagé dans la crémaillère et cette dernière immobilisée dans le volet par son verrou; mais, lorsque le volet vient s'appuyer contre la tranche arrière du canon, le doigt fixé au canon fait redescendre le verrou de la crémaillère et celle-ci, devenant libre, fait tourner la culasse jusqu'à refus.

La gâchette étant placée dans la vis et la détente dans le volet, la commande de l'un par l'autre ne peut se faire que lorsque le bec de la gâchette vient se présenter en regard du bec de la détente; de cette façon, il est impossible de faire partir le coup si la culasse n'est pas complètement fermée. D'autre part, le talon d'enclenchement s'oppose au dévirage, ce qui augmente la sécurité.

De plus, dans le nouveau matériel de campagne Schneider-Canet, la clavette arrière du percuteur peut prendre deux positions de « Route » et de « Tir ». A la position de route la pointe du percuteur ne peut dépasser la tranche avant de la culasse, ni par conséquent faire partir le coup ; on peut donc en toute sécurité marcher sur le champ de bataille avec les pièces chargées.

En outre, la mise de feu se fait au moyen d'une tige à ressort fixée au canon, laquelle appuie sur la détente lorsqu'on l'actionne par l'intermédiaire d'un levier, fixé sur le berceau auquel est accroché le tire-feu (voir la description de cet affût au chapitre suivant) ; le tire-feu ne recule donc pas avec le canon et reste à portée du pointeur : de plus, on ne peut mettre le feu que lorsque le canon est rentré complètement en batterie sous l'action des récupérateurs.

D. *Fermeture à filets concentriques. Système Schneider-Canet* (fig. 43 à 46).

Dans la fermeture à filets concentriques, la culasse se compose essentiellement (fig. 43 à 46) d'un bloc en forme de segment sphérique, limité latéralement par

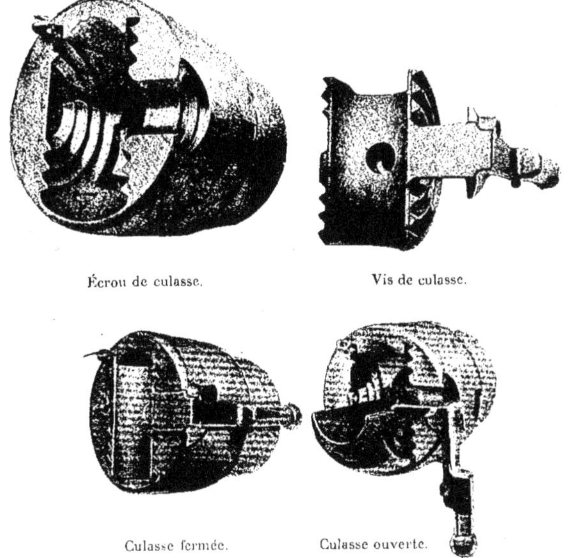

Écrou de culasse. Vis de culasse.

Culasse fermée. Culasse ouverte.

FIG. 43 à 46.

deux faces parallèles, à l'arrière par une surface concave hémicylindrique, qui forme planchette de chargement. Sur les faces latérales parallèles, sont pratiqués une série de filets concentriques qui se logent dans un écrou de même forme ménagé à l'arrière du canon.

Un mouvement unique d'abattu ou de relevé du levier placé à la droite du dispositif amène l'ouverture ou la fermeture.

Le mécanisme de mise de feu est à répétition, c'est-à-dire qu'il permet de donner à une même étoupille, en cas de raté, plusieurs percussions successives sans ouvrir la culasse entre chacune d'elles.

Il suffit de desserrer de trois tours la vis qui est visible sur le côté droit du canon pour pouvoir enlever complètement le bloc de son logement et remplacer par suite, avec la plus grande facilité, toute pièce qui viendrait à se détériorer.

Un extracteur automatique à deux branches assure l'éjection de la douille après le coup parti.

Enfin un dispositif de sûreté, obtenu par le jeu d'un taquet qui ne fonctionne que sous l'action du recul de la pièce dans son manchon, empêche la réouverture prématurée de la culasse en cas de long feu.

E. *Fermetures de culasse système Darmancier, à deux mouvements, pour canon de campagne.*

Il existe deux systèmes de fermeture, légèrement différents, destinés l'un à l'emploi d'une charge contenue dans un sachet rigide, et l'autre à celui d'une douille métallique. On va les décrire successivement.

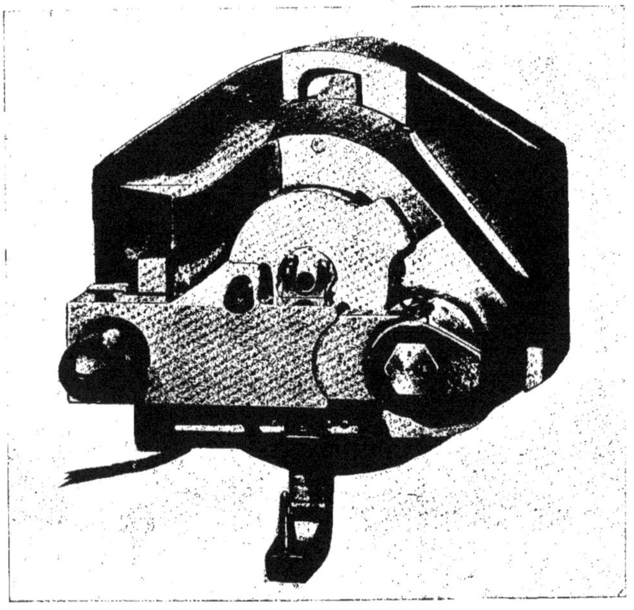

Fig. 47.

1° Fermeture pour l'emploi du sachet rigide. — La fermeture de culasse du « système Darmancier » , pour l'emploi du sachet rigide, se compose essentiellement :

De la vis-culasse, avec obturateur plastique et sa tête mobile ;

Du volet, sa clef et son loquet ;

Du levier de manœuvre, son barillet et son axe ;

Du percuteur et de l'éjecteur d'étoupille.

Vis-culasse (fig. 47 et 48). — La vis-culasse, à filets interrompus, est traversée sur oute sa longueur par le canal de lumière.; à l'arrière est vissé le grain de lumière qui porte le logement de l'étoupille I. Une denture A et deux rainures hélicoïdales B, taillées

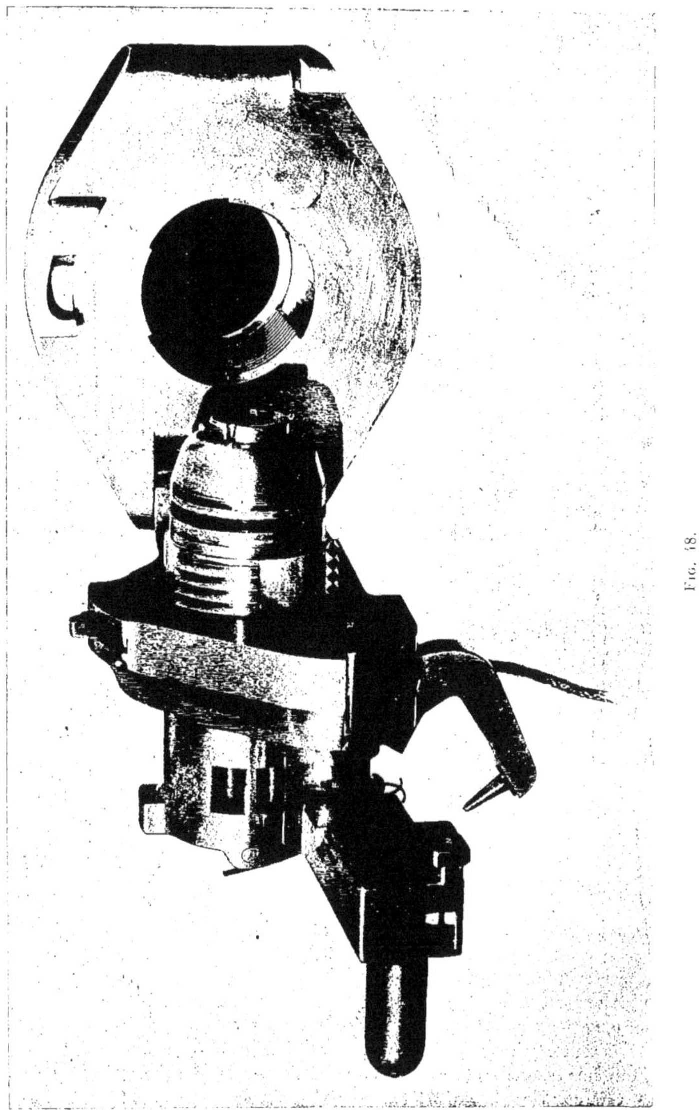

Fig. 48.

dans le corps de la vis, sont mises successivement en relation avec les dents et les tenons du barillet pour produire le 1/6 de tour et l'extraction de la vis-culasse

D'autres rainures hélicoïdales et une rainure longitudinale reçoivent le bec de la clé et le bec du loquet pour guider la vis pendant ses mouvements.

L'obturateur, reproduction de l'obturateur réglementaire français, est composé d'un gâteau annulaire, formé d'un mélange d'amiante et de suif de mouton, enfermé dans une enveloppe en toile ; ce gâteau est placé entre deux coupelles d'étain garnies intérieurement et extérieurement de rondelles fondues en laiton.

La tête mobile s'applique sur la tranche avant de l'obturateur, elle est maintenue à sa place par une rondelle C goupillée sur la tige cylindrique qui prolonge l'avant de la vis-culasse.

Volet. — Le volet guide la vis-culasse dans ses mouvements de rotation et de translation ; il possède les logements de la clé, du loquet *b* et du barillet ; dans le bas et en arrière est ajusté l'axe autour duquel oscille le percuteur.

Levier de manœuvre. — Le levier de manœuvre comprend (fig. 22) :

Le corps de levier F,

La coulisse couvre-lumière G,

La poignée H.

Le corps de levier est fixé sur l'axe E commun au levier et au barillet pour transmettre à ce dernier les mouvements de rotation imprimés au levier pendant les mouvements d'ouverture et de fermeture de la culasse. La coulisse couvre-lumière glisse sur le corps de levier pour dégager le logement de l'étoupille quand la culasse est ouverte et pour recouvrir le culot de l'étoupille quand la culasse est complètement fermée. Elle est prévue pour empêcher toute projection du percuteur sur l'étoupille avant que la culasse soit complètement fermée. En outre la coulisse est munie d'un tenon N qui s'engage, lorsque la culasse est fermée, dans une rainure prévue sur le volet pour s'opposer au dévirage de la vis-culasse pendant le tir.

La poignée H actionne successivement la coulisse couvre-lumière G et le corps de levier.

Le barillet, calé sur l'axe de rotation du levier, est muni d'une denture et de deux tenons qui s'engagent successivement dans la denture A et les rainures hélicoïdales B de la vis-culasse pour lui imprimer les mouvements de rotation et de translation nécessaires à l'ouverture et à la fermeture de la culasse.

Percuteur et éjecteur d'étoupille. — Le percuteur K, en forme de marteau, oscille autour de son axe de rotation P toutes les fois qu'on exerce une traction sur le cordeau tire-feu Q, dont l'une des extrémités est enroulée sur le moyeu du percuteur.

Dans le prolongement du corps de percuteur, un talon de sécurité L est prévu pour empêcher toute projection du percuteur contre le culot de l'étoupille lorsque l'échancrure ménagée dans l'angle intérieur inférieur de la coulisse couvre-lumière ne se trouve pas exactement en regard du talon de sécurité, c'est-à-dire tant que la culasse n'est pas complètement fermée.

L'éjecteur R oscille autour d'un axe maintenu par deux oreilles venues avec la vis-culasse. L'éjection de l'étoupille se produit à la fin de la demi-révolution imprimée au levier de manœuvre pour ouvrir la culasse à l'aide d'une butée S portée sur l'axe du levier et sur le prolongement de celui-ci.

Manœuvre. — La manœuvre pour l'ouverture de la culasse et l'éjection de l'étoupille s'opère en faisant décrire au levier de manœuvre une demi-révolution de droite à gauche et en faisant ensuite osciller l'ensemble de la partie mobile de la fermeture autour du boulon de charnière.

Pour fermer la culasse, on ramène le volet contre la tranche arrière du canon, on fait décrire au levier de manœuvre un mouvement en sens inverse du précédent, puis on tire la poignée complètement à droite.

Fonctionnement. — 1° Levier avec poignée articulée.

Au début de la rotation de la poignée, pour le mouvement d'ouverture, la poignée seule tourne, d'environ 90°, autour de l'axe qui la réunit au corps du levier : dans ce mouvement, la coulisse couvre-lumière est poussée à droite et démasque le logement et le culot de l'étoupille.

Le corps de poignée se place dans le prolongement du corps de levier auquel il se fixe par le jeu d'un bonhomme dont l'extrémité pénètre, à ce moment, dans une échancrure prévue sur l'articulation du corps de levier et de la poignée.

Après ce premier mouvement, la poignée et le corps du levier participent ensemble à la rotation de l'axe du levier ; le barillet est alors entraîné et produit le 1/6 de tour et l'extraction de la vis-culasse.

L'éjection de l'étoupille a lieu à la fin de la demi-révolution du levier de manœuvre : à cette position, la butée prévue sur le moyeu du corps de levier frappe la branche intérieure de l'éjecteur qui oscille autour de son axe et rejette vivement l'étoupille à l'extérieur de son logement dans le grain de lumière.

Pour fermer la culasse, les mêmes mouvements sont à reproduire en sens inverse. L'étoupille se place dans son logement après que le levier, a effectué une demi-révolution et avant que la poignée du levier soit rabattue.

L'étoupille mise en place, la poignée est amenée à bout de course *après que l'on a comprimé le ressort de bonhomme qui la relie au corps de levier.*

2° Levier avec poignée fixée à la coulisse couvre-lumière.

Une seconde disposition du levier de manœuvre a été prévue pour faire glisser la coulisse couvre-lumière sur le corps de levier, en agissant sur la poignée dans le sens direct du mouvement rectiligne de la coulisse, pour engager ou dégager le tenon de la rainure correspondante du volet.

L'ouverture de la culasse, avec ce levier de manœuvre, consiste : 1° à tirer sur la poignée pour dégager le tenon de la coulisse de la rainure du volet, et démasquer le trou de lumière de l'étoupille ; 2° à faire tourner le levier de manœuvre de gauche à droite pour produire le 1/6 de tour et l'extraction de la vis-culasse ; 3° à faire osciller l'ensemble de la fermeture autour du boulon de charnière.

L'éjection de l'étoupille a lieu à la fin de la demi-révolution du levier de manœuvre, dans le mouvement d'ouverture de la culasse.

Pour fermer la culasse, les mêmes mouvements sont à reproduire en sens inverse. L'étoupille se place dans son logement après que le levier a effectué la demi-révolution pour la fermeture ; mais le percuteur ne peut frapper l'étoupille qu'après que le tenon de la coulisse couvre-lumière a été engagé dans la rainure du volet.

Sécurité. — Cette fermeture de culasse offre donc une sécurité absolue contre le dévirage de la vis-culasse et les mises de feu prématurées, puisqu'elle satisfait entièrement aux deux conditions suivantes :

1° La vis-culasse fermée, la vis ne pourrait se dévirer qu'après avoir cisaillé le tenon de la coulisse couvre-lumière ;

2° Le percuteur ne peut frapper le culot de l'étoupille que si la culasse est complètement fermée.

Remplacement de l'obturateur. — Pour remplacer l'obturateur il suffit d'enlever la goupille et la bague qui retient la tête mobile ; l'obturateur peut alors s'enlever facilement.

2° Fermeture de culasse pour l'emploi d'un étui métallique — La fermeture de la culasse se compose essentiellement : (fig. 49, 50, 51).

De la vis-culasse ;

Du volet avec sa clé et son loquet A ;

Du levier de manœuvre F avec son axe B et son barillet *a* ;

Du percuteur *b* avec son levier d'armé et sa détente-gâchette ;

De l'éjecteur C et son levier D.

Vis-culasse. — La vis-culasse est à filets interrompus comme l'écrou de la culasse du canon. Dans la partie cylindrique d'arrière sont creusées une denture E pour produire le 1/6 de tour, les rainures de la clé et du loquet qui servent à guider la vis dans ses mouvements ; une rainure hélicoïdale d'extraction, taillée dans un secteur lisse pour recevoir le tenon du barillet et effectuer le mouvement de translation de la vis-culasse ; un trou central servant de logement au percuteur et un logement latéral H pour le levier d'armé de celui-ci.

Volet. — Le volet guide et supporte la vis dans ses mouvements de rotation et de translation ; il porte le loquet, la clé et le barillet. Deux rainures de sécurité G et K pré-

Fig. 49.

viennent, au moyen du levier d'armé, la projection du percuteur pendant les manœuvres d'ouverture et de fermeture de la culasse.

Levier de manœuvre. — Le levier de manœuvre F avec sa poignée L est calé sur l'axe B qui porte le barillet ; celui-ci est muni d'un premier tenon *e* pour armer le percuteur ; d'une denture *f* qui engrène avec celle de la vis-culasse et d'un second tenon *d* produisant l'extraction de la vis-culasse en prenant appui contre la rainure hélicoïdale taillée dans un des secteurs lisses de la vis.

Percuteur. — Le percuteur *b* est sollicité par un ressort à boudin logé dans l'évidement intérieur *i* ménagé sur la plus grande partie de la longueur du percuteur (fig. 49).

Le *levier d'armé* a l'une de ses extrémités *n* engagée entre le talon *m* et le talon *k* de la nervure circulaire *h* disposée à l'arrière du percuteur ; à l'autre extrémité est creusée en I une rampe sur laquelle agit le premier tenon *e* du barillet *a*.

Lorsque le percuteur est armé, la face intérieure de la nervure circulaire *h* prend appui sur une face plane de la *détente-gâchette*, maintenue contre le corps du percuteur par un ressort en forme de V. Le pointeur, en exerçant une traction sur le cordeau tire-feu, fixé à la gâchette, en S, comprime le ressort en V, dégage la détente de la nervure circulaire du percuteur qui est lancé en avant par la réaction du ressort à boudin. L'arrière de la vis est fermé par une plaque à tenons T dans laquelle est vissé le bouchon qui sert d'appui et de point fixe au ressort du percuteur.

Éjecteur. — L'éjecteur est constitué par une tuile C ajustée dans le secteur lisse inférieur de l'écrou de culasse. Une nervure verticale J, à l'avant, constitue la prise d'appui de l'éjecteur contre le bourrelet de l'étui pour effectuer l'éjection de ce dernier ; un talon V, à l'arrière, recouvre l'extrémité du levier d'éjecteur D. Ce dernier, maintenu par le boulon de charnière, et guidé dans un support vissé à la tranche de culasse du canon, transforme, à la fin de l'ouverture de la culasse, le mouvement de rotation du volet en un mouvement rectiligne, d'avant en arrière, de l'éjecteur (fig. 50).

Manœuvre. — L'ouverture de la culasse et l'éjection de l'étui s'opèrent en faisant décrire au levier de manœuvre une demi-révolution de gauche à droite, et en faisant osciller vivement l'ensemble de la fermeture autour du boulon de charnière.

FIG. 50.

Pour fermer la culasse, on ramène le volet contre la tranche arrière du canon, puis on fait décrire au levier de manœuvre un mouvement de rotation en sens inverse du précédent.

La manœuvre de la culasse est, par suite, composée de deux temps, soit pour l'ouverture, soit pour la fermeture.

Fonctionnement. — Au début de la rotation du levier de manœuvre le premier tenon du barillet fait osciller le levier d'armé qui tire le percuteur en arrière et comprime son ressort jusqu'à ce que la détente-gâchette s'introduise derrière la nervure circulaire du percuteur et maintienne ce dernier à la position d'armé.

La rotation du levier de manœuvre continuant, la denture du barillet engrène avec la denture de la vis-culasse qui effectue le 1/6 de tour, puis le tenon d'extraction du barillet s'engage dans la rainure hélicoïdale correspondante de la vis-culasse, et produit l'extraction de cette dernière.

En faisant osciller vivement la fermeture autour du boulon de charnière, le volet vient frapper la butée du levier d'éjecteur qui oscille et transmet à l'éjecteur un mouvement accéléré d'avant en arrière assurant l'éjection de l'étui.

Dans le mouvement de fermeture, le percuteur est maintenu armé par la détente-gâchette, les autres mouvements de la culasse se reproduisent en sens inverse des précédents.

Sécurité. — Cette fermeture de culasse offre donc une sécurité absolue contre le dévirage et les mises de feu prématurées puisqu'elle satisfait pleinement aux deux conditions suivantes :

1° Le percuteur ne peut frapper l'étoupille que si la culasse est fermée complètement.

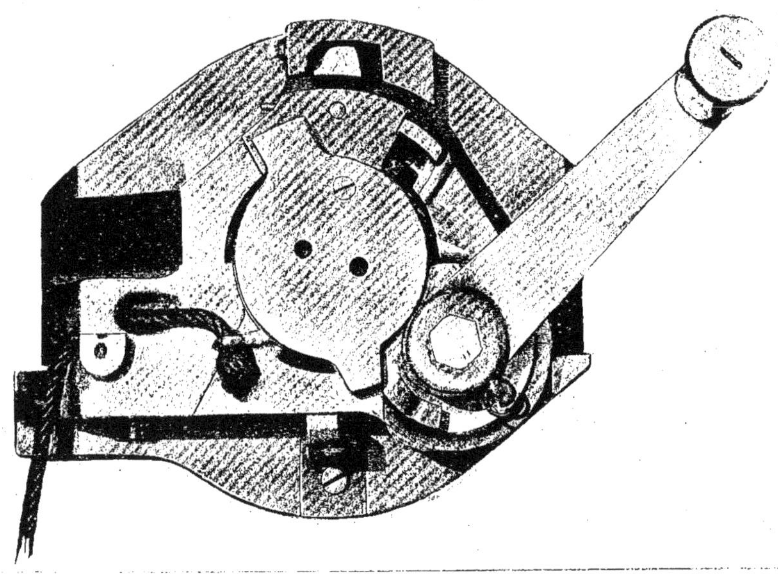

Fig. 51.

2° La vis-culasse ne pourrait dévirer qu'après avoir cisaillé le talon I du levier d'armé qui, après le coup, s'engage dans une rainure longitudinale du volet.

Si, par une fausse manœuvre, on agissait sur la gâchette avant la fermeture de la culasse, le percuteur serait dégagé et projeté légèrement en avant ; mais la pointe resterait en arrière de la tranche antérieure de la vis-culasse, par conséquent la mise de feu ne se produirait pas. Il n'est pas nécessaire, dans ce cas, de refermer la culasse pour réarmer le percuteur : avec un outil, le manche d'un marteau par exemple, il suffit de presser sur le bec du levier d'armé engagé dans la rainure longitudinale du volet pour remettre le percuteur à sa position d'armé.

Remplacement du percuteur et de son ressort. — Pour opérer le remplacement du percuteur et de son ressort, il faut dévisser le bouchon fileté de la plaque qui ferme la vis-culasse, à l'arrière ; le ressort est alors facilement retiré. Pour sortir le percuteur : le tirer à l'arrière jusqu'à ce qu'il soit arrêté par le levier d'armé, lui faire exécuter une demi-rotation autour de son axe pour dégager le bec du levier d'armé : le percuteur est libre, et il peut être retiré de la vis-culasse.

Nota. Cette manœuvre est facilitée si l'on a soin de tirer sur la gâchette pour empêcher de presser sur le percuteur.

Si l'on veut introduire le percuteur dans son logement, il faut opérer inversement, et prendre la précaution de guider le levier d'armé pour que son extrémité se place facilement entre les tenons et la nervure circulaire du percuteur.

F. *Fermeture de culasse à un seul mouvement pour canon à tir rapide. Système Darmancier* (fig. 52 à 54).

La fermeture de culasse est à vis à filets interrompus, supportée par un volet qui oscille autour du boulon de charnière ajusté sur le côté droit du tonnerre de la bouche à feu.

Le mécanisme d'ouverture et de fermeture de la culasse satisfait aux conditions suivantes :

1° Obturation par une douille métallique contenant la charge.

2° Armé du percuteur et mise de feu par la traction exercée sur le cordeau tire-feu, la culasse restant complètement fermée.

3° Impossibilité de faire partir le coup tant que la culasse n'est pas complètement fermée.

4° Immobilisation de la fermeture à la position de route ou de manœuvre et sécurité contre la mise de feu dans cette position, la pièce étant chargée.

5° Sécurité contre les longs feux.

Les pièces principales de la fermeture de culasse sont :

La vis culasse,
Le volet, sa clé, son verrou et son boulon de charnière,
Le levier de manœuvre avec :
L'appareil de mise de feu,
L'éjecteur,
L'appareil de sécurité en cas de long feu.

Vis-culasse. — La vis-culasse est à deux ou de préférence trois filets interrompus, comme l'écrou de culasse du canon. Dans la partie arrière sont creusées : une denture pour le 1/4 ou le 1/6 de tour et l'extraction ; les rainures de la clé et du verrou qui servent à guider la vis dans ses mouvements, une entaille, et un trou central servant de logement à l'appareil de mise de feu.

Volet. — Le volet guide et supporte la vis culasse dans ses mouvements de rotation et de translation ; il porte le verrou, la clef, l'axe du levier de manœuvre, le boulon de charnière, et une rainure circulaire de sécurité contre un départ prématuré du coup.

Levier de manœuvre. — Le levier de manœuvre avec poignée et pignon de commande formant une seule pièce, porte un loquet pour maintenir la culasse fermée, et dégager de la vis-culasse, au début de l'ouverture, le verrou par le volet.

Appareil de mise de feu. — Cet appareil comprend : le percuteur, son ressort à boudin, la pièce de compression du ressort et la détente-gâchette à laquelle est accroché le cordeau tire-feu (fig. 52).

Quand on exerce une traction sur le cordeau tire-feu, la détente-gâchette, en oscillant autour de son axe fixé à la vis-culasse, tire le percuteur en arrière en même temps qu'elle pousse en avant la pièce de compression du ressort. Le ressort du percuteur est ainsi comprimé par chacune de ses extrémités, jusqu'à ce que le bec de la détente-gâchette abandonne le percuteur qui est projeté en avant et met le feu. Quand on cesse de tirer sur le

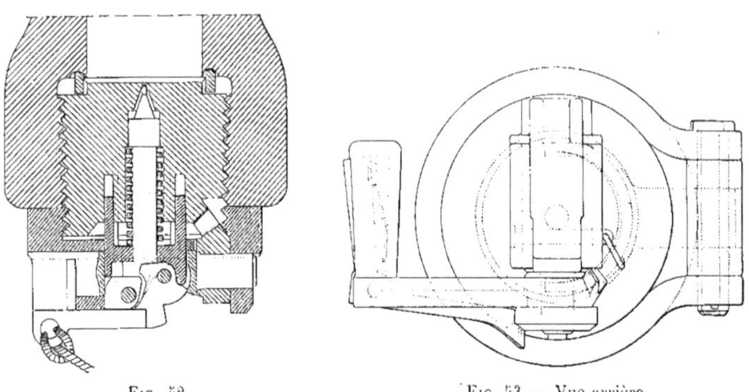

Fig. 52. Fig. 53. — Vue arrière.

cordeau, le ressort achève de se détendre en repoussant en arrière la pièce de compression du ressort qui ramène la détente-gâchette à la position qu'elle occupait avant de faire partir le coup.

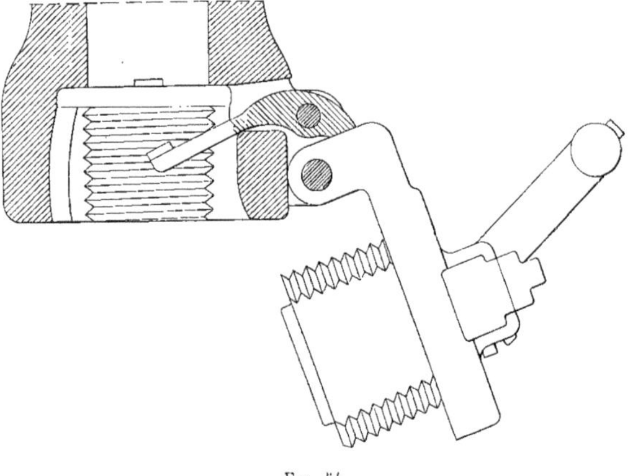

Fig. 54.

Éjecteur. — L'éjecteur est constitué par un levier articulé terminé à l'une de ses extrémités par un talon et à l'autre extrémité par deux branches recourbées en forme de fourche, comme l'indique en pointillé la fig. 53 ; deux petites griffes, terminant les extrémités de la fourche, constituent la prise d'appui de l'éjecteur contre le bourrelet de la douille ; à la fin de son mouvement de rotation, le volet vient frapper fortement sur le talon de l'éjecteur, l'oblige à pivoter autour de son axe et produit ainsi l'extraction de la douille.

Sécurité pendant les manœuvres de la pièce chargée. — Pendant le roulement ou les manœuvres de la pièce, le levier de manœuvre et la détente-gâchette sont immobilisés par une clavette de sécurité qui rend impossible l'ouverture de la culasse et la mise de feu.

Manœuvre de la culasse. — Pour la manœuvre de la culasse, le servant est placé à droite du châssis d'affût.

L'ouverture et l'éjection de la douille s'opèrent en faisant décrire un mouvement de rotation au levier de manœuvre, suivant un plan perpendiculaire à la tranche arrière du canon.

Pour refermer la culasse, on ramène le volet contre la tranche du canon, et on continue ce mouvement sur le levier de manœuvre jusqu'à ce que ce dernier se rabatte entièrement sur le volet.

La manœuvre de la culasse est par suite effectuée en un seul temps, soit pour l'ouverture, soit pour la fermeture.

La rapidité du tir en rectifiant le pointage après chaque coup, peut atteindre 15 coups par minute, si l'on ne change ni la hausse, ni l'évent, lorsqu'il est fait usage de schrapnels.

G. *Fermeture Mondragon de l'artillerie mexicaine* (fig. 55 à 59).

Cette fermeture est adaptée au matériel de montagne en service au Mexique et exécuté à Saint-Chamond.

L'écrou de culasse se compose de deux parties filetées dont l'une cylindrique est creusée dans la jaquette, et l'autre tronconique dans le tube. Les filets de ces deux parties sont interrompus et constituent six segments lisses et six segments filetés, alternés et égaux entre eux ; les segments lisses de la partie tronconique correspondent aux segments filetés de la portion cylindrique, et réciproquement. Cette disposition a pour but de répartir l'effort, exercé sur la vis, moitié sur le tube et moitié sur la jaquette. Sur le côté gauche de l'écrou est creusée une entaille destinée à recevoir l'extracteur qui règne sur toute la longueur de l'écrou de culasse.

Fermeture de culasse. — La fermeture de culasse comprend : la *vis-culasse*, le *volet* et son verrou de sécurité, le *levier de manœuvre* avec son tenon et son loquet, le *percuteur* et l'*extracteur*.

Vis-culasse. — La vis-culasse est de forme tronconique, à filets interrompus ; elle est traversée, sur toute sa longueur, par le logement du percuteur. Sur la tranche arrière sont creusées deux rainures, dont l'une sur le côté gauche, dans laquelle s'engage le tenon du levier de manœuvre, est hélicoïdale, de façon à produire un mouvement de rotation d'un douzième de tour ; la deuxième est circulaire et reçoit le verrou de sécurité qu'elle immobilise tant que la culasse n'est pas complètement fermée.

Volet. — Le volet supporte et guide la vis dans son mouvement de rotation ; il possède les logements du levier de manœuvre, du marteau, du percuteur et du verrou de sécurité. Il est traversé, à gauche, par le boulon de charnière autour duquel peut tourner tout l'ensemble de la fermeture, et se termine par une dent qui vient heurter l'extracteur à la fin de l'ouverture de la culasse.

Le *verrou de sécurité*, disposé sur le côté droit du volet, comprend le verrou proprement dit et son ressort. L'extrémité de droite du verrou se termine en forme de bec, et vient s'appuyer sur une rampe prévue sur la tranche arrière du canon ; l'autre extrémité est terminée par une demi-lunette constamment sollicitée, par son ressort, vers le percuteur qu'elle immobilise pendant la manœuvre de la culasse.

Levier de manœuvre. — Le levier de manœuvre comprend : le *corps de levier*, le *tenon*, le *loquet à ressort* et le *taquet* de manœuvre du verrou de sécurité.

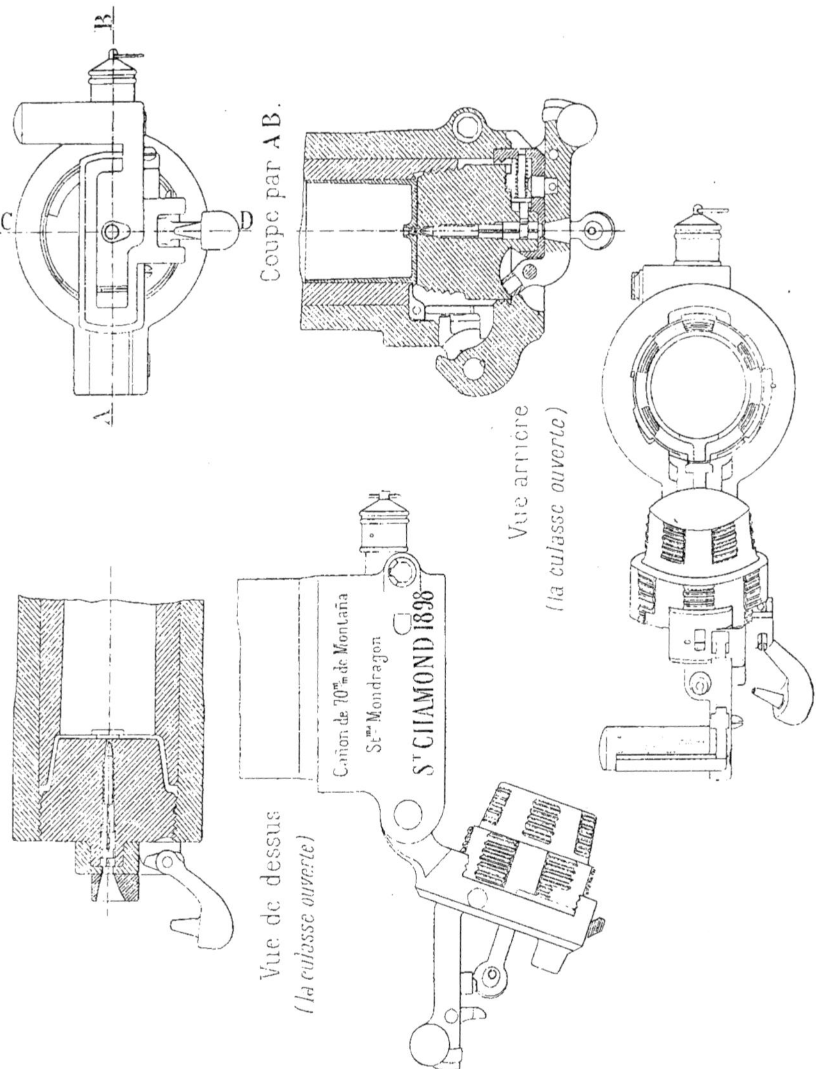

Le corps de levier porte, près du tenon, un trou dans lequel pénètre l'axe d'oscillation du levier ; un autre trou, de forme tronconique et elliptique, est percé suivant l'axe du canon, pour permettre le passage de la pointe du marteau du percuteur. Le tenon de manœuvre de la vis-culasse est entouré d'un anneau en acier dur qui s'engage dans la rainure hélicoïdale de la vis-culasse.

La poignée du levier de manœuvre est évidée et porte le *loquet de ressort* formé par un levier d'équerre oscillant autour d'un axe qui traverse le coude du levier. Le bras vertical du loquet est constamment sollicité par le ressort à lame placé dans la poignée du levier; le bras horizontal est muni d'un talon qui vient pénétrer dans le logement correspondant du volet lorsque la culasse est complètement fermée.

Percuteur. — Le percuteur est aminci du côté qui vient frapper le culot de l'étui contenant la charge, et porte, du côté opposé, une rainure dans laquelle s'engage la demi-lunette du verrou de sécurité. Il est constamment sollicité vers l'arrière par un ressort à boudin qui l'entoure, et qui est logé dans l'intérieur de la vis-culasse.

Le *marteau* du percuteur est constitué par un levier articulé, terminé, d'un côté, par une masse dans laquelle est rapportée la pointe du marteau et de l'autre côté par un taquet empêchant le marteau d'osciller si la culasse n'est pas complètement fermée. A la naissance du taquet est percé un trou dans lequel s'engage le crochet du cordeau tire-feu.

Extracteur. — L'extracteur comprend le corps d'extracteur et la griffe articulée.

Le corps porte à l'arrière un talon contre lequel vient buter la dent du volet, et à l'avant un nœud de charnière sur lequel vient s'assembler la griffe d'extraction. Cette dernière pénètre tout entière dans un logement prévu sur la tranche arrière du tube, et son extrémité vient s'appuyer sur la face avant du bourrelet de l'étui. Le petit côté de la griffe est terminé par un talon qui vient buter, pendant le mouvement d'extraction, contre un arrêt prévu dans la rainure de l'écrou de culasse, et accélère le mouvement de l'étui après l'avoir décollé et retiré en partie de la chambre du canon.

Fonctionnement de la fermeture de culasse. — Pour ouvrir la culasse, on agit sur la poignée du levier de manœuvre de manière à comprimer le ressort du loquet, et on imprime au levier un mouvement de rotation de droite à gauche. La compression du ressort de la poignée fait dégager le crochet du loquet; le levier de manœuvre commence son mouvement de rotation autour de son axe; le taquet dégage le verrou de sûreté qui immobilise le percuteur; le tenon à anneau pénètre dans la rainure hélicoïdale de la vis-culasse, et lui fait décrire un douzième de tour. L'ensemble de la fermeture tourne ensuite autour du boulon de charnière du volet; la dent du volet vient attaquer le talon de l'extracteur, et, en continuant le mouvement de rotation, l'étui est éjecté.

Pour fermer la culasse, les mouvements s'exécutent en ordre inverse.

Pendant ces mouvements d'ouverture et de fermeture, le percuteur et son marteau sont immobilisés de manière que le coup ne peut partir que si la culasse est complètement fermée.

Cette culasse, qui se manœuvre en un temps, ne renferme qu'un petit nombre d'organes tous simples et robustes, et le mécanisme présente toutes garanties de sécurité dans son fonctionnement.

H. *Fermeture à vis système Skoda* (fig. 60 à 62).

La fermeture Skoda est organisée de manière à empêcher toute ouverture accidentelle au moment du tir, ou mise de feu prématurée avant la fermeture de la culasse. Elle présente en outre une disposition spéciale pour recevoir un culot obturateur mobile.

Ce système comprend un levier monté sur la plaque de fermeture de façon à pouvoir faire tourner la vis de culasse; ce levier est lui-même guidé par une gorge ménagée sur la tranche arrière de la pièce. Lorsque la culasse est fermée, le levier est emboîté dans une portion radiale de cette gorge, et s'y trouve maintenu par un cliquet de manière à empêcher toute rotation de la culasse. En même temps un verrou de sûreté, mobile également suivant une direction radiale, enclenche le percuteur, à moins qu'il ne soit déplacé par le levier en question de manière à laisser libre course au percuteur.

La culasse reçoit un culot obturateur en acier, maintenu par un ressort convenable; mais cette disposition est indépendante du mécanisme de fermeture proprement dit.

Description du mécanisme. — Les tracés ci-joints représentent : 1° une élévation arrière du canon, la culasse supposée fermée ; 2° la coupe longitudinale correspondante ; 3° une section transversale suivant l'axe de la vis-culasse.

Au plateau postérieur *a* est articulée, autour d'un téton *b*, la poignée *c*, laquelle, lorsqu'on tourne la vis de culasse, coulisse par le bec *d* de son bras *e* dans une gorge *f* ménagée dans la frette de culasse. Cette gorge comporte à son extrémité supérieure un prolongement radial *g* dans lequel peut pénétrer le bec *d* du bras *e* aussitôt que la vis de culasse atteint la position de fermeture (fig. 60). Dans cette position, le dévirage est rendu impossible. Lorsque la poignée *c* tourne autour du téton *b*, il en résulte un échappement radial du verrou de sûreté *h*, mais l'extrémité inférieure de ce verrou, en forme de fourche,

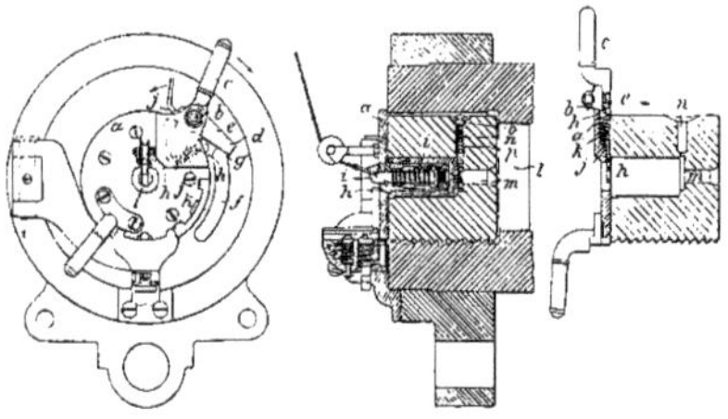

Fig. 60 à 62.

ne libère le percuteur *i* qu'au moment où le bec *d* de la poignée est arrivé à l'extrémité de la gorge *g*.

Le cliquet *j* sert à maintenir la poignée *c* dans la position de la figure (culasse fermée) ainsi que dans celle d'ouverture. Un ressort *k*, bandé entre le verrou de sûreté *h* et ce cliquet *j*, appuie constamment ce dernier contre les dents de la poignée *c* et repousse le verrou *h* contre le bras *e*.

Pour ouvrir la culasse, il suffit de repousser le cliquet *j* et de mouvoir la poignée *c* dans le sens de la flèche. Le verrou *h* se trouve poussé vers l'intérieur de manière à bloquer le percuteur ; en même temps le bec *d* du bras *e* quitte l'encoche *g* de la gorge *f*, ce qui permet de faire tourner la culasse.

La fermeture s'opère par les mouvements inverses, et l'on voit que le verrou *h* ne peut dégager le percuteur *i* que, lorsque le bec *d* est retombé dans son repos *g*, c'est-à-dire une fois la rotation de fermeture complètement effectuée.

Ce mécanisme pourrait se combiner avec une forme quelconque de douille métallique pour cartouche, ou d'obturateur fixe. Les tracés ci-joints le représentent aménagé pour recevoir le culot obturateur Skoda.

Ce culot obturateur *l*, en acier, porte en son centre un prolongement tubulaire qui reçoit l'amorce destinée au choc du percuteur. Ce prolongement tubulaire s'engage dans l'évidement *m* de la culasse, et y maintenu par la tige d'arrêt *o* logée dans le canal *n* sous l'effort du ressort *p*. En appuyant sur la tête de la tige, on dégage le culot, et l'on peut le retirer de son logement. Ce culot reçoit un sachet fermé par un couvercle en carton, et renfermant la charge de poudre. On l'enlève après chaque coup, comme il vient d'être dit, mais on peut l'employer à nouveau et il suffit d'un jeu de quelques culots pour assurer le service de la bouche à feu.

I. *Fermeture de culasse système Canet, adoptée par la marine russe* (fig. 63 à 68).

Mécanisme de culasse. — La fermeture de culasse, du système à vis, est organisée de manière à permettre d'effectuer les trois mouvements de rotation, de translation et de rabattement sur le côté, que comporte la manœuvre de la vis, à l'aide d'un simple déplacement imprimé à un levier dans un plan déterminé.

La vis de culasse A, à filets interrompus sur quatre secteurs égaux, est portée par un volet B dont le fonctionnement est assuré par le verrou *a* et le heurtoir *b*, et qui fait corps avec une console C. Elle est creusée sur sa tranche postérieure d'une cavité circulaire dans laquelle se fixe une bague présentant deux dents d'engrenage conique *c*; un arbre *d*, vissé au centre de la culasse, la prolonge à l'arrière.

Dans le fond de la console est pratiquée une fente longitudinale *f*, dans laquelle se meut un pivot *g*, pouvant tourner dans un coussinet *k*, et sur lequel sont calés : 1° une portion de pignon à axe vertical *h* qui peut engrener avec les dents *c*; 2° un levier à

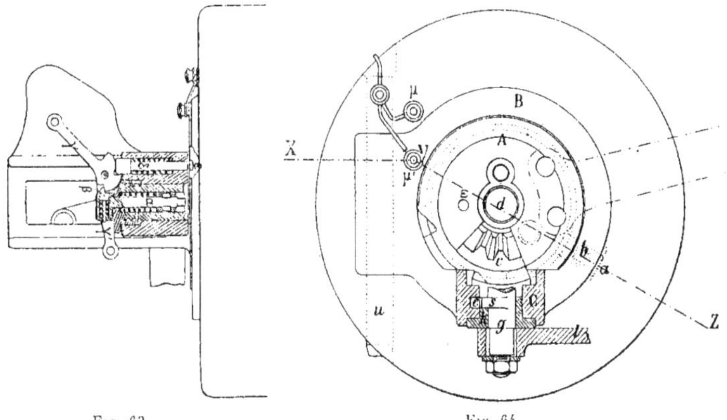

Fig. 63. Fig. 64.

deux branches, la grande branche *l* se terminant par une poignée de manœuvre P, la petite branche *m* portant un galet *r* qui se meut dans une coulisse horizontale *n* ménagée sous la console. La coulisse *n* comprend deux parties : l'une circulaire, ayant son centre sur l'axe du pivot, l'autre rectiligne, oblique par rapport à l'axe du canon.

Le pivot *g* est relié à la vis au moyen d'une pièce d'entraînement *p* formée de deux douilles à axes rectangulaires dans lesquelles peuvent respectivement tourner le pivot et l'arbre *d* de la vis; cette pièce entraîne la vis en prenant appui sur la tête d'un bouchon *q* fixé à l'extrémité de l'arbre.

La culasse s'ouvre par un seul mouvement de la poignée de manœuvre P, de droite à gauche. Au début du mouvement, la rotation du levier *l* autour du pivot *g* produit le dévirage de la vis, dont les dents *c* sont entraînées par le pignon *h*; en même temps, le galet *r* parcourt la partie circulaire de la coulisse *n*, et la came *s* que porte le pivot, passant par une échancrure *e* de la console, vient buter contre la tranche postérieure du volet. Si l'on continue à agir sur la poignée, le pivot *g* ainsi que la vis de culasse sont ramenés en arrière, tandis que le galet *r* décrit la partie rectiligne de la coulisse. A la fin de ce mouvement, le coussinet *k* et la partie inférieure de la pièce d'entraînement viennent heurter la traverse arrière *t* de la console, et tout le système devenu solidaire pivote autour de l'axe *u* du volet jusqu'à ce que la face inclinée de la charnière prenne appui sur le canon : la culasse est ouverte.

La fermeture s'opère aussi d'un seul mouvement, par une série de déplacements inverses. Le mouvement du levier *l* est limité par une butée *v* qui vient au contact de la tranche postérieure du canon, lorsque les filets de la vis ont entièrement pénétré dans l'écrou de culasse.

Pour empêcher le dévirage accidentel de la vis pendant que la culasse est fermée, on a muni le levier *l* d'un loquet qui vient en prise avec un ergot de butée rapporté sur le corps du canon, lorsque le levier est arrivé au bout de sa course. En saisissant la poignée P pour ouvrir la culasse, le servant pèse naturellement sur elle et comprime un ressort à boudin entourant la soie de la poignée ; il fait ainsi basculer le loquet de sûreté qui se

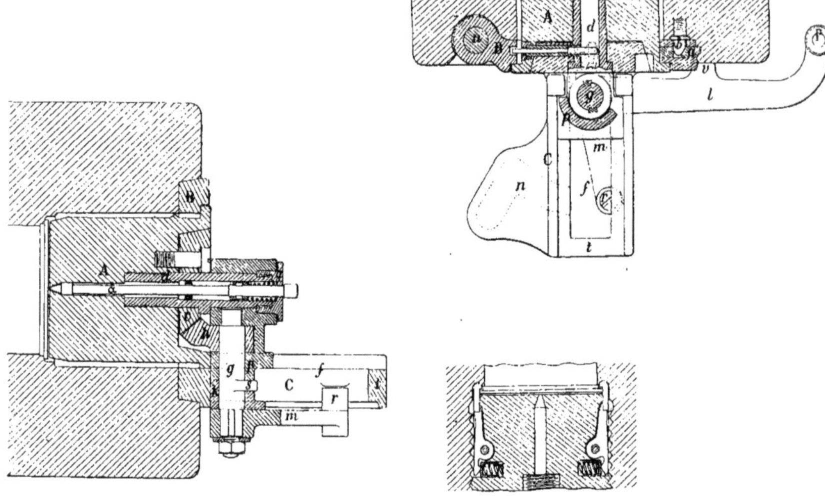

Fig. 65. Fig. 66 et 67.

dégage de l'ergot. Cet appareil n'est pas représenté sur les figures. Il est d'ailleurs complété par un dispositif destiné à ne permettre d'ouvrir la culasse que lorsque le coup est parti ; ce dispositif, dont le but est de prévenir les accidents en cas de raté ou de long feu, est porté par le levier de manœuvre, et fonctionne par inertie lorsque le canon recule.

La *mise de feu* peut se faire mécaniquement ou électriquement. L'appareil de mise de feu pour l'emploi des amorces à percussion (fig. 63 et 65) se compose essentiellement : 1° d'un percuteur α engagé dans le canal central de la vis, et actionné par un ressort à boudin ; 2° d'une gâchette à ressort β renfermée dans la tête du percuteur ; 3° d'une détente γ mobile autour d'un pivot, munie d'une came sur laquelle agit un bonhomme à ressort δ logé dans la pièce d'entraînement, et terminé par un anneau pour l'accrochage du tire-feu.

En tendant le cordeau du tire-feu, le pointeur, placé sur le côté de la pièce, fait tourner la détente autour de son pivot. La came refoule le bonhomme en faisant pénétrer son extrémité antérieure dans un logement ε (voir aussi fig. 64) pratiqué dans la vis ; en même temps, son bec, agissant sur la gâchette, retire le percuteur en arrière, et l'arme. Il suffit d'abandonner la détente à elle-même, pour déterminer le départ du coup.

Le bonhomme ξ ne sert pas seulement à actionner la came de détente ; il joue aussi le rôle de pièce de sûreté, en empêchant la détente de fonctionner tant qu'il ne se trouve pas exactement en face de son logement, c'est-à-dire tant que la culasse n'est pas fermée.

Pour permettre au pointeur de mettre le feu en se tenant derrière le canon, on a ajouté à la détente un second bras γ' terminé également par un anneau d'accrochage de tire-feu.

Lorsqu'on veut employer la mise de feu par l'électricité (fig. 68), on remplace le percuteur avec son ressort par une aiguille isolée λ qui, sous l'action d'un ressort à boudin, fait légèrement saillie en avant de la tranche antérieure de la vis. La gâchette et la détente de l'appareil de percussion sont conservées pour maintenir en place le bouchon sur lequel agit la pièce d'entraînement, ainsi qu'on peut s'en rendre compte par la fig. 63.

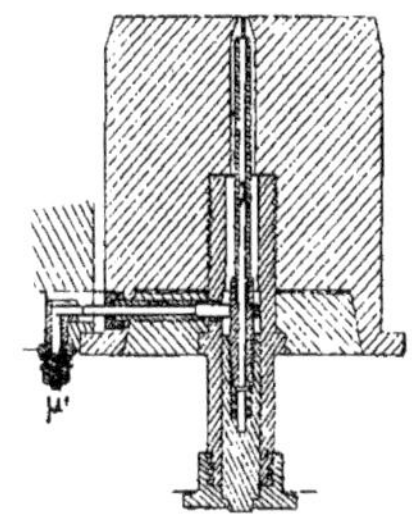

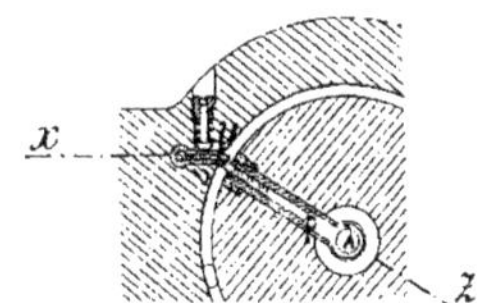

Fig. 68.

La culasse étant fermée, l'aiguille λ vient buter contre la partie centrale de l'amorce électrique. Le contact électrique est alors établi : 1° par une borne supérieure μ qui envoie le courant dans le canon et par suite sur les parois de la douille et à la partie externe de l'amorce ; 2° par une borne inférieure μ' qui transmet le courant dans une lame à ressort isolée ν, logée dans le volet et contre laquelle vient appuyer, au moment où le huitième de tour est achevé, un conducteur isolé ρ logé dans la vis et communiquant avec l'aiguille. Le départ du coup est déterminé au moyen d'un ferme-circuit. Tant que la culasse n'est pas complètement fermée, le contact n'a pas lieu ; le circuit reste ouvert et on ne peut pas faire feu.

Les *extracteurs* (fig. 67), au nombre de deux, sont logés sur les côtés de la vis dans un même plan diamétral. Ils sont formés chacun d'une griffe pouvant pivoter autour d'un petit tourillon fixé au corps de la vis, et terminée à l'arrière par un talon qu'un ressort à boudin maintient relevé. Lorsqu'on ferme la culasse, les griffes franchissent le bourrelet de la cartouche ; elles ramènent celle-ci en arrière dans le mouvement d'ouverture. La griffe de droite abandonne d'abord le bourrelet, tandis que celle de gauche continue à agir jusqu'à l'extraction complète de la douille.

K. *Fermeture Darmancier pour canons de gros calibres.*

On s'est proposé d'assurer l'ouverture ou la fermeture de la culasse par la rotation continue d'une tige portée par le canon, dans un sens ou dans l'autre, et l'on adjoint au système un dispositif empêchant toute mise de feu prématurée et tout dévirage.

La fig. 69 représente la culasse fermée vue de l'arrière.

La fig. 70 une section horizontale de la précédente suivant AB.

La fig. 71 une vue arrière du système après le premier temps de la rotation.

La fig. 72 une section suivant CD, de la figure précédente.

La fig. 73 la position après le second temps de la rotation.

Enfin la fig. 74 le système complètement ouvert.

Description des organes. — La culasse 1 est ouverte ou fermée par la rotation con-

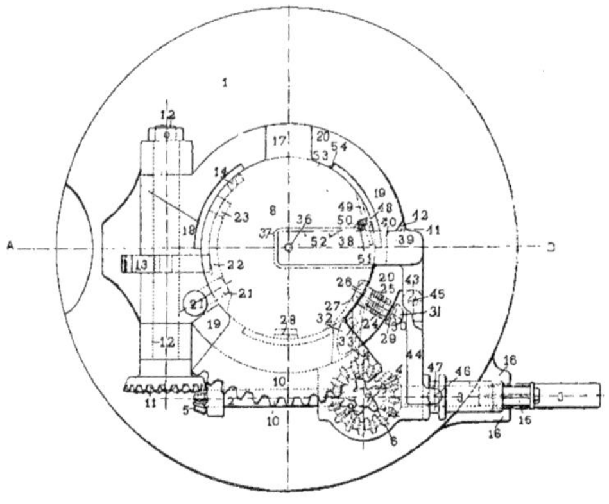

Fig. 69.

tinue de l'arbre 2, manœuvré par la manivelle 3 ou par tout autre moteur, et sur lequel sont clavetés les deux pignons d'angle 4 et 5. Le pignon 4 engrène avec une roue d'angle 6 montée sur un pivot 7 parallèle à l'axe du bloc de culasse 8 et portant un pignon 9 en

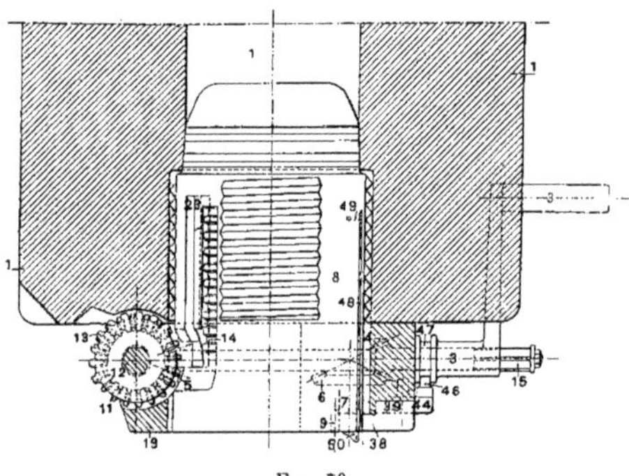

Fig. 70.

prise avec le secteur denté 10 de ce bloc. Le pignon 5 engrène avec une roue d'angle 11, monté sur le boulon de charnière 12, sur lequel est en outre claveté un pignon 13 susceptible d'agir sur une crémaillère 14 ménagée dans le bloc de culasse 8. L'arbre 2 et le boulon 12 sont fixés au canon par des supports ou charnières convenables. La manivelle 3 se déplace longitudinalement sur la tête carrée 15 de l'arbre 2 et quand la culasse est fermée on l'engage dans la mâchoire de sûreté 16 qui l'empêche de tourner.

Le bloc de culasse 8 porte une languette 17 qui vient porter contre un tenon d'arrêt 18 monté sur le volet 19 ; ce dernier porte en outre un épaulement 20 et une clé 21 qui s'engage soit dans la rainure concentrique ou transversale 22, soit dans la rainure longitudinale 23 ménagée dans la culasse. Cette dernière est comme toujours à filets interrompus ouvrant à droite ou à gauche.

Un logement ménagé dans le volet 19 reçoit un verrou 24 appliqué contre la culasse

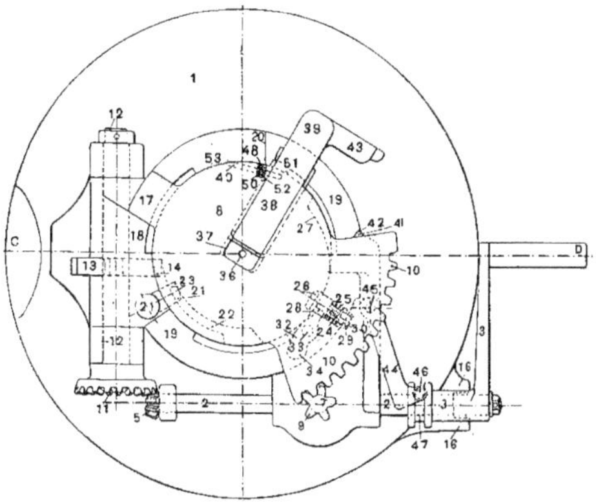

Fig. 71. — Fermeture Darmancier pour canons de gros calibre.

par le ressort 25. L'extrémité intérieure 26 de ce verrou porte soit dans la rainure circulaire 27, soit dans le repos 28 ménagé dans la culasse. S'il en est autrement, l'extrémité extérieure 29 pénètre dans la mortaise 30 pratiquée dans la saillie 31 de la culasse.

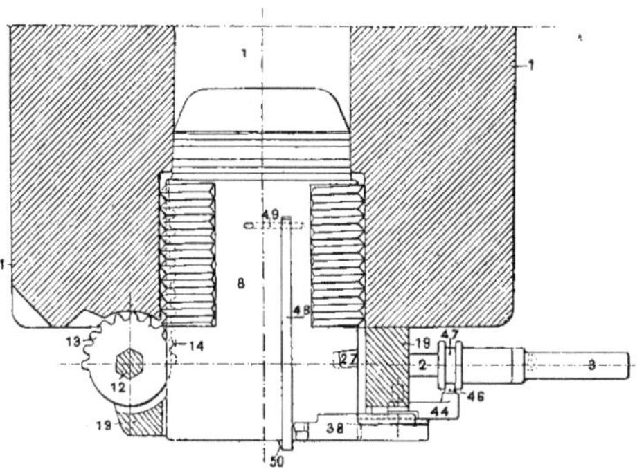

Fig. 72. — Fermeture Darmancier pour canons de gros calibre.

Le verrou 24 est relié à un cliquet 32 mobile autour du pivot 33. Ce verrou porte un bec arrondi. Le doigt de ce cliquet porte dans une encoche ménagée dans la queue 26 du verrou, tandis que son autre extrémité 34 peut s'élever le long d'une rampe en saillie sur la culasse.

Pour empêcher la mise de feu prématurée ou le dévirage, la culasse, qui est traversée par le canal de lumière 36, porte une rainure 37 en forme de T dans laquelle se meut une glissière de sûreté 38 qui recouvre le débouché du canal de lumière. Cette glissière porte tout ou partie du mécanisme d'inflammation électrique ou percutant, et se termine par un talon 39 muni d'une arête inclinée 40 qui peut s'engager dans la gaine 41 à face également inclinée 42 ménagée dans le volet.

Cette glissière de sûreté 38 porte également un bras 43 destiné à venir en contact

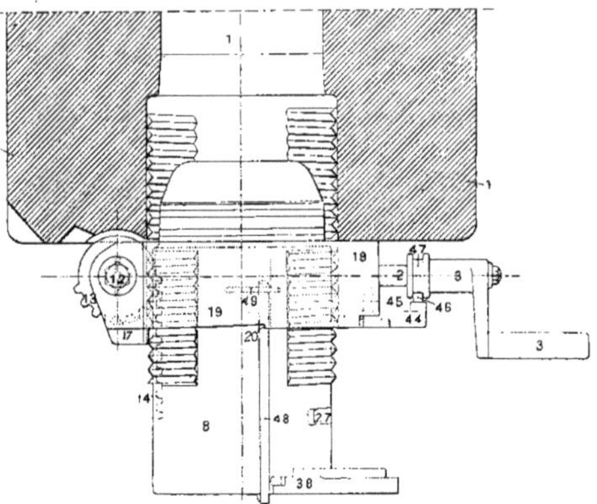

FIG. 73. — Fermeture Darmancier pour canons de gros calibre.

avec le levier 44 articulé au canon en 45 et portant un bouton 46 engagé dans la gorge 47 montée en saillie sur l'arbre 3. Enfin une réglette de sûreté 48, articulée à son extrémité 49, porte une tête moletée 50 qui sert à la soulever légèrement quand la culasse est

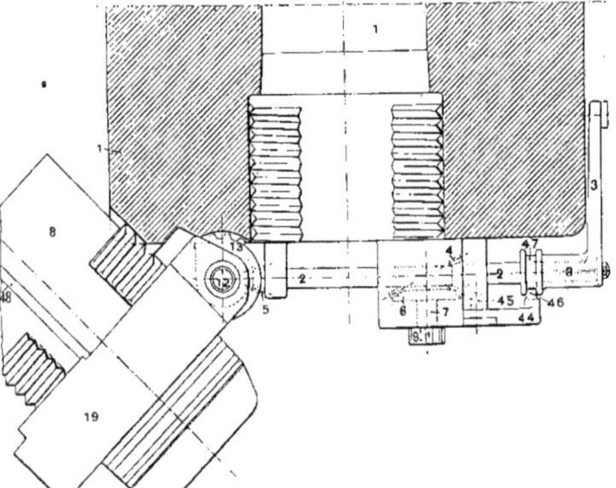

FIG. 74. — Fermeture Darmancier pour canons de gros calibre.

fermée. A la fin du 1/6e de tour, le plan incliné 54 du volet 19 oblige la réglette 48 à pénétrer dans l'encoche 52 de la glissière de sûreté et la face interne 53 du volet 19 maintient la réglette 48 dans cette position pour immobiliser cette glissière.

La manœuvre de tous ces organes s'effectue comme il suit :

Pour ouvrir la culasse, reporter la manivelle vers la droite pour la dégager de la mâchoire 16 et faire tourner l'arbre 2. Ce premier mouvement produit la rotation de la vis de culasse autour de son axe par l'intermédiaire du pignon 4 et de la roue d'angle 6, et celle du pignon 9 qui engrène avec le secteur denté 10. Le pignon 5 et la roue d'angle 11 font tourner également le boulon 12, mais sans résultat car le pignon 13 n'est pas encore en prise avec la crémaillère 14. La rotation de la culassse s'arrête lorsque la languette 17 vient rencontrer le tenon d'arrêt 18.

Durant cette première période, la rampe 27, coulissant sur la queue 26 du verrou 24 le refoule en engageant sa tête 29 dans son logement 30 de manière à fixer le volet à la culasse. En même temps la rainure 22 se déplace le long du talon de la clé 21, et ce dernier marche vers la rainure 23. Sitôt sa rotation terminée, la culasse est ramenée en arrière, car le pignon 13 engrène avec la crémaillère 14 et le secteur 10 se dégage du pignon 9. Mais dès que le talon de la clé 21 arrive en regard du repos 23 la culasse s'arrête (fig. 73) et le repos 28 vient à hauteur de la queue 26 du verrou 24.

A partir de ce moment, la culasse ne peut ni tourner sur elle-même, ni coulisser dans le volet, et tout le système doit pivoter autour du boulon de charnière 12, le pignon 13 commandant le volet 19 par l'intermédiaire de la culasse elle-même ; à cet effet, lorsque le volet se met en marche, la queue 34 du cliquet 32 descend la rampe inclinée de la culasse et permet à la queue du verrou 26 de pénétrer dans le repos 28, fixant ainsi la culasse au volet et rendant possible le mouvement de ce volet sous l'action du pignon 13 lors de la fermeture de la culasse.

Pendant ce temps, le système de sûreté a fonctionné comme il suit :

Au début de la manœuvre, le mouvement nécessaire de la manivelle 3 vers la droite a fait osciller le levier 44 et l'a amené à la position indiquée fig. 71. Ce mouvement est transmis par le bras 43 à la glissière de sûreté 38 dont le pan 40 s'élève sur la rampe inclinée 42 et finit par se dégager de cette rampe. Alors la glissière 38 est éloignée du centre de la culasse par la paroi externe du volet. En même temps, le mouvement de la glissière 38 a amené le cran 52 en face de la réglette 48 et quand la rotation de la culasse est presque achevée, cette réglette est rejetée par la rampe 54 dans le cran 52 où elle est maintenue par le secteur 53.

La glissière est ainsi absolument fixée à la culasse pendant tout le mouvement arrière de cette dernière et la rotation autour du boulon de charnière.

D'autre part les systèmes de mise de feu, électrique ou à percussion, qui sont portés en totalité ou en partie par la glissière 38, ne peuvent fonctionner que lorsque cette dernière est à bout de course vers la gauche.

Ainsi la mise de feu est rendue impossible pendant toute la manœuvre, puisque la glissière s'y déplace vers la droite dès l'origine.

Pour fermer la culasse, on fait tourner l'arbre 2 en sens contraire. Dès le début de la rotation, la culasse faisant corps avec le volet, tout le système tourne autour du boulon de charnière jusqu'à ce que la tête du volet vienne heurter la tranche arrière du canon. A ce moment le bonhomme 32, dont la queue 34 a remonté le plan incliné, refoule le verrou 24 dans son repos et dégage la queue 26 de son cran de repos 28. La tête du verrou fixe ainsi le volet à la culasse du canon et rend possible le mouvement de la vis sous l'action du pignon 13 commandant la crémaillère 14, et ce jusqu'à ce que la languette 17 vienne heurter le volet. Le secteur denté 10 engrène alors avec le pignon 9 et la vis de culasse tourne sur elle-même jusqu'à ce que la languette 17 rencontre le butoir 18. La culasse étant enfin fermée, on peut repousser la manivelle 3 vers la gauche, ce qui l'emprisonne dans la mâchoire 16, tout en permettant de tirer.

La glissière 38 n'a repris sa liberté qu'après la fermeture, et lorsque le talon 39 est dégagé du repos 42. Mais pour permettre de tirer, il faut que la réglette 48 soit soulevée de manière à permettre à la glissière de revenir à gauche à bout de course. Ce mouvement n'est possible que si le levier 44 a repris la position de la fig. 69, ce qui exige que la manivelle 3 soit à bloc vers la gauche, et, par suite, engagée dans la mâchoire 16, d'où impossibilité de mise de feu prématurée. De plus, quand la glissière 38 est ramenée à gauche, le talon 39 tombe dans le repos 41 du volet et relie ainsi la vis de culasse à ce dernier en empêchant le dévirage.

L'axe 7 étant fermement fixé au canon la roue 6 reste constamment engrenée au pignon 4 ; seul le secteur 10 se desembraye du pignon 9.

Dans un autre type de fermeture, les dispositions générales ci-dessus sont conservées, mais l'axe 7 est fixé au volet 19. La roue 6 n'engrène plus constamment avec le pignon 4 et la tige 2, et le secteur 10 se desembraye également du pignon 9.

L. *Mécanisme de culasse Vickers pour canon de 6 pouces (152 mm.)*

Ce mécanisme est du type « à un temps » où la culasse est ouverte ou fermée par un mouvement unique d'un levier à poignée, lequel suffit à faire tourner la vis à la dégager de l'âme en la reportant sur le côté, et à armer le percuteur.

La vis est du type Welin, c'est-à-dire divisée en secteurs de rayons différents ; elle est

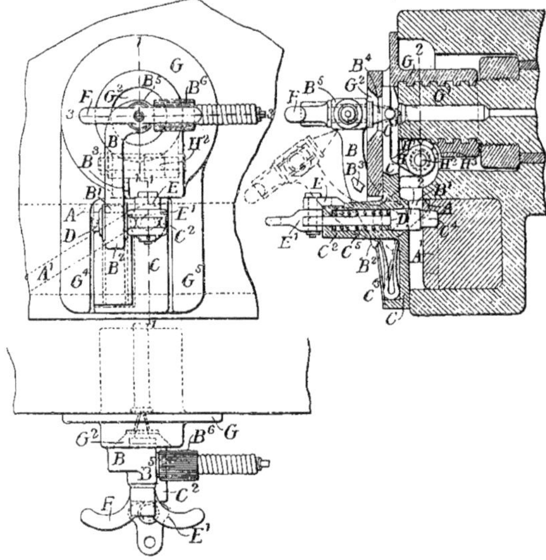

Fig. 75 à 77.

à six secteurs dont quatre filetés, de manière à faire travailler les $^2/_3$ de la circonférence, ce qui permet de réduire la longueur de la vis. Par suite de cette réduction, cet organe peut être dégagé après sa rotation sans qu'il soit nécessaire de lui donner de mouvement de translation, ni d'infléchir à cet effet le tracé de l'écrou. Le dispositif d'ouverture est du même genre que celui du canon de 3 pouces, et on n'y reviendra pas. Mais il y a lieu de s'étendre sur les mécanismes de mise de feu et sur le jeu de la planchette de chargement.

Mise de feu et extracteur (fig. 75 à 77). — A l'intérieur et sur la barre de commande du mécanisme se trouvent une rainure A de profondeur variable et une autre rainure inclinée A^1. Le marteau B est articulé sur le tiroir C à l'aide d'une broche D et muni d'un bouton B' qui s'engage dans la rainure A. Un bec B^2 de la queue du marteau est en prise avec un ressort de détente C^4 et un second B^4 avec la détente E une fois que le percuteur est armé à l'aide de la poignée F. Une broche B^5 est ajustée et convenablement isolée dans une douille B^3 montée sur le marteau. Cette broche B^5 forme conducteur électrique ou percuteur selon le cas, et traverse un orifice ménagé dans le tiroir C. Ce tiroir est retenu et guidé dans un écrou G et vient à la position de tir couvrir la tête de l'étoupille. L'écrou taraudé G est fixé à l'extrémité du verrou obturateur G^1 il donne passage en G^2 à la pointe du percuteur. En dessous descendent les deux mâchoires G^4 et G^5 entre lesquelles glisse le manchon C^2 monté sur le tiroir C.

Lorsqu'il est fait emploi de cartouches métalliques, un extracteur est logé dans l'écrou G il se compose de deux bras H et H^1 fixés à une cheville H^2 montée sur G : autour de cette cheville se trouve un ressort H^4 pour actionner le bras H ; ce dernier porte un ressaut H^3 en liaison avec le bras H^1 de telle sorte que H entraîne H^1 dans son mouvement vers l'extérieur, mais peut rentrer seul à sa position initiale. Sur le tiroir C se trouve un manchon C^2 qui contient le verrou de retenue C^4, ce verrou circule à frottement dur dans la rainure A^1 dont la rampe est telle que lorsque l'on met en mouvement la barre horizontale de commande, elle imprime au tiroir C un mouvement d'abaissement et le maintient à l'arrêt. Dans le manchon C^2, le ressort C^5 enroulé autour du verrou C^4 permet d'enlever ce dernier pour démonter le mécanisme de mise de feu.

Le ressort C^3, qui actionne le marteau, est fixé dans une cavité ménagée dans le tiroir C. La détente E, qui retient le marteau à l'armé, est montée à l'extrémité du verrou C^4 et manœuvrée par une came E^1 à deux leviers, de manière à permettre de déclencher de droite, de gauche ou de l'arrière du canon.

Une pièce de contact, avec isolement électrique convenable, est disposée dans la douille B^6, vissée sur la saillie du marteau, pour permettre d'établir le circuit avec la pointe B^5 du percuteur.

Fonctionnement. — Dès la mise en marche de la coulisse de commande, le marteau B s'écarte de l'étoupille, parce que le bouton B^1 est repoussé par la rampe de la rainure A, rompant ainsi le circuit, ou empêchant toute action du percuteur sur l'étoupille. En continuant le mouvement, le bouton abandonne la rampe, et porte sur la face de la coulisse, ce qui assure la sécurité de la manœuvre tant que la culasse est ouverte. En même temps le tiroir C s'abaisse en dégageant l'étoupille sous l'action du verrou C^4 manœuvré par la rampe A^1. Ce mouvement vertical du tiroir C fait agir le bouton C^1 sur l'extracteur H, et produit l'éjection de l'étoupille.

Pour armer, on retire le marteau en arrière, jusqu'à ce qu'il soit en prise avec la détente E.

Dans le modèle envoyé à l'Exposition, le marteau B à bascule est remplacé par un marteau central C^7 (fig. 78 à 80). Ce marteau est isolé électriquement dans une douille C^8 qui manœuvre à l'intérieur d'un manchon C^6 monté sur le tiroir C. Il est maintenu en contact avec l'étoupille par le ressort C^9, qui sert également à le faire fonctionner comme percuteur. Ce ressort est enroulé autour de la douille C^8, et maintenu en position par le culot C^{10} d'une part, et l'épaulement C^{11} de l'autre. La broche C^7 se termine par la pointe percutante C^{12}, butant contre l'épaulement C^{11}. De l'autre côté, la poignée C^{13} est maintenue par les écrous C^{14} et C^{15}. L'épaulement C^{11} de la douille C^8 porte un doigt C^{16} lequel, à travers une rainure ménagée dans la paroi du manchon C^6, se déplace le long d'une rampe C^{17} montée sur l'écrou G, et forme gachette pour venir en prise avec la détente E^2 lorsque l'on fait la mise de feu à percussion. Cette détente E^2, de la forme habituelle, est logée dans une douille C^{18} montée latéralement sur le manchon C^6, tandis que l'écrou B^6, monté sur le même manchon, renferme le contact électrique.

Fonctionnement. — Dès la mise en marche de la coulisse, la tête C^{12} du marteau s'éloigne de l'étoupille sous l'action de la rampe C^{17} sur laquelle monte le doigt C^{16}, ce qui rompt le circuit, ou écarte le percuteur de l'étoupille. Dans la suite du mouvement le doigt C^{16} continue à cheminer sur la rampe C^{17} et assure la sécurité. Les autres pièces

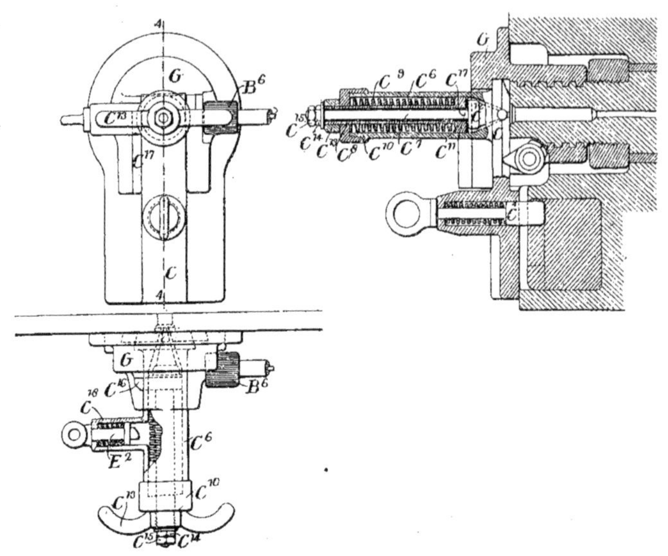

Fig. 78 à 80. — Fermeture Vickers pour canon de 6 pouces.

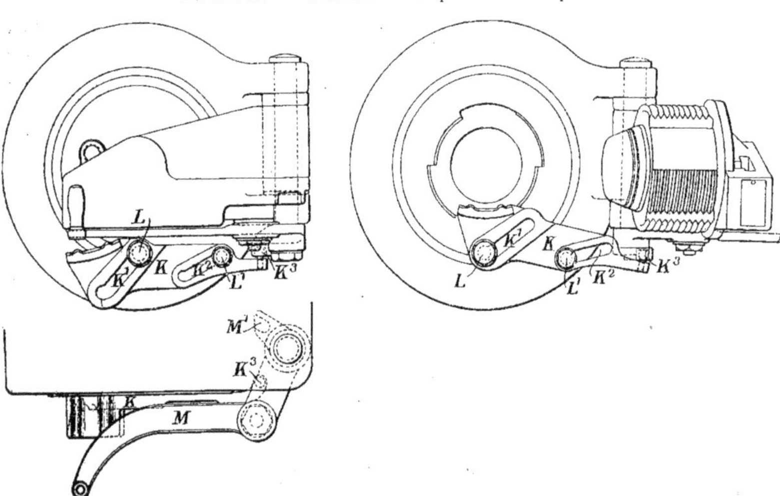

Fig. 81 à 83. — Fermeture Vickers pour canon de 6 pouces.

manœuvrent (tiroir et éjecteur) comme il a été dit plus haut. L'armé s'obtient en retirant le marteau jusqu'à l'emprise du percuteur avec la détente E^2.

Planchette de chargement. — La planchette K est maintenue à l'arrière de la pièce par les boutons L et L^1 qui traversent les coulisseaux K^1 et K^2 montés sur la planchette K et sont munis extérieurement de colliers ou d'écrous. Au fur et à mesure que la culasse s'ouvre, les coulisseaux guident la planchette K qui se déplace transversalement le long de la tranche arrière de culasse, et ce sous l'effort du bec M^1 du levier de manœuvre, lequel à un moment donné entre en prise avec une cheville K^3 disposée à l'extrémité de la planchette (fig. 81 à 83).

Ce mouvement ne commence que lorsque la rotation de la vis-culasse est achevée, et l'ouverture de la culasse dégagée : il s'effectue progressivement par déplacement relatif des boutons dans les coulisseaux, jusqu'à ce que la planchette arrive à la position de chargement. Lorsqu'on referme la culasse, tous les mouvements précédents s'effectuent en ordre inverse, pour reporter la planchette de chargement sur le côté.

M. *Fermeture de culasse Vickers pour canons de très gros calibres* (fig. 84 et 85).

Cette fermeture ressemble fort à la précédente. Le volet A oscille autour d'un bouton de charnière C disposé sur le côté droit de la tranche de culasse. Ce boulon porte à peu

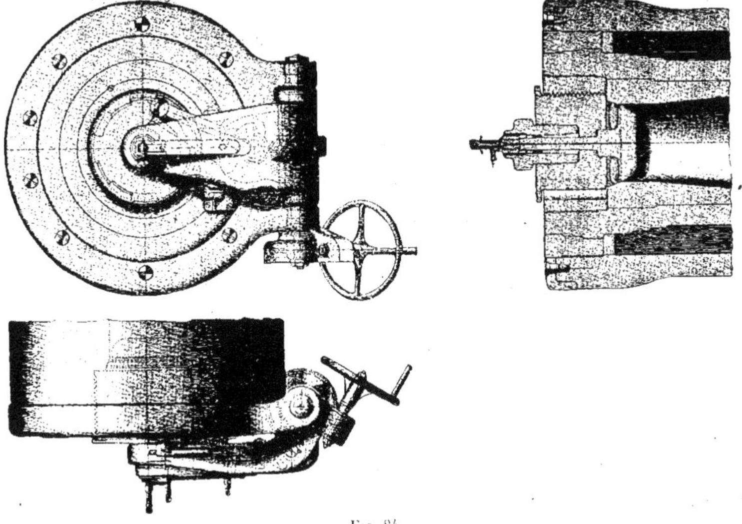

Fig. 84.

près à mi-hauteur un secteur denté D qui engrène avec un segment de pignon E ayant son axe dans une cavité ménagée dans le volet.

Une partie de la périphérie de ce dernier segment est munie d'une denture hélicoïdale en prise avec une denture semblable taillée sur un deuxième pignon F dont le pivot est également logé dans le volet de manière à pouvoir tourner dans un plan parallèle à la tranche du culasse. Sur ce deuxième pignon fait saillie un bras court G portant un maneton *f* relié par une bielle H, à un tourillon *h* en saillie vers l'arrière sur la tranche de culasse. La bielle H et le bras G sont disposés de manière à se trouver presque en ligne droite quand la culasse est fermée, le maneton se trouvant alors un peu au delà du point mort, et la bielle portant contre la paroi supérieure *h* de la cavité du volet dans laquelle ces organes sont logés. De cette façon, quand la culasse est fermée, on obtient le maximum de résistance au déculassement. Le boulon de charnière *c* autour duquel tourne le volet, peut être actionné à l'aide d'un mécanisme de vis sans fin K.

La coulisse de commande, pour mettre le percuteur au cran de sûreté, se déplace horizontalement vers le pivot du volet. A cet effet, une barre de liaison M, coulissant dans une rainure pratiquée sur la face arrière du volet A, est reliée en l'une de ses extrémités à la coulisse de l'appareil de mise de feu par une goupille à ressort *m* tandis qu'à

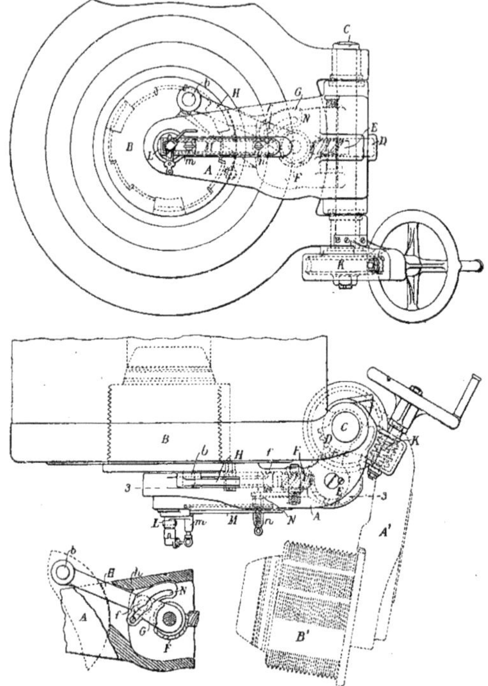

Fig. 85. — Fermeture Vickers pour canon de très gros calibre.

son autre extrémité est une seconde goupille à ressort *n* qui fait saillie vers l'avant à l'intérieur de la cavité du volet dans laquelle est monté le pignon F de manière à pénétrer dans une mortaise N en forme de came pratiquée dans la partie arrière du bras G. Le profil de cette mortaise à came est tracé de manière à imprimer à la barre de liaison M un mouvement très rapide vers le pivot du volet pendant les premiers instants du déplacement du bras G, avant que la culasse soit débloquée, c'est-à-dire que le maneton *f* n'ait reculé au delà du point mort.

Un tel dispositif empêche de faire partir le coup si la culasse n'est pas complètement fermée. Quand le mouvement continue, la came N déplace la barre de liaison M de l'appareil de mise de feu plus loin encore de l'axe du canon, en provoquant l'éjection de l'étoupille comme dans la culasse précédente. Les goupilles *m* et *n* sont maintenues par des ressorts que l'on peut retirer à la main si l'on veut démonter la mise de feu.

Fonctionnement. — Pour ouvrir la culasse on fait tourner le volant K : la vis hélicoïdale agissant sur le secteur denté inférieur monté sur le pivot de charnière fait tourner celui-ci, lequel par son autre secteur E agit sur la manivelle et produit la rotation de la culasse : en continuant de tourner, la culasse se fixe au volet par un linguet de retenue et le volet tourne à son tour en emportant la culasse. En même temps, la manivelle agit par la came sur la coulisse de mise de feu, en l'éloignant de l'étoupille : lorsque cette coulisse s'est suffisamment abaissée elle actionne l'éjecteur qui expulse l'étoupille, après avoir au préalable soulevé la griffe de retenue de cette dernière. De plus, au début du mouvement et avant la rotation de la culasse, le percuteur s'arme automatiquement au moyen d'un talon dont il est pourvu et qui s'engage sur une rampe rapide disposée à l'arrière de la douille du mécanisme de mise de feu. En cas de raté, on peut abaisser à la main la coulisse d'une quantité suffisante pour pouvoir retirer l'étoupille sans ouvrir la culasse.

N. *Culasse Welin.*

Toutes ces culasses Vickers sont du système Welin. On sait que dans la plupart des fermetures à vis les surfaces de portage ne représentent que la moitié des surfaces disponibles, puisque les secteurs pleins sont aussi nombreux que les secteurs filetés : d'où résulte une longueur et un poids excessif pour la vis puisque l'on doit récupérer en longueur les surfaces d'appui que l'on ne peut réaliser sur le pourtour.

Fig. 86.

Le système Welin tend à remédier à cet inconvénient en organisant un système de secteurs filetés en escaliers. Comme le montre la figure 86 la vis présente douze secteurs dont neuf filetés et travaillant, et par suite la surface de résistance est à celle d'une vis ordinaire dans le rapport de $^9/_{12}$ à $^6/_{12}$ ou de 3 à 2. D'où possibilité de réduire dans des proportions la longueur de la partie filetée de la vis et par suite la longueur totale de celle-ci. On réalise ainsi une plus grande facilité pour la manœuvre du système, car la culasse peut se retirer sans mouvement de translation spécial, et une réduction sensible du poids de la vis et du canon raccourci ainsi dans sa partie la plus lourde, réduction qui peut monter jusqu'à 500 kilog.

CHAPITRE II

Affûts de campagne et de montagne.

A. *Affût de campagne Schneider-Canet.*

Dans l'établissement de cet affût, l'on s'est efforcé d'obtenir un tir très rapide en même temps qu'une grande précision due à la suppression du soulèvement des roues et du dépointage, suppression réalisée par l'atténuation de la percussion de la pièce sur l'affût au départ du coup.

A cet effet, le canon est relié à l'affût par un frein hydropneumatique à très longue course (maximum 1 m. 10) : grâce à cette grande longueur de recul et au poids du canon qui a été intentionnellement porté à 400 kilog., l'effort sur l'affût au moment du tir ne produit qu'un soulèvement inappréciable des roues.

L'affût se compose d'un grand affût fixé à l'essieu, muni à l'arrière d'une bêche rigide de crosse, et d'un petit affût qui porte le berceau par des tourillons horizontaux et peut pivoter en direction sur le grand affût.

Berceau. — Le berceau dans lequel coulisse le canon est d'une seule pièce creusée de manière à fournir en outre les cylindres à liquide et à air du frein hydropneumatique.

Ce berceau est en acier à canon trempé : il est muni de rainures dans lesquelles coulissent les languettes de guidage du canon ; ces rainures sont revêtues intérieurement de bronze pour faciliter le glissement, et à l'avant de petites brosses pour essuyer les languettes pendant le recul.

Sur le côté gauche du berceau sont fixés les fourreaux de la hausse et du guidon.

Frein. — Le cylindre à liquide du frein hydropneumatique est placé à une faible distance du canon et directement en dessous. Le piston du frein est relié à l'arrière du canon par une attache élastique, les garnitures de la tête et de la tige sont absolument étanches.

Dans le mouvement de recul du canon, le liquide est refoulé dans des chambres à air placées latéralement en soulevant des soupapes chargées et en comprimant l'air, ce qui limite le recul du canon ; à la fin du recul, l'air réagit sur le liquide et le force à rentrer par de petits orifices dans le corps de pompe en ramenant le canon en batterie. Cette rentrée en batterie se fait en deux ou trois secondes, sans choc, et quel que soit l'angle de tir ; il ne faut pas perdre de vue que pendant la rentrée en batterie on exécute le chargement et le pointage, de sorte qu'il n'y a pas de temps perdu pour le service de la pièce.

L'air est comprimé dans le frein à une pression initiale de 12 atmosphères, laquelle ne monte qu'à 24 à la fin du recul. Cet air est renfermé dans un vase clos d'une part par les fonds du cylindre, et d'autre part par un diaphragme qui l'isole du liquide, de manière à éviter les fuites d'air, auxquelles on peut d'ailleurs remédier en rechargeant à l'aide d'une pompe légère qui accompagne le matériel.

Le démontage et le remplacement des joints, bien qu'étant des opérations exceptionnelles, n'exigent aucune connaissance spéciale.

Petit affût. — Le petit affût est en bronze et porte les tourillons du berceau, il est fixé au grand affût par des agrafes circulaires et un pivot qui permettent les mouvements en direction nécessités par les corrections de pointage, mais s'opposent au soulèvement. Il suffit toutefois de défaire l'attache du système de pointage et d'enlever l'axe, pour pouvoir séparer les deux affûts.

Grand affût. — Le grand affût est formé de deux flasques à bords rabattus, réunis par des plaques de dessus et de dessous de flèches échancrées, et par diverses entretoises; à l'arrière se trouve une forte bêche dont la partie supérieure est repliée horizontalement pour s'opposer à l'enfoncement de la crosse dans le sol, afin qu'on puisse déplacer cette dernière sans difficulté.

Le grand affût porte en outre le mécanisme de pointage, divers armements, et le frein de route.

Essieu. — L'essieu, en acier à canon trempé, est fixé au-dessus des flasques par une plaque de recouvrement d'essieu, le graissage des fusées se faisant par le centre sans que l'on ait besoin de démonter les roues. L'essieu porte deux sièges d'affûts suspendus sur ressorts à boudin. Le siège de droite porte une petite ligne de mire auxiliaire qui permet au servant placé à la crosse de disposer le grand affût exactement dans la direction du but.

Mécanisme de pointage. — Le secteur de pointage placé dans le plan de l'affût tourne autour d'un axe placé en arrière de l'essieu; on l'actionne au moyen d'une manivelle par l'intermédiaire d'une vis sans fin, d'une roue hélicoïdale et d'un pignon. La vis sans fin et la roue hélicoïdale sont placées dans une enveloppe qui les protège de la poussière et des chocs accidentels. D'autre part, la roue hélicoïdale n'est pas calée sur l'arbre de pointage, mais l'entraîne par l'intermédiaire d'un ressort en spirale, ce qui donne à la liaison une certaine élasticité, et assure le mécanisme contre les chocs provenant du tir et des cahots de la route. Enfin, pendant les transports, la culasse est brêlée à l'affût, pour ménager le système de pointage.

La partie supérieure du secteur denté porte un chariot assemblé à queue d'aronde qui peut être déplacé latéralement par l'intermédiaire d'une vis sans fin actionnée par une manivelle. Ce chariot, relié au berceau par une tête sphérique qui coulisse dans une rainure, l'entraîne aussi bien dans ses déplacements latéraux que dans ses mouvements en hauteur.

L'ensemble du berceau et du canon étant équilibrés sur l'axe des tourillons, lorsque la pièce est en batterie, les mouvements de pointage sont rapides et doux.

Hausse et guidon. — La hausse placée sur le côté gauche du berceau comporte un petit niveau fixe, de sorte que le pointage au niveau peut s'exécuter avec une rapidité presque égale à celle du pointage direct; elle se trouve à gauche et en avant de la culasse, et, étant ainsi que le guidon fixée au berceau, elle ne participe pas au mouvement de recul du canon.

Frein de route. — On fait usage pour l'enrayage de route, d'un frein à patin placé sous le grand affût, les deux branches porte-patins sont actionnées par une manivelle placée en avant de la tête d'affût.

B. *Affût de campagne de Saint-Chamond* (fig. 87 et 88).

Dans la construction de cet affût de campagne on s'est préoccupé de remplir les conditions suivantes :

a) Conserver, après le tir le plus prolongé, la position occupée par l'affût au début du tir, et limiter au minimum la longueur du terre-plein nécessaire au tir du matériel;

b) Assurer la remise en batterie automatique de l'affût après chaque coup;

c) Limiter l'enfoncement de la bêche dans le sol à une profondeur permettant, sans difficulté notable, au servant qui actionne le levier de pointage de crosse, le déplacement latéral de la crosse d'affût;

d) Permettre au pointeur de faire seul, après chaque coup, la rectification du pointage en hauteur et en direction en même temps que s'effectuent le chargement de la bouche à feu et les manœuvres d'ouverture et de fermeture de la culasse;

e) Enfin, procurer le moyen à l'un des servants, montés sur l'avant-train, d'actionner le frein de route, au commandement, sans avoir à ralentir la marche de la voiture.

Les éléments principaux de l'affût sont :

Le châssis d'affût;

Le corps d'affût ou petit affût;

Les organes du pointage en direction et du pointage en hauteur;

La bêche élastique avec frein hydraulique;

L'enrayage de route.

Châssis d'affût. — Le châssis d'affût est constitué par une poutre creuse à section rectangulaire en tôles d'acier assemblées par des rivets, et convenablement entretoisées.

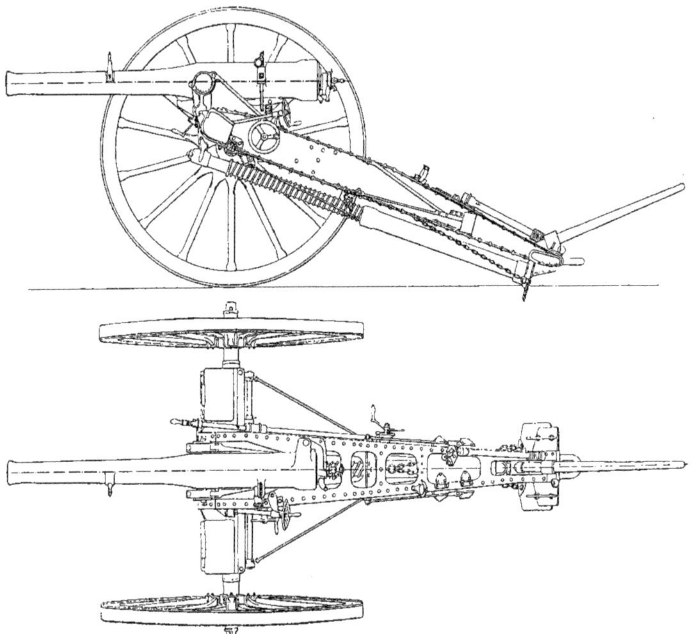

Fig. 87 et 88. — Affût de campagne de Saint-Chamond.

Il repose à l'arrière, sur la bêche, par la crosse pourvue d'une lunette pour atteler l'affût à l'avant-train et à l'avant, sur les roues (de 1 m. 40 de diamètre), par l'intermédiaire des fusées d'essieu. Le corps d'essieu est renforcé par la plaque de recouvrement, rivée aux flasques du châssis.

Au châssis sont rivés à l'avant : l'entretoise, terminée à sa partie supérieure par une nervure plane, circulaire, concentrique au pivot du petit affût; en dessous, le support de la tête du piston de bêche; en arrière de l'essieu, l'entretoise, support de pivot du petit affût; sur les côtés, les supports du mouvement de pointage en direction, et les attaches des volets de l'enrayage de route; vers la crosse, l'attache et le support du levier de pointage et les poignées de soulèvement de la crosse.

Les deux volants de manœuvre des pointages en hauteur et en direction sont situés sur le côté droit du châssis, un peu en arrière de la tôle de recouvrement d'essieu.

La corde qui actionne le frein de route est située sur le côté gauche du châssis ; de ce même côté sont rivés les supports d'écouvillon et de refouloir.

Corps d'affût. — Le corps d'affût en acier moulé, renforcé par des nervures, possède deux logements pour recevoir les tourillons du canon recouverts par des sus-bandes en acier forgé.

A l'arrière, un pivot vertical est engagé dans l'entretoise-support de châssis. L'avant du corps d'affût est profilé suivant une gorge circulaire horizontale concentrique au pivot, avec des dimensions convenables pour recouvrir la nervure circulaire de l'entretoise-avant du châssis. Pour faciliter la rotation du petit affût sur le châssis, le dessus de la nervure circulaire est pourvu d'une plaque de frottement en bronze.

La liaison du petit affût est assurée par une cheville transversale qui passe au travers du pivot, en dessous de la tôle horizontale de l'entretoise-support. La cheville est maintenue dans sa position normale par un anneau brisé.

Les déplacements latéraux du petit affût sont limités à 3° à droite et 3° à gauche de la directrice du châssis.

Pointage en direction et pointage en hauteur. — Pour les grands déplacements latéraux, le pointage en direction s'effectue à l'aide du levier de pointage disposé sur la crosse du châssis d'affût.

Les petits déplacements nécessités par la rectification du pointage après chaque coup, s'obtiennent par l'orientation du petit affût, mobile autour de son pivot vertical.

A cet effet, une manivelle placée sur le côté droit du châssis transmet le mouvement de rotation, qui lui est communiqué par le pointeur, à un pignon qui commande une petite roue conique dont l'axe fileté, prolongé au travers du châssis, reçoit un écrou muni d'un bouton ajusté dans l'entretoise inférieure du petit affût. L'écrou ne peut pas tourner ; par suite, le mouvement de rotation de l'axe de la roue conique est transformé en un mouvement de translation de l'écrou, directement transmis au petit affût par ses déplacements latéraux.

L'appareil de pointage en hauteur est commandé par une manivelle placée, comme celle de pointage en direction, sur le côté droit du châssis d'affût. Le mouvement de rotation imprimé à la manivelle est transformé en un mouvement rectiligne de la vis de pointage, par l'intermédiaire d'une roue conique dont le moyeu sert d'écrou à cette vis. L'extrémité supérieure de cette dernière est réunie au levier à fourche qui oscille autour d'un axe ajusté au travers du petit affût, en dessous des tourillons du canon. L'extrémité arrière du levier à fourche porte un excentrique mobile en contact permanent avec la génératrice inférieure du canon.

Cet appareil limite de + 20° à — 5° l'amplitude du pointage en hauteur. Les deux manivelles du pointage en hauteur et en direction sont disposées pour être manœuvrées facilement par le pointeur à la position qui lui permet de conserver la direction de la la ligne de mire.

Bêche élastique avec frein hydraulique. — La bêche hydraulique se compose :

1° De la tôle de bêche boulonnée au cylindre de frein hydraulique dans lequel se meut le piston, dont la tige est fixée au fourreau-guide qui glisse sur le cylindre ;

2° Du ressort en spirale de remise en batterie qui entoure le fourreau-guide et dont les appuis sont : la tôle de bêche qui est fixe et la tranche arrière de la frette à tourillon, mobile avec l'affût.

Le corps de bêche est rendu solidaire de l'affût : à l'avant par deux clavettes qui maintiennent le fourreau-guide dans la frette à tourillons oscillant dans le support rivé sur la face avant du châssis ; à l'arrière, par une chaînette de suspension dont l'une des extrémités est rivée à la tôle de bêche et l'autre extrémité reliée par une cheville mobile, au support de la deuxième entretoise de crosse.

Tout l'ensemble est dissimulé sous le châssis d'affût.

Fonctionnement. — Pendant le tir, le fonctionnement de la bêche élastique est le suivant :

Au premier coup tiré, la tôle de bêche, sous la pression de la crosse, pénètre dans le sol, et constitue le point fixe autour duquel se meut l'affût pendant le recul, l'ensemble du canon et de l'affût se déplace d'avant en arrière, le fourreau glisse sur le cylindre de frein, le piston pénètre dans le cylindre, et oblige le liquide à passer de l'arrière à l'avant, en traversant des orifices convenablement préparés; le ressort de remise en batterie se comprime jusqu'à ce que l'énergie du recul de l'ensemble du matériel soit absorbée par le frein hydraulique.

A la fin du recul, le ressort comprimé réagit et oblige la bêche à reprendre sa longueur initiale; par suite, il ramène l'affût, après chaque coup, à la position qu'il occupait au début du tir.

Un crochet, fixé au levier de pointage de crosse, sert à maintenir à la position de route le corps de bêche appliqué sous le châssis d'affût.

Transformation de l'affût avec bêche, en un affût ordinaire. —.Si, pour une raison quelconque, la bêche est mise hors de service, sa suppression ne présente aucune difficulté.

La séparation de la bêche d'avec le châssis est réalisée par une manœuvre aussi simple que rapide, sans le concours d'aucun outil. Cette manœuvre consiste à enlever les deux clavettes qui relient le fourreau à la frette-tourillons, et la cheville qui relie la chaînette de suspension au support du châssis; puis à faire rouler l'affût en avant jusqu'à ce que la frette à tourillons soit complètement dégagée de l'extrémité antérieure du fourreau-guide.

A ce moment, la bêche élastique, qui est devenue complètement indépendante du châssis, est retirée de dessous l'affût, et ce dernier réalise un affût ordinaire dont le frein de route peut être utilisé pour réduire à 1 ou 2 mètres le recul du matériel sur le sol, en ayant la précaution, après chaque coup, d'enrouler convenablement l'extrémité de la corde du frein sur la jante et l'un des rais de la roue gauche.

Ce frein de route est actionné par la tension donnée à une corde reliée à un système de leviers articulés avec des volets à patins. En marche, il peut être manœuvré directement par l'un des servants montés sur le siège d'arrière de l'avant-train, si l'affût n'est pas muni de sièges pour les servants.

Dans le modèle le plus récent, deux sièges sont disposés entre le châssis et les roues, reposant sur l'essieu par l'intermédiaire de suspensions élastiques : deux servants prennent place sur ces sièges pendant la route, et ils ont à leur portée la manivelle de commande du frein de route, qui se trouve à l'avant du châssis d'affût, sous le canon.

A signaler encore un affût léger, construit spécialement pour suivre la cavalerie, et avec lequel le poids total de la pièce en batterie n'est que de 850 kilog. Il diffère du précédent par la suppression des sièges d'essieu et du frein de route. Dans cet affût, les manivelles des mouvements de pointage en hauteur et en direction, ainsi que la ligne de mire, sont disposées sur le côté gauche du châssis d'affût.

C. *Affût de montagne de Saint-Chamond, à bêche élastique* (fig. 89).

Cet affût est construit :

1° Pour absorber le travail de recul développé par le tir de la bouche à feu, et récupérer une partie de ce travail pour l'utiliser à ramener le matériel en batterie à chaque coup;

2° Pour permettre au pointeur d'effectuer, à lui seul, le pointage en hauteur et la rectification du pointage en direction de la bouche à feu.

Les parties essentielles de l'affût sont :

1° Le petit affût avec le mouvement de pointage en hauteur;

2° Le chassis d'affût avec l'essieu et le mouvement de pointage en direction;

3° La bêche élastique avec frein hydraulique;

4° Les roues et la limonière.

Petit affût et pointage en hauteur. — Le canon est relié à l'affût par les tourillons encastrés dans les sus-bandes du petit affût. Celui-ci est rendu solidaire du châssis d'affût à l'arrière, par un pivot vertical; à l'avant, par une nervure concentrique au pivot, laquelle est recouverte par une rainure circulaire pratiquée à l'avant du petit affût.

Le mécanisme de pointage en hauteur, supporté par le petit affût, est actionné par une manivelle placée sur le côté gauche et en avant de la hausse. L'amplitude du pointage en hauteur est comprise entre + 20° et — 8°.

Châssis d'affût, et pointage en direction. — Le châssis d'affût est constitué dans son

Fig. 89. — Affût de montagne de Saint-Chamond.

ensemble par deux flasques convenablement entretoisés. Il est prévu pour recevoir l'essieu de pointage en direction, et les attaches de la bêche élastique.

Les flasques en tôle d'acier sont entretoisés, dans le milieu de leur longueur, par le support du pivot du petit affût; à l'avant, par une nervure concentrique à ce pivot, recouverte par la rainure circulaire prévue à l'avant du petit affût pour le guider pendant ses déplacements latéraux sur le châssis; à l'arrière, par le support d'attache des chaînes de la bêche et de la tôle de crosse.

L'essieu, en acier, est maintenu en place dans ses supports par une chevillette qui permet de l'enlever très facilement et le séparer du châssis dans les passages difficiles, pendant le transport du matériel sur bâts.

Le mouvement pour la rectification du pointage en direction est disposé dans l'intérieur du châssis d'affût : une manivelle placée sur le côté gauche et un peu en arrière de la manivelle de pointage en hauteur, permet au pointeur de rectifier la direction de la bouche à feu, en même temps qu'il règle l'élévation, tout en gardant l'œil droit dans la direction de la ligne de mire.

Le champ de tir horizontal obtenu par le mouvement de pointage en direction du petit affût, est de 3° à droite et 3° à gauche.

Les grands déplacements latéraux s'obtiennent par le déplacement de la crosse, en agissant sur une poignée qui sert en même temps à fixer la limonière pour le roulement du matériel.

Bêche élastique avec frein hydraulique. — La bêche élastique se compose de la tôle de bêche boulonnée au cylindre de frein hydraulique, dans lequel se meut le piston dont la tige est fixée au fourreau-guide qui glisse sur les cylindres; du ressort en spirale de remise en batterie qui entoure le fourreau-guide et dont les appuis sont : la tôle de bêche qui est fixe et la tranche arrière de la frette à tourillons mobile avec l'affût.

Le corps de bêche est rendu solidaire de l'affût : à l'avant, par un support maintenu sur le châssis d'affût par une clavette mobile; à l'arrière, par deux chaînettes de suspension rivées à la tôle de bêche, et réunies à leurs extrémités opposées par un anneau commun prévu pour être relié à l'entretoise correspondante du châssis par une chevillette mobile.

Tout l'ensemble de la bêche et du frein est dissimulé sous l'affût.

Le fonctionnement du système est le même que dans l'affût de campagne. La transformation de l'affût avec bêche en affût ordinaire s'effectue également d'une manière analogue.

La *Caisse à munitions* est disposée pour contenir 8 charges avec étui métallique et projectile de 6 kilog. Elle est formée d'une enveloppe en tôle d'acier munie d'un fond et d'un couvercle, et convenablement entretoisée. Le couvercle s'ouvre de haut en bas en tournant autour de charnières inférieures, ce qui permet de prendre les munitions sans décrocher les caisses du bât.

Transport du matériel. — Ce transport demande cinq mulets : un de pièce, un de châssis d'affût, un de petit affût et de roues, un de frein et limonière, un au moins pour caisses à munitions.

Mulet de pièce. — Le canon, muni du couvre-bouche et du couvre-culasse, se place sur le bât, la bouche en arrière, dans les encastrements des arcades, sur lesquelles il est brêlé par les courroies de chargement. Le fermeture de culasse, séparée du canon, est placée dans un étui en cuir maintenu en haut et à gauche du bât.

Mulet de châssis d'affût. — Le châssis d'affût, avec essieu et mouvement de pointage en direction, se place, l'essieu en avant, sur le bât, auquel il est brêlé par les courroies de chargement. Dans les passages difficiles, l'essieu peut être séparé du châssis d'affût.

Mulet de petit affût et de roues. — Le petit affût est brêlé sur les arcades du bât, le pivot en arrière. Le deux roues sont placées sur les côtés du bât, le petit bout des moyeux entre les arcades.

Mulet de frein et de limonière. — Le frein est placé sur le bât et brêlé par les courroies de chargement, son centre de gravité se trouvant entre les arcades du bât. Les deux leviers-portereaux sont brêlés à droite et à gauche. La limonière se place également sur ce bât, l'entretoise en avant sur la partie supérieure du frein, et les bras brêlés à l'arcade d'arrière.

Mulets de caisses. — Les caisses à munitions sont suspendues latéralement aux crochets des arcades auxquelles elles sont brêlées par des courroies.

RENSEIGNEMENTS NUMÉRIQUES

			Kilogr.
Poids d'une caisse de munitions chargée			65
Poids du canon et de l'affût monté sur roues, y compris la bêche			360
Chargement du mulet de pièce, comprenant	1 canon	86k	100
	1 fermeture de culasse	11	
	1 couvre-bouche, 1 couvre-culasse	1	
	1 écouvillon-refouloir	2	
Chargement du mulet de châssis d'affût, comprenant	1 châssis d'affût	78k	98
	1 arbre de la manivelle de pointage en direction	3	
	1 essieu	17	

			kilogr.
Chargement du mulet de petit affût et de roues, comprenant	1 petit affût	50^{k}	100
	2 roues	50	
Chargement du mulet de frein et de limonière, comprenant	1 frein hydraulique	70^{k}	91
	2 leviers-portereaux	4	
	1 limonière	17	

D. *Affût de montagne Mondragon, de l'armée mexicaine.*

Cet affût (fig. 90) est muni d'une bêche de crosse permettant un déplacement de tout l'ensemble sur le sol et d'un ressort de remise en batterie ramenant l'affût à sa position primitive après chaque coup. La flèche d'affût est démontable : elle se divise en deux tronçons qui permettent un chargement convenable sur les mulets. La section de démontage est renforcée par des crochets en acier forgé, dont un en dessus et un en dessous de chacune des deux parties de la flèche. Les deux crochets de la partie avant sont fixes celui de la partie arrière est seul mobile. Ce dernier est articulé autour d'un axe horizontal fixé sur la tôle supérieure de la flèche, et est muni d'une poignée de manœuvre. Dans la position de tir, le crochet mobile est rabattu sur le crochet supérieur de la partie avant, et maintenu dans cette position par une chevillette à poignée.

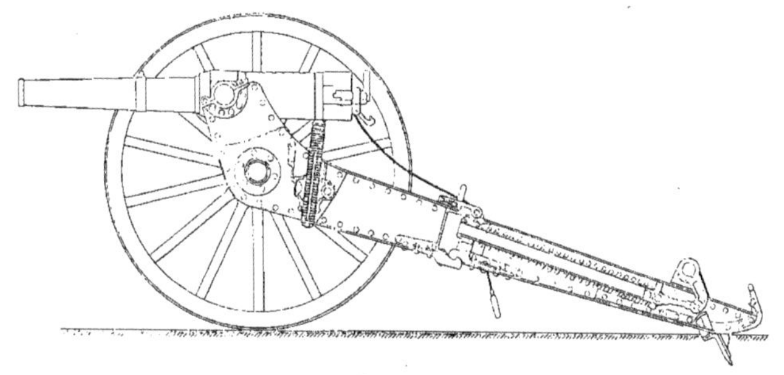

Fig. 90.

Pour séparer les deux parties de la flèche d'affût on retire la chevillette à poignée et, à l'aide de la grande poignée de manœuvre, en soulève d'abord le crochet mobile, puis la partie arrière de l'affût. L'essieu est facilement démontable et peut être enlevé de l'affût pour le transport à dos de mulet, dans les passages difficiles.

Le pointage en hauteur est commandé par une manivelle disposée sur le côté gauche de l'affût. L'amplitude de ce pointage est comprise entre + 25° et — 10°.

Pour opérer un déplacement du matériel sur un chemin praticable, on le fait rouler sur le sol en l'attelant à la limonière; mais lorsqu'il s'agit de le transporter à travers des passages difficiles, on le démonte pour être chargé à dos de mulet. Le poids de chaque charge ne dépasse pas 70 kilog., et le transport nécessite quatre mulets : un pour la pièce deux pour l'affût, et un pour les roues et la limonière.

On peut atteindre une rapidité de tir d'environ 20 coups par minute, sans rectifier le pointage, et de 14 à 15 coups en rectifiant après chaque coup.

E. *Affût à coulisse Vickers.*

Dans l'affût de campagne Vickers, le canon coulisse dans un manchon ou jaquette A, en acier fondu, coulé d'une seule pièce avec deux cylindres de frein hydraulique, parallèles à la bouche à feu dans toutes ses positions.

Ces freins sont du type ordinaire, chaque piston comprimant dans son recul un

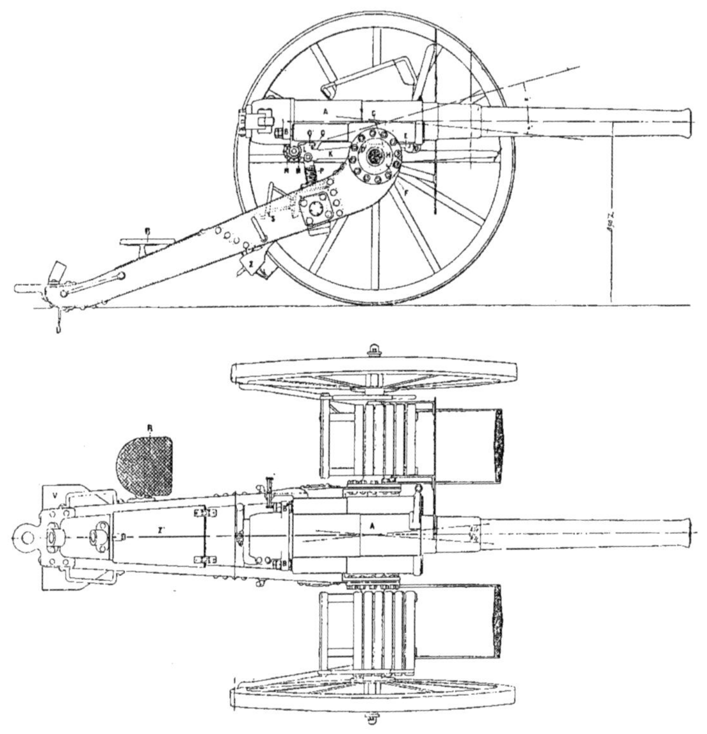

FIG. 91 et 92.

ressort qui ramène ensuite le canon en batterie; les tiges des pistons sont fixées dans les oreilles B et B′ de la culasse.

La longueur totale du recul du canon dans la coulisse est de 30 cm. 4.

Le système entier, canon, coulisse et freins, repose sur un plateau semi-circulaire E, sur lequel il est maintenu par les griffes D et D′, cette dernière étant mobile pour permettre l'assemblage des diverses parties.

Le pivot E forme le centre du mouvement circulaire de tout le système, pour un pointage total en direction de 9°.

La partie inférieure F du plateau, de même que le coussinet G, s'allonge en forme d'un manchon au centre duquel est placé le cylindre horizontal fixe H, dont chaque extrémité est rivée aux flasques de la flèche, et autour duquel tout le système pivote verticalement.

Ce centre du mouvement vertical du système se trouve sensiblement sur le centre de l'essieu. Avec des roues de 1 m. 44 de diamètre, l'axe du canon horizontal n'est qu'à 89 centimètres du sol, soit à 17 centimètres seulement au-dessus de l'axe de l'essieu ; l'angle de la flèche et du sol n'est que de 29°, ce qui donne une composante fichante relativement faible.

A chaque extrémité de la partie inférieure du manchon, se trouve une allonge K, venue de fonte avec lui. La jonction de ces deux allonges forme un segment denté L, engrenant avec la vis sans fin M, manœuvrée par la manivelle de pointage en direction N, et supportée par les oreilles adhérant à la jaquette. L'extrémité de la vis P de pointage en hauteur s'emboîte dans la partie inférieure du segment denté, lequel est lui-même relié verticalement à la jaquette par les griffes Q, Q', s'emboîtant l'une dans l'autre, la griffe Q' de même que la vis sans fin M suivant avec la jaquette le mouvement circulaire du système autour du pivot E.

Le mécanisme de pointage en hauteur et en direction fait ainsi partie du système de l'affût et de la jaquette, et ne recule pas avec le canon.

Il en est de même du guidon et de la hausse, fixés également sur la jaquette.

Le manivelles de pointage en hauteur et en direction sont placées de manière que le pointeur assis sur le siège R manœuvre de la main gauche la roue N de direction et de la droite la roue S du pointage en hauteur.

Ce siège R peut se rabattre sur la flèche pendant les marches.

Enfin l'extrémité de la crosse reçoit une courte bêche U, fixée au-dessous d'une large semelle V destinée à prévenir l'enfoncement de la crosse dans le sol.

L'essieu est fixé aux flasques dans des boîtes au travers desquelles il est recourbé de manière à venir passer entre les flasques à une distance du manchon pivot suffisante pour permettre les déplacements nécessités par le pointage en hauteur.

Il porte de chaque côté, près des roues, un anneau dont la position est légèrement excentrique par rapport à son axe, et qui reçoit l'extrémité de la tige Z porte-sabot d'enrayage.

Pour les marches, les sabots sont suspendus sur les côtés de la flèche, et pour la mise en batterie il n'y a qu'à les soulever et les appliquer sur les roues où leur excentricité par rapport à l'essieu, jointe à leur poids, amène immédiatement l'enrayage automatique.

F. *Affût de campagne russe à tampons élastiques et bêche de crosse.*

Cet affût est caractérisé par les particularités suivantes :

Emploi d'une bêche de crosse à articulation élastique et à forte surface d'appui ;

Dispositif permettant de donner aux flasques et par suite à la pièce, des déplacements angulaires de petite amplitude en direction ;

Aménagement de tampons élastiques pour modérer l'effort du recul sur l'essieu et sur les roues.

Le corps d'affût est formé de deux flasques en tôle d'acier emboutis sur tout leur contour ; ils sont réunis entre eux par quatre entretoises placées obliquement par deux manchons d'assemblage traversés par des boulons et au bout de crosse. Ils se terminent en forme de flèche, leur écartement allant en diminuant progressivement depuis la tête d'affût ; vers cette tête d'affût, se trouvent les encastrements des tourillons renforcés par des sous-bandes et fermés par des sus-bandes à charnières.

L'appareil de pointage en hauteur ne présente rien de particulièrement remarquable.

La bêche de crosse, articulée avec la flèche par l'intermédiaire de deux bielles, est reliée à la crosse par un système de deux tiges rectilignes, articulées ensemble.

Le point d'attache des bielles avec la flèche a une grande importance; pour éviter le cisaillement des boulons de liaison, il convient de le placer aussi près que possible du centre de percussion du corps d'affût. Sur la tige postérieure de liaison entre la bêche et la crosse sont enfilés des tampons en caoutchouc séparés par des disques métalliques minces; ces tampons sont maintenus en arrière par une plaque vissée à l'extrémité de la tige, et prennent appui à l'avant sur la face antérieure de la semelle de crosse.

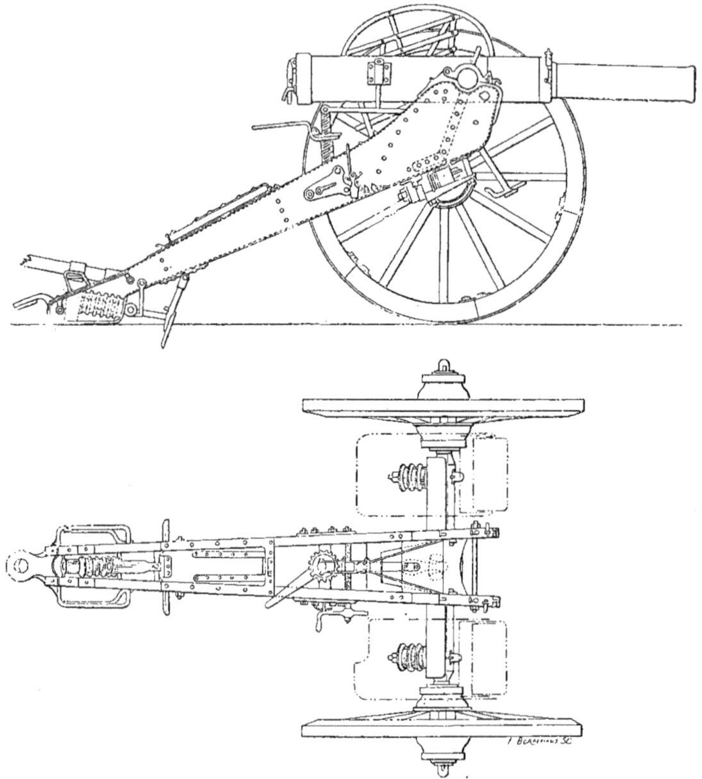

FIG. 93 et 94. — Affût de campagne russe.

Le fonctionnement est le suivant : au départ du premier coup, l'extrémité de la bêche s'enfonce dans le sol; la crosse recule, entraînant les tiges articulées dont la tête opposée vient prendre appui sur la face antérieure de la bêche. A partir de ce moment, les ressorts en caoutchouc se compriment, et le mouvement de recul arrive à son terme; la bêche s'étant alors solidement implantée dans le sol, la réaction élastique des ressorts se produit et tend à ramener l'affût en avant. A partir du deuxième coup, l'effet du recul est réduit à un simple soulèvement avec oscillation autour du point d'appui de la bêche, les roues retombant chaque fois presque à la même place.

Essieu. — L'essieu repose dans des étriers boulonnés sous le flasque, chacun après une bande de renfort. Ces étriers, avec les bandes de renfort, forment des logements rectangulaires dont la longueur est supérieure à la dimension correspondante de l'essieu, de telle sorte que ce dernier peut prendre un certain mouvement relatif en avant ou en arrière.

En outre, un double jeu de tampons s'interpose entre l'essieu et le corps d'affût par l'intermédiaire d'une cornière de recouvrement. Ces tampons sont enfilés sur des tiges qui traversent le corps d'essieu dans le voisinage de ses extrémités et s'appuient à l'arrière sur une rondelle fixée à la tige, et à l'avant sur la face postérieure de la cornière.

Mécanisme de pointage en direction. — La pièce principale de ce mécanisme est un levier coudé fixé à la partie inférieure et dans le plan médian de l'affût par un boulon qui lui sert de pivot. Ce levier peut prendre appui par son extrémité antérieure sur deux butées d'une plaque de recouvrement d'essieu en forme de cornière. Il se termine, d'autre part, à son extrémité postérieure, par un écrou que conduit une vis sans fin.

Une manivelle commande la rotation de cette vis et permet par suite d'imprimer aux deux flasques glissant sur la face supérieure de la cornière un déplacement latéral lent et continu.

Les flasques sont reliés à la plaque de recouvrement de la façon suivante : à l'aplomb de chaque flasque, un cadre constitué par deux boulons reliés par des brides, est solidaire du flasque et forme glissière pour la plaque de recouvrement. La face supérieure de cette plaque bute contre un ressort de la bride ce qui s'oppose à tout mouvement de la plaque par rapport au cadre dans tout autre sens que le sens transversal.

G. *Affût de mortier système Engelhart.*

Le principe de cet affût est le même que celui de l'affût précédent. En premier lieu, le mouvement relatif du corps d'affût par rapport à l'essieu et la percussion correspondante sont atténués par l'interposition de tampons en caoutchouc ; en deuxième lieu, une

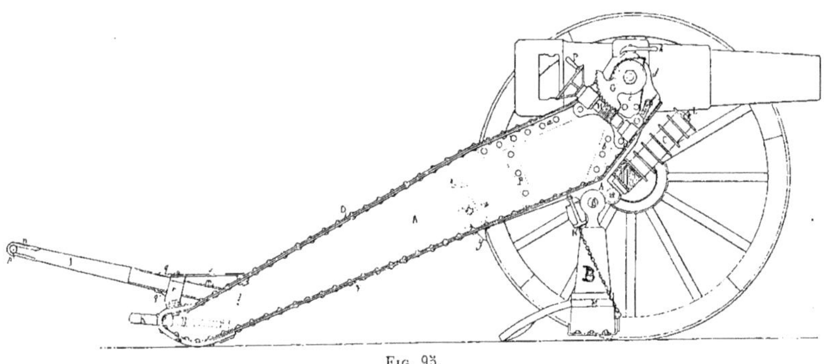

Fig. 95.

fois l'effort transmis à l'essieu, mouvement de flexion du système par rapport à un point fixe, grâce à l'emploi d'un dispositif élastique également en caoutchouc, formant ressort.

Mais, tandis que dans l'affût précédent, ces mouvements se produisant dans une direction voisine de l'horizontale, l'effort s'exerçait sur la bêche, dans le cas actuel, où l'on tire sous de grands angles, sa direction est voisine de la verticale. Le point d'appui est fourni par une semelle portant sur le sol et supportant deux bornes renfermant les ressorts interposés (fig. 95).

Voici maintenant les détails d'exécution :

Dispositif d'ensemble. — L'affût se compose essentiellement de deux flasques convergents vers l'arrière, réunis par un bout de crosse-lunette qui permet la réunion à suspension, et par des plaques de dessus et de dessous de flèche. Cette dernière se recourbe en plaque de tête d'affût, contre laquelle sont fixés deux étriers, avec chacun desquels est articulé un boulon L traversant l'essieu et sur lequel est enfilé un tampon oblique C, formé de six disques de caoutchouc séparés par des rondelles métalliques. Des bornes B, disposées à l'aplomb de chacun des flasques, sont articulées également avec les étriers. Elles sont munies intérieurement de tampons en caoutchouc de façon à former ressort, et réunies à la partie inférieure par une semelle F à bords repliés.

A la position de tir, les bornes sont verticales et le dessous de la semelle à 12 millimètres environ du sol. Au départ du coup, le corps d'affût s'abaisse d'abord en comprimant les tampons C, et la semelle vient porter sur le sol ; alors, les bornes reçoivent l'effort d'abaissement du corps d'affût, amorti par les ressorts qu'elles renferment. Le travail de l'essieu et des roues est ainsi presque nul, et l'affût ne bouge pas.

L'appareil de pointage se compose d'un secteur denté G fixé au tourillon droit du mortier et d'une vis sans fin H engrenant avec ce secteur à la commande de la manivelle P.

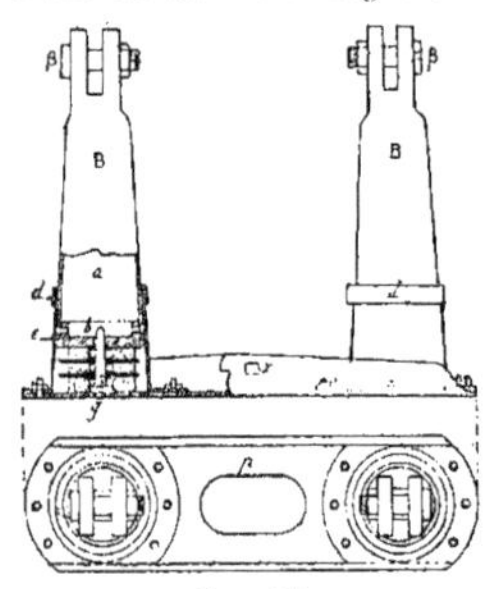

Fig. 96.
Affût de mortier *Engelhart.*
Détail de l'appui.

Détail du système d'appui. — Chaque borne comprend (fig. 96) : un tube conique a, avec fond b, formant piston, un corps de pompe c, un anneau d et un tampon. Les béquilles sont réunies à leur partie inférieure par une semelle en fer p. Le tube conique en fer est terminé à son extrémité supérieure par une chape qui permet de le suspendre à la plaque à oreilles h de l'affût. Le fond, en forme de godet, est percé d'une ouverture centrale et maintenu au moyen de vis dans la partie inférieure du tube. Le corps de pompe, de forme conique, présente un recouvrement permettant de le fixer à la semelle ; celle-ci est formée d'une plaque limitée sur ses grands côtés par des rebords et percée en son centre d'une ouverture. L'anneau d est posé à chaud autour du corps de pompe. Le tampon disposé entre la semelle et le fond du tube, se compose de trois disques de caoutchouc séparés par des rondelles en fer et enfilés sur un pivot g rivé sur la semelle ; ce tampon sert à adoucir le choc que supporte la borne en venant frapper le sol.

Les bornes sont reliées au corps d'affût au moyen de boulons β, traversant les chapes des béquilles et les ouvertures correspondantes des pattes h (fig. 96).

Lorsque le coup part, la composante verticale du recul, après avoir abaissé le corps d'affût, amène la tête d'affût à reposer sur les bornes en soulageant l'essieu.

Pour la route, on relève les bornes sous le corps d'affût ; à cet effet, chacune d'elles est entourée d'une courroie M, terminée par une ganse sur laquelle on agit pour relever le système, que l'on accroche en engageant l'ouverture x de la semelle sur le crochet à bascule y (fig. 95).

Pour prendre la position de tir, on déclenche la détente z.

Une chaîne de suspension N empêche les bornes d'être projetées en avant au moment du recul.

CHAPITRE III

Affûts de siège et de place.

A. *Affût à éclipse et plate-forme tournante de Saint-Chamond pour canon de 120 millimètres de 30 calibres* (fig. 97).

L'affût à éclipse de la Compagnie de Saint-Chamond est caractérisé :

1° Par un mouvement d'oscillation du canon qui fait prendre à ce dernier, après chaque coup, une position d'éclipse constante permettant de faire convenablement le service de la bouche à feu ;

2° Par la disposition des mouvements de pointage en hauteur et en direction, qui permettent de faire le pointage et le chargement du canon, simultanément, lorsque la bouche à feu est éclipsée derrière le parapet. Le canon n'apparaît au-dessus de la crête de l'épaulement qu'un instant très court, au moment même de faire feu ;

Fig. 97.

3° Par un frein hydraulique qui emmagasine une partie de l'énergie de recul du canon pour assurer, après le chargement de la pièce, la remise en batterie automatique ;

4° Par une plate-forme roulante qui porte l'affût, et qui est mobile sur les rails de la voie normale de 1 m. 50 ;

5° Enfin par un masque ou bouclier horizontal constituant une protection suffisante pour le matériel et les servants de la pièce.

Canon. — La pièce, du calibre de 120 millimètres et de 30 calibres de longueur, lance un obus de 20 kilog. à la vitesse de 600 mètres.

Affût. — L'ensemble de l'affût se subdivise en cinq éléments, qui sont :

1° Le levier-support du canon;
2° Le châssis portant le masque ou bouclier horizontal;
3° Le frein hydraulique avec récupérateur Belleville;
4° Les systèmes de pointage en hauteur et en direction;
5° La plate-forme roulante.

Levier-support. — Le levier-support est constitué par un coffre en tôlerie terminé à sa partie supérieure par des sus-bandes avec sous-bandes en acier forgé, ajustées sur les tourillons du canon et dont l'extrémité inférieure reçoit les bielles d'attache qui réunissent le levier au piston supérieur du frein hydraulique. Ce levier oscille sur un axe en acier forgé, qui le traverse de part en part, et dont les deux extrémités sont encastrées dans les flasques du châssis.

Châssis d'affût et masque. — Le châssis d'affût est formé par deux flasques verticaux et parallèles, entretoisés par les tôles et cornières. Il porte le frein hydraulique d'affût, les mouvements de pointage en hauteur et en direction, un pivot central et deux galets disposés à l'avant, qui facilitent la rotation du châssis sur la circulaire de roulement, à laquelle il est relié par quatre griffes intérieures dont deux à l'avant et deux à l'arrière.

Par l'intermédiaire de quatre montants boulonnés aux flasques, le châssis supporte le masque ou bouclier en acier dur établi pour préserver le personnel de la pièce contre les éclats d'obus et les balles de shrapnels.

Frein hydraulique à récupérateur Belleville. — Le frein est constitué par deux pistons glissant dans deux cylindres hydrauliques à communication intermittente.

Cette intermittence a pour but de permettre de maintenir la pièce éclipsée après le départ du coup, afin de la recharger et repointer à l'abri des vues. A cet effet, les deux cylindres communiquent par un canal qui peut être ouvert ou fermé par deux soupapes, l'une de retenue, l'autre de remise en batterie.

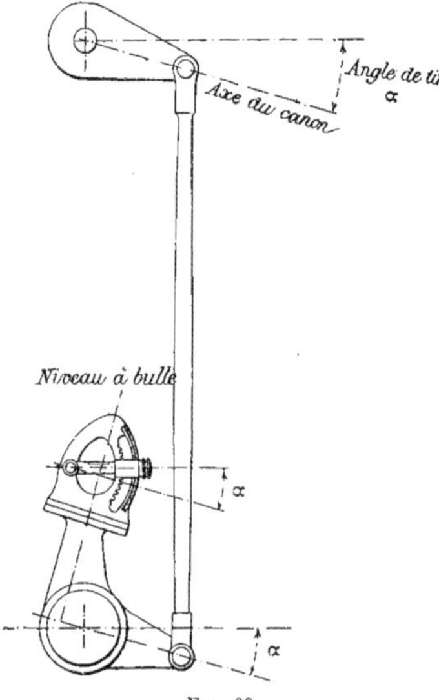

Fig. 98.

Le piston du cylindre supérieur est relié par deux bielles à l'extrémité inférieure du levier-support du canon; celui du cylindre inférieur est chargé par un double ressort Belleville formant récupérateur pour la remise en batterie.

Pendant toute la durée du recul, le piston supérieur refoule le liquide, lequel, soulevant la soupape de retenue, pénètre dans le cylindre inférieur et, par l'intermédiaire du deuxième piston, comprime les ressorts Belleville jusqu'à correspondance de toute l'énergie non absorbée par le travail d'écoulement et les frottements.

A la fin du recul, la soupape retombe sur son siège, la communication entre les deux cylindres est interrompue, les ressorts restant comprimés et le canon éclipsé.

C'est dans cette position que le chargement se fait et que le pointage se dispose; cela fait, on agit sur la soupape de remise en batterie; les ressorts Belleville peuvent alors se détendre, refoulant le piston inférieur, et par lui le liquide et le piston supérieur qui remonte la pièce dûment pointée à sa position de tir.

Tous les organes du frein sont disposés à l'intérieur du châssis pour plus de protection.

Systèmes de pointage. — L'inclinaison est donnée à la pièce au moyen de deux volants placés l'un à droite et l'autre à gauche de l'affût, et clavetés sur un même arbre transversal dont les parties sont ajustées dans deux supports en acier moulé boulonnés aux flasques du châssis. Ces volants actionnent simultanément, chacun par l'intermédiaire d'un harnais héliçoïdal irréversible, deux vis inclinées ajustées dans les mêmes supports que l'arbre transversal. Chaque vis inclinée commande un écrou tourillonnant, en relation constante avec le canon par l'intermédiaire des bielles rattachées à une frette de pointage rapportée sur le tonnerre. En agissant sur les volants, on déplace ainsi les écrous des vis inclinées, et, par eux, la culasse de la pièce. Chaque écrou de pointage est muni d'une aiguille indicatrice qui se meut sur une graduation parallèle à l'axe des vis, ce qui permet de préparer l'angle de tir de la bouche à feu, celle-ci étant éclipsée. Pour vérifier cette inclinaison une fois la pièce remontée, deux niveaux latéraux sont reliés à la pièce par deux tiges de contrôle, fixées près des tourillons et transmettant l'inclinaison aux niveaux comme le montre la fig. 98.

L'amplitude du pointage en hauteur est comprise entre + 25° et — 10°.

Par suite de la facilité avec laquelle le châssis recule sur la circulaire de la plate-forme, les grands déplacements azimutaux se font directement à la main ; mais, lorsque la bouche à feu est à peu près en direction, le pointeur embraye un pignon horizontal avec la denture disposée dans l'intérieur de la circulaire de roulement et achève le pointage au moyen d'un volant fixé sur le côté gauche et en avant du châssis. Ce volant est mis en communication avec le pignon horizontal par l'intermédiaire d'une vis et d'une roue héliçoïdale. Ce harnais, étant irréversible, agit comme frein et bloque le châssis sur la plate-forme pendant le tir. La mesure de l'orientation se fait sur une couronne graduée dont chaque division correspond à 1/100 du rayon. Cette couronne est maintenue sur le pourtour extérieur de la circulaire de roulement par huit taquets qui permettent de régler le zéro de la graduation à la demande des repères.

Plate-forme roulante. — La plate-forme est constituée par un cadre en tôles et cornières et un croisillon rayonnant au centre pour soutenir la crapaudine du pivot du châssis. Ce cadre est recouvert d'une tôle striée sur laquelle est boulonnée la circulaire de roulement du châssis.

Cette plate-forme, d'un accès facile par suite de son rapprochement des rails de la voie, est supportée par la fusée de deux essieux montés parallèles, dont les roues, de faible diamètre, roulent sur les rails de la voie normale de 1 m. 50; elle est complétée par quatre agrafes mobiles qui la fixent à la voie pour le tir. Sur une voie horizontale, quatre hommes suffisent pour faire rouler l'affût.

L'ensemble de l'affût ainsi constitué donne au canon une hauteur de genouillère de 2 m. 750; l'éclipse, après le tir, atteint 1 m. 10. Les poids respectifs de l'affût et du canon sont de 8.340 kilog. et 1.705 kilog.

B. *Affût à éclipse par contrepoids de 6 pouces (152 millimètres) système Vickers.*

Le canon repose par ses tourillons sur les extrémités supérieures de deux longs bras A qui sont eux-mêmes montés sur la plate-forme tournante de l'affût. Ces bras sont reliés en leurs extrémités inférieures à deux bielles B qui supportent le contrepoids P au centre de l'affût, mobile dans le puits T.

Deux tiges-guides L, articulées aux parties postérieures de l'affût, sont rattachées aux deux bielles en C, près de leurs centres ; les longueurs des bielles et des tiges-guides, ainsi que les emplacements des différents boulons d'attache, sont calculés de telle sorte que le mouvement du contrepoids s'exécute suivant une ligne verticale lorsque le canon s'élève ou s'abaisse. Ce contrepoids, en s'élevant au moment du tir, absorbe une partie de l'énergie du recul et la restitue en élevant ensuite le canon à sa position de tir. En outre, des freins sont disposés pour amortir le restant de cette énergie; ils sont rattachés à l'affût par des tiges de pistons articulées à l'extrémité inférieure des bras A par l'intermédiaire

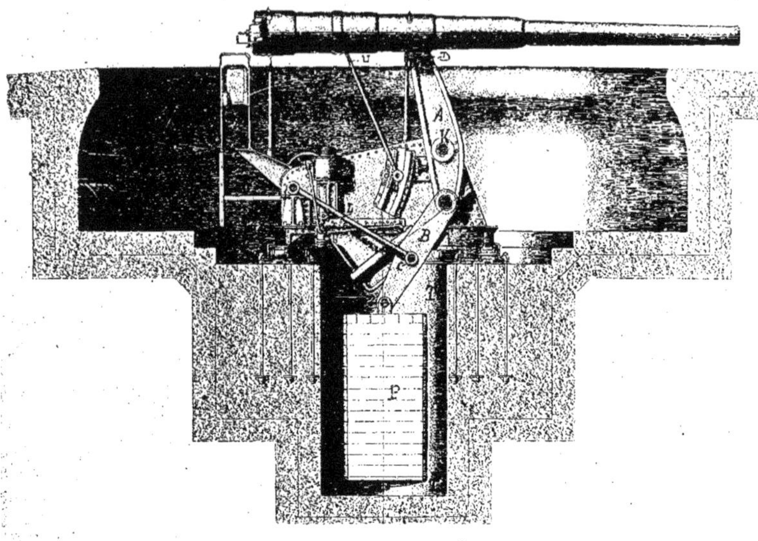

FIG. 99.

de bielles permettant la rotation de ces bras. De même que dans l'affût de Saint-Chamond, les soupapes restent fermées après le mouvement d'abaissement, et le relèvement ne se produit que lorsqu'on ouvre une communication pour permettre au liquide de s'écouler sous l'effort du contrepoids. Une pompe à bras sert à faire descendre le canon derrière le parapet lorsqu'on le désire, sans qu'il soit nécessaire de faire feu.

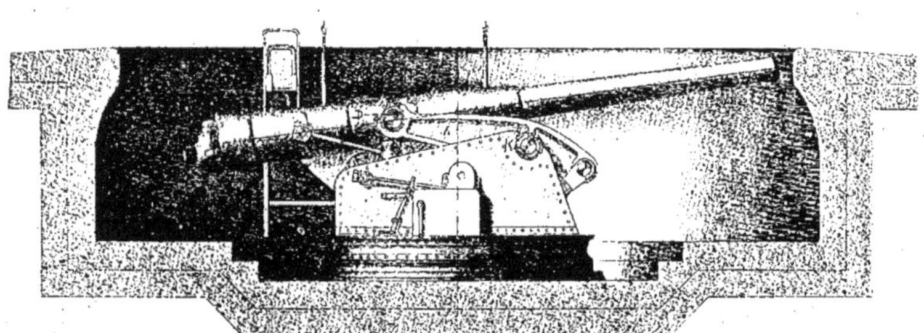

FIG. 100. — Affût à éclipse *Vickers*.

Les mécanismes de pointage en hauteur et en direction permettent de donner à la pièce son orientation et son inclinaison, tandis qu'elle reste abaissée. L'orientation s'obtient en déplaçant l'affût porté par des galets à deux boudins, sur une circulaire horizontale. Un seul homme suffit pour cette manœuvre. De même, l'inclinaison se donne à l'aide d'un volant mû à la main et d'une gorge directrice figurée en H ; les tiges U forment parallélogramme articulé avec la ligne DK.

On voit que lorsque le canon recule, il entraîne avec lui les têtes D des bras supérieurs ; ces derniers tournent alors autour de l'axe K, soulevant par suite les bielles B et, par leur intermédiaire, le contrepoids P tandis que les articulations D viennent se placer en des points tels que le canon reste aussi voisin que possible du parapet.

La pièce chargée et pointée, on ouvre les soupapes de retenue comme il a été dit, et le système remonte à la position de tir ; les freins hydrauliques ont adouci la descente de la pièce, comme ils en régularisent l'ascension pour éviter les percussions. Des mâchoires solides, à l'avant et à l'arrière, assurent la stabilité de l'affût.

C. *Affût à éclipse de Châtillon-Commentry* (fig. 101 et 102).

Corps d'affût et organes d'équilibre. — Le canon repose par ses tourillons dans des coussinets A fixés à l'extrémité supérieure d'un balancier double B boulonné sur un fort arbre creux C dont les tourillons sont logés dans les coussinets D d'un châssis E. A l'extérieur du châssis sont calés sur l'arbre C deux leviers F auxquels sont reliés deux contrepoids G au moyen des tourillons H.

Les deux contrepoids G sont reliés entre eux et à l'avant par une entretoise I ; deux bielles J articulées en K au châssis et d'autre part à la partie supérieure des contrepoids, forment avec les leviers F deux parallélogrammes ayant pour but d'assurer la verticalité du contrepoids dans son déplacement. Ce contrepoids a une légère prépondérance sur le canon, afin d'assurer le retour automatique en batterie malgré les frottements.

Le châssis E repose par une glissière circulaire L sur une sellette M solidement ancrée dans la maçonnerie de béton au moyen d'une couronne de boulons de fondation. Le châssis peut tourner sur un pivot N fixé sur la sellette.

L'arbre creux C est placé de telle sorte que l'affût entier est en équilibre par rapport au centre du pivot dans chacune de ses positions.

Pendant le recul de la pièce et son éclipse, le grain O monté à ressort dans sa crapaudine fléchit de quelques dixièmes de millimètres et permet à la couronne L de s'appuyer sur la partie correspondante de la sellette. Deux agrafes P fixées à l'avant et à l'arrière du châssis assurent la solidarité de l'affût avec la sellette pendant le recul et la rentrée en batterie.

L'énergie du recul de la pièce est absorbée en grande partie par un frein hydraulique. Le reste assure l'élévation des contrepoids correspondant au mouvement d'éclipse.

Le frein hydraulique se compose d'un cylindre Q, fixé à demeure sur le châssis. Dans ce cylindre, se meut un piston R dont la tige S guidée par un coulisseau T sur la glissière U du châssis est reliée par des bielles V au prolongement inférieur des bras du balancier B.

Pendant le recul du canon, le piston, refoulant le liquide, l'oblige à passer par des orifices à section variable ménagés dans la paroi du cylindre et établis de façon à obtenir un effort constant.

Le canon en reculant se déplace parallèlement à son axe ; ce mouvement est obtenu au moyen d'une bielle X articulée, d'une part, au canon vers l'arrière de la pièce, et, d'autre part, à un axe Y, porté par deux leviers Z Z′ clavetés sur un arbre *a* passant au travers de l'arbre creux C.

Les bielles X, le canon, le balancier B et les leviers Z Z' forment un parallélogramme assurant au canon, comme nous l'avons déjà dit plus haut, un mouvement parallèle à son axe dans chacune de ses positions.

Lorsque le canon est complètement éclipsé, il occupe la position de la fig. 102. Cette position, qui est la plus favorable au chargement, est obtenue de la façon suivante :

L'œil de l'articulation inférieure des bielles X est excentré de telle sorte que, lorsque

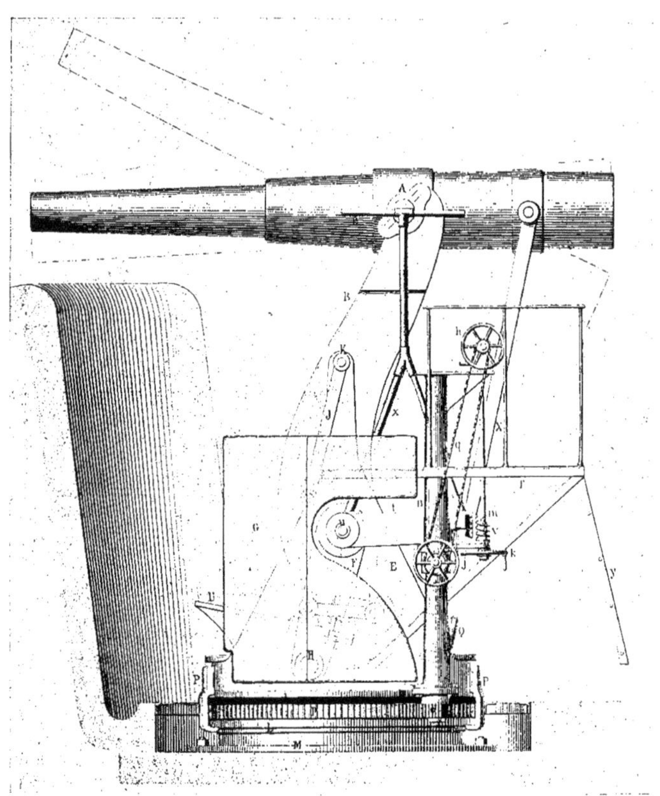

Fig. 101. — Affût à éclipse de *Châtillon et Commentry.*

le canon est dans le voisinage de sa position de batterie, la tête de bielle est parfaitement concentrique avec l'axe Y. Au contraire, lorsque l'affût est dans le voisinage de sa position d'éclipse, il existe entre l'axe et l'œil un jeu suffisant pour permettre un certain déplacement longitudinal de la bielle. Il en résulte que, dans sa position d'éclipse, le canon est libre de tourner d'une certaine quantité autour de ses tourillons. Dans ces conditions, un butoir élastique *b* qui agit en dessous de la volée oblige le canon à prendre la position de chargement. Cette position est d'autant plus facilement obtenue que la position des tourillons du canon est réglée de façon à obtenir une certaine prépondance à la volée.

Lors de la rentrée en batterie, le canon reprend automatiquement sa position de tir sous l'angle de pointage déterminé par le mécanisme qui sera décrit plus loin.

Lorsque l'affût est éclipsé, il est maintenu dans cette position par l'action d'un frein circulaire à bande *a'*, embrassant une poulie *z* calée sur l'axe du balancier. L'action continue du frein est obtenue par l'effet d'un petit contrepoids *c* placé à demeure sur le levier du frein.

Lorsqu'on veut mettre le canon en batterie, il suffit de soulever le levier *d*, la prépondérance du contrepoids sur le poids du canon assure la remise en batterie.

Mouvements de pointage. — Le pointage de l'affût, tant horizontalement que vertica-

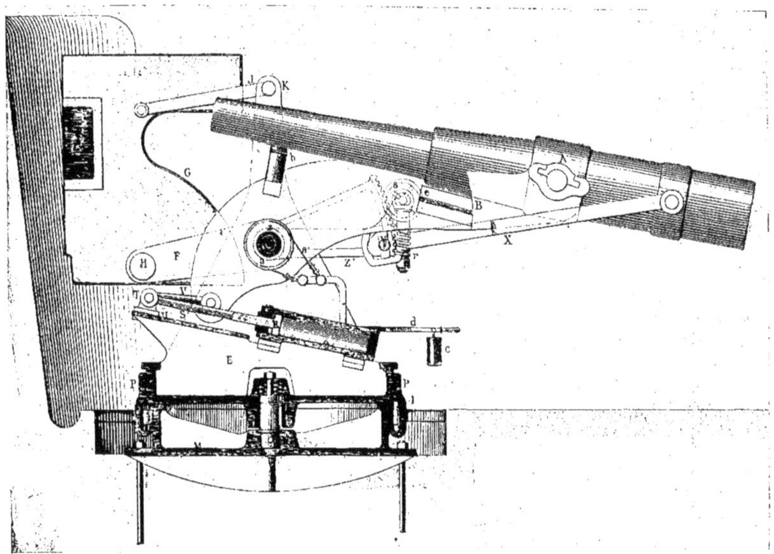

Fig. 102. — Affût à éclipse de *Châtillon et Commentry*.

lement, peut se faire soit par visée directe, soit indirectement, au moyen d'un arc et d'une circulaire gradués.

Pour faire du tir par visée directe, le pointeur, placé sur la plate-forme *f*, vise au moyen de la ligne de mire renfermée dans le tube *g* et agit de ses deux mains sur les volants *h* et *i* commandant, l'un la rotation de l'affût pour le pointage horizontal, et l'autre le mouvement de pointage vertical.

Lorsqu'on fait du tir indirect, le pointeur, placé sur le sol, agit sur les volants *j* et *k*, commandant le premier la rotation et le second le mouvement de pointage vertical. Dans ce dernier cas, le repérage en direction se fait au moyen d'une circulaire graduée *l*, fixée sur la sellette ; le repérage du pointage vertical se fait au moyen d'un arc gradué *m* fixé au levier de pointage *t*.

Pointage horizontal. — Le volant *j* actionne une vis sans fin qui engrène avec une roue héliçoïdale renfermée dans la colonne *n* portée par le châssis.

Cette roue héliçoïdale est calée à l'extrémité supérieure d'un arbre vertical portant à sa partie inférieure un pignon *o* qui engrène avec une couronne *p*, fixée à la sellette. Le volant h, placé à la partie supérieure de la colonne, est relié au moyen d'une chaîne galle q et de roues dentées à l'arbre portant le volant j. L'amplitude du pointage est de 120°.

Le pointeur placé sur la plate-forme peut faire faire une rotation complète à l'affût en une demi-minute. Pour obtenir au besoin une rotation plus rapide de l'affût, deux servants peuvent agir sur le volant j et faire faire à l'affût une rotation complète en huit à dix secondes.

Pointage vertical. — Il est obtenu par deux mouvements distincts : l'un est le mouvement relatif à l'angle de site du but ; l'autre est le mouvement de pointage relatif à la portée de la bouche à feu, c'est-à-dire à la distance horizontale du but.

Le premier mécanisme comprend : les deux leviers t et t', calés aux extrémités de l'arbre central u passant à l'intérieur de l'arbre creux a. Le levier t porte un segment de roue héliçoïdale engrenant avec une vis sans fin v calée sur l'arbre des volants i et k. Cet arbre est supporté par la colonne n fixée sur la base du châssis.

Un arc gradué m, fixé sur le levier t, donne en degrés le déplacement de la ligne de mire lorsque l'on fait du tir indirect. Pour le tir par visée directe, le pointeur, placé comme nous l'avons dit sur la plate-forme f, vise au moyen de la ligne de mire renfermée dans le tube g porté par le chevalet x, lequel chevalet est boulonné sur le levier de pointage t ; par suite, la ligne de mire suit tous les mouvements imprimés par le pointeur au levier t lorsqu'il agit sur le volant i. Les leviers Z et Z′, les bielles X et, par suite, le canon, étant solidaires des leviers t et t', suivent le mouvement de ces derniers. Lorsqu'on ne se sert pas de la visée directe, on peut enlever le tube de visée et son support, lequel est emmanché à frottement doux dans la douille du chevalet x.

Les angles de déplacement de la ligne de mire en dessus et en dessous de l'horizontale sont — 5° et + 5°.

Le mécanisme de pointage en portée comprend :

Deux leviers Z et Z′ supportant l'arbre Y de l'articulation des bielles X dont nous avons parlé plus haut. Ces deux leviers sont calés aux extrémités de l'arbre creux a qui, lui-même, passe au travers de l'arbre creux C du balancier.

Le levier de droite Z′ porte un segment de roue héliçoïdale engrenant avec une vis sans fin r mise en mouvement elle-même par l'action du servant sur le volant s porté par un support fixé au levier t'. Le levier Z′ et, par suite, le levier Z peuvent donc prendre par rapport aux leviers t' et t un déplacement relatif. L'arbre Y et, par suite, les bielles X, sont entraînés dans le mouvement des leviers Z Z′ et produisent le déplacement vertical de la culasse du canon. L'amplitude maximum du déplacement des leviers Z Z′ est de + 25°.

Un disque gradué b', porté par le levier t' et mis en mouvement au moyen d'engrenages par le levier Z′, indique la position relative des leviers Z′ et t'. Ce disque est gradué de façon à indiquer la portée de 50 en 50 mètres.

Les angles limites de pointage en hauteur sont donc de — 5° à + 25°.

Avec les dispositions que nous venons de décrire, le réglage du pointage peut se faire à volonté, soit lorsque le canon est en batterie, soit lorsqu'il est éclipsé : dans ce dernier cas, le pointage ayant été fait pendant que les servants chargeaient la pièce, le feu peut être mis dès qu'elle a atteint sa position de batterie. On peut aussi disposer une mise de feu automatique faisant partir le coup au moment où le canon arrive en batterie. Ce dernier dispositif permet de faire du tir rapide, tout en ne laissant que très peu de temps la pièce directement exposée aux coups de l'ennemi.

Le personnel nécessaire au service de cet affût à éclipse ne comporte que cinq hommes, soit un chef de pièce, un pointeur et trois servants.

D. *Affût à éclipse avec abri cuirassé de Châtillon-Commentry* (fig. 103 à 106).

L affût précédent correspondait à l'affût de Saint-Chamond, celui-ci correspond plutôt à celui de Vickers, puisque ce dernier se trouve également dans un abri cuirassé.

L'affût est d'ailleurs absolument indépendant du cuirassement mobile. Le canon repose par ses tourillons dans des coussinets A fixés à l'extrémité supérieure d'un balancier double B articulé en C et portant à son extrémité inférieure un contrepoids D, d'un poids légèrement supérieur à celui de la bouche à feu, afin de vaincre les frottements et les forces d'inertie.

L'articulation C, très robuste, est portée par des flasques verticaux E en tôle d'acier solidement boulonnés à un châssis F en acier coulé. Ce châssis repose par une glissière circulaire à crochet G sur une sellette H solidement ancrée dans la maçonnerie de béton. Le châssis peut tourner sur la sellette autour d'un axe tourillon I (et non L) fixé à cette dernière.

L'énergie de recul de la pièce est absorbée en grande partie par un frein hydraulique; le reste actionne le contrepoids.

Le frein hydraulique se compose d'un piston J fixé par sa tige à l'avant et à l'arrière du châssis, et logé dans un cylindre K portant des patins L assujettis à glisser sur une coulisse M venue de fonte avec le châssis et disposée parallèlement à l'axe du piston. Le cylindre K est relié par des bielles N au balancier B.

Les différentes positions du canon pour le pointage en hauteur sont obtenues par le dispositif suivant : une bielle O est articulée d'une part à la frette de pointage P, portée par le canon, et d'autre part à un axe Q portant des coulisseaux R assujettis à se mouvoir dans des glissières S fixées aux flasques E du châssis. Le mouvement de pointage en hauteur de la pièce est obtenu en manœuvrant l'un des deux volants T. Ces volants montés sur le même arbre horizontal actionnent par des vis sans fin U des engrenages héliçoïdaux V' calés à l'extrémité inférieure de deux vis X dans lesquelles sont engagés les coulisseaux R formant écrous.

Le pointage peut se faire à volonté, le canon étant en batterie ou éclipsé. Lorsque le canon est éclipsé, il occupe la position figurée en pointillé sur la fig. 103. Il est maintenu dans cette position par l'action d'un frein circulaire à bande Y embrassant une poulie Z calée sur l'axe du balancier. L'action continue du frein est obtenue par l'effort d'un petit contrepoids A' placé à demeure sur le levier du frein. Lorsque l'on veut mettre le canon en batterie, il suffit de soulever le levier B'; la prépondérance du contrepoids ramène la pièce à sa hauteur de tir.

La position rigoureuse de batterie est déterminée par la butée invariable du contrepoids sur la base du châssis.

Le pointage est indirect; il s'obtient au moyen d'arcs et de circulaires graduées; pour le pointage en hauteur, les index sont fixés aux coulisseaux R et les arcs gradués aux flasques E du châssis; pour le pointage en direction, la circulaire graduée *a* est encastrée dans la partie horizontale de la glissière de la sellette. Les index sont placés sur les faces inclinées de deux ouvertures pratiquées dans la glissière circulaire du châssis. Ces ouvertures sont faites à 90° de l'axe du canon, c'est-à-dire vis-à-vis de chaque treuil de rotation.

La cuirasse mobile est composée de deux plaques demi-circulaires C en métal laminé de 150 millimètres d'épaisseur, laissant entre elles une ouverture suffisante pour livrer passage au canon. Cette ouverture est obturée en temps opportun par trois plaques mobiles D', E', F', pouvant s'effacer en dessous de la cuirasse proprement dite.

La plaque centrale D' se déplace parallèlement au canon; elle roule sur des rouleaux cylindriques G' et est actionnée par une double crémaillère H' mise en mouvement par pignons et chaîne galle au moyen de la manivelle I'.

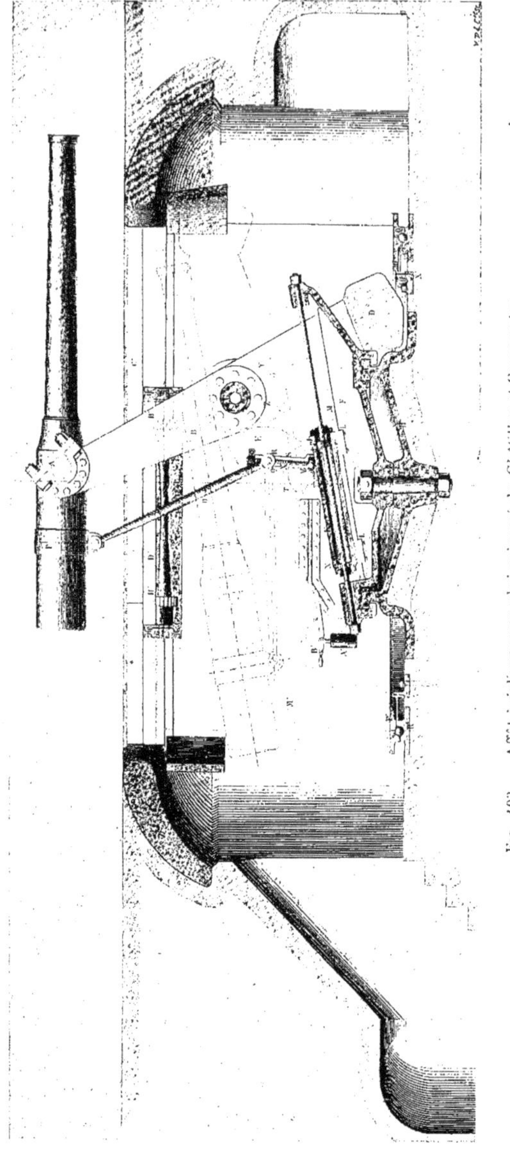

Fig. 103. — Affût à éclipse avec abri cuirassé de *Châtillon et Commentry*.
Coupe par l'axe du canon.

Les plaques E′ et F′ placées symétriquement sont composées de segments tournant autour de l'axe principal de l'abri cuirassé.

A cet effet, les plaques sont portées par des galets coniques J' à axes rayonnants ;

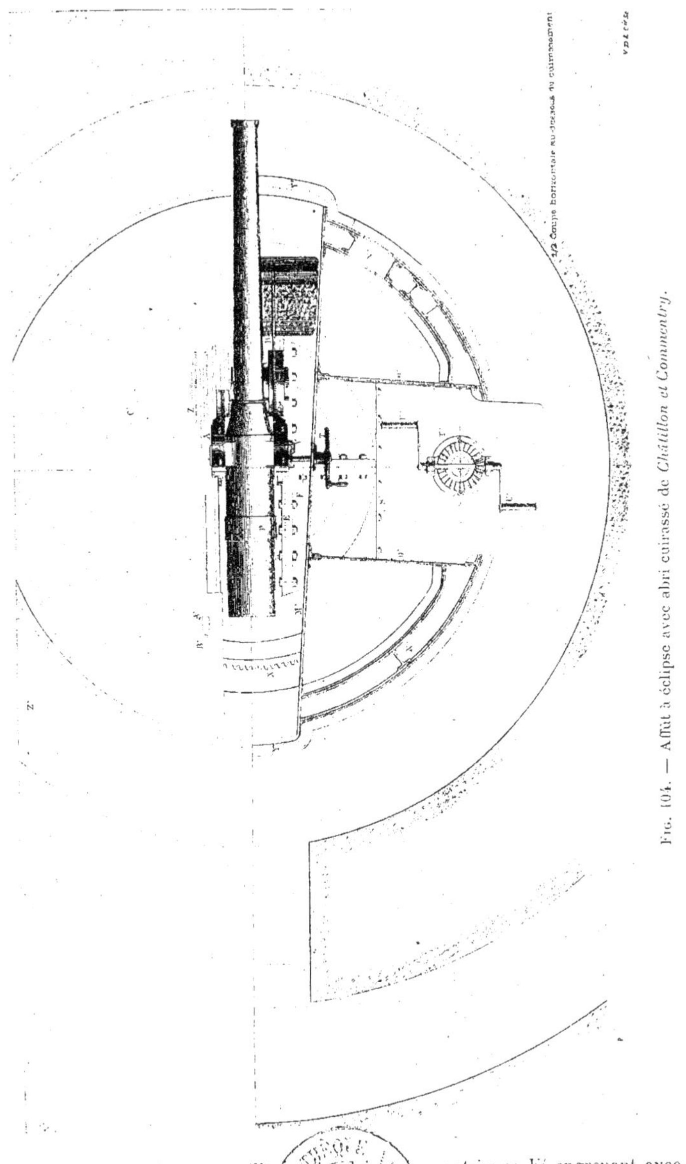

Fig. 104. — Affût à éclipse avec abri cuirassé de *Châtillon et Commentry.*

chaque plaque porte deux crémaillères circulaires concentriques K' engrenant avec des pignons montés sur le même arbre, et actionnés au moyen de chaînes galle et d'engrenages par la manivelle L.

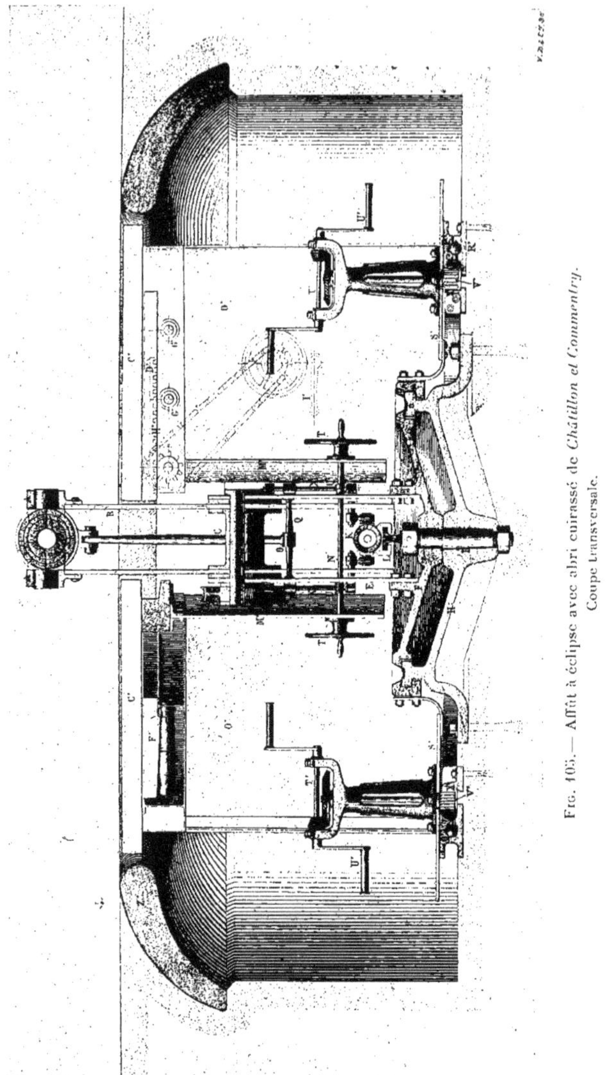

Fig. 105. — Affût à éclipse avec abri cuirassé de *Châtillon et Commentry*.
Coupe transversale.

Deux plaques en fer à cheval Y′ formant entretoises relient à l'avant et à l'arrière l'ossature portant les plaques C′.

Les deux plaques C′ sont portées par une ossature en tôles et cornières composée de deux panneaux verticaux M′ encadrant le canon et de quatre panneaux circulaires N′. Ces panneaux sont reliés par des entretoises O′ laissant entre elles deux chambres renfermant les volants et treuils de pointage.

L'ossature porte à sa partie inférieure une couronne circulaire P′ roulant sur des

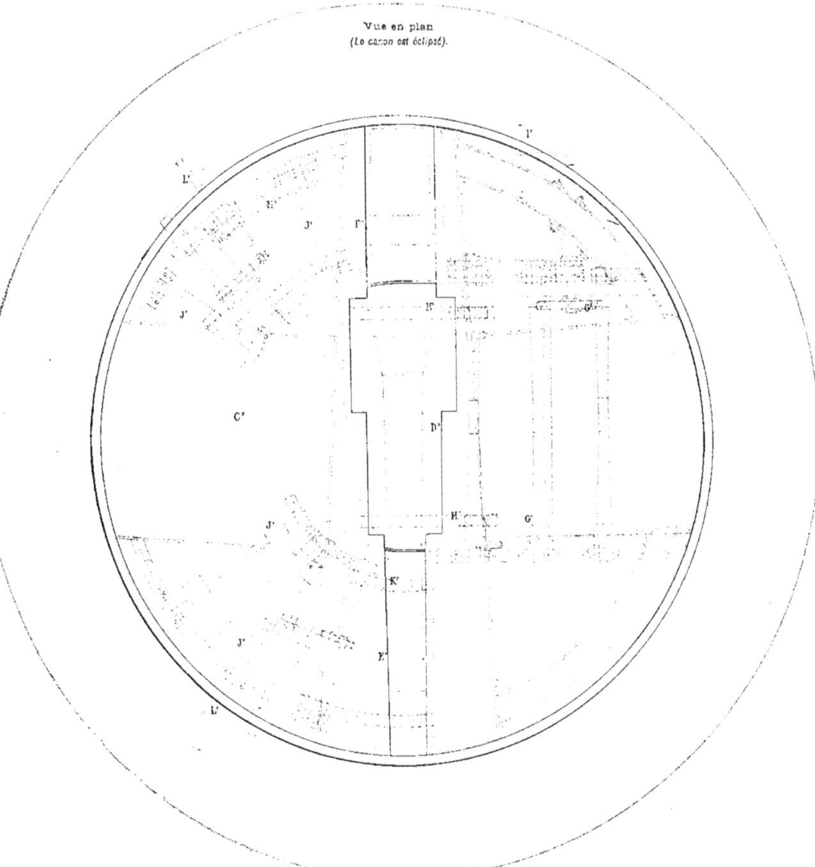

Fig. 106. — Affût à éclipse avec abri cuirassé de *Châtillon et Commentry*.

billes ou sphères Q′ disposées elles-mêmes dans une seconde circulaire R′ scellée dans le béton.

L'affût est relié à l'ossature par une liaison élastique formée de deux tôles S′.

Le mouvement de rotation est donné par deux treuils mobiles avec l'ossature. Chaque treuil possède deux manivelles U′ actionnant par l'intermédiaire d'engrenages coniques le pignon V′, lequel engrène avec la couronne dentée X′ scellée dans le béton.

Quatre hommes agissant sur les manivelles des treuils peuvent faire faire une rotation complète à l'affût et à son cuirassement mobile, en une minute et demie.

Deux hommes la feraient en trois minutes.

L'affût et son cuirassement sont enveloppés par une avant-cuirasse formée de 4 voussoirs en fonte dure, coulée en coquille, dont l'épaisseur vers le haut est de 0 m. 280 et vers le bas de 0 m. 180.

Le personnel nécessaire au service de la pièce est de cinq ou sept hommes, soit un chef de pièce, deux servants à la pièce et deux ou quatre aux treuils ou aux volants de pointage selon que le tir est lent ou rapide.

CHAPITRE IV

Affûts de côte.

A. *Affût d'obusier de 24 centimètres de côte, de Saint-Chamond* (fig. 107 à 110).

L'obusier n'a pas de tourillons; pendant le recul et la remise en batterie, il glisse à frottement doux dans une jaquette à tourillons, sur le pourtour de laquelle sont disposés les cylindres de frein et de remise en batterie. Les cylindres de frein sont diamétralement opposés et également distants de l'axe du canon; il en est de même des cylindres K de remise en batterie. Par cette disposition, la résultante des efforts de recul et de remise en batterie sont reportés dans l'axe de la bouche à feu.

Les tiges des pistons de frein hydraulique et les cylindres de compression des ressorts de remise en batterie sont fixés à des oreilles solidaires de l'obusier, montées à cet effet sur une frette I, et sont entraînés avec la pièce pendant le recul. Le récupérateur de retour en batterie est assez puissant pour ramener l'obusier en batterie quelle que soit son inclinaison.

L'ensemble de l'obusier et de la jaquette repose par les tourillons de celle-ci sur le châssis d'affût B.

Le châssis d'affût repose sur la sellette A par l'intermédiaire d'une couronne de galets coniques C. Un pivot central s'oppose, pendant le tir, aux efforts d'entraînement, tandis qu'une griffe, fixée en avant du châssis et engagée sous une nervure circulaire extérieure à la sellette, s'oppose aux efforts de renversement.

La sellette est fixée à la plate-forme en béton au moyen de boulons de fondation.

Les mécanismes de pointage en hauteur E et en direction D sont organisés pour assurer l'invariabilité du pointage de la pièce, même pendant un tir prolongé; ils ne participent pas au mouvement de recul de l'obusier et sont disposés pour que le pointeur puisse effectuer commodément et rapidement le pointage de la bouche à feu.

L'angle de pointage en hauteur peut varier de — 5° à + 60°.

L'amplitude du pointage en direction est de 360°.

L'arrière du châssis d'affût est prolongé par une plate-forme N, de chargement et de manœuvre, qui participe au mouvement d'orientation de l'affût. Une civière de chargement est fixée à l'arrière de cette plate-forme; elle permet de réduire au minimum le temps nécessaire au chargement de la bouche à feu. Un monte-charge M y amène le projectile.

L'affût est complété par un masque ou bouclier L, qui participe aussi au mouvement d'orientation de l'affût. Ce masque constitue pour les servants et le matériel une protec-

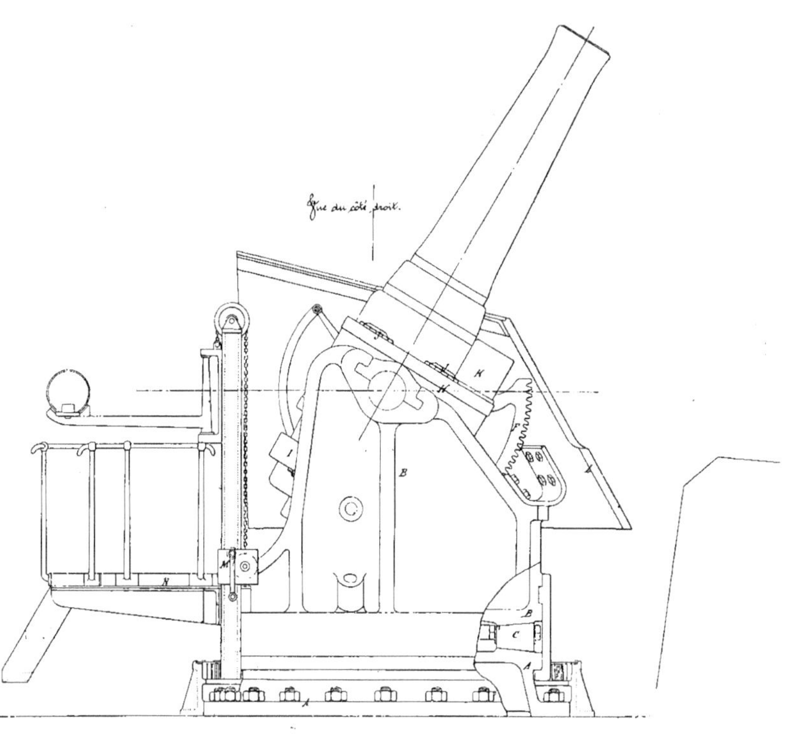

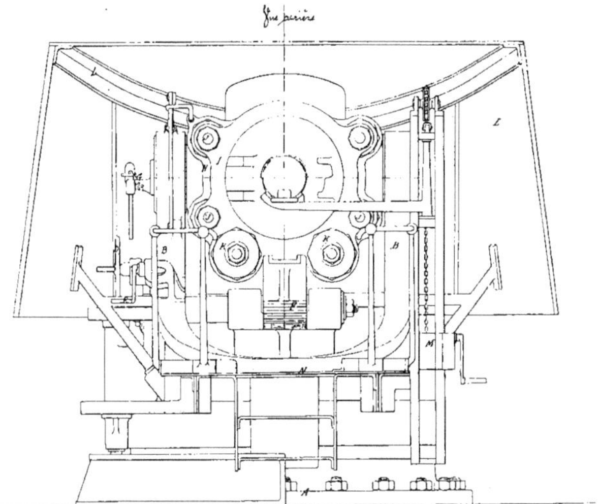

Fig. 107 et 108. — Affût d'obusier de 24 centimètres, de *Saint-Chamond*.

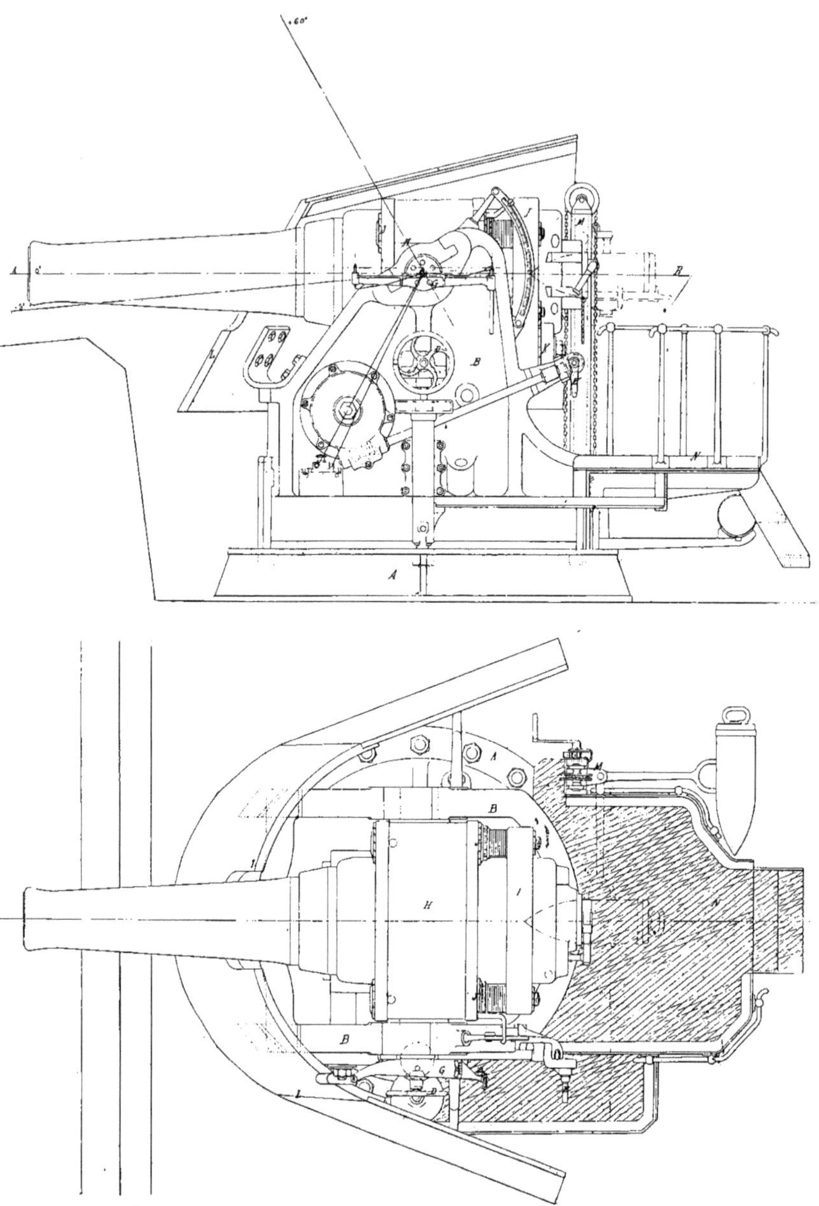

Fig. 109 et 110. — Affût d'obusier de 24 centimètres, de *Saint-Chamond*.

tion efficace contre les balles, les éclats des shrapnels et, en général, contre tous les effets des projectiles de petit et de moyen calibre. La vitesse du tir est de trois coups par minute. L'amplitude verticale du champ de tir se parcourt en 7 secondes, et le tour d'horizon peut se faire en deux minutes.

B. *Affût de côte à pivot central pour canon de 21 centimètres, de Saint-Chamond* (fig. 111).

Cet affût est en tous points semblable au précédent. Il comprend comme lui un

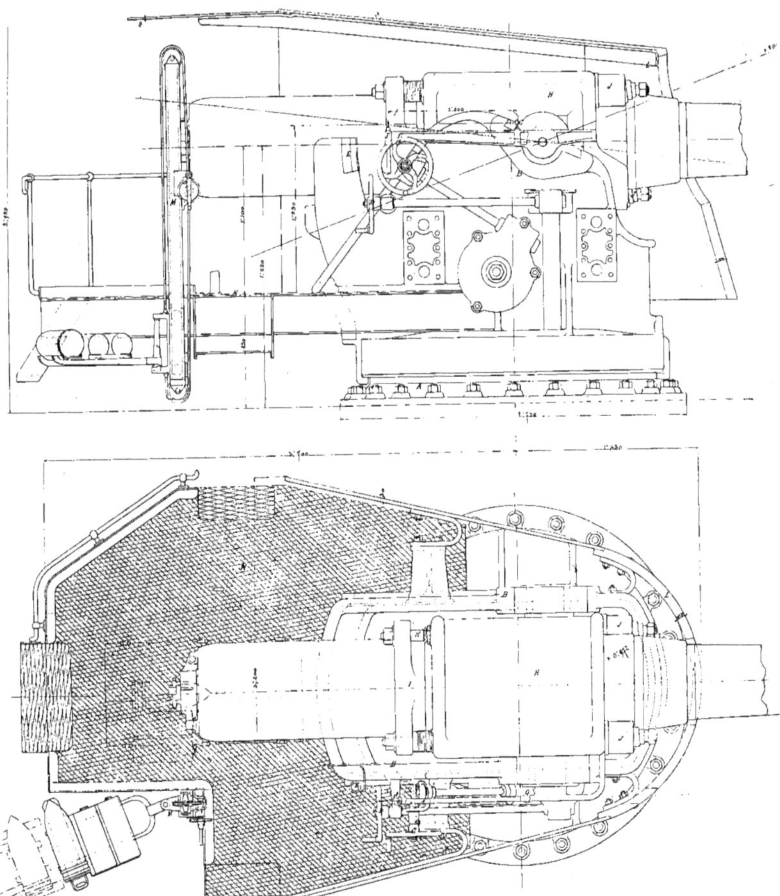

Fig. 111. — Affût de canon de 21 centimètres, de *Saint-Chamond*.

berceau à tourillons dans lequel glisse le canon, deux cylindres de frein hydraulique et deux récupérateurs à ressort.

Le berceau repose par ses tourillons sur un châssis en acier moulé fermé à sa base par un plateau circulaire par l'intermédiaire duquel il repose sur une couronne de galets coniques G roulant sur la sellette.

Les parties centrales du châssis et de la sellette sont encastrées l'une dans l'autre pour guider la rotation du châssis sur la sellette.

Trois griffes circulaires, fixées deux à l'avant et une à l'arrière du châssis, s'engagent sous la nervure circulaire de la sellette et s'opposent à tout renversement de l'affût pendant le tir.

Les mouvements de pointage en hauteur C et en direction D sont disposés sur le côté gauche pour cet affût; ils sont indépendants du mouvement de recul et permettent au pointeur, appuyé sur l'épaulière E, de faire rapidement le pointage de la pièce à l'aide de la hausse F et du guidon G pendant que s'exécute le chargement.

Un masque en acier-nickel de 10 centimètres d'épaisseur assure la protection du personnel et du matériel contre les shrapnels.

Le temps nécessaire à la manœuvre de la culasse et au chargement de la pièce est sensiblement égal à celui qu'exige le pointage, et comme ces opérations sont indépendantes et peuvent par suite s'effectuer simultanément, la vitesse de tir peut atteindre 3 à 4 coups par minute.

Comme pour l'affût précédent, l'amplitude du pointage en hauteur, de — 7° à + 20°, se parcourt tout entière en 7 secondes, et le tour d'horizon peut s'effectuer en deux minutes.

C. *Affût élastique à éclipse Durlacher pour canon russe de 9 pouces* (fig. 112).

Description sommaire de l'affût. — L'affût se compose de l'*élévateur*, qui porte le canon, et du châssis à pivot central sur lequel sont placés l'élévateur, les appareils hydrauliques et les mécanismes.

Élévateur. — L'élévateur est formé de deux larges poutres métalliques réunies sous la pièce par une traverse. Chaque poutre est composée de deux fortes plaques reliées par des entretoises et des cornières.

A la partie supérieure se trouvent les encastrements des tourillons, ces derniers munis de manchons excentrés en bronze, pour diminuer les frottements et les sus-bandes.

A la partie inférieure est pratiqué le logement de l'axe de rotation de l'élévateur. Cet axe est porté par le fond du cylindre du frein hydraulique avant. Au milieu de l'élévateur, sur sa partie arrière, est articulée la tige du frein hydraulique arrière.

Châssis. — Le châssis est composé de deux flasques réunis par des entretoises. Ces flasques sont des poutres armées sur leur moitié avant, la plaque extérieure de chacun d'eux étant seule prolongée jusqu'à l'arrière.

Le châssis est soutenu par deux paires de roulettes. Les consoles des roulettes arrière sont boulonnées avec des flasques. Les roulettes avant ont une organisation spéciale. De plus, elles sont munies de coussinets à rouleaux.

Double système de récupération. — Les freins hydrauliques dont il a été question plus haut, sont placés par paires dans la partie antérieure des flasques du châssis.

Freins hydrauliques avant et petit accumulateur. — Le cylindre de chacun des freins hydrauliques avant est mobile verticalement.

Les tiges des pistons sont terminées par des fourchettes qui emboîtent les roulettes avant.

Un canal, pratiqué dans l'axe de ces tiges, est prolongé par un tube qui met ainsi en communication l'intérieur du frein avec le petit accumulateur hydraulique à ressorts C (placé en arrière et à droite).

De cette façon, l'élévateur s'appuie sur les roulettes antérieures par l'intermédiaire du liquide[1] du frein. Pendant le tir, la composante verticale de la percussion a pour effet d'abaisser l'élévateur et le cylindre d'environ 3 pouces russes (76 millimètres). Le liquide est refoulé dans l'accumulateur hydraulique qui se charge.

Lorsque l'action du tir ne se fait plus sentir, l'élévateur remonte immédiatement sous l'influence des ressorts de l'accumulateur, qui se détendent.

Cette disposition a pour but de donner de l'élasticité au système et d'atténuer la violence de la percussion sur les roulettes avant; une partie de l'énergie développée est en effet absorbée par l'accumulateur.

Freins hydrauliques arrière et grand accumulateur. — Les freins hydrauliques arrière sont

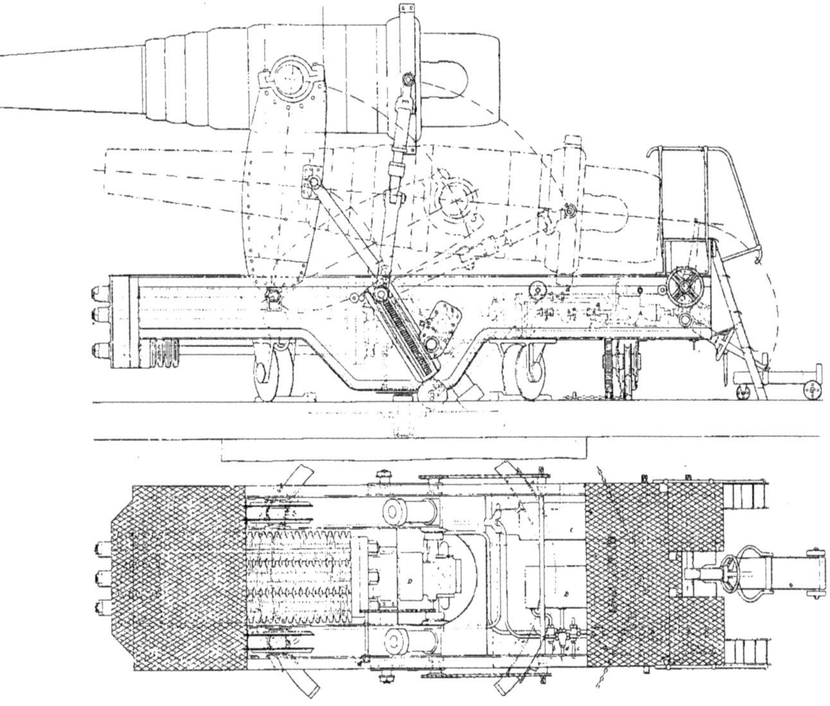

Fig. 112. — Affût à éclipse *Durlacher.*

mobiles autour de tourillons. Le liquide, par des tubes traversant les tourillons internes, est mis en communication avec le corps de pompe du grand accumulateur D, placé à l'avant et à l'intérieur du châssis. Cet appareil est formé de 500 rondelles Belleville disposées sur cinq files horizontales.

La pièce est soutenue à la position de tir par le liquide sous pression.

Au départ du coup, l'élévateur et le canon s'abaissent, la tige du frein est repoussée, et le liquide, forçant une soupape conique chargée, arme l'accumulateur. La pression qui correspond au complet abaissement du canon est d'environ 300 atmosphères.

1. Ce liquide (huile de naphte) est injecté dans le système — freins hydrauliques avant et petit accumulateur — à l'aide d'une pompe horizontale A (en arrière et à gauche du châssis), qui puise l'huile de naphte dans le réservoir B.

Ce système n'est pas réversible, et la pièce qui vient de tirer reste abaissée dans la position de chargement.

Pour la remettre en action, une seconde canalisation réunit le grand accumulateur et les freins hydrauliques à l'arrière. A l'aide d'une manivelle placée sur le côté gauche de l'affût, on ouvre un robinet à vis. La commuuication s'établit et, sous l'influence du liquide sous pression, l'élévateur ramène le canon à sa position de tir.

On peut aussi abaisser le canon sans tirer.

Le système — freins hydrauliques arrière et grand accumulatenr — est réuni au réservoir B (placé entre la pompe et le petit accumulateur) par l'intermédiaire d'un tube avec une soupape à vis *b*. En ouvrant celle-ci, le canon, par son propre poids, descend lentement et refoule le liquide dans le réservoir.

Lorsqu'on veut ensuite remettre la pièce en batterie, la pompe horizontale A permet, en ouvrant la soupape à vis *c*, de diriger le liquide du réservoir dans le grand accumulateur, qu'on peut ainsi charger en un quart d'heure.

Système de pointage en hauteur. — Le support de pointage consiste en deux grands bras réunis sous la culasse par une entretoise. Les extrémités supérieures sont articulées au tonnerre. Les extrémités inférieures sont reliées à un écrou à tourillons qui se déplace le long d'une vis, susceptible seulement d'avoir un mouvement de rotation autour de son axe. Lorsqu'on fait tourner cette vis, à l'aide d'une manivelle et d'engrenages, l'écrou, qui est maintenu par des glissières, monte ou descend le long de la vis et entraîne la culasse dans son mouvement. Les deux bras ont une certaine élasticité; ils sont formés de deux parties qui s'emboîtent et entre lesquelles sont disposés des ressorts à boudin.

Pointage en direction. — Le pointage en direction s'exécute avec une chaîne.

Appareil de chargement. — L'appareil de chargement est dans le plan de symétrie de l'affût. Il peut soulever le chariot à roulettes qui amène le projectile. Le bras de cet appareil, mobile autour d'un axe transversal, porte un doigt qui peut être engagé par un servant dans les dents d'une crémaillère située sous le chariot. Le projectile se présente alors horizontalement.

Ce bras est susceptible d'un certain allongement qui permet de placer l'obus exactement dans l'axe de la pièce.

Quatre hommes sont nécessaires pour élever le projectile.

D. *Affût à manœuvre automatique Durlacher, pour canon de côte de 11 pouces* (fig. 113 et 114).

Affût et frein. — L'affût se compose du corps d'affût, qui porte le canon, et du châssis sur lequel repose le corps d'affût.

Le châssis, muni de roulettes qui prennent appui sur la plate-forme, est relié par un bras à un pivot antérieur autour duquel il peut tourner. Le corps d'affût est relié au châssis par l'intermédiaire d'un frein hydraulique qui limite le recul; le cylindre du frein est fixé au châssis, et la tige du piston est attachée à l'affût.

Système récupérateur. — Le liquide, huile de naphte, contenu dans le frein, est refoulé pendant le recul dans deux accumulateurs hydrauliques à ressorts. L'un d'eux est situé à droite et à l'arrière du châssis; l'autre à gauche et à l'avant. Le liquide pénètre dans les accumulateurs en forçant des soupapes coniques chargées; à la fin du recul, il s'y trouve comprimé à une pression de 30 atmosphères environ.

Les deux accumulateurs sont réunis par des tubes à une boîte de communication, dont le rôle est d'assurer un débit de liquide égal dans les deux accumulateurs.

Presses indépendantes utilisant l'énergie emmagasinée. — Il y a quatre presses de travail :

Les deux premières, situées à droite et à l'avant des châssis, servent au chargement et au pointage en hauteur de la pièce;

La troisième, à gauche et à l'arrière des châssis, est utilisée pour le pointage en direction.

Ces trois presses ont leur piston prolongé par une crémaillère engrenant avec une roue dentée qui commande l'organe de manœuvre correspondant.

La quatrième, au niveau des tourillons, produit le refoulement. Elle est munie d'une tige télescopique.

Le liquide sous pression est réparti dans les différentes presses par des tubes issus de la boîte de communication. Il passe au préalable soit dans une boîte à tiroirs[1], soit dans des robinets à 4 voies. En dirigeant, à l'aide de 4 leviers de manœuvre, le liquide sur une face ou sur l'autre du piston correspondant, on en produit à volonté le mouvement dans un sens ou dans l'autre.

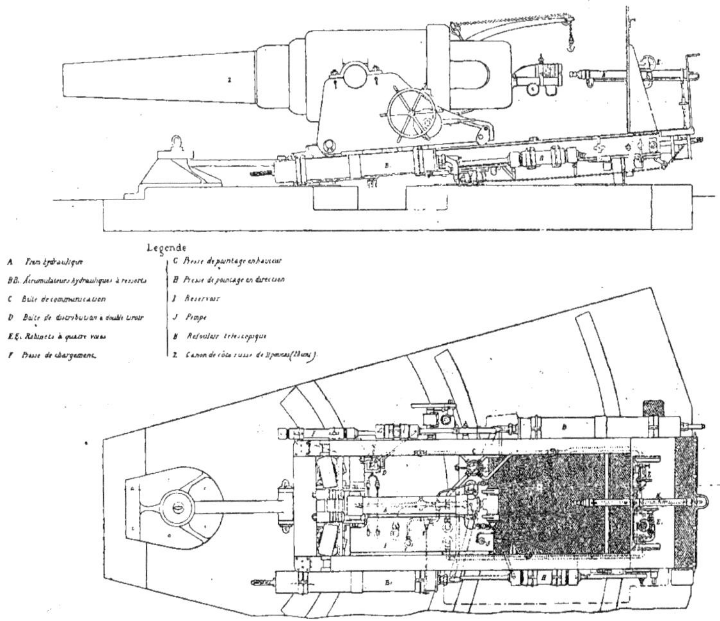

Fig. 113 et 114. — Affût à manœuvre automatique *Durlacher*.

Le liquide, qui n'est pas sous pression, gagne un réservoir placé entre le frein hydraulique et le côté gauche du châssis.

Système de sécurité. — Pour régler la pression produite par les ressorts de récupération, et éviter qu'elle ne dépasse les limites convenables, la boîte de communication renferme une soupape de sûreté, reliée par une chaîne à la tige de l'accumulateur de droite. Au moment où cette tige a reculé de 43 centimètres environ (17 pouces russes), un déclenchement se produit ; le liquide n'est plus admis dans les accumulateurs et il se rend dans le réservoir.

Mise en action de la pièce au début du tir. — Le travail nécessaire est produit par une pompe placée dans le réservoir. Deux hommes, agissant pendant un quart d'heure sur un levier placé à l'arrière, chargent les accumulateurs.

Les diverses opérations du chargement et du pointage peuvent d'ailleurs être effectuées à bras d'hommes. Les crémaillères sont articulées aux tiges des pistons ; elles peuvent facilement être abaissées, et les roues dentées deviennent libres ; les différents mouvements sont alors exécutés à l'aide de manivelles.

1. Sous l'action de leviers, les tiroirs fonctionnent comme ceux d'une machine à vapeur.

Déplacements de l'affût proprement dit sur son châssis. — Cette pompe permet aussi très facilement de mettre la pièce hors de batterie sans tirer, et de la ramener en batterie en comprimant du liquide sur une face ou sur l'autre du piston du frein.

Avec ce système d'appareils, on emmagasine le travail nécessaire pour le chargement et le pointage. La quantité d'énergie cinétique développée par le recul atteint 32.000 kilogrammètres. On utilise pour les opérations du tir seulement 5.000 kilogrammètres. Les résistances passives absorbent l'excédent.

On augmente ainsi la rapidité du tir, tout en réduisant, dans de notables proportions, le nombre des servants. Au lieu de 10 hommes, le service de la pièce n'en exige plus que 4, ou même à la rigueur 2 seulement. Leur travail consiste à manœuvrer des robinets, opérations faciles et peu fatigantes.

Les appareils sont construits et mis en place par l'usine Nobel, de Saint-Pétersbourg.

E. *Affût de côte Vickers pour deux canons de 305 millimètres* (fig. 115).

Cet affût, ou plutôt ce couple d'affûts, sont construits en acier et se composent de trois parties principales : 1° l'affût supérieur, un par canon ; 2° le châssis, ou système de glissières ; et 3° la plate-forme tournante et ses supports roulants.

Les affûts supérieurs, recevant les canons supportés par leurs tourillons, portent les cylindres de frein hydraulique et le mécanisme de pointage en hauteur.

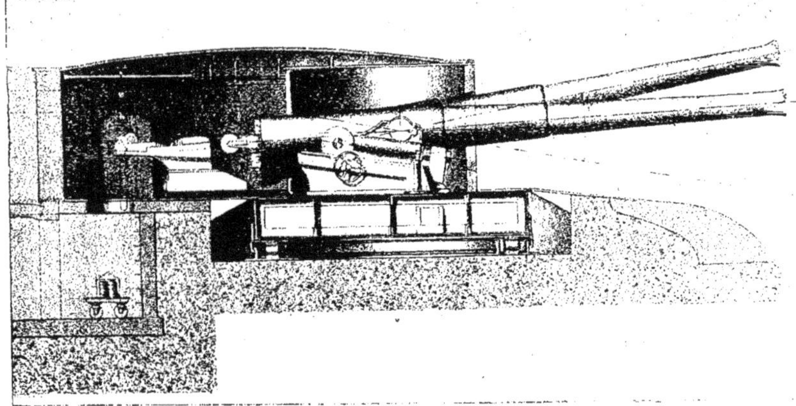

Fig. 115.

Les freins hydrauliques sont du type habituel à pression constante, et, comme pour chaque berceau les deux cylindres sont en communication par des tuyaux de liaison, l'effort sur l'affût est également réparti.

Après le recul, le canon et l'affût supérieur reviennent à la position de tir par leur propre poids, en descendant un plan incliné de 4° sur l'horizontale, sur des galets logés dans les glissières du châssis.

Le châssis qui forme glissière pour les deux affûts supérieurs a ses deux bras réunis ensemble par des entretoises, et porte des saillies venues de fonte en ses extrémités antérieures pour y amarrer les tiges de piston.

La base du châssis est reliée à une plate-forme ou plaque tournante cylindrique qui repose sur un chemin de roulement supérieur. Cette plate-forme reçoit en outre cinq supports portant le bouclier du canon.

Sur le côté intérieur du chemin de roulement inférieur est disposée une crémaillère dentée engrenant avec un pignon monté sur un arbre relié au mécanisme de pointage. Ce dernier, monté sur la plate-forme cylindrique, se compose de trois paires de pignons, d'une vis sans fin et d'une roue hélicoïdale, le tout actionné par une poignée de manivelle.

Les affûts sont également pourvus de moteurs électriques logés dans la plate-forme tournante pour actionner à la fois le mécanisme de pointage en direction et celui de pointage en hauteur.

Des mâchoires boulonnées au bord inférieur de la plate-forme s'engagent sur un rebord du chemin de roulement inférieur pour empêcher tout soulèvement au moment du tir ou de la rentrée en batterie.

Le pointage en hauteur s'effectue au moyen d'un volant mû à la main et de deux roues coniques fixées au châssis. Une de ces roues est montée sur un arbre de transmission rattaché au berceau de façon à tourner avec lui, mais à ne pas reculer lorsqu'il recule. A l'extrémité supérieure de cet arbre est fixée une vis sans fin qui, au moyen d'une roue hélicoïdale et d'un pignon, donne le mouvement à un arc de pointage en hauteur boulonné après la pièce.

La course dans le sens vertical est de 10° au-dessus et au-dessous de l'horizon, soit 20° au total.

Les munitions sont amenées aux canons directement du magasin par des chariots roulant sur rails.

La partie supérieure de ces chariots, qui est aménagée en forme de lanterne de chargement pour recevoir le projectile, peut être amenée tout à proximité de la culasse au moyen d'une crémaillère et d'un pignon, et, dans le but de diminuer la fatigue de l'homme qui manœuvre la crémaillère, le plan sur lequel la lanterne se déplace est incliné vers le canon.

Le projectile et la gargousse sont amenés à pied d'œuvre sur un petit chariot, depuis les magasins jusqu'à l'aplomb d'un monte-charges à chaîne qui les dépose sur la lanterne de chargement.

CHAPITRE V

Affûts de bord.

A. *Affût Vickers à pivot central, pour canon de 19 centimètres à tir rapide.*

Cet affût (fig. 116 à 118) se compose d'un affût supérieur en acier reposant sur une plate-forme horizontale roulante, montée sur un pivot d'acier. Le berceau, dans lequel le canon peut coulisser librement pendant le recul, est cylindrique et relié à trois cylindres, l'un, cylindre de frein, et les deux autres, placés de part et d'autre du précédent, contenant des ressorts récupérateurs pour la remise en batterie. Tous ces cylindres sont reliés au canon par l'intermédiaire d'oreilles aménagées sur la frette de culasse. Tout le poids du système mobile, canon, berceau et affût, est en équilibre sur la plate-forme roulante, de telle sorte que le déplacement pour le pointage est rendu très aisé. Ces opérations de pointage en hauteur et en direction se font à l'aide de deux volants à main que le pointeur manœuvre aisément tout en s'appuyant contre l'épaulière. Des supports anti-friction sont employés aux endroits qui portent le plus, de manière que ces opérations peuvent être exécutées par un seul homme, malgré la masse considérable mise en mouvement.

Le cylindre de recul et le masque n'offrent rien de particulier.

La visée peut se faire par une petite ouverture percée dans le masque.

Fig. 116. — Vue perspective de l'affût de 19 cm. *Vickers.*

Cet affût réalise un accroissement notable de la protection, grâce au mode de construction de l'affût supérieur, d'une épaisseur notable, et à la disposition ingé-

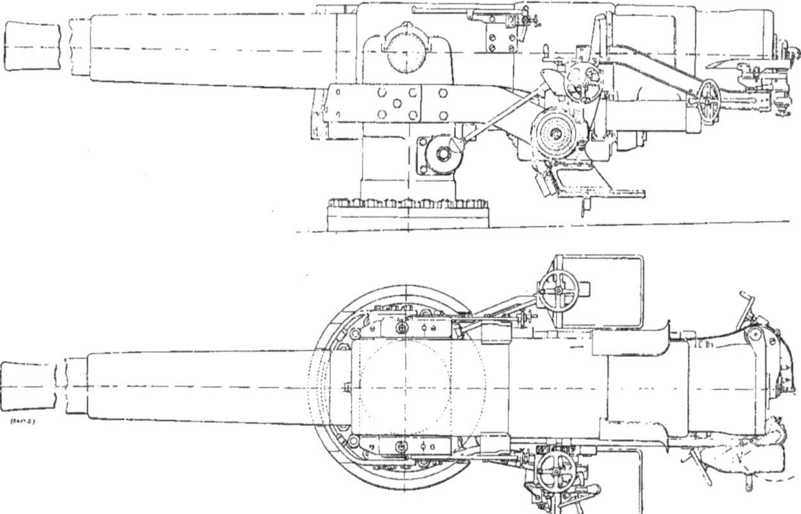

Fig. 117 et 118. — Élévation et plan de l'affût de 19 cm. *Vickers.*

nieuse des divers organes. Ces derniers se composent du reste d'un petit nombre de pièces et ne demandent que peu d'entretien.

Le mécanisme de chargement se compose d'un auget à projectiles articulé sur une tige d'un côté du berceau, de manière à se déplacer avec le canon pendant l'élévation ou l'abaissement de celui-ci, tout en conservant son axe parallèle à celui du canon. Cet auget est commandé par un mécanisme à vis sans fin et roue hélicoïdale actionnée par un volant à main installé près de la culasse sur le côté gauche du canon; un embrayage est ménagé pour permettre d'écarter le mécanisme à vis sans fin et de manœuvrer l'auget à la main si on le désire.

B. *Affût Vickers à pivot central pour canon de 6 pouces à tir rapide.*

Cet affût (fig. 119) est dans ses grandes lignes semblable au précédent. Il se compose d'un affût supérieur en acier reposant sur un support à billes horizontal monté sur un

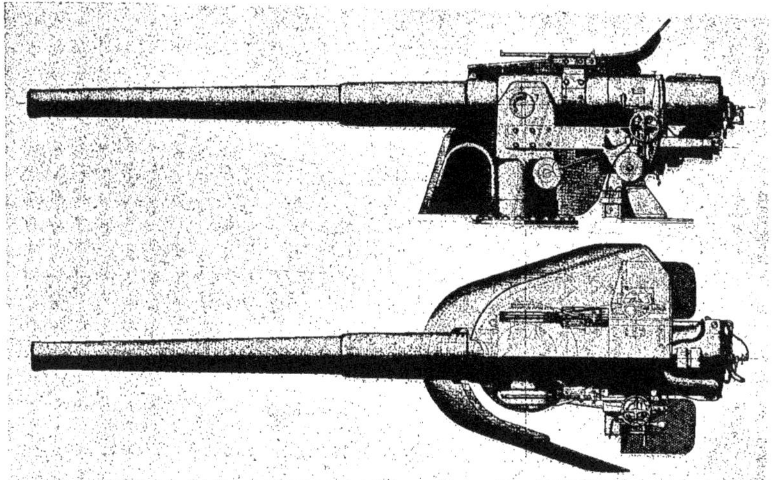

Fig. 119. — Affût *Vickers* pour canon de 6 pouces.

pivot creux en acier. Le berceau, dans lequel le canon peut glisser librement pendant le recul, est cylindrique, et rattaché à trois cylindres, l'un de frein et les deux autres de ressorts récupérateurs, comme dans l'affût précédent, par l'intermédiaire d'oreilles ménagées sur la frette de culasse. Tout le système est en équilibre sur le support à billes, ce qui facilite le pointage, exécuté à l'aide de deux volants manœuvrés à la main par le même pointeur. Le frein hydraulique est du type habituel à pression constante.

L'affût représenté ici est muni d'un bouclier du type pour pont des gaillards; la mise de feu peut se faire électriquement (on voit d'ailleurs le fil conducteur), mais le circuit ne peut se fermer que lorsque la culasse est à bloc. Le dispositif de visée ne nécessite qu'une faible ouverture dans le bouclier, et n'est qu'à une petite hauteur au-dessus de la pièce.

Les croquis de détail qui suivent montrent avec plus de netteté les divers agencements de ce matériel.

La pièce *a* coulisse dans un berceau *b*; elle est munie de guides convenables pour l'empêcher de tourner sous la réaction des rayures.

Le berceau est muni de tourillons *c* engagés dans des supports d'où l'on peut les faire sortir pour enlever pièce et berceau. Ces supports sont formés des branches d'une fourche installée sur un pivot avec roulement à billes. Le pointage du canon s'effectue

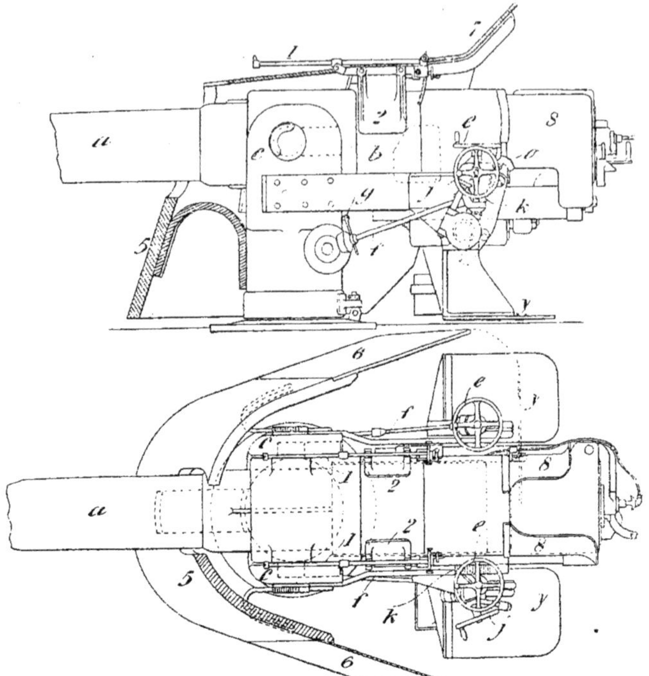

Fig. 120. — Détails de l'affût *Vickers* de 6 pouces.

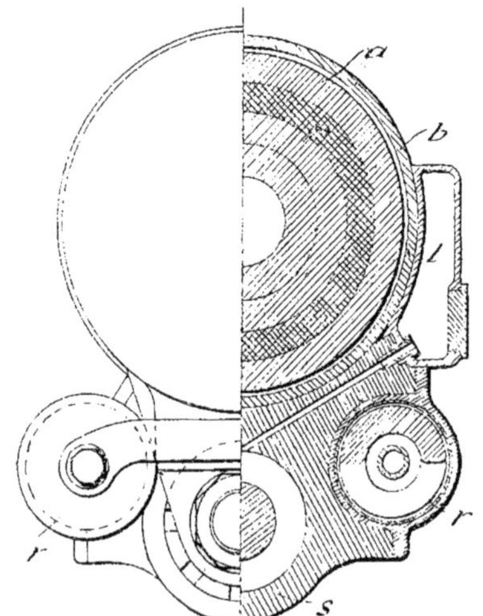

Fig. 121. — Freins de l'affût *Vickers*.

à l'aide d'une roue *d* montée sur la base du support à fourche, et engrenant avec une circulaire dentée établie sur le pivot. Cette vis se manœuvre à l'aide d'un volant horizontal *e*, de la tige inclinée *f*, et de roues d'angle convenables. La base du support à fourche peut être agrafée au pivot par une mâchoire *g*.

Ce système de pointage en direction est installé des deux côtés du canon, mais chaque côté peut être désembrayé, ensemble ou séparément, de manière à permettre en cas d'accident un pointage de circonstance à l'aide de moufles.

Pour donner l'inclinaison, un volant vertical *j* commande le mouvement d'un arc denté *k* fixé en dessous et à l'arrière du berceau.

Enfin, comme le montre la fig. 121, le berceau porte à sa partie inférieure deux récupérateurs à ressorts *r* et un frein hydraulique central *s*, en communication avec un réservoir *t*, ce qui permet de faire toujours le plein du frein.

Le pointage se fait à l'aide de la lunette 1, montée sur un palier 2, fixé au berceau (fig. 120).

L'affût porte une plaque de tête 5, avec retours latéraux 6, un toit incliné 7 et une paire d'écrans en laiton 8 (fig. 120), ces derniers pour protéger les servants placés sur les plates-formes *y* contre l'action des gaz de la charge ou le choc des étuis éjectés, et tournant avec l'affût.

C. *Affût de Saint-Chamond à pivot central pour canon de 155 millimètres.*

Cet affût (fig. 122 à 124) comprend deux parties principales : un corps d'affût I, ou berceau à tourillons, et un châssis d'affût A.

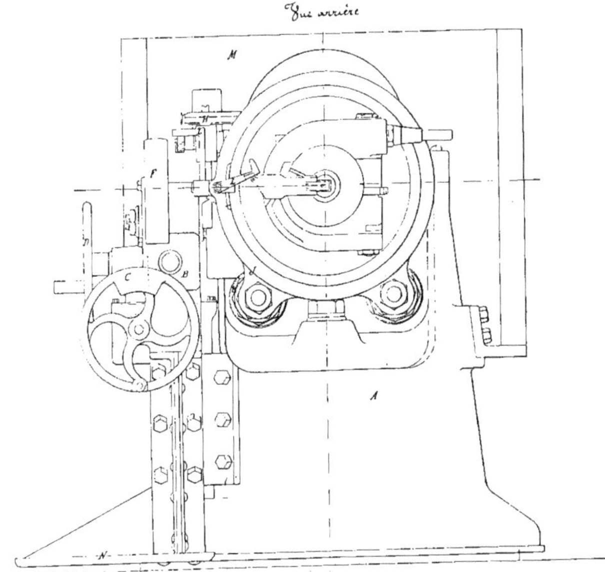

Fig. 122.

Pendant le recul, le canon glisse dans le berceau qui porte, à l'avant et en dessous, deux oreilles symétriques J servant d'attache aux deux cylindres de frein dont les tiges sont fixées à la frette à oreilles vissée sur le canon, avec lequel elle recule en entraînant les tiges de piston des cylindres de frein K.

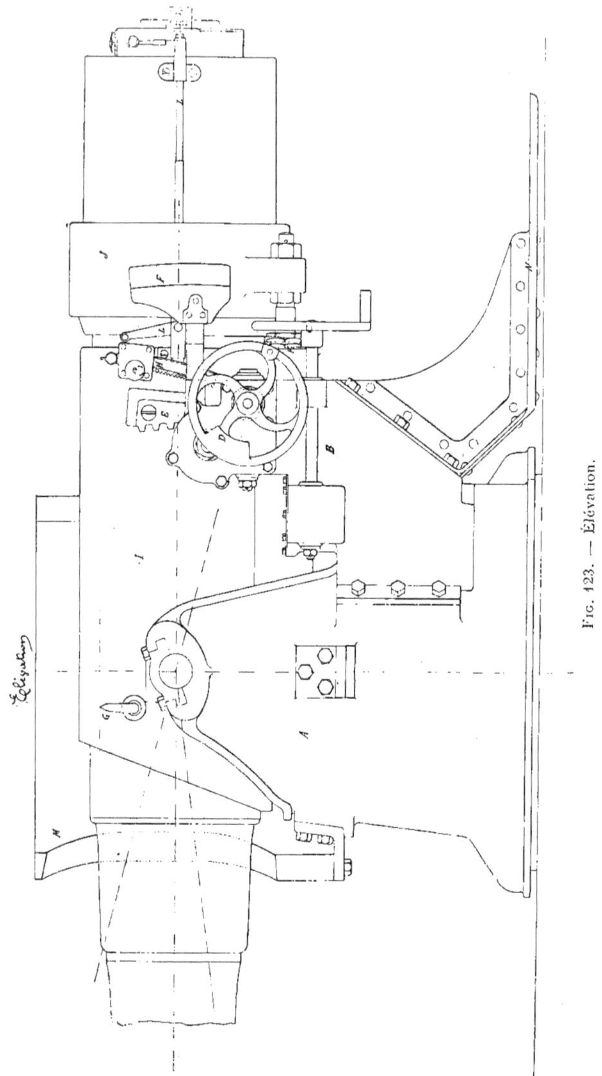

Fig. 123. — Élévation.

Les freins hydrauliques placés sous le canon servent en même temps de récupérateurs pour le retour en batterie. A cet effet, ils sont munis de ressorts qui emmagasinent une partie de l'énergie de recul et la restituent ensuite en ramenant le canon à sa position initiale.

Le châssis d'affût, en acier moulé, a l'aspect général d'un tronc de cône évasé à la

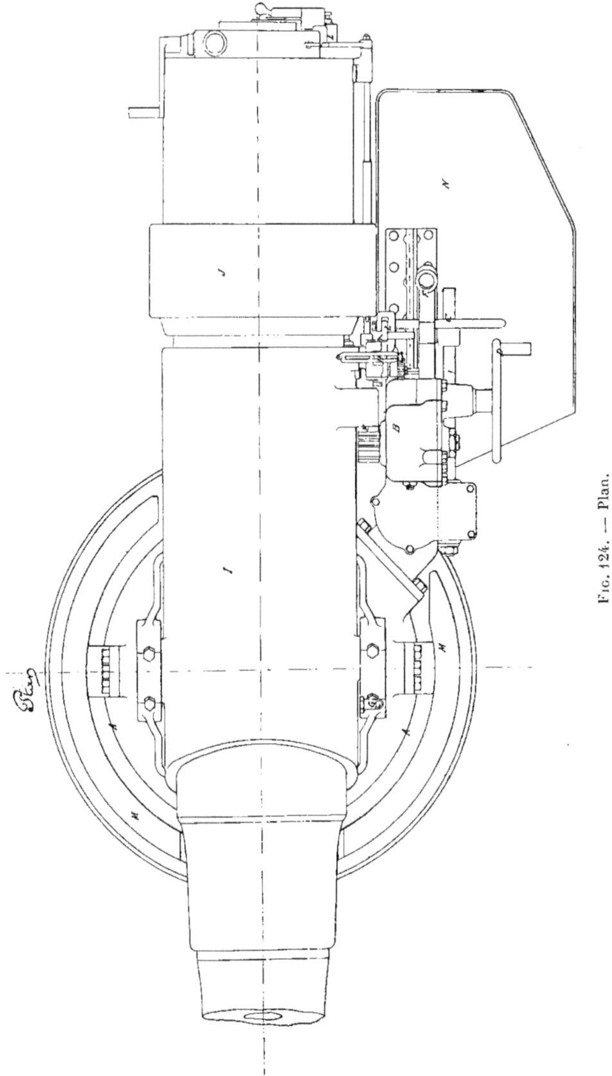

Fig. 124. — Plan.

base. Il reçoit à sa partie supérieure les tourillons du corps d'affût ou berceau, recouverts par des sus-bandes.

Il est fermé, à sa partie inférieure, par un plateau circulaire qui prend appui sur une couronne de galets coniques entièrement recouverts par ce plateau et par une couronne extérieure vissée au châssis. Cette couronne se termine, dans le bas, par une nervure ajustée dans une rainure circulaire pratiquée sur le pourtour du pivot, un peu au-dessus du rebord qui sert à relier solidement le pivot au pont du bateau. Cette disposition a pour but de s'opposer à tout renversement du châssis pendant le tir.

Les deux volants de pointage en hauteur D et en direction C sont portés par un même support B en acier moulé boulonné sur le côté gauche du châssis.

Le pointeur, placé sur une petite plate-forme N mobile avec le châssis, et appuyé contre une épaulière F, actionne les deux volants de pointage sans cesser de viser l'objectif. Le support des volants de pointage est disposé pour être placé indifféremment à gauche ou à droite, deux lignes de mire ayant été prévues sur les deux côtés du berceau.

Un dispositif spécial, à la portée du pointeur, lui permet de produire la mise de feu au moment voulu ; lorsque le canon est amené à la position convenable, il consiste à déclencher le percuteur par l'intermédiaire des tiges articulées L L.

Un masque cylindrique M en acier, de 75 millimètres d'épaisseur, est fixé au châssis pour protéger le personnel et le matériel contre les atteintes de l'artillerie de petit et de moyen calibre.

D. *Affûts Vickers pour canons à tir rapide de petit calibre.*

Le premier de ces affûts se compose d'une tête d'affût en acier qui est d'une seule pièce avec le pivot ; le pivot tourne dans un cône en acier muni de garnitures en bronze et y est assujetti à l'aide d'un écrou (fig. 125).

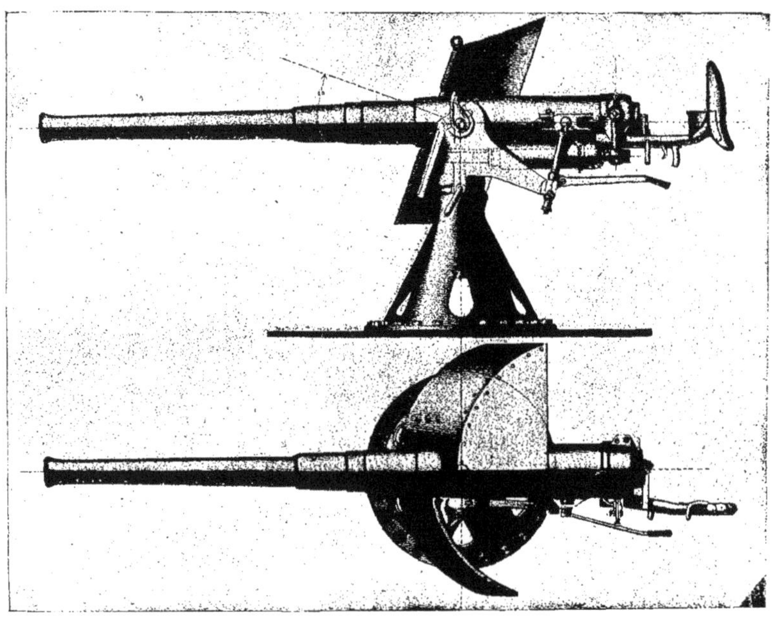

Fig. 125.

La pièce glisse dans un berceau à tourillons : ce berceau porte deux freins hydrauliques dans lesquels se meuvent des pistons rattachés à une oreille ménagée vers le bas de la culasse.

A l'intérieur de ces cylindres sont de forts ressorts à boudin formant récupérateur et ramenant la pièce à sa position primitive, une fois le coup parti, sans aucun choc ni ressaut, et sans déranger le pointage.

Le bras gauche de la tête d'affût se prolonge en arrière pour former une console à travers laquelle coulisse une barre de pointage en hauteur qui peut se fixer à l'aide d'une vis de serrage.

De même la tête d'affût est pourvue d'un secteur de calage en direction, ce dernier s'ajustant dans une gorge de la garniture en bronze : en serrant ce secteur à bloc, on fixe

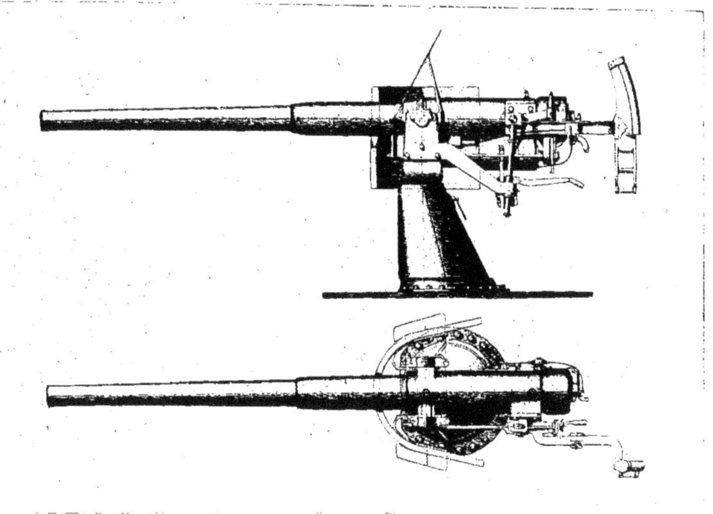

FIG. 126. — Type léger.

la pièce en direction : La pièce se manœuvre à l'aide d'une crosse d'épaule : tout son système de pointage est analogue d'ailleurs à celui du suivant.

Ce deuxième affût plus léger est représenté fig. 126, et détaillé ci-dessous :

La pièce *a* coulisse dans un berceau *b* ; elle est munie de guides convenables pour l'empêcher de tourner sous la réaction des rayures.

Le berceau est muni de tourillons engagés dans des supports d'où l'on peut les faire sortir pour enlever pièce et berceau. Ces supports sont formés des branches *c* d'une fourche qui émergent d'une tige verticale creuse *h*, tournant à l'intérieur du pivot ; le pointage se fait à la main, en agissant sur la crosse *i*.

Pour pointer, on applique la main à l'un des échelons *l* de la crosse *i* ; si l'on veut maintenir la pièce sous une inclinaison donnée, on fait usage d'une tige *m* fixée au berceau, et qui traverse une douille montée sur un bras *n* fixé au chandelier ; cette douille est manœuvrée par un levier *p* à la portée du pointeur dont l'épaule reste appliquée à l'appui *q* de la crosse (fig. 127).

Le récupérateur à ressort du canon léger est figuré en 128; il est de forme télescopique, la partie antérieure coulissant sur l'arrière, et se prolonge par le frein hydraulique *s* sur le fond duquel il vient porter. Sa tête est reliée par des tiges latérales à l'arrière du

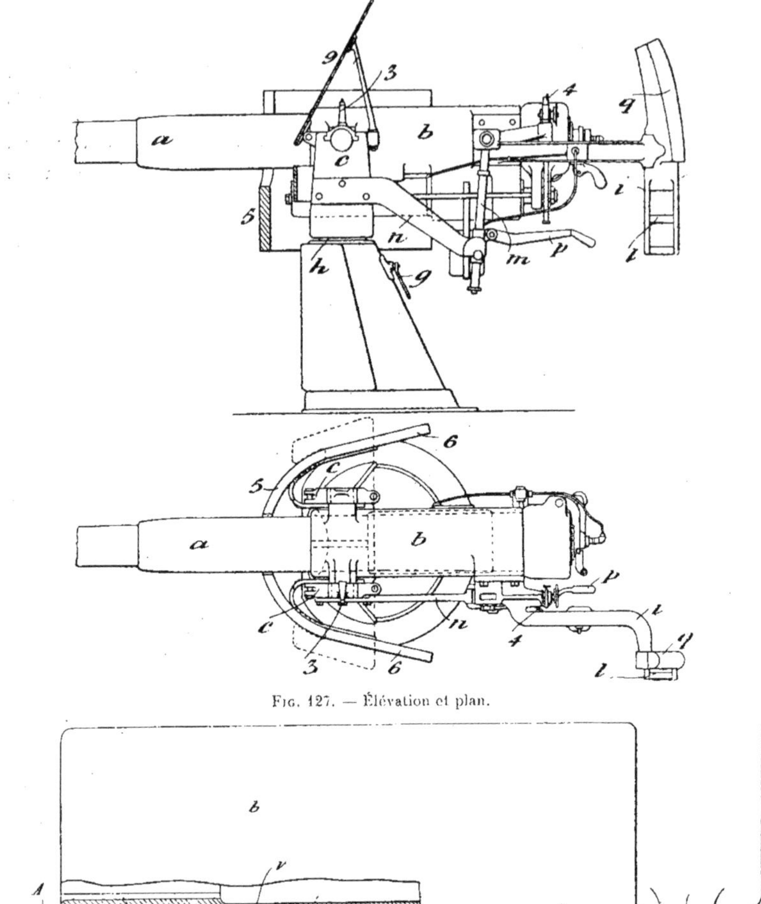

Fig. 127. — Élévation et plan.

Fig. 128. — Frein récupérateur à ressort.

canon et il coulisse dans des guides *v* disposés sous le berceau. Un boulon de serrage *w* vissé suivant l'axe du frein sert à donner la compression initiale (fig. 128).

Le canon est muni d'un guidon 3 fixé au support de tourillons, et d'une hausse 4 disposée à l'arrière du canon.

Le bouclier est du type habituel à front courbe et porte une plaque supérieure de construction plus légère, inclinée vers l'arrière et facilement démontable (fig. 127).

CHAPITRE VI

Tourelles de bord et de côte.

A. *Affût-barbette Vickers pour deux canons de 24 centimètres* (fig. 129).

L'affût comprend les parties principales suivantes : 1° la plaque tournante, la cheminée à munitions et autres parties du système tournant, les chemins de roulement, les galets,

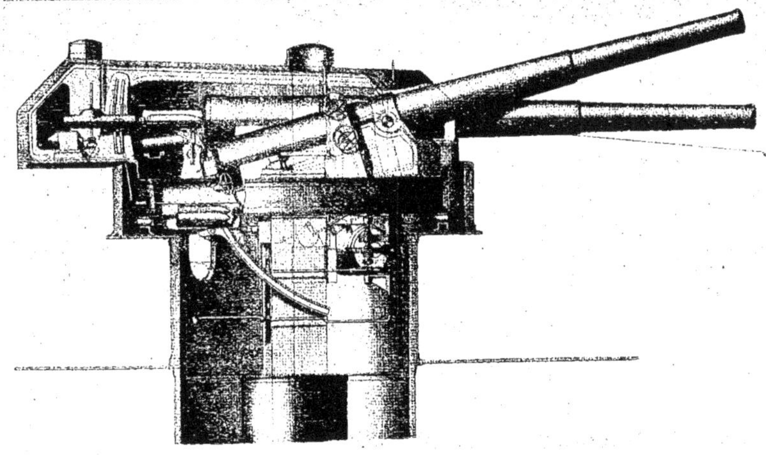

Fig. 129.

etc. ; 2° le mécanisme du pointage en direction ; 3° les affûts, presses de recul, récupérateurs, etc. ; 4° le mécanisme élévateur des munitions ; 5° le bouclier ou carapace.

La plaque tournante se déplace sur un cercle de galets mobiles avec chemins de roulement supérieur et inférieur, et peut être mise en mouvement à bras ou par l'électricité. Cette dernière est commandée directement du poste de visée, et toutes précautions sont prises pour qu'une seule sorte de force motrice puisse être mise en jeu au même moment. Les poignées pour la manœuvre à bras sont placées sur une plate-forme située au-dessous de la plaque tournante, et qui tourne avec elle. Les galets sont munis à leurs deux extrémités de boudins pour résister à la poussée horizontale et sont reliés ensemble par une couronne circulaire à laquelle sont fixés les axes des galets.

Les canons sont montés sur des châssis à glissement composés de tôles et de cornières d'acier, et pourvus de supports sur lesquels la pièce glisse pendant le recul. Ces châssis sont supportés par des tourillons sur des appuis ménagés dans des consoles appropriées fixées à la partie supérieure de la plaque tournante. Les presses de recul sont fixées aux châssis de glissement au nombre de deux pour chaque canon, et sont munies de pistons et de tiges, ces dernières étant rattachées à un berceau fixé au canon et disposé pour glisser sur un prolongement du châssis. Ces presses sont à orifice variable, de manière à travailler à pression constante. Chaque canon est muni de deux rangées de ressorts récupérateurs, et des dispositifs sont aménagés sur les presses de recul pour empêcher les chocs lors de la rentrée en batterie.

Venons maintenant au système de pointage et aux monte-charges.

La fig. 130 représente une coupe verticale par l'axe de la tourelle.

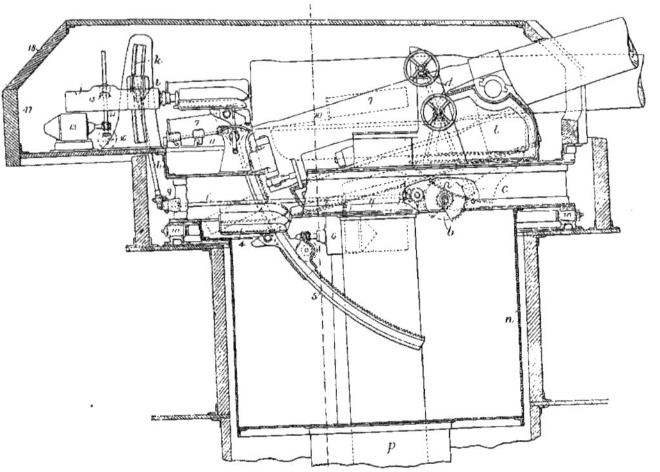

FIG. 130. — Coupe verticale par l'axe.

La fig. 131, le plan horizontal de la plate-forme avec projection des pièces et du bouclier.

Les berceaux sont munis comme d'ordinaire de freins et de récupérateurs.

Pour le pointage en hauteur, des arcs dentés *a*, fixés au berceau, engrènent avec des pignons montés sur un axe *b*, commandé par l'intermédiaire d'une vis *c* et d'un treuil *d* établi sur un bâti disposé sur la plate-forme. Un autre arc denté, monté sur le pivot *b*, est relié par l'engrenage *e*, la tige *f*, la roue d'angle *g*, la tige verticale *h* et la roue d'angle *i* à un pignon, monté sur le refouloir *j* et se déplaçant le long de la crémaillère courbe *k* de manière à maintenir ce refouloir dans le prolongement de l'axe de la pièce sous toutes les inclinaisons.

Toutefois, comme il n'est pas nécessaire de donner à ce refouloir une course angulaire égale au déplacement total de l'axe du canon, le secteur denté de commande monté sur le pivot *b* n'a qu'une amplitude limitée.

Les sous-bandes sont installées sur des flasques *d*, montés sur le plan supérieur de la plate-forme, laquelle roule sur un cercle de galets mobiles comme il a été dit plus haut. En dessous de cette plateforme, et tournant avec elle, est un puits circulaire *n* et une cage d'ascenseur *p* descendant jusqu'aux soutes à munitions et à projectiles.

Une caisse *q* transporte deux projectiles couchés côte à côte, leurs axes étant parallèles à ceux de la bouche à feu : elle se charge dans les soutes à l'aide d'appareils mécaniques convenables, et s'élève dans l'ascenseur ou monte-charges sous l'action d'un moteur électrique ou autre pour déboucher entre les deux canons. Lorsqu'elle approche du sommet de sa course, un butoir à ressort 1 rencontre une gorge inclinée 2 le long de laquelle les projectiles descendent sous l'action d'un ressort agissant au culot et de là jusqu'à une planchette de chargement 4 montée sur une crémaillère 5 engrenant avec un pignon 6 mû par l'électricité, laquelle s'abaisse ou s'élève de manière à amener le projectile en regard de la culasse.

Les charges de poudre, renfermées dans des douilles métalliques 7, sont amenées au bas du monte-charges par un plan incliné 8 sur les boîtes 9 qui les élèvent vers la

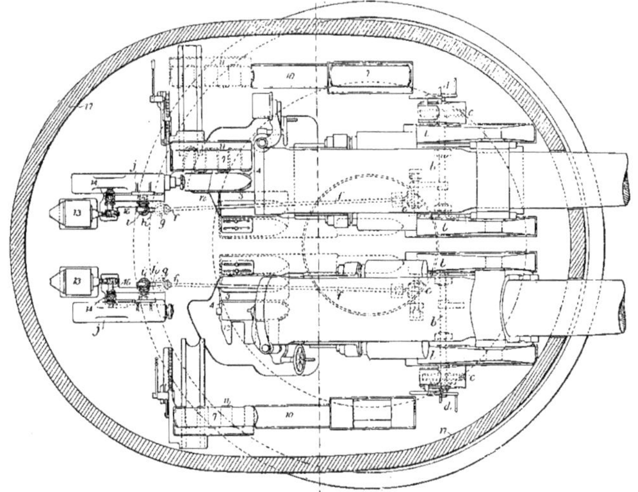

Fig. 131. — Plan horizontal.

plate-forme. Vers le haut de cette course, les guides de ces boîtes divergent pour les amener respectivement à proximité, et en dehors des deux pièces. De là les cartouches métalliques descendent lentement par les gouttières 10 sur les plateaux 11, mobiles dans le sens transversal et munis de nervures engrenant avec des nervures analogues de la planchette de chargement 4, de manière que chaque cartouche est soulevée par ces nervures lorsque la planchette s'élève, repose sur elles pendant que le projectile est refoulé dans la chambre, puis, après le retrait du refouloir, descend prendre la place de l'obus pour être refoulée à son tour.

Le refouloir se manœuvre à la main, ou de préférence sous l'action d'un moteur électrique ou autre 13, conduisant une tige verticale 14 le long de laquelle un pignon d'angle 15 monté sur le refouloir peut coulisser sur un guide, tandis que la tige 14 elle-même présente à sa partie inférieure un palier tournant sur un pivot horizontal 16 manœuvré par le moteur.

B. *Tourelle-barbette Vickers pour deux canons de 305 millimètres* (fig. 132 et 133).

Cette tourelle comprend les parties principales suivantes : La plaque tournante, le dépôt à projectiles, le puits d'approvisionnement à munitions et les autres parties de la masse tournante. — Le mécanisme de pointage en direction et celui de pointage en hauteur. — L'affût du canon, avec le mécanisme de visée. — Le monte-charges. — Le bouclier ou carapace.

La plaque tournante est composée de tôles et cornières en acier et aménagée pour tourner sur une couronne de galets mobiles pour lesquels sont disposés des chemins de roulement supérieur et inférieur convenables. Le chemin inférieur est fixé à un bâti séparé, à l'intérieur de la tourelle et à l'abri des contre-coups du fait de cette dernière.

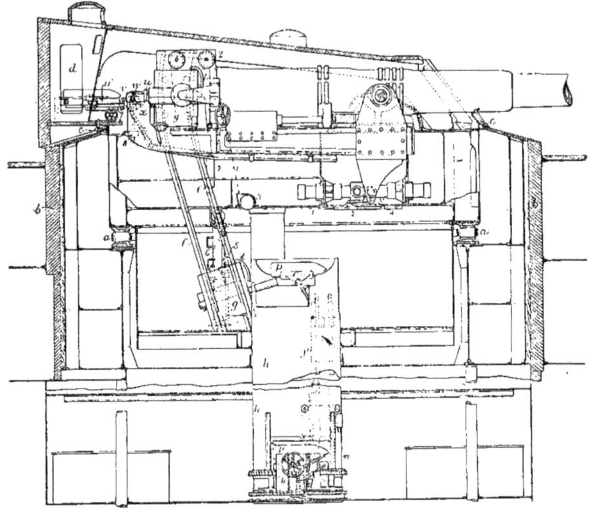

Fig. 132. — Coupe par l'axe.

Un dépôt à projectiles est fixé en dessous de la plaque tournante et tourne avec elle.

Le puits à munitions est fixé au plancher du dépôt à projectiles et tourne par suite avec la plaque.

Les galets sont munis à leurs deux extrémités de boudins pour résister à la poussée horizontale et sont reliés ensemble par une circulaire à laquelle sont fixés les axes des galets.

La crémaillère de pointage en direction est rattachée à la plaque tournante et engrène avec les pignons d'orientation qui sont manœuvrés par en dessous.

La plaque tournante peut être mise en rotation soit par force hydraulique, soit à bras, et des précautions sont prises pour qu'une seule force puisse agir à la fois. Pour le pointage en direction par force hydraulique sont disposées deux machines hydrauliques à trois cylindres susceptibles d'agir soit ensemble, soit séparément. Elles sont situées dans un compartiment placé immédiatement au-dessous du dépôt de munitions et peuvent être commandées de l'un ou de l'autre des postes de visée.

Les poignées pour la manœuvre à bras sont placées dans le même compartiment que les machines hydrauliques et convenablement reliées par engrenages aux arbres de pointage en direction.

Un frein automatique est disposé de manière à être toujours en action lorsque la force manuelle ou hydraulique n'est pas en jeu.

Les canons sont montés dans des berceaux qui glissent pendant le recul sur des châssis à glissement composés de tôles et de cornières en acier. Ces châssis à glissement sont supportés par des tourillons dans des encastrements aménagés sur des flasques fixés à la partie supérieure de la plaque.

Les corps de pompe des freins de recul sont fixés aux châssis d'affût à raison de deux par canon et les tiges de leurs pistons sont rattachées au berceau. Pendant le recul

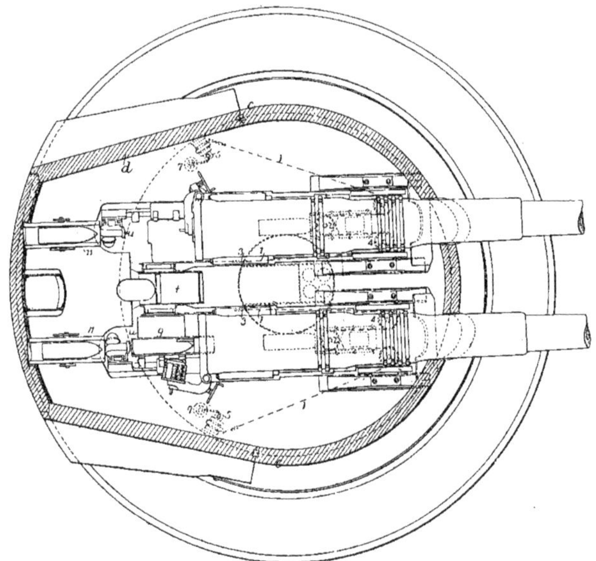

Fig. 133. — Plan.

le liquide s'écoule sensiblement à pression constante, grâce à un tracé convenable des orifices.

La pièce peut être mise en batterie ou hors de batterie à la presse hydraulique ou à bras.

Dans le premier cas, l'on dispose de deux presses, l'une pour la mise en batterie, la deuxième pour la mise hors de batterie : des pompes à bras disposées dans la chambre au-dessous du dépôt à munitions assurent cette manœuvre.

Le pointage en hauteur se fait par mécanisme hydraulique : A cet effet une console, rattachée par en dessous au châssis à glissement, est relié au moyen de deux bielles au piston d'une presse assujettie au plancher de la plaque tournante. Cette presse est commandée soit de la plateforme d'observation, soit de la plateforme même du canon.

Un mécanisme de visée automatique est monté sur l'affût et disposé en double pour chaque canon.

L'alimentation en munitions est assurée comme il suit :

A la base du puits *h* deux wagonnets *k* servent à transporter les projectiles d'un chariot coulissant au plafond jusqu'aux boîtes *j* disposées dans le puits. Chacun de ces wagonnets porte un arbre vertical *l* qui peut être manœuvré par un treuil avec engrenage, et muni de deux pignons engrenant l'un avec un arc denté monté sur le puits et l'autre avec une circulaire dentée disposée sur le plancher. Entre ces deux pignons est un ergot coulissant le long d'un guide ménagé sur l'arbre *l*, et qu'un levier *m* peut mettre en prise avec l'un ou l'autre des arcs dentés, de manière que le wagonnet décrit une courbe par rapport au navire ou au puits, et apporte ainsi les projectiles à portée de la caisse. Le plancher de ce wagonnet est incliné de manière qu'en agissant sur un levier *n* les projectiles se dégagent des taquets qui les maintiennent et roulent jusqu'à l'auget récepteur placé dans la caisse. Ces caisses, placées dans le puits, s'élèvent ensuite sur des rails *f* légèrement inclinés et dont les parties supérieures décrivent un arc dont le centre est sur les tourillons, de sorte que le projectile se trouve toujours dirigé suivant l'axe de l'âme du canon.

Les caisses sont munies d'augets recevant les projectiles et qui basculent automatiquement au haut de leur course de façon que les obus glissent en dehors sur un auget fixe disposé dans le dépôt à projectiles où ils séjournent jusqu'à ce que les planchettes de chargement soient descendues, et, en déclanchant les arrêts qui les maintiennent, les dégagent pour les recevoir à leur tour.

Les charges de poudre sont disposées dans des soutes situées immédiatement au dessus des soutes à projectiles et élevées par un dispositif analogue.

Une lanterne de chargement *s* mobile sur un axe horizontal est maintenu par un ressort en contre-bas du canon au moment où celui-ci recule ; mais lorsque la caisse à munitions s'élève, cette lanterne est soulevée par une came *t* placée sur cette caisse et bascule autour de son axe horizontal en s'introduisant dans l'âme de manière à protéger les filets de la vis pendant l'introduction du projectile et de la charge. En arrière de cette lanterne de chargement est disposé un refouloir télescopique consistant en une série de tubes et de chaînes multiplicatrices, organisé de manière à être toujours dans le prolongement de l'axe du canon.

Le moteur servant à actionner le refouloir est rattaché au bras qui porte la lanterne de chargement et relié par un engrenage conique au refouloir. Un mécanisme à bras est aussi aménagé pour actionner en cas de besoin cet organe, comme du reste tous les appareils mus hydrauliquement.

Toutes les caisses à munitions sont manœuvrées sous l'action de grues hydrauliques. Les caisses principales butent contre des arrêts fixes placés sur le prolongement en arrière du châssis à glissement, de sorte que le projectile se trouve amené exactement en ligne avec l'âme du canon, ce qui permet de charger la pièce quelle que soit son inclinaison.

L'affût est entouré par un bouclier solidement rattaché au plancher supérieur de la plaque tournante par des tôles et cornières convenables. L'avant et les côtés sont inclinés, et la partie postérieure prolongée pour donner de la place aux servants et aussi pour faire contre-poids.

Il y a deux capots de visée (un par pièce) et à l'arrière un troisième capot pour explorer l'horizon.

C. *Tourelle de côte de Saint-Chamond pour 2 canons de 305* (fig. 134 à 137).

Cette tourelle, armée de deux canons de 305, est montée sur un pivot à galets.

La partie fixe est formée de voussoirs en fonte dure de 1 m. 50 de hauteur, d'environ 450 millimètres d'épaisseur vers le haut et 280 millimètres vers le bas, formant une couronne de 11 m. 50 de diamètre extérieur.

Le corps mobile de la tourelle est constitué par une cuve en tôle de 20 millimètres d'épaisseur entretoisée par 16 goussets verticaux et 16 poutres rayonnantes en tôles et cornières sur lesquelles repose le plancher C de la chambre à canons.

Les poutres rayonnantes sont fixées au caisson cylindrique formant pivot de 2 m. 50 de diamètre. Celui-ci est fermée à sa partie inférieure, par un plateau circulaire en acier

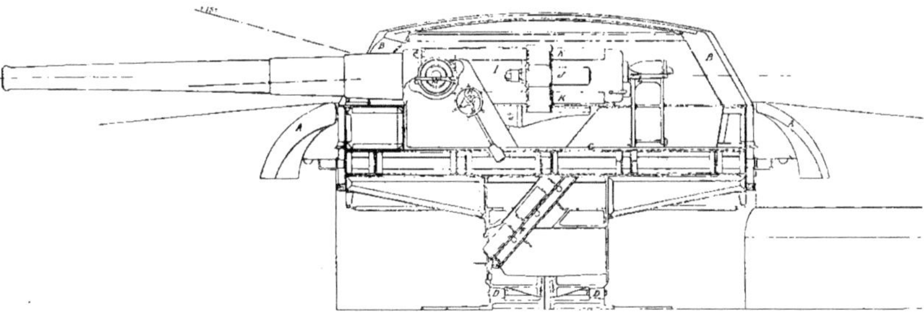

Fig. 134. — Coupe longitudinale.

moulé qui prend appui sur une couronne D de galets coniques, lesquels roulent sur une sellette également en acier moulé scellée dans les maçonneries de la tourelle.

Concentriquement à l'axe du pivot circulaire, terminant le caisson cylindrique, est

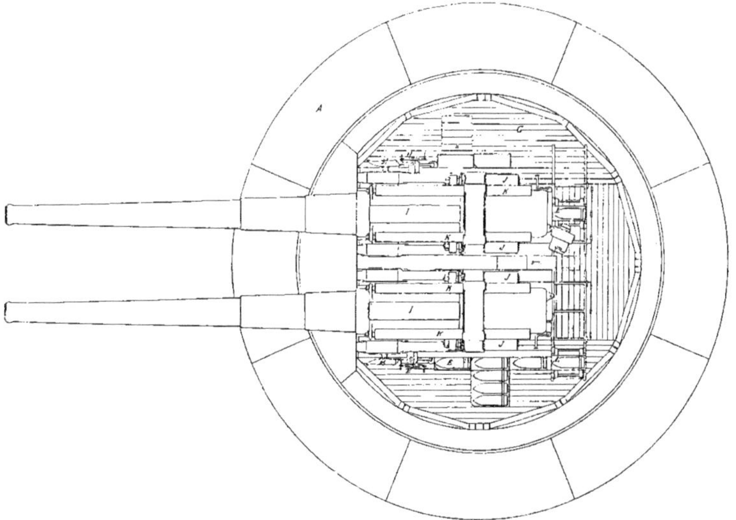

Fig. 135. — Plan de la chambre de tir.

ménagée une ouverture qui entoure un pivot tubulaire, revêtu d'un anneau de frottement en bronze, venu au centre de la sellette, et qui assure le centrage de la tourelle.

En outre, 24 galets avec axes verticaux répartis sur le pourtour de la cuve cylindrique et roulant sur une voie circulaire scellée dans la maçonnerie concentriquement au pivot contribuent au centrage de la partie mobile et s'opposent à tout mouvement d'oscillation de la tourelle pendant le tir et sous le choc des projectiles qui pourraient l'atteindre.

Le cuirassement mobile a la forme d'un tronc de cône dont les génératrices sont inclinées de 30° environ sur la verticale, et repose par l'intermédiaire d'une circulaire d'appui, sur les goussets verticaux de la cuve cylindrique en tôlerie. Il est formé d'une série de plaques assemblées sur un doublage en tôlerie à l'aide de vis. Ces plaques sont en acier spécial, cémenté et trempé, de 35 centimètres d'épaisseur pour la partie tronconique et de 15 centimètres pour la calotte sphérique très surbaissée qui constitue la toiture du cuirassement.

La plaque antérieure porte les embrasures pour le passage de la volée des canons et un créneau d'observation. Les créneaux de pointage sont pratiqués à l'avant des deux plaques contiguës à la plaque d'embrasure.

Affûts. — Les affûts, constitués de pièces en acier moulé et en acier forgé, portés par le tablier C de la tourelle, se composent chacun :

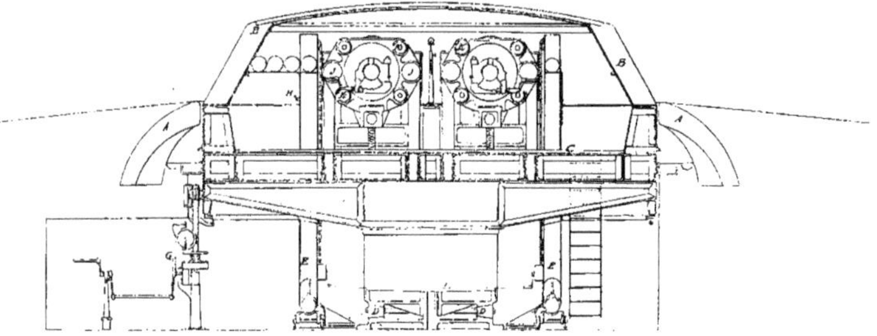

Fig. 136. — Coupe transversale.

1° D'un corps d'affût ou berceau à tourillons I en acier moulé, muni de glissières en bronze, dans lequel coulisse le canon au moment du recul.

2° D'une frette, rapportée sur le canon, qui porte les deux cylindres de frein J, lesquels limitent le recul à 1 mètre de longueur, et les 4 récupérateurs à ressorts K qui produisent la mise en batterie. Les cylindres reculent avec la pièce, les tiges des pistons restant fixées au corps d'affût.

3° D'un châssis d'affût, formé de deux flasques en acier moulé portant les coussinets qui reçoivent les tourillons du berceau. Ces flasques sont solidement reliés d'une part aux poutres du plancher, d'autre part à la cuve cylindrique de la tourelle, par l'intermédiaire d'un caisson en tôlerie.

4° D'un mécanisme de pointage en hauteur, spécial pour chaque affût et indépendant du mouvement de recul. Il est mis en mouvement par un volant H placé à l'extérieur du flasque, lequel actionne un harnais irréversible qui transmet à son tour le mouvement de rotation à l'arc de pointage fixé au berceau à tourillons. L'amplitude du pointage en hauteur est comprise entre + 15° et — 5°, et se parcourt en 5 secondes.

5° D'une ligne de mire M composée d'un guidon et d'une hausse portée par une console en bronze rapportée sur le tourillon intérieur du corps d'affût. Dans le cas de tirs de nuit, la hausse et le guidon sont éclairés électriquement par l'accumulateur qui sert à mettre le feu aux étoupilles électriques.

Mouvement d'orientation. — Ce mouvement est produit par une équipe de 6 hommes agissant sur les manivelles d'un treuil fixe G disposé à l'étage inférieur. Ce treuil actionne un arbre vertical qui porte à sa partie supérieure un pignon engrené à une couronne dentée en acier, boulonnée à l'extérieur de la cuve en tôlerie du corps de tourelle. Le pointage direct s'achève par un mouvement lent, actionné directement par le pointeur à l'aide d'un volant disposé dans la chambre à canons. Le temps nécessaire aux six hommes du treuil pour obtenir une rotation complète de la tourelle est de deux minutes.

Monte-charges. — Au moyen de chariots mobiles sur une voie ferrée, les projectiles sont amenés des magasins du fort dans le sous-sol, puis élevés dans la chambre de tir par 2 monte-projectiles E qui débouchent de chaque côté de la tourelle ; ces monte-charges sont actionnés au moyen de treuils à manivelle installés à l'étage inférieur. En arrivant à hauteur des pièces, les obus sont rangés dans deux petits dépôts ou amenés directement

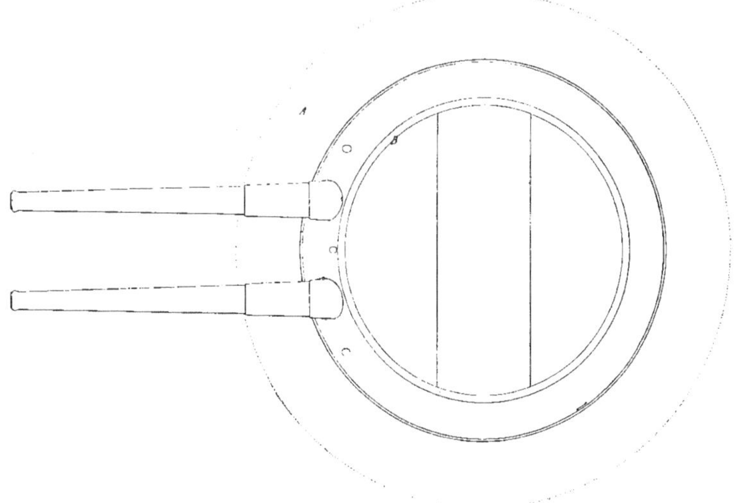

Fig. 137. — Plan.

sur les civières de chargement. Dans le premier cas une potence de chargement L sert à les amener rapidement du dépôt à la culasse.

Quant aux charges de poudre, elles sont hissées par une noria F qui débouche entre les deux canons, à proximité des culasses. Chaque charge est renfermée dans 3 gargousses que l'on introduit à bras dans la chambre à poudre.

Mise de feu. — La mise de feu se fait soit par percussion, soit par l'électricité. Dans les deux cas, les appareils de mise de feu sont disposés pour que le pointeur ne puisse faire feu avant que la fermeture de culasse ne soit bien assurée.

La communication entre les deux étages de la tourelle se fait par un escalier débouchant à l'arrière de la pièce de droite.

L'ensemble des dispositions adoptées pour l'organisation de cette tourelle permet d'effectuer, exclusivement à bras d'homme, un tir prolongé avec une rapidité de trois coups par minute.

D. *Coupole de Chatillon-Commentry pour un obusier de 21 centimètres* (fig. 138 à 140).

Chambre de la bouche à feu. — L'obusier et son affût sont renfermés dans une chambre formant corps cylindrique, protégée d'une part par une cuirasse en forme de calotte sphérique mobile avec elle, et d'autre part par une avant-cuirasse scellée dans le massif de béton.

Le corps cylindrique est constitué par des tôles A de 20 millimètres d'épaisseur, formant un cylindre de 3 m. 80 de diamètre et d'environ 2 mètres de hauteur.

La hauteur intérieure est suffisante pour permettre la circulation dans toutes les parties de cette chambre, et l'espace libre derrière l'obusier juste suffisant pour permettre le chargement.

Quelques tôles A sont interrompues à leur partie inférieure jusqu'à la hauteur de l'appui de l'avant-cuirasse, dans le but de permettre le montage ou l'entretien des éléments extérieurs. Des panneaux démontables Y, en tôle mince, empêchent la chute des corps sur le chemin de roulement.

L'étanchéité de la chambre par rapport aux gaz extérieurs est obtenue par un manteau conique F mobile avec le corps de coupole. Une cornière circulaire H scellée dans la maçonnerie porte une bande de caoutchouc qui s'appuie sur une petite tôle fixée au manteau. Cette bande de caoutchouc forme un joint suffisamment hermétique pour mettre l'intérieur de la coupole à l'abri des gaz délétères provenant de l'explosion des projectiles ennemis ou du tir même de l'obusier.

Quatre portes à charnières, B, ménagées dans la tôle, permettent la visite du couloir qui règne sous l'avant-cuirasse.

Des fers à **I**, C, rivés à l'intérieur des tôles A, forment de solides nervures renforçant le corps cylindrique de la tourelle. Ces fers à **I** descendent jusque sur la circulaire de roulement supérieure U.

A la partie supérieure du corps en tôlerie, une forte couronne D en tôles et cornières, relie les fers et forme gorge circulaire.

Une calotte E en fer laminé s'encastre dans cette gorge, par l'intermédiaire d'un lit de plomb coulé après le montage. Ce plomb coulé entre la calotte cuirassée et la tôlerie, tout en assurant à la calotte une large surface d'appui, permet, dans une limite convenable, d'amortir les vibrations désastreuses qui autrement pourraient se transmettre à la tôlerie et aux mécanismes.

La couronne D forme une solide poutre circulaire qui relie les bords de la calotte et qui serait suffisante pour s'opposer à leur disjonction si à la suite d'une longue lutte ces bords venaient à se fendre.

La cuirasse mobile E a la forme d'une calotte sphérique de 0 m. 75 de flèche extérieure. Elle se compose de deux segments en fer laminé de 0 m. 20 d'épaisseur, assemblés suivant un plan de joint vertical dirigé perpendiculairement au plan de tir.

Dans la calotte sont pratiquées

1° L'embrasure de l'obusier, en saillie à l'extérieur de la calotte et formant un bourrelet d'environ 0 m. 15 ; cette embrasure est décrite plus loin : elle réalise l'embrasure minima.

Une pièce d'acier coulé, r', assemblée avec la calotte, renforce la région de l'embrasure.

2° Un trou de visée G, situé à gauche de l'embrasure et parallèlement à l'axe de l'obusier ; ce trou est percé horizontalement dans la calotte ; il reçoit un guidon T', aisément réglable. A l'intérieur de la chambre et à une certaine distance du guidon est suspendue au flasque de gauche une hausse à curseur U', laquelle en temps ordinaire est rabattue contre le flasque.

Un mouvement de rotation très doux commandé à l'intérieur de la tourelle, facilite le pointage en direction suivant les indications de l'observateur.

Ce mouvement est constitué par la roue à manches O qui par l'intermédiaire d'engre-

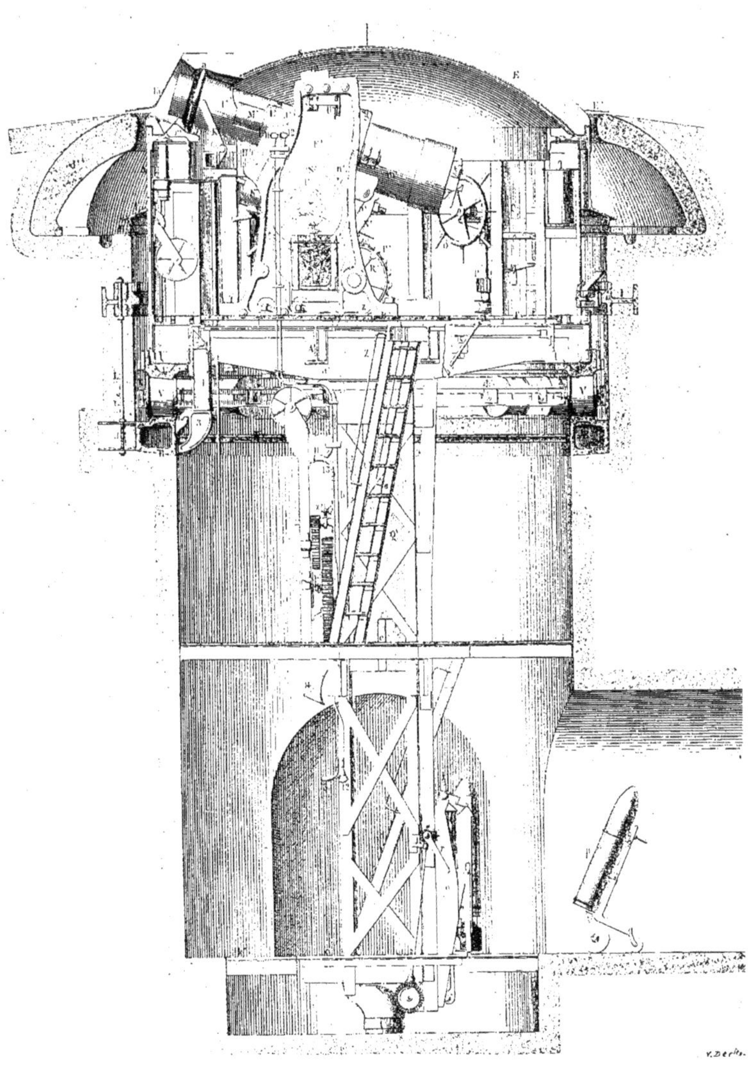

Fig. 138. — Coupe verticale parallèle à l'axe de l'obusier.

nages, actionne un pignon P lequel agit sur la couronne dentée Q fixée sur la poutre de frein I scellée dans le massif.

Deux freins placés vers l'avant, à droite et à gauche de l'affût, fixent la position de la coupole pendant le tir. Ils sont constitués par un levier e', actionnant un verrou f' lequel vient s'appliquer contre une nervure de la poutre de frein I.

Au-dessous de la calotte est placée une chemise S formée par deux tôles d'acier de 20 millimètres d'épaisseur rivées entre elles.

La calotte E est reliée à la chemise S par des vis noyées partie dans la chemise, partie dans la calotte.

Un certain nombre de boulons T, vissés dans la calotte, relient celle-ci au corps en tôlerie. Des rondelles de caoutchouc emprisonnées dans une coupelle amortissent les vibrations qui pourraient provoquer la rupture de ces boulons.

A la porte inférieure du corps en tôlerie sont rivées des tôles et cornières formant caisson d'appui de la circulaire de roulement supérieure en fonte U. Entre cette circulaire et le dessous de la tôlerie est placée une feuille de plomb pour tenir compte des imperfections de dressage de la tôlerie et aussi afin de bien répartir la pression sur la plus grande surface possible.

Une seconde circulaire de roulement en fonte R directement opposée à la première est solidement scellée dans le béton par des pièces d'ancrage J.

Entre ces deux circulaires sont placés des galets coniques V de grand diamètre en fonte maintenus par une poutre circulaire rigide X. Ces galets, munis de forts boudins à leurs extrémités, assurent le centrage de la coupole.

La visite du chemin de roulement se fait facilement en soulevant la coupole à l'aide de trois vérins hydrauliques 1. Ces vérins se placent sur des sabots 3 s'accrochant au moment opportun sur des saillies venues de fonte avec la circulaire de roulement inférieure. Les vérins prennent appui sur de fortes oreilles d'acier coulé 2, rivées intérieurement au caisson cylindrique. La coupole étant soulevée de quelques centimètres, on peut sortir chaque galet en déboulonnant la partie correspondante de la poutre X. Avec cette disposition, tous les galets sont accessibles à la fois et dans une seule manœuvre.

Des poutres Z en tôles et cornières réunies au corps cylindrique par leurs extrémités forment une base suffisante pour fixer l'affût et transmettre les efforts au caisson circulaire lequel les répartit sur les galets de roulement.

Des poutres en fer à I A′ constituent avec les poutres principales Z l'ossature du plancher de la chambre de l'obusier. Un parquet B′ en bois de chêne recouvre cette ossature. Une échelle C′, fixée au-dessous du plancher, fait communiquer les deux étages. Une trappe D′ est placée au-dessus de cette échelle. des panneaux f, mobiles dans le plancher, facilitent le démontage de l'obusier.

Un disque gradué m, actionné par un pignon engrenant avec la couronne dentée Q indique l'orientation de l'obusier. Il permet ainsi d'apprécier en direction l'angle de pointage lorsqu'on veut se servir seulement du mouvement de rotation auxiliaire et non du mouvement de rotation principal situé à l'étage inférieur.

Une gouttière E′, formant parapluie, est fixée sur le bord extérieur de la calotte et passe au-dessus de l'avant-cuirasse avec un jeu suffisant pour permettre la rotation.

Étant donné le diamètre réduit de la coupole, le poids de la partie mobile se trouverait, pour assurer la stabilité, trop faible par rapport à l'effort résultant de la limitation du recul de la bouche à feu.

Aussi l'arrière de la chambre est-il muni, sur environ un tiers de la circonférence d'une poutre K formant une saillie ou butée qui passe avec un jeu très réduit en regard de la partie intérieure d'une poutre circulaire I solidement scellée dans la maçonnerie. Cette poutre I est reliée à la circulaire de roulement R par les pièces d'ancrage J et les boulons

L. Lors du départ du coup la butée K s'appuyant sur la poutre I, maintient la coupole. Une bande de caoutchouc emprisonnée entre la butée proprement dite et une lame d'acier extérieure amortit les vibrations éventuelles.

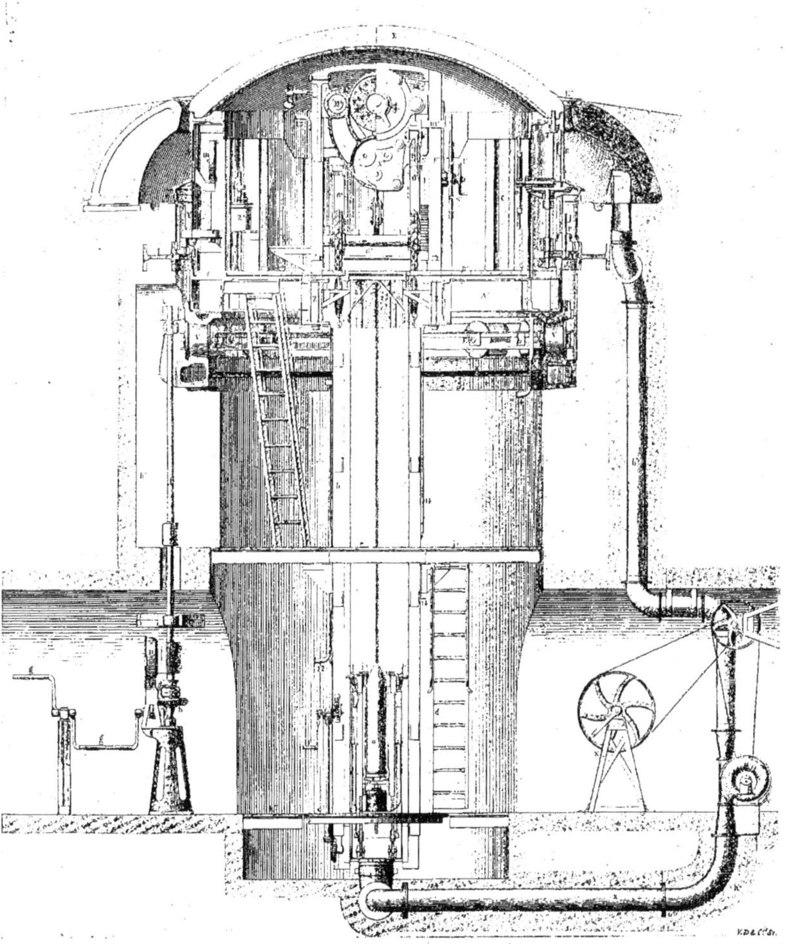

FIG. 139. — Coupe verticale normale à l'axe de l'obusier.

Affût et système de pointage en hauteur. — L'affût est composé comme il suit :

Deux flasques F′ très robustes en acier coulé sont solidement reliés d'une part aux poutres du plancher et d'autre part au corps en tôlerie. Deux entretoises G′ assemblent et contreventent fortement les deux flasques. L'assemblage avec les poutres du plancher est assuré par des clavettes ajustées et de forts boulons. Celui avec le corps en tôlerie l'est par des tirants H′ en tôles d'acier. Les efforts sont ainsi plus directement transmis à la masse constituée par la calotte.

Le frein de recul enveloppe en partie l'obusier; il est prolongé jusqu'à la bouche par un fourreau I′ solidaire avec lui et dans lequel glisse la partie avant de la bouche de l'obusier.

Deux oreilles J′, solidaires du frein de recul, embrassent la partie avant des flasques laquelle forme glissière circulaire. Ces oreilles transmettent aux flasques l'effort dû au recul. La partie avant du fourreau est soutenue par deux bielles K′, dont l'extrémité supérieure porte un tourillon pénétrant dans le fourreau suivant son axe de rotation. Le but de cette dernière disposition est de rendre le fourreau et par suite l'affût complètement indépendants des déformations que pourrait faire éprouver à la calotte le tir dans la région des embrasures. En outre cette disposition permet de régler très facilement à l'atelier le mouvement de pointage. Nous reviendrons sur ce point en décrivant l'organisation des embrasures.

Il résulte de ce que nous venons de dire que l'ensemble de l'obusier et du frein est assujetti à osciller autour d'un point central de l'embrasure, ce qui réalise l'ouverture minimum.

Le frein de recul avec récupérateur sans choc de retour est formé de deux cylindres de frein L′ en acier coulé placés de part et d'autre de l'obusier; ils sont venus de fonte avec un troisième cylindre récupérateur N′ placé entre eux au-dessous de l'obusier.

L'obusier est entouré par une jaquette *g*′ en acier coulé dont la partie inférieure est engagée sur deux glissières solidement reliées avec les cylindres. Chaque cylindre reçoit un piston M′ dont la tige est solidement reliée à la jaquette *g*′ par de forts écrous.

Le cylindre récupérateur N′ reçoit un piston agissant sur une série de rondelles annulaires formant ressort. Pendant le recul, le liquide expulsé des deux cylindres de frein L′ et passant par des cannelures à section variable ménagées dans ces cylindres se rend dans la partie avant du cylindre N′ et par l'intermédiaire du piston comprime les ressorts récupérateurs. Le recul terminé, ces derniers réagissent pour refouler à leur tour le liquide dans les cylindres de frein et produire ainsi le retour en batterie.

La puissance de ces ressorts est calculée en tenant compte d'une part de la pesanteur sous l'angle de pointage maximum et d'autre part des frottements auxquels on attribue un coefficient considérable. Aussi sous les petits angles se trouve-t-on exposé à un choc de retour. Pour l'éviter, une soupape obture le canal de communication des cylindres pendant le retour en batterie, ne laissant au liquide que des orifices très petits de manière à modérer son passage.

A la partie inférieure du frein sont articulées deux bielles O′ portées à leur extrémité par les chaînes P′ du contrepoids d'équilibre Q′. Ces bielles sont disposées de manière à rendre aussi petite que possible la composante des efforts normale aux glissières, de manière à réduire au minimum l'effort nécessaire au pointage. Les chaînes s'enroulent sur des poulies R′ et viennent, au moyen d'un balancier de répartition, s'attacher au contrepoids Q′. Le canon et l'ensemble du frein, mobiles en hauteur avec lui se trouvent ainsi équilibrés.

Les poulies sont actionnées au moyen d'engrenages par la roue S′. Ces divers organes constituent le système de pointage en hauteur. Un arc gradué *n*′ fixé sur l'un des flasques et un index *m*, mobile avec l'obusier, donnent l'angle de tir en minutes sans aucun tâtonnement. Un frein aisément manœuvrable au moyen du volant I′ est placé sur la roue S′ pour la bloquer pendant le tir.

Les angles limites de pointage sont + 5° et + 35°; un seul homme peut en faire parcourir l'amplitude totale à la pièce en 30 à 40 secondes.

Un refouloir X′ est placé sur un support pour servir au chargement de la pièce. Il est indispensable que le plein des cylindres de frein soit assuré. A cet effet, lorsque la bouche à feu est en batterie, le piston du cylindre N′ laisse encore entre sa face avant et le fond du cylindre un espace rempli par une réserve de liquide suffisante pour parer aux pertes éventuelles. En outre, des gorges pratiquées sur la tige du piston permettent aux servants de se rendre compte de la position du piston par rapport au fond du cylindre et par suite de la situation de la réserve liquide. De plus une pompe Z', dissimulée entre deux fers à **I** du corps de tourelle, permet de vider et de remplir très aisément les freins en reliant au moyen d'un petit tuyau en cuivre le robinet Y', fixé au fond du cylindre N' avec ladite pompe.

L'obturation complète de l'embrasure est assurée par le joint élastique *a* enveloppant

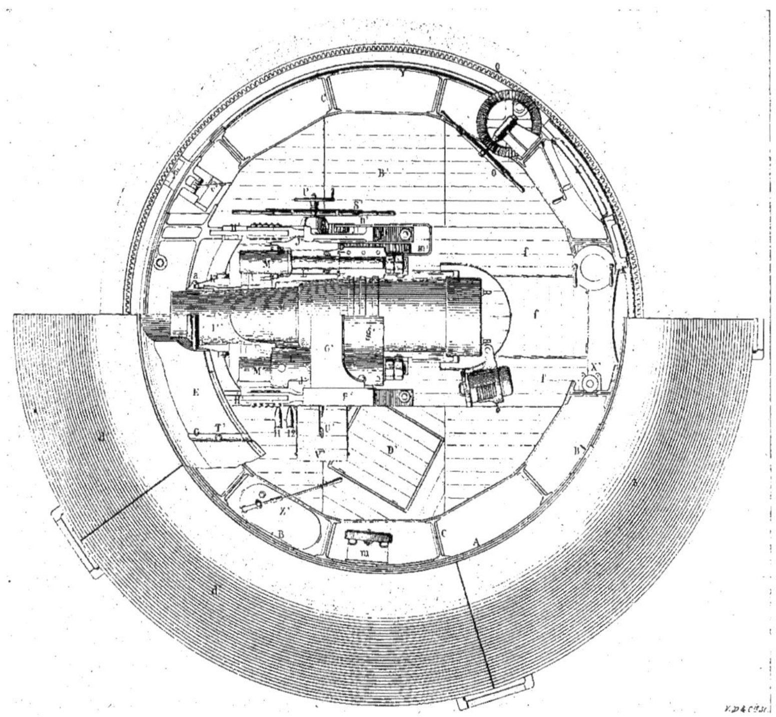

Fig. 140. — Vues en plan.

l'extrémité renflée du fourreau I' solidaire du frein et dans lequel glisse, pendant le recul, la partie avant de l'obusier. Le centre d'oscillation de l'ensemble du fourreau, du frein et de l'obusier est matérialisé par les deux bielles K' dont la partie supérieure, comme il a déjà été dit, porte un tourillon pénétrant dans le fourreau suivant son axe de rotation. Cette disposition assure l'indépendance complète de l'affût et de la calotte blindée recouvrant la coupole, ce qui assure le fonctionnement régulier de l'affût lors même que la calotte viendrait à éprouver quelque déformation.

La partie de la calotte en contact avec le joint élastique est une portion de sphère alésée et polie. L'extrémité avant du fourreau est complétée par une partie rapportée en bronze, formant avec le fourreau proprement dit une gorge dans laquelle vient se loger un tore *a* composé d'une matière élastique à l'épreuve de l'action des gaz. Cette matière se comprime lors de la mise en place du fourreau.

En temps ordinaire l'embrasure est protégée des intempéries par un couvre embrasure 15 qui se place aisément à l'extérieur de la calotte au moyen de trois vis.

Étage intermédiaire. — La partie centrale de cet étage est occupée par :

1° La gaine *b*, renfermant le contrepoids Q′ d'équilibre de l'affût ;

2° Le treuil *z′* pour le démontage et le remplacement de l'obusier.

Le contrepoids Q′ se meut dans une gaine à claire-voie *b*, laquelle supporte une plate-forme *e* mobile avec le corps de coupole. Cette plate-forme sert en même temps à entretoiser à cet étage la gaine du contrepoids et le support du treuil *z′*. Elle reçoit aussi le pied de l'échelle C′. Un panneau mobile *i*, ménagé dans cette plate-forme, permet le passage de l'obusier lors de son déplacement.

Le monte-charge *i′* est fixé sur la face arrière de la gaine, le treuil *z′* sur la face avant ; à gauche se trouve l'échelle C′ donnant accès dans la chambre de l'obusier ; à droite se trouve la trappe J′ placée au-dessus de l'échelle *d* faisant communiquer avec l'étage inférieur.

En temps normal la manivelle du treuil *z′* est enlevée et déposée sur des supports fixés à la gaine *b*.

Dans la paroi de maçonnerie est ménagée une niche *h′* permettant la visite et le démontage des organes supérieurs du mouvement de rotation.

La circulaire de pointage en direction *x′* est fixée à la paroi verticale de la circulaire de roulement fixe R. Elle est graduée en degrés et fractions de degré. Un index *v′*, facilement réglable, est fixé à la circulaire de roulement mobile U. Ces appareils sont confiés à un opérateur placé à l'étage intermédiaire.

Étage inférieur, mouvement de rotation, ventilation. — La partie centrale de cet étage est occupée par la gaine *b* du contrepoids de l'affût, le pied du monte-charge *i′* et son treuil et par l'échelle *d* conduisant à l'étage intermédiaire.

Deux niches pratiquées dans la maçonnerie reçoivent l'une le mouvement de rotation de la coupole et l'autre les appareils de ventilation.

A la partie inférieure de la gaine se trouve une petite plate-forme *c*, très légère, mobile avec la coupole. Une deuxième plate-forme fixe K′, à panneaux démontables, permet l'accès sous la petite plate-forme *c* pour visiter la partie inférieure du monte-charge ainsi que la boîte à pivot *t* des tuyaux de ventilation.

A cet étage se trouve un petit chariot *p* qui sert au transport des projectiles et, au moyen d'une manœuvre très simple, les dépose sur la hotte *o* du monte-charge *i′*.

Le mouvement de rotation se compose de deux manivelles *g* calées à 180° et actionnant au moyen d'engrenages coniques *h* un arbre vertical *j* à l'extrémité duquel est calé un pignon *k* engrenant avec une couronne dentée *l* fortement boulonnée à la circulaire de roulement mobile U. La rotation complète peut s'effectuer ainsi en moins d'une demi-minute avec quatre hommes au treuil. Sur l'arbre du treuil est placée une boîte circulaire *n* offrant à la vue des servants chargés de l'orientation deux disques gradués. Le disque extérieur est divisé en degrés, le disque central en fractions de degré. Ces disques permettent ainsi d'arrêter la coupole nettement et sans tâtonnement, avec l'orientation prescrite ; ils permettent aussi, après chaque tir suivi d'un mouvement d'éclipse de l'embrasure par rotation, de ramener sans hésitation la bouche à feu dans la position de tir précédemment occupée.

Le monte-charge *i′* présente des dispositions fort ingénieuses, mais la place nous manque pour les détailler. Il se manœuvre à l'étage inférieur à l'aide de la manivelle *r*.

On sait l'importance de la ventilation dans les tourelles : il est donc intéressant de s'y arrêter.

Ici la ventilation se fait au moyen de deux ventilateurs de dimensions réduites, l'un soufflant *u*, l'autre aspirant *v*, placés comme nous l'avons dit dans une niche de l'étage inférieur.

Tous deux sont actionnés par un treuil *x* agissant au moyen d'un renvoi *y* qui a pour objet d'obtenir la vitesse nécessaire. Le ventilateur soufflant *u* tourne avec une vitesse plus grande que ne le fait le ventilateur aspirant, afin d'entretenir dans la chambre de l'obusier une légère pression destinée à empêcher la fumée de rentrer dans la coupole quand on ouvre la culasse.

Le ventilateur soufflant *u* aspire l'air frais de la chambre inférieure et le refoule par le tuyau *z* sous la culasse de l'obusier.

Le ventilateur *v* aspire l'air vicié de la chambre de la bouche à feu. Pour cela une ouverture pratiquée à la partie centrale du plancher entre les deux flasques est reliée au ventilateur *v* par le tuyau *a'*. L'air vicié est refoulé par le tuyau *b'* dans la boîte à clapets *c'* d'où il s'échappe dans le couloir extérieur qui règne sous l'avant-cuirasse. Les clapets de la boîte *c'* sont disposés de façon à empêcher toute rentrée des gaz.

Les deux conduites de vent *z* et *a'*, en sortant des ventilateurs, sont disposées parallèlement et débouchent dans une boîte à pivot double *t*. Un double joint assure l'étanchéité de cette partie de la conduite et laisse à la partie mobile toute liberté pour la rotation.

A partir de ce joint les tuyaux passent vers l'avant du contrepoids Q'; le tuyau d'aspiration *a'* débouche ensuite dans la caisse formée par les poutres Z du plancher et les entretoises A'; le tuyau de refoulement *z* débouche dans la chambre de l'obusier au-dessous de la culasse.

Cet appareil à double action assure une ventilation effective sans risquer d'envoyer les gaz viciés dans les étages inférieurs.

Avant-cuirasse. — L'avant-cuirasse en fonte dure coulée en coquille est formée de 5 voussoirs, soit :

1° 3 segments épais *d'* dont l'épaisseur vers le haut est de 0 m. 300 et vers le bas 0 m. 200.

2° 2 segments, 5 d'épaisseur réduite, soit vers le haut 0 m. 220 et vers le bas 0 m. 150 seulement.

Le profil de ces segment est inscrit dans un rectangle de 1 mètre de hauteur sur 0 m. 940 de base.

Le rayon de courbure extérieure est d'environ 1 m. 200. Chaque segment est renforcé n son milieu par une forte nervure intérieure; les joints des divers segments sont de même obtenus par des nervures intérieures à évidement.

La baguette située sur le pourtour du joint est dressée; les joints reposent sur une plaque d'appui en acier coulé; deux clavettes assemblent les nervures du joint avec la plaque d'appui.

Les joints des différents segments sont remplis de plomb coulé après montage.

Enfin les eaux pluviales sont recueillies dans une rigole pratiquée dans le couloir situé sous l'avant-cuirasse et conduites dans une citerne du fort.

La communication entre les différents étages est assurée par des tuyaux acoustiques :

11 de la chambre de l'obusier à l'étage intermédiaire;

12 — — inférieur;

13 de l'étage intermédiaire à l'étage inférieur;

14 du surveillant de la circulaire de pointage en direction aux servants du treuil.

Le personnel indispensable au service est de 11 hommes, cadre compris, savoir :

A l'étage supérieur : 1 chef de pièce et 2 servants;

A l'étage intermédiaire : 1 sous-chef de coupole ;

A l'étage inférieur : 1 gradé, 1 homme au monte-charge, 1 au ventilateur, 4 au treuil d'orientation.

CHAPITRE VII

Canons automatiques et mitrailleuses.

Les canons automatiques et mitrailleuses, lançant avec une très grande rapidité des projectiles de faible calibre, prennent de jour en jour plus d'importance, et sont l'un des éléments les plus intéressants de la branche qui nous occupe. Commençons d'abord par les calibres relativement les plus élevés.

A. *Canon semi-automatique Vickers, de 47 millimètres.*

Ce canon se compose d'un fort tube renforcé par une robuste jaquette ; il n'a pas de tourillons et s'ajuste dans un berceau en bronze muni de tourillons qui reposent dans le croisillon de l'affût. Deux freins hydrauliques et à ressorts combinés sont fixés au-dessous du berceau ; la pièce est rattachée aux tiges des pistons de freins.

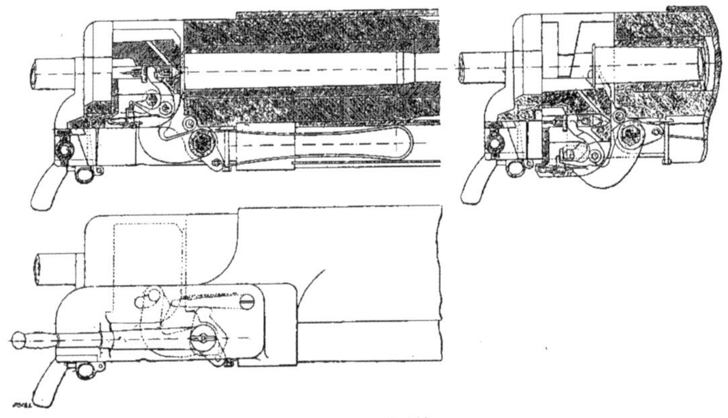

FIG. 141 à 143.

Dans la partie arrière du berceau est une crosse de pistolet qui contient la détente, et, sur le côté droit, un levier démontable qui permet de lever ou d'abaisser à volonté le bloc de culasse. Ce dernier, que l'on voit en coupe dans les fig. 141 et 142, est susceptible d'un mouvement vertical, il renferme le ressort de mise de feu, le percuteur, etc.

Entre les freins, au-dessous du berceau, est un puissant ressort plat (fig. 141) dont l'action produit le déplacement du mécanisme de culasse.

Pour le premier coup, on ouvre la culasse en agissant sur le levier à poignée, laquelle poignée repose normalement sur un appui spécial. Ce mouvement du levier fait tourner une manivelle qui fait descendre le bloc de culasse et bande le grand ressort plat, tandis que le ressort de mise de feu se comprime également et reste bandé sous l'action de la gâchette. En descendant, le bloc de culasse heurte le prolongement inférieur de l'extracteur, en fait saillir la partie supérieure; cette partie supérieure porte deux petits talons qui s'appliquent au-dessus du bloc de culasse et l'empêchent de remonter sous l'effort du ressort plat.

Dans ces conditions, lorsque l'on pousse la cartouche dans l'âme, le bourrelet de cette cartouche rencontre les talons de l'extracteur et les fait reculer, ce qui laisse le chemin libre au mouvement ascensionnel de la culasse. Par suite, le ressort plat peut fonctionner,

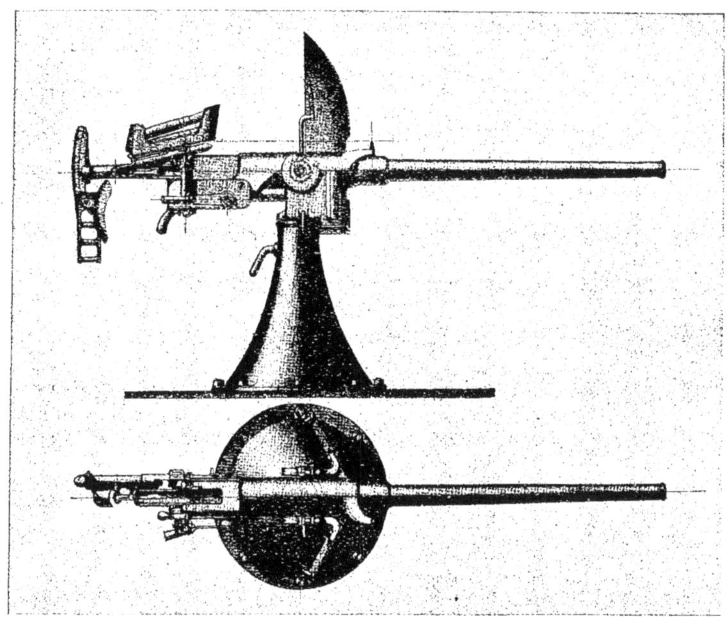

Fig. 144. — Vue d'ensemble avec trémie de chargement.

faire tourner la manivelle et remonter ainsi le bloc de culasse jusqu'à la position de fermeture. La queue de la gâchette vient s'engager avec le talon de la détente, et il ne reste qu'à agir sur le doigt pour déclencher la gâchette, porter ainsi le percuteur en avant et faire partir le coup.

Le coup parti, le canon recule dans le berceau; son mouvement, amorti par les freins hydrauliques, bande les ressorts récupérateurs qui le ramènent immédiatement en batterie.

En se reportant en avant, le canon agit sur le mécanisme de manière à faire tourner la manivelle et descendre ainsi le bloc de culasse; en s'abaissant, ce dernier agit sur l'extracteur qui ramène la cartouche en arrière par un mouvement lent d'abord, puis plus vif, de manière à produire finalement l'éjection.

Ce dispositif s'applique sur toutes sortes d'affût. La fig. 144 représente la pièce montée sur un cône, avec croisillon et pivot et, de plus, munie d'une trémie de chargement destinée à accélérer encore la manœuvre, et que l'on va décrire en détail.

B. *Trémie de chargement pour canon semi-automatique.*

L'introduction à la main de la cartouche dans le modèle précédent est une cause de lenteur et une chance d'accident. On accroîtra donc la vitesse et la sécurité du tir en établissant près de la culasse une trémie de chargement introduisant la cartouche automatiquement.

La fig. 145 représente une élévation latérale du mécanisme, et permet de se reporter à la fig. 143 précédente.

La fig. 146 est un plan de l'arrière du canon, la trémie enlevée.

La fig. 147 est une coupe de la fig. 145 suivant 11.

La fig. 148 est une coupe horizontale à grande échelle de la tige d'épaulement.

La fig. 149 une section de la fig. 148 suivant 22.

Les fig. 150 et 151 représentent les détails de dispositif empêchant la descente prématurée des cartouches dans l'auget.

Enfin les fig. 152 et 153 montrent le dispositif de dégagement des cartouches.

Le bloc de culasse A coulisse dans un plan vertical de manière à démasquer et remasquer la chambre lorsque le canon manœuvre automatiquement ou sous l'action de la poignée A^1. Le canon est figuré en B, en C la trémie de chargement, en D un auget articulé en D^1 à la tige E^1 de la béquille d'épaulement E et supporté par un bras articulé G monté sur le canon, juste au-dessus du bloc de culasse. En F est un piston à ressort logé à l'intérieur de la tige E^1, creusée à cet effet ; ce piston sert à expulser de l'auget au moment convenable la cartouche qui doit être tirée, et à la lancer dans la chambre du canon.

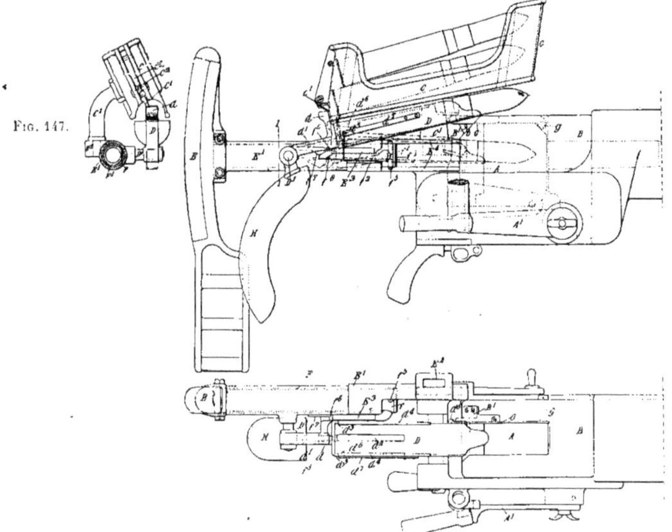

Fig. 147.

Fig. 145 à 147. — Détails de la trémie de chargement.

La trémie C est située immédiatement au-dessus de l'auget D et disposée soit verticalement, soit inclinée (fig. 147). Elle est rattachée au canon par une butée C^1 montée sur la pièce et s'ajustant dans le manchon E² que porte la tige E¹; on peut aussi la fixer à demeure. Les cartouches tombent par leur propre poids lorsque le mécanisme de dégagement placé sur la trémie est actionné par l'auget, c'est-à-dire au moment où celui-ci prend sa position élevée, figurée en plein dans la fig. 141. Le dispositif consiste en une pièce articulé c ayant deux bras c^1 et c^2 dont le premier avance en dehors de la trémie de manière à se trouver sur le trajet d'une saillie d ménagée sur l'auget. L'autre bras qui est normalement refoulé vers l'intérieur par un ressort c^3 porte contre le culot à bourrelet de la cartouche la plus basse située dans la trémie; cette cartouche y est maintenue fortement par la tendance de ladite pièce c à tourner vers l'intérieur sous l'action du poids des cartouches. Ainsi serrée entre la pièce c et l'extrémité opposée de la trémie, la cartouche inférieure ne peut s'échapper. Toutefois, lorsque le bras c^1 est choqué par la saillie d de

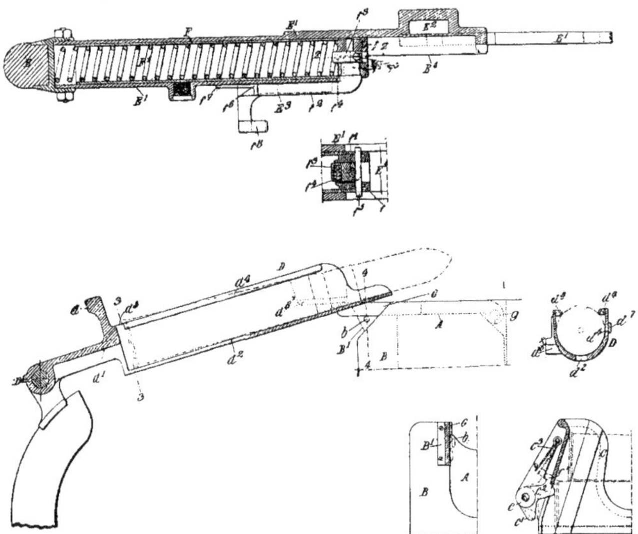

FIG. 148 à 153. — Détails de la trémie de chargement.

l'auget, au moment où ce dernier s'élève, ce bras prend la position figurée en traits mixtes (fig. 149) et laisse ainsi libre passage à la cartouche inférieure qui tombe dans l'auget, les autres cartouches s'abaissant elles-mêmes en même temps. Alors ledit auget se met à redescendre sous le poids de sa charge, le bras c^1 redevient libre, le bras c^2 reprend sa première position sous l'action du ressort c^3 et maintient ainsi la nouvelle cartouche. Le bec c^4 ménagé sur la pièce c sert à limiter la rotation de cette dernière vers l'intérieur.

Le piston F est creux. Sa tête f (fig. 148 et 149), est percée d'un trou horizontal pour recevoir le pivot f^1 d'un taquet f^2. Ce pivot porte une partie rectangulaire pour recevoir un doigt f^3 qui pénètre dans une cavité ménagée à cet effet dans la tête f. Ce doigt est muni d'un évidement renfermant un ressort f^4 qui sert à le maintenir pressé de bas en haut, ce qui engage le taquet f^2 avec une ailette ou oreille E³ montée sur la tige E¹. Le pivot f^1 dudit taquet est maintenu en place dans la tête f du piston par une broche transversale f^5, assez longue pour faire une courte saillie de part et d'autre de cette tête, et porter ainsi par deux boutons sur des guides E⁴ aménagés sur la tige E¹. De cette manière, le piston ne peut tourner sur lui-même pendant ses mouvements de va-et-vient. A l'intérieur de ce piston, le ressort F^1 appuie d'une extrémité contre la tête f et de l'autre contre la pièce d'épaulement. Lorsque le canon recule, il rencontre la tête f et refoule le piston vers l'arrière dans la position représentée dans les fig. 145 et 148, bandant ainsi le ressort F^1. Lors du déplacement du piston, le taquet f^2, sous l'action du doigt f^3 commandé par le ressort f^4, vient engager son épaulement f^6 avec l'extrémité de l'oreille E^3, de sorte que ce piston reste maintenu, et son ressort bandé, pendant que le canon revient à sa position de tir. D'autre part, le taquet f^2 porte un doigt f^7 qui se trouve appuyé contre le bas de l'oreille E^3 sous l'action du ressort f^3 pendant les mouvements alternatifs du piston, ce qui empêche tout mouvement ascensionnel de ce taquet jusqu'à ce qu'il puisse s'engager avec l'extrémité de l'oreille E^3. Enfin, ce taquet porte encore un autre doigt f^8, lequel, lorsque l'auget descend à sa position basse représentée en traits mixtes sur la fig. 145, se place immédiatement derrière la cartouche contenue dans l'auget, et dès que cette dernière pièce arrive tout à fait au bas de sa course, sa nervure d^1 abaisse le doigt f^8, dégageant ainsi le taquet de l'emprise de l'oreille E^3. Par suite, le piston se trouvant libre se reporte en avant sous l'action de son ressort, ce qui oblige le doigt f^3 à lancer la cartouche dans le tonnerre. L'auget est muni d'une fente longitudinale d^2 qui permet le libre mouvement de ce doigt f^8 pendant le mouvement du piston.

On sait que l'auget est disposé en forme de gouttière, afin de recevoir la cartouche à sa chute de la trémie. Son extrémité arrière présente à l'intérieur un arrondi[1], et ses bords sont munis de nervures en saillie d^4 (fig. 150 et 151), qui ne s'étendent pas jusqu'à l'arrière. Elles laissent un jeu d^5 qui permet aux bourrelets des cartouches de passer à leur descente de la trémie, en glissant le long de l'arrondi, ce qui fait avancer la cartouche d'une quantité suffisante pour que le culot vienne se placer au-dessous des nervures d^4 qui la maintiennent et l'empêchent de rebondir pendant que l'auget descend à sa position inférieure, et lui servent également de guides lorsque le piston le lance vers la chambre du canon (Au lieu de donner à cette région d^3 un profil arrondi, on peut se contenter de l'incliner). Enfin, en d^6 se trouve un arrêt rebondissant, faisant corps avec un ressort à lame d^7 fixé à l'auget ; son extrémité antérieure est biseautée ou recourbée de manière à empêcher la cartouche de s'échapper de l'auget, excepté au moment où le piston la projette en avant.

Un bouton b fait saillie sur la plaque B^1, fixée à la culasse et se trouve placé au-dessous du bras G qui doit, d'accord avec lui, retarder la descente de l'auget. Ce bras consiste en une lame métallique flexible articulée en g ; il est placé au-dessus du bloc de culasse, de façon à s'élever avec ledit bloc lorsque la culasse est fermée, et à se trouver libre lorsque le bloc descend pour ouvrir la culasse (fig. 152). L'auget porte une saillie d^{∞} qui repose sur l'extrémité libre du bras G et l'accompagne ; cette saillie reste ainsi soutenue par la plaque B^1 tant que le canon n'est pas entièrement revenu en batterie, et empêche par suite la descente de l'auget. La pièce b est un peu au-dessous du bras G, de sorte que, lorsque le bloc de culasse s'abaisse, le bras dans sa descente vient rencontrer cette pièce, qu'il ne peut franchir sans se déplacer latéralement ; il est toutefois assez élastique pour céder à une légère pression. Si donc il n'y a pas de cartouche dans l'auget, il ne franchira pas le bouton, car le poids de l'auget n'est pas suffisant pour faire fléchir le bras, et, par suite, l'auget restera suspendu ; si, au contraire, il s'y trouve une cartouche, le bras G fléchira, et l'auget pourra descendre.

Le bouclier H est d'ordinaire fixé à l'épaulière D ; on peut encore le fixer à l'auget, auquel cas le choc même de la douille éjectée contre ce bouclier suffirait à produire la descente de l'auget si ce dernier éprouvait quelque résistance.

1. Non figuré sur le dessin.

La face inférieure de l'auget peut être rendue concave vers le bas, de sorte que, lorsque les douilles éjectées viennent la frapper, elles retombent sans risquer d'atteindre les servants. Ce tracé rend le bouclier H inutile.

Si l'on veut charger à la main, il suffit d'enlever la trémie C et d'opérer comme il a été dit plus haut.

C. *Canon semi-automatique de 47 millimètres, système Hotchkiss.*

Ce canon ne diffère d'un canon Hotchkiss à tir rapide ordinaire monté sur affût à recul limité et à récupérateur de rentrée en batterie, que par l'adjonction d'un dispositif spécial qui permet de réaliser automatiquement les opérations d'ouverture de la culasse, d'extraction et d'éjection de la douille vide et de fermeture de la culasse, de sorte qu'il ne reste à effectuer à la main que le chargement et la mise de feu.

Le dispositif, qui est très simple, est construit de telle manière que son fonctionnement n'est pas influencé par un recul réduit ou par un retour en batterie incomplet. Ainsi le recul normal du canon de 47 millimètres étant de 90 à 100 millimètres environ, l'action de l'appareil semi-automatique reste assurée, même lorsque le recul n'atteint que 75 millimètres et qu'il reste encore 10 millimètres environ pour que la rentrée en batterie soit complète.

L'appareil comprend essentiellement : une bielle qui recule avec le canon et à laquelle est fixée l'extrémité d'un puissant ressort à boudin ; un heurtoir qui est mobile aussi avec la pièce ; un talon de butée à bascule qui reste en place pendant le recul et auquel est attachée l'autre extrémité du ressort à boudin.

Le recul n'est utilisé que pour tendre le ressort et abaisser le talon de butée ; c'est pendant le retour en batterie que s'effectuent l'ouverture de la culasse et l'extraction et l'éjection de la douille vide.

L'extracteur est construit de telle manière qu'après l'éjection de la douille il empêche le coin de monter pour fermer la culasse, et maintient ainsi le ressort à boudin tendu. En lançant une cartouche dans la chambre, on dégage l'extracteur du coin et celui-ci, sollicité par le ressort, vient opérer la fermeture ; le canon est donc immédiatement prêt pour faire feu.

Par suite du fonctionnement semi-automatique, la pièce exige un personnel plus restreint qu'auparavant ; deux hommes suffisent pour assurer son service ; l'un approvisionne la pièce, l'autre pointe et fait feu. De plus, la rapidité du tir est augmentée dans le rapport d'un tiers environ.

Description du mécanisme semi-automatique. — Les fig. 154 et 156 montrent en élévation et en plan la culasse du canon avec le dispositif en place et le coin à la position de fermeture. Les fig. 157 à 160 montrent l'extracteur du mécanisme de culasse.

Le coin de fermeture avec tout son mécanisme intérieur de percussion et de détente, est identique à ce qu'il est dans tous les canons à tir rapide système Hotchkiss, sauf la petite modification suivante : la partie supérieure de la rainure came d'extraction B, au lieu d'être simplement inclinée comme d'ordinaire, présente une partie horizontale *b* destinée à servir d'appui au tenon de l'extracteur.

L'extracteur. — L'extracteur E est logé comme d'ordinaire dans une rainure guide A (fig. 155), pratiquée dans le côté gauche de la culasse. Il présente une griffe d'extraction E^1 et un tenon E^2 qui, pendant le mouvement vertical du coin, reste engagé dans la rainure d'extraction BB ; l'éjection de la douille vide se produit au moment où le tenon passe brusquement dans la partie inclinée de la rainure lors de l'ouverture de la culasse. Le tenon E^2 présente un méplat e^2 qui, au moment où le coin commence son mouvement d'ascension, vient s'appuyer dans la partie *b* de la rainure B et empêche ainsi la fermeture de la culasse.

Pour être sûr que l'extracteur s'arrêtera bien à cette position de butée sans la dépasser (et par suite pour éviter la fermeture prématurée de la culasse), on lui a donné la disposition suivante :

Le dos présente un épaulement e_1 et une double pente ou dos d'âne dont l'arête e^3 se trouve près du tenon E ; il en résulte que, lorsque l'extracteur est en place, il peut légèrement pivoter autour de cette arête verticale. Un ressort e^4, monté sur l'extracteur,

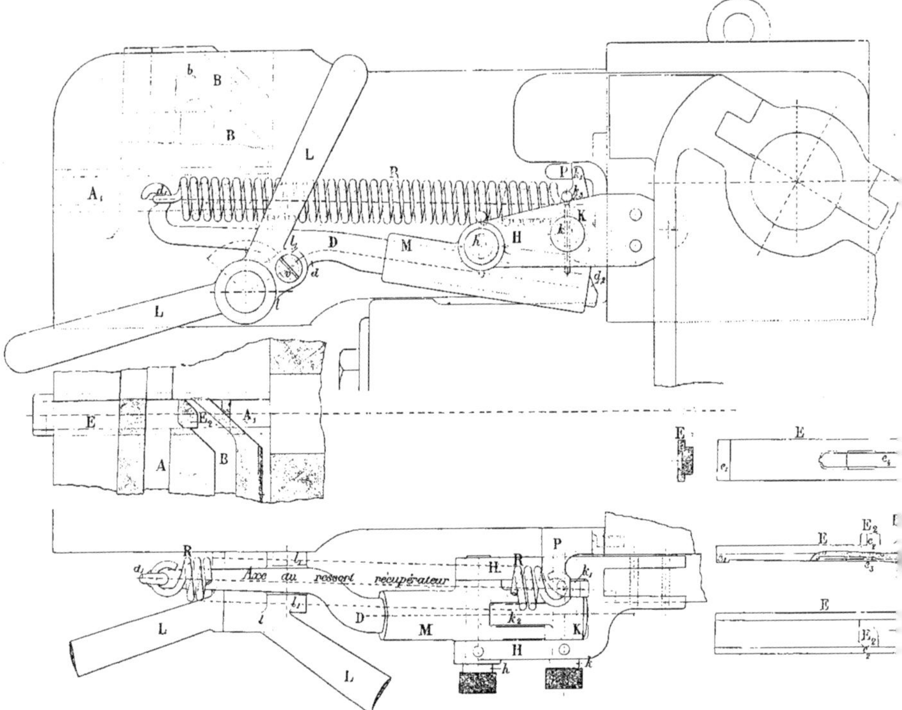

Fig. 154 à 160. — Canon semi-automatique *Hotchkiss* de 47 millimètres.

s'appuie contre le logement de la griffe et tend à pousser constamment cette griffe vers l'intérieur du canon, c'est-à-dire à pousser l'extrémité opposée vers l'extérieur par suite du mouvement de bascule. L'épaulement e_1 viendra donc buter contre l'arête postérieure du logement lorsque l'extracteur s'avancera dans sa rainure au moment où le coin commence à monter. Pour que le mouvement de fermeture puisse s'opérer, il faut donc au préalable pousser l'extracteur en avant, tout en le faisant pivoter autour de l'arête verticale e^3 de manière à dégager l'épaulement e_1 et le tenon E^2 de leurs butées. Or, au moment du chargement, lorsqu'on lance la cartouche dans la chambre, le bourrelet vient frapper la griffe d'extraction et produit ce déclenchement.

La bielle. — Sur la douille *l* du levier de manœuvre L est venue une chape l_1, dans laquelle est fixée au moyen d'une vis v servant d'axe l'oreille d d'une bielle D. Cette bielle est terminée en arrière par un crochet d_1, auquel est attachée l'extrémité d'un puissant ressort à boudin R. La tige de la bielle passe à frottement doux dans une douille M en bronze et se termine en avant par une portion concave d_2. La douille M est assujettie entre les deux branches d'une chape H au moyen d'une broche h autour de laquelle elle peut tourner. Cette chape est fixée à demeure sur la glissière à tourillons, c'est-à-dire sur une des parties fixes de l'affût, de sorte que, pendant le recul du canon, la bielle est entraînée et glisse dans la douille qui reste en place.

La pièce à bascule. — Entre les deux branches de la même chape H et au-dessus de la douille est disposée une pièce à bascule K pouvant tourner autour de la broche k qui la maintient en place. Cette pièce est munie de deux talons k^1 et k^2. Le talon supérieur k^1 est pourvu d'un œil k^3 auquel est fixée l'autre extrémité du ressort R qui se trouve ainsi en tension entre le crochet d de la bielle et le talon k de la pièce à bascule.

Lorsque le canon recule en entraînant la bielle, le ressort R se trouve tendu et la pièce à bascule K, pivotant autour de son axe k, oblige son talon inférieur k^2 à venir s'appuyer fortement sur la bielle, la douille M étant entaillée pour permettre le passage de ce talon. Dès que, dans le mouvement de recul, l'extrémité de la bielle a dépassé le talon k^2, celui-ci s'abaisse brusquement de façon à tomber dans l'intérieur de la douille. Lorsque le canon, ayant achevé son recul, revient en batterie, la bielle sera, à un certain moment, arrêtée dans la douille, puisque son extrémité vient buter contre le talon k^2. Le canon continuant son mouvement en avant, il se produira une poussée en arrière sur la chape l_1 du levier de manœuvre, ce qui aura pour effet de faire tourner cette chape de droite à gauche et d'ouvrir la culasse.

Pour permettre à la bielle de revenir en avant à sa position initiale, il faut que le talon k^2 soit soulevé. Ce soulèvement est obtenu à l'aide d'un heurtoir P fixé à demeure sur le berceau, c'est-à-dire sur une partie de l'affût qui participe au mouvement de recul et de retour du canon. Lorsque ce dernier achève son mouvement en avant, le heurtoir vient frapper le talon supérieur k^1 de la pièce à bascule, oblige celle-ci à pivoter, et soulève ainsi le talon inférieur k^2.

Description du fonctionnement. — L'action générale du mécanisme est alors comme suit :

Supposons le coup parti. Le canon recule avec son berceau en entraînant la bielle et en tendant le ressort à boudin R. Dès que l'extrémité de la bielle a dépassé l'extrémité du talon de butée k^2 de la pièce à bascule, ce talon s'abaisse et vient tomber dans l'ouverture de la douille. Le canon, ayant achevé son recul, revient en batterie ; il entraîne la bielle, mais à un certain moment celle-ci est arrêtée en venant buter contre le talon k^2 ; le canon continuant son mouvement en avant, il en résultera une poussée en arrière que la bielle transmettra à la douille du levier de manœuvre, ce qui aura pour effet de faire tourner celle-ci de droite à gauche et d'ouvrir la culasse. Pendant cette ouverture de la culasse, la douille vide se trouve extraite puis éjectée. Au moment où le canon achève d'entrer en batterie, le heurtoir P vient frapper le talon supérieur k^1, de la pièce à bascule, fait pivoter celle-ci et soulève le talon inférieur k^2. La bielle n'est donc plus arrêtée dans la douille ; mais elle ne peut encore reprendre sa position initiale, parce que le coin n'a pu se soulever pour fermer la culasse ; l'extracteur est en effet à ce moment disposé de telle façon, que son épaulement e_1 bute contre la face postérieure de la culasse et son tenon E^2 prend appui dans la partie horizontale b de la rainure d'extraction. L'extracteur seul empêche alors la culasse de se fermer et la bielle de reprendre sa première position et maintient par suite le ressort R tendu. Si à ce moment on lance une nouvelle cartouche dans la chambre, le bourrelet, venant frapper la griffe de l'extracteur, entraînera ce dernier et le dégagera du coin. Le coin sollicité par le ressort R viendra donc brusquement fermer la culasse, et le canon sera prêt pour le tir d'un nouveau coup.

D. *Mitrailleuse Skoda* (fig. 161).

La mitrailleuse Skoda est une arme à un seul canon fonctionnant automatiquement sous l'effort du recul et dont la vitesse de tir se règle à volonté.

Les parties principales sont le canon, la cage, la culasse, la douille-butoir et le frein.

Le canon K, en acier Bessemer, est organisé intérieurement comme la carabine à répétition autrichienne. Il est enveloppé sur toute sa longueur par un manchon où peut circuler un courant continu d'eau froide. Ce manchon, qui est en bronze, est pressé contre l'épaulement *e* par un écrou E, vissé sur l'extrémité antérieure du canon. Des rondelles de cuir placées contre E et *e* rendent les joints étanches. La vis d'arrêt *v* du canon assure l'exactitude de la position du manchon. En faisant mouvoir l'écrou, on peut régler le serrage entre le canon et le manchon. Celui-ci porte en dessous deux ajutages A et A_1 qui peuvent recevoir des tubes en caoutchouc. L'eau froide est amenée dans le manchon par l'ajutage A au moyen d'une petite pompe; elle en sort par un tube placé d'avant en

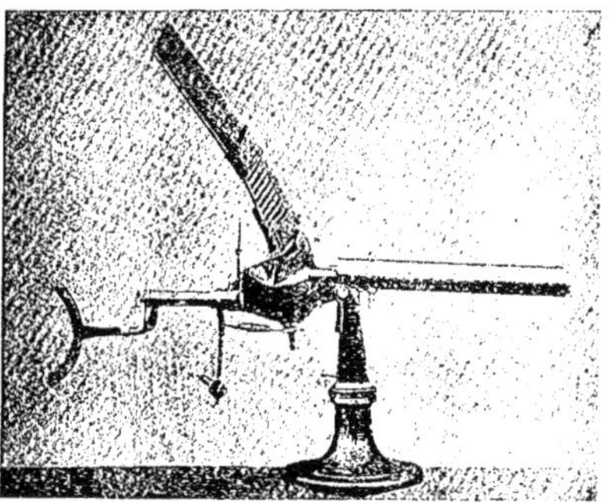

Fig. 161.

arrière, sous la génératrice supérieure du manchon, et qui débouche dans l'ajutage A. Par suite de cette disposition, le canon est constamment baigné d'eau froide (fig. 163).

La cage en acier G est constituée par deux parois parallèles qui forment en avant le logement du canon, et, en arrière, le logement du butoir; elle est vissée sur l'extrémité postérieure du canon.

A la paroi gauche est fixé un distributeur *z*; en avant et en arrière de celui-ci sont des supports *c*, destinés à recevoir l'entonnoir de chargement figuré en *lt* (fig. 162).

Sous la cage est accroché un pendule *t*, à poids mobile, qui sert à mettre le feu et à régler la vitesse du tir.

Le distributeur est une sorte de loquet muni de tourillons. Sa partie supérieure, qui affleure avec l'orifice de l'entonnoir, porte la lame du distributeur *w*. Sur sa surface extérieure s'appuie le ressort du distributeur *f*, dont l'extrémité inférieure, en forme de crochet, fait saillie dans l'intérieur de la cage par une ouverture ménagée à cet effet.

L'entonnoir de chargement est un châssis en tôle par où les cartouches arrivent en ordre jusqu'au distributeur, leur bourrelet glissant dans une rainure. Quand on utilise la mitrailleuse sous coupole, l'entonnoir est formé d'une partie inférieure fixe et d'une partie supérieure mobile. La partie fixe *lt* est adaptée à la cage au moyen des supports de chargement dont il a été question plus haut; la partie supérieure lt_1 est reliée à la précédente par une charnière, et maintenue en place par un ressort dont le tenon entre dans l'un des trous de la partie fixe. On peut ainsi baisser plus ou moins, suivant l'angle de tir, la partie mobile de l'entonnoir, afin d'avoir l'espace nécessaire au placement des chargeurs.

Pendule. — Le pendule se compose d'une tige *t*, sur laquelle peut se mouvoir le poids *w*. Celui-ci est assuré dans sa position supérieure et dans sa position moyenne par

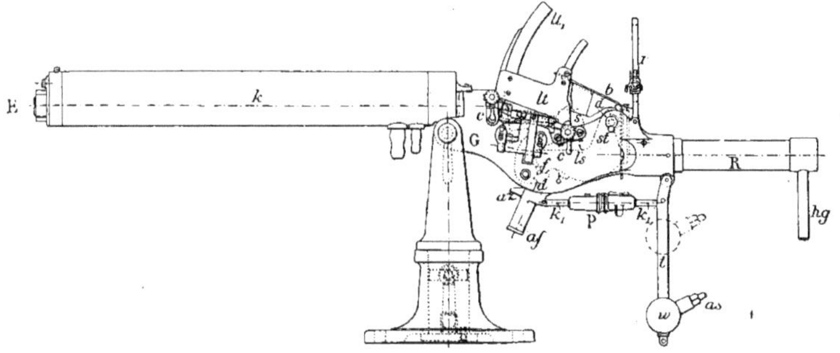

FIG. 162. — Mitrailleuse *Skoda*.

un ressort, dans sa position inférieure par un épaulement de la tige. Sur le poids se trouve une mortaise qui contient le boulon de choc postérieur *as*, monté sur un ressort à boudin. L'appareil de détente *af* peut tourner autour d'un axe fixé sur la cage; il se termine en avant par le bec de détente *az*, et porte à sa partie supérieure le boulon de choc antérieur i_1,

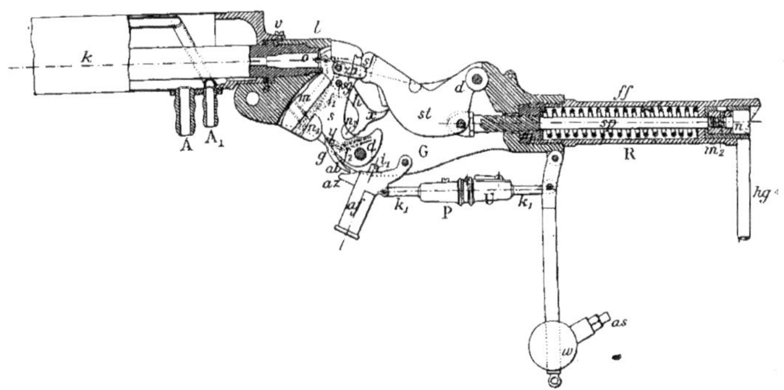

FIG. 163. — Mitrailleuse *Skoda*.

également muni d'un ressort à boudin. Ces ressorts ont pour but d'amplifier les impulsions qui font osciller le pendule (fig. 162).

La tige du pendule et l'appareil de détente sont articulés ensemble par l'intermédiaire de la barre de liaison P. Celle-ci est formée de deux parties dont les extrémités sont vissées dans la douille U. Cette dernière est maintenue dans sa position par un loquet d'arrêt. Sur la cage on trouve encore une hausse à cadrer qu'on peut rabattre, et une plaque de protection *b* qui dirige sur le côté les douilles des cartouches à mesure qu'elles sont extraites.

La culasse en acier comprend la platine à percussion *s* et le bloc d'appui *st*, tous deux montés entre les parois de la cage sur des pivots *d*. La platine comprend le corps de platine et les parties suivantes : le percuteur *i*, le marteau *h*, le ressort de percussion f_1, la gâchette *g*, et le ressort de gâchette f_2.

Le corps de platine présente en avant un auget de chargement *m* dont la forme assure un placement régulier de la cartouche, et une plaque de tir *o* où se trouve un trou pour la pointe du percuteur. Sa face droite porte un extracteur ; dans la face droite sont pratiquées deux échancrures pour le distributeur : l'une antérieure n_1, l'autre postérieure n_2. Il y a en outre un petite plaque *zp* servant également au fonctionnement de l'auget. La face postérieure du bloc présente une rampe de butée *sf* ayant une courbure cylindrique.

Dans l'arrêt de culasse, on trouve, au-dessous de l'axe de rotation, le logement de la tête de la tige de frein *sp*, el la face antérieure de cette pièce d'arrêt présente un profil correspondant à celui de la rampe de butée du bloc de culasse.

Le frein. — La douille-butoir R en acier est vissée dans l'écrou correspondant de la boîte de culasse, et sert d'enveloppe au mécanisme de frein : ce dernier comprend la tige de frein *sp*, articulée avec l'arrêt de culasse, l'écrou m_1 et le fort ressort à boudin *ff*. La tige *sp* se prolonge à l'intérieur de la douille et d'un manchon de frein *u* inséré dans cette dernière, et rendu solidaire de la tige par un écrou m_2.

Le manchon de frein porte une poignée *hg* s'appuyant contre la rampe héliçoïdale qu termine à l'arrière le tube du porte-frein.

Fonctionnement des divers organes de la partie tubulaire de la mitrailleuse. — *Ouverture et fermeture de la culasse.* — Lorsque la culasse est fermée (fig. 162) la rampe du bloc de culasse et celle de la pièce d'arrêt sont en contact parfait, la tranche inférieure du bloc de fermeture obturant le tonnerre, et le porte-cartouche étant incliné en avant vers le bas. Si l'on fait tourner vers la gauche la poignée du manchon de frein, la ige de frein sera ramenée en arrière en entraînant l'arrêt de culasse qui, en raison de son mode de suspension, basculera en arrière vers le bas, en tournant autour de son pivot.

Pendant ce mouvement de rotation, l'épaulement *d* de l'arrêt de culasse buttera contre l'ergot *x* du chien et l'entraînera jusqu'à ce que la tête *y* de la gâchette s'engage dans le cran *q* de la noix du chien : à ce moment, la platine sera bandée. Enfin, la rotation rétrograde de l'arrêt de culasse oblige les deux rampes de butée cylindriques à glisser l'une contre l'autre, et le bloc de culasse tournera également en arrière autour de son axe, jusqu'à ce qu'il vienne reposer dans l'évidement que présente à cet effet l'arrêt de culasse, le porte-cartouches annexé au bloc étant à ce moment tourné vers le haut, le tonnerre étant dégagé et la culasse étant ouverte (fig. 163).

Pour fermer la culasse, on replace en position la poignée que l'on avait précédemment fait tourner à gauche de 180° environ. Obéissant à l'impulsion donnée par le ressort à boudin, qui se détend à ce moment après avoir été comprimé pendant l'ouverture de la culasse, la tige du frein sera portée en avant et obligera l'arrêt de culasse comme le bloc à tourner autour de leurs axes respectifs jusqu'ils soient revenus à leur position primitive, ce qui referme la culasse.

Dans cette position, si l'on veut désarmer la platine, qui pour le moment est armée, on retire en arrière la tige *t* du pendule, jusqu'à ce que le goujon *as*, faisant saillie sur le poids mobile *u*, vienne heurter la douille, puis on laisse retomber le pendule librement.

Au cours de l'oscillation en avant du pendule, le bec *az* de la pièce de détente *af* viendra frapper la queue *ab* de la gâchette dont la tête sortira alors du cran du chien ; à son tour le chien obéira à l'impulsion du grand ressort f_2 qui se détendra et viendra frapper, par sa tête *sg*, le percuteur qui se trouvera ainsi lancé en avant de telle sorte que la platine sera désarmée.

Si la culasse n'était pas complètement fermée, la queue du marteau *h* heurterait de son extrémité le bloc d'appui *st* ou son doigt, le percuteur ne serait pas atteint et la mise de feu ne pourrait avoir lieu.

Chargement. — Pour charger l'arme, on enfile sur l'orifice du magasin une boîte de cartouches, d'où celles-ci glissent dans le magasin. Par suite, la cartouche la plus basse vient se placer devant l'auget, le projectile reposant sur le plateau de cet auget et le culot de la cartouche sur le tenon de chargement postérieur *ls*. Pour forcer la cartouche à prendre la position convenable devant l'auget, le tenon de chargement antérieur *ls* présente un plan incliné sur lequel la cartouche glisse en tombant hors du magasin : dans ce mouvement, le projectile glisse contre la joue gauche du bloc de culasse, tandis que l'étui est maintenu en arrière de son étranglement, par la petite plaque d'arrêt *zp* de ce bloc, de telle sorte que le culot de la cartouche ne peut faire saillie vers la droite hors de la boîte de culasse.

Quand on ouvre la culasse, le bloc de culasse fait dévier vers la gauche le bras a_1 du ressort d'auget f_2, et ce ressort repousse alors énergiquement l'auget lui-même vers la droite, ce qui fait passer rapidement une cartouche sur le porte-cartouche du bloc de culasse : dans ce mouvement, le projectile porte sur le plateau *a* de l'auget qui le conduit vis-à-vis de l'entrée de la chambre.

Quand on ferme la culasse, la cartouche est poussée dans la chambre par le jeu du bloc de culasse ; en même temps, l'auget est repoussé à gauche, et la cartouche qui vient à la suite dans le magasin, après avoir reposé sur l'auget pendant le chargement de la cartouche précédente, vient à son tour se placer devant lui, pour se trouver toute prête à être introduite dans le canon la prochaine fois que la culasse s'ouvrira.

Tir. — Pour le tir, la mitrailleuse étant chargée, on débande la platine.

Par suite de la disposition générale de la culasse et de la forme ainsi que de la situation réciproque des rampes de butée, la réaction des gaz détermine l'ouverture automatique de la culasse, la mise au bandé de la platine : l'expulsion de l'étui vide, l'amenée sur le porte-cartouche de la cartouche suivante, après quoi la détente du ressort à boudin entraînera la fermeture automatique de la culasse, l'introduction de la cartouche dans le canon, et l'arrivée d'une nouvelle cartouche devant l'auget comme il a été dit.

Le dégagement du bloc de culasse s'opère aussi de lui-même pendant le tir automatique : en effet, aussitôt le coup parti, le bloc de culasse *st* vient frapper le poussoir i_1 de la pièce de détente ; ce poussoir comprime à son tour un ressort à boudin logé dans le renfort que forme cette pièce, et dont la réaction oblige le pendule à décrire une oscillation rétrograde : dans ce mouvement, la tige qui dépasse le poids annexé au pendule viendra heurter la douille, et comme cette tige agit ainsi sur un ressort à boudin, elle communiquera au pendule une plus forte impulsion, pour le reporter en avant.

Quand le poids fixé sur la tige du pendule occupe sa position la plus basse, et quand les boulons d'accouplement k_1 sont complètement enfoncés dans leur manchon U, la mitrailleuse peut être employée au tir coup par coup, auquel cas on arrête le pendule après chaque coup, en le saisissant avec la main. Si on le laissait osciller librement dans ces conditions, il en résulterait un tir lent à raison de 80 coups par minute, et un tir moyen de 180 coups par minute s'il est à la position moyenne.

En laissant les boulons d'accouplement dans la même position, le poids étant au sommet de sa course, si on laisse osciller librement le pendule, on obtiendra un tir à la vitesse moyenne de 350 coups par minute.

Enfin, le poids étant au sommet et les boulons dégagés de leur manchon, la vitesse de tir maximum sera de 450 coups par minute.

Affûts divers.

Suivant le service auquel la mitrailleuse doit être affectée, elle est montée :
a Sur trépied léger (mitrailleuse de 6,5) ;
b Sur support à cuirasse ;
c Sur pivot libre (mitrailleuse de 8 millimètres) ;
d Sur affût blindé ;
e Sur affût de campagne (mitrailleuse de 7 millimètres).

E. *Canon automatique de 37 millimètres, système Maxim.*

Cette arme est une adaptation du principe de la mitrailleuse Maxim à des calibres supérieurs.

Le canon B n'est pas relié invariablement au reste du système. Il peut prendre au

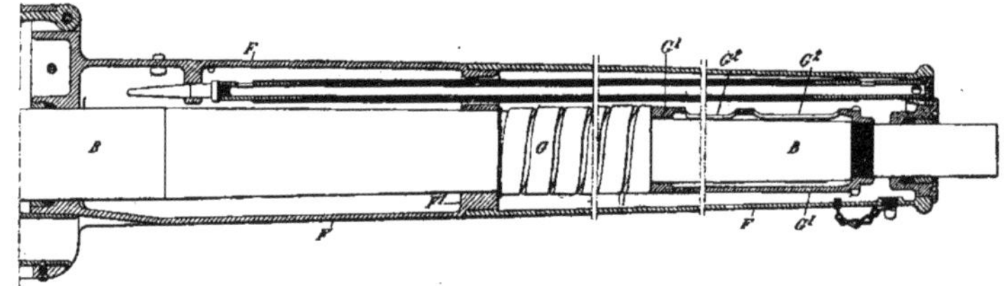

Fig. 164.

départ du coup un mouvement propre de recul de quelques centimètres, en comprimant

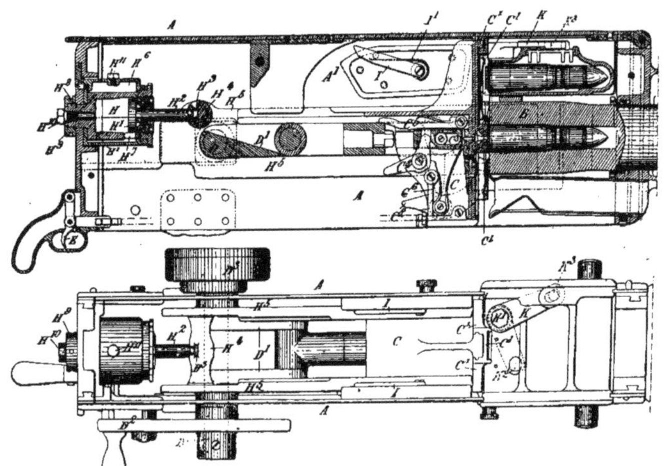

Fig. 165 et 166.

un puissant ressort à boudin G, qui le reporte ensuite en avant. Ce ressort, qui est enfilé sur le tube, prend appui d'une part sur un tube G^1 vissé sur la volée, et d'autre part sur un épaulement F^1 ménagé dans un manchon en bronze F qui recouvre le tube et le ressort, et renferme l'eau destinée à ralentir l'échauffement. Des orifices G^2 pratiqués dans le tube G^1 permettent au liquide de venir au contact du canon (fig. 164).

Ce qu'il y a de plus particulier à signaler, c'est le frein hydraulique aménagé pour absorber l'excédent d'énergie de recul, non utilisé pour la marche de l'arme.

Le cylindre de frein H est disposé à l'arrière du manchon. A l'intérieur se meut le piston H^1 dont la tige H^2 se termine par une tête H^3 engagée dans l'entretoise H^4 qui relie les deux coulisses opposées H^5. Lorsque ces coulisses H^5 reculent sous l'effort du tir, le piston s'enfonce dans le cylindre ; ce dernier est tronconique, et d'un diamètre un peu supérieur à celui du piston, de telle sorte que ce dernier laisse d'abord libre passage au liquide, puis que la résistance croît progressivement jusqu'à l'arrêt. Au lieu d'un cylindre tronconique on pourrait d'ailleurs employer tout autre modèle de frein hydraulique. Ce cylindre est renfermé dans une boîte H^6, et communique avec elle par un orifice H^7, par où passe le liquide du frein. Un autre petit conduit H^x permet au liquide de fuir devant le piston, et réduit ainsi les efforts. En en faisant varier la section, on règle convenablement la course du recul (fig. 165 et 166).

Pour pouvoir manier aisément ce cylindre, on le termine à l'arrière par un collet H^8 qui traverse la paroi de l'enveloppe, et est maintenu par un écrou H^9. Ce collet est creux, et fermé par une tige H^{10} que l'on peut retirer sans enlever le cylindre, ce qui permet de parvenir à l'intérieur de ce dernier pour le remplir après avoir placé le canon dans une position sensiblement verticale en le faisant tourner autour de ses tourillons. Un autre bouchon fileté H^{11} traversant les parois de la boîte H^6, permet également de charger le frein tout en laissant l'arme horizontale.

CHAPITRE VIII

Armes automatiques par détente gazeuse.

Les armes de ce genre, dans lesquelles les gaz de la poudre sont directement employés non seulement à la mise en marche du projectile, mais encore au fonctionnement de mécanismes extérieurs (dans l'espèce actuelle le fonctionnement de la culasse et l'approvisionnement de l'arme) sont sensiblement récentes, et l'intérêt du nouveau mode d'emploi des gaz ne peut qu'aller en croissant, car il n'est pas douteux que l'on cherchera à utiliser de plus en plus leur énergie restante après le départ de l'obus, à la canaliser en quelque sorte pour des travaux utiles, alors qu'aujourd'hui cette énergie ne se fait sentir que pour augmenter les reculs du canon et la fatigue des diverses pièces.

Les armes dans lesquelles la puissance des gaz est ainsi dérivée partiellement pour faire fonctionner des mécanismes sont à l'Exposition la mitrailleuse de 8 millimètres et le canon automatique de 37 millimètres Hotchkiss, et le canon à gaz Vickers-Maxim, ce dernier type étant représenté par une mitrailleuse de 7 mm. 7. Nous étudierons ces deux dernières armes en tous leurs détails, à raison de l'avenir qui semble réservé à ce mode d'utilisation de l'énergie gazeuse.

Le système de dérivation est le même en principe dans les deux armes : les gaz de la poudre sont partiellement admis, au moyen d'un évent percé dans l'âme de la pièce, auprès de la bouche, dans un cylindre placé sous le canon; là ils se détendent en agissant sur la tête d'un piston qui constitue la pièce essentielle du mécanisme.

C'est, en effet, ce piston qui, au moyen de transmissions convenables, actionne par ses mouvements alternatifs tous les organes de la pièce.

A. *Canon automatique à gaz, système Maxim.*

Principe de l'arme. — La pièce a un canon fixe, lequel est rattaché au bâti de la manière habituelle. Il est d'ordinaire muni d'une enveloppe à eau comme la mitrailleuse ordinaire, mais on pourrait aussi supprimer l'enveloppe à eau (Water-jacket) et donner au corps de canon une section carrée ou sensiblement telle, avec de nombreux canaux obliques percés à travers les parois métalliques de ce canon pour former des évents destinés à être traversés par l'air ambiant et à refroidir ainsi la pièce.

La fermeture de culasse du canon consiste en deux parties, une partie antérieure et une partie postérieure (ou verrou.)

Le bloc porte un chariot à cartouches coulissant verticalement et semblable à celui qu'on emploie ordinairement dans le canon Maxim, et le verrou est articulé sur le bloc, de sorte qu'il est susceptible de recevoir un mouvement vertical de faible amplitude indépendamment dudit bloc. Quand la culasse est fermée, ce mouvement vertical lui permet de franchir des saillies ou butées fixes et de verrouiller ainsi solidement la culasse au momen de la mise de feu.

Le déplacement de ce verrou est effectué au moyen d'une languette ou saillie, ménagée sur une pièce coulissante dénommée barre de commande, agissant concurremment avec des surfaces ou saillies inclinées, ménagées comme il est expliqué plus bas.

La barre de commande est actionnée par un piston qui lui est relié par une bielle et se meut dans un cylindre qui communique avec la bouche de la pièce, de sorte que les gaz s'échappant du canon, après que le projectile a quitté l'âme, peuvent pénétrer dans ce cylindre, agir sur le piston et s'échapper à leur tour. Un ressort à boudin entourant la tige du piston ramène les organes à leur position de tir après chaque mouvement de recul.

Pour actionner le chariot à cartouches, un levier de soulèvement articulé est porté par le bloc et s'engage à son extrémité antérieure dans une rainure pratiquée dans ledit chariot. Ce levier porte un boulon latéral qui est actionné par la came habituelle logée dans le bâti du canon lorsque le bloc va et vient.

Il est aussi pourvu d'un talon contre lequel un épaulement ménagé sur la barre de commande vient buter pendant la fermeture de la culasse et fait ainsi monter le chariot à sa position la plus élevée, juste avant l'achèvement du mouvement final de fermeture du bloc de culasse sous l'action de son verrou.

Pour faire avancer la bande porte-cartouches à travers le canon, on dispose au-dessus de la boîte-magasin un levier pourvu d'un pivot vertical autour duquel il peut osciller dans un plan horizontal. Au-dessus du dit levier, est disposée une barre coulissant longitudinalement, qui reçoit du bloc de culasse son mouvement alternatif. Cette barre est creusée d'une gorge inclinée ou en forme de came, dans laquelle s'engage un tenon ménagé sur l'extrémité libre du levier, de sorte que, quand la barre exécute un glissement alternatif, le levier prend un mouvement d'oscillation.

Pour empêcher les cliquets de glisser en se dégageant de la bande porte-cartouches, ce levier d'avancement est muni d'un cliquet à ressort susceptible d'exécuter un mouvement indépendant limité par rapport au levier, ce qui permet à ce cliquet de se lever verticalement pendant chaque mouvement du levier vers l'extérieur, mais l'empêche de fonctionner de même, pendant chaque déplacement dudit levier vers l'intérieur.

Enfin, le canon est également muni extérieurement d'une poignée de manivelle pour provoquer la mise de feu ou faire fonctionner le canon à la main, ladite poignée étant reliée à la barre de commande, de façon à rester fixe pendant le tir.

Le principe ainsi exposé, venons aux détails d'exécution en renvoyant aux figures :

La fig. 167 est une coupe centrale longitudinale.

La fig. 168 est une élévation latérale.

La fig. 169 est un plan d'ensemble.

La fig. 170 est un plan de la partie postérieure de l'enveloppe du canon avec le couvercle supérieur enlevé.

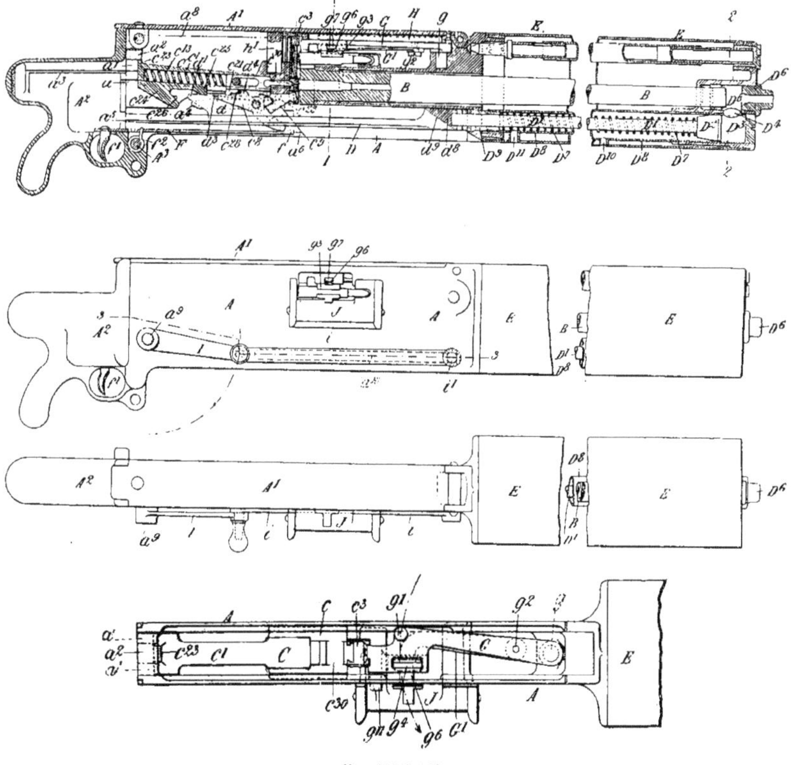

Fig. 167 à 170.

La fig. 171 est une élévation latérale, la fig. 172 une coupe longitudinale, la fig. 173 un plan, la fig. 174 une vue d'en dessous, la fig. 175 une vue de l'extrémité postérieure et la fig. 176 une vue de l'extrémité antérieure du mécanisme de culasse démonté et dessiné à une plus grande échelle.

La fig. 177 est une élévation latérale et la fig. 178 un plan du percuteur démonté.

La fig. 179 est un plan de la tête du percuteur démontée.

Les fig. 180-181 et 182 sont des sortes de diagrammes montrant le système de culasse et la barre de commande respectivement dans la position qu'ils occupent quand le bloc de culasse est complètement fermé et verrouillé, quand il est dégagé et quand il est complètement tiré en arrière.

La fig. 183 est une vue de l'extrémité postérieure du canon moins la pièce à charnière qui la termine.

La fig. 184 est une coupe verticale faite suivant la ligne 1-1 de la fig. 167 en regardant vers l'avant.

La fig. 185 est une coupe verticale faite suivant la ligne 2-2 de la fig. 167 en regardant vers l'arrière.

La fig. 186 est un plan de la barre de commande démontée.

La fig. 187 est un plan de la tringle de détente démontée.

La fig. 188 est une coupe horizontale faite approximativement suivant la ligne 3-3 de la fig. 168 et ne montrant des organes inférieurs que ce qui est nécessaire pour montrer clairement la manière dont la poignée extérieure est accouplée à la barre de commande, de façon que ladite poignée reste fixe pendant le tir.

Les fig. 189-190 sont des vues de détail en coupe de la queue articulée A^2.

Les fig. 191-192 et 193 sont respectivement un plan, une vue du bord et une vue d'en dessous du levier d'avancement des cartouches et de son levier à ressort.

Les fig. 194-195 et 196 sont des coupes transversales faites en substance suivant la ligne 4-4 de la fig. 192 en regardant vers la droite et montrant le levier d'avancement et son cliquet à ressort respectivement dans la position qu'ils occupent quand le levier d'avancement commence son mouvement vers l'extérieur pour mettre le cliquet en enclenchement avec une cartouche de la bande-magasin, quand ledit cliquet a passé sur ladite cartouche et que le levier d'avancement commence à exécuter son mouvement vers l'intérieur.

Les fig. 197 et 198 sont respectivement une coupe centrale longitudinale et une vue d'en dessous de la plaque coulissante qui fait osciller le levier d'avancement des cartouches.

La fig. 199 est une coupe transversale et la fig. 200 une coupe horizontale d'un canon de mitrailleuse pourvu de canaux transversaux pratiqués dans ses parois pour le passage de l'air, en vue de maintenir le canon froid sans avoir recours à une enveloppe à eau.

La fig. 201 et 202 sont des vues similaires d'une autre disposition desdits canaux à air.

La fig. 203 est une coupe centrale longitudinale d'une légère variante du canon représenté par la fig. 167.

Les mêmes lettres de référence désignent les organes semblables dans toutes les figures :

AA sont les flasques latéraux du bâti ou enveloppe enfermant le mécanisme de culasse, A' est le couvercle supérieur à charnière, et A^2 la pièce de culasse articulée, B est le canon, C'est le mécanisme de culasse, D est la barre de commande, et E est l'enveloppe à eau.

Mécanisme de culasse. — On voit en c et c^1 (fig. 171 à 176) les deux parties du mécanisme de culasse articulées ensemble par un boulon de charnière c^2. La partie antérieure ou bloc proprement dit c est muni du chariot à cartouches c^3 coulissant verticalement, lequel remplit les diverses fonctions nécessaires pour transporter la cartouche de la bande-magasin au canon et pour extraire et éjecter la cartouche brûlée hors du canon, comme le fait le transporteur à coulisse ordinaire d'un canon Maxim. Elle est pourvue de languettes latérales c^4 qui s'engagent dans des rainures horizontales a pratiquées dans les flasques latéraux A et guident le système dans son mouvement alternatif. Enfin elle est aussi munie d'oreilles ou appendices c^5 c^5 traversées par un boulon c^6 portant la gâchette de sûreté c^7, la gâchette de mise de feu c^8 et le levier de soulèvement c^9. Ce levier est situé entre les deux autres pièces et pourvu d'un bec cintré c^{10} qui s'engage dans une rainure verticale c^{11}

du chariot. Il comprend aussi un talon c^{12} sur lequel agit la barre de commande D de la manière expliquée ci-après.

Les parties cc' du mécanisme sont creusées pour recevoir le percuteur et son ressort

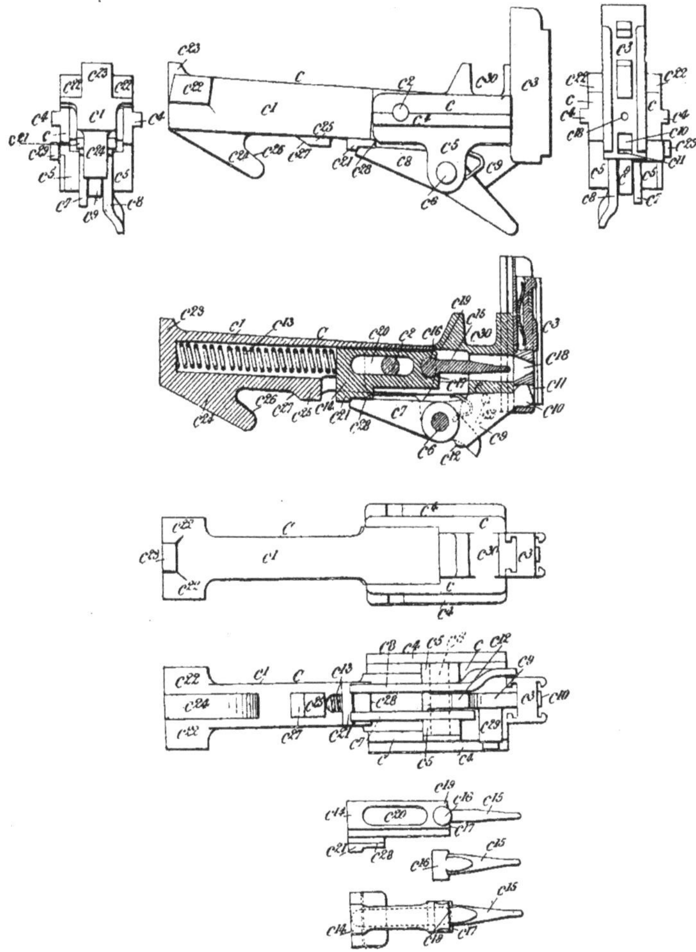

Fig. 171 à 179. — Canon automatique à gaz, système *Maxim*.

c^{13}. Le *percuteur* comprend une partie formant corps c^{14} et une tête c^{15} (voir fig. 177 à 179) pourvue d'une pièce cylindrique c^{16} en forme de *t*, disposée pour s'engager dans une cavité correspondante pratiquée dans le corps c^{14} et relier ainsi ces deux pièces. On effectue l'assemblage en faisant glisser la pièce c^{16} dans le sens de la longueur, à l'intérieur de la susdite cavité ménagée dans le corps c^{14}. A la partie en bordure inférieure d'avant de la dite cavité est un épaulement c^{17} qui supporte la tête c^{15} dans une position à peu près horizontale vis-à-vis du trou conique c^{18} pratiqué dans le chariot quand ce dernier s'est complètement relevé (fig. 172). La partie ou bordure supérieure c^{19} de la dite cavité n'est pas pourvue d'un épaulement et laisse par suite la tête du percuteur libre de tourner légèrement vers le haut autour de sa pièce en té, de sorte que dans l'éventualité où la tête pénétrerait dans le trou conique c^{18} en étant hors d'alignement avec l'amorce de la cartouche, elle se replacerait facilement d'elle-même dans la position voulue sous l'action du guidage produit par la paroi conique du dit trou. Cette manière de relier les pièces du percuteur permet de démonter facilement la tête c^{15}, si elle vient à se briser, et de la remplacer par une neuve. Le corps c^{14} du percuteur est percé d'une mortaise longitudinale c^{20} à travers laquelle passe le boulon c^2 reliant ensemble les pièces c c^1 et qui maintient en place le percuteur sans gêner ses mouvements d'armé et de mise de feu. La partie inférieure du corps c^{14} est munie d'un épaulement c^{21} qui fait saillie à travers une fente pratiquée dans la paroi inférieure du verrou. Sur cet épaulement s'enclenchent les becs de la gâchette de sûreté c^7 et de la gâchette de mise de feu c^8 sous l'action de leurs ressorts, quand le percuteur est complètement armé. Les extrémités opposées ou queues des susdites gâchettes c^7c^8 sont actionnées respectivement par la barre de commande et la barre de détente comme il est expliqué ci-après. La partie postérieure ou verrou porte des saillies ou oreilles latérales c^{23}, disposées pour s'engager sur des butées a^1 ménagées sur les flasques latéraux A, quand il est placé dans la position relevée représentée aux fig. 167 et 180. On obtient ainsi, au moment de la mise de feu, un support très rigide pour le bloc c, lequel résiste ainsi efficacement à l'effort, tendant à le repousser vers l'arrière. Un pontet a^2 disposé entre les butées a^1 sert d'arrêt pour limiter l'amplitude du mouvement ascendant que peut exécuter le verrou, lequel est pourvu d'une saillie c^{23} destinée à venir buter contre ledit arrêt. Les faces frottantes des butées a^1 et des saillies ou oreilles latérales c^{22} sont inclinées ou biseautées pour permettre de les faire glisser l'une sur l'autre quand le verrou tourne autour de son pivot c^2 en les amenant en enclenchement et hors d'enclenchement. Ces faces frottantes peuvent encore être courbes, la face des saillies ou oreilles étant alors un arc de cercle décrit du point central du boulon d'axe c^2 et celle des butées étant un arc de cercle décrit d'un point situé un peu au-dessous du dit boulon d'axe.

Quand le verrou c^1 prend sa position abaissée (fig. 181), les susdites saillies ou oreilles latérales c^{22} viennent glisser au-dessous des languettes a^3 ménagées sur l'intérieur de la pièce creuse articulée A^2 et, dans le mouvement de recul, ces languettes agissent comme guides et empêchent le verrou de se relever pendant le retour ou mouvement d'avancement du bloc de culasse, comme il est expliqué plus loin. La face inférieure du verrou est munie de deux saillies $c^{24}c^{25}$ sur lesquelles agit une languette ou saillie d, ménagée sur la barre de commande D, quand cette dernière exécute ses mouvements de va-et-vient. La saillie c^{24} présente une surface inclinée c^{26}, contre laquelle bute un bec d^1 ménagé sur ladite languette d (voir fig. 180 à 182) lorsque la barre de commande glisse vers l'arrière, et agit ainsi d'abord pour abaisser le verrou c^1 et le dégager des butées a^1 (fig. 181), et ensuite pour retirer le bloc du canon afin d'ouvrir la culasse (fig. 182). La partie supérieure de la languette d fait descendre le verrou dans l'espace ou cavité existant entre les deux saillies $c^{24}c^{25}$ (fig. 181). Lors du mouvement de retour de la barre de commande, le bord d^2 de la languette portera contre la partie postérieure inclinée c^{27} de la saillie c^{25}, et comme le verrou c^1 ne peut à ce moment se lever, en raison de la présence des languettes a^3. le bloc est tiré vers l'avant avec la barre de commande jusqu'à ce que les oreilles c^{22} échappent lesdites languettes a^3 et la face inférieure des butées a^1. La pression du bord d^2 de la languette sur la partie postérieure inclinée c^{27} de la saillie c^{25}, lorsque la barre de commande termine son mouvement vers l'avant, relève alors le verrou et amène de nouveau les oreilles en enclenchement avec les butées a^1. Ce n'est toutefois pas avant que la surface supérieure d^3 de la languette d ne glisse sur la face inférieure de la saillie c^{25}, lorsque la barre de commande D achève son mouvement en avant, que le mouvement ascendant final du verrou et la fermeture complète de la culasse, se produisent, la surface d^3 étant dans ce but inclinée légèrement sur l'horizontale. L'objet de ce mouvement est de permettre au chariot c^3 d'atteindre sa position la plus élevée, juste avant que le mouvement final de fermeture du bloc ne soit achevé, de sorte qu'à ce moment le chariot ne sera pas coincé trop durement contre la culasse du canon et empê-

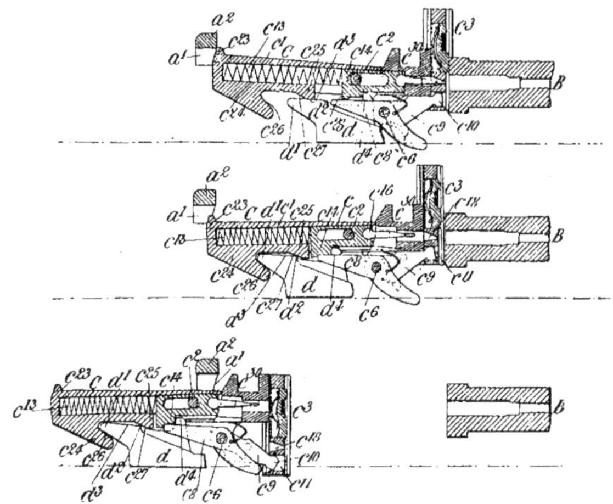

FIG. 180 à 182. — Canon automatique à gaz, système *Maxim*.

ché ainsi d'atteindre sa position de relèvement complet. Cette surface d^3, en pressant fermement contre la face inférieure de la saillie c^{25}, maintient aussi rigidement le verrou relevé, de sorte qu'il n'y a pas à craindre que ce dernier soit ébranlé par suite de la vibration du canon dans le tir. La languette d est pourvue d'un tenon d^4 placé en avant d'un épaulement c^{28} ménagé sur la face inférieure du corps du percuteur et pendant la première partie du mouvement de recul de la barre de commande (c'est-à-dire avant que le bec d^1 n'atteigne le plan incliné c^{26} de la saillie c^{24}), ce tenon repousse en arrière le percuteur malgré la résistance de son ressort, jusqu'à ce que les gâchettes c^7c^8 enclenchent l'épaulement c^{21}, et maintiennent le percuteur armé. Les mouvements verticaux du chariot à cartouches sont commandés par un boulon c^{20}, placé sur le levier de soulèvement c^9 agissant concurremment avec la came ordinaire a^1 dont est pourvu l'un des flasques latéraux A. L'élévation dudit chariot est effectuée toutefois par un épaulement d^5 ménagé sur la barre de commande (fig. 186) butant contre le talon c^{12} quand la barre exécute son mouvement ascendant sous l'action de la surface inclinée d^3 de la saillie c^{25} comme il a été expliqué.

La barre de commande porte aussi un épaulement d^6 qui agit sur la queue de la gâchette de sûreté c^7 et dégage son bec du percuteur quand cette barre de commande achève son mouvement en avant. Ladite barre ou tringle est percée d'une ouverture ou mortaise allongée d^7 à travers laquelle les étuis de cartouches vides tombent du canon lorsqu'ils sont extraits et éjectés. Afin d'éviter que les dits étuis vides ne se trouvent retenus en avant et ne gênent le fonctionnement du canon, cette barre porte à son extrémité antérieure un bloc d^8 pourvue d'une surface d^9 inclinée vers le bas faisant face à la rainure d^7. Ledit bloc obture l'espace à l'intérieur duquel il se meut, immédiatement au-dessous du canon, de sorte que, quand la barre de commande se déplace vers l'arrière, la face inclinée d^9 du bloc d^8 heurterait un étui de cartouche vide et le rejetterait de haut en bas hors du canon, dans le cas où il ne se serait pas déjà échappé par la mortaise d^7. Des gorges a^5a^5 creusées dans les flasques latéraux A, guident la barre de commande dans ses mouvements alternatifs. La queue de la gâchette de mise de feu c^3 se prolonge à travers la mortaise d^7 jusque dans la barre de commande, de manière à rester à proximité d'un renflement f venu sur la tige de détente F quand la culasse est fermée. Cette tige de détente est disposée pour glisser dans des gorges a^6a^6 pratiquées dans les flasques latéraux A, quand on presse sur la

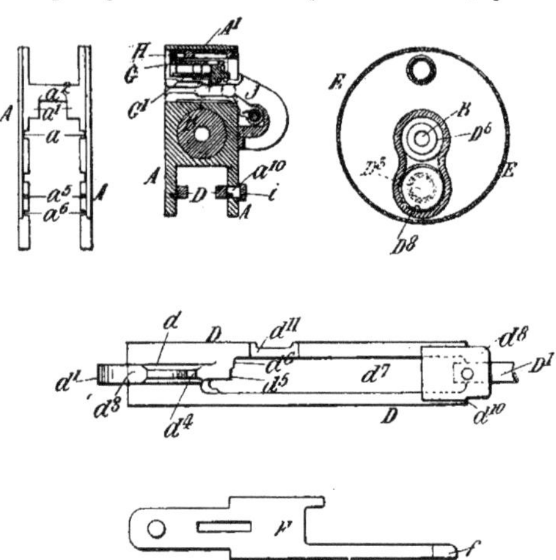

FIG. 183 à 187. — Canon automatique à gaz, système *Maxim*.

détente f^1, un ressort f^2 ramenant ladite plaque à sa position d'origine quand on lâche la détente. Quand on appuie sur la détente, le susdit renflement f vient au-dessous de la queue de la gâchette de mise de feu, et, en la relevant, fait osciller cette détente, déclanche le percuteur et met le feu à la pièce. Il est évident que tant que la détente est maintenue pressée, le canon continuera à tirer automatiquement. Dans le but d'empêcher qu'on ne presse sur la détente quand la queue articulée A^2 est rabattue pour découvrir l'extrémité culasse de l'enveloppe du canon, ladite barre de détente est creusée d'une cavité ou chambre f^3 dans laquelle s'engage un organe a^7 en forme de came correspondante placée sur la queue précitée A^2 près de son pivot A^3, quand ladite queue est rabattue comme il est représenté (fig. 190). La plaque de détente reste alors verrouillée et l'on ne peut mettre le feu au canon tant que ladite came a^7 n'a pas été retirée de la cavité ou chambre f^3 par la fermeture de la pièce A^2 comme le montre la figure 189.

Afin de communiquer à la barre de commande D les mouvements voulus pour actionner le mécanisme de culasse, cette barre est reliée par une bielle D^1 à un piston D^2 disposé à l'intérieur du cylindre à gaz D^3 (voir fig. 167 et 185). Ce cylindre est placé au-dessous du canon et communique près de son extrémité antérieure, par une ouverture D^4, avec une chambre D^5 entourant la bouche de la pièce. L'avant de cette chambre est fermé par un bouchon à vis D^6 percé d'un trou longitudinal pour le passage du projectile, ce bouchon servant à rétrécir la sortie permettant aux gaz de l'explosion de pénétrer dans ladite chambre, de telle sorte qu'ils seront forcés d'entrer dans le cylindre D^3 et d'agir effectivement sur le piston D^2. En agissant ainsi, ils repoussent le piston vers l'arrière malgré la résistance du ressort D^7 qui entoure la tige D^1 et repoussent aussi la barre de commande vers l'arrière, ce qui actionne le verrou comme il a été expliqué ci-dessus, la réaction du ressort D^7 remplaçant le piston et la barre de commande à leur position initiale après chaque mouvement en arrière. Le susdit ressort D^7 s'étend du cylindre D^3 à un manchon fixe D^9 dont est pourvu le bâti du canon et à travers lequel glisse la tige D^1

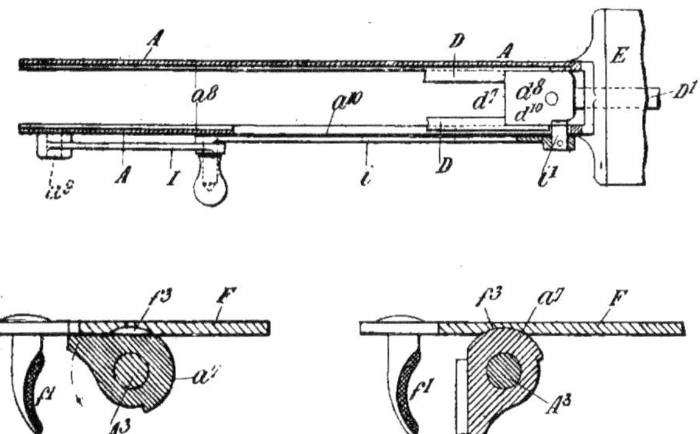

Fig. 188 à 190. — Canon automatique à gaz, système *Maxim*.

dans ses mouvement alternatifs. Le cylindre D^3 est percé d'ouvertures latérales D^{10} et D^{11}. L'ouverture D^{10} permet aux gaz contenus dans le cylindre de s'échapper quand le piston est repoussé en arrière assez loin pour la découvrir, et l'ouverture D^{11} permet à l'air d'entrer dans le cylindre quand le piston revient à sa position initiale et évite tout retard dans le retour du piston vers l'avant, retard qui autrement se produirait par suite de la formation d'un vide partiel derrière le piston.

Le levier horizontal G (fig. 191 à 193) fait partie du mécanisme d'avancement des cartouches. Il est muni d'un boulon-pivot vertical g qui s'engage librement dans un trou pratiqué pour le recevoir dans le bâti du canon en un point situé en avant de la boîte-magasin J. Près de l'extrémité opposée dudit levier et sur sa face supérieure est un tenon E^1 qui s'engage dans une gorge inclinée ou en forme de came h ménagée dans la face inférieure de la plaque H à glissement rectiligne (fig. 197 et 198), qui est superposée à ce levier, comme on voit nettement (fig. 167). Cette plaque porte un bras h^1 qui s'engage dans une douille ou cavité c^{30} creusée dans la partie antérieure d du verrou. Quand le verrou va et vient, il transmet un mouvement longitudinal à ladite plaque qui coulisse dans les gorges a^8a^8 pratiquées dans les flasques latéraux A. Par l'action de la gorge inclinée h sur le tenon g^1, le levier d'avancement G est forcé d'osciller et d'imprimer un mouvement intermittent à la bande porte-cartouches, par l'intermédiaire d'un cliquet G^1.

Le cliquet d'avancement pourrait glisser et se dégager des cartouches ou saillies de la bande pendant le mouvement d'alimentation. Pour y remédier, on donne à ce cliquet la forme d'une mince et flexible lame d'acier articulée en une extrémité au levier d'avancement par un goujon à vis g^2. Son extrémité opposée est courbée et se termine en un bec biseauté, ou cliquet proprement dit g^3, présentant une saillie ou tête g^4 dirigée vers le haut, disposée pour se placer dans une mortaise g^5, pratiquée dans l'extrémité libre du levier d'alimentation. Le cliquet élastique G^1 est aussi muni d'un prolongement latéral g^6 qui fait saillie à travers une ouverture g^7 pratiquée dans la paroi latérale antérieure de ladite mortaise g^5. Quand le levier G exécute un mouvement vers l'extérieur, c'est-à-dire une course dans la direction de la flèche de la fig. 170, le bec g^3 (en raison de la flexibilité de la lame d'acier dont est composé le cliquet G^1 et de la forme

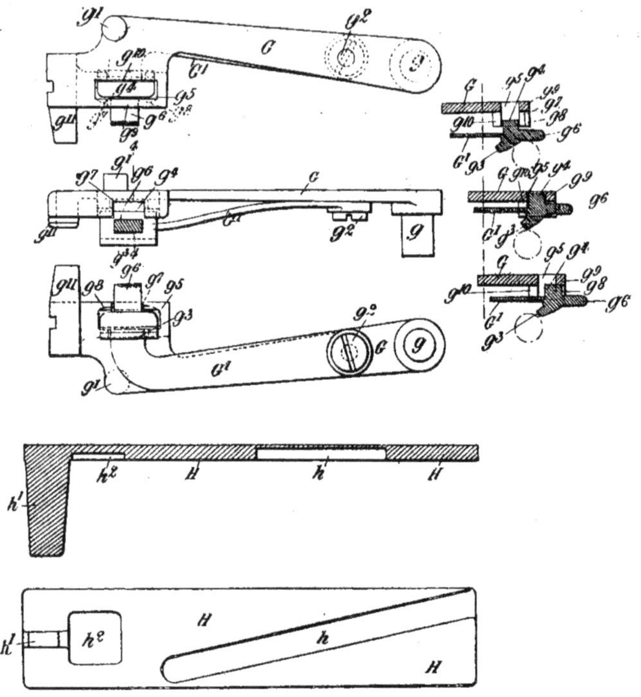

FIG. 191 à 198. — Canon automatique à gaz, système *Maxim*.

du biseau du dit bec), s'élève au-dessus de la cartouche ou saillie de la bande-magasin (fig. 195) et amène la saillie g^4 dans la mortaise g^5, de sorte que le levier d'avancement et le cliquet se déplacent ensemble vers l'extérieur. Puis, quand le bec g^3 atteint le côté opposé de la cartouche, la flexibilité de la lame d'acier fait descendre le bec derrière la cartouche (fig. 196) et lors de la course vers l'intérieur ou course de retour du levier d'avancement, ce dernier se déplace d'une courte distance sans le cliquet qui s'engage sur une cartouche comme il a été dit précédemment. La saillie ou tête g^4 du cliquet entre par suite dans l'ouverture latérale g^7 jusqu'à ce qu'elle soit arrêtée par l'épaulement g^8 dont cette ouverture est pourvue (voir fig. 196). C'est ensuite le levier G et le cliquet qui se déplacent à la fois, ledit cliquet étant à ce moment effectivement empêché de se lever par sa tête g^4 qui se trouve au-dessous de la bordure g^9 de la mortaise g^5. Lors de la course suivante, vers l'extérieur, du levier d'alimentation, la tête g^4

s'échappera facilement de l'ouverture latérale g^7 par suite du mouvement latéral du cliquet autour de son pivot g^2 quand le bec g^3 rencontre la cartouche ou saillie suivante de la bande. Le mouvement du cliquet dans cette direction est limité par la paroi interne g^{10} de la mortaise g^5 (fig. 195). La saillie latérale g^6 est assez longue pour permettre au levier G d'être ainsi déplacé par le doigt du canonnier quand il le désire; une saillie latérale g^{11} ménagée sur le levier d'avancement, guide les rebords ou bourrelets des cartouches pour les engager dans le chariot lorsque la bande est animée d'un mouvement d'avancement intermittent à travers la boîte-magasin. La susdite plaque coulissante H est pourvue d'une dépression h^2 afin de permettre au chariot d'atteindre le sommet de sa course sans la frapper.

Manœuvre à la main. — La poignée de manivelle I permet de manœuvrer à la main (voir fig. 168 et 184). Elle est capable d'osciller sur un goujon a^9 faisant saillie sur le flasque latéral A et est reliée par une barre i à une cheville i_1 qui est susceptible de glisser dans une longue rainure a^{10} pratiquée dans ledit flasque A. L'extrémité intérieure de cette cheville se trouve en avant d'un épaulement d^{10} (fig. 186) ménagé sur la partie d^8 de la barre de commande D, mais ne lui est pas reliée. Quand la manivelle est actionnée dans le sens de la flèche de la fig. 168 cette cheville porte contre ledit épaulement et tire en arrière la barre de commande malgré la résistance dudit ressort D^7, ouvrant ainsi le mécanisme de culasse. Quand toutefois le canon fonctionne automatiquement, la barre de commande D se meut vers l'arrière sans déplacer ladite cheville, en raison de la susdite liaison libre de cette dernière avec elle. Par suite, quand le canon tire, la poignée de manivelle I reste fixe.

Pour démonter le bloc de culasse, on rabat autour de son pivot la queue articulée A^2 de façon à découvrir l'extrémité postérieure de l'enveloppe du canon, on fait ensuite tourner la poignée de manivelle dans le sens de la flèche de la fig. 168 jusqu'à l'extrémité de sa course, ce qui retire presque complètement le bloc de culasse de l'extérieure postérieure du canon. Puis, par un léger mouvement ascendant donné au bloc de culasse en le tirant avec la main, il sera facilement détaché entièrement du canon. Afin de permettre ce mouvement ascendant du canon, c'est-à-dire du bloc de culasse, la barre de commande est pourvue d'une entaille ou une gorge en d'' (voir fig. 186); cette partie à gorge occupant en ce moment une position située au delà du bâti du canon en raison de ce que la barre de commande est complè-

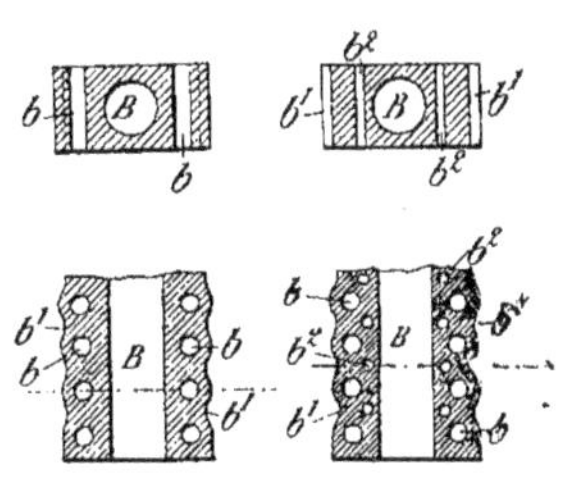

Fig. 199 à 202.

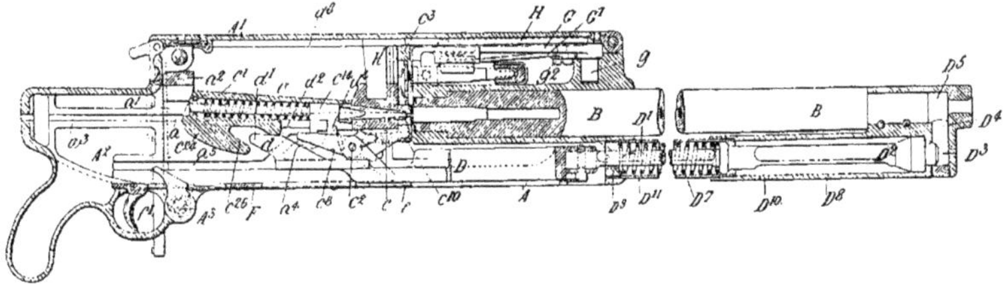

Fig. 203. — Canon automatique à gaz, système *Maxim*.

tement tirée en arrière par la poignée de manivelle.

Dans les cas où on n'emploie pas d'enveloppe à eau, on donne au canon une forme rectangulaire comme il est représenté (fig. 199 à 202), et percée de nombreux canaux transversaux *bb* à travers desquels des courants d'air peuvent circuler et refroidir le canon. Ledit canon peut aussi être muni de rainures extérieures b^1 dans les parties situées entre les trous, de façon à augmenter la surface extérieure exposée à l'atmosphère. Des canaux transversaux additionnels b^2b^2 de diamètre moindre que les canaux *bb* peuvent aussi être ménagés dans le métal (fig. 201-202).

Dans la variante de construction du canon représentée (fig. 203), le verrou et le bloc sont reliés ensemble par le même boulon qui porte les gâchettes et le levier de soulèvement. Dans ce cas, on peut employer un percuteur fait d'une seule pièce, mais il est préférable de construire de la manière expliquée à propos du canon précédemment décrit, c'est-à-dire avec le boulon-pivot c^2 disposé transversalement à l'axe longitudinal du verrou. Pour les autres détails, le canon représenté par cette figure est semblable à celui déjà décrit, et ne nécessite par suite aucune description supplémentaire.

B. *Canon automatique Hotchkiss de 37 millimètres.*

Le canon automatique Hotchkiss de 37 millimètres, basé sur le même principe que la mitrailleuse automatique Hotchkiss tirant la cartouche de petit calibre, présente dans sa construction certaines modifications dues à l'augmentation de calibre, mais qui lui conservent toutes ses qualités de simplicité et d'efficacité dans le tir.

Le mécanisme, qui ne renferme que trois ressorts et aucune vis ni goupille, ne comprend en tout qu'une vingtaine de pièces très robustes, dont aucune n'est susceptible de s'endommager pendant le tir, et dont le démontage et l'assemblage peuvent se faire en quelques secondes sans l'aide d'aucun outil.

Le tir peut se faire coup par coup ou sans interruption à la volonté du tireur ; dans ce dernier cas, la vitesse de tir peut atteindre 200 coups environ par minute.

L'alimentation se fait par chargeurs métalliques rigides de 10 coups ; ces chargeurs ne sont pas, par suite, influencés par l'eau ou la graisse ; de plus, la consommation en munitions se trouve contrôlée. Les mêmes chargeurs peuvent servir presque indéfiniment.

L'alimentation est indépendante de l'inclinaison de l'arme. Le mouvement du mécanisme étant rectiligne, le pointage de l'arme n'est pas dérangé pendant le tir.

Les cartouches ne sont introduites dans la chambre qu'au moment précis du départ du coup. Aucun inconvénient ne peut donc résulter d'un échauffement exagéré des cartouches. Une grande partie de la chaleur développée pendant le tir est absorbée par le *radiateur*, ce qui dispense de l'emploi d'un manchon d'eau.

Principe du fonctionnement. — Un orifice de prise de gaz est pratiqué dans le canon à une certaine distance de la bouche, et le fait communiquer avec un cylindre placé en dessous et renfermant un piston. Après le départ du coup, aussitôt que le projectile a dépassé l'orifice, les gaz se précipitent dans le cylindre et lancent le piston en arrière. Dans ce mouvement de recul, le piston comprime un ressort de rappel qui, en se détendant, repousse le piston en avant. C'est ce mouvement de va-et-vient du piston qui permet d'effectuer toutes les opérations de la charge : ouverture et fermeture de la culasse, extraction et éjection de la douille vide, transport de la cartouche devant la chambre, chargement et mise de feu.

Description sommaire des organes. — *La boîte de culasse.* — Elle est en bronze et renferme tout le mécanisme. L'extrémité antérieure est taraudée pour recevoir la virole de culasse B. Dans l'intérieur on a ménagé : à la partie supérieure, un passage pour la tête du piston F et deux rainures guides longitudinales en haut et en bas pour les tenons de fermeture N^1N^1 de la culasse mobile ; à la partie inférieure, un passage pour la tige du piston F^2.

En arrière, la boîte de culasse est fermée par le couvre-culasse A^1 (également en bronze) au moyen d'une broche A^2. En enlevant la broche on peut rabattre le couvre-culasse sur la boîte de culasse en le faisant tourner autour de la charnière A^3. Tout le mécanisme est alors accessible.

En arrière du couvre-culasse est fixée la crosse A^4 formant un appui pour l'épaule. Le couloir d'alimentation V en bronze est fixé dans la boîte de culasse au moyen des deux broches v^1 qui le maintiennent à demeure.

Sur le côté gauche se trouve le déflecteur S^1 qui peut tourner autour de la vis pivot S^2.

Fig. 204.

La virole de culasse. — La virole de culasse B est vissée dans la boîte de culasse. Elle forme un logement b^1 pour la tête de la culasse mobile pendant la fermeture. A l'extérieur elle est munie d'ailettes b^2 et constitue ainsi un radiateur de chaleur pendant le tir.

Le canon. — Il est vissé dans la virole de culasse. A une certaine distance de la volée il porte une frette support E.

La virole et le canon jouent exactement le même rôle que la jaquette et le tube dans une bouche à feu ordinaire. La virole résiste à l'effort longitudinal et, en renforçant le canon, augmente sa résistance à l'effort tangentiel.

Le cylindre. — Dans la frette-support se visse le cylindre à gaz D, qui, par son extrémité arrière, se loge dans la boîte de culasse.

Le régulateur. — En R est vissé le régulateur qui permet de faire varier la pression dans le cylindre à gaz.

Le mécanisme. *Le piston.* — On distingue la tige du piston F et la tête du piston F^1.

La tige. — Le bout cylindrique *f* reçoit la pression des gaz de la poudre. Sur le côté droit, la rainure-came pour l'éjecteur ; cette rainure est d'abord horizontale, puis forme un coude brusque. En dessous vers l'arrière est fixée la gâchette K.

La tige est évidée sur une partie de sa longueur pour loger le ressort de rappel G.

La tête. — La tête est alésée pour recevoir la culasse mobile N. En dessous est ménagé un évidement F^2 pour le passage de l'extracteur inférieur. A l'extrémité antérieure on remarque 2 saillies ou cames O.

En dessous du piston et logé dans la boîte de culasse, est disposé le levier d'armement J qui permet d'armer à la main et qui est maintenu immobile pendant le tir par l'action d'un ressort.

La culasse mobile. — C'est une pièce cylindrique N évidée à l'intérieur pour recevoir le percuteur Q. Elle est terminée en avant par les deux tenons de fermeture N^1 dont les surfaces arrière, en s'appuyant contre les butées B^2 de la virole de culasse, supportent tout l'effort du recul. En n^2 on a ménagé une gorge circulaire pour loger les agrafes o^2 des extracteurs. En P^2 se trouve un épaulement ou butée de fermeture. Enfin en arrière 2 tenons d'ouverture *n*, à 90° des tenons de fermeture. Sur la tige de la culasse mobile se trouvent ménagées 2 rainures en spirale P diamétralement opposées et dont l'inclinaison va de 0 à 45°. Ces deux rainures sont terminées en avant et en arrière par deux petites portions parallèles à l'axe.

Le percuteur. — Le percuteur Q, logé dans la culasse mobile, est terminé à l'arrière par un prolongement destiné à faciliter sa mise en place.

La broche d'assemblage. — La liaison entre la culasse mobile et le piston est assurée par une broche M qui traverse la tête du piston et le percuteur en passant dans les rainures spirales.

Les extracteurs. — Les 2 extracteurs rigides L sont maintenus en place par une agrafe 0^2 et une chape demi-circulaire L^1 qui entoure à moitié le bloc de culasse. Ils se terminent à l'avant par une griffe d'extraction, et à l'arrière par une queue munie d'une saillie R^3.

L'éjecteur. — L'éjecteur I est logé dans la paroi intérieure droite de la boîte de culasse. La portion inférieure est arrondie de façon à pouvoir envelopper partiellement la tige du piston. Dans cette partie se trouve un tenon qui se meut dans la rainure came du piston lors du mouvement de celui-ci. La tête de l'éjecteur est aussi arrondie suivant le contour de la douille de façon à frapper celle-ci sur une assez grande surface.

Le mécanisme de détente. — Le mécanisme de détente est monté sur le côté gauche de la boîte de culasse. Il comprend : le levier de mise de feu *y*, le ressort de détente X^2 et le levier de réglage de tir X^3. La détente comprend un axe sur lequel est venue la détente proprement dite x^1, un levier de ressort x^2 et un bras de détente x^3. Le ressort de détente est en tension entre le levier x^2 et le bras du levier de mise de feu x^4 ; il tend à faire tourner la détente vers le haut jusqu'à ce que le bras de détente x^3 vienne reposer contre la butée Y de la boîte de la culasse.

Le levier de mise de feu *y* pivote autour de l'axe Y^2 à l'extérieur de la boîte de culasse et entre celle-ci et la joue du couvre-culasse. Le logement Y^3 de l'axe Y^2 est allongé d'environ deux diamètres. Sur une des branches du levier est la poignée de mise de feu *y*, que le tireur empoigne de la main gauche.

Le levier de réglage de tir X^3 comprend un axe qui est prolongé pour former la poignée fixe Y^2. Le tireur saisit cette poignée en même temps que la poignée *y* et en ramenant les deux ensemble par la pression des doigts il fait partir le coup. Sur l'axe y^2 est venue la butée de réglage y^1 dont le contour z^1 présente une saillie y^3 et un évidement Z^2. En tournant le bras y^5 du levier de réglage on peut mettre une quelconque de ces parties Z^1, y^3 ou Z^2 en regard du levier de mise de feu *y*.

Action du mécanisme de détente. — Supposons que nous voulions mettre dans l'impossibilité de tirer. On place le levier de réglage X^3 à la position « sûreté ». Si on amène la poignée de mise de feu en arrière, elle viendra frapper la butée y^3 la plus en saillie sur la butée de réglage et le poussoir Y^4 ne pourra pas déclencher la détente de la gâchette ; on ne pourra donc pas faire partir le coup.

Supposons qu'on veuille faire le tir coup par coup. On place le levier de réglage de tir X^3 à la position marquée « coup par coup ». C'est l'évidement Z^2 qui viendra se présenter devant la poignée de mise de feu. Lorsque celle-ci est amenée en arrière, le poussoir Y^4 appuie contre le bras de détente X^3, et oblige la détente à tourner jusqu'à ce qu'elle déclanche de le gâchette et fasse partir le coup. Puis la détente revient à sa position primitive contre la butée Y de la boîte de culasse. Pour faire partir un nouveau coup, il faut lâcher d'abord la poignée de mise de feu y. Alors le poussoir Y^4, grâce à la forme allongée du logement Y^3 et à la tension du ressort de détente, pourra se soulever sur le bras de détente x^3 qui forme came, et passer de l'autre côté dans sa position primitive.

Enfin, supposons qu'on veuille faire le tir continu. On tourne le levier de réglage X^3 à la position marquée, « Répétition ». C'est la saillie Z^4 de la butée de réglage qui viendra devant le levier de mise de feu. — Si on amène ce levier en arrière, le poussoir maintiendra la détente constamment déclenchée, c'est-à-dire que le tir sera continu sans que le poussoir Y^4 et le bras de détente x^3 puissent se dégager comme dans le cas précédent.

L'arrêtoir. — L'arrêtoir H a pour but de maintenir la culasse ouverte lorsqu'un chargeur est épuisé, et d'empêcher tout mouvement en arrière du chargeur pendant le tir. Lorsqu'il est en place, il a une tendance à se soulever par suite de la tension du ressort à boudin U. On peut le déclencher à la main en tirant sur la poignée h. L'arrêtoir est terminé à la partie supérieure par deux cames qui font saillie sur la table du couloir d'alimentation, mais qui sont repoussées par le chargeur dès qu'il est introduit dans le couloir. Grâce à leur forme en dents de rochet, elles permettent au chargeur un mouvement d'avancer mais empêchent tout mouvement de recul.

Le corps de l'arrêtoir est demi-circulaire ; lorsque le piston est complètement en arrière et qu'il n'y a pas de chargeur dans le couloir, le corps vient se placer en avant de l'épaulement i du piston qu'il maintient ainsi en arrière indépendamment de la détente ; ceci a lieu dès que la dernière cartouche d'un chargeur est tirée. Autrement, l'arrêtoir est déclenché par le chargeur, et c'est la détente seule qui gouverne la mise de feu.

Bandes d'alimentation. — Les bandes, ou chargeurs, comprennent deux séries de 10 agrafes, les unes entourant les ogives des projectiles, les autres le corps et le bourrelet de la cartouche. La construction des agrafes est telle que la cartouche n'est rendue libre que lorsqu'elle a été ramenée en arrière d'une certaine quantité. Lorsque les cartouches sont montées sur la bande, elles ne peuvent glisser en arrière par suite de la présence d'un ruban de métal dont les ondulations forment butées et qui est fixée derrière les bourrelets. Mais lorsque le chargeur passe dans le couloir, ces ondulations viennent s'aplatir dans la rainure v^2 en même temps que la cartouche est ramenée en arrière par le guide incliné w^1 ; les cartouches peuvent donc être libérées de la bande.

Enfin, quand le piston est à bout de course en arrière, la détente x^1 vient embrayer avec la gâchette k, et le piston est maintenant à l'armé prêt à faire feu.

Mouvement en avant du piston. — En libérant la détente, le piston est lancé en avant sous l'impulsion du ressort de rappel. Dans ce mouvement, la grande came d'alimentation du piston agissant cette fois sur le même tenon du chargeur, ce dernier achève de transporter la cartouche à sa position de chargement devant la chambre.

Dès que le piston vient en avant, la broche M se déplace d'abord dans la petite portion rectiligne p des rainures spirales ; les saillies oo de la tête du piston s'éloignent donc des queues d'extracteurs R^3 et les extracteurs sont libres de pivoter autour des agrafes o^2o^2. Le piston continuant à s'avancer, la broche M passe dans la partie curviligne des rainures et, comme la culasse mobile ne peut pas tourner puisque les tenons N¹N¹ se déplacent dans leurs rainures guides de la boîte de culasse, elle sera entraînée en avant par le piston. A un certain moment, la saillie o^3 de l'extracteur inférieur frappe le culot de la cartouche et la pousse dans la chambre, les griffes des extracteurs venant ensuite passer au-dessus du bourrelet. La culasse mobile est arrêtée lorsque la partie conique avant n^3 vient frapper la butée correspondante n^4 de la virole. Les tenons de fermeture N¹N¹ se trouvant maintenant dans leur logement b^1 de la virole, la culasse pourra tourner autour de son axe. Le piston continuant son mouvement en avant, la broche M parcourt les rainures spirales et oblige la culasse mobile à tourner jusqu'à ce que ses tenons de fermeture se trouvent appuyés en arrière contre les butées B²B² de la virole; la fermeture est alors complète. Enfin, la broche M passe dans la petite portion droite qui termine les rainures

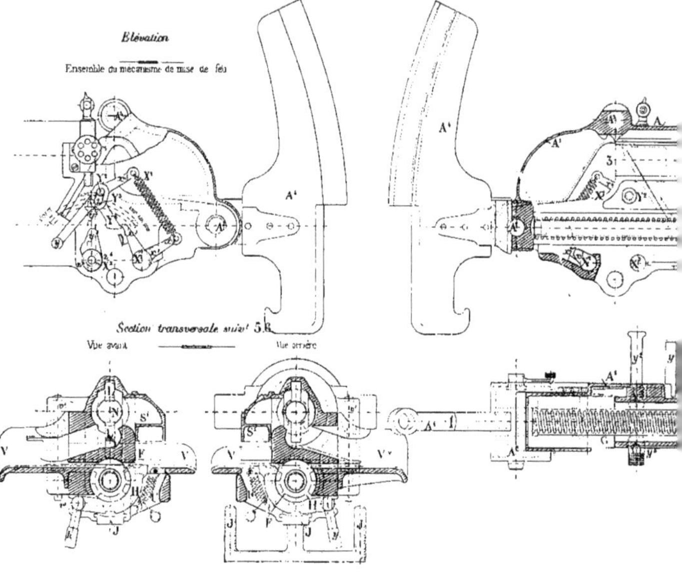

Fig

spirales en avant et le piston oblige le percuteur à venir frapper l'amorce. Le piston est arrêté lorsque la partie avant P¹ de la tête vient heurter la butée annulaire P² de la culasse mobile.

Pour tirer le premier coup, il faut armer à la main. Pour cela, on saisit la poignée j^2 du levier d'armement et on le ramène brusquement en arrière. Le piston est entraîné par l'intermédiaire du tenon J et oblige la culasse à s'ouvrir. A partir de ce moment, le tir est automatique; lorsque le dernier coup d'un chargeur a été tiré, la culasse reste ouverte par l'action de l'arrêtoir; on peut donc charger une nouvelle bande immédiatement sans avoir besoin d'armer.

Sous la bande sont venus des tenons qui sont manœuvrés par les cames d'alimentation du piston, de telle sorte que pour chaque mouvement de va-et-vient de ce dernier, la bande s'avance et amène la cartouche devant la chambre.

Fonctionnement général du mécanisme. — *Mouvement en arrière du piston.* — Supposons la culasse fermée et le coup parti. Lorsque le projectile a dépassé l'orifice C' du canon, une partie des gaz passe dans la chambre d^1 du cylindre à gaz D, et, agissant sur la tête f du piston, lance celui-ci en arrière. Lorsque, dans ce mouvement, le piston découvre l'orifice d'échappement d^3, les gaz s'échappent dans l'atmosphère.

A mesure que la tête F^1 du piston vient en arrière, la broche d'assemblage M parcourant d'abord la petite portion droite qui termine en avant les rainures spirales de la culasse mobile, tire le percuteur Q en arrière. Puis la broche vient frapper la partie curviligne P des rainures; comme la culasse ne peut venir en arrière à cause des tenons de fermeture N^1N^1 qui s'appuient contre les butées B^2B^2 de la virole de la culasse, elle tournera autour de son axe jusqu'à ce que les tenons soient libérés de leurs butées et soient venus en prolongement des rainures guides N^2N^2 de la boîte de culasse. A ce moment, la broche M a

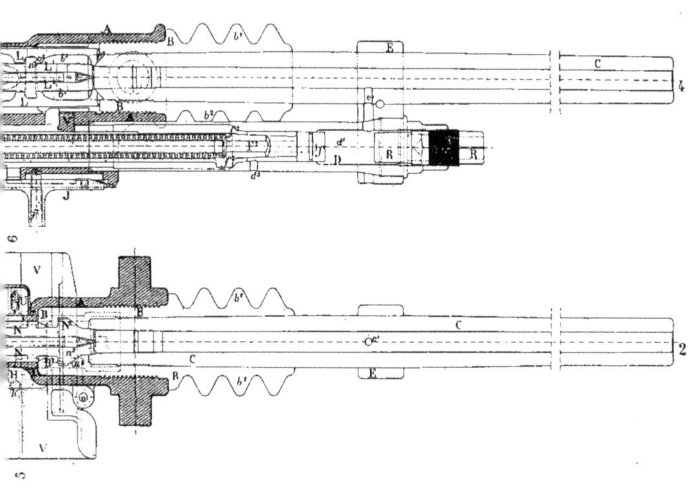

achevé de parcourir la portion curviligne des rainures, et passe dans la petite portion rectiligne p qui termine les rainures en arrière. Dans ce dernier mouvement, les saillies oo de la tête du piston pressent contre les queues d'extracteurs R^3 et les extracteurs pivotant en avant autour des agrafes o^2o^2 les griffes viendront serrer fortement le bourrelet de la douille.

A ce moment, la face arrière p^3 de la tête du piston rencontre les tenons d'ouverture nn de la culasse mobile, et celle-ci est entraînée en arrière avec le piston.

Le tenon de l'éjecteur I se trouve d'abord dans la partie horizontale de la rainure d'éjection du piston; mais lorsque la culasse mobile est venue assez loin en arrière pour que la douille vide se trouve en face de la fente d'éjection S, le tenon de l'éjecteur est amené brusquement dans la partie inclinée de la rainure et, l'éjecteur pivotant sur le piston, sa tête frappe la douille vide, et la jette dans le déflecteur S^1, puis sur le sol.

A mesure que le piston recule en comprimant le ressort de rappel G, la petite came d'alimentation s'engage derrière un tenon du chargeur, et fait avancer ce dernier d'une certaine quantité dans le couloir.

Démontage et remontage du mécanisme. — Pour démonter le mécanisme, procéder comme suit : enlever la broche du couvre-culasse. Rabattre le couvre-culasse sur la boîte de culasse. Décrocher le ressort de détente aux deux extrémités. Enlever le levier de mise de feu et la détente. Enlever le bras du levier de réglage de tir. Retirer ce levier. Retirer le ressort de rappel. Retirer le piston et la culasse mobile. Enlever la broche d'assemblage. Faire tourner la culasse mobile d'un quart de tour et l'enlever du piston. Faire tomber le percuteur hors de son logement. Dégrafer les extracteurs. Retirer l'éjecteur. Enlever le ressort d'arrêtoir. Enlever l'arrêtoir.

Pour remonter procéder en ordre inverse.

MACON, PROTAT FRÈRES, IMPRIMEURS. *Le Gérant :* Vve Ch. DUNOD.

LA

MÉCANIQUE

A l'Exposition de 1900

Publiée sous le Patronage et la Direction technique d'un Comité de Rédaction

16e LIVRAISON

LES AUTOMOBILES ET LES CYCLES

PAR

Paul SENCIER

INGÉNIEUR CIVIL

PARIS. VI

Vve CH. DUNOD, ÉDITEUR

49, QUAI DES GRANDS-AUGUSTINS, 49

TÉLÉPHONE 147.92

1901

LES AUTOMOBILES ET LES CYCLES A L'EXPOSITION

par **Paul Sencier**

Ingénieur civil.

Les constructeurs d'automobiles et leurs clients avaient fondé grand espoir sur l'Exposition de 1900. Les fabricants, qui avaient tout lieu d'être satisfaits, en 1899, de leur chiffre d'affaires, étaient tous persuadés que l'année de l'Exposition serait pour eux dorée sur toutes les coutures. L'or allait affluer dans leurs coffres, et c'était sûrement la grande fortune. Quant aux clients, ils n'attendaient, à les entendre, que l'Exposition pour faire enfin choix de l'automobile de leurs rêves. Il leur avait bien fallu, disaient-ils, patienter jusque-là, les machines que l'industrie française leur avait jusqu'alors présentées n'étant pas parfaites à leur gré; mais ils allaient enfin prendre une décision et n'auraient que l'embarras du choix. Nul doute, en effet, que les constructeurs français ne leur offrissent des merveilles, à l'occasion de la grande foire du siècle. Les constructeurs étrangers, piqués d'émulation, sortiraient d'autres merveilles. Bref, tout le monde était convaincu que l'on vendrait, pendant les six mois de l'Exposition, plus d'automobiles que pendant les six années précédentes. L'Exposition vint et fut, pour tout le monde, une cruelle déception.

Tout d'abord, ses organisateurs officiels eurent une idée malencontreuse, qui n'est d'ailleurs pas la seule qu'on ait eu à leur reprocher. Le si rapide et presque prodigieux développement pris par l'industrie automobile pendant les dernières années du XIXe siècle, tout comme le succès toujours grandissant des Expositions spéciales à l'automobile qui s'étaient succédé à Paris tous les ans, semblait exiger que l'on donnât à l'automobilisme une place d'honneur au Champ-de-Mars. Les dispensateurs des emplacements en décidèrent autrement. Pendant qu'ils déshonoraient la Galerie des Machines par de ridicules constructions en carton-pâte et par d'innombrables comptoirs de débitants de vin et de bière, ils décidèrent d'exiler les automobiles à l'Annexe de Vincennes, dans ce Sahara où personne n'alla jamais. C'était la mort sans phrases. Toutes les protestations et toutes les prières furent vaines; on dut se résigner à Vincennes. Beaucoup de constructeurs renoncèrent à exposer ou, du moins, réduisirent beaucoup leurs demandes d'emplacements. D'autres, au contraire, résolus à lutter jusqu'au bout, firent des frais considérables et risquèrent l'aventure. La disette complète de visiteurs à l'Annexe de Vincennes fit que bientôt tout le monde se découragea. Malgré la vaillance d'hommes dévoués, tels que MM. Forestier et Charles Jeantaud, qui n'épargnèrent ni leur temps ni leurs peines pour que l'Exposition de Vincennes fût aussi brillante qu'elle pouvait l'être; malgré l'organisation de nombreux concours de tout genre, le désastre fut complet. Il le fut tellement que, l'Exposition officielle une fois close, il fallut refaire une Exposition spéciale à l'automobile et au cycle, au Grand Palais. Celle-là obtint un succès sans précédent, ce qui prouve bien que la seule cause de notre échec de 1900 était l'idée malencontreuse qu'on avait eue de nous exiler à Vincennes.

Dans ces conditions, on comprendra que nous ne puissions consacrer une place bien importante, dans cette publication, aux automobiles qui ont figuré à l'Exposition de 1900. Les voitures exposées ne présentaient du reste, à quelques exceptions près, rien de bien nouveau et rentraient dans les types connus, décrits et redécrits dans tous les ouvrages spéciaux. Les clients à tergiversation, ceux qui attendent toujours, pour acheter, qu'ils aient trouvé la merveille inconnue, et qui ne la trouvent jamais, n'ont pas eu lieu d'être satisfaits, car 1900 ne leur a apporté que peu de réelles innovations et, à l'exception des Allemands dont la section était intéressante, les constructeurs étrangers ont surtout brillé par leur absence. On comprendra donc que, disposant d'un nombre de pages trop restreint, pour rendre compte complètement d'une exposition même manquée, nous nous bornions à décrire, parmi les divers véhicules y ayant figuré, ceux qui ont excité la curiosité et qui sont, depuis, devenus de vente courante. L'année de l'Exposition a été surtout l'année de deux voiturettes, l'année de la voiturette de Dion-Bouton et de la voiturette Darracq, sans parler, bien entendu, des diverses grandes maisons de constructions déjà classées et qui n'ont fait que prolonger leurs succès antérieurs. A côté de ces deux triomphatrices, quelques nouvelles venues ont tâché de se faire leur place au soleil et quelques-unes y sont parvenues. Nous ne pourrons, faute de place, décrire qu'une d'elles, la voiture Gaillardet, et nous allons dire la raison qui nous oblige à faire cette exception en sa faveur. Cette raison, c'est que la voiture Gaillardet, malgré l'insuccès commercial de son exploitation, est intéressante en raison des idées qui ont présidé à son étude. M. Gaillardet a formulé sa théorie sur ce que doit être la voiture automobile, dans des articles qui ont soulevé de vives polémiques dans la presse spéciale. Voici quelle est son opinion.

L'automobile, a dit M. Gaillardet, a trois raisons d'être : aller vite, être en sécurité, parcourir de longues distances. De là ces trois nécessités : puissance motrice, résistance du véhicule, confortable. Si l'on additionne ces trois facteurs, on obtient la grande voiture, admirable, mais coûteux instrument de service ou de plaisir. Si l'on élimine le confortable, on a un véhicule suffisant, donnant pour un minimum de mécanique, et par conséquent de prix, un rendement acceptable : c'est le motocycle. Si l'on veut combiner ces deux prototypes de l'automobile, la voiture et le motocycle, on a la voiturette : on n'a rien.

La voiture est, elle restera ; le motocycle a duré trois ans ; la voiturette a fait fureur l'année dernière, mais se sent déjà si faible et si fragile, qu'elle dissimule cette année, son existence sous le nom de voiture légère.

Si la voiturette n'existait pas, il ne faudrait pas l'inventer, car elle est entachée d'un vice radical de conception et de construction : elle est trop légère. En effet, l'expérience de plus de cinquante ans a démontré qu'il fallait qu'un fiacre pesât 475 kg pour transporter 3 personnes à une vitesse hippomobile de 12 à 20 kilomètres à l'heure au maximum ; toutes les tentatives pour diminuer ce poids, rogner de-ci de-là quelques 20 kg, ont échoué.

Or, si nous comparons un fiacre de 475 kg à une voiture automobile légère du même poids, nous remarquons d'abord que l'automobile porte son cheval, et, si nous déduisons ce cheval, c'est-à-dire moteur, mécanisme, outil, rechanges, eau, essence, huile, pour le poids bien faible de 175 kg, il restera 300 kg seulement pour la voiture proprement dite. Le fiacre transportant 3 personnes aura donc 475 kg de poids utile pour résister à la charge de 3 voyageurs pesant ensemble 210 kg ; l'automobile aura 300 kg de poids utile pour résister à la charge de 210 kg de voyageurs, plus 175 kg d'appareils moteurs, soit 385 kg.

Dans le premier cas, 475 kg en supportent 210, soit 2 262 kg pour porter 1 kg.

Dans le second, 300 kg en supportent 385, soit 0,780 kg, pour porter 1 kg.

L'insuffisance de la voiture légère est donc évidente.

Mais l'automobile a ses pneumatiques, heureusement ! et c'est là ce qui tend à rétablir un peu l'équilibre entre les deux véhicules, tout au moins dans les premières phases de la brillante, mais éphémère existence des voiturettes. Certes, les pneus amortissent dans des proportions considérables les chocs directs qui se produisent, même par belle route, dès que l'on atteint une certaine vitesse ; mais que peuvent-ils contre les chocs latéraux, les virages en vitesse, les rencontres inopinées d'un pavé, d'un caniveau, d'un trottoir, d'une voiture ? Rien.

Les constructeurs ne l'ignorent pas, et, alors, pour pouvoir établir une voiture du poids d'un fiacre, portant en elle-même sa force motrice, ils en ont diminué les dimensions de façon à reporter sur l'épaisseur des pièces les quelques kilos gagnés sur la longueur et la largeur, c'est-à-dire sur le confortable. Ils sont arrivés aux dimensions exiguës qui transforment en deux heures de supplice deux heures passées en voiturette, les jambes en U, le dos en S, la poitrine en O, ballotté aux cahots de la route, que ne peuvent corriger efficacement de petites roues et de petits ressorts, assourdi par la rotation folle des organes, trépidant jusqu'aux cheveux, et guetté par l'accident fatal qu'engendrent la circulation, les écueils de la route, et que multiplie la vitesse.

Concluons donc, déclare M. Gaillardet avec de nombreux constructeurs de voitures légères maintenant assagis à leurs dépens :

Si, en trichant un peu sur tout, en négligeant un peu tout, même la sécurité du transporté, on croit pouvoir établir à bon compte une automobile légère, agréable à l'œil et d'un rendement suffisant, on se trompe ou on trompe l'acheteur, car la désillusion vient vite, avec le remords d'avoir sacrifié aux théories de la bicyclette et méconnu les sages principes de la mécanique et l'art du carrossier basé sur une expérience acquise et vingt fois consacrée.

On conçoit que cette théorie de M. Gaillardet, lésant bien des intérêts, ait suscité d'autant plus de polémiques que le constructeur qui la formule se trouve être doué d'un véritable talent d'écrivain. Nous n'avons pas la prétention de dire de quel côté est la vérité et qui a raison, de M. Gaillardet ou de ses contradicteurs; mais nous avons tenu, pour cette raison, à faire figurer la voiture Gaillardet parmi les trop rares voitures à pétrole que nous pouvions décrire.

En fait de véhicules à vapeur, en dehors des poids lourds de la maison de Dion-Bouton, beaucoup trop connus pour que nous y revenions, nous ne trouvons guère à mentionner que la voiture Serpollet, trop connue, par son succès même, pour que nous ayons la prétention de la découvrir à nouveau. La voiture électrique, encore à ses débuts, ne nous donne que deux ou trois types méritant qu'on s'y arrête. Quant à la bicyclette, qui devrait aussi rentrer dans le cadre de ce fascicule, elle n'a, dans ces dernières années, fait l'objet que de bien peu d'inventions méritant d'être mentionnées. L'année 1900 et la précédente ne nous ont apporté, en vélocipédie, que deux nouveautés : la roue libre et le changement de vitesse, également intéressants, du reste, au point de vue mécanique, bien qu'on puisse discuter leur valeur pratique. Nous en dirons quelques mots.

En résumé, notre travail, limité à la description d'un aussi petit nombre de voitures, est forcément très incomplet. Étant donné que les prévisions des éditeurs de la *Mécanique à l'Exposition* n'accordaient que soixante pages à ce fascicule sur les automobiles, pour un ensemble de matières qui eût pu remplir plusieurs volumes, il était impossible qu'il en fût autrement. Que le lecteur soit assez aimable pour en excuser l'écrivain.

LA VOITURE DE DION-BOUTON, TYPE 1900

La petite voiture à pétrole de Dion-Bouton, dont le poids total à vide ne dépasse pas 350 kg, est généralement à trois places (*fig.* 1 et 2). Elle est montée sur des roues de 65 cm de diamètre, avec pneumatiques de 80 mm à l'arrière et de 65 à l'avant. Sa dimension est de $1^m,42$ sur $2^m,40$. Il est à remarquer que la longueur de l'empattement assure une suspension extrêmement douce, ainsi qu'une grande stabilité. Le système de freinage se compose d'un frein à pédale, agissant sur le différentiel, et d'un frein à levier, agissant sur le moyeu des roues. La direction imprime le mouvement aux roues directrices par l'intermédiaire d'un pignon agissant sur une crémaillère. A l'aide d'engrenages convenablement choisis la vitesse dépasse 35 km en palier ; elle atteint 12 à 15 km dans les fortes rampes.

Fig. 1. — La petite voiture de Dion-Bouton.

Le réservoir contient 15 litres d'essence, quantité suffisante pour faire de 150 à 180 km selon le temps et l'état des routes. La capacité du générateur d'électricité correspond à environ 200 heures de marche.

La figure 3 représente le châssis de cette petite voiture et montre, d'une façon générale, le groupement de ses organes. Un simple coup d'œil sur ce dessin permet de voir la position respective des divers éléments mécaniques composant cette voiture, éléments dont nous allons faire une étude détaillée.

Moteur. — Le moteur de la petite voiture de Dion-Bouton a une puissance de 4 chevaux 1/2 effectifs. Il est du type dit à quatre temps et se compose de trois parties essentielles :

1° Un bâti en aluminium, un cylindre, une bielle, un piston, etc. ;

2° Un carburateur et son réservoir ;

3° Un allumage électrique.

Le bâti du moteur est fixé par quatre points à deux pièces en forme de V, reliées elles-mêmes au châssis de la voiture.

Le cylindre est fondu d'un seul morceau avec la double enveloppe et la boîte à clapets. La double enveloppe est ménagée de façon à laisser circuler l'eau de refroidissement. Cette eau, contenue dans un réservoir dissimulé dans le coffre avant de la voiture, est aspirée par une pompe rotative. Refoulée dans

FIG. 2. — Petite voiture de Dion-Bouton, carrosserie de luxe, capote et glace.

l'enveloppe du moteur, elle passe ensuite dans un radiateur, et finit enfin son parcours dans le réservoir, placé au-dessus du radiateur, pour recommencer le même cycle.

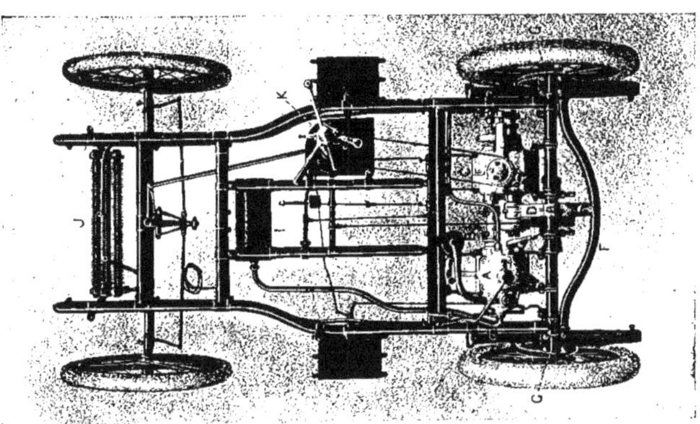

FIG. 3. — Châssis de la voiture de Dion-Bouton.

A. Moteur. B. Carburateur. C. Changement de vitesse. | D. Différentiel. F. Essieu cintré. G. Frein. | I. Silencieux. J. Radiateur. K. Colonne de direction.

La partie supérieure du cylindre porte le robinet de compression D (*fig.* 4 et 5) ainsi que deux soupapes : l'une d'admission ou d'aspiration B, l'autre d'échappement C. C'est entre ces deux soupapes qu'est placée la bougie d'allumage E. A l'intérieur du cylindre, se meut un piston L (*fig.* 5), qui, par l'intermédiaire d'une bielle M (*fig.* 5), donne le mouvement à l'arbre moteur sur lequel sont calés deux volants.

La partie inférieure du moteur est un carter cylindrique en aluminium, renforcé par des nervures et renfermant deux volants K (*fig.* 5), entre lesquels se meut la bielle. L'axe moteur O (*fig.* 5) se prolonge sur le côté droit en dehors de la boîte, où il est accouplé avec l'appareil de changement de vitesse

Fig. 4. — Le moteur de la petite voiture de Dion-Bouton, vue extérieure.

A. Robinet de vidange.
B. Aspiration.
C. Orifice d'échappement.
D. Robinet de compression.
E. Bougie.
F. Ressort d'échappement.
G. Allumeur.
H. Sortie de l'eau.
I. Entrée de l'eau.

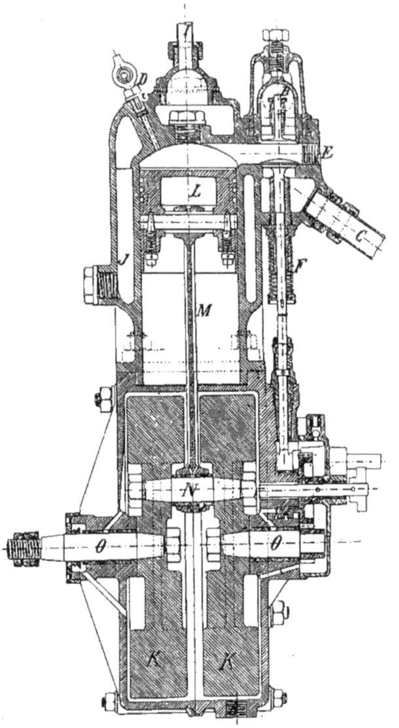

Fig. 5. — Coupe du moteur de la petite voiture de Dion-Bouton.

A. Vidange d'huile.
B. Aspiration.
C. Orifice d'échappement.
D. Orifice du robinet de compression.
E. Emplacement de la bougie.
F. Ressort d'échappement.
I. Sortie de l'eau.
J. Entrée de l'eau.
K. Volants.
L. Piston.
M. Bielle.
N. Axe de bielle.
O. Axe moteur.

par un manchon en deux pièces. L'axe moteur O (*fig.* 5) se prolonge sur le côté gauche et commande par engrenages, dans le rapport de 1 à 2, un arbre intermédiaire sur lequel sont montées la came qui actionne la soupape d'échappement et la came qui commande l'allumage électrique.

Enfin, au-dessous du carter, est adapté un robinet de vidange de l'huile A (*fig.* 4).

Pour terminer cette description du moteur, disons aussi qu'il tourne normalement à une vitesse de 1 500 à 1 800 tours à la minute.

Carburateur. — Le carburateur de Dion-Bouton (*fig.* 6 et 7) se compose d'un corps en bronze fixé au châssis par une patte L venue de fonte. Pour en comprendre le fonctionnement, il suffira d'examiner sur la figure 6 le sens des flèches qui indiquent le parcours de l'air entraîné au moteur.

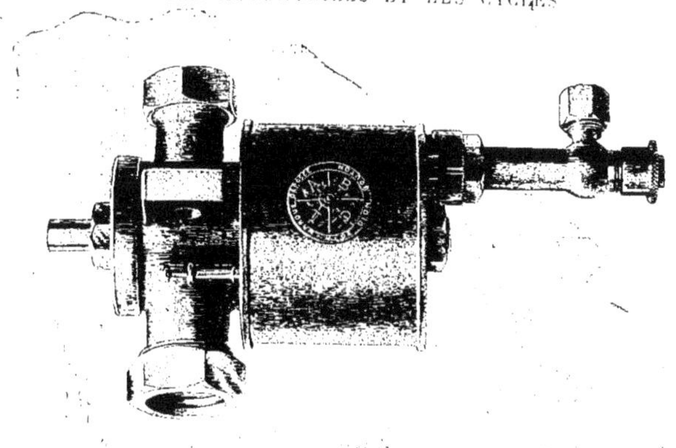

Fig. 6. — Vue extérieure du carburateur de Dion-Bouton.

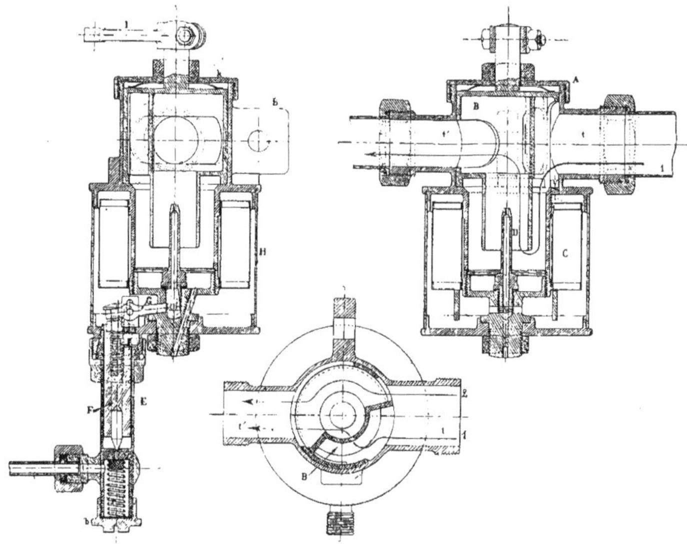

Fig. 7. — Coupés du carburateur de Dion-Bouton.

A. Corps en bronze muni d'une tubulure *t* de prise d'air et d'une tubulure *t'* servant à conduire l'air carburé au moteur. Le fond de ce corps est rapporté et percé d'un trou par lequel s'écoule le trop-plein de l'essence.

B. Clef de robinet pouvant tourner dans le corps A. Cette clef étrangle plus ou moins l'air arrivant par la tubulure *t*, afin d'obtenir une bonne carburation. Sa partie inférieure est terminée par une tubulure d'un diamètre plus petit entourant l'ajutage D sur une partie de sa hauteur, tandis qu'un prolongement à sa partie supérieure reçoit le levier de commande I.

C. Flotteur annulaire en laiton composé de deux enveloppes concentriques réunies par des fonds emboutis et soudés. La forme annulaire permet d'utiliser le cylindre intérieur comme logement de la base du carburateur dans laquelle, par l'intermédiaire de la tubulure et de l'ajutage, se fait l'admission d'air et d'essence formant le mélange détonant.

D. Ajutage en laiton laissant passer l'essence par un orifice réglé pour un débit convenable.

E. Tubulure d'arrivée d'essence servant de guide au clapet obturateur. Cette tubulure reçoit un bouchon démontable *b*, qui appuie sur un ressort *r*, garni d'une toile métallique ayant pour but d'arrêter les impuretés. Au-dessus du bouchon se trouve le raccord reliant le tuyau qui vient du réservoir d'essence.

F. Clapet obturateur réglable, permettant de régler la hauteur du niveau d'essence dans le carburateur. Il se compose d'un corps en laiton portant quatre évidements pour le passage de l'essence ; sa partie inférieure est munie d'un pointeau en nickel formant clapet ; sa partie supérieure reçoit la vis de réglage arrêtée par un contre-écrou.

G. Bascule de levée du clapet obturateur formant un levier double dans le rapport de 2/1. Le flotteur, étant posé sur le grand bras, transmet son mouvement ascensionnel au clapet obturateur suspendu au petit bras. La figure représente la position fermée du clapet obturateur.

H. Boîte du flotteur, constituée par un tube en laiton s'emboîtant dans le corps A et soudé sur un fond en bronze qui reçoit la tubulure E. La boîte est maintenue sur le fond du corps E, par un écrou qui facilite le démontage et le nettoyage.

I. Levier de commande fixé sur le prolongement cylindrique de la clef B et traversant le couvercle fileté K.

K. Couvercle fileté maintenant la clef B dans le corps A.

La flèche 1 indique le parcours de l'air qui passe autour de l'ajutage D et qui se carbure avec l'essence sortant de ce dernier. La flèche 2 indique le parcours de l'air supplémentaire, qui vient se mélanger avec l'air carburé dans la tubulure t'.

On voit par cette figure qu'il suffit de régler le passage de l'air supplémentaire indiqué par la flèche 2, en faisant tourner plus ou moins la clef B au moyen du levier I, pour obtenir un mélange carburé parfait.

Allumage électrique. — L'allumage est obtenu à l'aide d'une bobine d'induction alimentée par une batterie de piles sèches de quatre éléments. Il ne présente rien de bien spécial et ressemble beaucoup à celui du tricycle à pétrole de Dion-Bouton. De même que pour le tricycle, il est produit au moyen d'une étincelle d'induction provenant d'une bobine d'induction et jaillissant dans une pièce spéciale appelée bougie d'allumage et placée dans la chambre d'explosion du moteur. Bien entendu, l'étincelle ne jaillit qu'au commencement du quatrième temps du moteur, un peu plus tôt en réalité à cause du temps qu'il faut pour que l'explosion se propage dans la masse gazeuse. Le jaillissement de l'étincelle d'induction s'obtient par ouverture et fermeture du circuit du courant primaire venant de la pile. On sait, en effet, que, pour obtenir une étincelle au moyen d'une bobine d'induction, il est nécessaire d'envoyer dans le circuit primaire de cette bobine un courant électrique d'une durée déterminée, puis brusquement interrompu. Ces mises en circuit et interruptions de courant sont ici obtenues mécaniquement par l'emploi de l'allumeur spécial adapté au moteur. A cet effet, sur une plaque isolante *a* (*fig.* 8) sont fixées deux tiges *b* et V. La tige *b* porte le trembleur *t*, et la tige V est traversée par la vis platinée *d*, dont l'extrémité est en regard d'un grain de platine rivé au ressort du trembleur. L'extrémité du trembleur porte une touche de forme appropriée, qui vient frotter sur la came *c* commandée par l'axe de distribution du moteur. Lorsque, par suite du mouvement de la came, la touche du trembleur vient tomber dans l'encoche, le contact s'établit entre la vis et le trembleur, puis se trouve brusquement interrompu lorsque la came relève la tête du trembleur. Le déplacement de la plaque d'allumage autour de l'axe de la came fera varier le moment où le trembleur agira, ce qui permettra de donner de l'avance ou du retard à l'allumage.

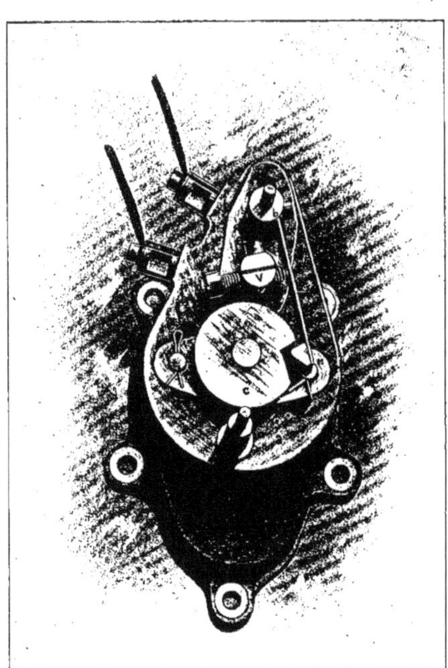

Fig. 8. — L'allumeur électrique de la voiture de Dion-Bouton.

a. Plaque isolante.
b. Tige-support du trembleur.
c. Came.
d. Vis platinée.
f. Vis de serrage.
t. Trembleur.
v. Tige-support de la vis platinée.

La bobine d'induction est placée sous le siège arrière. Les piles sont dissimulées dans le coffre avant. Un des pôles de la pile est relié au châssis qui sert de conducteur; l'autre pôle est relié à l'une des bornes par l'intermédiaire d'un conducteur sur lequel se trouvent branchés un interrupteur à main et un interrupteur à cheville, tous les deux placés en avant du siège arrière.

La figure 9 montre, du reste, d'une façon très nette la disposition des circuits électriques sur le type de voiture qui nous occupe en ce moment.

Le circuit se trouve fermé instantanément à l'aide de la liaison entre la deuxième borne primaire et le châssis par l'intermédiaire de l'allumeur. La borne de la bobine correspondant à l'enroulement secondaire est reliée à la bougie à l'extrémité de laquelle se produira l'étincelle.

La bougie d'allumage (*fig.* 10) se compose essentiellement d'une tige en porcelaine, au centre de laquelle passe un fil relié à l'aide d'une borne *b* à la borne du circuit secondaire de la bobine. L'autre extrémité de ce fil est repliée en *a* et vient se placer en face d'un autre fil *c*, fixé sur la monture *m*

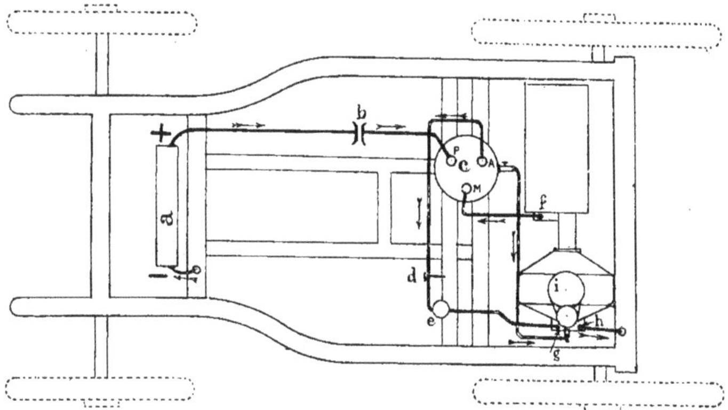

Fig. 9. — Schéma du montage électrique de la voiture de Dion-Bouton.

a. Batterie de piles.
b. Connexion.
c. Bobine d'induction.
d. Cheville de contact.
e. Interrupteur.
f. Contact à la masse sur le réservoir.
g. Borne inférieure du trembleur.
h. Borne supérieure du trembleur.
i. Bougie d'allumage.

qui sert, d'une part, à assurer l'ensemble sur la culasse du moteur, et, d'autre part, par l'intermédiaire d'un presse-étoupe, à maintenir la bougie en porcelaine dans la position convenable C'est entre les deux extrémités des deux fils *a* et *c* que doit jaillir l'étincelle au moment de l'allumage.

Dans tous les moteurs à pétrole à grande vitesse, l'allumage du mélange explosif doit être effectué au moment où le 3e temps, celui pendant lequel se produit la compression, va s'achever, un peu avant que le piston ne soit arrivé à fond de course, parce que, le mélange ne s'allumant pas instantanément, il est nécessaire de commencer l'allumage plus tôt, pour que l'explosion se produise dans une partie convenable de la course du piston. Partant de ce principe, plus le moteur tourne vite, plus il faut d'avance à l'allumage.

Au retour du piston, les gaz brûlés sont expulsés dans le silencieux S (*fig.* 11), -- sorte de boite cylindrique garnie intérieurement de trois enveloppes de tôle percées de trous — par la soupape d'échappement qui s'ouvre à ce moment. Il n'y a donc qu'une course du piston qui soit motrice sur quatre.

L'ensemble du système moteur de la petite voiture de Dion-Bouton est, du reste, résumé en son entier dans le dessin schématique de notre figure 11, qui résume en quelque sorte les explications qu'on vient de lire.

Fig. 10. — La bougie de Dion-Bouton.

Changement de vitesse. — Le changement de vitesse que nous représentons dans nos figures 12 et 13 est placé dans le prolongement de l'arbre moteur. Il est enfermé dans un carter en aluminium A et se compose de deux arbres sur lesquels se trouvent placés quatre engrenages de différents diamètres, engrenant ensemble deux à deux et toujours en prise. Le premier de ces arbres, sur lequel sont clavetés les pignons P, est solidaire de l'arbre moteur au moyen d'un manchon d'accouplement B en deux pièces. Le second arbre est celui sur lequel se fait l'embrayage. L'embrayage est obtenu à l'aide d'une crémaillère C pénétrant par le centre de ce second arbre et se composant de deux filets de pas inverses.

Le mouvement de la crémaillère, dans un sens, embraye une des vitesses et débraye l'autre; le mouvement inverse débraye la vitesse embrayée et embraye la vitesse débrayée. La crémaillère placée dans une position intermédiaire débraye des deux côtés à la fois.

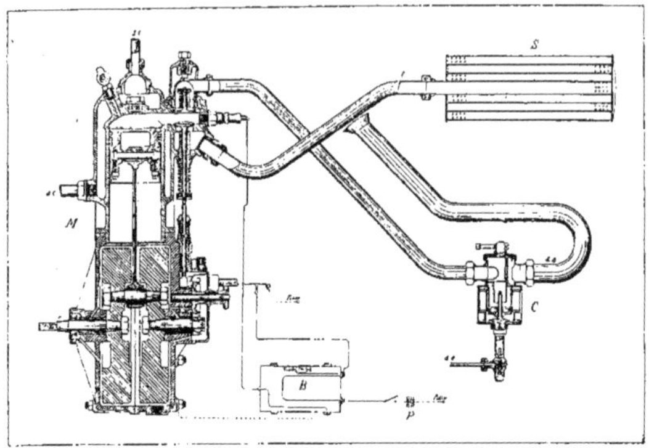

FIG. 11. — Schéma du système moteur de la petite voiture de Dion-Bouton.

B. Bobine.
C. Carburateur.
M. Moteur.
P. Piles.
S. Silencieux.

a. Aspiration.
e. Echappement.
aa. Arrivée d'air.
ae. Arrivée d'eau.
ae. Arrivée d'essence.
se. Sortie d'eau.

L'entraînement se fait par simple friction de deux jeux de segments D, qui, en s'écartant alternativement, viennent adhérer contre les parois de deux boîtes d'entraînement E, qui impriment à l'arbre intermédiaire deux vitesses différentes.

FIG. 12. — Vue extérieure du changement de vitesse.

Une poignée placée sous le guidon de direction actionne la crémaillère du changement de vitesse, au moyen d'une chaîne et d'une deuxième crémaillère reliée à la première par une potence. L'extrémité de l'arbre intermédiaire opposée à la crémaillère porte le pignon engrenant avec la couronne dentée du différentiel.

Différentiel. — L'essieu d'arrière est cintré pour laisser l'espace nécessaire au différentiel (*fig.* 15). Aux extrémités de l'essieu sont fixés des tubes T remplissant l'office de fusées et faisant avec l'horizontale un angle de 3°. Les roues motrices sont folles autour de la fusée. Les moyeux tournent à frottements lisses (*fig.* 14).

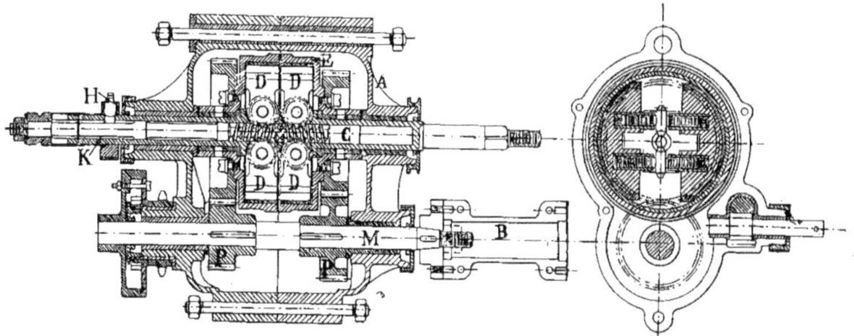

Fig. 13. — Coupe du changement de vitesse.

A. Carter en aluminium.
B. Manchon d'accouplement.
C. Crémaillère d'embrayage.
DDDD. Segments d'entraînement.
EE. Boîtes des segments d'entraînement.
H. Vis-guide de la crémaillère.
K. Rainure de la vis-guide.
M. Arbre relié au moteur.
P. Pignons fixés sur l'arbre primaire.

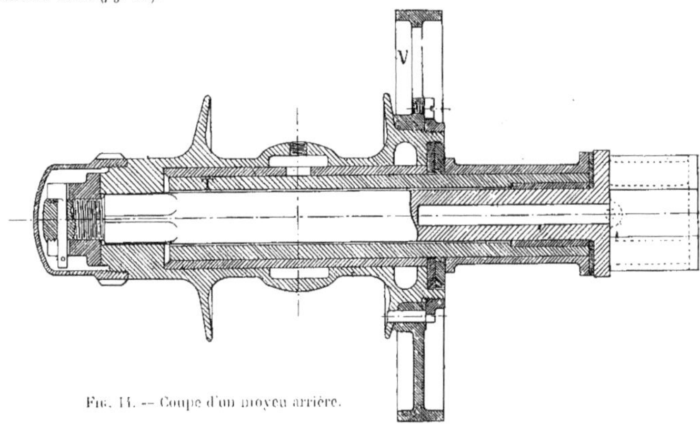

Fig. 14. — Coupe d'un moyeu arrière.

Le différentiel est posé sur deux coussinets à billes C montés dans des supports S fixés sur le châssis. Il porte le tambour F de l'un des freins. Les deux arbres qu'il commande se terminent par des boîtes en acier H dans les logements desquelles sont articulées les extrémités des arbres à la

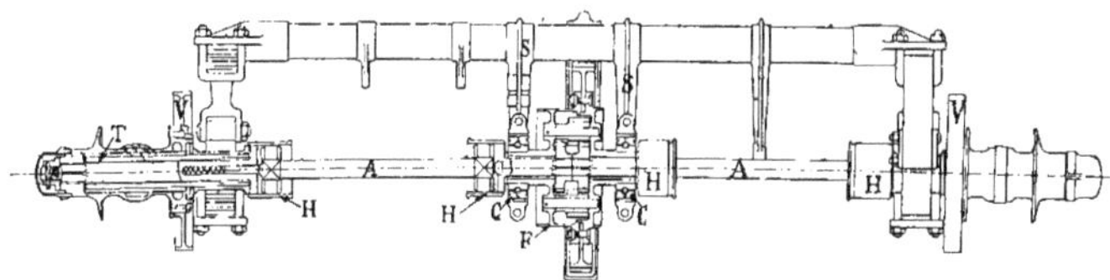

Fig. 15. — Coupe du différentiel et du mouvement à la Cardan.

AA. Arbres à la Cardan.
CC. Coussinets à billes.
F. Tambour de frein.
HHHH. Boîtes en acier.
SS. Supports de coussinets à billes.
T. Fusée creuse.
VV. Tambours de frein.

Cardan. Les extrémités opposées de ces arbres s'articulent de la même manière, dans des boîtes qui terminent deux arbres traversant la fusée. Par un emmanchement carré, ces arbres sont rendus solidaires des moyeux qu'ils entraînent de ce fait.

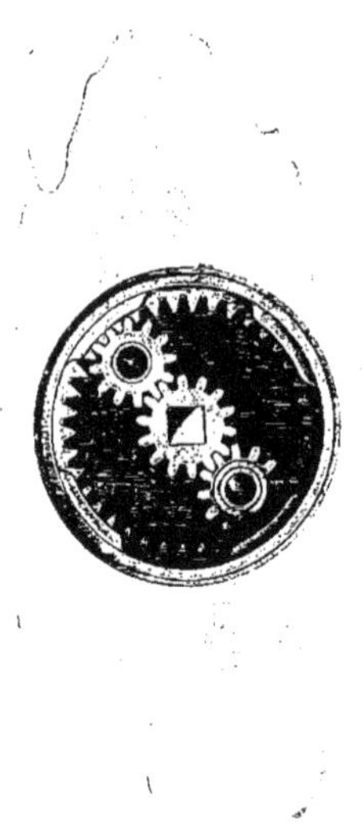

Fig. 16. — Marche arrière. Disposition des pignons.

Deux freins provoquent l'arrêt quasi instantané de la voiture.

Le premier, dont le tambour F est supporté par le différentiel, est actionné par une pédale installée à portée de la pointe du pied gauche. Ce frein est à collier.

Le second se compose de deux freins à collier, entourant des tambours V montés sur les moyeux des roues. Il est actionné, avec l'aide d'un palonnier, par la même poignée qui commande l'embrayage.

Un troisième moyen de freinage consiste à se servir de l'embrayage sur la petite vitesse, après avoir, au préalable, arrêté le moteur.

La marche arrière s'obtient au moyen d'un train d'engrenages, qui n'a rien de particulier et que représentent nos figures 16 et 17.

Le mouvement de la marche arrière se trouve situé sur le côté du pignon actionnant la couronne du différentiel. La commande est faite par une manivelle installée sur le côté droit du siège.

Pour aller de l'arrière, il suffit, *la voiture étant arrêtée*, de faire faire un demi-tour à cette manivelle et de manœuvrer l'embrayage, comme on le ferait pour la marche avant. Pour aller de nouveau à l'avant, il faut débrayer, arrêter la voiture et replacer la manivelle de commande dans sa position primitive.

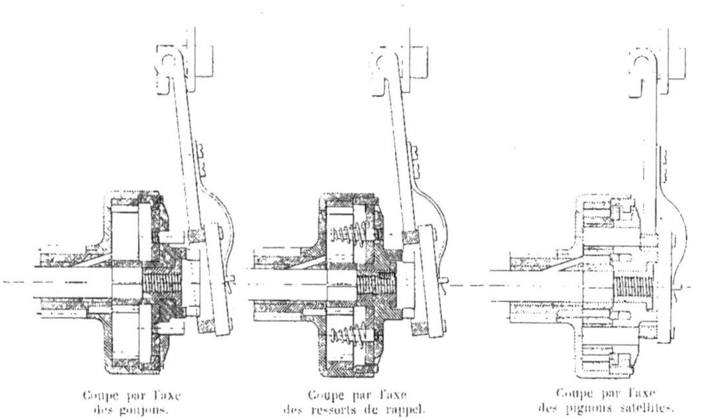

Coupe par l'axe des goujons. — Coupe par l'axe des ressorts de rappel. — Coupe par l'axe des pignons satellites.

Fig. 17. — Marche arrière.

LA VOITURE LÉGÈRE DARRACQ, TYPE 1900

La voiture légère Darracq pèse de 350 à 400 kg suivant son type de carrosserie, avec des pneumatiques de 750 × 80 à l'arrière et 650 × 65 à l'avant (*fig.* 18, 19 et 20).

En l'étudiant, son constructeur a voulu créer un type intermédiaire entre l'automobile de 12 à 20 chevaux, répondant aux goûts des amateurs de vitesses exagérées, et les petits véhicules lancés et connus sous le nom générique de voiturettes, munis d'un moteur quelconque variant de 2 3/4 à 3 1/2 chevaux, incapables d'aucun service sérieux sur route, mais d'un prix minime[1].

FIG. 18. — La voiture légère Darracq, modèle Spider 3 places.

S'il était naturel qu'aux débuts de l'automobilisme les deux extrêmes, comme prix et qualité, eussent seuls une raison d'être, il est tout aussi naturel qu'aujourd'hui les acheteurs tournent leurs yeux et leurs désirs vers un type intermédiaire.

Il est, en effet, de toute évidence qu'à côté de ceux qui peuvent payer au poids de l'or un appareil de luxe et de ceux qui ont cru et croient encore ne devoir mettre qu'un prix infime à un instrument de locomotion dont l'établissement réclame les plus grands soins, se trouve également une majorité de gens sensés, prêts à acquérir un type de voiture légère n'impliquant aucun des dangers inhérents aux poids élevés et aux folles vitesses, mais néanmoins capable de résister à toutes les épreuves de la route, comme aussi de gravir à vive allure les côtes les plus rudes, c'est-à-dire marchant en palier à une vitesse de 45 à 50 kilomètres à l'heure, vitesse susceptible d'être modérée au gré du conducteur.

Le nouveau type, pour répondre à la demande générale, en plus des qualités de vitesse et de solidité indispensables à tout appareil automobile, devait se distinguer de ses aînés par la simplicité de ses divers organes, simplicité qui en permît le maniement facile aux acheteurs les moins compétents.

Dans la voiture légère Darracq, le constructeur a sous la main et sous le pied tous les organes de direction et d'alimentation de sa voiture.

1. Pour plus amples détails sur cette voiture, demander à la maison Darracq la brochure descriptive de M. L. Baudry de Saunier.

Sous la main, il a le volant de direction, qui porte trois petites manettes pour la carburation,

FIG. 19. — La voiture légère Darracq, modèle Tonneau 4 places.

l'allumage et l'admission et une manette plus grande qui permet de faire les changements de vitesse Il a également sous la main le levier spécial de marche arrière, le levier du frein de secours, la fiche

FIG. 20. — La voiture légère Darracq, modèle Rotonde 2 places.

de sécurité du courant électrique et la pompe à huile. Quant aux pieds, le droit est chargé de la pédale de frein et le gauche de la pédale de débrayage.

Il y a également un fait sur lequel il est utile d'insister, c'est que les diverses pièces mécaniques de cette voiture légère composent cinq groupes d'organes bien distincts, groupes afférents à des rôles nettement définis, tels que : 1° direction ; 2° moteur, allumage et pompe ; 3° radiateur ; 4° changements de vitesse

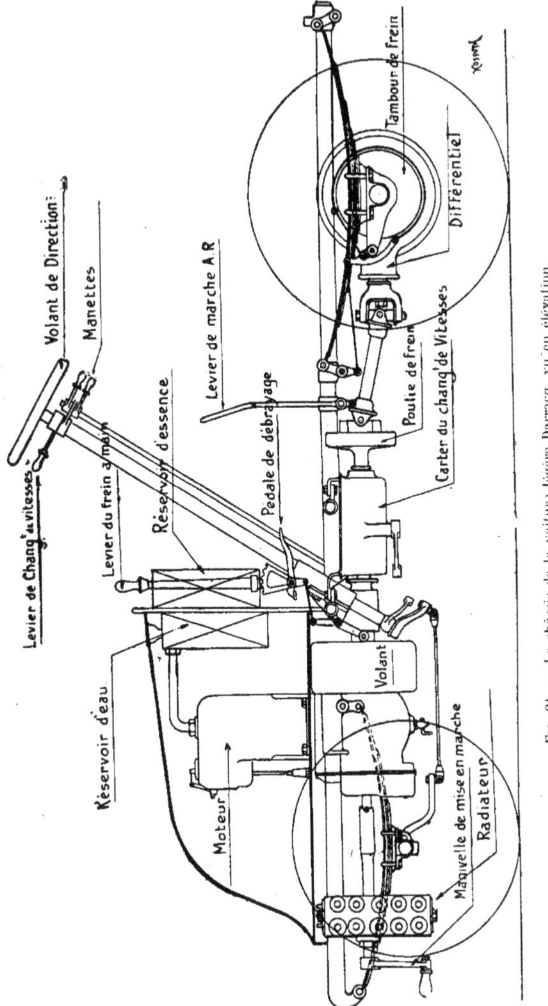

Fig. 21. — Le châssis de la voiture légère Darracq, vu en élévation.

et freins ; 5° différentiel et essieu d'arrière. Chacun de ces groupes offre ceci de particulier qu'il peut, en cas de réparation urgente, être détaché, enlevé de la voiture par le simple desserrage de quelques boulons, sans que l'on soit obligé de démonter les pièces d'un groupe quelconque d'organes voisins.

Cela va nous permettre d'étudier l'ensemble de l'appareil locomoteur, en analysant séparément chacun des groupes qui concourent à son fonctionnement, rendant par ce fait plus aisée la compréhension synthétique de l'appareil complet.

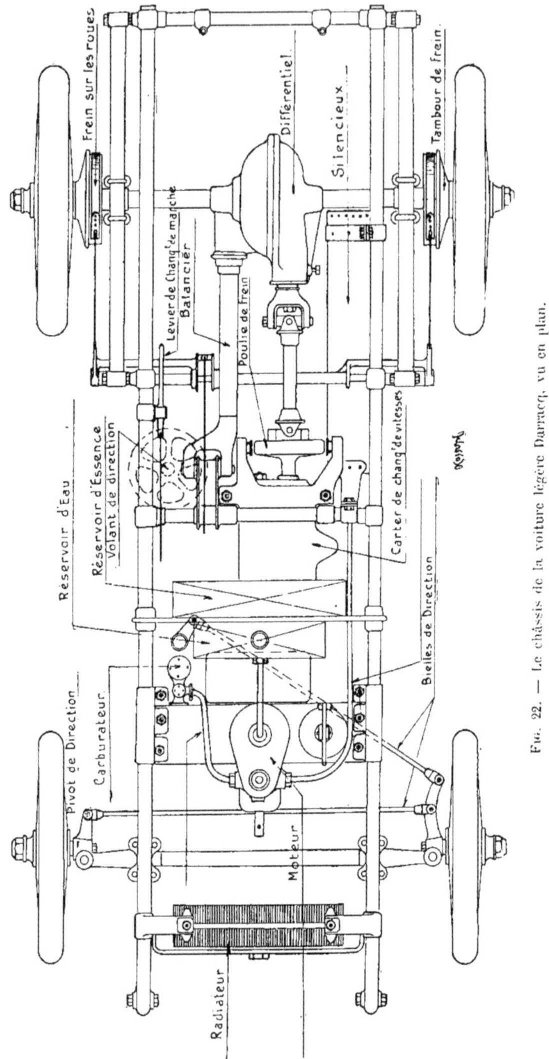

Fig. 22. — Le châssis de la voiture légère Darracq, vu en plan.

Le châssis. — Le châssis, de forme rectangulaire, est construit en tubes d'acier. Il repose sur les essieux par l'intermédiaire de ressorts à rouleaux. A l'avant se trouvent groupés le moteur, le radiateur, les réservoirs, etc., de telle sorte que l'arrière, nettement dégagé, est apte à recevoir une carrosserie quelconque, comportant deux, trois ou quatre places. La largeur de voie et le grand écartement entre les essieux, nettement supérieur à celui de la majorité des voiturettes, joints à la disposition en dessous du châssis de tous les organes lourds, donnent à ce véhicule une stabilité remarquable.

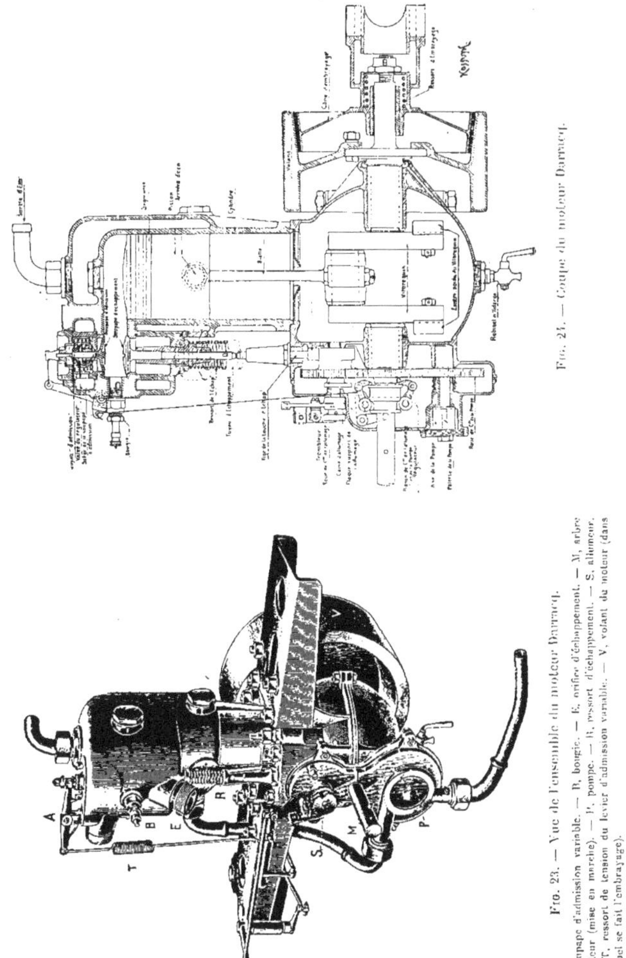

Fig. 24. — Coupe du moteur Darracq.

Fig. 23. — Vue de l'ensemble du moteur Darracq.

A, soupape d'admission variable. — B, bougie. — E, orifice d'échappement. — M, arbre moteur (mise en marche). — P, pompe. — R, ressort d'échappement. — S, allumeur. — T, ressort de tension du levier d'admission variable. — V, volant du moteur (dans lequel se fait l'embrayage).

Le moteur. — Le moteur Perfecta, vertical, d'une puissance de 6 chevaux et demi, est à allumage électrique et à circulation d'eau. Son volant, extérieur au moteur, mais intérieur au châssis, vient coiffer l'embrayage à friction au centre du bâti, et prend sa place entre le moteur même et le changement de vitesse qu'il commande.

Le moteur a une vitesse de régime de 1 500 tours environ. Ses soupapes sont fixées sur le côté du moteur qui fait face à la route, l'une au-dessous de l'autre. La bougie d'allumage électrique, située entre les deux clapets, est logée dans un renfoncement qui la met à l'abri des projections d'huile en cas de légère fuite aux segments du piston. La soupape d'échappement et le tuyau d'échappement,

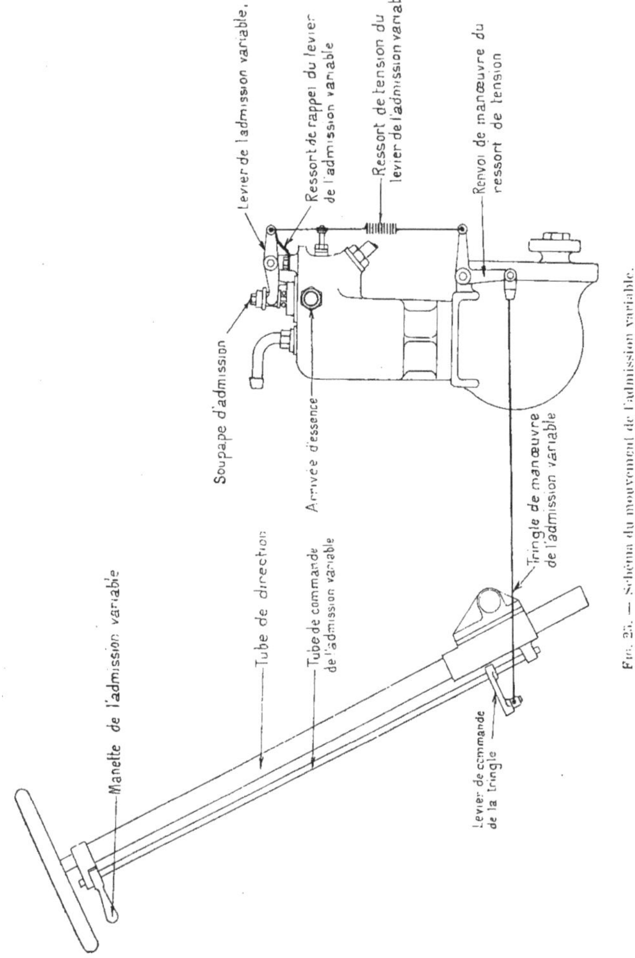

Fig. 25. — Schéma du mouvement de l'admission variable.

toujours à trop haute température, sont ainsi placés dans le courant d'air que provoque la marche de la voiture.

La tête de bielle s'articule sur un vilebrequin qui porte en opposition, à son coude, deux vilebrequins d'équilibrage. L'arbre du vilebrequin porte d'un côté, comme nous l'avons dit plus haut, un volant extérieur. De l'autre côté, il porte un pignon d'acier qui engrène avec deux roues dentées : une roue supérieure, de diamètre double du sien, roue de dédoublement classique pour l'ouverture de l'échappement et la production de l'étincelle tous les quatre temps; une roue inférieure, de diamètre triple environ, qui commande la pompe et ne la fait guère tourner qu'à 400 ou 500 tours par minute.

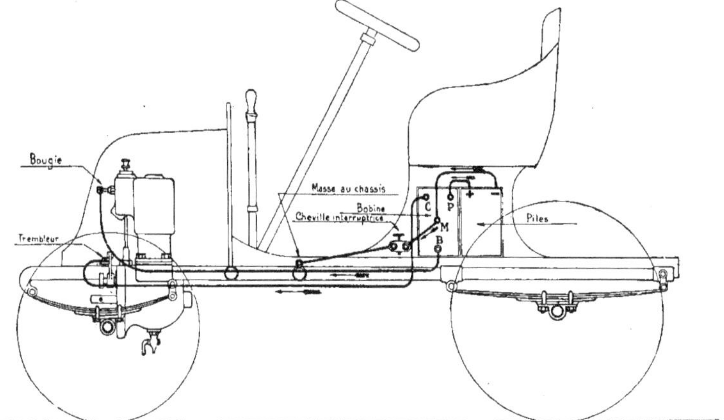

Fig. 26. — Schéma de l'allumage électrique.

Le bout de l'arbre du vilebrequin se prolonge de ce côté-là sur une longueur de plusieurs centimètres, pour recevoir la manivelle de mise en route, manivelle détachable, dont la douille porte simplement une pente et une encoche pour s'accrocher à une clavette de l'arbre.

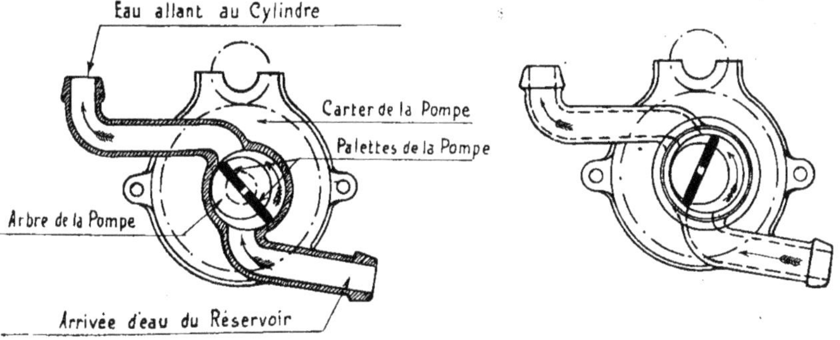

Fig. 27. — Schéma de la pompe en deux positions (aspiration et refoulement de l'eau).

En haut du moteur, un peu sur le côté, se trouve un robinet de décompression qui facilite la mise en route et permet d'injecter du pétrole dans le cylindre pour décrasser les segments. En bas du moteur, un robinet de purge sert à la vidange du bain d'huile dans lequel barbotent la tête de bielle et l'arbre coudé.

Ce moteur n'a pas de régulateur mécanique. Sa vitesse se règle à la main en agissant sur l'admission de la soupape d'aspiration.

Pour obtenir ce résultat, la soupape d'aspiration est disposée de façon à avoir une levée maximum de 4 millimètres. Une fourchette, que le conducteur manœuvre à l'aide d'une des trois manettes placées sous le volant de direction, entoure la tête de la soupape, l'empêche plus ou moins de descendre, et permet de régler ainsi le volume de mélange explosif admis dans le cylindre.

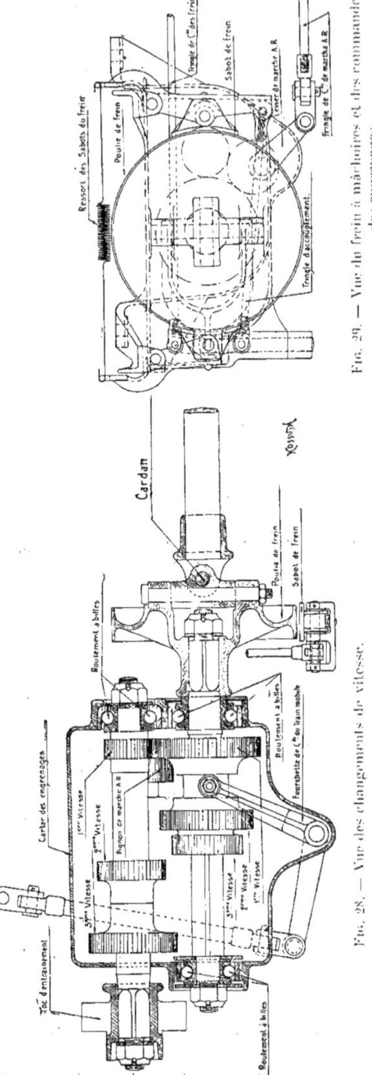

FIG. 29. — Vue du frein à mâchoires et des commandes des engrenages.

FIG. 28. — Vue des changements de vitesse.

La figure 25 indique d'une façon schématique l'ensemble, très simple, de ce mécanisme de réglage de l'admission. On remarquera que la commande n'est pas rigide, mais qu'elle se fait par l'intermédiaire d'un ressort à boudin, situé au centre de la tringle verticale. Ce ressort ajoute son action à celle du ressort d'admission proprement dit, si bien qu'en réalité ce qui limite la course de la soupape, ce n'est pas la fourchette, mais bien la tension plus ou moins grande du ressort opposé à l'effort d'aspiration du moteur.

L'allumage, qui se fait par l'électricité (*fig.* 26) ne présente pas de particularité bien notable. Une batterie de piles et une bobine, réunies dans une même boîte, sont enfermées sous le siège d'avant. Le courant primaire et le courant secondaire ont tous les deux un pôle à la masse, suivant le montage classique. L'ouverture et la fermeture du courant primaire sont produits par un trembleur. On peut donner de l'avance à l'allumage.

La pompe de circulation d'eau fait partie intégrante du moteur, dans le carter duquel elle est enfermée. La roue dentée qui la commande porte au bout de son arbre une partie cylindrique dans laquelle peut coulisser en va-et-vient une palette rectangulaire. La boîte qui forme corps de pompe et à laquelle aboutissent les tubulures d'entrée et de sortie d'eau est excentrée par rapport à cette pièce cylindrique, si bien que, lorsque l'arbre de la pompe tourne, la palette qui est enfermée dans la chambre de la pompe et en suit les contours est obligée, à cause de l'excentrage, de prendre un mouvement de va-et-vient (*fig.* 27). Il en résulte que la palette aspire pendant une demi-révolution, et qu'elle refoule pendant la demi-révolution suivante.

Le carburateur fixé au moteur est du type à pulvérisation et ne présente aucune particularité intéressante. Sa disposition lui permet de fonctionner également bien soit avec l'essence de pétrole, soit avec l'alcool carburé. D'après les constructeurs, le moteur de 6 chevaux 1/2 consomme 1 litre d'essence par 15 km, soit environ 7 litres par 100 km.

Tout l'ensemble que nous venons de décrire, composé du moteur, de la pompe, du carburateur et de l'allumage, forme un tout compact que l'on peut détacher du châssis en enlevant simplement quatre boulons, sans avoir à toucher à aucune autre pièce d'un groupe différent : c'est là un point intéressant du nouveau véhicule.

Le moteur peut, sans craindre aucune détérioration, varier sa vitesse de 100 à 2 000 tours et, grâce, à l'admission variable des gaz carburés dans le cylindre, rendre de 1/4 de cheval à 6 chevaux 1/2.

Ce réglage de la puissance du moteur est une des caractéristiques les plus intéressantes de cette

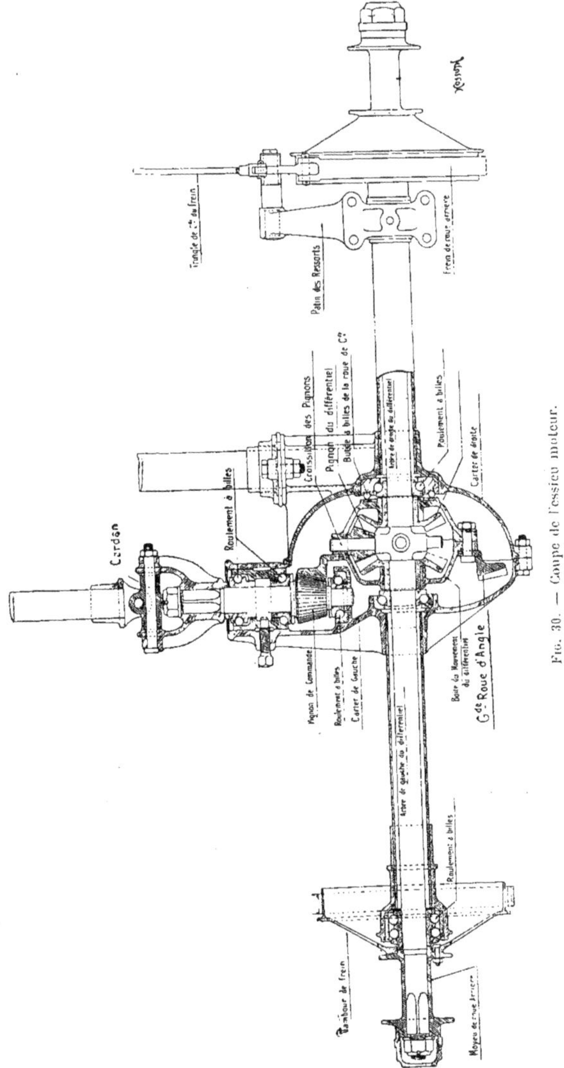

Fig. 30. — Coupe de l'essieu moteur.

nouvelle voiture légère. D'autre part, la consommation d'essence étant rigoureusement proportionnelle à la force exigée du moteur, cette consommation se trouvera réduite au minimum lorsque, soit à l'arrêt, soit dans les descentes, ou lorsqu'on veut marcher lentement en palier, il devient inutile d'utiliser toute la puissance du moteur.

Le radiateur, à ailettes, est placé à l'avant du châssis, faisant face aux premières couches atmosphériques refroidissantes; il se trouve également à proximité et du moteur et du réservoir. Ce groupement étroit a pour but, réalisé du reste, la suppression d'une longue tuyauterie généralement vouée à une rupture certaine provoquée par les trépidations et les déformations inhérentes à tous les appareils automobiles.

Le réservoir d'eau en contient 12 litres, quantité plus que suffisante, lorsqu'une circulation de ce genre est sérieusement étudiée et normalement construite, pour que l'on puisse marcher une journée entière sans qu'il y ait lieu de se préoccuper un seul instant de la consommation d'eau. De même que le moteur, le radiateur peut être détaché du châssis, sans déplacer d'autres pièces que les quatre boulons qui l'y rattachent.

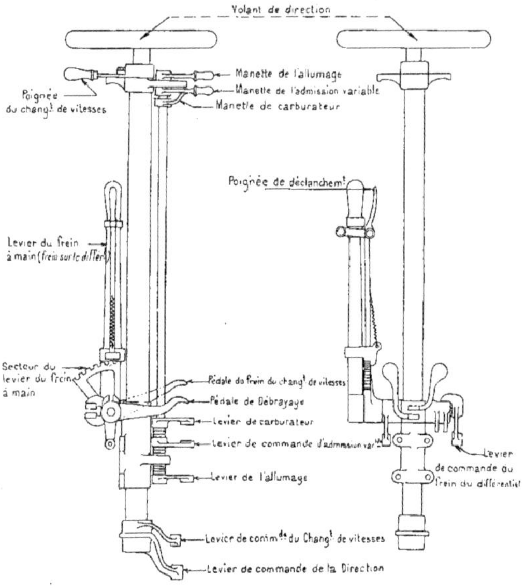

Fig. 31. — Schéma du jeu des manettes et des pédales.

Le changement de vitesse comporte un nouveau groupe de pièces renfermées dans un carter d'acier, étanche et rempli de graisse consistante. Il est placé, comme nous l'avons indiqué précédemment, immédiatement à la suite de l'embrayage à friction et, comme le moteur et le radiateur, quatre boulons aisément détachables le retiennent seuls au châssis, duquel il est, par suite, possible de l'isoler en quelques instants.

Ce mouvement est composé de deux arbres tournant sur des paliers à billes. L'un de ces arbres, relié au cône d'embrayage, porte trois engrenages fixes, tandis que l'autre, relié au différentiel, est carré et laisse coulisser sur lui un train de trois engrenages, qui viennent successivement en prise avec les trois montées sur l'arbre fixe.

La manœuvre du changement de vitesse s'effectue à l'aide d'un levier placé sous le volant de direction, à portée de la main droite du conducteur.

La marche arrière est obtenue par l'interposition, entre les engrenages de la première vitesse, d'un engrenage intermédiaire commandé par un levier spécial placé à la droite du châssis sous la main du conducteur.

Les trois vitesses que l'on peut obtenir, selon que le moteur marche entre 1 500 et 1 800 tours, sont les suivantes :

Première vitesse et marche arrière, 15 à 20 km à l'heure;

Deuxième vitesse et marche arrière, 25 à 30 km à l'heure;
Troisième — — 45 à 50 —

En outre, en utilisant l'avance à l'allumage et en bénéficiant de l'admission variable qui constitue un des perfectionnements capitaux du système Perfecta, il est aisé de réduire considérablement le nombre de tours du moteur, et, comme suite, d'obtenir pratiquement toutes les vitesses désirables entre 4 km et 50 km à l'heure.

Le mouvement est transmis directement au différentiel que supporte l'essieu arrière, par un arbre à joints de cardan spéciaux brevetés, dont le dispositif ingénieusement simple rend l'usure de cet organe inappréciable.

L'essieu arrière est tournant, actionné qu'il est par la grande roue d'angle en acier du différentiel, et il entraîne lui-même les roues motrices de la voiture. Il tourne dans un tube d'acier faisant corps avec le carter de même métal qui renferme le différentiel. La grande roue d'angle y est commandée par l'arbre des cardans, dont l'extrémité porte un pignon en acier trempé. La poussée sur la grande roue d'angle, inévitable dans ces genres de transmission, est ici supportée par une butée à billes qui annule tout frottement et, comme tous les roulements sans exception sont également à billes, il s'ensuit une amélioration du rendement.

La direction à volant est du type ordinaire. Sous le volant de direction se trouve un secteur portant le levier de changement de vitesse et les manettes de carburation, d'avance à l'allumage et d'admission variable.

Nous avons dit qu'on trouvait, au bas du tube de direction, et bien à portée des pieds du conducteur, deux pédales : celle de gauche débrayant le moteur, et celle de droite qui fait agir un frein à double sabot métallique placé sur la transmission du pignon de commande, après débrayage du moteur.

Ce frein central, excessivement puissant, est entièrement métallique ; il agit aussi énergiquement en avant qu'en arrière.

Un levier placé à la droite de la direction commande un deuxième frein à double enroulement agissant énergiquement sur l'essieu arrière, et permettant, comme le frein à pédale, un arrêt pour ainsi dire instantané. Ce deuxième frein débraye également le moteur.

Le réservoir à essence placé devant le conducteur contient 15 litres, quantité suffisante pour effectuer un parcours d'au moins 200 km.

A droite du réservoir d'essence se trouve le réservoir d'huile muni d'une pompe bien à portée du conducteur, qui doit en faire usage tous les 20 à 25 km pour envoyer dans le moteur la quantité d'huile nécessaire à son bon fonctionnement.

Le moteur est, du reste, le seul organe de cette voiture comportant un graisseur, puisque, comme nous l'avons exposé précédemment, tous les frottements sont montés sur billes, et évoluent dans la graisse consistante, qu'il suffit de renouveler abondamment quatre ou cinq fois par an pour maintenir l'appareil en bon ordre de marche.

LA VOITURE GAILLARDET

M. Gaillardet a nommé sa voiture « la Doctoresse ». Il en a étudié deux types : le premier est à moteur monocylindrique de 6 chevaux et deux vitesses de 15 à 30 km à l'heure, en palier, sur route normale ; le second est à moteur à deux cylindres de 12 chevaux et deux vitesses de 25 et 50 km, dans les mêmes conditions. Il est bien entendu que nos indications sur la force et les vitesses sont des minima absolument garantis. Les maxima sont de 45 km pour la voiture 6 chevaux et 60 km pour la voiture 12 chevaux ; mais, ce qu'il est important de considérer, c'est que, si ces voitures n'ont que deux vitesses mécaniques, elles ont, grâce à leur système de régulation, toutes les vitesses intermédiaires graduées presque par kilomètre, depuis le minimum de 4 km à l'heure jusqu'à leur maximum de rendement.

Le poids de la voiture de 6 chevaux en ordre de marche est de 700 kg environ. Sa longueur est de 3 m et son empattement, c'est-à-dire la distance d'axe en axe des essieux, est de $1^m,80$. La voie, c'est-à-dire la distance d'axe en axe des roues arrière, est de $1^m,32$. La hauteur du châssis au-dessus du sol est de $0^m,600$. Or, le centre de gravité étant situé à $0^m,150$ au-dessous du châssis, c'est-à-dire à $0^m,450$ au-dessus du sol, la voiture est inversable.

On peut adapter au châssis tous les genres de carrosserie : tonneau, break, américaine, etc.

Le châssis est en acier, assemblé par des équerres. Il est entièrement suspendu sur les essieux par grands et solides ressorts n'ayant pas moins de $0^m,80$ à l'avant et $0^m,90$ à l'arrière.

Fig. 32. — Duc tonneau Gaillardet, 4 places.

Fig. 33. — Wagonnette Gaillardet, 4 places.

Fig. 34. — Duc Spider Gaillardet. 4 places.

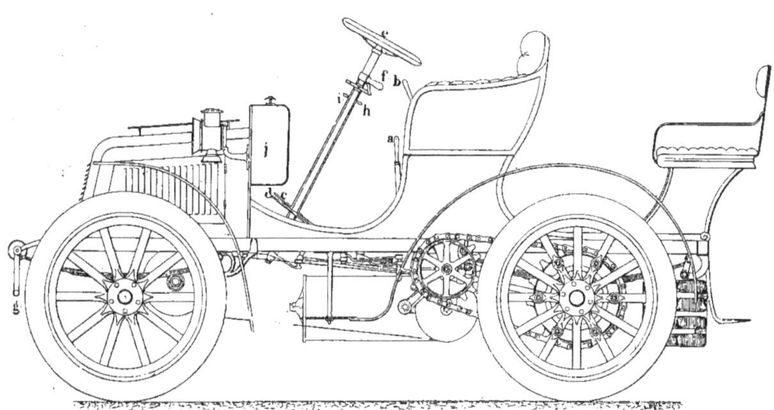

Fig. 35. — Vue en élévation de la voiture Gaillardet.

a. Levier de marche arrière.
b. Levier du frein sur le différentiel.
c. Pédale de débrayage.
d. Pédale du frein sur les roues.
Direction démultipliée.

f. Changement de vitesse et débrayage.
g. Mise en route.
h. Avance à l'allumage.
i. Tension du régulateur.
j. Réservoir à essence.

Les essieux sont en fer fin forgé avec fusées en acier cémenté, trempé et rectifié. Ces fusées ont

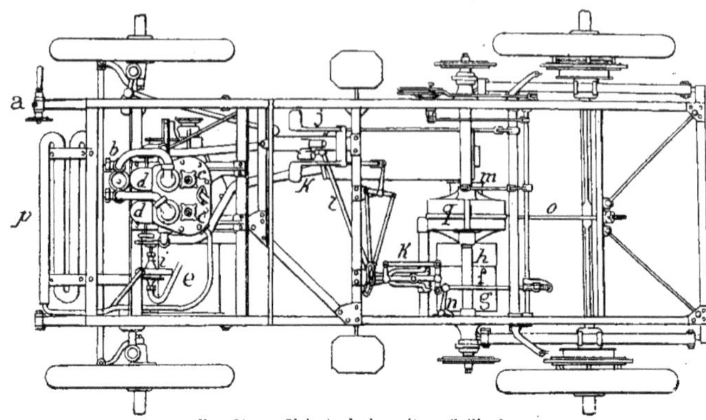

Fig. 36. — Châssis de la voiture Gaillardet.

a. Mise en route.
b. Carburateur.
c. Bougies.
d. Brûleurs.
e. Poulie motrice.
f. — folle.
g. Poulie petite vitesse et marche arrière.
h. — grande vitesse.
i. Pompe.
j. Frein sur les roues.
k. Débrayage et changement de vitesse.
l. Commande de changement de vitesse.
m. Frein sur le différentiel.
n. Commande de marche arrière.
o. Tension de courroie.
p. Radiateur.
q. Différentiel et engrenages.

0m,035 de diamètre pour les roues avant et 0m,040 pour les roues arrière. Leurs dimensions correspondent à celles usitées pour les camions transportant au moins 2 000 kg.

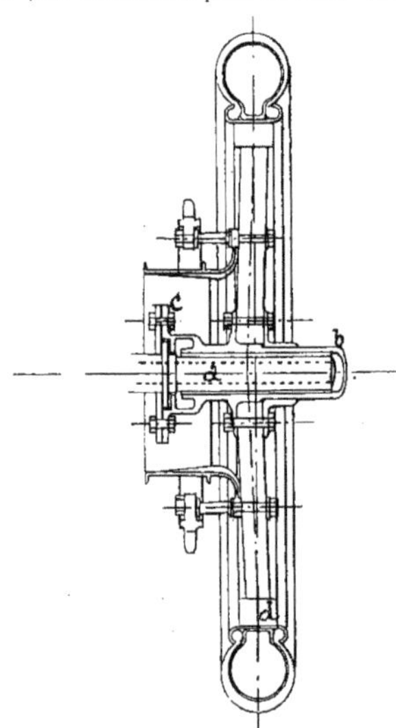

Fig. 37. — Montage de la roue arrière.

a. Fusée creuse.
b. Boîte de la fusée (baguée en bronze).
c. Collier d'attache en 2 pièces.
d. Jante des roues.

Les roues sont égales et ont un diamètre de 0m,750. Elles sont entièrement en acacia premier choix, avec moyeux métalliques, genre artillerie. Les boîtes demi-patentes sont en acier coulé et baguées bronze dur pour éviter tout enrayage ou grippage. Ces boîtes sont à réservoirs d'huile et contre-plaque en deux pièces. Enfin, des pneumatiques, ayant 0m,065 de section, assurent le confortable et la durée de la voiture.

La direction est commandée par un volant en aluminium garni en bois. Elle est inclinée, démultipliée et pratiquement irréversible.

Tous les accidents qui menacent le conducteur d'automobile peuvent être évités par la science du métier, la prudence et le sang-froid. Un seul fait exception, c'est le dérapage, le terrible tête-à-queue, parce qu'il ne dépend pas de la maladresse du chauffeur, mais de la mauvaise répartition des poids de la voiture. En effet, les tête-à-queue sont généralement produits par la lancée de la partie la plus lourde; le dérapage aura donc lieu par les roues avant si le poids le plus lourd est à l'avant, par les roues arrière si le poids le plus lourd est à l'arrière.

Aussi M. Gaillardet a-t-il apporté un soin tout particulier dans la répartition des poids du châssis pour obtenir, en outre du minimum de trépidations, le maximum de sécurité dans la direction. Dans ses voitures, le centre de gravité est placé sur une ligne parallèle aux essieux et à égale distance de ceux-ci. Il est facile d'en déduire qu'une force quelconque venant à solliciter le déplacement de ces voitures dans n'importe quel sens, les déplacera carrément, puisque cette force est appliquée au centre; il pourra y avoir un déplacement latéral, mais il n'y aura pas de pivotement. Dans toute autre répartition de poids, la force tirant par côté déterminera le tête-à-queue.

A côté de ce point capital, il y a d'autres problèmes qui méritent une sérieuse étude dans une question aussi importante que celle de la direction. Le constructeur croit les avoir résolus :

1° En plaçant les fusées directrices un peu en arrière de l'axe des pivots verticaux de la direction, pour assurer la stabilité ;

2° En réduisant le nombre des articulations (toutes, d'ailleurs, en acier trempé et cémenté) qui assurent le fonctionnement de la direction, à un tel point qu'il serait impossible d'en imaginer une de moins.

La voiture effectue son virage dans un cercle de 11 mètres de diamètre, et le rapport angulaire de la direction est de 12 ; ce qui revient à dire que, les roues étant supposées braquées de 20° à gauche, un tour et demi du volant les fait braquer de 20° à droite.

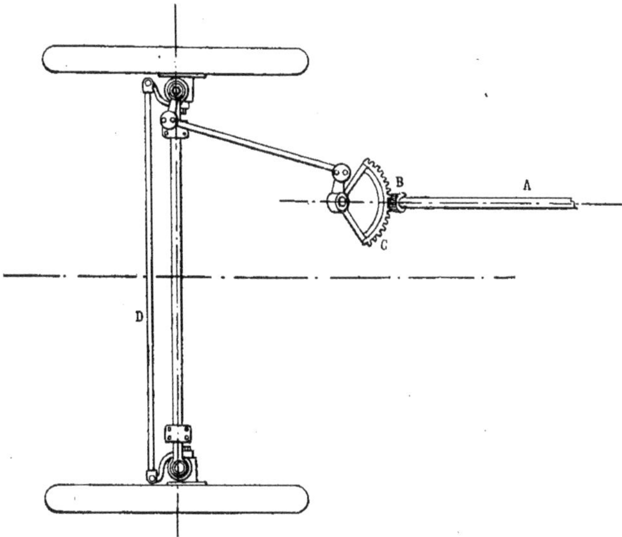

Fig. 38. — Schéma de direction.

A. Tige du volant de direction. — B. Pignon de commande. — C. Secteur. — D. Triangle de relation des deux roues.

Le moteur type 6 chevaux est à un seul cylindre dont le piston est équilibré au moyen de contrepoids venus de fonte dans les volants intérieurs ; les arbres sont trempés et rectifiés ; les frottements sont garnis de bronze dur ; les clapets sont très robustes, facilement accessibles et démontables ; leurs ressorts sont soustraits à l'action de la chaleur.

Un régulateur dont la tension permet de faire passer graduellement la vitesse de 600 à 1 600 tours agit sur la tige du clapet d'échappement en l'écartant du couteau commandé par la came. Dans cette position, le clapet reste appuyé sur son siège, ce qui est le mode de régulation consacré par l'expérience, comme étant le plus sûr et donnant le plus d'économie de consommation.

Des compensateurs assurent la rapidité des reprises et la sensibilité de l'appareil de régulation.

M. Gaillardet appelle tout particulièrement l'attention sur cette question de la vitesse de rotation et de régulation. « En effet, dit-il, un moteur naît avec un nombre limité de tours à évoluer pendant le cours de son existence; plus vite il aura exécuté ce nombre de tours, plus vite il aura vécu. On peut donc conclure qu'un moteur donnant 6 chevaux de force à 2 400 tours durera théoriquement moitié moins qu'un moteur donnant la même force à 1 200. Pratiquement, la durée du premier moteur sera encore sensiblement diminuée par la rapidité et la brutalité des chocs qui sont fonction de la vitesse.

Le graissage de ce moteur est automatique par barbotage; une pompe à huile opère le remplissage du carter. Un regard percé dans ce carter et fermé par une vis permet de constater le niveau exact de l'huile. La continuité du graissage est ensuite assurée par un graisseur compte-gouttes à débit visible.

La circulation de l'eau autour du cylindre, de la culasse et dans le radiateur est commandée par

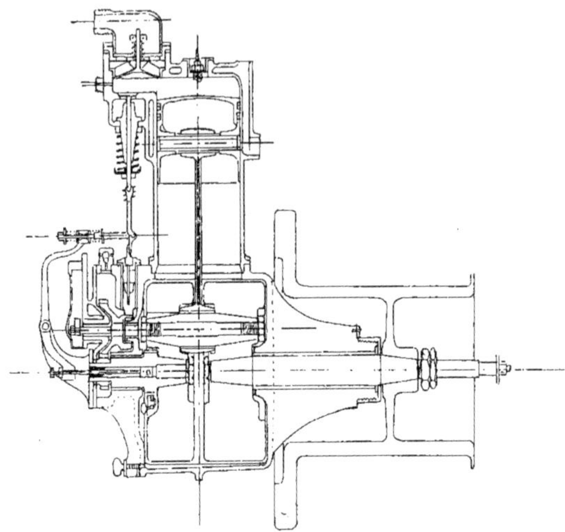

Fig. 39. — Moteur Gaillardet de 6 chevaux.

une pompe-turbine entraînée par friction sur le volant du moteur. Le réservoir, placé en contre-haut du cylindre, maintient une alimentation provisoire du moteur en cas d'arrêt de la pompe. M. Gail-

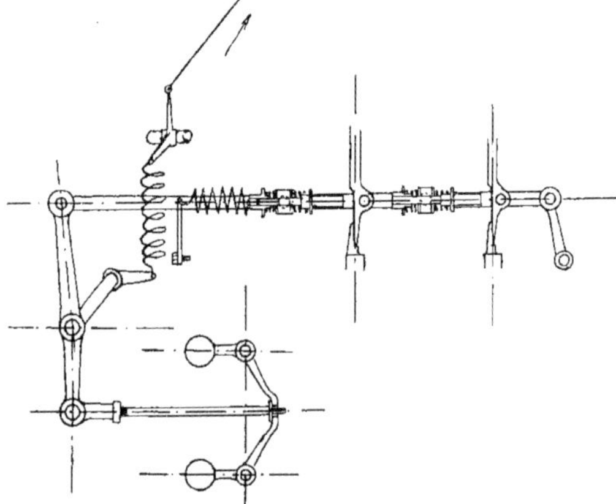

Fig. 40. — Ensemble du régulateur.

lardet l'a, pour éviter tout grave accident au moteur si, pour une cause quelconque, il venait à manquer d'eau, muni de joints fusibles dont le dispositif est breveté. La culasse est percée d'un orifice pouvant mettre la chambre d'explosion en communication avec l'extérieur; cet orifice est obstrué par le joint, qui fond dès que la température devient dangereuse pour la conservation du moteur, et celui-ci s'arrête aussitôt, faute de compression ; quelques secondes suffisent pour mettre en place un nouveau fusible.

Allumage. — La question de l'inflammation est peut-être la plus controversée de toutes celles qui touchent les moteurs à explosion. L'électricité et le brûleur ont, tous deux, leurs partisans et leurs détracteurs ; aussi les moteurs Gaillardet sont-ils disposés pour recevoir l'un ou l'autre système, au choix du client, ou les deux à la fois, ce qui est de beaucoup préférable.

L'allumage électrique a de grands avantages, compensés par de grands inconvénients : il permet de faire varier l'allure par l'*avance*, réglée toutefois, dans le système Gaillardet, de façon à empêcher les vitesses folles de 2 000 à 3 000 tours qui font briller les voitures, mais ne les conservent pas ; il permet, en outre, une mise en marche facile, à l'abri des coups de retour, lorsqu'on a soin d'enlever l'avance.

Ses désavantages, sans même envisager les dispositifs compliqués où interviennent transmissions, dynamos, magnétos (toute une usine) sont encore très nombreux : déréglage des trembleurs, piqûre du platine, fragilité des fils, délicatesse des isolements, polarisation des accumulateurs, courts-circuits, fuites aux bougies, leur écrasement ou leur rupture. Aussi un constructeur distingué a-t-il appelé l'allumage électrique « bouillon de culture des microbes de la panne ».

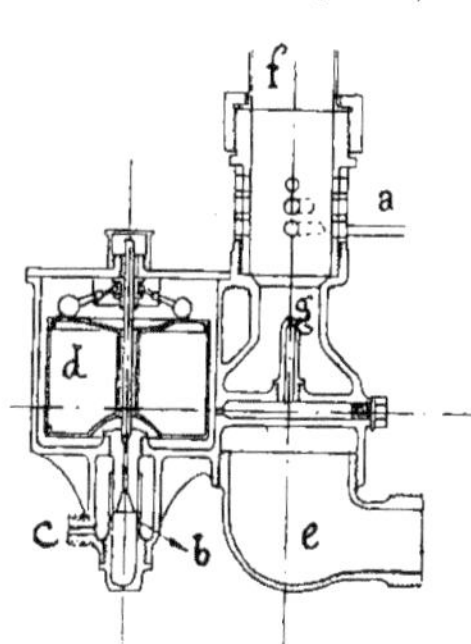

FIG. 41. — Carburateur.

a. Manchon mobile permettant d'ouvrir 1, 2 ou 3 trous.
b. Filtre de l'arrivée d'essence.
c. Arrivée d'essence.
d. Niveau constant.
e. Aspiration d'air.
f. — du moteur.
g. Ajutage pulvérisant l'essence.

Les brûleurs ont contre eux leur marche un peu lourde et leur uniformité de rendement par suite de la difficulté d'en modifier le réglage, d'où cette nécessité : soit de tourner lentement si l'on veut éviter les accidents, parfois graves, des coups de retour, soit de tourner vite, en risquant les coups de retour lorsqu'on met le moteur en marche. Mais leur immense avantage est d'être aussi faciles à allumer, à entretenir et à éteindre qu'une lampe ordinaire, ce qui est vraiment à la portée de tous.

On voit donc l'avantage de posséder les deux systèmes, pouvant d'ailleurs fonctionner ensemble ou séparément : le brûleur pour la sûreté de la marche, l'électricité pour suppléer au besoin le brûleur et pour faciliter la mise en route.

Le carburateur est à niveau constant par flotteur ; il pulvérise le liquide dans les meilleures conditions possibles pour obtenir le maximum de rendement économique et dynamique. Un réglage très simple lui assure une grande élasticité, qui permet d'employer n'importe quel liquide carburant dans d'assez larges limites.

Changement de vitesse. — La complication réelle ou apparente d'une voiture automobile est tellement redoutée de l'acheteur que les constructeurs se disputent à l'envi le privilège d'avoir créé la voiture la plus simple. Ce qui coûte en automobile, ce n'est pas la voiture, c'est la réparation, et cette réparation, neuf fois sur dix, est une réparation du mécanisme, car, dans tous les systèmes, même les mieux conçus, le mécanisme est ce qui s'use le plus vite ou se brise le plus souvent ; il y a donc le plus grand intérêt à le réduire au minimum en le compensant par de la force. C'est là le principe qui a guidé M. Gaillardet. Cependant ses voitures ont encore deux vitesses, et il le regrette, car l'idéal serait, dit-il, de n'en avoir qu'une, comme la locomotive.

L'ensemble de son mécanisme se compose d'un arbre moteur dépassant à droite et à gauche d'un carter en aluminium placé au centre de la voiture et contenant, avec le différentiel, les engrenages des vitesses. En principe, les deux vitesses et le débrayage sont obtenus au moyen de trois poulies placées côte à côte et actionnées par une seule courroie de transmission qu'une fourchette, commandée à la main, fait glisser à volonté sur l'une d'elles. La poulie centrale est folle et constitue le débrayage ; les deux autres commandent deux pignons, clavetés sur leur arbre, qui viennent attaquer, à l'intérieur des carters, les deux roues correspondant aux deux vitesses et entre lesquelles est fixée la boîte du différentiel. Ces deux engrenages sont toujours en prise ; leurs deux arbres sont concentriques, l'un d'eux tournant à l'intérieur du second, qui est creux.

On critique avec juste raison la force qu'absorbent les changements de vitesse constitués par ce système de poulies à arbres concentriques. Il est évident que deux arbres concentriques tournant l'un sur l'autre ou l'un dans l'autre à un mouvement relatif considérable font résistance à ce mouvement, puisque la poulie clavetée sur l'un des bouts de chaque arbre détermine, lorsqu'elle est entraînée par la courroie, un frottement d'un arbre sur l'autre. Il en résulte une absorption en pure perte d'une force considérable. Pour éviter cet inconvénient, M. Gaillardet interpose, entre les deux arbres concen-

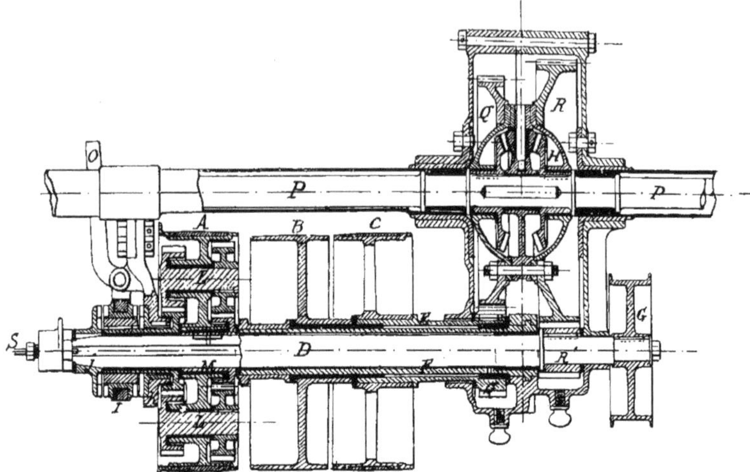

Fig. 42. — Ensemble du changement de vitesse.

A. Poulie petite vitesse et marche arrière.
B. — folle.
C. — grande vitesse.
D. Arbre de la petite vitesse.
E. — grande vitesse.
F. Arbre fixe.
G. Frein sur le différentiel.
H. Différentiel.
I. Griffon pouvant embrayer la poulie A avec l'arbre D ou le pignon M avec la pointe fixe K.
L. Pignons satellites de marche arrière.
M. Engrenages de marche arrière commandés par les satellites.
O. Commande de marche arrière.
P. Arbre de commande des chaînes.
QQ' et RR'. Engrenages de petite et grande vitesse.
S. Graissage.

triques mobiles, un troisième arbre fixe maintenu des deux bouts. De cette manière, la rotation des arbres, commandant les deux vitesses, a lieu, l'un sur l'extérieur de l'arbre fixe, l'autre à l'intérieur du même arbre, ce qui nous donne les trois avantages suivants :

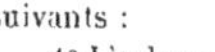

Fig. 43.

1° L'arbre qui n'est pas commandé n'a pas à supporter la tension de la courroie.

2° La poulie folle formant débrayage tourne sur l'axe au lieu de tourner sur l'arbre mobile extérieur, comme dans les précédents systèmes. Cela supprime le danger d'un embrayage intempestif et, par suite, la mise en route involontaire de la voiture, accident inévitable lorsque, pour une cause quelconque, la poulie folle venait à prendre du dur ou à gripper.

3° Enfin, ce montage assure la parfaite rectitude de la ligne d'arbres, que rien ne peut altérer, le bout de l'arbre fixe étant solidement maintenu dans ses supports. Dans les autres dispositifs, l'arbre mobile extérieur vient tourillonner dans des paliers ménagés à l'intérieur de supports en porte-à-faux. La tension de la courroie les gauchissait forcément, produisant ainsi un coincement de plus.

Marche arrière. — La marche arrière est obtenue au moyen de deux pignons satellites clavetés un à un bout, l'autre à l'autre bout du même axe tourillonnant dans le bras de la poulie de petite vitesse. Ils engrènent, d'une part, sur un engrenage fixe, d'autre part sur une roue dentée plus petite, clavetée sur l'arbre de commande de petite vitesse. Lorsque le satellite engrène sur la roue fixe, la poulie étant rendue folle au moyen d'un griffon que débraye le levier de commande, il entraîne le second satellite à sa vitesse. Mais ce deuxième satellite est plus grand que le premier, et il engrène sur la roue clavetée, sur l'arbre de la petite vitesse. Il en résulte que, par suite des deux rapports existant entre ces deux satellites, l'engrenage fixe oblige l'une de ces deux pièces à tourner sur lui, lorsqu'il est entraîné par le bras de la poulie sur lequel est fixé son axe. L'arbre de petite vitesse est alors obligé de reculer, c'est-à-dire de retourner en arrière par rapport au mouvement de la poulie, qui tourne en avant. Ce système, en outre de sa simplicité, a l'avantage : 1° de donner un deuxième débrayage ; 2° de donner une démultiplication aussi grande que possible ; 3° d'entraîner tout le système d'un bloc sur la marche avant sans qu'aucune force passe ni reste dans le mécanisme. La commande de la marche arrière est un levier placé à côté du frein à main sur le châssis à droite du conducteur.

Transmission par courroie. — Pour transmettre la force du moteur au changement de vitesse, M. Gaillardet emploie la courroie, parce qu'elle se prête à merveille, dit-il, aux exigences si multiples

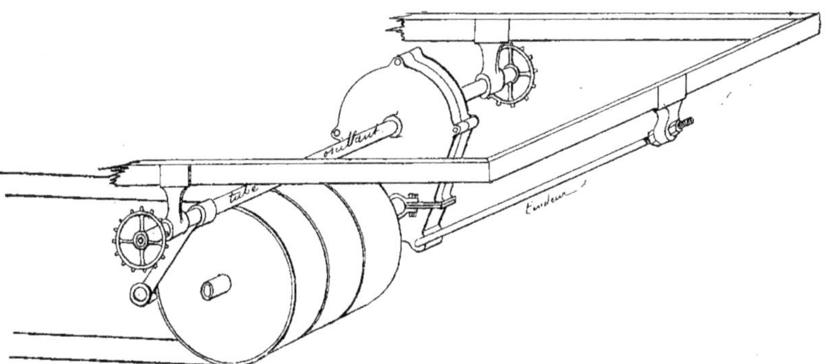

Fig. 34. — Tension de courroie.

de l'automobile, puisque la courroie a fait ses preuves de tous temps pour les transmissions de force les plus variées, les plus petites comme les plus grandes, les plus délicates comme les plus brutales. Pour l'automobile, le tout est de savoir l'employer : 1° en la protégeant suffisamment contre les projections de boue ; 2° en en réglant la tension. C'est là le point capital, car cette tension ne doit pas être exagérée, mais, au contraire, permettre un glissement maximum de 5 0/0 en travail normal. M. Gaillardet pense assurer ce résultat au moyen d'un tendeur de courroie, uniquement composé d'une tige d'acier reliant les poulies du changement de vitesse, montées oscillantes autour de l'axe des roues de chaîne, au châssis de la voiture, et les maintenant ainsi rigides sous un angle plus ou moins écarté de la perpendiculaire, suivant que la courroie est plus ou moins tendue.

La courroie ne doit pas être trop brutalisée. Les embrayages et les changements de vitesse doivent s'opérer progressivement, condition réalisée par un système de trois poulies où le passage de la courroie se fait par glissement doux de la poulie folle, soit sur la petite vitesse, soit sur la grande, qu'il s'agisse d'embrayer ou de changer de vitesse. La manœuvre est commandée au moyen d'une manette placée sous le volant de la direction et portant trois encoches correspondant au stop, à la petite vitesse et à la grande vitesse.

Du changement de vitesse, la force est transmise directement aux roues au moyen de chaînes reçues sur des couronnes dentées fixées sur les roues, le plus près possible de la jante, pour que l'entraînement ne fatigue pas le moyeu. Le pignon d'attaque de la couronne dentée est très grand, ce qui revient à dire que la différence de diamètre entre la couronne et le pignon est réduite au minimum ; c'est là le seul moyen rationnel de soustraire le mécanisme aux à-coups dus aux cahots de la route, qui tendent à accélérer ou à ralentir le mouvement de rotation, et d'obtenir un minimum de traction sur les axes, l'effort de rotation agissant bien tangentiellement.

Toutes les parties de la voiture situées au-dessus de l'essieu sont suspendues sur les ressorts, car c'est un axiome en carrosserie que tout poids non suspendu, placé sur l'essieu, en détermine fatalement la rupture. Les roues sont folles sur l'essieu fixe, ce qui permet à l'essieu de fléchir ou même de se fausser sans donner du dur aux roulements.

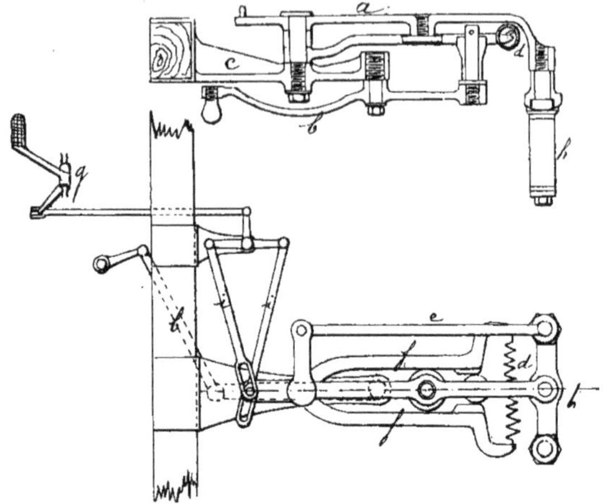

Fig. 45. — Embrayage et débrayage à la main et au pied.

a. Levier de la fourchette d'embrayage de la courroie.
b. Commande d'embrayage à la main.
c. Support du système.
d. Ressort de rappel de la fourchette d'embrayage.
e. Tringle permettant à la fourchette d'agir horizontalement.
f. Levier de tension du ressort *d*.
g. Pédale de débrayage.
h. Fourchette de débrayage.
i. Tringles ramenant la fourchette au débrayage.

La sécurité de la marche en vitesse est assurée par des freins puissants et d'un maniement facile; ils sont à mâchoire et agissent sur l'avant comme sur l'arrière. Le frein commandé par la pédale agit sur les tambours des roues motrices, et le frein à main sur le différentiel; l'un et l'autre sont capables de caler le moteur dans le cas où il ne serait pas débrayé.

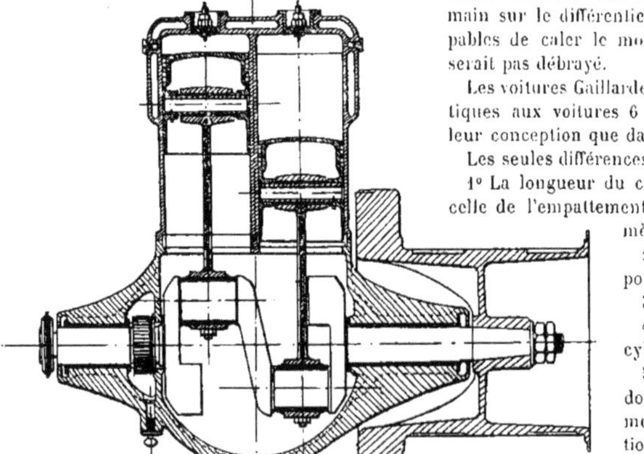

Fig. 46. — Moteur Gaillardet 12 chevaux.

Les voitures Gaillardet de 12 chevaux sont identiques aux voitures 6 chevaux, aussi bien dans leur conception que dans leur exécution.

Les seules différences sont :

1° La longueur du châssis, et, par conséquent, celle de l'empattement, augmentée de 10 centimètres;

2° La hauteur des roues, portée à 0,800 m;

3° La voie, faisant 1,38 m;

4° Le moteur, qui est à deux cylindres au lieu d'un seul;

5° Le changement de vitesse, dont les résistances sont augmentées et rendues proportionnelles à la force du moteur et aux vitesses qui en résultent;

6° Il en est de même des pignons de chaînes, des chaînes, des pneus, dont la section est portée de 0,065 m à 0,090 m.

Leur poids en ordre de marche est de 850 kg.

LA VOITURE ÉLECTRIQUE JEANTAUD(1)

Au dernier concours de fiacres, organisé pendant l'Exposition universelle, à l'annexe de Vincennes, Jeantaud avait engagé une voiture à caisses interchangeables, dont le châssis, en fer à], pouvait recevoir les sept caisses différentes suivantes :

1° Cab à deux places, siège à l'avant ;
2° Mylord à deux places ;
3° Coupé à deux places ;
4° Coupé trois quarts à quatre places ;
5° Landaulet à deux places ;
6° Landaulet à quatre places ;
7° Vis-à-vis à quatre places.

Le siège de conduite est fixé au châssis d'une façon permanente ; il est placé au-dessus de la batterie d'accumulateurs, par-dessus l'avant-train.

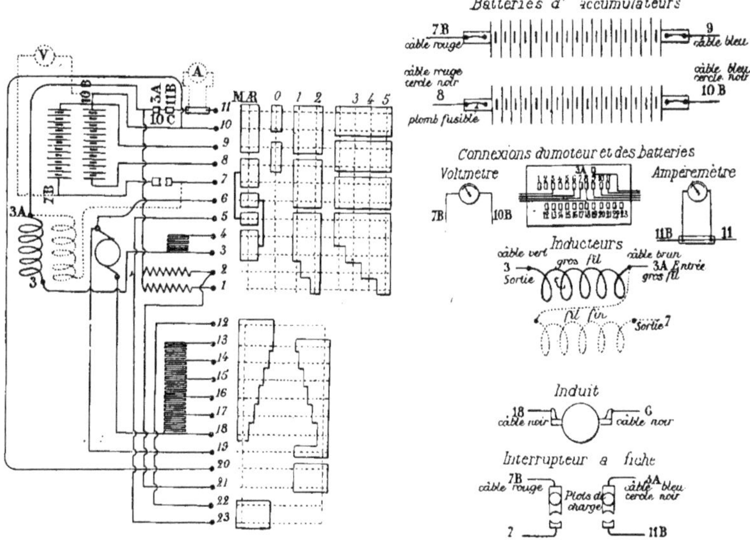

Fig. 47. — Développement détaillé du montage du combinateur Jeantaud.

Tous les organes de direction, de freinage et de changement de marche et de vitesse sont adaptés à ce siège, en sorte que le changement de caisse peut être fait instantanément sans avoir à faire aucune connexion ni aucune attache de frein.

Le poids d'un coupé à caisse interchangeable est de 1 250 kg, dont 700 sur les roues avant et 550 sur les roues arrière.

Le combinateur, dont nous donnons un schéma complet de montage (*fig.* 47), est placé dans le coffre du siège d'avant ; il est composé de deux cylindres en bois ou fibre : l'un, celui des changements de vitesse, est manœuvré à l'aide d'un levier placé à la droite du conducteur ; l'autre est un réducteur-freineur ; il est actionné par une pédale.

(1) Voir, pour plus de détails sur les voitures électriques, l'ouvrage : *les Automobiles électriques*, de Gaston Sencier et A. Delasalle. 1 vol. in-8°. Vve Ch. Dunod, éditeur, Paris.

Le premier cylindre réalise les marches suivantes :

Position 0, *arrêt*, le courant est coupé, sauf l'excitation shunt ;

— 1, *marche à petite vitesse*, la batterie est divisée en deux parties groupées en quantité ;

— 2, batteries en quantité, shuntage de l'inducteur ;

— 3, *marche normale*, tous les éléments de la batterie en tension ;

— 4, batterie en tension, shuntage des inducteurs ;

— 5, batterie en tension, double shuntage des inducteurs.

La marche arrière est obtenue comme dans la position 1, mais avec courant inversé dans l'induit. Cette marche ne peut être obtenue qu'après que le levier a été ramené à la position 0 et qu'on a enlevé un cliquet de retenue.

Pour le cylindre réducteur-freineur, dans la première partie de la course de la pédale qui l'actionne, la vitesse du moteur est réduite par l'introduction de résistances graduelles dans le circuit; en continuant l'abaissement de la pédale au milieu de sa course, le courant est coupé.

Dans la seconde partie de la course, on freine électriquement en mettant l'induit du moteur en circuit sur une résistance diminuant graduellement jusqu'à obtenir le court-circuit, l'excitation de l'inducteur étant maintenue par l'enroulement shunt.

Afin de ne pas fatiguer le collecteur par des mises en court-circuit, un frein mécanique, serrant avant et arrière, est placé sur un tambour claveté sur l'arbre de l'induit même. Son action s'ajoute à celle du freinage électrique; il est actionné par la même pédale.

LA VOITURE ÉLECTRIQUE KRIÉGER

Les voitures Kriéger actuelles, construites par la Compagnie parisienne des Voitures électriques, sont à avant-train moteur et directeur, comportant deux moteurs supprimant ainsi le différentiel. Le poids sur l'essieu avant est une fois et demie plus grand que sur l'essieu arrière. Chaque moteur entraine la roue motrice correspondante à l'aide d'un pignon attaquant par une denture hélicoïdale

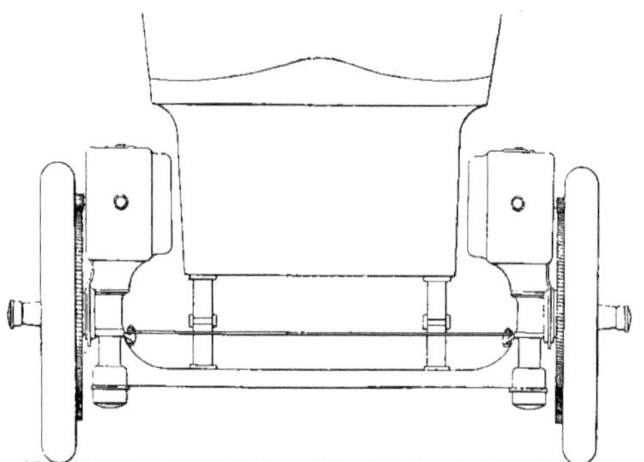

FIG. 48. — Avant-train Kriéger (Élévation).

une roue dentée calée sur le moyeu ; chaque moteur peut osciller par un support spécial autour d'un prolongement de la fusée de la roue ; il y est suspendu par un ressort très souple, ce qui permet d'avoir des démarrages très doux, des freinages électriques moins brusques et, en outre, une moins grande usure des engrenages (*fig.* 48, 50 et 51).

Les moteurs Kriéger, construits par la Société des Etablissements Postel-Vinay, sont à enroulement tambour en série et à excitation composée : 2 pôles en série, 2 pôles en shunt; ils ont chacun une puissance absorbée de 3 150 watts, avec un rendement de 85 0/0; leur vitesse est de 2 000 à 2 300 tours à la minute; le rapport des engrenages varie de 1 à 10 jusqu'à 1 à 17, suivant le type de voiture.

Les accumulateurs sont répartis sous le siège du conducteur et sous le siège des voyageurs; ils sont ainsi dissimulés le plus possible (*fig.* 51 et 52) et la voiture est, par suite, assez agréable d'aspect; cela a l'inconvénient de nécessiter seulement un montage plus long et une manœuvre moins rapide.

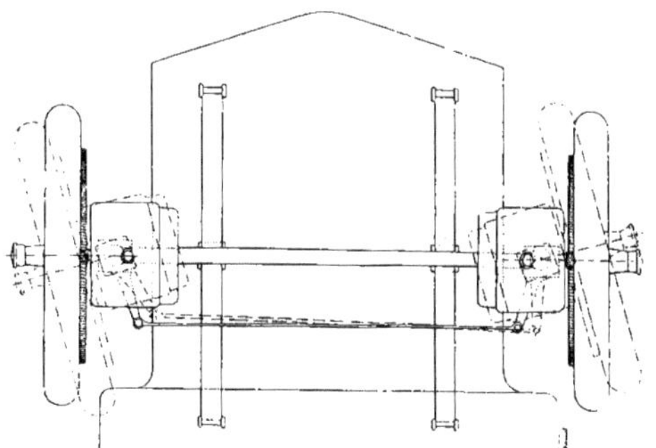

Fig. 49. — Avant-train Kriéger (Plan). Braquage des roues.

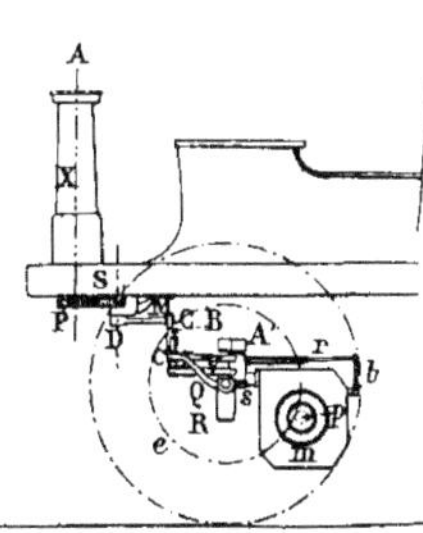

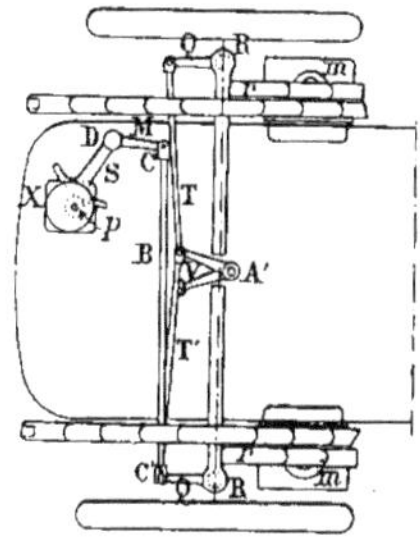

Fig. 50. — Voiture Kriéger. Schéma de la direction et de la disposition des moteurs (1890).

Vue de profil.

X. Combinateur.
A. Axe de l'arbre de la direction.
P. Pignon de la direction.
S. Secteur denté de la direction.
D. Axe du secteur et de la manivelle de direction.
M. Manivelle de la direction.
C. Double chape de bielle de direction.
B. Bielle de direction.
C'. Chape à boulon de bielle de direction.
Q. Queues de fusées de la direction.

Vue en plan.

T. Tige de couplage des queues de fusées.
V. V de couplage de la direction.
A'. Axe du V de la direction.
R. Pivots de fusées de la direction.
m. Moteur.
r. Ressort de suspension du moteur.
b. Bielle de suspension du moteur.
s. Palier-support du moteur.
p. Pignon du moteur.
e. Engrenage calé sur la roue.

Le combinateur, qui se trouve en dessous du guidon de direction, est peu encombrant et d'une visite facile. Les combinaisons qu'il permet d'effectuer sont les suivantes :

POSITION DU COMBINATEUR	RÔLE	DEUX BATTERIES	EXCITATIONS	DEUX INDUITS
0	Arrêt	Tension	Ouvertes	Ouverts
1	Démarrage 3 à 7 km : h.	Dérivation	Shunt et série	Tension
2	2e vitesse 7 à 11 km : h.	—	Série	—
3	3e — 11 à 12 km : h.	Tension	Shunt et série	—
4	4e — 16 à 18 km : h.	—	Série	—
5	5e — 18 à 22 km : h.	—	Shunt et série	Quantité
6	6e — 22 à 30 km : h.	—	Série	—
00	Freinage sans récupération	Quantité	Shunt	Court-circuit
— 1	Marche arrière	—	Shunt et série	En tension et inversés

En plus du combinateur, une pédale permet de mettre l'enroulement série en court-circuit et, si la voiture tend à s'emballer sur une descente, on effectue un freinage par récupération.

La figure 53 donne, du reste, le schéma des couplages.

Fig. 51. — Mylord Kriéger.

Le modèle exposé sous le nom d'électrolette par la Compagnie parisienne des Voitures électriques système Kriéger avait ses moteurs placés horizontalement à l'avant du train. Leur axe était parallèle

Fig. 52. — Coupé Kriéger.

à celui de l'essieu. Les roulements des moteurs et des moyeux sont à billes, ce qui assure à la voiture une résistance à la traction assez faible. Le combinateur permet dix combinaisons résumées dans le tableau ci-dessous :

POSITION DU COMBINATEUR	RÔLE	DEUX BATTERIES	EXCITATIONS	DEUX INDUITS
0	Arrêt; charge de la batterie	Série	Ouvertes	Ouverts
1	Démarrage	Quantité	Shunt et série	Série
2	Petite vitesse	—	Série	—
3	Récupération	—	Shunt	—
4	2e vitesse	Tension	Shunt et série	—
5	3e —	—	Série	—
6	Récupération en grande vitesse	—	Shunt	Parallèle
7	4e vitesse	—	Shunt et série	—
8	5e —	—	Série	—
9	Freinage électrique	Quantité	Shunt	En court-circuit
10	Marche arrière	—	Shunt et série	En série et inversés

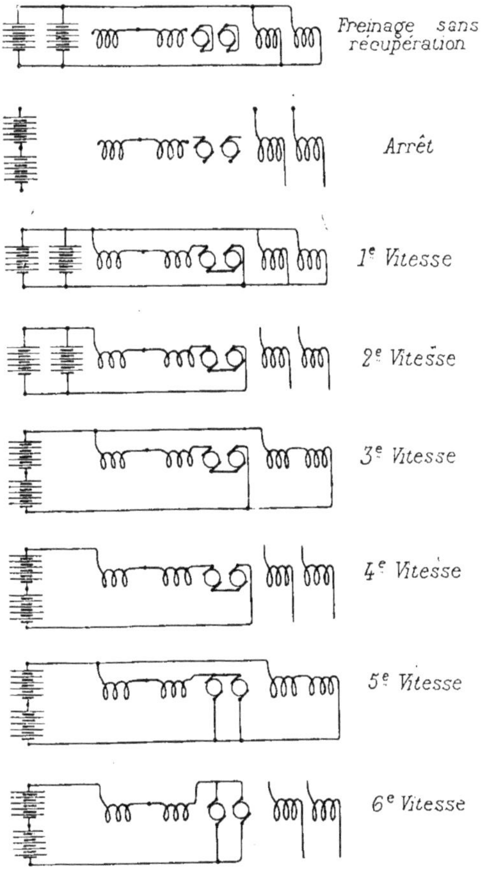

FIG. 53. — Schéma des couplages du combinateur Kriéger.

La seule différence à remarquer avec le précédent est que la récupération se commande par le combinateur et non plus par une pédale séparée. La direction est à cheville ouvrière, elle est très maniable et se fait avec une réduction de 1 à 4.

Fig. 54. — Electrolette Kriéger.

Fig. 55. — Electrolette Kriéger (1901).

Outre le freinage électrique, qui agit sur l'avant-train, la voiture est munie d'un frein à bande sur l'arrière-train agissant dans les deux sens de marche.

Les différentes constantes de l'électrolette Kriéger sont :

Poids total avec les accumulateurs	760 kgs
Poids des accumulateurs	360 kgs
Poids de la voiture	400 kgs
Puissance de chaque moteur	3 chx
Poids de chaque moteur	50 kgs
Vitesse maxima à l'heure en palier	35 km
Vitesse moyenne	20 à 25 km

La batterie d'accumulateurs, du type Fulmen, comprend 44 éléments B 13, d'une capacité de 104 ampères-heures, au régime de 5 heures; elle est contenue dans le corps même du châssis et s'extrait, par simple glissement, par une porte située à l'arrière de la voiture.

LES CYCLES A L'EXPOSITION

Nous avons dit qu'en matière de bicyclette les deux seules nouveautés ayant figuré à l'Exposition étaient la roue libre et le changement de vitesse.

La roue libre n'est pas une chose bien nouvelle. Nous avons vu des grands et vieux bicycles dont la roue motrice était libre; nous avons depuis 1894 le frein Juhel, qui est la roue libre actuelle.

Nous trouvons justement dans la *Revue d'Artillerie* de juillet 1896 une description du frein Juhel; je la reproduis : elle édifiera nos lecteurs sur les prétendues nouveautés qui leur sont parfois présentées en vélocipédie.

« L'appareil est constitué par une sorte de frein à tambour agissant sur le pédalier (ou sur la roue motrice); mais c'est en quelque sorte un frein à tambour *renversé*, la lame flexible, au lieu d'embrasser avec plus ou moins d'énergie la surface externe du tambour, étant, au contraire appliquée par expansion contre sa surface interne, par l'intermédiaire d'un encliquetage à rouleaux (encliquetage Otto).

Description de l'appareil. — Il se compose :

1° D'une roue A, calée sur l'arbre pédalier et portant deux jantes concentriques B et C;

2° D'une couronne folle, formée de deux autres jantes concentriques D et E, qui comprennent entre elles la jante extérieure C de la roue A, la jante extérieure E portant elle-même la roue dentée qui actionne la chaîne de la bicyclette;

3° D'une bague fixe H, invariablement fixée au pédalier par la cale J et fendue suivant une génératrice I, de manière à pouvoir se dilater librement. La bague H est munie extérieurement d'une garniture en cuir qui peut venir s'appliquer par expansion contre la surface interne de la jante D, à l'intérieur de laquelle elle se trouve.

La jante B porte sur sa surface externe des cannelures en forme de rampes *a*, au fond desquelles se trouvent des rouleaux *b*. Ceux-ci viennent faire pression contre la bague H et la forcent à s'ouvrir, lorsqu'on imprime aux pédales et, par suite, à la couronne B, un léger mouvement rétrograde.

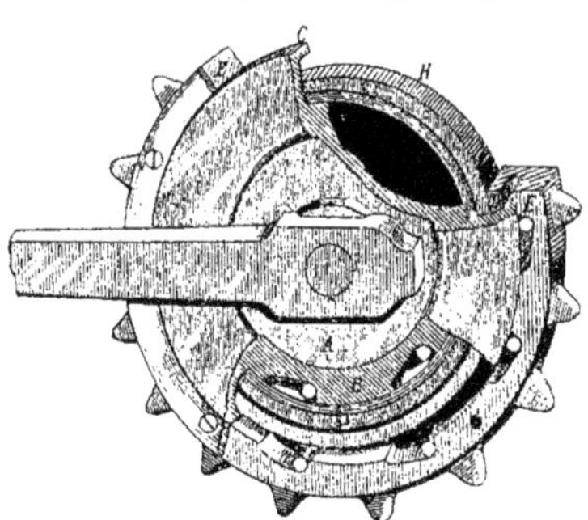

Fig. 56. — Le frein Juhel.

Des rampes *c*, analogues aux rampes *a*, mais disposées en sens inverse et contenant des rouleaux *d*, sont pratiquées dans la couronne E; elles forment un encliquetage qui rend la couronne D et la roue dentée solidaires de l'arbre pédalier, lorsque celui-ci tourne dans le sens normal.

Fonctionnement de l'appareil. — Il résulte de ce qui précède que, si l'on actionne les pédales vers l'avant, l'arbre pédalier entraîne la couronne C, qui se trouve calée sur cet arbre; la couronne C à son tour, par l'intermédiaire des rouleaux *d*, entraîne la couronne E et la roue dentée, d'où progression en avant de la machine. Quant aux rouleaux *b*, ils restent sans action dans la partie la plus profonde de leur rampe.

Lorsque le cycliste, cessant d'agir sur les pédales, maintient celles-ci immobiles, la couronne BC avec ses rouleaux b reste également immobile, les rouleaux d se maintenant dans la partie profonde de leur rampe et la couronne ED continuant à tourner folle dans le sens de la marche en avant. C'est ce qui se produira dans une descente, lorsque le cycliste laissera sa machine aller librement.

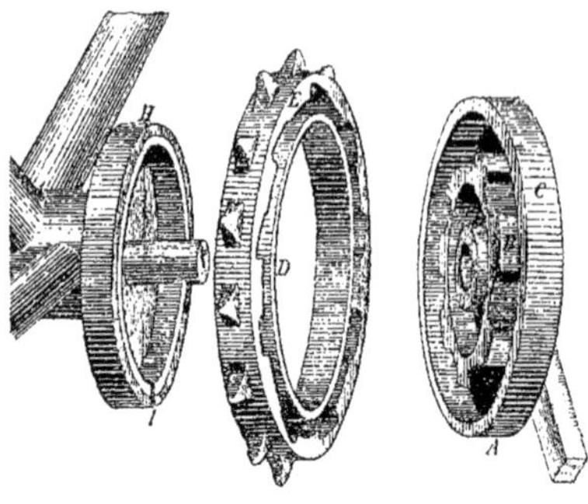

FIG. 57. — Les pièces du frein Juhel.

Enfin, quand le cycliste imprime aux pédales un léger mouvement rétrograde, les rouleaux b remontent les rampes a et se coincent contre la bague H en la forçant à s'épanouir et à appliquer sa garniture en cuir contre la surface interne de la couronne DE; le mouvement de celle-ci et, par suite, celui de la machine se trouvent alors d'autant plus ralentis que la pression exercée est plus forte. Remarquons d'ailleurs que, la bague H étant fixe, l'effort exercé sur la pédale n'a pas à vaincre directement la force d'inertie de tout le système en mouvement (comme lorsque le cycliste pédale en sens inverse), mais seulement à provoquer l'ouverture de la bague H au moyen d'un dispositif en forme de coin, ce qui permet au constructeur de réduire à volonté l'intensité de la pression à exercer. Le frein est donc un appareil semi-automatique.

Les dimensions de l'appareil sont calculées de telle sorte que l'effort exercé sur la pédale produise sur la chaîne une traction dix fois plus considérable que si cet effort était exercé directement. Le frein est donc très puissant; car un effort d'environ 10 kilogrammes sur la pédale permet d'arrêter en 10 mètres une machine marchant à la vitesse de 20 kilomètres à l'heure, alors qu'en l'absence de frein il faudrait exercer un effort d'une centaine de kilogrammes.

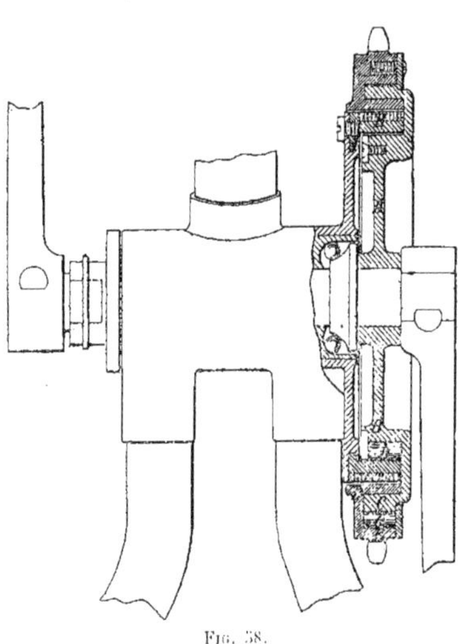

FIG. 58.

Avantages du système. — Le frein d'entraînement constitue un appareil de sûreté très efficace; il a, en outre, l'avantage de ménager beaucoup les forces du moteur. Il épargne en effet presque tout effort au cycliste, aussi bien dans les descentes que dans le cas de ralentissement ou d'arrêt, d'où une économie de travail sérieuse[1], économie analogue à celle que le frein à cordes procure aux attelages de la Compagnie des Omnibus. Il fait aussi profiter le cycliste de toutes les accélérations positives que tend à acquérir la machine sous l'action des irrégularités du sol, l'appareil d'entraînement se débrayant instantanément lorsque la vitesse de la machine tend à dépasser celle de l'arbre pédalier, de sorte que le cavalier n'est plus exposé à *contre-pédaler* malgré lui, lorsque sa vitesse augmente par suite d'une influence extérieure quelconque.

Dans la pratique, une bicyclette munie du frein Juhel semble rouler beaucoup plus facilement sur route[2] qu'une bicyclette ordinaire, non pas que l'effort nécessaire à la propulsion soit devenu moindre, mais parce que l'appareil supprime presque complètement tout travail inutile ou nuisible.

1. Le travail négatif à produire sur une pente de 4 0/0 pour maintenir une bicyclette à la vitesse de 20 kilomètres à l'heure est sensiblement équivalent au travail positif à développer *en palier* pour obtenir la même vitesse de 20 kilomètres à l'heure.

2. Cet effet ne peut se produire au même degré sur piste, où la vitesse est sensiblement constante.

En résumé, le frein Juhel est à la fois un frein et un appareil d'embrayage et de débrayage automatique, utilisant la force motrice aussi bien que possible.

Le montage, le démontage et l'entretien ne présentent pas de difficultés.

Ce frein ne permet pas d'arrêter une bicyclette *emballée* sur une descente à la suite d'une rupture de chaîne ; mais, supprimant les à-coups, il diminue considérablement les chances de rupture, et, par suite, garantit dans une certaine mesure la vie du cycliste contre un des accidents les plus à redouter.

Applications. — Le frein d'entraînement peut être monté à volonté sur le pédalier, ou sur la roue arrière (*fig.* 58, 59 et 60); il n'augmente le poids de la machine que d'une façon insignifiante (400 à 500 grammes). Il peut s'employer pour les machines sans chaîne (acatène), dans le *carter* desquelles il est facile de le loger.

Il paraît, du reste, pouvoir s'appliquer d'une façon générale à toutes les transmissions de mouvement circulaire et servir soit de frein, soit d'appareil d'embrayage et de débrayage. »

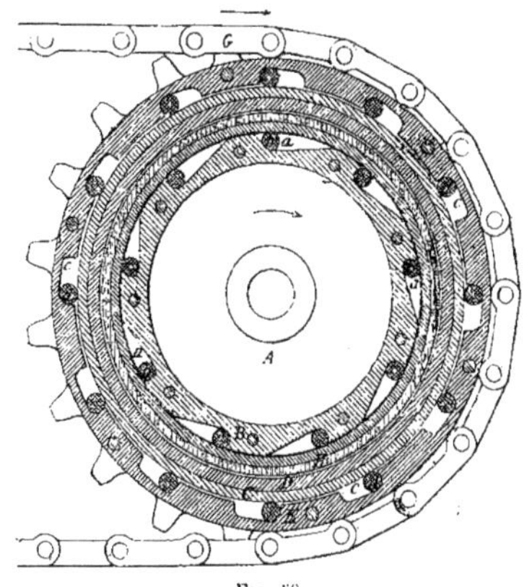

Fig. 59.

Tels sont les avantages — et les inconvénients — qu'on trouvait déjà à cette époque à la roue libre ; ce sont les mêmes qui existent actuellement. Depuis 1894, le frein Juhel n'est cependant pas encore appliqué de façon courante; on n'en a fait que des essais, comme on ne fera, en 1900, que des *essais* de la roue libre.

Mais toutes les roues libres ne se ressemblent pas. Il y en a qui, au lieu d'être actionnées par des rouleaux, le sont par des cliquets? C'est exact; mais les avantages n'en sont pas précisément bien significatifs. Lisez plutôt :

Ma bicyclette à roue libre, écrit le rédacteur en chef du *Cycliste*, vient de me jouer un tour pendable.

C'était hier, 27 novembre, dans la plaine, temps gris; entre 300 et 500 m d'altitude, brouillard à givre ; au-dessus de 500 m, soleil radieux, mais froid vif, qui allait s'accentuant à mesure que je m'approchais du col, à 1 200 m, où il gelait à pierre fendre... et du soir.

Soudain, entre Colombier et Gray, ma roue libre le devient tellement qu'elle se désintéresse complètement des pédales et m'immobilise en pleine montée.

Tout en poussant ma machine au pas de course, je me demande par quel curieux phénomène les quatre cliquets chargés d'entraîner la roue et de la rendre, dans le mouvement en avant, solidaire des pédales, refusent tous à la fois le service.

Je finis par conclure que l'huile chargée d'assurer le libre jeu de ces délicats organes a dû se congeler et qu'elle retient les cliquets prisonniers dans leurs alvéoles.

Il s'agit donc de la dégeler; malheureusement, n'étant pas fumeur, je n'ai pas même une allumette sur moi, et force m'est de pousser jusqu'à Gray. Je couche ma bicyclette sur le flanc, verse du pétrole sur les pignons et y mets le feu.

Victoire! mon diagnostic était juste, et ma roue fonctionne comme ci-devant; je repars gai et content sans me munir d'allumettes, si bien qu'à 3 km de Gray l'huile se recongèle et me voilà derechef bien embarrassé.

Je continue ma route au pas gymnastique à cause du froid intense, et, puisque me voici au point culminant et que je n'ai plus qu'à descendre, je n'aurais qu'à me laisser rouler.

Seulement, comme la pente n'est pas uniforme et qu'à certains passages la route monte même légèrement, j'étais obligé d'entretenir la vitesse de ma machine par de vigoureux appels de pied droit, le pied gauche restant sur le marchepied, et les gens qui me voyaient exécuter cette manœuvre devaient se demander si je jouissais bien de tout mon bon sens.

J'arrivai tout de même à Saint-Étienne avec une petite heure de retard, et je m'empresse de signaler le fait aux cyclistes à roue libre, afin qu'ils ne soient pas, le cas échéant, embarrassés pour si peu.

Réchauffer son moyeu sur un *petit feu de brindilles* de bois sur le bord de la route, et l'on sera sauvé pendant *au moins 3 km*.

Le mieux serait encore d'employer un lubrifiant incongelable et cependant très fluide.

Cet incident plutôt désagréable m'a amené à réfléchir sur les divers modes d'action des mouvements imaginés pour rendre les roues libres et qui peuvent être ramenés à deux types :

Le *type Whippet* à rochet et à cliquets agissant soit dans le sens du rayon, soit dans le sens de la tangente, mais dépendant toujours de ressorts et exposé à s'engourdir sous l'action du froid dans l'huile congelée, et le *type Juhel* à galets, dont on prétend que l'action est moins sûre, mais qui me paraît devoir échapper à l'objection ci-dessus.

Il y a lieu d'expérimenter à fond et dans toutes les circonstances ces deux systèmes, qu'on a diversifiés à l'infini, mais qui sont toujours faciles à reconnaître.

Voyez donc le bel avantage : tous les 3 ou 4 kilomètres, être obligé de faire un petit feu de brindilles sur le bord du chemin ! La perspective est gaie !

La défaveur dans laquelle est resté le frein Juhel vient de ce que le cycliste ne sent plus la machine ; elle lui échappe, il n'en est pas maître.

Son action est telle que, dès qu'on cesse de pédaler, la roue devient libre, et que, dès qu'on appuie à l'envers sur les pédales, le frein agit, quelle que soit la position des manivelles. Il y a une certaine difficulté à rester dans le milieu, à se tenir en ce point précis où la roue n'est pas poussée en avant, mais où le frein n'agit pas encore. Le cycliste est alors dans une position tout à fait instable que le moindre cahot bouleverse ; on lâche les pédales, et alors elles se dérobent, et c'est toute une affaire pour les retrouver.

Mais c'est surtout dans les encombrements et les virages que la roue libre est par *trop libre* et dangereuse. On est effrayé de sentir que la roue avance seule et n'obéit pas à la contre-pression ; la marche dans ces conditions est à peu près impossible, et ce seul point suffit déjà à motiver la défaveur dans laquelle on l'a laissée jusqu'ici.

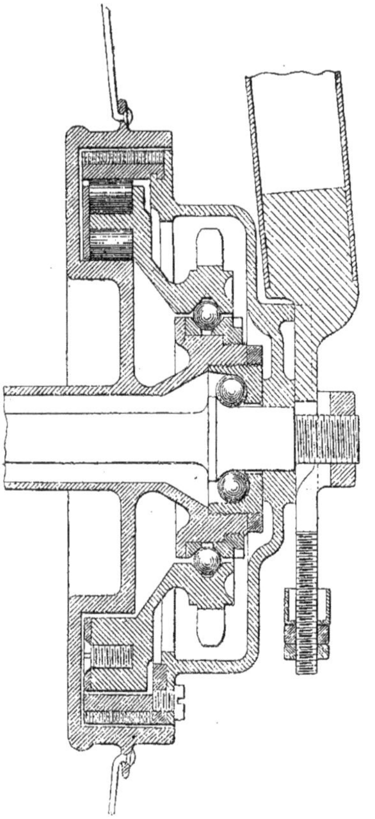

Fig. 60.

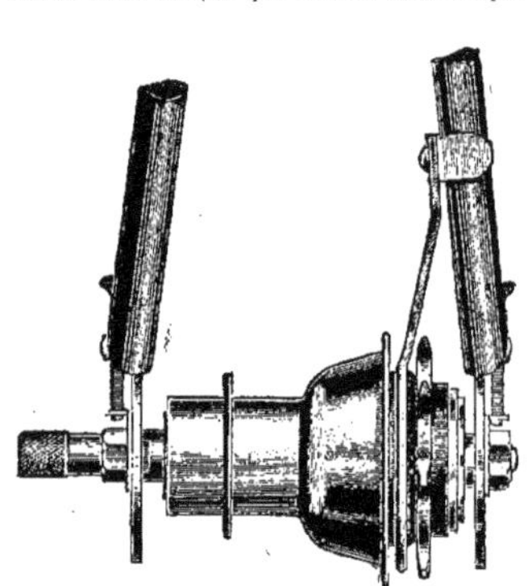

Fig. 61. — Moyeu Morrow.

De toutes les roues libres, la moins mauvaise est encore celle qui est connue sous le nom de « moyeu Morrow » avec transmission libre et frein automatique.

Dans la figure 61, on voit un de ces moyeux fixé au cadre d'une bicyclette ordinaire. Le bras du frein est immobilisé et rendu solidaire de la tige de droite de la fourche arrière. Dans les figures 62 et 63, on voit la coupe du frein et ses différentes parties.

Le principe est celui de toutes les roues libres ; le pignon entraîne le moyeu, mais n'est pas entraîné par lui, et, en agissant sur la chaîne en sens inverse, on arrête le mouvement de la machine.

Ces deux actions du pignon sont obtenues par coincement de parties coniques; il n'y a pour l'entraînement ni billes ni cliquets.

Le pignon dépasse sur le moyeu à frottement doux ; il présente sur sa face droite une partie plane et sur sa face gauche une roue à rochet formant griffes d'embrayage.

La face plane vient appuyer sur une série de rouleaux dont l'axe est perpendiculaire à l'axe de la roue et qui sont maintenus ainsi entre cette face du pignon et l'écrou D vissé sur le moyeu. Le pignon ne peut donc ainsi s'échapper vers la droite.

Or, en face de la roue à rochet du pignon, se trouve une bague munie de rochets semblables et folle également sur le moyeu, du moins la machine étant à l'arrêt.

Cette bague a sa face intérieure conique ; la face extérieure du moyeu est conique également à cet endroit, et cela se voit bien sur la figure 62.

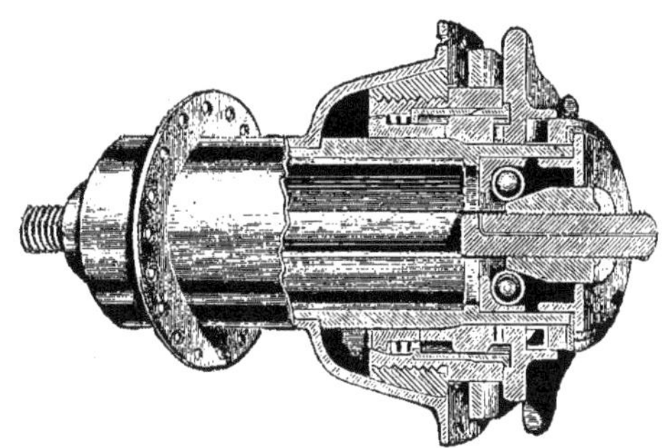

FIG. 62. — Le moyeu Morrow vu en coupe.

Lorsque la chaîne tourne comme pour le mouvement en avant, les deux roues à rochet ont tendance à se débrayer; le pignon de chaîne cherche à s'échapper vers la droite, et il ne le peut pas, parce qu'il est retenu par les rouleaux ; mais alors la bague, elle, est rejetée vers la gauche et son cône vient coincer sur le cône du moyeu qu'il entraîne. Tout l'ensemble forme corps et fonctionne comme un moyeu de bicyclette ordinaire, en tournant à l'intérieur des appareils de freins.

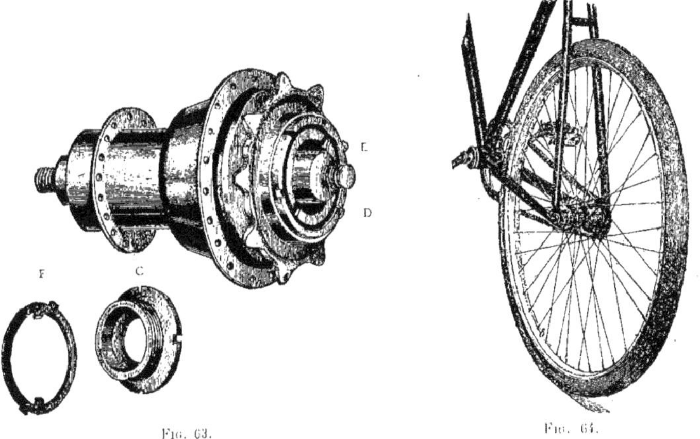

FIG. 63. FIG. 64.

J'ai omis de dire que la bague à rochet entraîne dans son mouvement une autre bague dont elle est rendue solidaire par une rampe d'embrayage. Cette bague aura son utilité tout à l'heure au moment du freinage.

On voit sur la figure 62 cette bague ; elle se trouve à côté de la première, à gauche sur la partie renforcée du moyeu, après le cône de coincement. On voit aussi sur la gravure que les deux bagues sont réunies par une rampe, puisque, dans la coupe, elles n'ont pas les mêmes dimensions à la partie supérieure et inférieure.

Lorsque le cycliste cesse brusquement de pédaler, le pignon s'arrête, la bague à rochet est arrêtée par le rochet du pignon ; elle se débloque et s'arrête ; le moyeu continue à tourner, la roue est libre; les rouleaux tournent alors sur la face plane du pignon de chaine : nous avons vu que, pendant toute la période de marche avant, ils étaient immobiles.

Enfin, si le cycliste agit en sens inverse sur les pédales, le pignon, à l'aide de ces rochets, entraine une des bagues; mais celle-ci n'entraine pas l'autre; elle monte la rampe, et l'ensemble des deux bagues s'allonge comme dans un mouvement à baïonnette.

L'ensemble ne peut pas s'allonger vers la droite ; il y a les pignons et les rouleaux qui s'y opposent; il ne peut non plus s'allonger vers la gauche sans entrainer la masse du frein qui vient coincer dans le cône très caractéristique que présente le moyeu ; il se produit là une friction énergique qui arrête le mouvement.

Par un nouveau coup de pédale, les bagues descendent leurs rampes mutuelles, et le frein est débloqué.

La figure 63 indique comment on règle le jeu du pignon : on retire pour cela le contre-écrou G et la rondelle F qui, à l'aide des ergots dont les uns sont engagés dans des rainures pratiquées à l'extrémité du moyeu, et les autres dans les rainures de l'écrou D, empêche le desserrage de cet écrou.

On agit alors sur l'écrou D ou sur le cône de blocage, suivant que le jeu est dans les rouleaux ou sur les billes.

LA BICYCLETTE ROCHET A CHANGEMENT DE VITESSE

Pour qu'une telle bicyclette rende les services qu'on est en droit d'en attendre, il faut que le changement de vitesse soit robuste et ne donne pas de frottements supplémentaires. Tous les systèmes ne remplissent pas de la même façon ces desiderata.

Fig. 65. — Le changement de vitesse de la bicyclette Rochet.

Ils sont; du reste, très difficiles à obtenir, lorsque le changement de vitesse est logé sur le moyeu de la roue arrière. Placé à cet endroit, cet appareil doit avoir nécessairement des dimensions très restreintes, et il est souvent délicat ; on sait aussi que le frottement des engrenages augmente dans de très grandes proportions lorsque le rayon de ces engrenages est petit, et que le rendement de la transmission est d'autant meilleur que ces engrenages sont plus grands.

Sur la roue arrière, les engrenages sont nécessairement toujours d'un diamètre très faible, et ne se comportent peut-être pas d'une façon absolument parfaite. Sur la roue d'arrière, les chocs sont également transmis d'une manière plus brutale.

Il est préférable, certainement, d'avoir l'appareil de changement de vitesse monté sur le pédalier; les engrenages sont plus robustes; leur rendement est meilleur, et ils reçoivent moins de chocs.

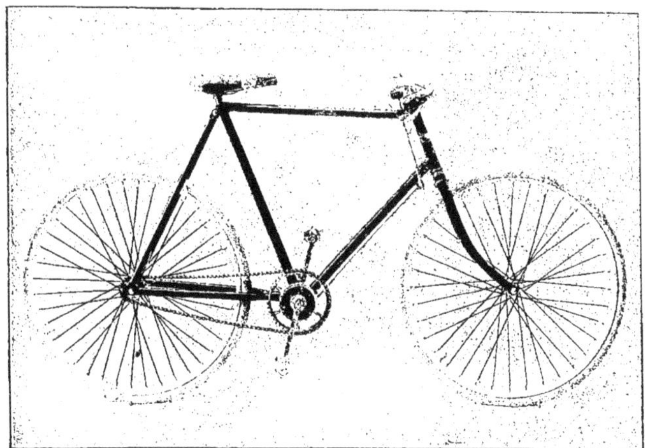

Fig. 66. — La bicyclette Rochet à changement de vitesse.

La machine n'en est pas plus disgracieuse, au contraire. Voyez la photographie de la bicyclette Rochet à changement de vitesse que nous donnons ci-contre. L'appareil est dans le pédalier, et il semble qu'au contraire l'élégance de la machine en soit augmentée.

Une courte manette placée sur le tube horizontal un peu en arrière du guidon suffit à la commande; elle manœuvre l'appareil du pédalier par l'intermédiaire d'une tringle qui court le long du tube incliné.

Comme tous les appareils analogues, le changement de vitesse se fait par pignons satellites; et il est obtenu en rendant un des engrenages solidaires, soit des manivelles, soit, au contraire, de la boite du pédalier; dans le premier cas, on a la grande vitesse; dans le deuxième cas, la petite vitesse, qui est inférieure à la grande de 25 0/0 environ.

Entre les deux, on a le débrayage, c'est-à-dire que la roue arrière est absolument libre.

Le petit levier placé près de la direction et la série de bielles qu'il commande sont représentés dans notre figure 65.

La boîte du pédalier (*fig.* 68) est percée de deux fenêtres qui servent à laisser pénétrer les bielles de commande pour manœuvrer le mécanisme intérieur.

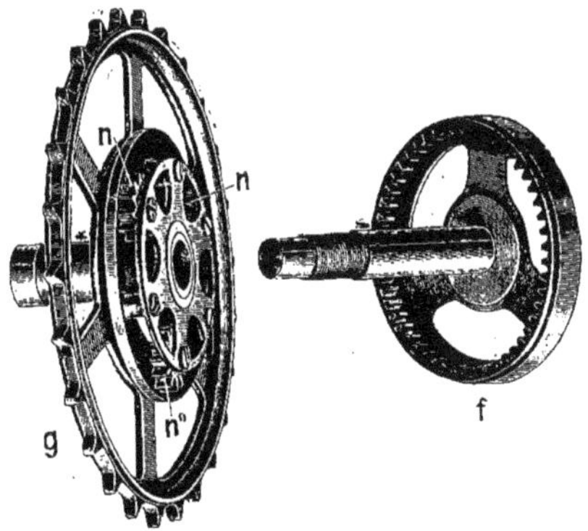

Fig. 67.

La roue dentée *g* (*fig.* 67), au lieu d'être solidaire directement des manivelles, comme dans les bicyclettes ordinaires, est munie d'un manchon dans lequel peut tourner l'axe des manivelles; nous verrons, en effet, que, pour le petit développement, les manivelles tournent plus vite que la roue dentée.

Cette roue dentée est munie d'un disque portant de petits pignons *n*, *n'*, *n"* (*fig.* 67). Ces petits pignons engrènent, d'une part, avec une roue intérieure *f* fixée sur l'axe des manivelles et, d'autre part, avec un engrenage *e* (*fig.* 68), qui peut être rendu solidaire tantôt de l'axe des manivelles (grande vitesse), tantôt de la boîte du pédalier (petite vitesse) et qui peut être aussi laissé absolument fou (roue folle).

La figure 69 donne une coupe d'ensemble de ce pédalier.

Dans l'intérieur de la boîte du pédalier (*fig.* 68), et fixée à cette boîte à l'aide d'une vis *g*, se trouve une cage *a*, qui renferme tout le mécanisme destiné à placer l'engrenage *e*, dont nous venons de parler, dans un de ces trois états. La figure 69 représente en bloc tout ce mécanisme, dont la figure 68 montre les différentes pièces.

Le levier de commande déplace, dans l'intérieur du pédalier, un manchon, à dents *c*; sa partie

Fig. 68. — Les pièces du changement de vitesse de la bicyclette Rochet.

interne est taillée en octogone et glisse sur la pièce *e*; la pièce *c* peut donc se déplacer sur la pièce *e*; mais ces deux pièces ne peuvent pas tourner l'une sur l'autre.

Les pièces *b* et *d*, solidaires l'une de l'axe des manivelles, l'autre de la cage *a*, portent des dents qui correspondent à celles de la pièce *c*.

On conçoit maintenant comment sont obtenus les trois états différents de l'engrenage *e* qui engendrent les trois états différents de la machine : grande vitesse, petite vitesse ou roue folle. Nous allons du reste montrer ces trois positions correspondant aux trois positions du levier de manœuvre.

Dans la figure 70, le levier est complètement relevé, la pièce *c* est alors embrayée du côté opposé au pignon, c'est-à-dire qu'elle est solidaire de l'axe des manivelles ; donc également l'engrenage *e*. Dans cette position, le pédalier fonctionne comme dans une machine ordinaire ; tout forme un bloc, c'est la *vitesse normale*, c'est-à-dire la plus grande.

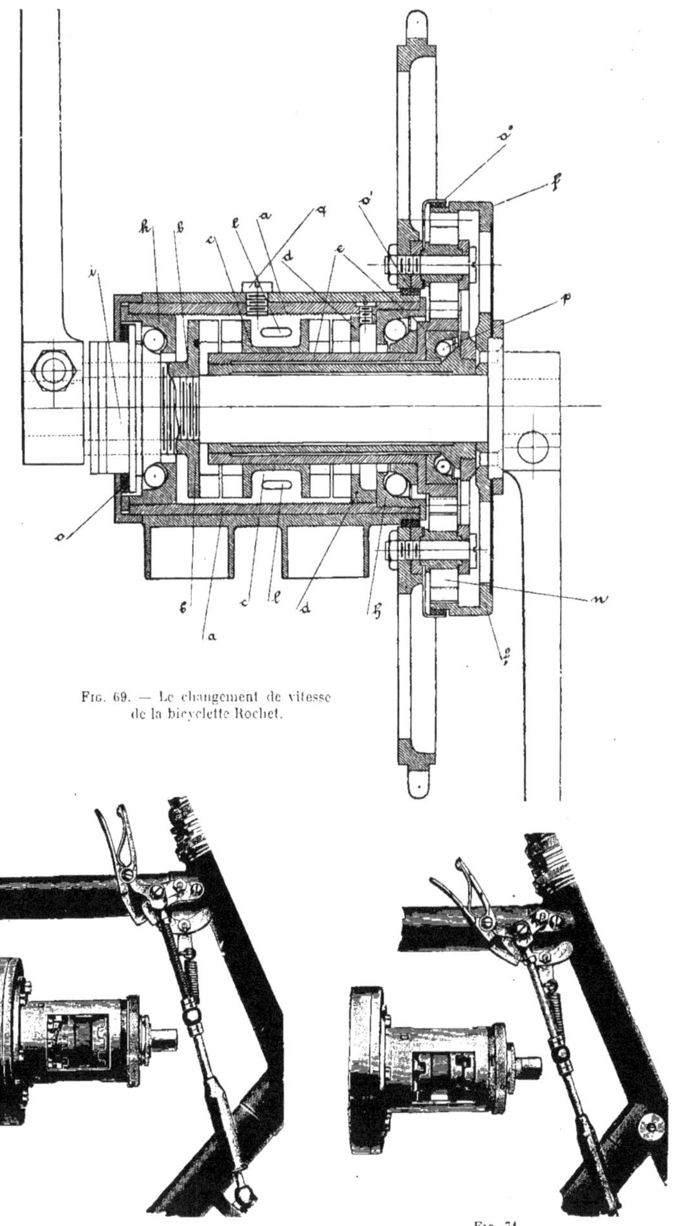

Fig. 69. — Le changement de vitesse de la bicyclette Rochet.

Fig. 70.

Fig. 71.

La figure 71 montre la position du levier baissé à moitié de sa course et pris dans le cran d'arrêt qui le maintient fixe. En regardant la vue intérieure du pédalier, on voit que cette position du levier débraye complètement le manchon c; l'engrenage g est alors complètement fou et continue à tourner avec la chaîne et la roue arrière, les pédales restant immobiles; c'est la position de la *roue folle*.

Enfin la figure 72 montre le levier complètement baissé et indique ce qui se passe dans l'intérieur du pédalier pour cette position : la pièce c est embrayée du côté de l'engrenage g avec la pièce d calée

Fig. 72.

dans le manchon a; la rotation de e est ainsi impossible. Quand l'une des manivelles tourne, la roue intérieure f, qui en est solidaire, provoque la rotation des trois petits pignons n, n', n'', qui roulent sur le pignon e fixe. L'engrenage de chaîne solidaire des petits pignons satellites n, n', n'', tourne aussi, mais avec une vitesse réduite dans le rapport du nombre de dents de f à celui de e. On obtient ainsi la *petite vitesse*. Le rapport de ce nombre de dents de f à celui de e est environ de 3/2.

Pour baisser complètement le levier de manœuvre, il faut presser les deux extrémités, afin de l'empêcher de s'engager dans le cran d'arrêt correspondant à la position de roue folle, ou pour le dégager de ce cran.

Cet appareil à changement de vitesse augmente à peine de quelques centaines de grammes le poids de la machine.

Outre sa particulière robustesse, il a surtout le grand avantage, — contrairement à beaucoup d'autres, — de n'avoir aucun engrenage intermédiaire en prise à la grande vitesse ; par conséquent, de n'occasionner aucun frottement supplémentaire à la position que le cycliste utilisera le plus souvent.

TABLE DES MATIÈRES

Tours, imprimerie Deslis Frères, 6, rue Gambetta.

LA

MÉCANIQUE

A l'Exposition de 1900

Publiée sous le Patronage et la Direction technique d'un Comité de Rédaction

17e LIVRAISON

LES APPLICATIONS MÉCANIQUES DE L'ÉLECTRICITÉ

PAR

M. P. BUNET

PARIS. VI
Vve CH. DUNOD, ÉDITEUR
49, QUAI DES GRANDS-AUGUSTINS, 49

TÉLÉPHONE 147.92

1901

TABLE DES MATIÈRES

LES

APPLICATIONS MÉCANIQUES DE L'ÉLECTRICITÉ

A L'EXPOSITION DE 1900

PAR

M. P. BUNET

AVANT-PROPOS

L'Exposition universelle de 1900 a pu être appelée à juste titre l'*Exposition de l'Electricité*. Le développement considérable, et même prodigieux de l'électricité au cours des dernières années du XIXe siècle peut justifier cette appellation.

La *Mécanique à l'Exposition de 1900* ne pouvait faire autrement que de consacrer un de ses fascicules à cette partie si importante de la science et de l'industrie. Cependant, notre publication devant, dans l'esprit de ses fondateurs, avoir pour objectif principal la Mécanique, et, d'autre part, d'autres publications purement électriques, et s'adressant spécialement aux électriciens paraissant parallèlement, nous avons cru devoir limiter cette étude seulement à l'indication des applications intéressant plus particulièrement les ingénieurs et constructeurs mécaniciens, en ne décrivant qu'un certain nombre d'applications réellement importantes, et en nous attachant à faire surtout ressortir les progrès généraux réalisés pendant ces dernières années.

I. — Installations génératrices.

Nous devons dire quelques mots tout d'abord des installations génératrices d'électricité établies à l'Exposition.

L'énergie électrique nécessaire pour l'éclairage et le service des moteurs était fournie par des groupes électrogènes servant en même temps d'expositions pour les grandes maisons de construction de machines à vapeur et de dynamos, de France et d'étranger.

La liste de ces machines comprenait 19 groupes français, et 19 groupes étrangers, représentant une puissance totale de 36.000 chevaux pour les machines à vapeur, et environ 20.000 kilovatts pour les dynamos (8.000 pour le courant continu et 12.000 pour le courant alternatif) se répartissant aussi en 8.000 pour la France et 12.000 pour les expositions étrangères.

Ces courants étaient livrés par les soins de l'administration, le courant continu tel quel, le courant alternatif après avoir été en grande partie transformé en courant continu à 500 volts.

Au point de vue mécanique, ce qui frappait tout d'abord, c'est que toutes ces dynamos étaient à couplage direct sur l'arbre de la machine à vapeur. C'était la première fois qu'il nous était donné de voir cela dans une de nos Expositions universelles. Ce mode d'attaque des dynamos ne s'est, en effet, répandu d'une manière générale que dans le cours de ces dix dernières années, depuis que l'on a à installer des unités électrogènes de grande puissance. En mettant à part la question de l'économie d'emplacement, toute en faveur du couplage direct, il est intéressant de comparer l'attaque des dynamos par courroie, au couplage direct quant au prix.

Les données ci-dessous se rapportent à la moyenne des prix pour lesquels on peut se procurer actuellement les dynamos à courant continu des modèles exposés :

1° *Puissance de 50 kilowatts.* — Une dynamo tournant à 600 tours par minute, destinée à être conduite par courroie, avec ses glisssières pour le réglage de la tension de cette dernière, coûte 5.000 francs, et la courroie nécessaire 400, soit un total de 5.400 francs.

Couplée directement avec une machine à vapeur faisant 160 tours par minute, le prix est de 11.000 francs, et à 100 tours seulement, de 14.000 francs.

2° *Puissance de 100 kilowatts.* — Attaque par courroie à 450 tours : 8.500 francs, et avec la courroie 9.200 francs.

A 160 tours : 17.000 francs.

A 100 tours : 20.000 francs.

3° *Puissance de 200 kilowatts.* — Attaque par courroie à 350 tours : 16.000 francs au total.

A 160 tours : 22.000 francs.

A 100 tours : 28.000 francs.

A 75 tours : 35.000 francs.

4° *Puissance de 300 kilowatts.* — Attaque par courroie à 300 tours : 22.000 francs au total.

A 100 tours : 35.000 francs.

A 75 tours : 42.000 francs.

5° *Puissance de 500 kilowatts.* — Attaque par courroie à 275 tours : 33.000 francs au total.

A 100 tours : 45.000 francs.

A 75 tours : 56.000 francs.

A partir de 300 kilowatts, on a tout intérêt à employer le couplage direct : le rendement devient de 3 p. 100 au moins supérieur relativement à la commande par courroie, tant par la dynamo elle-même, que par la perte inhérente à la transmission par courroie ou par câbles.

Prenons comme exemple les chiffres cités plus haut pour 500 kilowatts. Entre la commande directe et l'attaque par courroie, il y a 12.000 francs de différence. Si l'on a une différence de rendement de 3 p. 100, on gagne par heure de marche :

$$500 \times 0{,}03 = 15 \text{ kilowatts-heures.}$$

En supposant que l'on brûle 2 kilogr. de charbon par kilowatt-heure, la différence est de 30 kilogr. de charbon par heure.

Si le prix est de 30 francs les 1.000 kilogr., pour compenser la différence de prix il faudra une marche de

$$\frac{12.000}{30.\ 0,03} = 13.300 \text{ heures.}$$

Pour une dynamo faisant un service de 12 heures par jour, en trois ans on aura amorti la différence de prix.

Si l'on fait intervenir l'usure plus grande de tous les organes marchant à de grandes vitesses, ce temps se trouve de beaucoup réduit. Nous n'avons pas parlé des machines à vapeur à grande vitesse (Willans, Carels, Delaunay-Belleville, turbines, etc.) qui augmentent encore l'avantage de la suppression des courroies.

Pour des machines plus faibles, comme 50 ou 100 kilowatts, le rendement est à peu près égal, ou plutôt inférieur avec la commande directe, et sauf dans les cas où l'économie d'emplacement s'impose, elle n'est guère adoptée, excepté avec des machines à vapeur ou des turbines à grande vitesse.

Les grosses dynamos sont ainsi devenues, en quelque sorte, partie intégrante des machines à vapeur (ou des turbines) auxquelles elles sont accouplées. Les constructeurs ont donc été conduits à donner de grands diamètres aux dynamos, pour tâcher de donner à leur partie mobile le même moment d'inertie qu'au volant placé ordinairement, et supprimer celui-ci tout en ayant le même effet régularisant.

Il convient de remarquer qu'aux points de vue de la régularité de la vitesse de la machine, et de la fixité du voltage des dynamos, le couplage direct n'a pas d'avantages par lui-même.

Si on a une dynamo à couplage direct, la partie tournante étant de masse M, de rayon de giration ρ, de vitesse angulaire ω, la force vive emmagasinée est $\frac{1}{2} M \omega^2 \rho^2$.

Si on commandait par courroie une dynamo plus petite, géométriquement semblable, on aurait une force vive égale à $\frac{1}{2} M' \omega'^2 \rho'^2$.

Si nous supposons la puissance d'une dynamo proportionnelle à la vitesse angulaire et au cube des dimensions linéaires, et que la commande par courroie multiplie la vitesse angulaire par n, nous aurons, en supposant ces deux machines de même puissance :

$$M = n M'$$
$$\omega' = n \omega$$
$$P' = 3 \frac{P}{\sqrt[3]{n}}$$

De là il vient :

$$M' \omega^{2\prime} \rho'^2 = M \omega^2 \rho^2 \sqrt[3]{n}$$

La force vive emmagasinée est donc plus grande avec la commande par courroie.

Supposons une partie de cette force vive employée pendant un temps dt à fournir un travail d $\mathcal{T}$ avec une baisse de vitesse d ω :

$$d\,\mathcal{T} = d\left(\frac{1}{2} M \omega^2 \rho^2\right) = M \rho^2 \omega\, d\omega$$
$$d\,\omega = \frac{d\,\mathcal{T}}{M \rho^2 \omega}$$

et

$$\frac{d\omega}{\omega} = \frac{d\mathcal{T}}{M\rho^2\omega^2}$$

de même

$$\frac{d\omega'}{\omega'} = \frac{d\mathcal{T}}{M'\rho'^2\omega'^2}$$

$\frac{d\omega}{\omega}$ est la variation proportionnelle de vitesse, donnant pour la machine un coefficient de régularité de vitesse ou de différence de potentiel, et $\frac{d\omega}{\omega}$ est plus grand que $\frac{d\omega'}{\omega'}$, ce qui est à l'avantage des courroies.

Ceci est encore augmenté par ce fait, que lorsque l'on commande par courroie, il y a déjà un volant sur la machine à vapeur, ne serait-il placé que pour y enrouler la courroie.

Il est vrai que nous avons supposé des machines semblables, ce qui n'est pas généralement la disposition adoptée ; on donne, en effet, la plupart du temps, un plus grand nombre de pôles à la machine de faible vitesse, ce qui fait augmenter ρ.

Une dynamo à couplage direct permettant la suppression du volant de la machine à vapeur doit donc être dimensionnée autrement que si elle devait être commandée par courroie, et on doit dans chaque cas examiner si l'on a vraiment avantage à faire cette suppression.

Le coefficient de régularité des moteurs (c'est-à-dire le quotient du plus grand écart entre la vitesse instantanée et la vitesse moyenne pendant un tour, par cette vitesse moyenne) est généralement demandé non supérieur à $\frac{1}{200}$ pour les alternateurs, et $\frac{1}{50}$ pour les dynamos à courant continu.

Sauf avec des conditions spéciales, comme nous aurons occasion d'en parler plus loin, les machines à vapeur monocylindriques se trouvent ainsi écartées des stations centrales à courant alternatif, tandis qu'il n'est pas nécessaire d'avoir des machines à plusieurs cylindres, dans le cas où l'on désire produire du courant continu.

La plupart des alternateurs exposés sont à induit fixe, et inducteurs mobiles ; l'inducteur est constitué par une série de bobines traversées par du courant continu, et tournant à l'intérieur de l'induit. En général, le diamètre est considérable, et l'épaisseur dans le sens parallèle à l'arbre faible. Les pôles inducteurs peuvent être simplement fixés sur le volant ordinaire de la machine à vapeur, dont la jante est utilisée comme couronne magnétique.

Pour les dynamos à courant continu, il en est autrement. Jusqu'à présent on a toujours fait les machines avec inducteurs fixes et induit mobile ; aucune tentative ne figure à l'Exposition en vue de la disposition inverse : il faudrait dans ce cas faire tourner les balais, et laisser le collecteur fixe. Si l'on donnait à l'induit mobile un grand diamètre, on augmenterait les difficultés de construction du collecteur et des connexions s'y rattachant ; la machine serait beaucoup plus coûteuse car, en plus de cela, les inducteurs extérieurs, de diamètre considérable, seraient très pesants. Aussi la dynamo à courant continu emmanchée directement sur l'arbre du moteur a-t-elle gardé la forme et les proportions de la dynamo commandée par courroie ; il faut alors laisser un volant sur l'arbre, l'effet de l'induit n'étant pas suffisant pour amortir assez les inégalités de vitesse pendant un tour. Ceci explique ce fait paradoxal, que beaucoup de constructeurs suppriment (fig. 1) le volant des alternateurs, qui ont besoin d'une grande régularité de vitesse, et que tous le laissent aux dynamos à courant continu qui peuvent très bien fonctionner avec des variations de l'ordre de 2 p. 100.

Un fait qui frappe au premier abord dans le Palais de l'Électricité, c'est que presque toutes les dynamos sont absolument semblables les unes aux autres eu égard à la forme générale et aux principes appliqués. Si les sections étrangères ont des machines plus puissantes, et surtout beaucoup mieux présentées et disposées que la section française, c'est dans celle-ci que l'on rencontre des formes tout à fait originales, et marquant un réel progrès; nous voulons parler des alternateurs compound et des alternateurs asynchrones.

Les alternateurs sont toujours construits pour donner une différence de potentiel constante. Lorsque leur charge augmente, cette différence de potentiel décroîtrait si l'on

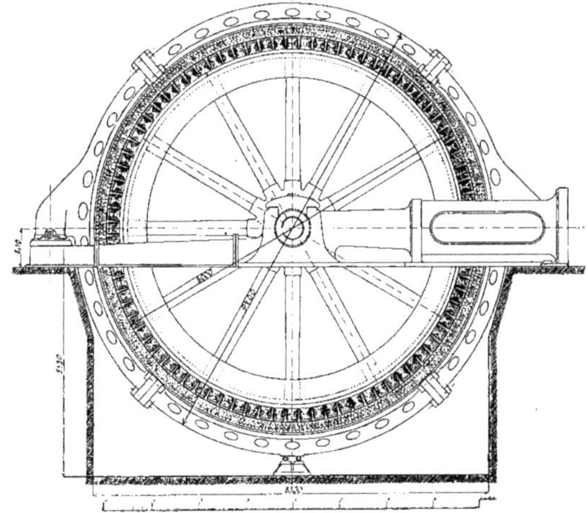

Fig. 1. — Alternateur de 2000 kilowats de la *Société Hélios* en service dans la section allemande avec la machine à vapeur *Nuremberg et Augsbourg* 70 tours.

ne modifiait pas le courant d'excitation. On s'impose, la plupart du temps, que, pour une meme excitation, la chute de voltage entre la marche à vide et la marche à pleine charge ne soit pas supérieure à un certain nombre de volts. Ceci correspond souvent à une mauvaise utilisation du fer et du cuivre entrant dans la construction de la machine, car cette chute de tension limite la puissance de beaucoup de machines qui auraient pu supporter aux points de vue électrique et mécanique une charge plus considérable. Les alternateurs compound réglant automatiquement le voltage à une valeur fixe quelle que soit la charge, permettent une meilleure utilisation de ces matériaux.

La dynamo de 700 kilowatts construite par la maison Bréguet (machine à vapeur de Delaunay-Belleville à grande vitesse, d'après M. Boucherot, dont nous avons parlé plus haut, est un alternateur compound.

Un autre exemple d'alternateurs compound est donné par la machine exposée par la maison Grammont, à Pont-de-Chérui, avec une excitatrice du système de M. Maurice Leblanc.

Les machines asynchrones sont plus intéressantes pour le mécanicien constructeur de machines à vapeur ou turbines. Dans toute station génératrice, il faut avoir un certain nombre d'unités. Si la distribution de l'électricité se fait à potentiel constant, ce qui est le cas le plus général, lorsque le débit dépasse celui qui peut être normalement fourni par une machine, on associe en parallèle plusieurs machines, chacune d'elles fournissant la totalité des volts, et les ampères étant répartis entre elles proportionnellement à leur puissance.

Avec le courant continu, il n'y a aucune difficulté. Si la vitesse d'un moteur vient à varier, la force électromotrice de la dynamo correspondante s'abaisse ou s'élève, et il n'en résulte qu'une répartition un peu différente des ampères entre les machines. Les volts restent à peu près constants, et d'autant plus qu'il y a plus de dynamos en parallèle.

On doit remarquer que la régularité de vitesse pendant un tour est notablement accrue lorsque l'on met en quantité les dynamos attaquées par chacun des moteurs à vapeur. En effet, la charge se répartit entre les dynamos proportionnellement à la force électromotrice qu'elles développent, laquelle varie comme la vitesse. Pour fixer les idées, supposons deux machines de 500 volts 1.000 ampères, reliées en quantité, et commandées par des machines à vapeur donnant une vitesse constante à un pour cent près, les deux machines débitant en tout 2.000 ampères. Soient E et $E + \Delta E$ les forces électromotrices des deux dynamos, Υ leurs résistances intérieures, I_1 et I_2 les courants qu'elles débitent.

$$I_1 + I_2 = 2.000$$

Si e est la différence de potentiel obtenue :

$$E - \Upsilon I_1 = e$$
$$E + \Delta E - \Upsilon I_2 = e$$
$$\Upsilon (I_2 - I_1) = \Delta E$$

ΔE peut atteindre 2 p. 100 de E, lorsqu'une machine se trouve en avance et l'autre en retard : $\Delta E = 10$ volts. Si $\Upsilon = 0{,}01$ ohm :

$$I_2 - I_1 = 1.000 \text{ ampères}$$
$$I_1 = 500 \text{ —}$$
$$I_2 = 1.500 \text{ —}$$

Or, en pratique on est loin de constater des oscillations semblables des courants débités; tout au plus, dans le cas considéré, atteindra-t-on 100 ampères de différence entre les intensités. Cela tient à ce que, dès qu'une machine augmente de vitesse, sa charge augmente, ce qui la ralentit, et que si elle baisse de vitesse elle est immédiatement soulagée.

On comprend donc que la marche en quantité, de dynamos à courant continu, n'offre aucune difficulté.

Avec le courant alternatif et les dynamos ordinaires, la question est plus compliquée. A l'Exposition, toutes les dynamos à courant continu en service étaient mises en parallèle au tableau central, sans que l'on ait eu à s'inquiéter des différents modes de construction des dynamos ou des machines à vapeur; quoique chacun des groupes ait été dirigé par un personnel n'ayant aucun moyen de communiquer avec celui des autres groupes, la marche générale a été très bonne, sinon irréprochable. Au contraire, à l'Exposition, il n'existait pas deux alternateurs en parallèle : il était du reste inutile de songer à essayer de le faire. C'est pourquoi toutes les machines à courant continu étaient à 250 ou 500 volts, potentiels imposés par l'Administration, tandis que les constructeurs d'alternateurs ont fait comme bon leur semblait eu égard aux volts, fréquence et au nombre de phases.

Pour associer des alternateurs en quantité, il faut, en effet, que les courants ondulatoires donnés par les diverses machines soient absolument en synchronisme. Les forces électromotrices étant proportionnelles à la vitesse, à chaque instant, et pour chacune des machines, il s'ensuit que les divers moteurs commandant les dynamos doivent avoir une marche absolument synchrone, ce qui est impossible.

Heureusement, après le couplage des dynamos en quantité, si une des machines vient à retarder ou avancer par rapport aux autres, il se produit entre les dynamos des échanges de courant donnant toujours lieu à un couple synchronisant. La marche devient alors possible. Mais les machines subissant ce couple ne reviennent à leur position d'équilibre synchronique qu'après une série d'oscillations pendulaires de part et d'autre de cette position. Si la période de ces oscillations peut résonner avec quelque chose, elles se répètent indéfiniment. Les coups de piston, les dimensions des pièces en mouvement, etc., peuvent ainsi occasionner une résonnance mécanique, donnant lieu à des courants très intenses passant continuellement d'une machine à l'autre, ce qui est toujours très gênant, et quelquefois un obstacle absolu à une marche satisfaisante.

Disons en passant qu'un perfectionnement important a été introduit, dans ces dernières années. Le circuit amortisseur imaginé par MM. Hutin et Leblanc diminue beaucoup l'importance de ces échanges de courant. Cet amortisseur est constitué par des barres de cuivre noyées dans les pièces polaires de l'inducteur, près de l'alésage. Toutes ces barres sont réunies, dans presque tous les cas, par deux cercles de cuivre placés sur les deux faces de la machine autour des inducteurs. L'ensemble forme donc « *cage d'écureuil* ». Le synchronisme se rétablit en grande partie, avec l'emploi de ce circuit fermé sur lui-même, par un couple créé par la machine hors de synchronisme elle-même induisant des courants intenses dans l'amortisseur dès qu'elle sort de sa position d'équilibre : les autres machines ne sont donc que peu intéressées par cette remise en phase.

L'Exposition possédait deux exemples de cette disposition : la dynamo Farcot de 850 chevaux à 2.200 volts biphases, et l'alternateur de 3.000 kilowatts, le plus puissant de l'Exposition, construit par l'Allgemeine Elektricitaets Gesellschaft de Berlin. L'emploi de l'amortisseur a permis à la maison Farcot de conserver son type de machines monocylindriques pour la commande des alternateurs. Si le rendement à l'indicateur est moins élevé que pour certaines machines à expansions multiples (en chevaux par kilogramme de vapeur), les pertes par frottement sont beaucoup moins considérables, et la machine est plus sensible au régulateur. Quoique le coefficient de régularité propre à la machine à vapeur ne soit pas meilleur que $\frac{1}{40}$ ou $\frac{1}{50}$ avec les machines Farcot monocylindriques, les alternateurs du même genre que celui de l'exposition fonctionnent admirablement en quantité à l'Usine du secteur des Champs-Elysées et à celle de la Société d'Éclairage et de Force à Saint-Ouen.

Les alternateurs asynchrones reposent sur le principe suivant : une partie mobile à circuit électrique non reliée à la ligne à desservir tourne à une vitesse angulaire ω ; elle est le siège de courants induits par la partie fixe avec une fréquence β, tandis que la partie fixe fournit le courant aux appareils extérieurs avec une fréquence $(\omega - \beta) = \alpha$. La fréquence β est très faible et seulement 1 à 3 p. 100 de α. La machine tourne donc avec une vitesse ω légèrement supérieure à celle correspondant à la fréquence α. Pour que les inconvénients dont nous avons parlé disparaissent, il suffit que α soit le même pour tous les appareils mis en parallèle. Si une ou plusieurs de ces machines sont associées en quantité avec un alternateur donnant un courant de fréquence α, et que la vitesse angulaire ω varie un peu, il s'ensuit une variation de β telle que $(\omega - \beta)$ reste égal à α. Quoique les machines ne soient pas synchrones mécaniquement, elles pourront l'être électriquement. Ceci a pour effet d'augmenter l'aptitude des machines à vapeur et des turbines à la marche en quantité, et de supprimer à la mise en marche l'obligation presque absolue de la concordance de phases avant le couplage, quelquefois difficile à établir.

Ces dynamos ne sont pas encore entrées en pratique, et on ne peut dire encore si elles supplanteront les machines sychrones; mais il y a tout lieu de prévoir qu'elles se répandront.

M. Leblanc exposait un alternateur asynchrone de 75 kilowatts, construit depuis plusieurs années, qui ne tourne pas à l'Exposition, mais qui a été en service à l'Usine de la Société d'Éclairage et de Force à Saint-Ouen.

L'alternateur de 700 kilowatts de M. Boucherot, construit par la maison Bréguet, que nous avons déjà cité, peut aussi fonctionner comme dynamo asychrone.

Les dynamos à courant continu de l'Exposition ne montraient guère, sauf au point de vue des dimensions, de différences marquées avec des types construits il y a une dizaine d'années. Les perfectionnements portent surtout sur la diminution des étincelles au collecteur; les balais métalliques ont fait maintenant presque partout place aux blocs de charbon.

II. — Transmission, à distance, de la force motrice.

La force motrice est transmise dans l'Exposition principalement avec 500 volts continus, au moyen de 3 fils, donnant 250 volts entre les fils extrêmes et le fil central. Les dynamos à 500 volts dont nous venons de parler sont branchées sur les fils extrêmes, et celles de 250 sur l'un ou l'autre des *ponts*. Nous n'insisterons pas sur ce système, connu depuis longtemps et fort employé.

La quantité d'alternateurs polyphasés à haut voltage montre la tendance actuelle pour le transport de la force motrice à longue distance. L'électricité est produite dans des stations centrales avec machines à vapeur, ou au voisinage des chutes d'eau. Des sous-stations transforment en courant à basse à tension, le plus souvent en courant continu.

Comme exemples nouveaux de ce qui précède, soit dans l'Exposition, soit aux environs, nous pouvons citer :

Le Chemin de fer de Paris à Orléans, prolongement jusqu'au quai d'Orsay. L'usine, située près du pont Tolbiac, à Paris, fournit 5.500 volts triphasés; trois sous-stations sont établies à la gare d'Austerlitz, au quai d'Orsay, et à la station génératrice même; elles transforment le courant triphasé en courant continu à 500 volts pour l'éclairage et la traction, soit par des groupes formés d'un moteur sychrone à 5.500 volts actionnant une dynamo à 500 volts continus, soit par des transformateurs abaissant la tension à 300 volts alternatifs qui sont envoyés dans des convertisseurs ou commutatrices livrant 500 volts continus sur leur collecteur.

Le Chemin de fer de l'Ouest (nouvelle ligne Paris-Versailles) a son usine aux Moulineaux, avec 5.500 volts triphasés et des sous-stations à la gare du Champ-de-Mars, à Meudon et Viroflay; la transformation se fait en 500 volts continus, au moyen de commutatrices.

La plate-forme mobile et le chemin de fer électrique recevaient leur courant de la station Westinghouse située sur le quai près du pont d'Iéna, dans laquelle on transformait du courant triphasé en continu à 500 volts au moyen soit de convertisseurs, soit de moteurs asynchrones actionnant des dynamos à courant continu.

Dans l'Exposition étaient installés plusieurs convertisseurs recevant le courant des machines du Palais de l'Électricité, et placés aux Invalides, aux Champs-Élysées, etc. (Alioth, Thomson-Houston,...).

Mention spéciale doit être faite du système de M. Thury, dont le matériel est construit par la Société « L'Industrie Électrique de Genève ». Ce système est particulièrement avantageux dans les pays de chutes d'eau, et lorsqu'il existe un certain nombre de centres d'industrie à alimenter de force motrice, dans un rayon de plusieurs dizaines de kilomètres.

M. Thury emploie le courant continu à intensité constante. Au lieu de faire comme dans les distributions à potentiel constant, dans lesquelles on fait croître les ampères proportionnellement à l'énergie demandée, on fait parcourir le circuit par un nombre d'ampères constants, et on laisse les volts monter proportionnellement à la puissance à distribuer. Le premier avantage est celui-ci : on ne peut faire emploi du courant continu au-dessus de 3.000 volts environ ; il faut le transformer; si l'on emploie le potentiel constant, on est donc amené à avoir des sous-stations transformatrices. Avec l'intensité constante, au contraire, comme les volts sont partagés entre les moteurs selon leur puissance, on pourra toujours s'arranger pour que le voltage de chacun d'eux à sa pleine charge, ne soit pas excessif. La sécurité est augmentée, car les fils, ayant des potentiels très différents, sont ainsi loin des autres. Enfin le prix est considérablement diminué. Pour une distribution ayant 50 kilomètres de développement et transportant 10.000 chevaux à 25.000 volts, il suffit de 300 ampères, et on aura, en tout, 50 kilomètres de fil de 1 centimètre carré de section pour perdre moins de 10 p. 100 dans la ligne; la ligne ne coûtera que 90.000 francs, soit 9 francs par cheval, et 0 fr. 36 par cheval-kilomètre moyen, et il n'y a lieu d'ajouter à ce prix que la pose et le coût des générateurs et moteurs. Chacun des moteurs pouvant absorber jusqu'à 3.500 volts, les plus gros moteurs que l'on pourra installer seront de 3.500 $\times$ 300 = 1.050.000 watts, ou 1.200 chevaux.

La vitesse d'un moteur électrique donné, toutes choses égales d'ailleurs, étant proportionnelle à la différence de potentiel entre les balais, et la puissance dans le système de M. Thury variant proportionnellement aux volts, on n'aurait que des moteurs à couple constant et vitesse proportionnelle à la charge, s'il n'y avait pas de dispositif spécial. M. Thury a amené la vitesse à être constante en combinant un régulateur à force centrifuge qui agit sur le courant d'excitation du moteur à régler, ainsi que sur la position des balais sur le collecteur.

Depuis l'installation de Gênes en 1889, la puissance transportée au moyen de ce système a atteint 17.500 chevaux. La dernière application, celle de Saint-Maurice à Lausanne, est faite pour 5.000 chevaux, sur un parcours d'une cinquantaine de kilomètres. Une dynamo et un moteur de 500 chevaux, destinés à cette installation, figuraient dans la section suisse de l'Exposition.

Quoique ce procédé soit connu depuis longtemps, c'est seulement depuis les tentatives de M. Thury qu'il est employé pour de grandes forces motrices.

III. — Moteurs électriques.

Les moteurs électriques étaient en nombre très considérable dans l'Exposition, la force motrice nécessaire aux différents appareils en service étant fournie presque uniquement par l'électricité, à 500 volts ou 250 volts continus. Une faible portion des moteurs en mouvement était alimentée par les courants alternatifs des secteurs avoisinants.

Les expositions des différents constructeurs électriciens montraient les efforts qu'ils ont faits pour rendre pratique et avantageux l'emploi de leurs moteurs. Ces appareils se présentent sous deux formes bien distinctes : les moteurs à courant continu et les moteurs à courant alternatif.

Les moteurs à courant continu ont (fig. 2 et 3) un collecteur, avec des balais amenant le courant à l'induit mobile. Ce collecteur est toujours la partie délicate de ces machines, car si des étincelles s'y produisent elles peuvent amener une détérioration assez rapide. Ces étincelles peuvent être dues à deux genres de causes : la machine est défectueuse au point de vue électrique, ou elle est défectueuse au point de vue mécanique. Les défauts électriques proviennent d'une mauvaise proportion donnée aux diverses parties de la machine par celui qui l'a établie ; les défauts mécaniques proviennent le plus souvent d'un manque de

Fig. 2. — Moteur à courant continu. 50 chevaux de la Société des *Établissements Portel Vinay*.

solidité du collecteur, dont les lames se déplacent et font sauter les balais, ou d'une mauvaise construction de ces porte-balais. Malgré cela, la plus grande partie des moteurs exposés présentent, à ces deux points de vue, les plus grandes garanties de bonne marche ; on voit que tous les efforts des constructeurs se sont portés là.

Les moteurs à courants alternatifs simples, munis de collecteurs, sont rares. Les étincelles sont beaucoup plus à redouter qu'avec la marche à courant continu. Leur facilité de démarrage sous charge les fait seulement employer quand les mises en marche et les arrêts doivent être fréquents. Aussi, les ascenseurs de Paris, qui se servent de courants alternatifs simples des Secteurs des Champs-Élysées et de la Rive gauche, à Paris, les utilisent-ils d'une façon presque absolue. Ils sont construits, en particulier, par les usines du Creusot. Ces moteurs ne sont, en somme, que des moteurs à courant continu ; si l'on change à la fois le sens du courant dans l'induit et l'inducteur d'une machine à courant continu, le couple reste de même signe, et, par conséquent, le sens de rotation reste le même. Si l'on alimente un moteur à courant continu, excité en série avec du courant alternatif, il prendra donc un mouvement de rotation ; la principale précaution à prendre est de faire les inducteurs en tôles assemblées au lieu de les faire en fonte, afin d'éviter une trop grande production de courants de Foucault.

Fig. 3. — Induit de moteur à courant continu (non bobiné) *Bullock Electric C°*.

Le moteur série a l'inconvénient de baisser de vitesse au fur et à mesure que la charge augmente, tandis que le moteur excité en dérivation a une vitesse sensiblement constante. Mais il est impossible d'employer le moteur en dérivation avec du courant alternatif, à cause de l'inégalité forcée de self-induction entre l'induit et l'inducteur; les

Fig. 4. — Moteur asynchrone à courants polyphasés de l'*Allgemeine Elektricitæts Gesellschaft* avec bagues.

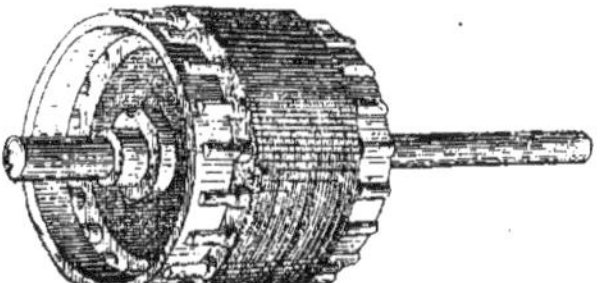

Fig. 5. — Cage d'écureuil de moteur asynchrone.

courants d'excitation et d'induit ne changent pas de sens en même temps, et le couple ne reste pas toujours de même signe ; on peut obtenir cependant un couple moyen d'un sens déterminé, mais la puissance est très notablement diminuée.

Les moteurs synchrones, à courant alternatif simple ou à courants alternatifs polyphasés, sont, au point de vue de leur construction, identiques aux alternateurs. Un premier inconvénient est qu'ils exigent du courant continu pour leur excitation; de plus, ils ne sont pas des couples de démarrage suffisants. Ils ne sont employés que dans des circonstances spéciales, intéressantes surtout pour les électriciens, ou bien il faut leur adjoindre un servo-moteur pour le démarrage.

Les moteurs à courants alternatifs dits asynchrones, ou à champ tournant, ont pris un développement très marqué depuis leur apparition industrielle à l'Exposition de Francfort-sur-Mein en 1891 (Moteurs de l'Allgmeine Electricitæts Gesellschaft (fig. 4) et des Ateliers d'Œrlikon). Tous les constructeurs ont, depuis cette époque, créé des séries de ces appareils de toutes les puissances.

En employant le courant alternatif monophasé, des moteurs à champ tournant ont un couple de démarrage faible ou nul. Il faut les démarrer à vide, et leur donner souvent une impulsion à la main. Cependant certains constructeurs ont des dispositifs pour

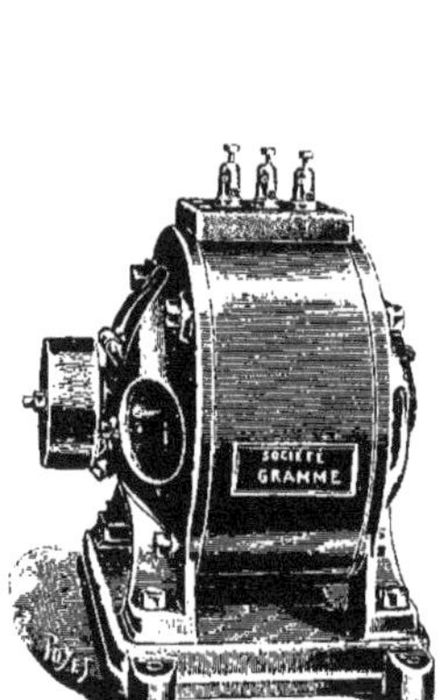

Fig. 6.
Moteur asynchrone à cage d'écureuil de la Société *Gramme*.

Fig. 7.
Moteur triphasé à démarrage brusque de la maison *Farcot*.

opérer les démarrages sous charge réduite. Ces moteurs sont beaucoup moins avantageux que les moteurs à courant polyphasé, dont nous allons parler.

Avec les courants polyphasés on a des couples de démarrage assez intenses pour que les applications puissent devenir nombreuses. Rappelons en quelques mots la disposition de ces moteurs. Une partie fixe ou *stator* reçoit les courants polyphasés de la ligne, une partie mobile ou *rotor* est le siège de courants induits par le stator; cette partie mobile n'est pas en relation avec la source de courant. Il n'y a pas de collecteur.

Les moteurs de faible puissance ont un rotor constitué (fig. 5) par une cage d'écureuil formée de barres de cuivre placées selon les génératrices du cylindre des tôles constituant le noyau magnétique; ces barres sont réunies à leurs deux extrémités par des anneaux de cuivre. Il n'y a donc aucun contact mobile dans le moteur.

Malheureusement on ne peut faire que de petits moteurs de cette façon; par exemple la Société Gramme (fig. 6), dans la série qu'elle expose, va jusqu'à 10 chevaux, la maison Sautter jusqu'à 3 chevaux, la Compagnie générale électrique de Nancy descend jusqu'à 1 cheval environ, la Société Hélios les fait jusqu'à 8 chevaux, quoiqu'elle fasse des moteurs du type à bagues dont nous parlons un peu plus loin, à partir de 2 chevaux. Ces différences de puissance limite tiennent surtout aux points de vue différents auxquels se placent les divers constructeurs et applications qu'ils ont visées plutôt qu'à des différences de construction. Il est évident que l'on pourra aller beaucoup plus loin comme puissance-limite des moteurs à cage d'écureuil, si l'on veut leur faire attaquer des ventilateurs qui ont un couple résistant presque nul à la mise en marche au lieu d'appareils ayant un couple indépendant de la vitesse, et même plus considérable au départ comme dans la commande d'une transmission d'atelier.

Au-dessous de quelques chevaux, le moteur à cage d'écureuil ne peut démarrer facilement en charge ; il faut donc ou lui adjoindre un embrayage, ou compliquer la construction. Selon les cas, on recourt à l'une ou l'autre solution ; mais, en général, il vaut

Fig. 8. — Moteur triphasé à démarrage progressif de la maison *Farcot*.

mieux se passer de l'embrayage. M. Maurice Leblanc a indiqué la solution depuis une dizaine d'années : les gros moteurs à cage d'écureuil — ou à rotor de faible existence électrique — ne démarrent pas, ou ne démarrent qu'avec un courant énorme dans le stator, parce que les courants induits dans le rotor, lorsqu'il est immobile, ont un effet opposé de ceux du stator, et neutralisent leur action ; il faut donc s'opposer à la formation de ces courants intenses, et pour cela il n'y a qu'à augmenter la résistance du rotor au moment du démarrage. Cette résistance sera diminuée et ramenée à une valeur analogue à celle d'une cage d'écureuil ordinaire lorsque le moteur sera lancé. Au lieu de barres de cuivre, on devra (fig. 8) mettre sur le rotor des enroulements aboutissant à des bagues sur lesquelles frotteront des balais reliés à des rhéostats dont la résistance sera réglée par le déplacement d'une manette. La plupart des constructeurs ont maintenant adopté cette disposition.

La maison Bréguet seule fait des moteurs à champ tournant, différemment. Les moteurs de quelques chevaux sont des moteurs ordinaires à cage d'écureuil. Pour les moteurs plus puissants, elle a adopté la disposition de M. Boucherot, qui conduit à une construction analogue, et permet de supprimer complètement tout frotteur, ce qui est une réduction de l'entretien. Au lieu d'un stator, il y en a deux (fig. 9 et 10). L'un de ceux-ci peut tourner concentriquement à l'arbre, au moyen d'un levier ou d'une vis sans fin, selon le poids de la partie mobile. Le rotor est formé de deux cylindres de tôle placés en face de chacun des stators. Des barres de cuivre sont montées sur ces tôles selon les génératrices. Aux deux extrémités de l'appareil, toutes les barres du même système sont réunies par un anneau en cuivre. A leurs extrémités en regard, les barres des deux systèmes sont réunies ensemble par un anneau de maillechort très mince, ou d'un autre alliage de grande résistance électrique. Au démarrage, les deux stators sont décalés l'un par rapport à l'autre, de telle façon que les forces électro-motrices, le long d'une même génératrice, soient de sens opposé dans les deux systèmes ; les courants, pour se fermer, devront donc emprunter un passage dans le cercle de maillechort, de manière que chacun d'eux ne

Fig. 9. — Moteur asynchrone *Boucherot* construit par la maison *Bréguet*.

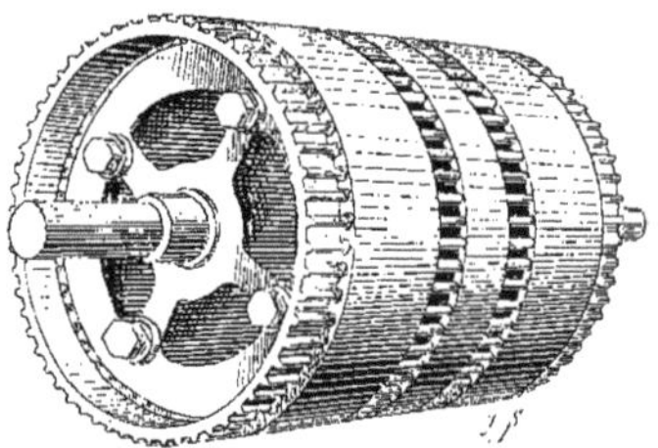

Fig. 10 — Double cage d'écureuil de moteur *Boucherot* construit par la maison *Bréguet*.

trouve plus en regard une force électro-motrice égale et opposée. On a donc introduit une résistance pour le démarrage. Au fur et à mesure que la vitesse s'accélère, on tourne le stator mobile et, en marche normale, il est placé parallèlement à l'autre. Les courants se ferment alors comme dans une cage d'écureuil ordinaire.

Les différents types de moteurs que nous venons de signaler peuvent suggérer les comparaisons suivantes : les moteurs à courant continu ont une infériorité sur les autres, c'est la présence de leur collecteur; ils ont une grande supériorité au point de vue du démarrage qui peut être obtenu, sous forte charge, avec moins d'intensité que dans les moteurs à courant alternatif. Les moteurs à courant alternatif, du moins ceux dits à champ tournant, ont comme avantage principal leur simplicité : la question de démarrage est toujours leur point faible, et donne lieu souvent à plus d'ennuis que le collecteur des moteurs à courant continu.

Pendant son démarrage, entre la vitesse zéro et la vitesse de régime, un moteur quelconque à courant continu a un rendement propre qui peut être assez élevé, et qui, dans tous les cas, n'est pas lié d'une manière absolue avec la vitesse. Ainsi, pour fixer les idées, supposons qu'un moteur dissipe sans produire de travail utile, et transforme en chaleur :

Pour son excitation	3	p. 100
Par résistance de l'induit	3	—
Par hystérésis	2	—
Par courants de Foucault	1	—
Par frottements	3	—
Total :	12	p. 100

son rendement est de 88 p. 100.

Si le moteur est à demi-vitesse, avec même intensité de courant et diminution de moitié des volts appliqués, on aura approximativement comme puissance perdue dans le moteur :

Pour son excitation	6	p. 100
Par résistance de l'induit	6	—
Par hystérésis	2	—
Par courants de Foucault	0,5	—
Par frottements	3	—
Total :	17,5	p. 100

Le rendement propre du moteur est encore de 82,5 p. 100.

Au contraire, les moteurs à champ tournant, quoique asynchrones, tournent en marche normale, aux environs du synchronisme, avec une vitesse inférieure de 2 à 10 p. 100 à celle correspondant à la marche synchrone. C'est le *glissement* qui est presque nul lorsque le moteur n'est pas chargé et qui croît lorsque l'on augmente le couple résistant. Le rendement d'un tel moteur est toujours plus petit que le rapport entre sa vitesse et celle du synchronisme, de sorte que le rendement maximum que puisse avoir un moteur à cage d'écureuil, pendant son démarrage, ne peut dépasser 50 p. 100 en moyenne.

Avec le courant continu, le rendement, pendant le démarrage, est beaucoup plus petit que le rendement propre du moteur, puisque l'on doit dépenser une certaine quantité d'énergie dans le rhéostat de mise en marche ; mais ce qu'on dépense dans le rhéostat ne chauffe pas le moteur. Les moteurs à cage d'écureuil conservent toute cette chaleur (qui représente une énergie plus grande que la force vive à accumuler) ; les moteurs à bagues sont supérieurs à ce point de vue, car le rhéostat peut en absorber une proportion appréciable.

Si les démarrages doivent être fréquents, ceci, joint à la supériorité de couple du moteur à courant continu, et de l'élasticité de sa marche, doit le faire préférer. Au contraire si le moteur ne doit démarrer que peu souvent, le courant alternatif peut être souvent aussi un peu plus avantageux.

Les moteurs à bagues sont moins robustes que les moteurs à cage d'écureuil, puisque leur partie mobile est bobinée avec un certain nombre de spires de fil, au lieu d'être formée de barres rigides. L'ennui de la disposition de M. Boucherot (maison Bréguet) est que, pour mettre en marche le moteur, il faut toucher à des leviers, et par conséquent être auprès de lui, ce qui n'est pas toujours possible. Pour remédier à cela, M. Boucherot signale que l'on peut, au lieu de déplacer les deux stators l'un par rapport à l'autre, les laisser fixes, et déplacer simplement la phase des courants au moyen de commutateurs, placés loin du moteur s'il est nécessaire.

La forme extérieure des moteurs, leur facilité de pose et de visite, leur encombrement ont été pour les constructeurs une préoccupation, du reste justifiée, car si le nombre des industriels employant des moteurs électriques a crû considérablement depuis quelques années, le nombre des constructeurs s'est accrû au moins dans les mêmes proportions. La concurrence a fait naître un grand nombre de formes pratiques et d'un usage commode, ainsi qu'en témoignent nos gravures.

Le graissage de tous les moteurs électriques se fait maintenant avec des bagues ne nécessitant aucune surveillance et réduisant de beaucoup la dépense d'huile. Pour les moteurs à courant continu, le déplacement des balais en fonction de la charge a été rendu nul ou négligeable. Les balais métalliques produisant plus d'étincelles et susceptibles de gripper sur le collecteur ont été remplacés par des balais de charbon.

On fait des moteurs se fixant aux plafonds (fig. 11), le long des murs, etc. L'économie, ainsi que la bonne utilisation des matériaux et la considération du rendement maximum,

Fig. 11. — Moteur de la *Bullock Electric C°*, à courant continu se fixant au plafond.

exigent une vitesse tangentielle de la partie tournante relativement grande (10, 15 et même jusqu'à 25 mètres par seconde), ce qui conduit forcément à une vitesse angulaire beaucoup trop grande, en général, lorsque l'on veut actionner une transmission ou un outil. Aussi beaucoup de constructeurs disposent-ils (fig. 12, 13, 14, 15) un arbre intermédiaire dont les paliers sont venus de fonte avec la carcasse, réduisant cette vitesse, avec le minimum d'encombrement, soit par poulies de friction, soit par engrenages, soit par vis sans fin. L'industriel faisant acquisition d'un de ces moteurs n'a ainsi aucunement à s'occuper de transmissions, soit par courroie, soit autrement.

Dans les endroits où l'on doit craindre les étincelles, ou la présence d'un corps à haute température, il est dangereux de mettre un collecteur dont les balais peuvent faire des étincelles ou quelquefois rougir, soit par mauvais calage des balais, soit par défaut d'un bloc de charbon. On a beaucoup reproché cela aux moteurs à courant continu, pour l'application dans les mines, les filatures de coton, les moulins, etc.

Les moteurs à courant alternatif ont cet inconvénient à un bien moindre degré. S'ils sont à bagues, il pourra y avoir des étincelles; ce fait se présente quelquefois lorsque les balais grippent sur les bagues, si ce sont des balais métalliques, ou si, pour une cause

Fig. 12. — Moteur asynchrone à courant alternatif avec réduction de vitesse par engrenage de l'*Allgemeine Elektricitaets Gesellschaft.*

quelconque, le contact devient très mauvais. Cet inconvénient est écarté dans les moteurs qui n'ont aucun frotteur; mais ils ne peuvent donner la sécurité absolue; en effet, un moteur électrique peut brûler : il suffit d'un manque d'isolement entre deux fils voisins,

Fig. 13. — Moteur asynchrone à courant alternatif avec réduction de vitesse par engrenage de la maison *Schuckert.*

pour porter une partie des fils à une température très élevée dépassant souvent le point de fusion. Le mieux est donc d'adopter des moteurs blindés, absolument étanches dans tous les cas où les chances d'incendie sont à redouter, et de choisir le courant continu ou le courant alternatif selon le travail à effectuer.

Les moteurs blindés (fig. 16, 17, 18, 19, 20) sont à la mode en ce moment. L'Exposition en renferme des types nombreux; ils ont l'avantage de pouvoir se placer dans un endroit quelconque. Mais ils ont l'inconvénient de coûter plus cher, et d'avoir une puissance beaucoup plus faible que le même moteur non enfermé. En effet, la puissance d'un moteur, au point de vue électrique, est à peu près égale au cube des dimensions linéaires, tandis que sa surface refroidissante n'est que proportionnelle au carré de ces dimensions. Si le rendement est le même, quel que soit le moteur, ce qui est à peu près exact (à 5 p. 100 près entre 5 et 100 chevaux), il s'ensuit un désavantage marqué des moteurs de forte puissance dès qu'ils sont blindés. En comparant les divers moteurs fermés et ouverts, dans les expositions des différents constructeurs, on pouvait constater que si les moteurs de 1 cheval ouverts et

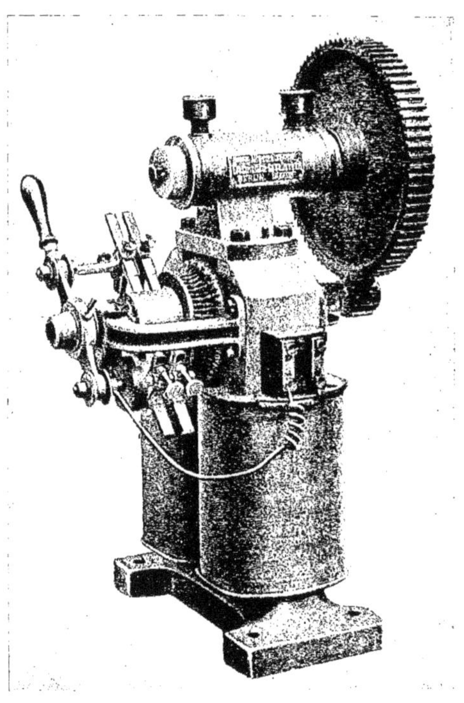

Fig. 14. — Moteur à courant continu avec réduction de vitesse par engrenage de l'*Allgemeine Elektricitaets Gesellschaft*.

fermés sont de dimensions comparables, il y a un rapport de 1 à 2 entre leur volume lorsqu'on atteint 50 chevaux. Il convient donc de ne les employer que lorsque cela est nécessaire (dangers d'incendie, moteurs placés en plein air, etc.). et de se servir des moteurs ouverts dans les autres cas.

L'Allgemeine Elektricitaets Gesellschaft et quelques autres maisons font aussi (fig. 21, 22, 23, 24) des moteurs montés sur chariot pouvant se déplacer et qui peuvent être très utiles dans les ateliers et chantiers de construction ; l'appareil de manœuvre est aussi porté sur le chariot, et il suffit de placer les fils dans les prises de courants pour que l'on puisse actionner un outil à l'endroit où cela est nécessaire. Plusieurs de ces moteurs portent aussi un réducteur de vitesse, pour que l'on ait un arbre tournant à une vitesse convenable pour les besoins de la pratique.

Pour terminer cet exposé des divers moteurs que l'on peut voir à l'Exposition, disons quelques mots des dispositifs permettant d'obtenir des variations de vitesse pouvant être obtenues électriquement.

La vitesse d'un moteur à courant continu étant proportionnelle, toutes choses égales d'ailleurs, à la différence de potentiel appliquée entre ses balais (au moins d'une manière suffisamment approximative en pratique), pour faire varier la vitesse d'un tel moteur, il

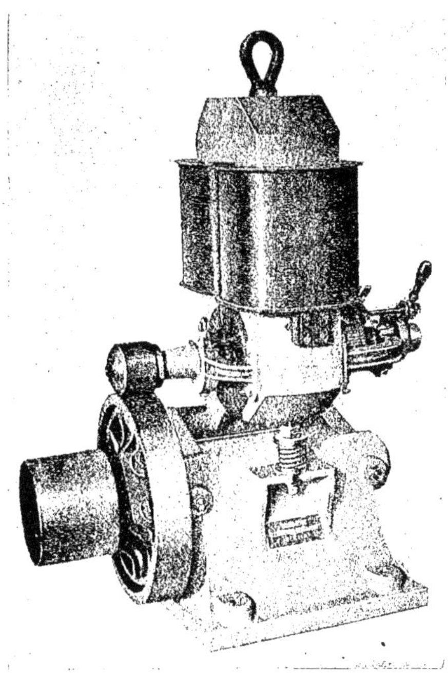

FIG. 15. — Moteur à courant continu avec réduction de vitesse par poulie de friction de l'*Allgemeine Elektricitaets Gesellschaft*.

suffit de mettre en série une résistance réglable absorbant un nombre variable de volts. Ce procédé conduit à un abaissement du rendement proportionnel à l'abaissement de vitesse ; de plus, lorsque la charge varie et qu'il y a une résistance en série avec le moteur, le nombre de volts absorbés dans le rhéostat variant la vitesse du moteur change aussi. Les moteurs à champ tournant peuvent aussi être réglés d'une façon analogue, mais avec de pareils inconvénients, et, pour eux, il n'y a pas d'autre procédé que celui-ci.

Au contraire, avec le moteur à courant continu, on peut avoir une variation de vitesse sans intéresser le rendement en agissant sur le courant d'excitation. Un moteur excité en dérivation avec les inducteurs, peut spécialement une vitesse augmentée de 20 p. 100 au minimum par augmentation de la résistance. La diminution du courant d'excitation diminue le couple et augmente donc la vitesse. Si on augmente trop cette résistance en série avec les inducteurs, on doit craindre les étincelles aux balais, le flux magnétique de la machine devenant insuffisant. Plusieurs dispositifs permettent de diminuer beaucoup plus le courant d'excitation, ce qui amène une variation de vitesse bien supérieure à 20 p. 100. On arrive à faire des moteurs avec réglage de la vitesse uniquement par le champ, par des dispositifs comme les suivants :

La maison Sautter-Harlé a construit une série de dynamos et moteurs avec pièces polaires supplémentaires excitées en série avec l'induit créant un champ inducteur au point de commutation des spires. Une telle disposition permet des démarrages beaucoup plus

Fig. 16. — Moteur blindé de 1 à 20 chevaux de la Société des *Établissements Postel-Vinay*. Courant continu.

brusques, sans avoir à craindre d'étincelles aux balais, et se prête aussi mieux à une diminution de courants dans les électros principaux qu'un moteur ordinaire.

La maison Salmson, constructeurs de pompes, exposait une pompe actionnée par un moteur construit par la Société des Établissements Postel-Vinay, suivant la méthode dite de Ryan. Dans tout moteur électrique à courant continu, il y a une certaine proportion entre les ampère-tours sur l'inducteur, et ceux qui se trouvent sur l'induit. Si l'on diminue l'excitation, la vitesse augmente, et le plus souvent, en même temps, les ampères de l'induit. Lorsque les ampères-tours de l'induit (croissant avec la vitesse) sont au-dessus d'un rapport donné avec ceux de l'inducteur (diminuant avec la vitesse), les étincelles apparaissent aux balais. Ls moteur de la pompe Salmson a ses pièces polaires fendues, et on a enroulé autant de tours de fil dans les fentes qu'il y en a sur l'induit ; on fait passer dans ce bobinage le courant absorbé par l'induit, de sorte que les ampère-tours de l'induit

Fig. 17. — Moteur blindé de 40 chevaux à courant continu de la Société *Hélios*.

sont complètement opposés et égaux à ceux développés par cet enroulement supplémentaire. L'effet magnétisant de l'induit devient nul, et on peut diminuer considérablement l'excitation sans avoir à redouter d'étincelles.

Au lieu d'agir sur le champ magnétique, on peut augmenter ou diminuer le nombre des spires induites, ce qui diminue ou augmente la vitesse. Mais comme l'induit tourne, et que, d'autre part, son mode de construction ne se prête pas à des couplages de spires, on fait sur le même noyau de tôles deux bobinages séparés aboutissant à deux collecteurs placés à chacune des extrémités de l'induit, et on se sert de l'un ou de l'autre, ou de tous les deux.

La Compagnie française des Voitures électro-mobiles, dont les fiacres circulent dans Paris, a adopté cette forme de moteur qui était exposée par la Société des Établissements Postel-Vinay et la maison Sautter-Harlé. Les deux bobinages sont identiques ; si l'on met les deux collecteurs en série, on obtient la vitesse 1 ; si on les réunit en quantité, la vitesse devient 2.

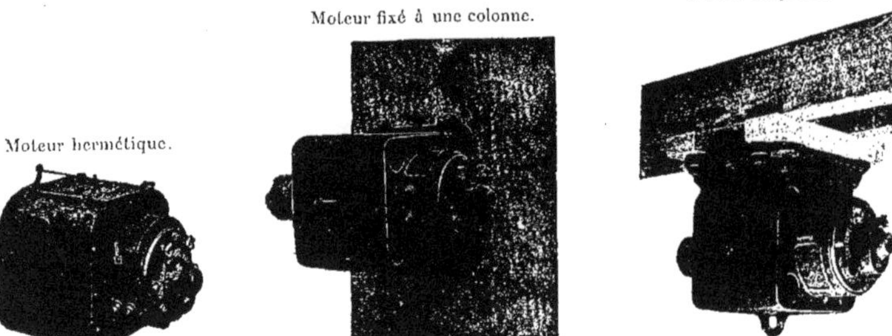

FIG. 18 à 20. — Moteurs à courant continu de la *Compagnie Générale Électrique de Nancy*.

Le moteur Bouquet-Garcin-Schivre a deux bobinages avec l'un $5n$ spires et l'autre $3n$ spires aboutissant chacun à un collecteur. Les vitesses relatives obtenues sont les suivantes :

$\frac{1}{8}$ avec les deux collecteurs en série ;

$\frac{1}{5}$ avec un des collecteurs ;

$\frac{1}{3}$ avec l'autre collecteur ;

$\frac{1}{2}$ avec les deux collecteurs en opposition.

Les vitesses intermédiaires pouvant être obtenues par le réglage de l'excitation, ces moteurs permettent une variation de vitesse dans le rapport de 4 à 1, par échelons insensibles.

La maison Bréguet expose une dynamo dite « Lanhoffer », qui repose sur un principe analogue (couplage des spires induites). Cette machine est établie en vue d'obtenir une dynamo à vitesse constante et voltage variable ; elle pourrait être établie aussi comme moteur à voltage constant et vitesse très variable.

Ces dispositions peuvent souvent être très avantageuses, non seulement pour le cas particulier de l'automobilisme (moteur de la Compagnie des Voitures électro-mobiles et moteur Bouquet-Garcin-Schivre), mais aussi dans les ateliers, toutes les fois que l'on désire obtenir vitesse constante pendant le travail à effectuer, et variable avec la nature de ce travail.

Nous devons aussi signaler le freinage électrique. Lorsque l'on désire arrêter brus-

Fig. 21.
Moteur transportable à courant continu de l'*Allgemeine Elektricitaets Gesellschaft.*

Fig. 22.
Moteur transportable à courant continu de l'*Allgemeine Elektricitaets Gesellschaft.*

Fig. 23. — Moteur à courant continu transportable de la *Société Gramme.* Puissance 1 cheval.

Fig. 24. — Moteur à courant continu transportable de la *General Electric Company.*

quement un moteur à courant continu, il suffit de le séparer de la ligne d'alimentation et mettre son induit en court-circuit. Des dispositifs, d'ailleurs très simples, permettent d'obtenir à ce moment un courant d'excitation convenable pour que le moteur se transforme en dynamo. L'induit étant fermé sur une résistance très faible est le siège d'un courant I sous une force électro-motrice E. Le moteur s'arrête dans un temps T tel que :

$$\int_0^T EI\,dt = \Sigma \frac{1}{2} m V^2.$$

En général, l'arrêt est excessivement brusque ; si l'on désire modérer cette action, au lieu de mettre l'induit en court-circuit on le ferme sur une résistance.

Ce procédé d'arrêt est très employé, et beaucoup d'appareils de mise en marche le possèdent. En coupant le courant du moteur, on passe avec ces appareils à la position correspondant au freinage.

Les moteurs à champ tournant ne peuvent s'arrêter facilement au moyen d'un procédé analogue : cela tient à ce que, si les dynamos à courant continu sont absolument identiques aux moteurs, les moteurs asynchrones ou à champ tournant diffèrent des dynamos asynchrones dont nous avons parlé en signalant leur apparition.

Prix actuel des moteurs électriques. — Les prix ci-dessous sont des moyennes donnant la valeur des moteurs à courant continu à 110 volts, avec vitesse allant de 1.500 à 2.000 tours pour 1 cheval à 200 à 300 pour 100 chevaux. Le prix est à peu près le même, peut-être légèrement inférieur, pour les moteurs à champ tournant avec courants polyphasés.

Les moteurs à voltage plus élevé, 440 ou 500 volts, coûtent un peu plus cher (de 5 à 10 p. 100).

			Prix du cheval	300 fr.
1	cheval	300 fr.	*Prix du cheval*	300 fr.
5	chevaux	750	—	150
10	—	1.100	—	110
20	—	1.600	—	80
50	—	3.600	—	72
100	—	6.800	—	68
125	—	8.000	—	64
150	—	9.400	—	63
200	—	12.000	—	60

IV. — Commande électrique des machines-outils.

Les avantages nombreux des transmissions électriques ont eu pour effet de les faire adopter d'une façon presque absolue dans tous les ateliers de mécanique.

Le plus souvent, il y a une dizaine d'années, on plaçait dans chaque atelier, ou pour chaque groupe d'outils, un moteur électrique supprimant les courroies ou renvois depuis la machine à vapeur jusqu'à cet atelier, ce qui est déjà très avantageux. On songea aussi à mettre, dans beaucoup de cas, un moteur séparé par outil ; l'indépendance des machines est utile dans beaucoup de cas. Mais les constructeurs de machines-outils livraient toujours leurs appareils comme auparavant; ils étaient munis, d'une manière plus ou moins heureuse, de poulies pour attaque par courroie, et le moteur électrique remplaçait simplement la poulie de commande de la transmission principale. Ceci avait de nombreux inconvénients : tout d'abord, la simplicité que l'on peut obtenir par des transmissions électriques était loin d'être atteinte; souvent même il était impossible de combiner les

Fig. 25. — Machine à mortaiser à commande électrique des *Ateliers d'Oerlikon.*

vitesses des machines-outils et des moteurs, ainsi que les dimensions des poulies, sans avoir recours à un arbre intermédiaire. De plus, les constructeurs indiquaient la puissance à fournir à leurs outils d'une manière très approximative, généralement au-dessous de la réalité, ce qui exposait à des accidents le moteur électrique.

Le besoin de quelque chose de mieux se manifestant, ce quelque chose, comme d'habitude, ne tarda pas à apparaître. Le moteur électrique devint (fig. 25-42) une partie de l'outil qu'il a charge de conduire. Pour cela, il y eut soit entente entre les constructeurs-mécaniciens-électriciens, soit fabrication de l'ensemble par la même maison.

Le premières machines bien comprises dans cet ordre d'idées ont été faites en Amérique; les autres pays suivirent de près, et quoique les constructeurs français se soient laisser distancer, l'Exposition nous montre qu'il y a une tendance générale à adopter cette solution.

On peut ainsi supprimer totalement les courroies et renvois, mais on arrive aussi à faire produire le maximum à chaque machine par l'emploi d'un moteur et de ses appareils de mise en marche judicieusement choisis.

Non seulement les parties principales du moteur doivent faire corps avec l'outil, et souvent venir de fonte avec une de ses pièces, mais aussi ses enroulements doivent-ils être

Fig. 26. — Raboteuse (*Bullock C°*).

combinés avec la nature du travail à effectuer. L'appareil commandant la mise en marche, les diverses vitesses, l'arrêt, et s'il est nécessaire le freinage et le changement de sens de rotation, doivent être bien à portée de la main de l'ouvrier, et être robustes. Ce dernier point est peut-être le plus délicat; beaucoup d'industriels, en effet, ont été désagréablement surpris de constater une usure très rapide de tous les commutateurs faisant partie d'appareils très soignés d'autre part, surtout à cause des étincelles attaquant les surfaces

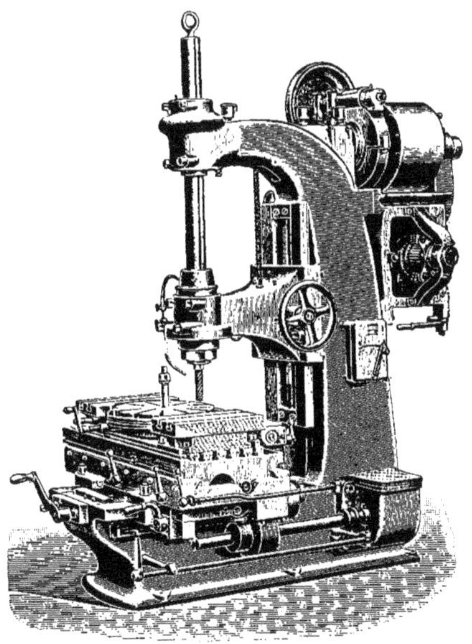

Fig. 27. — Fraiseuse verticale. *Société Alsacienne de constructions mécaniques.*

frottantes et les faisant gripper. Jusqu'à ces dernières années, cette question d'*appareillage*

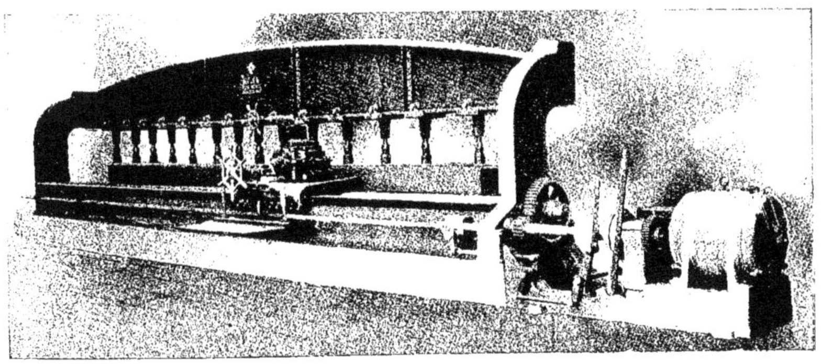

Fig. 28. — Machine à raboter à course de 7500 mm. de *Niles Tool Works C°*. Le moteur électrique change automatiquement de sens de rotation à fin de course.

avait été reléguée au dernier plan par la plupart des constructeurs, et il n'y a que peu de temps que des modèles bien soignés sont fabriqués.

Un grand nombre de machines n'exigent qu'un moteur à vitesse constante : on adoptera donc soit les moteurs à champ tournant, soit les moteurs à courant continu excités en dérivation. Si l'on a besoin de faire varier cette vitesse de régime, on pourra obtenir ce résultat, comme nous l'avons déjà dit, par un rhéostat en série avec l'induit du moteur à courant continu, ou des rhéostats intercalés dans le rotor du moteur à champ tournant. Ce procédé, outre l'abaissement de rendement, a l'inconvénient de faire varier beaucoup la vitesse si la charge n'est pas bien uniforme. Il vaut mieux recourir aux combinaisons dont nous avons parlé plus haut, en employant le courant continu.

Dans d'autres cas, on peut avoir intérêt à ne pas avoir la vitesse constante pendant le travail ; c'est ce qui se présente avec les machines à mouvement alternatif, comme les raboteuses, mortaiseuses, etc. La pièce à travailler n'est attaquée qu'à l'aller de la machine, et le retour doit se faire le plus rapidement possible. On peut obtenir cela, comme on le fait le plus souvent, par deux rapports de vitesses donnés par engrenages

Fig. 29. — Poinçonneuse (*Bullock C°*).

ou courroies. Mais il est aussi facile de se passer de cette complication en attaquant la machine au moyen d'un moteur à courant continu excité en série.

Si l'on considère les courbes caractéristiques d'un moteur excité en série, on voit que le couple croît plus vite que la charge, et que, par conséquent, la vitesse décroît avec la charge.

On pourra proportionner un moteur série, de telle manière que le rapport entre les vitesses pendant l'aller et le retour de l'outil soit assez grand, sans qu'il y ait lieu de changer les transmissions entre l'arbre du moteur et l'outil. On peut aussi pour un moteur

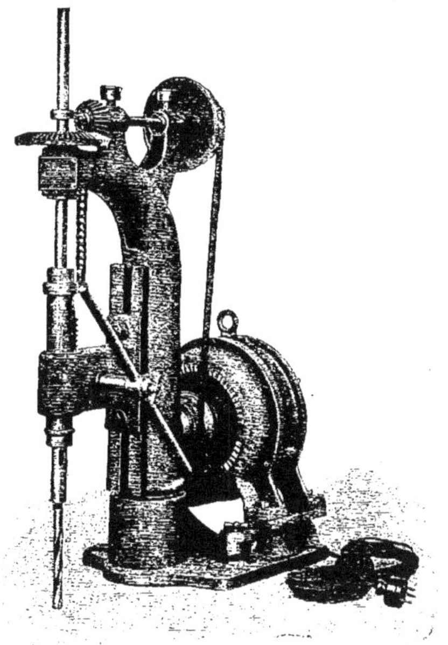

Fig. 30. — Machine à percer de l'*Allgemeine Electricitaets Gesellschaft.*

donné, modifier le rapport de ces vitesses par le changement de l'excitation. Avec un moteur

Fig. 31. — Moteur électrique avec flexible actionnant une mèche, de la *Société Gramme.*

excité en série, il suffit de mettre en dérivation avec l'inducteur une petite résistance formée d'une simple bande de cuivre ou de maillechort, ni chère ni encombrante. L'introduction de ce conducteur changera d'autant plus le rapport des deux vitesses, que sa résistance électrique sera plus faible.

Certains moteurs portent un double enroulement inducteur, et sont dénommés « moteurs compound ». L'un de ces enroulements est en dérivation sous la différence de potentiel totale; l'autre est en série avec l'induit, et parcouru par le même courant que lui.

Au début, cet enroulement en série était souvent placé en opposition de l'enroulement en dérivation. Si la vitesse tendait à baisser avec la charge, l'effet des spires en

Fig. 32. — Machine à percer (*Bullock C°*).

série diminuant l'excitation proportionnellement à cette charge, on pouvait obtenir une vitesse indépendante de la puissance absorbée entre certaines limites. Mais ceci avait des inconvénients, d'abord au point de vue des étincelles aux balais, et ensuite de l'inversion possible et brusque du sens de rotation en cas de surcharge.

Aujourd'hui, les moteurs excités simplement en dérivation ne baissent presque pas de vitesse avec la charge, et cet artifice est inutile. Mais on emploie les moteurs compound avec enroulements en série et en dérivation ajoutant leur effet magnétisant. Lorsque l'on veut démarrer très rapidement un moteur, il vaut mieux employer un moteur excité en série, car on est sûr que quel que soit le moteur et quel que soit le courant absorbé à la mise en marche, ces courants seront égaux dans l'induit et l'inducteur. Mais un moteur série ne peut être employé lorsqu'on a besoin d'une vitesse constante; il faut alors un moteur en dérivation. Il peut arriver, en cas de démarrage rapide, que le courant dans l'induit atteigne une trop grande intensité à cause de la self-induction des inducteurs; cet effet se fait d'autant plus sentir que le moteur est plus petit et fonctionne à voltage plus élevé; il en résulte des étincelles aux balais, et une détérioration rapide du moteur. Pour parer à cela, on munit souvent l'inducteur d'un enroulement en série, dans lequel le courant est toujours le même que dans l'induit, et qui assure une aimantation suffisante. L'in-

Fig. 33. — Machine à percer radiale double à commande électrique pouvant servir de machine à tarauder des *Ateliers d'Oerlikon*. Diamètre du plateau 8 m. Puissance de chacun des moteurs : 3 chevaux. Dimensions maxima des trous 60 mm. 400 de profondeur.

convénient de ce dispositif est de faire baisser un peu la vitesse avec la charge; cette objection peut encore être levée par la mise en court-circuit de l'enroulement série dès que la vitesse de régime est atteinte, ce qui est fait quelquefois automatiquement par l'appareil de mise en marche.

L'électricité peut recevoir sur les machines-outils d'autres applications que celle de la force motrice à fournir. L'adhérence magnétique est utilisée pour la fixation des pièces. La pression obtenue entre une pièce de fer ou d'acier et les pôles d'un électro-aimant peut être très suffisante pour qu'il soit possible de travailler cette pièce sans avoir à la fixer d'une autre manière. Elle est placée sur la machine sans que rien ne gêne la précision; la manœuvre d'un simple commutateur envoyant un faible courant dans une bobine, la fixe dans la même position.

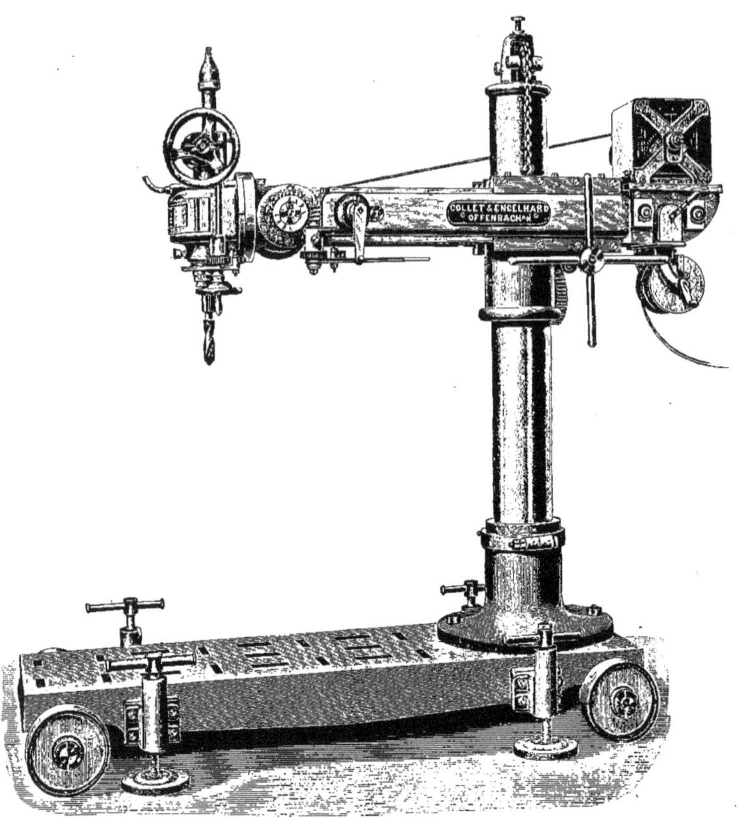

FIG. 34. — Machine à percer universelle radiale et roulante de la maison *Collet et Engelhard* à Offenbach.

FIG. 35. — Tour (*Bullock C°*).

Fig. 36. — Tour à décolleter. Hauteur 200 mm. (*Société Alsacienne de Constructions mécaniques*).

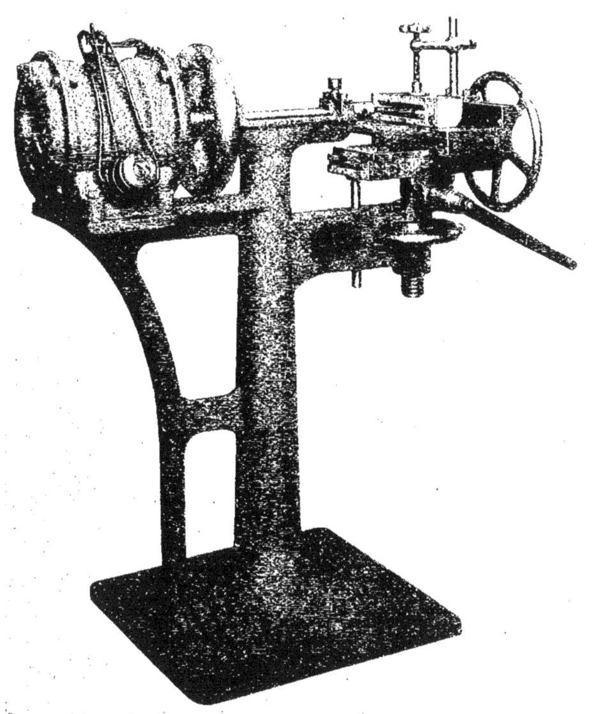

Fig. 37. — Machine à fraiser et à mortaiser le bois avec commande électrique (*Ateliers d'Oerlikon*). Moteur d'un cheval.

La pression est donnée par la formule :

$$p = \frac{B^2}{8\pi} \text{ dynes par centimètre carré.}$$

B est l'induction électromagnétique, qui peut être portée à 15.000 unités CGS très facilement, et souvent à 20.000. La pression atteint alors 9 et 16 kilogrammes par centimètre carré, très suffisante dans beaucoup de cas.

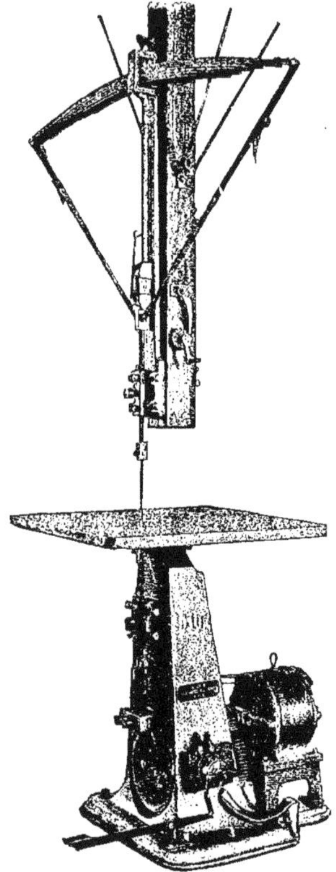

Fig. 38. — Scie à bois de l'*Allgemeine Elektricitaets Gesellschaft.*

La maison Brown et Sharpe expose à Vincennes une machine à rectifier les outils à découper d'acier trempé au moyen d'une meule d'émeri ; dans cette machine, la pièce est seulement fixée par adhérence magnétique.

La maison Sautter-Harlé présente au Champ-de-Mars une machine à percer les plaques d'acier, formée d'un électro-aimant en U ; au milieu des branches descend la mèche actionnée par un petit moteur électrique. L'ensemble est d'une forme très réussie.

Il faut signaler les tours à reproduire, dont un est exposé par la maison Christofle dans l'exposition d'orfèvrerie des Invalides. Si l'on veut graver autour d'une pièce cylindrique une série d'ornements répétés plusieurs fois, il suffit de dessiner un des motifs en grande échelle sur un autre cylindre. On couvre les parties de ce cylindre devant rester en creux sur la pièce, par de la cire. Ce cylindre-maquette tourne en même temps que la pièce avec un rapport de vitesse fixé par des engrenages que l'on peut changer à volonté. Un contact électrique ayant lieu pendant tout le temps qu'un petit balai ne touche pas la cire, envoie le courant dans un électro-aimant qui fait reculer l'outil. Dès que le balai touche la cire,

Fig. 39. — Machine universelle à travailler le bois à commande électrique. (*Ateliers d'Oerlikon*).

cet outil attaque la pièce. On reproduit autant de fois que l'on veut le motif dessiné à la cire, et à l'échelle que l'on désire par le seul changement des engrenages. La gravure obtenue, sur des timbales par exemple, est des plus fines.

Machines à imprimer. — Les machines rotatives, comme celles employés pour l'impression typographique, exigent une vitesse constante et doivent être munies d'un moteur en dérivation ou d'un moteur à courant alternatif; au contraire, les machines à impression lithographique, à mouvement alternatif, exigeant un couple considérable au

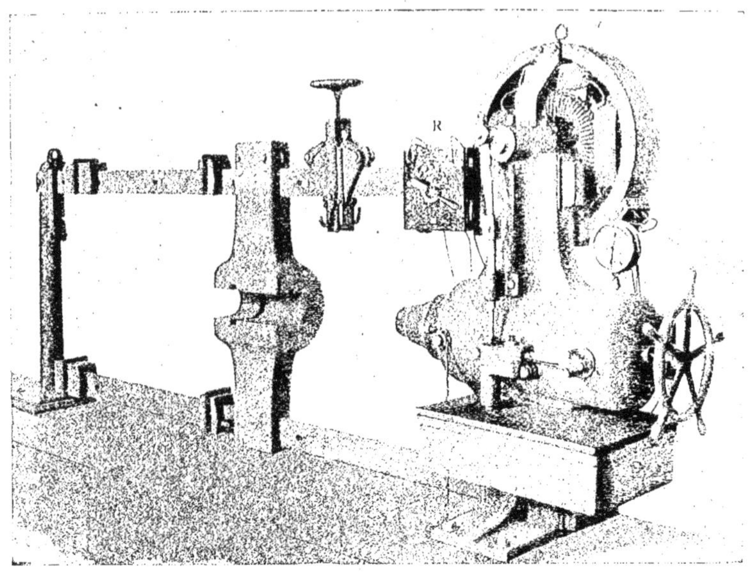

Fig. 40. — Presse hydraulique (*Bullock C°*).

moment de l'encrage, gagnent à être commandées par un moteur à courant continu excité

Fig. 41. — Meules d'émeri actionnées par moteur électrique de la *Société Gramme*.

en série ; le mouvement est d'ailleurs le même que celui d'une raboteuse ou mortaiseuse, dont nous avons parlé plus haut.

Pour ne pas gêner les abords de la machine et supprimer les courroies, on a placé sur la plupart des machines exposées des moteurs attaquant (fig. 43) le volant par friction

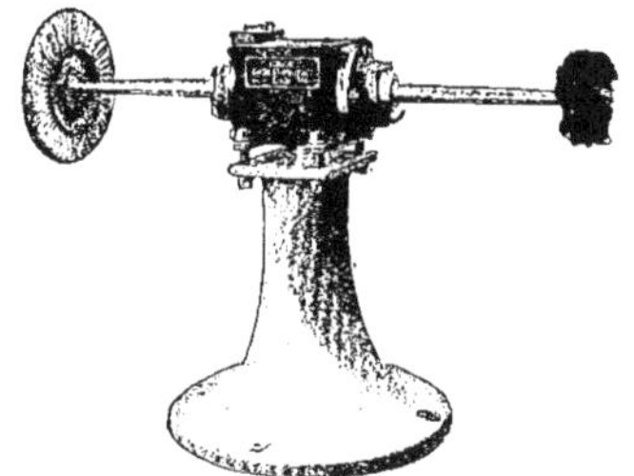

Fig. 42. — Machine à polir de l'*Allgemeine Elektricitaets Gesellschaft.*

ou par engrenage, et logés entre ce volant et le bâti de la machine, ou des moteurs à accouplement direct sur l'arbre.

Certains, comme Schelter et Giesecke, à Leipzig, ont un rhéostat faisant varier la

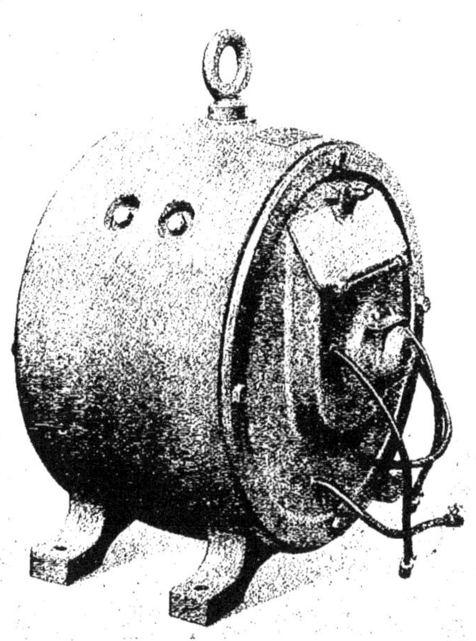

Fig. 43. — Moteur blindé à vitesse lente de la Société des Établissements *Postel-Vinay* pour la commande de presses à imprimer et machines analogues. Il se place entièrement entre le bâti et le volant qu'il attaque généralement par friction.

vitesse, dont la manette porte une aiguille se déplaçant sur un cadran, et indiquant le nombre d'exemplaires tirés à l'heure. D'autres, comme la Vereinigte Maschinenfabrik

(Augsbourg et Nuremberg), qui expose une machine colossale, ont (fig. 44-46) des appa-

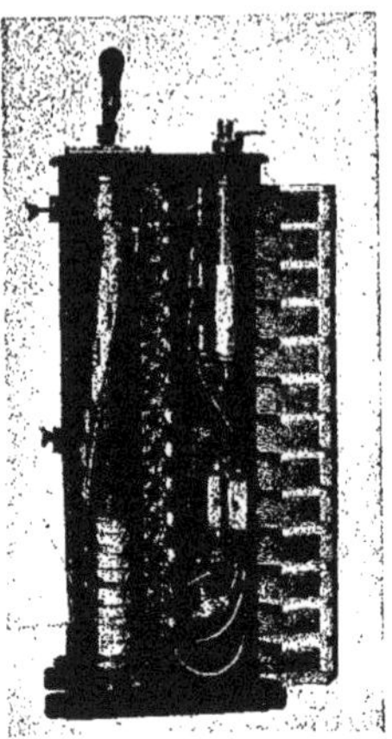

FIG. 44. — Appareil de mise en marche pour moteurs électriques de la *General Electric Company*.
A gauche, cylindre principal terminé en bas par une partie utilisée au freinage. A droite, cylindre inverseur.

FIG. 45.
Rhéostat de démarrage pour moteurs.
Maison *Farcot*.

reils de mise en marche des mieux compris et permettant d'obtenir facilement les variations de vitesse les plus considérables.

FIG. 46. — Appareil de mise en marche et réglage de vitesse pour machine à imprimer (*Bullock C°*).

Machines à papier, machines pour teinturerie. — Ces machines sont analogues aux machines à imprimer à cylindres. Elles exigent aussi un moteur à vitesse constante. Pour faire varier le débit, on peut agir sur la vitesse du moteur et supprimer tout changement dans les renvois de mouvement. Par exemple, la maison Gebauer expose une machine à rouleaux pour teinturerie, munie d'un moteur Siemens et Halske à courant continu avec deux collecteurs. Les appareils de réglage de vitesse sont disposés sur un petit tableau qui paraît très pratique.

V. — Appareils de levage.

Les appareils de levage commandés électriquement ont fait leur apparition dans l'Exposition bien avant son ouverture, puisque de nombreux engins ont dû servir au transport et à l'installation des machines exposées.

Fig. 47. — Treuil électrique de monte-charges construit par la Société des Établissements *Postel-Vinay*.

Les deux plus importants qui seront décrits en détail dans une autre livraison sont : la grue Titan, construite par la maison Jules Le Blanc et desservant la section française, et le pont roulant de la maison Carl Flohr, de Berlin, utilisé par les sections étrangères. Ces deux appareils sont restés en place pendant la durée de l'Exposition et seront employés lors du démontage.

Très différents comme forme extérieure et comme dispositions mécaniques, ils ne le sont pas moins au point de vue électrique. Le pont roulant allemand est vraiment un appareil électrique, tandis que la grue française utilise plutôt des combinaisons mécaniques.

Le pont roulant Carl Flohr est d'une force normale de 25 tonnes. La translation, qui peut se faire avec une vitesse maxima de 30 mètres par minute, est commandée par un moteur de 26 kilowatts à 115 tours, actionnant par roues d'angles deux axes verticaux qui transmettent leur mouvement à l'arbre horizontal portant les galets au moyen d'une vis sans fin à double filet.

Le mouvement du chariot est assuré par un moteur de 8 kilowatts à 500 tours actionnant une vis sans fin à triple filet.

Le levage est fait par deux moteurs excités en série de chacun 18 kilowatts; la transmission se fait également par vis. Le mécanisme d'élévation de la charge porte un frein à sabots destiné à produire l'arrêt instantanément dans la position exacte. Ce frein est commandé par un levier qui est attiré lorsqu'on envoie le courant dans un électro-aimant.

Toutes les inversions et variations de vitesse se font par la manœuvre des appareils

Fig. 48. — Treuil électrique de la maison *Sautter-Harlé*.

électriques. Les rhéostats sont d'une constitution toute particulière. Le courant arrive au fond d'une boîte dans laquelle est introduite une certaine quantité de graphite en poudre. Le courant traverse ce graphite jusqu'à une aiguille métallique liée à un axe vertical par lequel sort le courant. Pour faire varier la résistance, il suffit de faire varier la longueur de graphite traversée par le courant ; cette longueur étant celle qui sépare le point d'arrivée du courant dans la boîte de l'aiguille, il suffira de faire tourner l'axe.

La grue Titan Le Blanc est également d'une puissance nominale de 25 tonnes. La translation peut se faire avec une vitesse de 24 mètres à la minute, au maximum, lorsqu'on ne transporte aucune charge; cette vitesse peut varier entre 4 et 20 mètres à la minute lorsque la grue transporte 30 tonnes. Le moteur électrique actionnant cette translation est d'une puissance de 15 kilowatts. Il est situé sur la plate-forme inférieure, et son mouvement est transmis aux roues par engrenages et deux arbres inclinés. Le mouvement de translation est tout à fait manœuvré d'une façon distincte des deux autres au moyen d'un commutateur réglant la vitesse et le sens de rotation ; c'est, du reste, la seule concession qui ait été faite dans tout l'appareil, aux manœuvres électriques.

La volée pivotante de la grue, le levage du crochet et la translation du chariot sont mus par un seul moteur de 12 kilowatts, excité en dérivation et sans aucune disposition

FIG. 49 et 50. — Moteur pour tramways de la Compagnie *Hélios*.

pour la variation de la vitesse. Il actionne un arbre central qui attaque par courroies ces trois mouvements. La mise en marche, les diverses vitesses, les changements de sens se font mécaniquement ; les engrenages sont seuls employés, à l'exclusion des vis sans fin. Cette construction est critiquable au point de vue électrique, puisqu'on perd une grande partie de la simplicité apportée par l'emploi de l'électricité ; on peut, toutefois, reconnaître aux courroies l'avantage d'empêcher les surcharges trop considérables, car, dans ce cas, elles glissent ou sautent. Les vitesses de levage sont faibles : 2 m. 10 à la minute au levage et 2 m. 50 à la descente, au maximum, avec charge de 10 tonnes, et 1 m. 10 et 1 m. 40 si la charge est de 30 tonnes.

Beaucoup d'autres grues électriques, treuils, etc., figurent dans l'Exposition, soit pour le service, soit dans les expositions particulières. Les fig. 47 et 48 en représentent deux exemples intéressants.

Pour tous les mouvements de levage, il est préférable d'employer du courant continu et un moteur excité en série qui réunissent les deux qualités de la facilité de démarrage, et de l'obtention de grands couples. Le moteur série a aussi cet avantage de baisser de

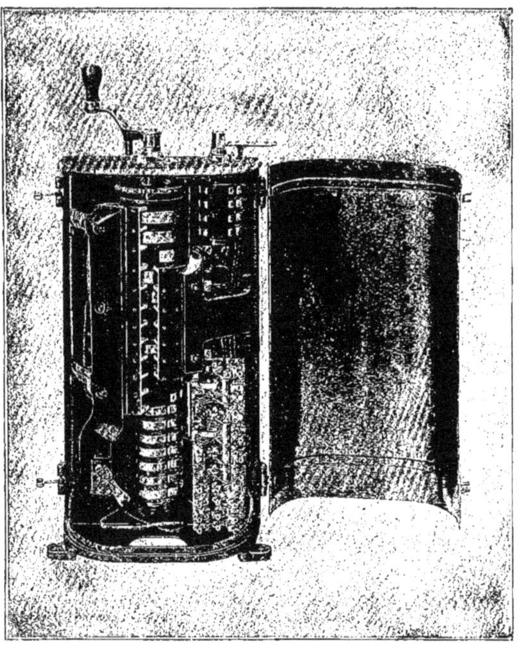

Fig. 51. — Contrôleur pour tramways *Thomson-Houston* pour deux moteurs et freinage gradué. A gauche : cylindre principal pour couplage, série et parallèle et freinage. A droite : cylindre inverseur.

vitesse avec l'augmentation du couple, sans qu'on ait à faire aucune manœuvre ; le plus généralement, c'est ce que l'on cherche, les objets lourds exigeant plus de précautions que les légers. On peut objecter à cela qu'en cas de surcharge très forte le moteur, quoique ralentissant, n'en fournira pas moins l'effort demandé, et que l'on risque de faire travailler les organes au delà des limites prévues ; mais rien n'est plus facile d'éviter ceci, si on le désire, au moyen d'un disjoncteur automatique coupant le courant dès qu'il dépasse une limite choisie.

Les appareils de mise en marche ont fait beaucoup de progrès. Il ne doit s'y produire que le minimum d'étincelles, et des précautions spéciales doivent être prises pour les éviter : les appareils de levage doivent en effet être constamment manœuvrés pour les accrochages, transports de pièce, inversion de sens, etc. La plupart des constructeurs ont adopté les appareils du genre de ceux qui servent sur les tramways, qui ont fait leurs preuves pour un service très analogue.

Le plus souvent, il y a trois de ces appareils de mise en marche ou contrôleurs commandant chacun un moteur. Quelquefois, les trois leviers de commande sont réunis sur le même appareil. Si l'on n'a pas besoin des trois mouvements en même temps, un seul appareil suffit ; il est muni alors d'un levier supplémentaire permettant d'envoyer le courant à l'un ou l'autre des moteurs.

Avec des treuils à vis sans fin non réversibles, il n'y a pas à craindre, pour le mouvement de levage, le *dévirage* de la pièce. Lorsque la transmission ne se fait que par engrenages, le contrôleur est muni du freinage électrique (ou bien on se contente d'envoyer un léger courant inverse dans le moteur) si l'on veut éviter les freins mécaniques.

VI. — Traction électrique.

Tous les types d'électro-moteurs spécialement étudiés en vue de la traction électrique sur rails sont à courant continu et doivent fonctionner sous une différence de potentiel de 500 à 600 volts. Un voltage plus haut est généralement interdit par les diverses admi-

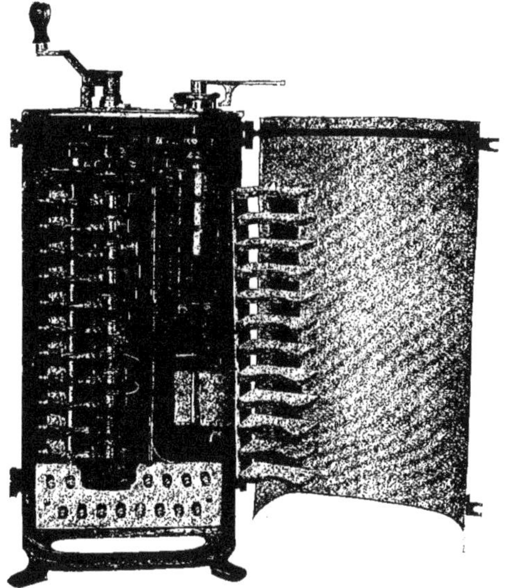

FIG. 52. — Contrôleur pour Tramways de la Compagnie *Hélios*, pour deux moteurs avec combinaisons en série et en parallèle ; type sans freinage sur résistances.
A gauche : cylindre principal. A droite : cylindre inverseur.

nistrations. Il est cependant insuffisant si l'on doit transporter assez loin une puissance considérable. Supposons en effet que l'on ait cinquante voitures demandant chacune en moyenne 15 ampères. Le courant total est 750 ampères. Si la ligne a 10 kilomètres d'étendue, et qu'elle soit faite avec une section de cuivre totale de 10 centimètres carrés, on aura une chute de tension de 135 volts environ, et le voltage tombera à 365 volts à l'extrémité au lieu de 500 au départ, ce qui a de sérieux inconvénients. Cependant, on aura dépensé au moins 500.000 fr. rien que pour les câbles. Aussi est-il nécessaire, lorsque l'on veut faire autre chose que du tramway urbain, de recourir à des stations fournissant l'énergie électrique à haut voltage, et d'avoir des sous-stations transformant cette énergie en courant continu à 500 volts. C'est la solution que nous avons indiquée plus haut par les Compagnies des Chemins de fer de l'Ouest et de Paris-Orléans qui, si

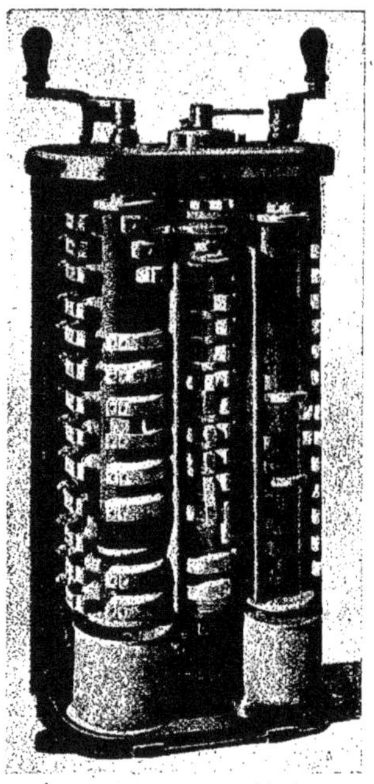

Fig. 53. — Contrôleur pour deux moteurs, avec combinaison en série et parallèle ; type avec freinage gradué.
A gauche : cylindre principal ; au milieu : cylindre de frein ; à droite : cylindre inverseur.

elles ne sont pas encore vraiment du chemin de fer électrique, font au moins du tramway très agrandi.

Le courant alternatif n'exige pas de sous-stations transformatrices, le transformateur de courant alternatif en courant alternatif étant un appareil inerte ne demandant aucune surveillance. Plusieurs tentatives ont déjà été faites en vue de la traction par courant alternatif, mais les moteurs restent la grande difficulté, toujours à cause de leur démarrage plus difficile que celui des moteurs à courant continu. De plus, les moteurs à courant alternatif ne fonctionnent bien qu'avec une vitesse déterminée voisine de celle correspondant au synchronisme avec la période du courant; l'obtention de vitesses variées est nécessaire dans la plupart des cas. Aussi le courant alternatif, malgré ses autres avantages, ne pourrait-il être employé encore que dans le cas où l'on aurait de grands espaces à franchir sans arrêts, à vitesse constante et sans jamais de surcharges possibles.

Les moteurs à courant continu sont maintenant (fig. 49 et 50) presque tous excités en série : ils ont un grand couple de démarrage, ralentissent automatiquement en passant dans les courbes ou dans les endroits où la voie est mauvaise, et permettent une construction plus solide que les moteurs excités en dérivation ; ils font aussi moins d'étincelles lors des surcharges.

Le plus généralement, on emploie deux ou quatre essieux moteurs, et l'on fait les variations de vitesse pour une charge et un profil donné par les différents couplages électriques que l'on peut effectuer dans le cas de deux moteurs, on les met en série lors du démarrage, ce qui correspond au couple maximum pour un courant donné et augmente le rendement; en effet, lorsque les deux moteurs sont en série, on obtient une vitesse égale

Fig. 54. — Truck avec deux moteurs pour tramway de la Compagnie *Thomson-Houston*. Les freins électromagnétiques sont placés à gauche sur l'essieu d'avant et à droite sur l'essieu d'arrière.

à la moitié de la vitesse maxima obtenue avec les moteurs en quantité. Si le rendement entre l'énergie électrique absorbée et celle qui est disponible sur les roues est de 85 p. 100 à grande vitesse, elle dépasse encore souvent 75 p. 100 avec la demi-vitesse, tandis que si l'on avait obtenu cette demi-vitesse par l'addition de résistance, le rendement serait tombé à 35 p. 100 environ.

L'appareil de mise en marche ou *contrôleur* (fig. 51-53) (traduction très inexacte de l'anglais *controller*) comporte un certain nombre de touches, correspondant d'abord à la marche en série avec résistances, les deux moteurs étant en série; ces résistances de démarrage sont diminuées au fur et à mesure que l'on passe sur les touches successives. Les moteurs sont ensuite mis en quantité, d'abord avec résistance, et, à la dernière touche, chacun des moteurs se trouve placé sous la différence de potentiel totale du réseau. Quelquefois, on emploie la diminution de l'excitation en mettant une résistance en dérivation sur les inducteurs pour produire une augmentation de vitesse. Cette résistance pouvant être placée lorsque les moteurs sont en série ou lorsqu'ils sont en parallèle, on obtient quatre vitesses différentes égales approximativement à 1, 1,25, 2, 2,5, avec bon rendement, aucune résistance n'étant en circuit.

Le freinage électrique est (fig. 54) employé assez souvent dans le cas de la traction.

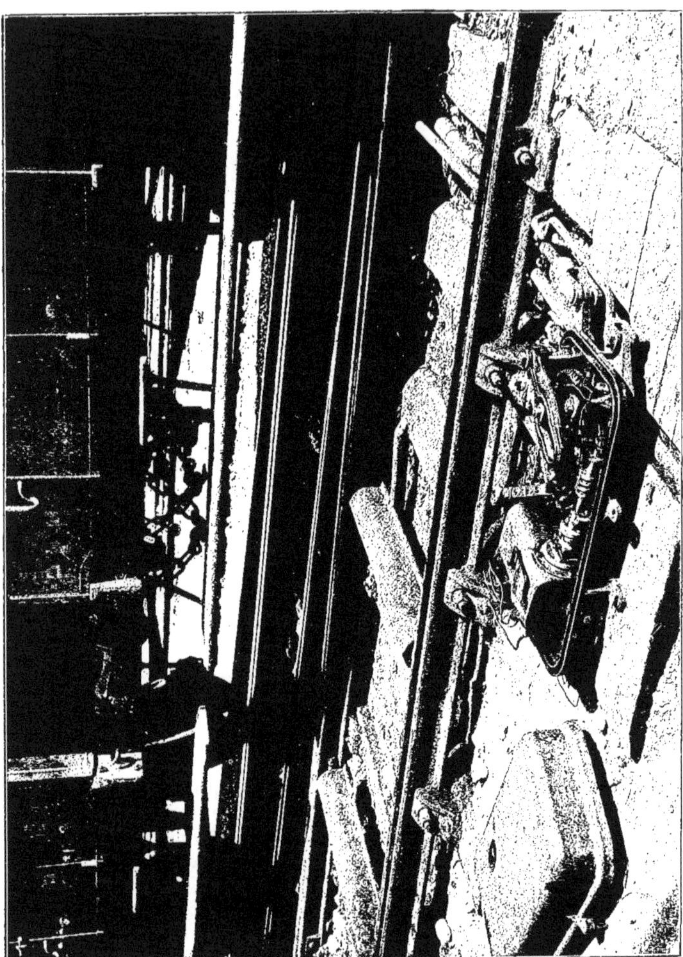

Fig. 55. — Détails d'un appareil de commande d'aiguille, système *Ducousso et Rodary*, construit par la Société des Établissements *Postel-Vinay*. A gauche, le moteur attaquant par vis sans fin le plateau de droite actionnant la barre d'aiguille par un galet excentrique.

Nous avons déjà vu qu'il consiste à faire travailler chacun des moteurs comme dynamo soit sur des résistances, soit en le mettant en court circuit. Cette dernière disposition produit un arrêt excessivement brusque, et très désagréable pour les voyageurs. Aussi, quoiqu'il soit placé sur la plupart des contrôleurs, il ne doit être employé qu'en cas d'accident, et est dénommé frein de secours.

La méthode de freinage consistant à transformer les moteurs en dynamos avec débit réglable est meilleure et peut être employée en service courant; elle a l'inconvénient d'exiger des moteurs un service plus pénible. Plusieurs constructeurs, en particulier la Compagnie Thomson-Houston, emploient le freinage électro-magnétique. Le courant

Fig. 56. — Locomotive électrique de la Compagnie du Chemin de fer d'Orléans, construite par la Compagnie *Thomson-Houston.*

produit par le moteur lors du freinage est envoyé, en même temps que dans les résistances, dans des plateaux de freins spéciaux, en série avec celles-ci. Un plateau de fonte est fixé au moteur et porte des enroulements susceptibles, lorsqu'ils sont traversés par du courant, de développer une aimantation assez intense du plateau. A une très petite dis-

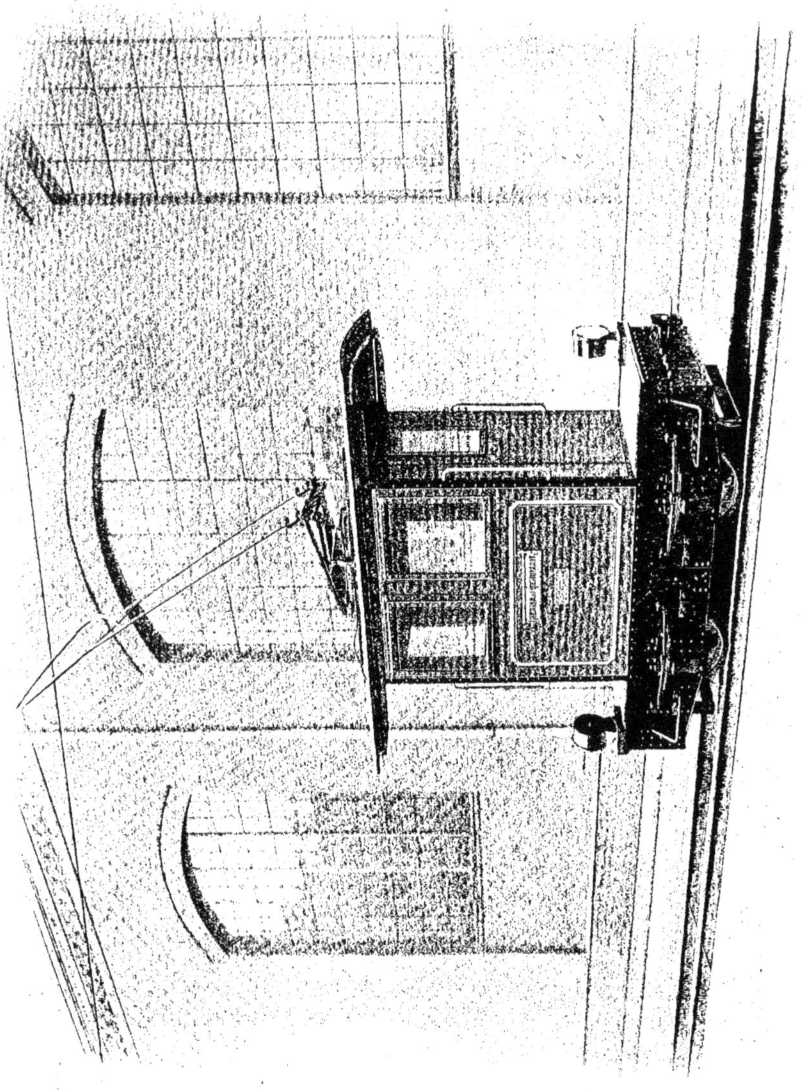

tance du plateau, il y en a un second qui est fixé à l'essieu et, par conséquent, tourne avec lui. Lors du freinage, les deux plateaux s'attirent et frottent l'un contre l'autre d'autant plus énergiquement qu'un courant plus intense a été lancé dans les enroulements. La force vive de la voiture, à transformer en chaleur, l'est, en grande partie, grâce au frottement de ces disques, et les moteurs se trouvent soulagés d'autant. Des applications très intéressantes en ont été faites récemment, entre autres au Havre, sur le tramway gravissant la côte Sainte-Marie. Cette ligne a une longueur de 750 mètres; la rampe moyenne atteint 92 millimètres par mètre, en variant de 76 à 115; de plus, elle fait de nombreuses courbes prononcées. Les voitures peuvent descendre uniquement avec le frein électro-magnétique qui est employé concurremment avec le frein à air comprimé, et pourrait suffire seul.

Malheureusement, le freinage électrique présente un grave inconvénient; sur chacune des voitures de tramway, il y a une grande longueur de câbles, quelquefois jusqu'à 200 mètres. Le courant doit passer par une série de contacts (serre-fils, touches du contrôleur, etc.). Si l'un de ces câbles est rompu, ou si l'un de ces contacts est brisé, ou

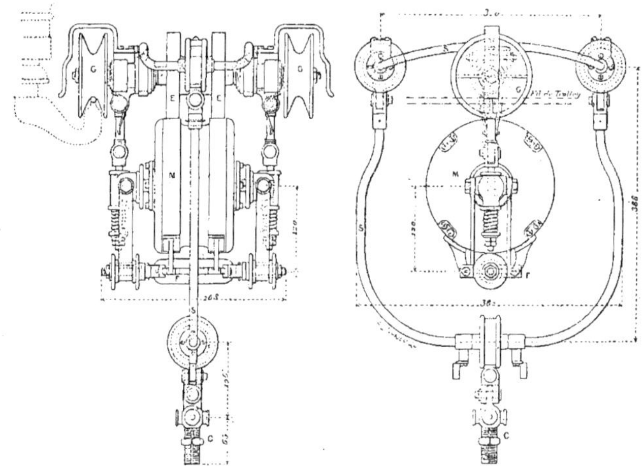

Fig. 58. — Trolley *Lombard-Gérin*.

simplement en mauvais état, le frein ne fonctionne plus. Le moindre défaut peut donc occasionner des accidents graves; c'est ce qui fait préférer souvent au freinage électrique le freinage par l'air comprimé qui est plus coûteux mais bien plus sûr, puisque les défauts du frein produisent généralement l'arrêt au lieu de l'empêcher.

Tous les systèmes de traction à courant continu emploient les mêmes procédés de couplage des moteurs. Nos fig. 51 et 53 représentent ces différentes combinaisons, pour le cas le plus complexe, si l'on désire obtenir quatre vitesses sans résistance et le freinage électrique. Certaines de ces positions ne sont souvent pas employées, suivant les cas. En particulier pour le chemin de fer électrique de l'Exposition, la mise en quantité d'une résistance avec les inducteurs ainsi que le freinage électrique sont supprimés.

On met généralement deux essieux moteurs, comme nous l'avons dit. Les moteurs portent des paliers venus de fonte, dans lesquels passe l'essieu, et qui servent à leur suspension. Ils sont tous à simple réduction de vitesse par engrenage. Le rapport des nombres de dents de la roue et du pignon varie de 1/6 à 1/3.

La plupart des constructeurs ont adopté comme puissance nominale des moteurs de tramway celle que le moteur peut fournir pendant une heure avec un échauffement ne dépassant pas 75° centigrades au-dessus de la température ambiante. Il faut bien remarquer que ceci n'est qu'une simple règle de convention, et que les moteurs sont loin de pouvoir fournir cette puissance d'une façon ininterrompue; très souvent, le rapport de la puissance nominale ainsi déterminée à la puissance réelle atteint 3, et le rapport du couple nominal au couple réel, 4.

Rappelons que les systèmes de traction actuellement employés sont :

Les systèmes à câble aérien et retour du courant par les rails ;

Les systèmes à câbles souterrains ;

Les systèmes à contacts superficiels;

Les systèmes accumulateurs.

Il est hors des limites que nous nous sommes imposées, de traiter successivement de chacun de ces procédés, ce qui est d'ailleurs surtout du domaine des électriciens.

Sauf sur certaines lignes à accumulateurs où l'on emploie des moteurs excités en dérivation dans l'espérance de faire aux descentes une récupération en rechargeant la batterie, le moteur série est toujours employé. En plus de ses autres avantages, il a celui-ci, qui est des plus importants. Il est impossible de faire deux moteurs à courant continu ayant exactement même vitesse; si les moteurs sont accouplés en série, quel que soit le moteur, on pourra obtenir une marche satisfaisante sans que les roues patinent. La vitesse d'un moteur étant proportionnelle à la différence de potentiel qui lui est appliquée, si les moteurs sont différents et couplés en série, ils se partageront inégalement les volts de manière que la vitesse des roues de chacun des essieux soit la même. Lorsque l'on passe à la marche en parallèle, il n'en est plus de même; si l'on a des moteurs excités en dérivation, c'est-à-dire à vitesse pratiquement constante pour une même différence de potentiel, et que cette vitesse soit différente pour les deux, il faudra forcément que les roues patinent. Au contraire, les moteurs excités en série se régleront automatiquement, en se partageant inégalement les ampères absorbés, ce qui n'a pas beaucoup d'inconvénients, si les moteurs ne sont pas excessivement différents. Ceci peut aussi parer aux inconvénients d'une légère inégalité de diamètre des roues placées sur les différents essieux.

L'application de la traction électrique aux chemins de fer est encore dans l'enfance. On peut voir à l'Exposition de Vincennes la locomotive électrique des Chemins de fer de Paris-Lyon-Méditerranée avec les dispositions originales de M. Auvert. On peut y voir également une locomotive Thomson-Houston destinée au Chemin de fer de Paris-Orléans (fig. 56) et, au Champ-de-Mars, une locomotive du Creusot et une de l'Allgemeine Elektricitaets Gesellschaft (fig. 57). Ces trois dernières sont aménagées pour employer la distribution par trolley soit placé au-dessus de la voie, soit formant troisième rail au niveau du sol. Les couplages des moteurs sont analogues à ceux que nous avons décrits pour les tramways; il y a généralement quatre essieux moteurs, et deux moteurs sont constamment réunis en quantité; les deux groupes ainsi formés sont branchés en série ou en quantité au moyen d'un contrôleur présentant des dispositions semblables. Le freinage électrique n'est pas employé, car il ne produirait que l'arrêt de la voiture automotrice. Dans les tramways, lorsque l'on fait remorquer d'autres voitures par l'automotrice, on peut placer des freins électro-magnétiques sur les voitures remorquées; mais cela deviendrait impraticable sur les chemins de fer, où le nombre de voitures est considérable.

Les moteurs pour chemins de fer sont ou à engrenage simple, comme ceux des tramways, soit à accouplement directs sur l'essieu. Dans les deux cas, toutes les précautions doivent être prises en vue d'une bonne suspension des moteurs; une disposition très employée consiste à se servir d'un arbre creux dans lequel passe l'essieu, les deux étant reliés d'une manière élastique. Il ne faut pas oublier en effet que ce sont les fils de l'induit qui sont le siège des forces produisant le couple moteur; cet effort se transmet à l'arbre en passant par les isolants qui consistent en papier, carton, ruban, etc., toutes matières peu employées par les mécaniciens; la suspension du moteur, de laquelle dépend en grande partie la conservation de ces isolants, doit donc être prise en sérieuse considération.

Poids et prix des moteurs. — Les moteurs de tramways des types courants pèsent entre 700 et 1.200 kilogrammes; leur prix, y compris l'engrenage, varie de 2.000 à 3.500 fr.; on place un ou le plus souvent deux moteurs par voiture.

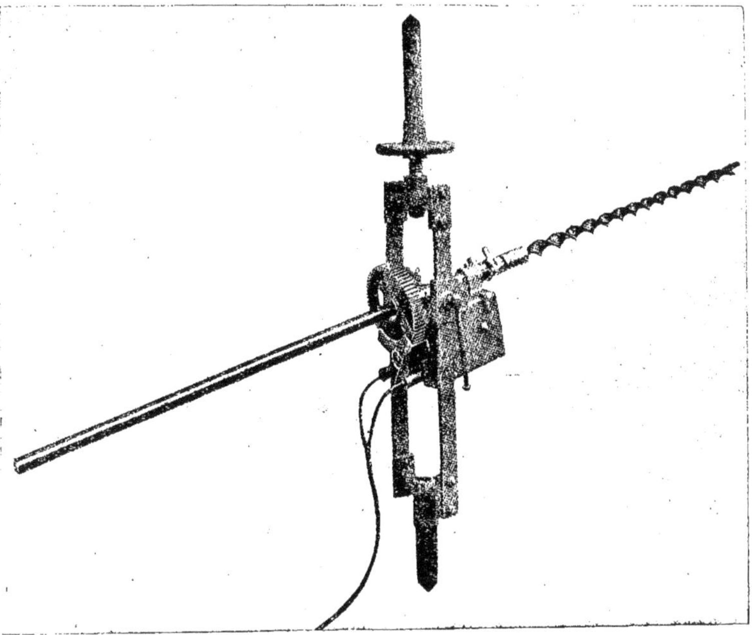

FIG. 59. — Perforatrice électrique *Jeffrey* pour charbon.

Les types de moteurs pour chemins de fer ne sont pas encore suffisamment bien définis pour qu'on puisse en fixer le poids ou le prix moyen, qui sont du reste très variables avec le service demandé.

Les *voitures automobiles* marchant sans rails ont fait beaucoup de progrès; mais le grand écueil de ce mode de transport réside dans le poids considérable à donner aux accumulateurs. L'entretien de la batterie est aussi une chose qui doit entrer fortement en ligne de compte lorsque l'on a à comparer la traction électrique aux autres systèmes, le pétrole par exemple.

Le poids de la batterie atteint le tiers du poids total du véhicule, et cela en ne permettant jamais que des parcours assez réduits, dans les environs de 60 kilomètres, sans recharge. Malgré ces inconvénients, les avantages de l'électricité (absence d'odeur, facilité de démarrage, obtention de couples suffisants dans les montées...) la font souvent adopter. Les moteurs employés présentent en plus petit les dispositions des appareils des tramways. En général, ils tournent à une vitesse assez considérable (1.000 ou 2.000 tours à la minute); les roues des voitures étant encore plus grandes que celle des tramways, il faut avoir recours à des réductions de vitesse plus considérables : c'est pourquoi la plupart des automobiles électriques portent des engrenages multiples, des chaînes, etc. Peut-être a-t-on été trop loin comme vitesse, et vaudrait-il mieux avoir un moteur à allure plus réduite, en supprimant la majeure partie de ces intermédiaires susceptibles de mauvais fonctionnements et absorbant une proportion assez forte d'énergie. Il est vrai qu'un moteur moins rapide pèserait plus lourd; mais si l'on considère que beaucoup de petites vitesses portent 500 ou 600 kilogrammes d'accumulateurs, on voit que l'on ne devrait pas en être à 50 kilogrammes près pour les moteurs.

Les contrôleurs ou combinateurs produisent des couplages analogues à ceux employés sur les tramways. Le freinage électrique y figure très souvent; les moteurs sont généralement excités en série, et portent quelquefois un enroulement supplémentaire en déri-

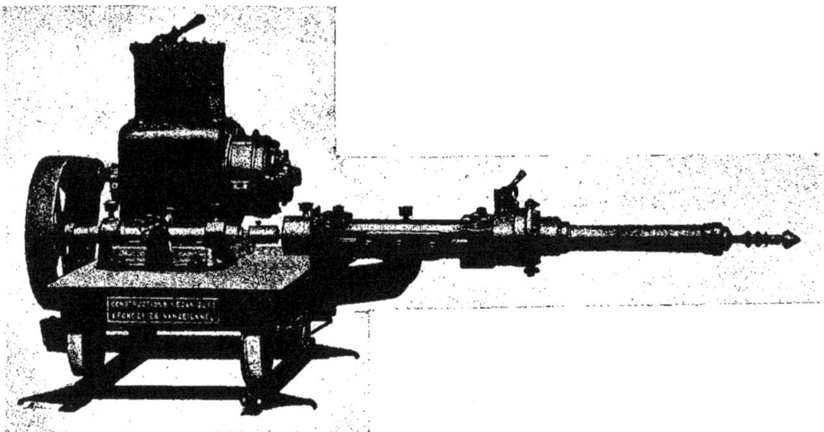

Fig. 60. — Perforatrice différentielle système *Colin et Daubiné* (Constructions mécaniques et fonderies (Nancéiennes). Production dans le minerai de fer oolithique : 20 mètres cubes en 10 heures.

vation. A un faible voltage, comme celui de 80 volts, donné par 44 éléments, les moteurs série peuvent ne pas s'amorcer comme dynamo lors du freinage par suite de la présence de poussière ou de graisse sur les collecteurs. L'excitation en dérivation qui est adjointe permet un freinage sûr et peut assurer une marche très lente sans que l'on ait besoin d'intercaler de résistances.

Certaines voitures, comme celles de M. Krieger, ne portent qu'un engrenage attaqué directement par le pignon de l'induit, avec un rapport d'environ 20.

Un seul essieu est moteur dans toutes les automobiles, l'inégalité de diamètre des roues obligeant à des complications trop grandes si l'on désirait placer des moteurs sur les deux. Tantôt l'essieu d'avant reçoit le moteur ou les moteurs, tantôt c'est celui d'arrière. Le différentiel est très employé comme organe de transmission et de direction.

Les voitures Krieger, que nous avons citées plus haut, ont deux moteurs, un pour chaque roue d'avant. Chacune de ces roues est indépendante de l'autre. La direction est obtenue très facilement par l'inégalité des vitesses données aux deux moteurs, ou même l'arrêt ou la marche en arrière de l'un d'eux.

Nous avons déjà parlé plus haut des moteurs à deux enroulements (Compagnie française de Voitures automobiles, Bouquet-Garcin-Schine) qui permettent des combinaisons donnant des vitesses variées, sans que l'on ait besoin de disposer plus d'un moteur par véhicule.

Les accumulateurs sont, ainsi que nous l'avons déjà fait observer, le principal obstacle au développement de l'automobilisme électrique. Ils sont toujours, sauf des différences d'ordre secondaire, constitués comme ceux de Planté (découverts en 1860), par des lames de plomb plongeant dans l'eau acidulée sulfurique. L'emploi du plomb laisse à désirer à cause de sa densité élevée et surtout de son manque de rigidité ; mais toutes les tentatives faites dans le but d'arriver à un emploi pratique d'autres métaux n'ont pas donné de bien bons résultats.

Le champ d'action d'une automobile électrique est limité uniquement par cette considération, car on ne pourra jamais arriver à posséder des postes de recharge suffisamment

Fig. 61. — Machine à entailler *Jeffrey*, à l'électricité pour mines de charbon à longues murailles.

rapprochés pour que l'on puisse arriver à un poids d'accumulateurs possible. Quoique certains annoncent des chiffres bien au-dessus de cela, il ne faut pas compter obtenir avec les accumulateurs faisant un service de traction plus de 10 ampères-heures par kilogramme de poids total, au grand maximum. Le décharge se faisant avec une différence de potentiel moyenne de 1,9 volt, on obtient au plus 19 watts-heures par kilogramme. Une voiture de 2.000 kilogrammes, au total, parcourant à 30 kilomètres à l'heure une voie exigeant un effort de traction de 3 p. 100, a besoin de

$$2.000 \times \frac{30.000}{3.600} \times 0,03 = 500 \text{ kilogrammètres par seconde.}$$

Le rendement du moteur ne dépasse pas 0,85, celui de la transmission 0,75 dans les types courants. La batterie devra donc fournir

$$\frac{500}{8,85 \times 0,75} = 780 \text{ kilogrammètres par seconde}$$

correspondant à 7.700 watts.

Le poids de la batterie assurant la marche pendant H heures devra donc être de :

$$\frac{7.700}{19} H = 405 H \text{ kilogrammes.}$$

Ce poids considérable s'oppose à la réalisation pratique d'un service de voitures électriques sur route.

On a songé à employer le trolley. La voiture, alors soulagée du poids des accumulateurs, peut devenir d'une réalisation plus facile. Mais, comme on ne peut songer à faire le retour du courant par la terre sans rails, il faut avoir deux fils aériens. Ceci n'est pas une grande difficulté. Mais la voiture doit être capable de se mouvoir à une distance assez grande et variable de la prise du courant aérienne, car elle est susceptible de rencontrer d'autres véhicules, et devra, dans ce cas, se conformer aux réglementations ordinaires. Il faut éviter d'exercer une traction trop considérable sur les fils aériens et réunir la prise

Fig. 62. — Machine électrique à cisailler en position, prête pour l'entaille. (Compagnie *Jeffrey*.)

de courant à la voiture au moyen d'un câble souple. Cette considération de la traction minimum à exercer sur la ligne a conduit M. Lombard-Gérin à rendre (fig. 58) la prise de courant automobile elle-même et avec une vitesse égale à celle de la voiture. Un essai a été fait de ce système à l'annexe de Vincennes et paraît donner de bons résultats. Le courant arrivait par deux fils aériens, des roulettes à gorges se déplacent sur les fils, mais, à l'inverse de ce que l'on fait dans les tramways, elles étaient au-dessus des fils. Elles servaient de conducteur électrique, et en même temps de support pour un petit moteur suspendu au-dessous par un étrier. Ce moteur était à courants triphasés; la voiture elle-même portait, actionnée par son essieu, une génératrice à courants triphasés capable de fournir seulement la puissance nécessaire au déplacement de ce trolley complexe. Le moteur attaquait les roulettes par des roues de friction, acier sur fibre. On peut facilement tenir compte, en établissant cette réduction, de la perte de vitesse par glissement soit dans l'appareil de réduction lui-même, soit dans le mouvements des galets sur les fils. On réalise ainsi un système se déplaçant avec une vitesse égale à celle du véhicule, grâce au synchronisme obtenu par l'emploi des courants alternatifs. M. Lombard Gérin simplifie encore ceci, en

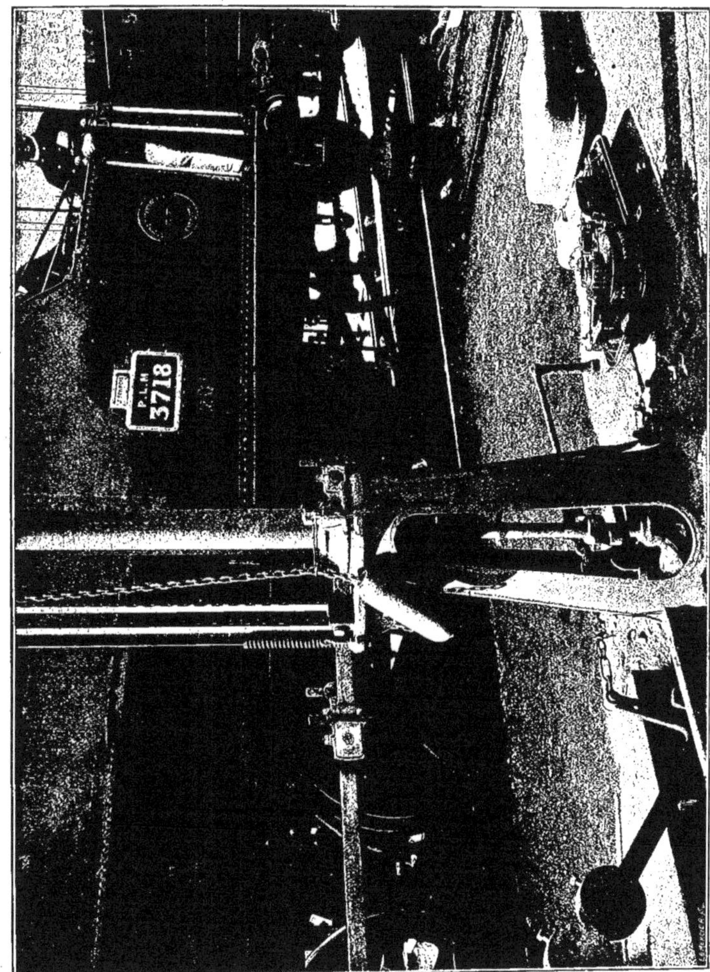

Fig. 63. — Détails d'un appareil de commande de signal, système *Ducousso et Rodary*, construit par la Société des Établissements *Postel-Vinay*. Le moteur électrique est figuré à droite.

supprimant la dynamo génératrice de courants triphasés. Il suffit, en effet, d'outeraj trois bagues au moteur de la voiture, de relier ces bagues à trois points équidistants de l'induit pour obtenir, par l'intermédiaire de trois balais appuyant, un sur chacune d'elles, une source de courants triphasés. L'énergie nécessaire au déplacement du trolley est alors prise au courant continu et transformée en courant alternatif, dans le moteur actionnant le véhicule.

Le trolley automobile porte, en plus, un frein électro-magnétique, que l'on peut manœuvrer de la voiture. Si le trolley a pris de l'avance à cause des sinuosités faites par la voiture, on peut faire agir ce frein. On s'en sert encore dans les pentes, pour que sa vitesse ne deviennent pas trop considérable ou si l'on désire s'arrêter en rampe.

L'ensemble du trolley est très léger ; l'aluminium est employé dans toutes ses parties où cela est possible. Il porte une gaine souple composée de six conducteurs : deux pour le courant principal, trois pour le moteur à courants triphasés, et un pour le frein ; l'autre fil de frein est commun avec un des conducteurs principaux. Cette gaine arrive à une tige fixée sur la partie supérieure de la voiture et portant six bornes facilement démontables. Lorsque deux voitures arrivent en sens inverse, il est alors très facile de faire entre elles l'échange des trolleys en un temps très court.

En plus du chemin de fer électrique dont nous avons eu déjà occasion de parler, l'Exposition possédait pour le transport des visiteurs la plate-forme mobile actionnée électriquement, faisant en sens inverse le même parcours que celui du chemin de fer. La plate-forme possédait deux vitesses correspondant à environ 5 et 10 kilomètres à l'heure. Les moteurs électriques, au nombre de 180, étaient disposés de distance en distance sur les piliers supportant les axes horizontaux munis de roues sur lesquelles courait le rail mobile fixé sous la plate-forme. Ces deux roues avaient des diamètres qui étaient entre eux dans le rapport de un à deux. Les moteurs attaquaient ces arbres au moyen d'un engrenage.

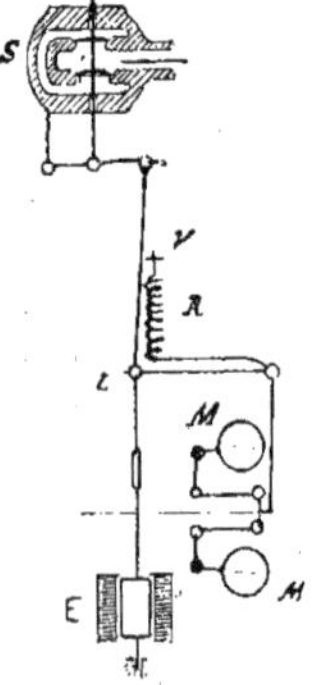

Fig. 64.
Régulateur *Bréguet*.

Les 180 moteurs étaient couplés par deux en série ; les 90 groupes formés étaient placés en dérivations alimentées à 500 volts par la sous-station transformatrice de la Compagnie industrielle d'électricité (procédés Westinghouse).

L'excitation des moteurs était faite en série ; nous avons déjà constaté les avantages de ce moteur relativement au démarrage — ce qui est important, comme nous allons le voir, — et aussi de leur régulation automatique. Les inégalités de vitesse entre les différents moteurs, pour une même charge, se compensent d'elles-mêmes par l'inégalité de la répartition de la charge ; autrement dit, malgré de légères différences de construction ou de matériaux employés, les moteurs se mettent seuls à effort de traction égal pour tous, de sorte que les roues ne patinent pas.

Pour démarrer la plate-forme, il fallait lancer dans la ligne un courant d'environ 800 ampères : en marche normale, le courant tombait au-dessous de 400. Les moteurs excités en série n'étant pas à vitesse indépendante de la charge, on pouvait régler la vitesse à une valeur convenable en agissant sur le voltage, et le tenant d'autant plus haut que l'affluence des voyageurs était plus grande. Comme on ne pouvait songer à mettre les moteurs en marche isolément, il fallait les lancer tous à la fois. On aurait pu se servir d'un rhéostat de mise en marche pour régler le courant à 800 ampères pendant la période du démarrage. Mais ceci aurait eu l'inconvénient de consommer une très grande quantité d'énergie. Aussi avait-on adopté le dispositif suivant : une des dynamos génératrices, actionnée par un moteur asynchrone à courants triphasés, était fermée sans résistances sur le circuit des moteurs, son excitation étant coupée. On fermait ensuite l'excitation en l'affaiblissant assez pour que la machine ne donne que 200 volts environ, en même temps que l'on déplaçait les balais jusqu'à ce que l'on obtienne le minimum d'étincelles. Le courant était alors de 800 ampères, et la plate-forme démarrait ; on montait ensuite graduellement le voltage jusqu'à 500-550 volts. La puissance exigée pour le démarrage n'était donc que $800 \times 200 = 160.000$ watts inférieure à $500 \times 400 = 280.000$ watts qui était la puissance consommée à pleine vitesse.

On peut ajouter à ces deux moyens de transport mis à la disposition des visiteurs, les chemins élévateurs desservant le premier étage des différents palais; nous pouvons citer les systèmes Hallé (A. Piat, constructeur), Le Blanc, Reno (Société Cail, constructeurs), Granddemange (Mazeran et Sabrou, constructeurs), ce dernier amenant les voyageurs à la plate-forme mobile. Les dispositions électriques employées n'offraient aucun intérêt particulier.

VII. — Électrométallurgie et Électrochimie.

L'électrochimie dont nous ne disons ici qu'un mot, et en raison de l'intérêt qu'elle présente pour le mécanicien, peut se diviser en deux grandes classes, l'électrochimie proprement dite, au moyen de laquelle on peut préparer des substances par décomposition d'autres, et la pyroélectricité qui consiste à décomposer les corps par la chaleur produite au moyen d'un four électrique.

L'électrochimie doit se faire avec du courant continu; la décomposition se fait en portant les métaux au pôle négatif. Le four électrique, au contraire, peut fonctionner indifféremment avec du courant continu ou du courant alternatif, la production d'une chaleur intense étant le seul objet en vue. La facilité de transformation du courant alternatif le fait préférer généralement. Le four électrique, apparu en grand depuis quelques années seulement, est établi le plus souvent dans des régions montagneuses où les chutes d'eau peuvent être facilement utilisées. Les courants alternatifs et surtout les courants polyphasés s'étant développés au même moment, un grand nombre d'installations produisent ces courants à haute tension, les distribuent et transforment en basse tension seulement au voisinage des fours. On fait même des fours avec trois électrodes de charbon, produisant trois arcs au moyen de courants triphasés. Plusieurs blocs de carbure de calcium présentés à l'Exposition portent la trace de ces trois arcs.

Électrochimie. — La plus ancienne application de l'électrochimie, c'est la galvanoplastie. Les dépôts de métaux faits dans un but artistique n'ont pas fait de progrès depuis bien des années, et n'ont du reste plus à en faire : l'argenture, la dorure, le nickelage... sont des opérations tellement courantes qu'il est inutile d'y insister. Quelques nouveaux procédés sont néanmoins apparus : on réussit à faire du zincage, de l'étamage, du plombage à froid (*Société française de métallurgie hydro-électro-chimique*, Société Cooper Cowles...).

L'électrométallurgie par voie humide n'est employée que pour la fabrication de l'or, et surtout pour le raffinage du cuivre. Il faut faire une mention spéciale de la fabrication directe des tubes sans soudure par l'électrolyse. Les procédés consistent à se servir d'un mandrin conducteur ou isolant ; dans ce dernier cas, on le recouvre de plombagine pour rendre sa surface conductrice de l'électricité; il suffit de placer ce mandrin au pôle négatif d'un bac contenant un sel de cuivre pour déposer le cuivre et obtenir un tube. Mais, ceci théoriquement très facile, l'est moins en pratique. Dans la galvanoplastie on utilise des densités de courant excessivement faibles, de l'ordre des dixièmes d'ampère par décimètre carré de surface à recouvrir. Avec une densité de courant plus élevée le dépôt devient grenu, et le métal déposé perd ses qualités. Le temps n'est pas un facteur important lorsqu'il s'agit de faire de la galvanoplastie, mais il le devient quand on se propose de faire de la métallurgie.

Un courant d'un ampère pendant une seconde dépose 0 millig. 33 de cuivre, soit 1 gr. 2 à l'heure. Si l'on admet seulement 0,2 ampère par décimètre carré, ce 1 gr. 2 sera réparti sur 5 décimètres carrés en donnant une épaisseur inférieure à trois millièmes de millimètre.

Le procédé *Elmore* pour l'obtention de tubes permet l'emploi de courants beaucoup plus intenses. Le dépôt est constamment bruni par un outil se déplaçant continuellement sur sa surface. Grâce à cet artifice, on peut arriver à une fabrication cinquante ou cent fois plus rapide à qualité égale de dépôt. La *Société française électrométallurgique pour la fabrication du cuivre et autres métaux* expose des tubes obtenus de cette manière.

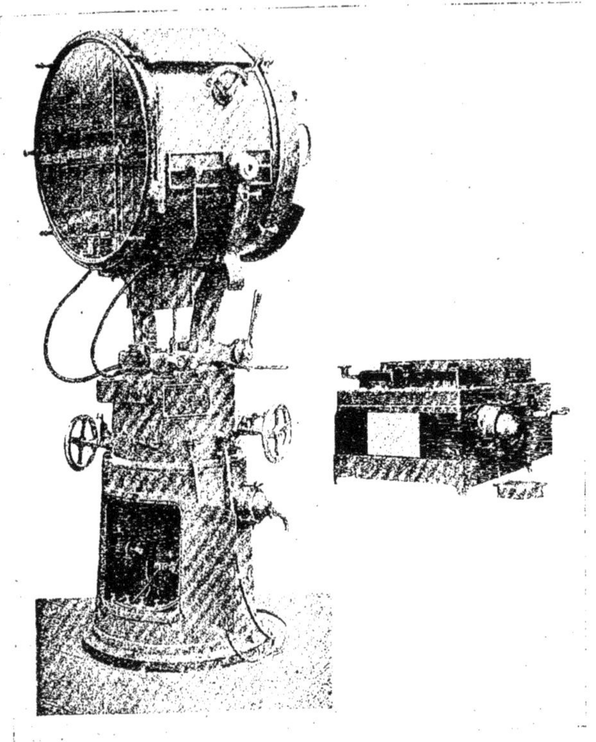

Fig. 65. — Projecteur à miroir parabolique avec commande à distance et manipulateur (M^on *Bréguet*).

Le procédé *Cooper Cowles*, présenté dans la section anglaise, consiste à faire le dépôt sur un mandrin tournant avec une grande rapidité. On peut voir à l'Exposition une série de tubes obtenus avec même densité de courant, en employant des vitesses croissantes. Les premiers sont grenus, et impropres aux usages industriels, tandis que les derniers sont parfaits.

Le four électrique a comme usage le plus considérable, quoique ce soit le plus récent, la fabrication du carbure de calcium. Tout le monde sait maintenant qu'il suffit de mettre ce corps en présence de l'eau pour obtenir du gaz acétylène. Indépendamment de l'avantage que l'on peut obtenir en éclairage, on doit signaler l'apparition de moteurs à acétylène. Le pavillon spécial de l'acétylène, dans l'annexe de Vincennes, en contenait un certain nombre.

Lorsque l'on veut utiliser une chute d'eau, et transporter à distance l'énergie récoltée, le seul procédé utilisé actuellement consiste à atteler aux turbines des générateurs électriques à haute tension. Le courant est transporté le long de fils de cuivre, et transformé en basse tension au lieu d'utilisation. N'y a-t-il pas lieu d'examiner le problème suivant : Absorber près des turbines le courant électrique pour la production de carbure de calcium, expédier celui-ci et produire l'acétylène pour la lumière où la force motrice aux endroits

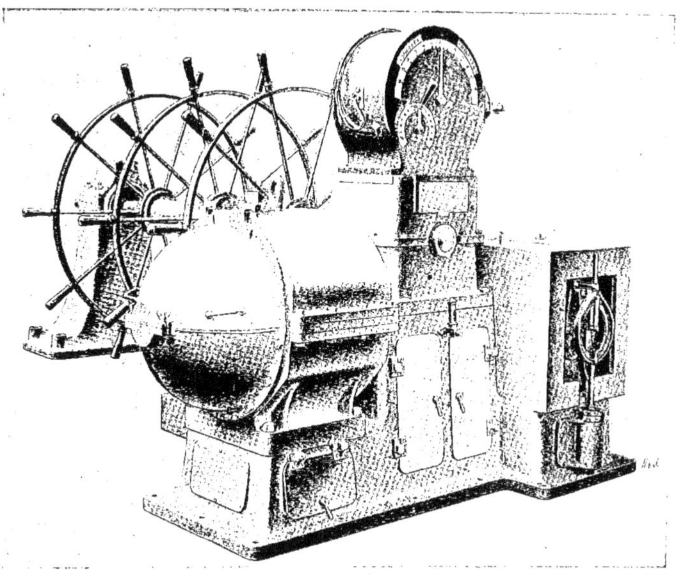

Fig. 66. — Commande électrique de la barre d'un cuirassé (Maison *Sautter-Harlé*).

où cela est nécessaire. La question ne manquera pas d'être étudiée sérieusement; d'ailleurs il ne peut y avoir de solution générale; on voit en effet, à première vue, qu'il est plus simple de transporter le courant lorsqu'il s'agit d'éclairer une ville placée à 5 kilomètres d'une chute, tandis qu'il est bien plus difficile de répondre aussi affirmativement si la distance devient 100 kilomètres.

La fabrication des divers métaux que l'on peut obtenir au four électrique a pris aussi un certain développement. Certains de ces métaux, tels que le manganèse, le chrome, sont des plus intéressants en métallurgie, à cause de leur emploi pour l'obtention d'aciers spéciaux.

L'aluminium est le plus généralement fabriqué par le procédé Minet ou ses perfectionnements. On électrolyse, en somme, de l'alumine en dissolution dans le fluorure double d'aluminium et de sodium (cryolithe) aux environs de 1000° C. Le courant continu seul peut être employé, il sert au chauffage du bain en même temps qu'à sa décomposition; l'aluminium tombe au fond du four, qui constitue le pôle négatif, tandis que l'oxygène va brûler l'électrode positive, de charbon.

La Société *Le Carbone* fabrique des pièces en charbon graphité, par les procédés Girard et Street. L'aggloméré obtenu avec du coke de cornue et diverses substances passe en forme de tiges longues dans un four électrique. Le carbone amorphe se transforme alors en graphite. En dehors de ses qualités pour la fabrication des balais de dynamos, la matière préparée de cette façon est susceptible d'être travaillée avec beaucoup de précision; elle est très dure, et très résistante mécaniquement; on peut la percer, tourner, tarauder; ceci, joint à la propriété de ne pas fondre sous l'influence des étincelles, lui donne un débouché dans la fabrication des pièces pour l'appareillage électrique. Le coefficient de frottement avec la plupart des substances est très peu élevé; et il est possible de confectionner des coussinets de charbon ne s'échauffant pas, quoiqu'on n'emploie aucun graissage. Le prix de cette matière, encore assez élevé (une dizaine de francs le kilogramme), ne

Fig. 67. — Moteur électrique pour sous-marins de la maison *Sautter-Harlé*, avec appareils de manœuvre.

pourra que s'abaisser par l'augmentation des applications. Le charbon graphitique peut être encore employé avec succès comme électrodes dans les opérations électrolytiques, et particulièrement pour la fabrication de la soude électrolytique au moyen du chlorure de sodium, car ce n'est pas attaqué par le chlore.

La Société *L'Électrogravure* de Leipzig-Sellerhausen (Saxe) montre des appareils à graver sur acier par l'ingénieux procédé de *M. Rieder*. Lorsque l'on désire reproduire un coin, un outil à estamper à l'aide de ce procédé, on fait un négatif en matière poreuse à base de plâtre, que l'on fait tremper dans une solution de chlorhydrate d'ammoniaque, la face en relief dépassant la surface du liquide. Sur cette face repose le bloc d'acier sur lequel doit se faire la reproduction. Une électrode de fer plonge dans la solution, et une différence de potentiel de 15 volts environ est maintenue entre cette électrode et la plaque à graver. Le chlorhydrate d'ammoniaque monte par capillarité dans le bloc poreux, et le chlore mis en liberté attaque l'acier. Le principal obstacle est la formation de boues, résultant des impuretés de l'acier, sur la face à attaquer; le procédé de M. Rieder comprend aussi le nettoyage de cette face, qui est nécessaire toutes les quinze secondes environ. La machine, très ingénieusement disposée, soulève le bloc d'acier, guidé d'une façon parfaite pendant ce mouvement, une brosse le nettoie, et il retombe ensuite doucement, exactement en place. On arrive à creuser ainsi avec un seul moule des traits de 1 à 2 millimètres de profondeur; si l'on désire une profondeur plus grande, il faut plusieurs modèles, et l'appareil permet de les changer d'une manière exacte. La machine, qui fonctionnait au premier étage de la Section allemande (Palais de l'Électricité), donnait les résultats les plus parfaits.

VIII. — Appareils pour mines.

Sauf dans les mines grisouteuses, où l'on doit redouter toute étincelle, l'électricité est employée de plus en plus pour le transport des minerais et leur extraction. Les locomotives employées dans les mines se distinguent surtout par leur forme extérieure, adaptée à une circulation dans des couloirs de peu de hauteur.

Les perforatrices sont maintenant très employées; le trou fait par cet appareil est pratiqué en vue du placement d'une cartouche de dynamite. La Compagnie Jeffrey en expose (fig. 59) à Vincennes dans la section américaine; la Compagnie Thomson-Houston en montre aussi dans son pavillon spécial, également à Vincennes. Il y a aussi quelques spécimens au Champ-de-Mars (Compagnie générale Électrique de Nancy, Allgemeine Elektricitaets Gesellschaft, Dulait, Bornet, Colin et Daubiné (fig. 60)...).

La Compagnie Jeffrey présente aussi des appareils à couper (fig. 61 et 62), mus électriquement, destinés à pratiquer des entailles dans les veines de charbon ou de minerai. Elle a aussi des modèles pratiques de pompes d'épuisement couplés à des moteurs électriques.

IX. — Appareils pour chemins de fer.

La manœuvre des signaux et des aiguilles devient une question de plus en plus importante, par suite du développement en nombre et en importance des gares d'embranchement. Jusqu'à ces dernières années, la transmission se faisait du poste à l'appareil, par une simple transmission mécanique, soit rigide, soit au moyen de fils. Lorsque l'enchevêtrement des appareils devint trop considérable, on eut recours à la transmission hydraulique, à la transmission pneumatique, et enfin à la transmission électrique.

La transmission hydraulique a l'inconvénient d'exiger une canalisation assez coûteuse, est sujette aux effets de la gelée, et, de plus, la rapidité de transmission décroît beaucoup si la distance entre le point de manœuvre et celui de déplacement croît, surtout si des bulles d'air s'interposent sur le parcours. Le système pneumatique a aussi des inconvénients; on augmente la rapidité de transmission et la sûreté avec la manœuvre électro-pneumatique, consistant à se servir du courant électrique pour manœuvrer un appareil pneumatique placé près de l'aiguille ou du signal. Mais il faut alors une canalisation d'air comprimé, et parallèlement une canalisation électrique.

L'appareil électrique qui paraît tout d'abord le mieux approprié pour la commande des signaux, est l'électro-aimant. Il suffit en effet d'avoir deux électro-aimants, un pour chaque sens de déplacement, et d'envoyer le courant dans l'un ou l'autre, pour obtenir le mouvement de l'appareil à manœuvrer. Un premier obstacle à l'emploi de l'électro est celui-ci : l'effort exercé sur l'armature mobile n'est pas généralement constant dans toute la course, surtout si elle doit être considérable.

M. Guénée a été conduit à adopter des formes particulières qui lui permettent de faire un déplacement assez considérable avec effort constant, depuis 21 kilogrammes sur 4 centimètres, jusqu'à 650 kilogrammes sur 22 centimètres. Une application importante de ces appareils a été faite sur les nouvelles lignes de Paris, construites par la Compagnie de l'Ouest pour la manœuvre des sémaphores et des aiguilles. Pour ces dernières, les électro-aimants employés donnent un effort de plus de 200 kilogrammes, avec une course de 10 centimètres.

Mais, avec tous les appareils à électro-aimants, il y a un grand inconvénient. Quels que soient les perfectionnements apportés, si l'on tient à donner aux appareils des dimensions restant dans des limites raisonnables, on est conduit à leur faire consommer des courants beaucoup plus considérables que ceux absorbés par un moteur électrique rem-

Fig. 68. — Dynamo-pompe pour hauteurs d'élévation variables. Maison *Farcot*.

plissant le même but. Indépendamment de la question d'économie, il y a lieu de considérer la détérioration beaucoup plus rapide des appareils de manœuvre, sous l'influence des étincelles, question très importante si chaque appareil, comme c'est souvent le cas, doit être manœuvré des centaines de fois dans une journée. De plus, les dispositifs spéciaux pour éviter la production de ces étincelles nuisibles, ne peuvent guère être employés dans ce cas, puisqu'il faut condenser en un volume très réduit des appareils commandant un nombre considérable d'aiguilles ou de signaux.

Ceci ne retire rien de l'ingéniosité des appareils exposés par M. Guénée; mais nous pensons qu'un moteur tout ordinaire remplit beaucoup mieux le but, malgré la complication apportée par la transformation du mouvement de rotation continu, en mouvement rectiligne.

Les électro-aimants d'aiguilles du Chemin de fer de l'Ouest absorbent environ 10 ampères sous 100 volts, tandis qu'on pourrait faire la même chose avec un moteur ne consommant guère plus d'un ou deux ampères.

MM. Ducousso, ingénieur de la Société des Établissements Postel-Vinay, et Rodary, ont exposé (fig. 55 et 63) des appareils de commande d'aiguille et de signal au moyen d'un petit moteur électrique. Ils ont fonctionné, à titre d'essai, dans la gare de Paris de la Compagnie

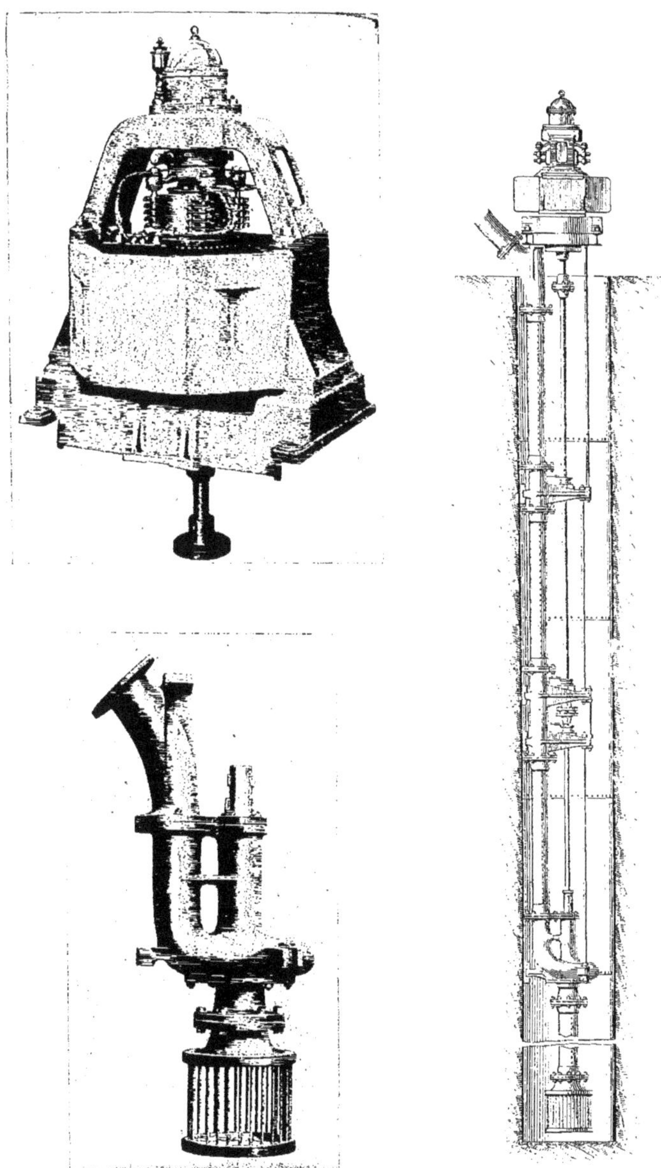

Fig. 69 à 71. — Dynamo-pompe. Maison *Farcot*.

Paris-Lyon-Méditerranée. La consommation d'énergie électrique n'est que de 100 watts pendant 2 secondes, soit pour le manœuvre d'une aiguille, soit pour la manœuvre d'un signal.

Nous devons aussi dire quelques mots de la commande électrique des freins à air comprimé (Soullerin) pour éviter le « téles copage » produit par le retard dans l'établissement de l'égalité des pressions aux deux extrémités du long tube que porte le train. Cet appareil est maintenant très connu; chacune des valves est manœuvrée en lançant le courant produit par des piles ou accumulateurs dans une sorte de petite dynamo dont l'induit est susceptible d'un léger déplacement dans un sens ou l'autre, selon la direction du courant.

X. — Appareils de marine.

L'électricité est maintenant employée sur tous les navires de commerce ou de guerre. Les dynamos sont toujours couplées directement au moteur à vapeur, et ce dernier est à allure rapide, afin de réduire au minimum l'encombrement. La maison Sautter et Harlé et la maison Bréguet exposent des groupes utilisés par la marine française. La maison Bréguet a adopté sur ses machines marines un régulateur spécial isochronateur. Le régula-

Fig. 72. — Pompe à piston à deux corps. (Maison *Sautter-Harlé*.)

teur est sans compensateur, c'est-à-dire que les masses se déplacent sur un rayon qui varie avec la charge du moteur ; le régulateur ne donnerait donc pas une vitesse rigoureusement fixe, comme cela a lieu lorsque les masses décrivent un cercle invariable ; mais cette dernière solution est plus compliquée et délicate. Le régulateur se compose (fig. 64) de deux masses M dont la force centrifuge est équilibrée par l'action du ressort R dont on peut régler la tension au moyen d'un volant V. Lorsque la charge augmente, il faut, avec une telle disposition, exercer sur le levier L un effort additionnel, pour que la vitesse ne baisse pas. Ceci peut être réalisé soit à la main par la manœuvre du volant V, soit par l'attraction du noyau d'un électro-aimant E qui est monté en dérivation, sur le compoundage de la dynamo, et, par conséquent, parcouru par un courant proportionnel à la charge. A l'inverse de ce qui peut arriver avec certaines dispositions qui ont été déjà appliquées, une avarie de la dynamo ne peut supprimer l'action du régulateur, ce qui aurait pour effet de risquer d'atteindre une vitesse dangereuse.

La distribution se fait généralement sous 80 volts; on peut, en effet, ne pas avoir d'association en série des projecteurs, ce qui assure leur indépendance, et donne plus de

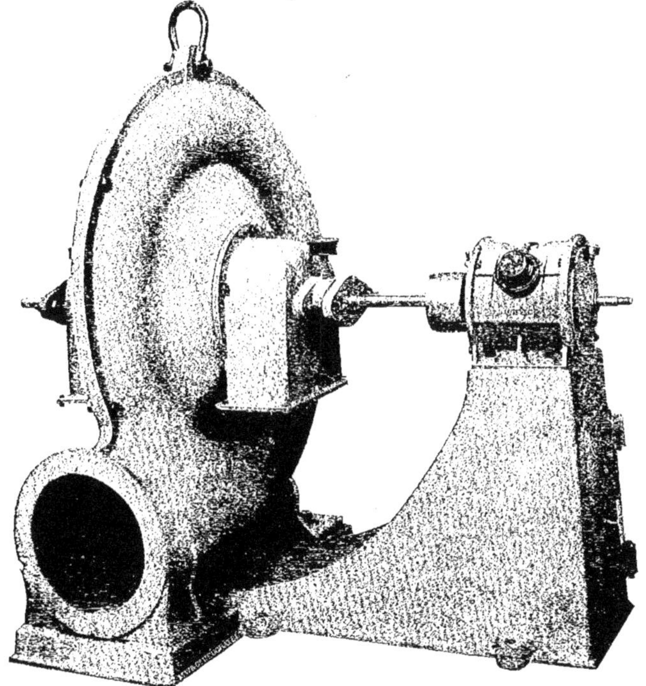

Fig. 74. — Ventilateur centrifuge accouplé directement à un moteur triphasé des *Ateliers d'Oerlikon.*

stabilité à la lumière fournie; d'ailleurs un potentiel plus élevé n'aurait de raison d'être que si l'on cherchait à diminuer la section des câbles, ce qui réduirait leur résistance à la rupture, chose importante sur un bâtiment soumis à l'action de la mer. Jusqu'à ces dernières années, les dynamos compound employées n'étaient pas associées en quantité, chacune d'elles travaillait sur son circuit indépendant des autres; on tend à adopter aujourd'hui la disposition inverse avec un seul circuit sur le navire, et un nombre de dynamos en quantité reliées à cette ligne générale, en nombre variable avec les besoins. Lorsque les dynamos sont conduites par un personnel expérimenté, cette dernière solution est préférable au point de vue de la régularité de la tension, très importante pour les projecteurs. Le démarrage d'un moteur important peut donner des à-coups, que l'on doit éviter autant que possible. Dans ce but, la maison Sautter-Harlé a créé ce qu'elle appelle le « *dynavolant* », qui consiste simplement en un moteur excité en dérivation, tournant à vide, et muni d'un volant très considérable. S'il se produit une surchage tendant à faire baisser le voltage, ce régulateur restitue une partie de sa force vive, et le moteur devient dynamo associée en quantité avec celles qui assurent le service pendant le temps nécessaire au réglage. De même, si le voltage tendait à s'accroître, la vitesse de cet appareil

Fig. 75. — Essoreuse de l'*Allgemeine Elektricitaets Gesellschaft*, commandée par moteur triphasé à axe vertical.

augmentant proportionnellement aux volts, il absorberait une quantité d'énergie appréciable. On peut donc arriver à une régularité de potentiel beaucoup plus grande avec un tel dispositif, qui d'ailleurs ne consomme qu'une très petite quantité d'énergie.

Les ateliers Schneider (Usines du Creusot) construisent les tourelles Schneider-Canet, très employées tant sur les cuirassés français que dans des marines étrangères. Les appareils de manœuvre, très condensés, permettent le pointage en direction avec une sensibilité qui atteint un vingtième de degré, même pour les plus lourdes. Le pointage en hauteur est aussi souvent manœuvré électriquement, ainsi que le monte-projectiles. Il est aussi possible de faire mouvoir chacun de ces mouvements à la main, si cela est nécessaire. La rapidité des opérations est très grande : pour le déplacement en hauteur on atteint 20° en 12 secondes; pour une rotation de 240° 35 secondes.

La maison Sautter-Harlé s'est aussi fait une spécialité de la commande électrique de l'artillerie, et tous les appareils de levage et de manœuvre pour la marine (monte-munitions, monte-escarbilles, treuils, etc.).

Les projecteurs ont souvent besoin d'être commandés à distance, qu'ils soient placés

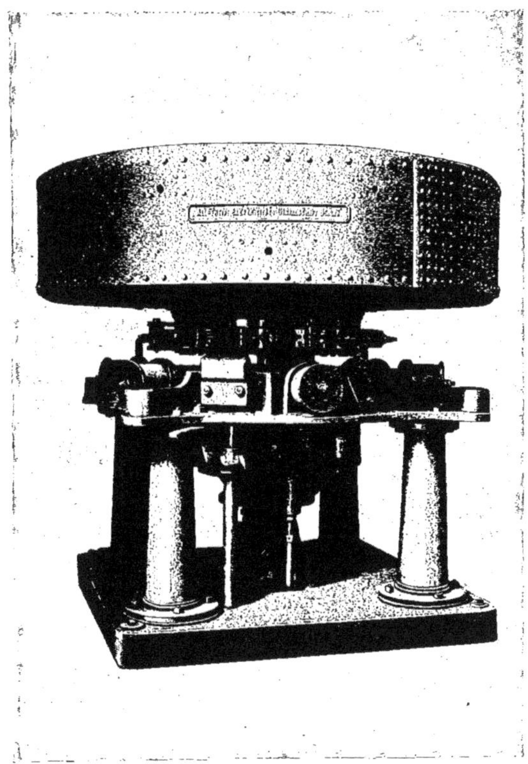

Fig. 76. — Essoreuse de l'*Allgemeine Elektricitaets Gesellschaft*, commandée par moteur triphasé à axe vertical.

sur un bâtiment, ou sur la côte. Si la distance entre le point de manœuvre et le projecteur est faible (moins de 100 mètres environ), on place simplement les rhéostats de réglage à portée de la main de la personne chargée de changer la direction du faisceau lumineux. Si la distance devient assez grande, pour ne pas avoir à tendre de longs câbles on fait souvent agir le manipulateur sur un relai électro-magnétique placé sur le socle de l'appareil : il suffit alors de fils très fins entre le manipulateur et le projecteur.

La maison Sautter-Harlé expose plusieurs projecteurs destinés soit à la marine, soit à l'armée de terre; la maison Bréguet montre aussi (fig. 65) des types intéressants.

La commande électrique des servo-moteurs à vapeur a aussi été résolue avec succès par MM. Sautter Harlé; le problème le plus difficile est celui de la commande de la barre (fig. 66). Ils emploient la mise en mouvement du servo-moteur à vapeur, soit par moteur électrique, soit par relais électro-magnétique, ainsi que la commande directe par moteur électrique, en supprimant complètement le moteur à vapeur.

Pour la propulsion des sous-marins, le moteur électrique fournit (fig. 67) une solution toute indiquée.

XI. — Applications diverses.

Les applications mécaniques de l'électricité sont, en fait, innombrables et d'une infinie variété — pompes (fig. 68-73), ventilateurs (fig. 74) — essoreuses (fig. 75) — machines de filatures — machines agricoles — que nous ne pouvons que citer, indiquer d'un mot en renvoyant aux fascicules de leurs monographies, et ces applications ne font que s'accroître et se diversifier de plus en plus à mesure que l'on se familiarisera davantage avec l'électricité.

L'électricité est encore employée dans beaucoup de moteurs à gaz ou à pétrole : on se sert d'un fil porté au rouge par le passage du courant, soit le plus souvent de l'étincelle obtenue par une bobine d'induction.

Les propriétés de l'électro-aimant sont utilisées pour la séparation du fer, des autres métaux non magnétiques; on fait aussi quelques appareils pour la recherche des copeaux ayant sauté dans les yeux, ou à l'intérieur d'une blessure.

Mentionnons encore les progrès de la télégraphie, de la téléphonie et de l'horlogerie électrique.

MACON, PROTAT FRÈRES, IMPRIMEURS. *Le Gérant :* Vve Ch. Dunod.

www.ingramcontent.com/pod-product-compliance
Ingram Content Group UK Ltd.
Pitfield, Milton Keynes, MK11 3LW, UK
UKHW022318190726
13856UKWH00001B/78